中望CAD实用教程

布克科技 姜勇 周克媛 董彩霞◎编著

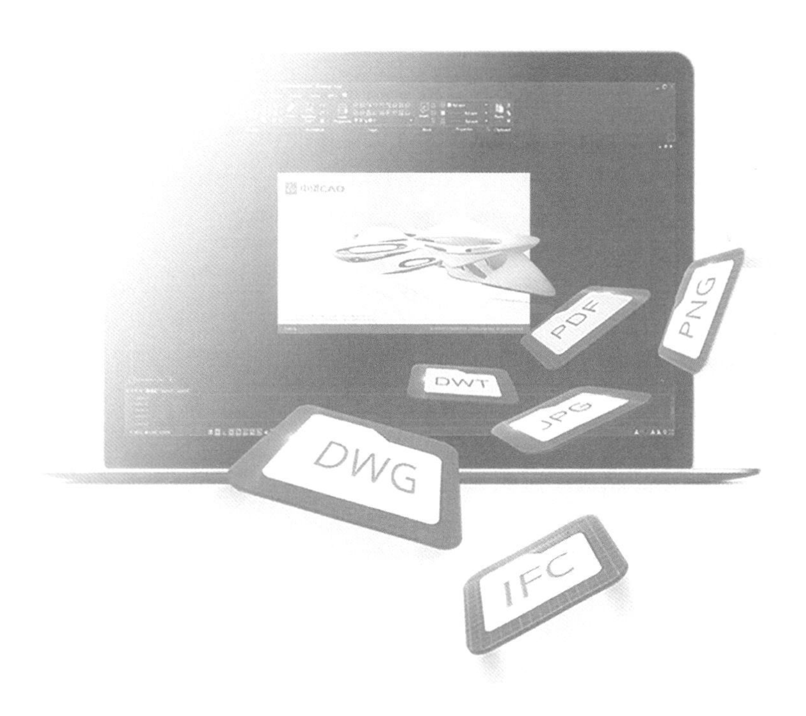

人民邮电出版社
北京

图书在版编目（CIP）数据

中望CAD实用教程 / 布克科技等编著. -- 北京 : 人民邮电出版社, 2022.9
ISBN 978-7-115-59536-2

Ⅰ. ①中… Ⅱ. ①布… Ⅲ. ①计算机辅助设计－AutoCAD软件－高等职业教育－教材 Ⅳ. ①TP391.72

中国版本图书馆CIP数据核字(2022)第105955号

内容提要

本书围绕“学以致用”的核心思想编排内容，既系统介绍中望 CAD 的理论知识，又根据知识点设置丰富的基础绘图练习及综合练习，着重培养学生的 CAD 绘图能力，提高学生解决实际问题的能力。

全书共 13 章，主要内容包括中望 CAD 用户界面及基本操作、创建及设置图层、绘制平面图形、编辑平面图形、高级绘图与编辑技巧、复杂图形绘制实例、添加文字及标注尺寸、查询图形信息、工程图范例、绘制轴测图、打印图形及创建三维实体模型等。

本书可作为高等职业院校机械、电子、纺织及工业设计等专业的计算机辅助绘图教材，也可作为广大工程技术人员及计算机爱好者的自学用书。

◆ 编　　著　布克科技　姜　勇　周克媛　董彩霞
责任编辑　李永涛
责任印制　王　郁　胡　南

◆ 人民邮电出版社出版发行　北京市丰台区成寿寺路 11 号
邮编　100164　电子邮件　315@ptpress.com.cn
网址　https://www.ptpress.com.cn
北京九州迅驰传媒文化有限公司印刷

◆ 开本：787×1092　1/16
印张：17.25　2022 年 9 月第 1 版
字数：436 千字　2025 年 1 月北京第 6 次印刷

定价：79.90 元

读者服务热线：(010)81055410　印装质量热线：(010)81055316
反盗版热线：(010)81055315
广告经营许可证：京东市监广登字 20170147 号

前言

中望CAD是广州中望龙腾软件股份有限公司研发的一款优秀的计算机辅助设计及绘图软件，目前广泛应用于机械、电子、汽车、建筑、交通及能源等制造业和工程建设领域，其用户包括中国宝武、上汽集团、中船集团、中交集团、中国移动、京东方、格力、海尔、国家电网等中国乃至世界知名企业。由于其具有易于学习、使用方便、体系结构开放等优点，因此深受广大工程技术人员的喜爱。

近年来，随着我国社会经济的迅猛发展，市场急需一大批懂技术、懂设计、懂软件、会操作设备的应用型高技能人才。本书是基于目前社会上对中望 CAD 应用人才的需求和各个院校相关课程的教学需求，以及企业中部分技术人员学习中望 CAD 的需求而编写的。

本书结构大致按照“软件功能→功能演练→综合练习”这一思路进行设计，以“学以致用”为核心思想从易到难地编排内容。本书将理论知识与实际操作密切结合，提供丰富的实践内容，贴近实际工程需求且种类多样，体现了教学改革的最新理念。

本书突出实用性，注重培养学生的实践能力，且具有以下特色。

（1）循序渐进地介绍中望 CAD 的主要功能。为常用命令提供相应的基本操作示例，并配有图解说明，此外还对命令的各选项进行详细解释。

（2）将理论知识与上机练习有机结合，便于教师采用“边讲、边练、边学”的教学模式进行教学。围绕 3～5 个命令精选相关练习题，通过这些作图训练，学生可以逐渐掌握命令的基本用法和相应的作图技巧。

（3）专门介绍用中望 CAD 绘制工程图的方法。通过对这部分内容的学习，学生可以了解用中望 CAD 绘制工程图的步骤及特点，并掌握一些实用的作图技巧，从而提高解决实际问题的能力。

（4）提供课件、教学素材、拓展实例等教学资源，以便教师教学与学生学习。

本书编者长期从事中望 CAD 的应用、开发及教学工作，并且一直在关注 CAD 技术的发展，对中望 CAD 的功能、特点及应用有较深入的理解和体会。编者对本书的结构体系做了精心安排，力求系统、清晰地介绍用中望 CAD 进行设计和绘图的方法与技巧。

全书分为 13 章，每章的主要内容如下。

- 第 1 章：介绍中望 CAD 用户界面及一些基本操作。
- 第 2 章：介绍图层、颜色、线型、线宽的设置及修改方法。
- 第 3 章：介绍线段、平行线、圆及圆弧连接的绘制方法。
- 第 4 章：介绍正多边形、椭圆及剖面图案的绘制方法。
- 第 5 章：介绍多段线、多线、点对象及面域的绘制方法。
- 第 6 章：介绍绘制复杂平面图形的技巧。
- 第 7 章：介绍文字的创建和编辑方法。
- 第 8 章：介绍标注各种类型的尺寸的方法。
- 第 9 章：介绍查询图形信息的方法和图块、外部参照的用法。
- 第 10 章：通过实例说明绘制工程图的方法和技巧。

- 第 11 章：介绍绘制轴测图的方法。
- 第 12 章：介绍打印图形的方法。
- 第 13 章：介绍创建三维实体模型的方法。

本书在编写过程中得到了南昌职业大学工程技术学院张大林和高科老师的大力支持，在此表示衷心的感谢。由于编者水平有限，书中难免存在疏漏之处，敬请广大读者批评指正。

编者

2022 年 4 月

目录

第 1 章 中望 CAD 用户界面及基本操作

主要内容

- 中望 CAD 的工作界面。
- 中望 CAD 命令的调用。
- 选择对象的常用方法。
- 删除对象、撤销和重复命令、取消已执行的操作。
- 快速缩放图形、移动图形及全部缩放图形。
- 设定绘图区域的大小。
- 新建、打开及保存图形文件。

1.1 中望 CAD 绘图环境

启动中望 CAD 2022 后，其用户界面如图 1-1 所示，主要由菜单浏览器按钮、快速访问工具栏、功能区、绘图窗口、命令提示窗口和状态栏等部分组成。下面通过练习来了解中望 CAD 绘图环境。

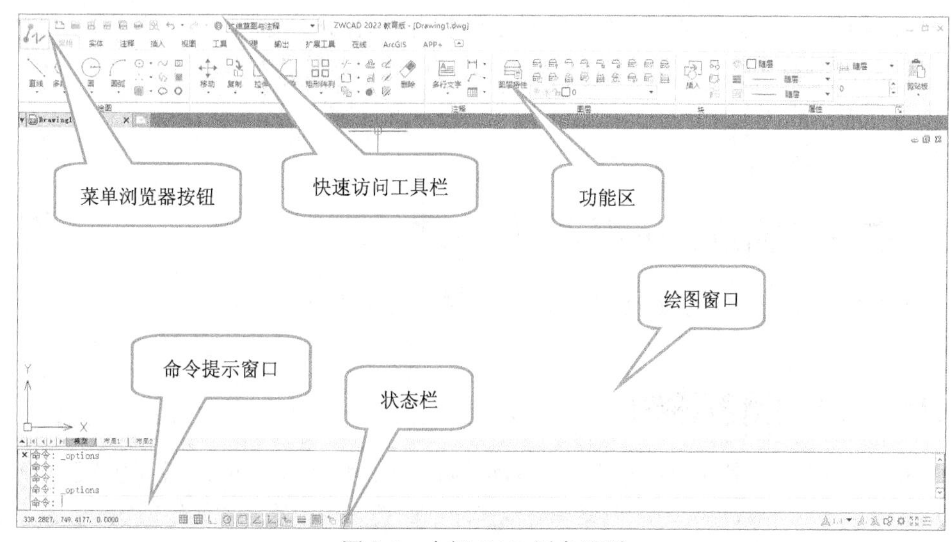

图 1-1 中望 CAD 用户界面

【练习 1-1】了解中望 CAD 绘图环境。

1. 单击用户界面左上角的菜单浏览器按钮，弹出的菜单包含【新建】【打开】【保存】等常用命令。单击按钮，显示已打开的所有图形文件；单击按钮，显示最近使用的文件。

2. 中望CAD的绘图环境一般称为工作空间，当快速访问工具栏上的下拉列表框中显示【二维草图与注释】时，表明现在位于二维草图与注释工作空间。单击下拉列表框右边的按钮，在下拉列表中选择【ZWCAD经典】选项，切换到经典的中望CAD用户界面。单击状态栏中的按钮，在弹出的菜单中选择【二维草图与注释】命令，切换回初始用户界面。

3. 单击功能区右上角的按钮，使功能区在最小化及最大化状态之间切换。

4. 单击状态栏上的按钮，在弹出的菜单中选择【菜单栏】命令，绘图窗口上方会显示菜单栏。选择菜单命令【工具】/【命令行】，关闭命令提示窗口；再次选择同样的菜单命令，则又打开命令提示窗口。

5. 绘图窗口是用户绘图的工作区域，该区域无限大，其左下方有一个表示坐标系的图标，图标中的箭头分别指示 x 轴和 y 轴的正方向。在绘图区域中移动十字光标，状态栏上将显示十字光标的坐标。单击状态栏中的坐标区可打开、关闭坐标系，或改变坐标的显示方式。

6. 中望CAD提供了两种绘图空间：模型空间和图纸空间。单击绘图窗口下方的 布局1 按钮，切换到图纸空间；单击 模型 按钮，切换到模型空间。默认情况下，中望CAD的绘图空间是模型空间，用户可在这里按实际尺寸绘制二维或三维图形。图纸空间提供了一张虚拟图纸（与手动绘图时使用的图纸类似），用户可将模型空间中的图样按不同缩放比例布置在这张图纸上。

7. 绘图窗口上方是文件选项卡，单击文件选项卡右边的 + 按钮，创建新图形文件。单击不同的文件选项卡，可在不同文件间切换。用鼠标右键单击文件选项卡，弹出快捷菜单，该菜单包含【新建文档】【打开文档】【关闭】等命令。

8. 绘图窗口下边的状态栏中有许多命令按钮，用于设置绘图空间及打开或关闭各类辅助绘图功能，如对象捕捉、极轴追踪等。单击状态栏最右边的按钮，可在弹出的菜单中自定义按钮的显示和隐藏状态。

9. 用鼠标右键单击用户界面的不同区域，将弹出不同的快捷菜单。

10. 命令提示窗口位于中望CAD用户界面的下方，用户输入的命令、系统的提示信息等都显示在此窗口中。将鼠标指针放在窗口的上边缘，鼠标指针会变成双向箭头，按住鼠标左键不放并向上拖动，就可以增加命令提示窗口中显示的行数。按F2键可打开命令提示窗口，再次按F2键可关闭此窗口。

1.2 中望CAD用户界面的组成

下面分别介绍中望CAD 2022用户界面各组成部分的功能。

1.2.1 菜单浏览器按钮

单击菜单浏览器按钮，展开菜单浏览器，如图1-2所示，其中包含【新建】【打开】【另存为】【电子传递】等常用命令。在菜单浏览器顶部的搜索栏中输入关键字或短语，就可定位相应的菜单命令。选择搜索结果，即可执行相应命令。

单击菜单浏览器顶部的按钮，显示最近使用的文件。单击按钮，显示已打开的所有图形文件。将鼠标指针悬停在文件名上，将显示该文件的路径信息。单击 小图标 下拉列表框，在下拉列表中选择【小图标】或【大图标】选项，以不同方式显示文件的预览图。

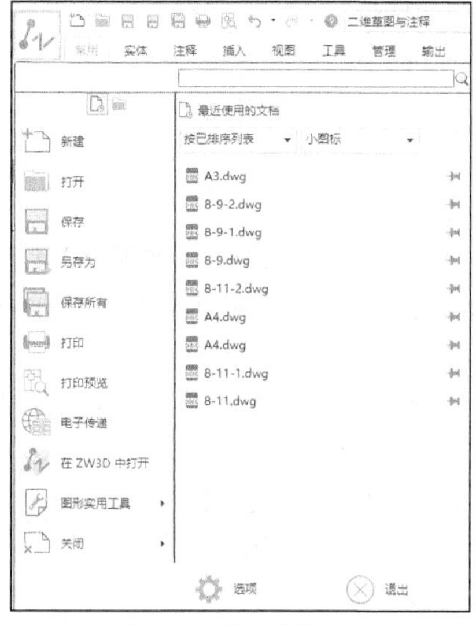

图 1-2 菜单浏览器

1.2.2 快速访问工具栏

快速访问工具栏用于存放常用的命令按钮，包括【新建】【打开】【另存为】【打印】等，如图 1-3 所示。在【工作空间】下拉列表中可切换中望 CAD 用户界面的组成形式。

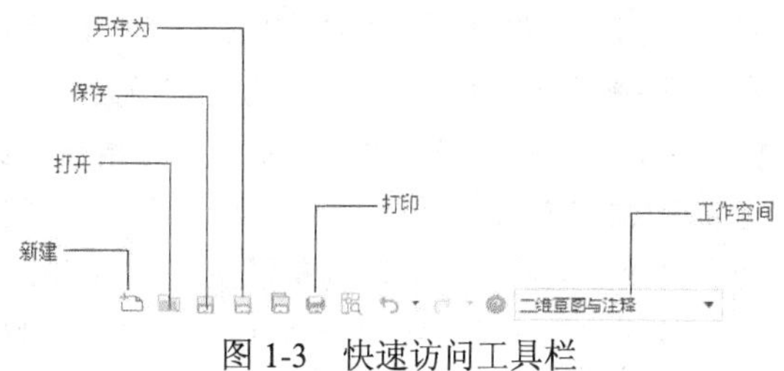

图 1-3 快速访问工具栏

用户可根据需要将命令按钮添加到快速访问工具栏中或从快速访问工具栏中删除。单击状态栏中的按钮，在弹出的菜单中选择【自定义】命令，打开【自定义用户界面】对话框，在该对话框中将【命令列表】中的命令按钮拖入快速访问工具栏中，即可在快速访问工具栏中添加该命令按钮。若要删除命令按钮，则单击鼠标右键，选择弹出快捷菜单中的【删除】命令即可。

1.2.3 功能区

功能区由【常用】【注释】【插入】等选项卡组成，如图 1-4 所示。每个选项卡又由多个面板组成，如【常用】选项卡是由【绘图】【修改】【注释】【图层】等面板组成的。每个面板中有许多命令按钮和控件。

图 1-4 功能区

单击功能区顶部右边的按钮，可收拢或展开功能区。

单击功能区面板右下角的按钮，可打开与该面板属性相关的对话框。

用户可根据需要将命令按钮添加到面板中或从面板中删除。单击状态栏中的按钮，在弹出的菜单中选择【自定义】命令，打开【自定义用户界面】对话框，在该对话框中将【命令列表】中的命令按钮拖入面板中，或者单击鼠标右键，选择弹出快捷菜单中的【删除】命令从面板中删除对应的命令按钮。

1.2.4 绘图窗口

绘图窗口是用户绘图的工作区域，类似于手动作图时用的图纸，该区域是无限大的。在其左下方有一个表示坐标系的图标，此图标指示了绘图区域的方位。图标中的箭头分别指示 *x* 轴和 *y* 轴的正方向，*z* 轴则垂直于当前视口。

虽然中望 CAD 提供的绘图区域是无限大的，但用户可根据需要自行设定显示在用户界面中的绘图区域的大小，即指定其长与高。

当移动鼠标时，绘图区域中的十字光标会跟随移动，与此同时，状态栏中将显示十字光标的坐标数值。单击该区域可改变坐标的显示方式。

坐标的显示方式有以下 3 种。

- 坐标数值随十字光标的移动而变化——动态显示，坐标的显示形式是“*X,Y,Z*”。
- 仅仅显示用户指定点的坐标——静态显示，坐标的显示形式是“*X,Y,Z*”。例如，用 LINE 命令绘制线段时，中望 CAD 只显示线段端点的坐标值。
- 坐标数值随十字光标的移动以极坐标形式（与上一点的距离<角度）显示，这种显示方式只在中望 CAD 提示“指定下一点”时才能用到。

绘图窗口包含两种绘图空间：一种为模型空间，另一种为图纸空间。在此窗口底部有 3 个按钮 模型 | 布局1 | 布局2 ，默认情况下，【模型】按钮处于选中状态，表明当前绘图空间是模型空间，用户一般在这里按实际尺寸绘制二维或三维图形。单击 布局1 或 布局2 按钮，可切换至图纸空间。可以将图纸空间想象成一张图纸（系统提供的模拟图纸），用户可将模型空间中的图样按不同缩放比例布置在这张图纸上。

绘图窗口上方是文件选项卡，单击不同的文件选项卡，可在不同文件之间切换。用鼠标右键单击文件选项卡，弹出快捷菜单，该菜单包含【新建文档】【打开文档】【保存文档】【关闭】等命令。

单击文件选项卡右边的 + 按钮，创建新图形文件，该文件采用的模板与文件选项卡关联的文件相同。若想改变默认模板，可用鼠标右键单击绘图窗口，在弹出的快捷菜单中选择【选项】命令，打开【选项】对话框，在【文件】选项卡的【快速新建的默认模板文件名】中设定新的模板文件。

1.2.5 命令提示窗口

命令提示窗口位于中望 CAD 用户界面的下方，用户输入的命令、系统的提示信息等都显示在此窗口中。默认情况下，该窗口仅显示 5 行，将鼠标指针放在窗口的上边缘，鼠标指针会变成双向箭头，按住鼠标左键不放并向上拖动，就可以增加命令提示窗口中显示的行数。

按 F2 键可打开命令提示窗口，再次按 F2 键可关闭此窗口。

1.2.6 状态栏

状态栏中显示了十字光标的坐标，还有各类辅助绘图工具按钮。用鼠标右键单击这些工具按钮，弹出快捷菜单，可对其进行必要的设置。下面简要介绍这些工具按钮的功能。

- 捕捉：打开或关闭捕捉功能。开启该功能，则十字光标仅能在设置的捕捉间距内进行移动。用鼠标右键单击该按钮，可以指定是开启栅格捕捉还是极轴捕捉，还可进行相关的捕捉设置。若打开极轴捕捉，则当进行极轴追踪时，十字光标移动的距离为设定的极轴间距。极轴追踪功能的详细介绍参见 3.1.4 小节。
- 栅格：打开或关闭栅格显示。当显示栅格时，屏幕上会出现类似方格纸的图形，这有助于在绘图时进行定位。栅格的间距可通过快捷菜单中的相关命令设定。
- 正交：打开或关闭正交模式。打开此模式，就只能绘制出水平或竖直线段。
- 极轴追踪：打开或关闭极轴追踪模式。打开此模式，可沿一系列极轴角方向进行追踪。用鼠标右键单击该按钮，可设定追踪的增量角度或对追踪属性进行设置。
- 对象捕捉：打开或关闭对象捕捉模式。打开此模式，绘图时可自动捕捉端点、圆心等几何点。
- 对象捕捉追踪：打开或关闭对象捕捉追踪模式。打开此模式，绘图时可自动从端点、圆心等几何点处，沿正交方向或极轴角方向进行追踪。使用此功能时，必须打开对象捕捉模式。
- 动态 UCS：打开时，在绘图及编辑过程中，用户坐标系自动与三维对象的平面对齐。
- 动态输入：打开或关闭动态输入。打开时，将在十字光标附近显示命令提示信息、命令选项及输入框。
- 线宽：打开或关闭线宽显示。
- 透明度：打开或关闭对象的透明度特性。
- 选择循环：将十字光标移动到对象重叠处时，十字光标的形状会发生变化，单击，弹出【选择集】列表框，可从中选择某一对象。
- 注释比例 1:1 ▾：设置当前注释比例，也可自定义注释比例。
- 显示注释对象：显示所有注释性对象或仅显示具有当前注释比例的注释性对象。
- 添加注释比例：改变当前注释比例时，将新的比例赋予所有注释性对象。
- 隔离或隐藏对象：单击此按钮，在弹出的菜单中可利用相关命令隔离或隐藏对象，也可解除这些操作。
- 工作空间：切换工作空间，包括【二维草图与注释】【ZWCAD 经典】等工作空间；显示或关闭菜单栏及功能区。
- 全屏显示：打开或关闭全屏显示。
- 自定义：自定义状态栏上的按钮。

一些工具按钮的控制可通过相应的快捷键来实现，如表 1-1 所示。

表 1-1 工具按钮及相应的快捷键

按钮	快捷键	按钮	快捷键
对象捕捉	F3	极轴追踪	F10
栅格	F7	对象捕捉追踪	F11
正交	F8	动态输入	F12
捕捉	F9		

要点提示 和按钮是互斥的，若启用其中一个按钮，则另一个自动关闭。

1.3 学习基本操作

下面介绍在中望 CAD 中常用的基本操作。

1.3.1 用中望 CAD 绘图的基本过程

【练习 1-2】 请读者跟随以下步骤一步一步操作，通过这个练习了解用中望 CAD 绘图的基本过程。

1. 启动中望 CAD 2022。
2. 单击快速访问工具栏上的按钮，打开【选择样板文件】对话框，如图 1-5 所示。该对话框中列出了许多用于创建新图形的样板文件，选择 "zwcadiso. dwt" 文件，单击 打开(O) 按钮，开始绘制新图形。

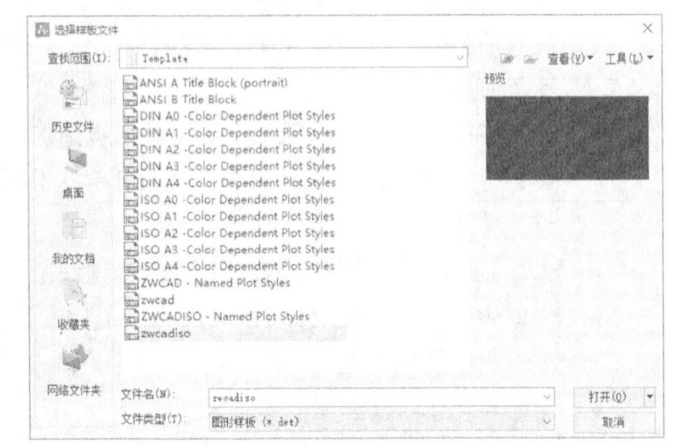

图 1-5 【选择样板文件】对话框

3. 单击状态栏上的、和按钮，使它们处于高亮显示状态。注意，不要单击按钮。
4. 单击【常用】选项卡中【绘图】面板上的按钮，系统提示如下。

```
命令: _line

指定第一个点:                                    //单击确定 A 点
指定下一点或 [角度(A)/长度(L)/放弃(U)]: 300
                                                 //向右移动十字光标，输入线段长度并按 Enter 键
指定下一点或 [角度(A)/长度(L)/放弃(U)]: 400
                                                 //向上移动十字光标，输入线段长度并按 Enter 键
指定下一点或 [角度(A)/长度(L)/闭合(C)/放弃(U)]: 200
                                                 //向右移动十字光标，输入线段长度并按 Enter 键
指定下一点或 [角度(A)/长度(L)/闭合(C)/放弃(U)]: 450
                                                 //向下移动十字光标，输入线段长度并按 Enter 键
指定下一点或 [角度(A)/长度(L)/闭合(C)/放弃(U)]:     //按 Enter 键结束命令
```

结果如图 1-6 左图所示。

5. 按 Enter 键重复绘制线段命令，绘制线段 *BC*，结果如图 1-6 右图所示。
6. 单击快速访问工具栏上的按钮，线段 *BC* 消失，再次单击该按钮，连续折线也消失。单击按钮，连续折线恢复，继续单击该按钮，线段 *BC* 也恢复。
7. 输入画圆命令的全称 CIRCLE 或简称 C，系统提示如下。

```
命令: CIRCLE                          //输入命令，按 Enter 键确认
指定圆的圆心或 [三点(3P)/两点(2P)/切点、切点、半径(T)]:
                                      //单击，指定圆心 D
指定圆的半径或 [直径(D)]: 100          //输入圆半径，按 Enter 键确认
```

8. 单击【常用】选项卡中【绘图】面板上的按钮，系统提示如下。

```
命令: _circle
指定圆的圆心或 [三点(3P)/两点(2P)/切点、切点、半径(T)]:
```

//将十字光标移动到端点 A 处，中望 CAD 自动捕捉该点，再单击确认圆心
指定圆的半径或 [直径(D)] <100.0000>: 160　　　　//输入圆半径，按Enter键

结果如图 1-7 所示。

图 1-6　绘制线段　　　　图 1-7　绘制圆

9. 滚动鼠标滚轮，系统将以十字光标为中心缩放视图。按住鼠标滚轮，十字光标变成手的形状，向左或向右拖动图形，直至图形不可见为止。

10. 双击鼠标滚轮，图形将全部显示在绘图窗口中，如图 1-8 所示。

11. 单击鼠标右键，在弹出的快捷菜单中选择【缩放】命令，十字光标变成放大镜形状，此时按住鼠标左键不放并向上拖动，图形将缩小，结果如图 1-9 所示。按Esc键或Enter键退出；或者单击鼠标右键，在弹出的快捷菜单中选择【退出】命令。快捷菜单中的【范围缩放】命令可使图形充满整个绘图窗口。

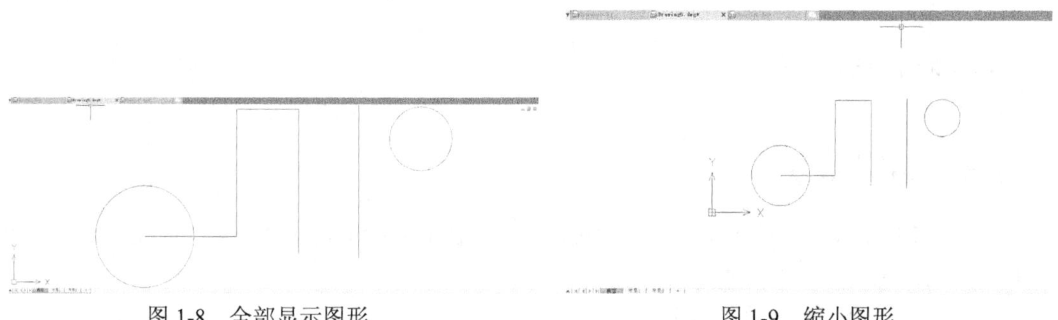

图 1-8　全部显示图形　　　　图 1-9　缩小图形

12. 单击鼠标右键，在弹出的快捷菜单中选择【平移】命令，再单击鼠标右键，在弹出的快捷菜单中选择【缩放窗口】命令，在要缩放的区域左上角单击，移动鼠标指针使矩形框包含图形的一部分，再次单击，矩形框内的图形被放大。单击鼠标右键，在弹出的快捷菜单中选择【回到最初的缩放状态】命令，则恢复为原来的图形。

13. 单击【常用】选项卡中【修改】面板上的按钮，系统提示如下。

命令: _erase
选择对象:　　　　//单击 A 点，如图 1-10 左图所示
指定对角点: 找到 1 个　　　　//向右下方移动鼠标指针，出现一个实线矩形窗口
　　　　//在 B 点处单击，矩形窗口内的圆被选中，被选对象变为虚线
选择对象:　　　　//按Enter键删除圆
命令:
_ERASE　　　　//按Enter键重复命令
选择对象:　　　　//单击 C 点
指定对角点: 找到 4 个　　　　//向左下方移动鼠标指针，出现一个虚线矩形窗口
　　　　//在 D 点处单击，矩形窗口内的对象及与该窗口相交的所有对象都被选中
选择对象:　　　　//按Enter键删除圆和线段

结果如图 1-10 右图所示。

14. 单击用户界面左上角的图标，选择【另存为】命令（或单击快速访问工具栏上的按钮），弹出【图形另存为】对话框，在该对话框的【文件名】文本框中输入新文件名。该文

件的默认类型为“.dwg”，若想更改，可在【文件类型】下拉列表中选择其他类型。

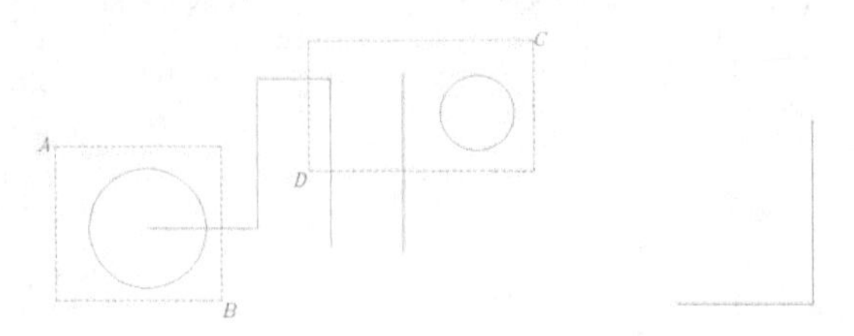

图 1-10　删除对象

1.3.2　切换工作空间

利用快速访问工具栏上的 二维草图与注释 下拉列表框或状态栏上的按钮可以切换工作空间。工作空间是中望 CAD 用户界面中工具栏、面板等的组合。当用户绘制二维或三维图形时，就切换到相应的工作空间，此时中望 CAD 仅显示与绘图任务密切相关的工具栏和面板等，同时隐藏一些不必要的界面元素。

单击按钮，弹出的菜单中列出了中望 CAD 各工作空间的名称，选择其中之一，可切换到相应的工作空间。中望 CAD 提供的工作空间有以下两个。

- 二维草图与注释。
- ZWCAD 经典。

1.3.3　调用命令

调用中望 CAD 命令的方法一般有两种：一种是在命令行中输入命令全称或简称，另一种是在功能区或工具栏上单击命令按钮。

一个典型的命令执行过程如下。

```
命令: CIRCLE                                    //输入命令全称 CIRCLE 或简称 C，按 Enter 键
指定圆的圆心或 [三点(3P)/两点(2P)/切点、切点、半径(T)]:  90,100
                                                //输入圆心坐标，按 Enter 键
指定圆的半径或 [直径(D)] <50.7720>: 70          //输入圆的半径，按 Enter 键
```

（1）方括号“[]”中以“/”隔开的内容表示各个选项，若要选择某个选项，则需输入圆括号中的字母，字母可以是大写或小写形式。例如，若想通过 3 点画圆，就输入“3P”。

（2）尖括号“<>”中的内容是当前默认值。

中望 CAD 的命令执行过程是交互式的，用户输入命令后需按 Enter 键（或空格键）确认，系统才会执行该命令。绘图过程中，中望 CAD 有时需要等待用户输入必要的绘图参数，如输入命令选项、点的坐标或其他几何数据等，输入完成后要按 Enter 键（或空格键）确认，中望 CAD 才会继续执行下一步操作。

在命令行中输入命令的第 1 个或前几个字母后，系统会自动弹出一个列表，列出以相同字母开头的命令名称、系统变量和命令别名，单击命令或利用箭头键选择命令，再按 Enter 键即可执行相应命令。

要点提示　在使用某一命令时按 F1 键，将打开【中望 CAD 帮助】窗口，其中显示了这个命令的帮助信息。

1.3.4 鼠标操作

在功能区或工具栏上单击命令按钮，中望 CAD 就会执行相应的命令。利用中望 CAD 绘图时，用户在多数情况下是通过鼠标发出命令的。鼠标各按键的作用如下。

- 鼠标左键：拾取键，用于单击工具栏上的命令按钮、选择菜单命令，也可在绘图过程中指定点、选择图形对象等。
- 鼠标右键：一般情况下，单击鼠标右键将弹出快捷菜单，该菜单中有【确认】【复制】【缩放】等命令。鼠标右键的功能是可以设定的，在绘图窗口中单击鼠标右键，选择弹出快捷菜单中的【选项】命令，打开【选项】对话框，如图 1-11 所示，在【用户系统配置】选项卡的【Windows 标准】分组框中可以自定义鼠标右键的功能。例如，可以设置命令执行期间鼠标右键的功能仅相当于 Enter 键。

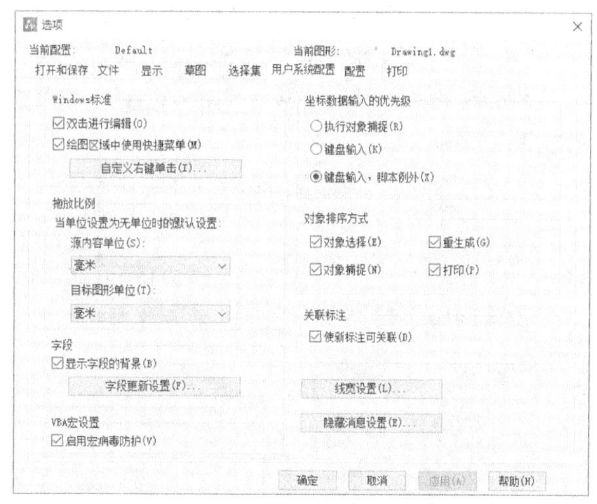

图 1-11 【选项】对话框

- 鼠标滚轮：向前滚动鼠标滚轮，可放大图形；向后滚动鼠标滚轮，可缩小图形。缩放基点为十字光标中点。ZOOMFACTOR 系统变量用来设定缩放增量系数。按住鼠标滚轮不放并拖动图形，可平移图形。双击鼠标滚轮，可全部缩放图形。

1.3.5 选择对象的常用方法

使用编辑命令时需要选择对象，被选中的对象将构成一个选择集。中望 CAD 提供了多种构成选择集的方法。默认情况下，用户能够逐个选择对象，也可利用实线矩形、虚线矩形一次选择多个对象。

一、用实线矩形选择对象

当中望 CAD 提示“选择对象”时，用户在要编辑的对象的左上角或左下角单击，然后向右移动鼠标指针，将显示一个实线矩形，让此矩形完全包含要编辑的对象，再次单击，实线矩形中的所有对象（不包括与矩形的边相交的对象）被选中，被选中的对象将以虚线形式显示。

下面通过 ERASE 命令演示这种选择方法。

【练习 1-3】用实线矩形选择对象。

打开素材文件“dwg\第 1 章\1-3.dwg”，如图 1-12 左图所示。用 ERASE 命令将图 1-12 中的左图修改为右图。

```
命令:_erase
选择对象:                 //在 A 点处单击
指定对角点: 找到 9 个      //在 B 点处单击
选择对象:                 //按 Enter 键结束
```

结果如图 1-12 右图所示。

要点提示　只有当 HIGHLIGHT 系统变量处于打开状态（等于 1）时，中望 CAD 才高亮显示被选择的对象。

二、用虚线矩形选择对象

当中望 CAD 提示“选择对象”时，在要编辑的对象的右上角或右下角单击，然后向左移动鼠标指针，此时会出现一个虚线矩形，使该矩形包含要编辑的对象的一部分，而让其余部分与矩形的边相交，再次单击，则矩形内的对象及与矩形的边相交的对象全部被选中。

下面用 ERASE 命令演示这种选择方法。

【练习 1-4】 用虚线矩形选择对象。

打开素材文件“dwg\第 1 章\1-4.dwg”，如图 1-13 左图所示。用 ERASE 命令将图 1-13 中的左图修改为右图。

```
命令: _erase
选择对象:                    //在 C 点处单击
指定对角点: 找到 14 个       //在 D 点处单击
选择对象:                    //按 Enter 键结束
```

结果如图 1-13 右图所示。

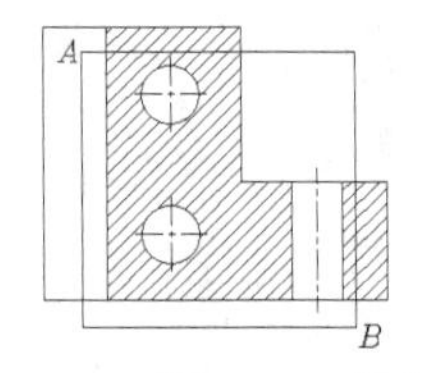

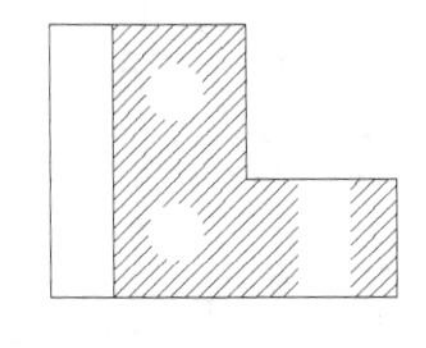

图 1-12　用实线矩形选择对象

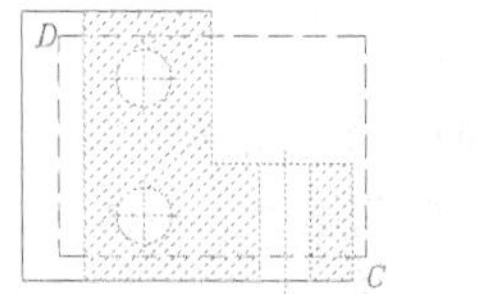

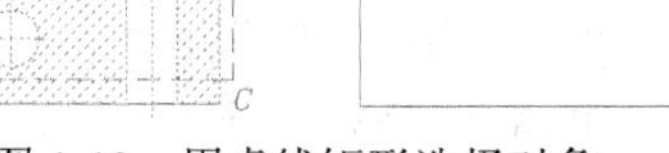

图 1-13　用虚线矩形选择对象

三、给选择集添加对象或从中删除对象

在编辑过程中，用户常常不能一次性构造好选择集，有时需向选择集中添加对象或从中删除对象。在添加对象时，可直接选择或利用实线矩形、虚线矩形选择要添加的对象。若要删除对象，可先按住 Shift 键，再从选择集中选择要删除的对象。

下面通过 ERASE 命令演示修改选择集的方法。

【练习 1-5】 修改选择集。

打开素材文件“dwg\第 1 章\1-5.dwg”，如图 1-14 左图所示。用 ERASE 命令将图 1-14 中的左图修改为右图。

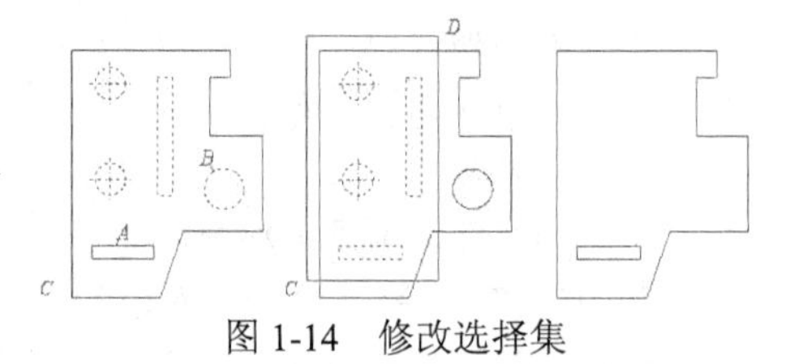

图 1-14　修改选择集

```
命令: _erase
选择对象:                         //在 C 点处单击
指定对角点: 找到 8 个             //在 D 点处单击
选择对象: 找到 1 个, 删除 1 个, 总计 7 个
                                  //按住 Shift 键, 选择矩形 A , 将该矩形从选择集中删除
选择对象:找到 1 个, 总计 8 个     //选择圆 B
选择对象:                         //按 Enter 键结束
```

结果如图 1-14 右图所示。

1.3.6　删除对象

ERASE 命令用来删除图形对象，该命令没有任何选项。要删除一个对象，用户可以先选择该对象，然后单击【修改】面板上的 按钮，或者输入 ERASE（简写为 E）命令；也可先输

入 ERASE 命令，再选择要删除的对象。

此外，选择对象后按 Delete 键也可删除对象，或者单击鼠标右键，选择快捷菜单中的【删除】命令删除对象。

1.3.7 撤销和重复命令

执行某个命令后，可随时按 Esc 键撤销该命令。此时，中望 CAD 会返回到命令行。

有时在图形区域内偶然选择了图形对象，该对象上会出现一些高亮显示的小方块，这些小方块被称为关键点，可用于编辑对象（在后面的章节中将详细介绍），要取消显示这些关键点，按 Esc 键即可。

在绘图过程中，经常需要重复执行某个命令，方法是直接按 Enter 键或空格键。

1.3.8 取消已执行的操作

在使用中望 CAD 绘图的过程中，难免会出现错误，要修正这些错误，可执行 UNDO（简写 U）命令或单击快速访问工具栏上的↶按钮。如果想要取消前面执行的多个操作，可反复执行 UNDO 命令或反复单击↶按钮。此外，也可单击↶按钮右边的▾按钮，然后选择要取消哪几个操作。

当取消一个或多个操作后，若又想恢复原来的效果，可执行 REDO 命令或单击快速访问工具栏上的↷按钮。此外，也可单击↷按钮右边的▾按钮，然后选择要恢复哪几个操作。

1.3.9 快速缩放及移动图形

中望 CAD 的图形缩放及移动功能是很完备的，使用起来也很方便。绘图时，经常通过鼠标滚轮来完成这两项操作。此外，在绘图窗口中单击鼠标右键，弹出快捷菜单，选择【缩放】或【平移】命令也能实现同样的功能。

【练习 1-6】观察图形的方法。

1. 打开素材文件“dwg\第 1 章\1-6.dwg”，如图 1-15 所示。

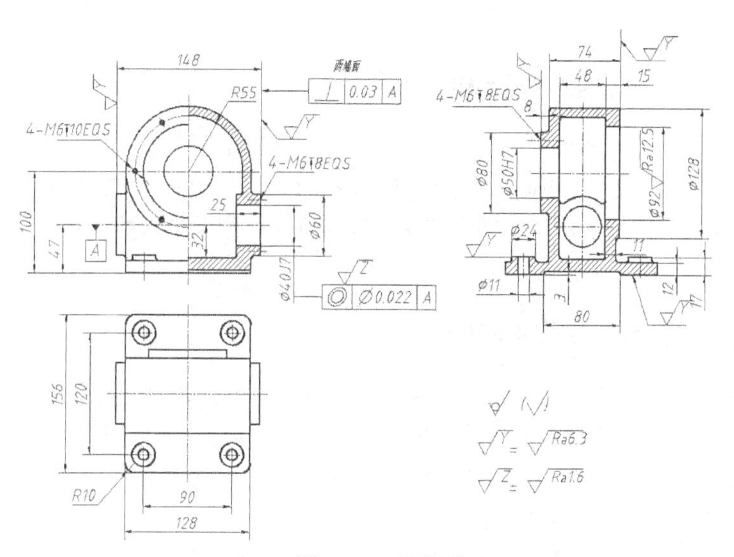

图 1-15 观察图形

2. 将十字光标移动到要缩放的区域，向前滚动鼠标滚轮可放大图形，向后滚动鼠标滚轮可缩小图形。

3. 按住鼠标滚轮，十字光标变成手的形状，拖动可平移图形。

4. 双击鼠标滚轮，全部缩放图形。

5. 单击鼠标右键，在弹出的快捷菜单中选择【缩放】命令，进入实时缩放状态，十字光标变成放大镜形状，此时按住鼠标左键并向上拖动，缩小零件图；控住鼠标左键并向下拖动，放大零件图。单击鼠标右键，在弹出的快捷菜单中选择【退出】命令。

6. 单击鼠标右键，在弹出的快捷菜单中选择【平移】命令，中望CAD进入实时平移状态，十字光标变成手的形状，此时按住鼠标左键并拖动，就可以平移视图。单击鼠标右键，在弹出的快捷菜单中选择【退出】命令。

7. 单击鼠标右键，在弹出的快捷菜单中选择【平移】命令，切换到实时平移状态，平移图形，按Esc键或Enter键退出。

不要关闭文件，下一小节将继续使用。

1.3.10 放大图形及返回最初的显示状态

在绘图过程中，用户经常需要将图形的局部区域放大，以便绘图。绘制完成后，又要返回最初的显示状态，以观察绘图效果。利用快捷菜单中的【缩放】和【回到最初的缩放状态】命令可实现这两项功能。

继续上一小节的练习。

1. 单击鼠标右键，在弹出的快捷菜单中选择【缩放】命令，再次单击鼠标右键，在弹出的快捷菜单中选择【缩放窗口】命令。在主视图左上角的空白处单击，向右下角移动鼠标指针，出现矩形，再次单击，矩形内的图形将放大至充满整个绘图窗口。

2. 单击鼠标右键，在弹出的快捷菜单中选择【回到最初的缩放状态】命令，则返回最初的显示状态。

3. 按住鼠标滚轮并拖动，平移图形。单击鼠标右键，在弹出的快捷菜单中选择【回到最初的缩放状态】命令，返回前一步的视图。按Esc键或Enter键退出。

1.3.11 将图形全部显示在窗口中

双击鼠标滚轮，将所有图形对象以充满绘图窗口的形式显示。

单击鼠标右键，在弹出的快捷菜单中选择【缩放】命令，再次单击鼠标右键，在弹出的快捷菜单中选择【范围缩放】命令，则全部图形以充满整个绘图窗口的形式显示。

1.3.12 设定绘图区域的大小

中望CAD的绘图窗口是无限大的，但用户可以设定绘图窗口中的绘图区域的大小。作图时，事先对绘图区域的大小进行设定，将有助于用户了解图形分布的范围。用户也可在绘图过程中随时缩放图形，以控制其在绘图窗口中的显示效果。

设定绘图区域大小有以下两种方法。

（1）将一个圆（或竖直线段）以充满整个绘图窗口的形式显示，用户依据圆的尺寸就能轻易地估计出当前绘图区域的大小了。

【练习 1-7】设定绘图区域的大小。

1. 单击【绘图】面板上的按钮，系统提示如下。

```
命令: _circle
指定圆的圆心或 [三点(3P)/两点(2P)/切点、切点、半径(T)]:
                                  //在绘图窗口的适当位置单击
指定圆半的径或 [直径(D)]: 50        //输入圆的半径
```

2. 双击鼠标滚轮，直径为 100 的圆将充满整个绘图窗口，如图 1-16 所示。

（2）用 LIMITS 命令设定绘图区域的大小。该命令可以改变栅格的长、宽及位置。栅格是一系列的矩形网格，网格线的间距可以设定，如图 1-17 所示。当栅格在绘图窗口中显示出来后，用户就可根据栅格分布的范围估算出当前绘图区域的大小了。

【练习 1-8】用 LIMITS 命令设定绘图区域的大小。

1. 选择菜单命令【格式】/【图形界限】，系统提示如下。

```
命令: '_limits
指定左下点或限界 [开(ON)/关(OFF)] <0,0>:100,80
          //输入 A 点的 x、y 坐标，或任意单击一点
指定右上点<420,297>: @150,200
          //输入 B 点相对于 A 点的坐标，按 Enter 键
```

2. 单击状态栏上的按钮，显示栅格。用鼠标右键单击该按钮，在弹出的快捷菜单中选择【设置】命令，打开【草图设置】对话框，取消勾选【显示超出界限的栅格】复选框。

3. 单击 确定 按钮，再双击鼠标滚轮，使矩形栅格充满整个绘图窗口。

4. 单击鼠标右键，在弹出的快捷菜单中选择【缩放】命令，按住鼠标左键不放并向上拖动，使矩形栅格缩小。该栅格的尺寸是“150 × 200”，且左下角点的坐标为（100,80），如图 1-17 所示。

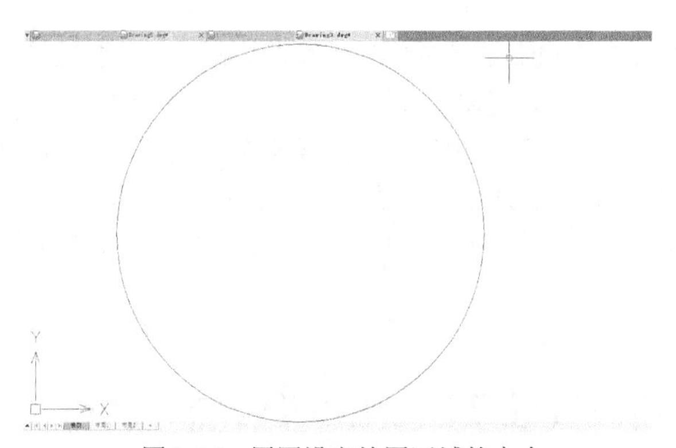

图 1-16　用圆设定绘图区域的大小

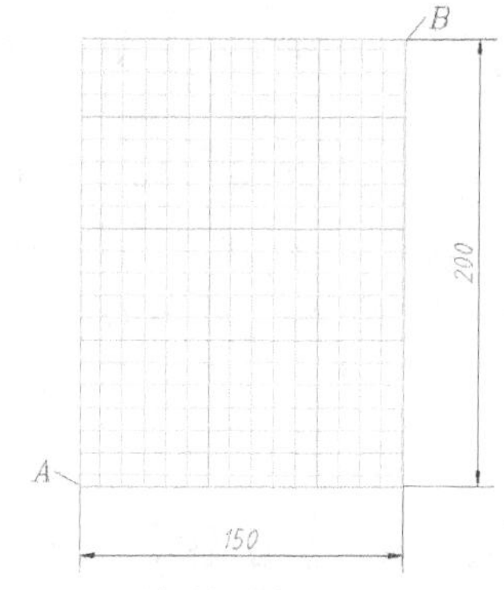

图 1-17　用栅格设定绘图区域的大小

1.3.13　设置单位类型和精度

默认情况下，中望 CAD 的图形单位类型为十进制单位，用户可以根据工作需要设置其他单位类型及显示精度。

选择菜单命令【格式】/【单位】，打开【图形单位】对话框，如图 1-18 所示。在该对话框中可以设定长度和角度的单位类型和精度。长度单位类型有【小数】【工程】【建筑】【分数】【科学】等，角度单位类型有【十进制度数】【弧度】【度/分/秒】等。

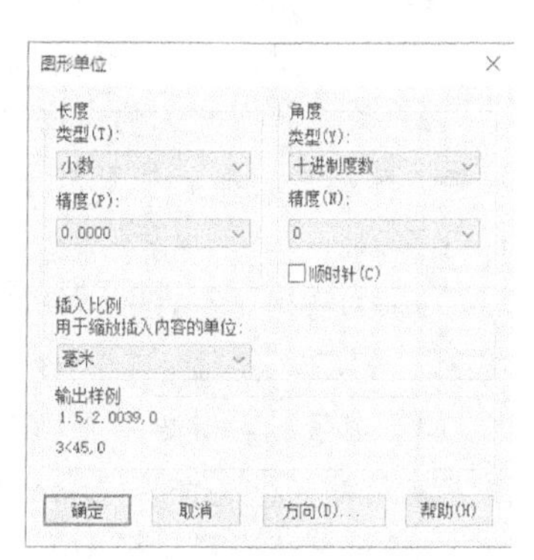

图 1-18　【图形单位】对话框

1.3.14 预览打开的文件及在文件间切换

中望 CAD 的环境是多文档环境，用户可同时打开多个图形文件。要预览打开的文件及在文件间切换，可采用以下方法。

将鼠标指针悬停在 Windows 桌面任务栏中的中望 CAD 程序图标上，将显示出所有已打开文件的预览图片，如图 1-19 所示。将鼠标指针移动到某一预览图片上，预览图片将自动放大，单击它，即可切换到该图形文件。

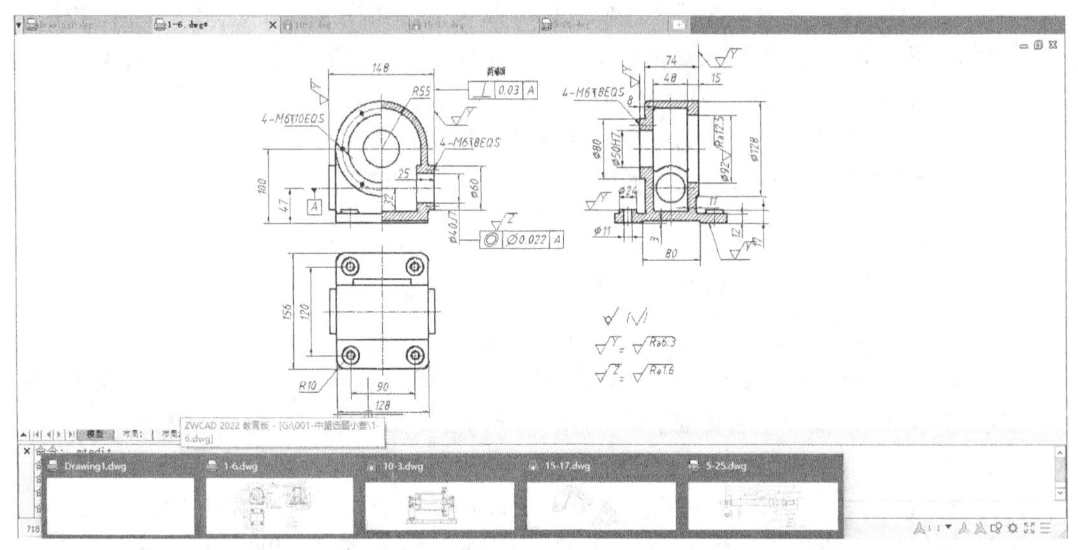

图 1-19 预览文件及在文件间切换

打开多个图形文件后，可利用【视图】选项卡中【窗口】面板上的相关按钮控制多个文件的显示方式。例如，可将它们以层叠、水平或竖直排列等形式布置在用户界面中。

中望 CAD 的多文档设计环境具有 Windows 窗口的剪切、复制和粘贴等功能，因而可以快捷地在各个图形文件间复制、移动对象。如果复制的对象需要在其他的图形中准确定位，那么还可在复制对象的同时指定基准点，这样在执行粘贴操作时就可根据基准点将对象复制到正确的位置。

1.3.15 上机练习——布置用户界面及设定绘图区域的大小

【练习 1-9】布置用户界面，设定绘图区域的大小。

1. 启动中望 CAD 2022。

2. 通过状态栏上的按钮显示菜单栏并打开【绘图】和【修改】工具栏。拖动工具栏的头部边缘，将其布置在用户界面的左边。单击功能区顶部右边的按钮，收拢功能区，如图 1-20 所示。

3. 切换到【ZWCAD 经典】工作空间，再切换到【二维草图与注释】工作空间。展开功能区，关闭工具栏。

4. 用鼠标右键单击文件选项卡，在弹出的快捷菜单中选择【新建文档】命令，创建新文件，采用的样板文件为“zwcadiso.dwt”。

5. 设定绘图区域的大小为 1500 × 1200，并显示出该区域的栅格。单击鼠标右键，在弹出的快捷菜单中选择【缩放】命令，再次单击鼠标右键，在弹出的快捷菜单中选择【范围缩放】命令，使栅格充满整个绘图窗口。

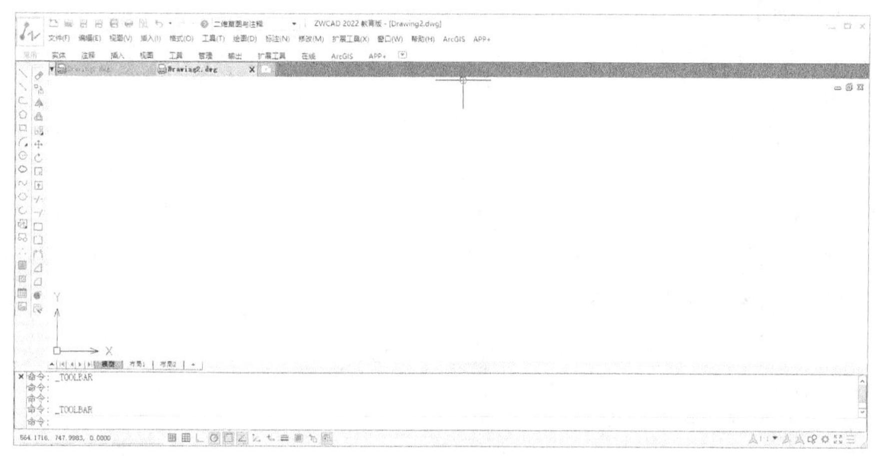

图 1-20 布置用户界面

6. 单击【绘图】面板上的按钮，系统如下。

```
命令: _circle
指定圆的圆心或 [三点(3P)/两点(2P)/切点、切点、半径(T)]:
                                                  //在绘图窗口空白处单击
指定圆的半径或 [直径(D)] <30.0000>: 1              //输入圆的半径
命令:                                              //按Enter键重复上一个命令
CIRCLE 指定圆的圆心或 [三点(3P)/两点(2P)/切点、切点、半径(T)]:
                                                  //在绘图窗口中单击
指定圆的半径或 [直径(D)] <1.0000>: 5               //输入圆的半径
命令:                                              //按Enter键重复上一个命令
CIRCLE 指定圆的圆心或 [三点(3P)/两点(2P)/切点、切点、半径(T)]: *取消*
                                                  //按Esc键取消命令
```

7. 双击鼠标滚轮，使圆充满整个绘图窗口。

8. 单击鼠标右键，在弹出的快捷菜单中选择【选项】命令，打开【选项】对话框，在【显示】选项卡的【圆弧和圆的平滑度】文本框中输入“10000”，然后关闭对话框。

9. 单击鼠标右键，利用快捷菜单中的相关命令平移、缩放图形，并使图形充满绘图窗口。

10. 以“User.dwg”为文件名保存图形文件。

1.4 模型空间及图纸空间

中望 CAD 提供了模型空间和图纸空间两种绘图空间。

一、模型空间

默认情况下，中望 CAD 的绘图空间是模型空间。新建或打开图形文件后，绘图窗口中显示模型空间中的图形。此时，可以在绘图窗口左下角看到世界坐标系的图标，该图标只显示了 x 轴、y 轴。实际上，模型空间是一个三维空间，可以设置不同的观察方向，以便查看不同方向的视图。默认情况下，绘图窗口的视图为“俯视”，表明当前绘图窗口对应的是 xy 平面，因而坐标系图标中只有 x 轴、y 轴。若在【视图】选项卡中将当前视图设定为【西南等轴测】，则绘图窗口中就会显示 3 个坐标轴。

在模型空间中作图时，一般按 1∶1 的比例绘制图形，绘制完成后，再把图形以放大或缩小的比例打印出来。

二、图纸空间

图纸空间是二维绘图空间。单击绘图窗口下边的 模型 或 布局1 | 布局2 按钮，可在图纸空间与模型空间之间切换。

如果处于图纸空间，绘图窗口左下角的图标将变为 ，如图 1-21 所示。可以将图纸空间看作一张“虚拟图纸”，当在模型空间中按 1∶1 的比例绘制图形后，就可切换到图纸空间，把模型空间中的图形按所需的比例布置在“虚拟图纸”上，最后从图纸空间中以 1∶1 的比例将图纸打印出来。

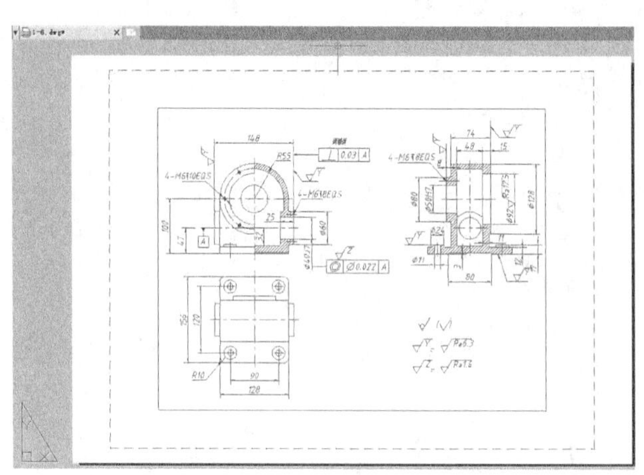

图 1-21　图纸空间

1.5　图形文件管理

图形文件管理一般包括新建文件，打开已有的图形文件，保存文件，以及浏览、搜索图形文件，输入及输出其他格式的文件等，下面分别进行介绍。

1.5.1　新建、打开及保存图形文件

一、新建图形文件

命令启动方法

- 菜单命令：【文件】/【新建】。
- 工具栏：快速访问工具栏上的 按钮。
- 菜单浏览器按钮 ：【新建】。
- 命令：NEW。

执行新建图形文件命令后，系统打开【选择样板文件】对话框，如图 1-22 所示。在该对话框中，用户可选择样板文件或基于公制、英制测量系统创建新图形文件。

中望 CAD 中有许多标准的样板文件，它们都保存在系统安装目录的“Template”文件夹中，扩展名为“.dwt”，用户也可根据需要建立自己的标准样板。

样板文件包含了许多标准设置，如单位类型、精度、图形界限（绘图区域的大小）、标注样式及文字样式等，以样板文件为原型新建图形文件后，该图形文件就具有与样板文件相

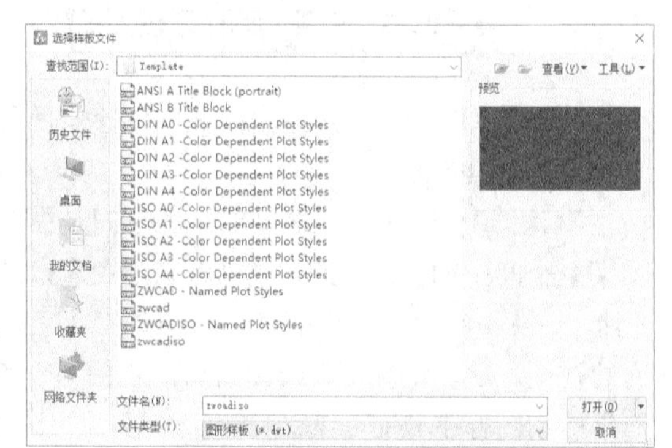

图 1-22　【选择样板文件】对话框

同的作图设置。

常用的样板文件有“zwcadiso.dwt”和“zwcad.dwt”：前者为公制样板，图形界限为420×300；后者为英制样板，图形界限为12×9。

在【选择样板文件】对话框的 打开(O) 按钮旁边有一个▾按钮，单击此按钮，弹出下拉列表，各列表选项介绍如下。

- 【无样板打开-英制】：基于英制测量系统创建新图形文件，中望CAD使用内部默认值控制文字、标注、线型及填充图案文件等。
- 【无样板打开-公制】：基于公制测量系统创建新图形文件，中望CAD使用内部默认值控制文字、标注、线型及填充图案文件等。

二、打开图形文件

命令启动方法

- 菜单命令：【文件】/【打开】。
- 工具栏：快速访问工具栏上的按钮。
- 菜单浏览器按钮：【打开】。
- 命令：OPEN。

执行打开图形文件命令后，系统打开【选择文件】对话框，如图1-23所示。该对话框与微软公司Office软件中相应对话框的样式及操作方式类似，用户可直接在对话框中选择要打开的文件，或者在【文件名】文本框中输入要打开文件的名称（可以包含路径）。此外，还可在文件列表中双击文件名打开文件。该对话框顶部有【查找范围】下拉列表框，左边有文件位置列表，用户可利用它们确定要打开文件的位置并打开文件。

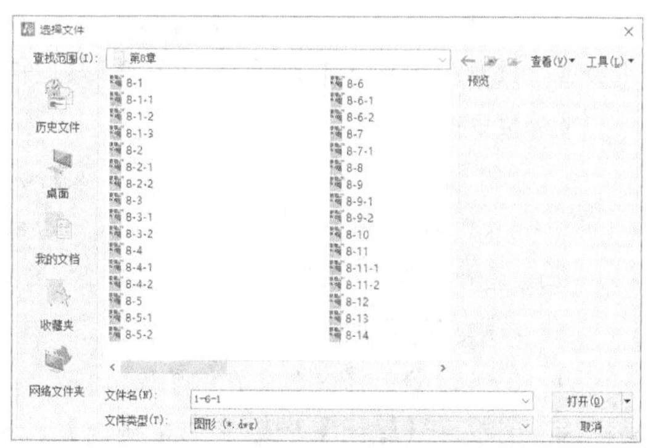

图1-23 【选择文件】对话框

三、保存图形文件

将图形文件存入磁盘一般采取两种方式：一种是以当前文件名快速保存图形文件，另一种是指定新文件名并存储图形文件。

（1）快速保存图形文件。

命令启动方法

- 菜单命令：【文件】/【保存】。
- 工具栏：快速访问工具栏上的按钮。
- 命令：QSAVE。

执行快速保存图形文件命令后，系统将当前图形文件以原文件名直接存入磁盘，而不会给用户任何提示。若当前图形文件名是默认名且是第1次存储文件，则系统会弹出【图形另存为】对话框，如图1-24所示，在该对话框中用户可指定文件的存储位置、文件类型及输入新文件名。

（2）换名存储图形文件。

命令启动方法

- 菜单命令：【文件】/【另存为】。
- 工具栏：快速访问工具栏上的按钮。

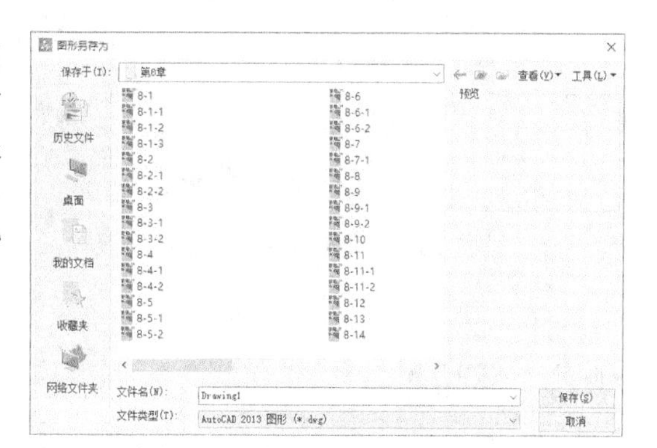

图1-24 【图形另存为】对话框

- 命令：SAVEAS。

执行换名保存图形文件命令后，系统打开【图形另存为】对话框，如图 1-24 所示。用户可在该对话框的【文件名】文本框中输入新文件名，并可在【保存于】和【文件类型】下拉列表中分别设定文件的存储目录和类型。

1.5.2 输入及输出其他格式的文件

中望 CAD 2022 提供了图形输入与输出接口，这不仅可以将在其他应用程序中处理好的数据传送给中望 CAD 并显示图形，还可以把中望 CAD 中的信息传送给其他应用程序。

一、输入不同格式文件

命令启动方法

- 菜单命令：【文件】/【输入】。
- 面板：【插入】选项卡中【输入】面板上的按钮。
- 命令：IMPORT。

执行输入命令后，系统打开【输入文件】对话框，如图 1-25 所示。在【文件类型】下拉列表中可以看到，系统允许输入“.wmf”“.sat”“.dgn”等格式的图形文件。

二、输出不同格式文件

命令启动方法

- 菜单命令：【文件】/【输出】。
- 面板：【输出】选项卡中【输出】面板上的按钮。
- 命令：EXPORT。

执行输出命令后，系统打开【输出数据】对话框，如图 1-26 所示。用户可以通过【保存于】下拉列表设置文件输出的路径，在【文件名】文本框中输入文件名称，在【文件类型】下拉列表中选择文件的输出格式，如“.wmf”“.sat”“.bmp”“.jpg”“.dgn”等。

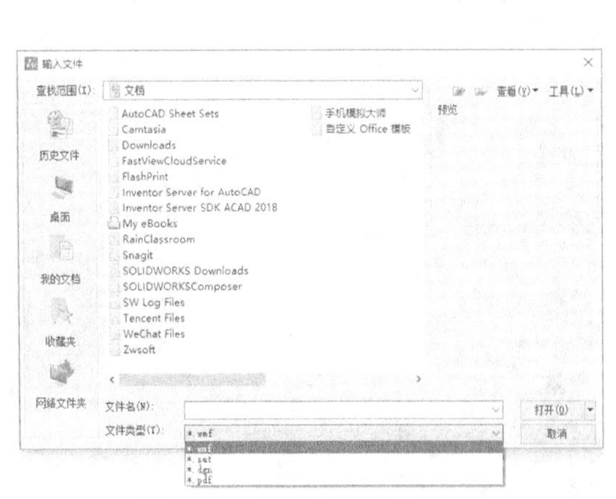

图 1-25 【输入文件】对话框

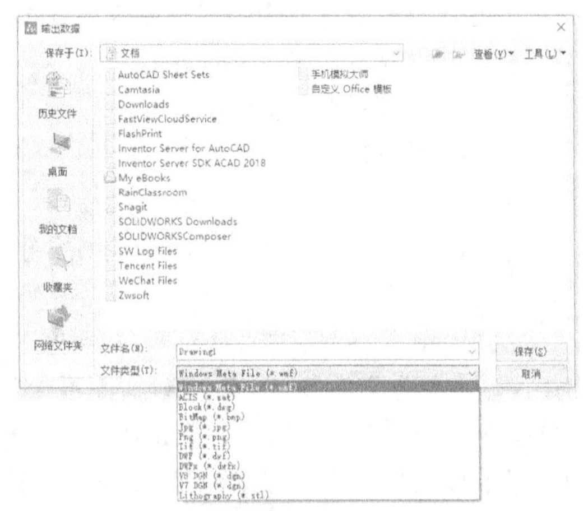

图 1-26 【输出数据】对话框

1.6 习题

1. 以下练习内容包括重新布置用户界面、恢复用户界面，以及切换工作空间等。

（1）以“zwcadiso.dwt”为样板文件新建图形文件。

（2）收拢功能区，打开【绘图】【修改】【对象捕捉】【实体】工具栏，移动所有工具栏的位置，并调整【实体】工具栏的形状，如图 1-27 所示。将鼠标指针移动到工具栏的边缘，当其变成双向箭头时，按住鼠标左键不放并拖动工具栏形状就会发生变化。

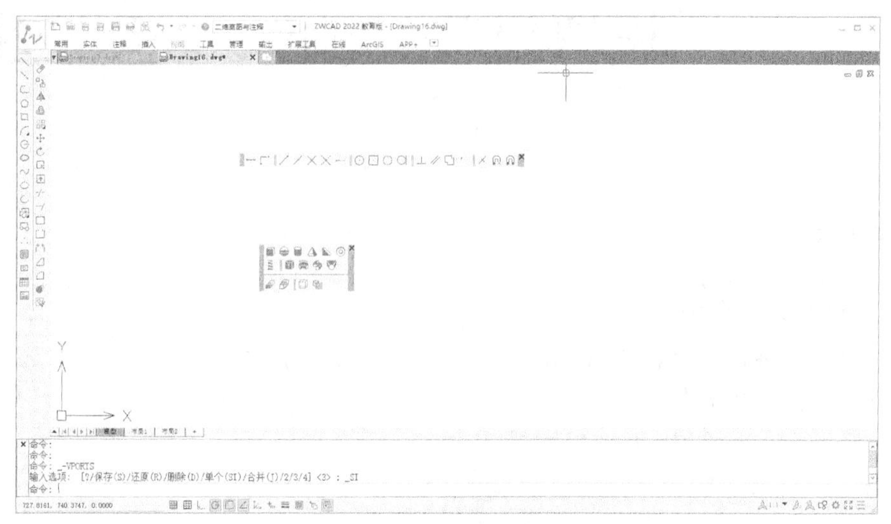

图 1-27 重新布置用户界面

（3）切换到【ZWCAD 经典】工作空间，再切换到【二维草图与注释】工作空间。

（4）展开功能区，关闭【绘图】【修改】【对象捕捉】【实体】工具栏。

2．以下练习内容包括创建及存储图形文件、熟悉中望 CAD 命令的执行过程，以及快速查看图形等。

（1）利用中望 CAD 提供的样板文件“zwcadiso.dwt”新建文件。

（2）用 LIMITS 命令设定绘图区域的大小为 1000×1000。

（3）仅显示出绘图区域内的栅格，并使栅格充满整个绘图窗口。

（4）单击【绘图】面板上的按钮，系统提示如下。

```
命令: _circle
指定圆的圆心或 [三点(3P)/两点(2P)/切点、切点、半径(T)]:
                                           //在绘图区域中单击
指定圆的半径或 [直径(D)] <30.0000>: 50       //输入圆的半径
命令:                                       //按Enter键重复上一个命令
CIRCLE 指定圆的圆心或 [三点(3P)/两点(2P)/切点、切点、半径(T)]:
                                           //在绘图区域中单击
指定圆的半径或 [直径(D)] <50.0000>: 100      //输入圆的半径
命令:                                       //按Enter键重复上一个命令
CIRCLE 指定圆的圆心或 [三点(3P)/两点(2P)/切点、切点、半径(T)]: *取消*
                                           //按Esc键取消命令
```

（5）单击鼠标右键，利用快捷菜单中的相关命令平移、缩放图形。

（6）双击鼠标滚轮，使图形充满整个绘图窗口。

（7）以“User.dwg”为文件名保存图形文件。

第2章

设置图层、颜色、线型及线宽

主要内容

- 创建及设置图层。
- 控制及修改图层状态。
- 切换当前图层、使某一个图形对象所在图层成为当前图层。
- 修改已有对象的图层、颜色、线型或线宽。
- 排序图层、删除图层及重新命名图层。
- 修改非连续线的外观。

2.1 创建及设置图层

可以将中望CAD中的图层想象成透明胶片，用户把各种类型的图形元素画在上面，中望CAD再将它们叠加在一起显示出来。例如，在图层*A*上绘制挡板，在图层*B*上绘制支架，在图层*C*上绘制螺钉，最终的显示结果是各图层内容叠加后的效果，如图2-1所示。

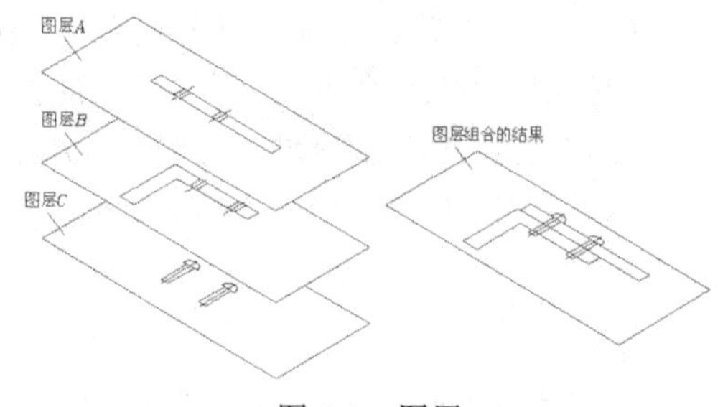

图2-1 图层

用中望CAD绘图时，图形元素处于某个图层上。默认情况下，当前图层是“0”图层，若没有切换至其他图层，则用户所画图形在“0”图层上。每个图层都有与其关联的颜色、线型和线宽等属性信息，用户可以对这些信息进行设定或修改。当在某一图层上作图时，生成的图形元素的颜色、线型和线宽就与当前图层的设置完全相同（默认情况下）。对象的颜色将便于用户辨别图样中的相似实体，而线型、线宽等特性将便于用户辨别不同类型的图形元素。

【练习2-1】下面练习创建及设置图层。

名称	颜色	线型	线宽
轮廓线层	白色	Continuous	0.5
中心线层	红色	Center	默认
虚线层	黄色	Dashed	默认
剖面线层	绿色	Continuous	默认
尺寸标注层	绿色	Continuous	默认
文字说明层	绿色	Continuous	默认

一、创建图层

1. 单击【常用】选项卡中【图层】面板上的图层特性按钮，打开【图层特性管理器】，单击按钮，图层列表中将显示名为“图层1”的图层。

2. 为便于区分不同图层，用户应取一个能表明图层上图元特性的新名称来取代该默认名。直接输入“轮廓线层”，图层列表中的“图层 1”就被“轮廓线层”代替，继续创建其他的图层，结果如图 2-2 所示。

请注意，图层“0”左边有标记“√”，表示该图层是当前图层。

要点提示 若在【图层特性管理器】的图层列表中事先选中一个图层，然后单击图层特性按钮或按 Enter 键，则新图层与被选择的图层具有相同的颜色、线型和线宽等设置。

二、指定图层颜色

1. 在【图层特性管理器】中选中图层。

2. 单击图层列表中与所选图层关联的■白图标，打开【选择颜色】对话框，如图 2-3 所示。用户可通过该对话框设置图层颜色。

图 2-2 创建图层

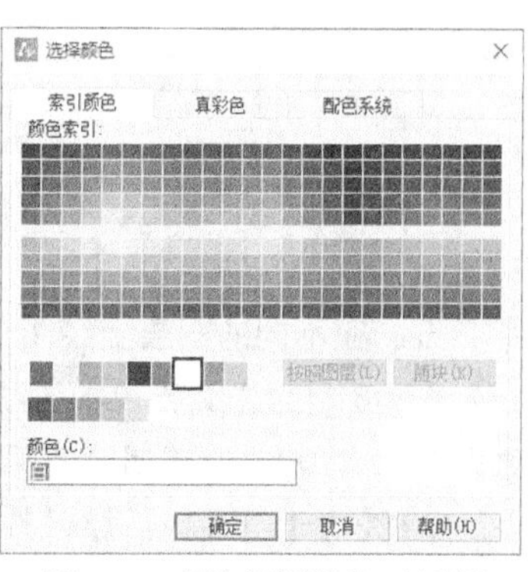

图 2-3 【选择颜色】对话框

三、给图层分配线型

1. 在【图层特性管理器】中选中图层。

2. 在图层列表的【线型】列中显示了与图层关联的线型。默认情况下，图层线型是【连续】。单击【连续】，打开【线型管理器】对话框，如图 2-4 所示。在该对话框中，用户可以选择一种线型或从线型文件中加载更多线型。

3. 单击 加载(L)... 按钮，打开【添加线型】对话框，如图 2-5 所示。该对话框列出了线型文件中包含的所有线型，用户可在列表框中选择一种或几种所需的线型，再单击 确定 按钮，这些线型就会被加载到系统中。当前【线型文件】是“zwcadiso.lin”，单击 浏览(B)... 按钮，可选择其他的线型文件。

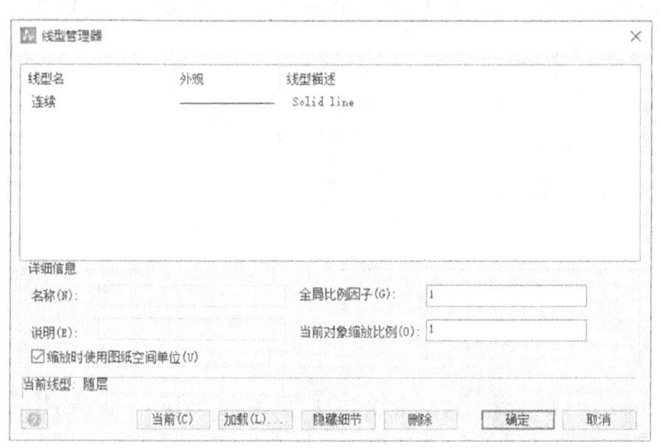

图 2-4 【线型管理器】对话框

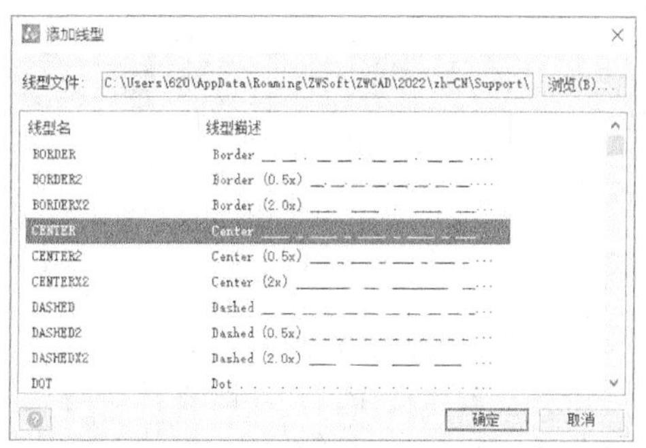

图 2-5 【添加线型】对话框

四、设定线宽

1. 在【图层特性管理器】中选中图层。

2. 单击图层列表中【线宽】列的 —— 默认 ，打开【线宽】对话框，如图 2-6 所示，用户可通过该对话框设置线宽。

如果要使图形对象的线宽在模型空间中显示得更宽或更窄，可以调整线宽比例。在状态栏的按钮上单击鼠标右键，弹出快捷菜单，选择【设置】命令，打开【线宽设置】对话框，如图 2-7 所示，在该对话框的【调整显示比例】分组框中拖动滑块就可改变显示比例。

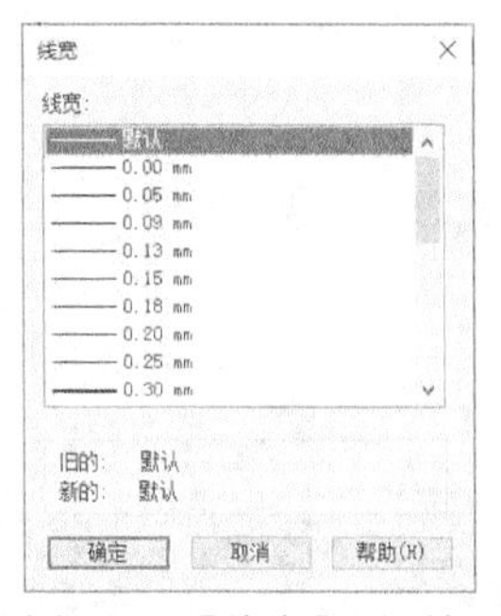

图 2-6　【线宽】对话框

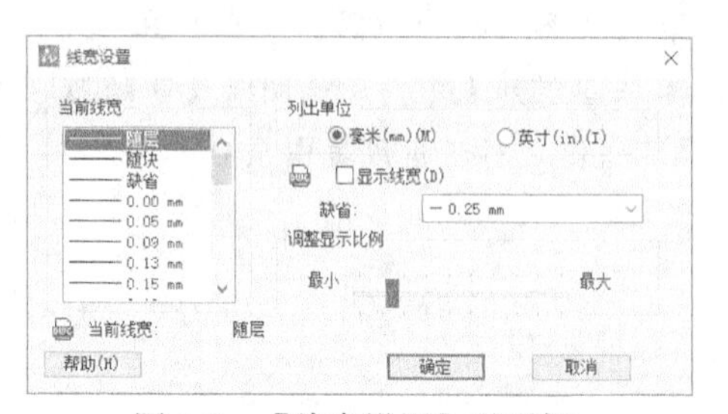

图 2-7　【线宽设置】对话框

五、在不同的图层上绘图

1. 指定当前图层。在【图层特性管理器】中选中“轮廓线层”，单击按钮，该图层左边出现“√”标记，说明“轮廓线层”变为当前图层。

2. 关闭【图层特性管理器】，单击【绘图】面板上的按钮，绘制任意几条线段，这些线条的颜色为白色，线宽为 0.5 毫米。单击状态栏上的按钮，这些线条便显示出线宽。

3. 设定“中心线层”或“虚线层”为当前图层，绘制线段，观察效果。

要点提示　中心线及虚线中的短画线及空格大小可通过线型全局比例因子（LTSCALE）调整，详见 2.6 节。

2.2　控制图层状态

图层状态主要包括打开与关闭、冻结与解冻、锁定与解锁、打印与不打印等，中望 CAD 用不同形式的图标表示这些状态。用户可通过【图层特性管理器】或【图层】面板上的【图层控制】下拉列表对图层状态进行控制，如图 2-8 所示。

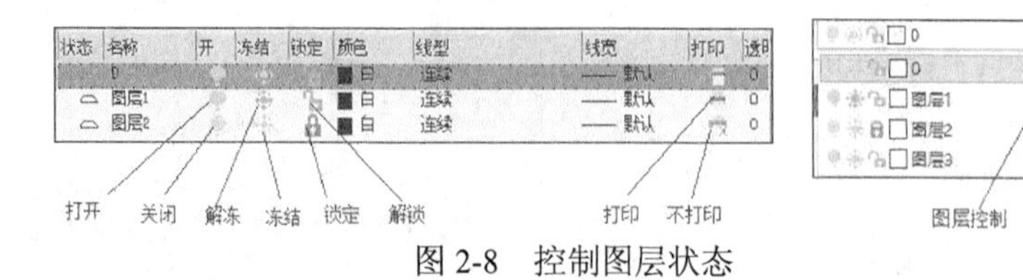

图 2-8　控制图层状态

下面对图层状态做详细说明。

（1）打开/关闭：单击图标，将关闭或打开某一图层。打开的图层是可见的，而关闭的图层不可见，也不能被打印。当重新生成图形时，被关闭的图层将一起生成。

（2）解冻/冻结：单击图标，将冻结或解冻某一图层。解冻的图层是可见的，若冻结某个图层，则该图层不可见，也不能被打印。当重新生成图形时，系统不再重新生成该图层上的对象，因而冻结一些图层后，可以加快 ZOOM、PAN 等命令和许多其他操作的执行速度。

要点提示 解冻一个图层将引起整个图形重新生成，而打开一个图层则不会导致这种现象发生（只是重画这个图层上的对象），因此如果需要频繁地改变图层的可见性，应关闭而不应冻结该图层。

（3）解锁/锁定：单击图标，将锁定或解锁某一图层。被锁定的图层是可见的，但该图层上的对象不能被编辑。用户可以将锁定的图层设置为当前图层，并能向它添加图形对象。

（4）打印/不打印：单击图标，就可设定某一图层是否打印。指定某图层不打印后，该图层上的对象仍会显示。图层的不打印设置只对图样中的可见图层（图层是打开并且是解冻的）有效。若图层设为可打印但该图层是冻结或关闭的，则系统不会打印该图层。

2.3 有效地使用图层

控制图层的一种方法是单击【图层】面板上的按钮，在打开的【图层特性管理器】中完成上述任务。此外，还有另一种更简捷的方法——使用【图层】面板上的【图层控制】下拉列表，如图 2-9 所示。该下拉列表包含当前图形中的所有图层，并显示各图层的状态图标。该下拉列表主要包含以下 3 项功能。

- 切换当前图层。
- 设置图层状态。
- 修改已有对象所在的图层。

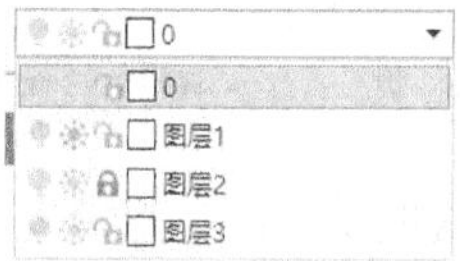

图 2-9 【图层控制】下拉列表

【图层控制】下拉列表框有 3 种显示模式。

- 若用户没有选择任何图形对象，则该下拉列表框显示当前图层。
- 若用户选择了一个或多个对象，而这些对象又同属一个图层，则该下拉列表框显示该图层。
- 若用户选择了多个对象，而这些对象又不属于同一个图层，则该下拉列表框是空白的。

2.3.1 切换当前图层

要在某个图层上绘图，必须先使该图层成为当前图层。通过【图层控制】下拉列表，用户可以快速地切换当前图层，方法如下。

1. 单击【图层控制】下拉列表框右边的箭头，打开下拉列表。
2. 选择欲设置成当前图层的图层名称，操作完成后，该下拉列表自动关闭。

要点提示 此种方法只能在当前没有对象被选中的情况下使用。

切换当前图层也可在【图层特性管理器】中完成。在【图层特性管理器】中选择某一图层，然后单击按钮，则被选择的图层变为当前图层。显然，此方法比前一种要烦琐一些。

要点提示 在【图层特性管理器】中选择某一图层，然后单击鼠标右键，弹出快捷菜单，如图 2-10 所示。利用此快捷菜单，用户可以设置当前图层、新建图层或选择某些图层。

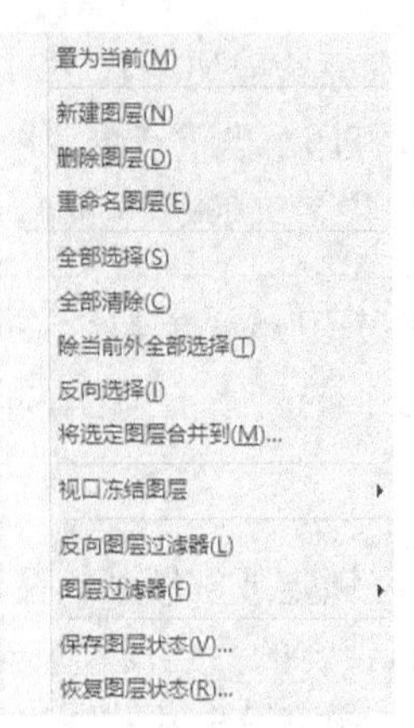

图 2-10 快捷菜单

2.3.2 使某一个图形对象所在的图层成为当前图层

有两种方法可以将某个图形对象所在的图层修改为当前图层。

（1）先选择图形对象，【图层控制】下拉列表框中将显示该对象所在的图层，再按 Esc 键取消选择，然后通过【图层控制】下拉列表切换当前图层。

（2）选择图形对象，单击【图层】面板上的按钮，则此对象所在的图层就变成当前图层。显然，此方法更简捷。

2.3.3 修改图层状态

【图层控制】下拉列表中显示了图层状态图标，单击图标就可以切换图层状态。在修改图层状态时，该下拉列表将保持打开状态，用户能在列表中修改多个图层的状态。修改完成后，单击下拉列表外部或顶部将下拉列表关闭。

修改对象所在图层的状态也可通过【图层】面板中的命令按钮完成，如表 2-1 所示。

表 2-1 控制图层状态的命令按钮

按钮	功能	按钮	功能
	单击此按钮，选择对象，则对象所在的图层被关闭		单击此按钮，解冻所有图层
	单击此按钮，打开所有图层		单击此按钮，选择对象，则对象所在的图层被锁定
	单击此按钮，选择对象，则对象所在的图层被冻结		单击此按钮，选择对象，则对象所在的图层被解锁

2.3.4 修改对象所在的图层

如果用户想把某个图层上的对象移动到其他图层上，可先选择该对象，然后在【图层控制】下拉列表中选择要放置的图层的名称。操作结束后，下拉列表自动关闭，被选择的图形对象转移到新的图层上。

单击【图层】面板中的按钮，选择图形对象，然后选择对象或图层名称指定目标图层，所选对象将转移到目标图层上。

选择图形对象，单击【图层】面板中的按钮，所选对象将转移到当前图层上。

选择图形对象，单击【图层】面板中的按钮，再指定目标图层，所选对象将复制到目标图层上，且可指定复制的距离及方向。

2.3.5 分别查看图层上的对象及改变所有图层的状态

利用图层浏览器可以分别查看图层上的对象，并能改变所有图层的状态。单击【图层】面板中的按钮，打开【图层浏览器】对话框，如图 2-11 左图所示。该对话框列出了图形中各图层上的对象，并布置了改变所有图层状态的命令按钮。

单击【图层】面板中的按钮，打开【图层浏览】对话框，如图 2-11 右图所示。该对话框列出了图形中的所有图层，选择其中之一，则绘图窗口中仅显示所选图层上的对象。

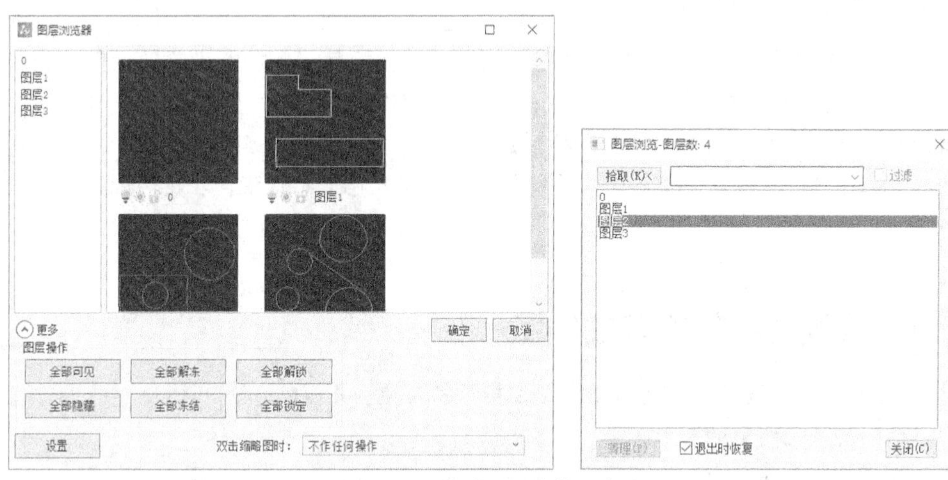

图 2-11 查看图层上的对象

2.3.6 隔离图层

图层被隔离后，只有被隔离的图层是可见或解锁状态，其他图层是关闭或锁定状态。选择对象，单击【图层】面板中的按钮隔离图层，再单击按钮解除隔离。执行“隔离”命令前，可设置未隔离图层是关闭或锁定状态。

2.4 改变对象颜色、线型及线宽

用户通过【属性】面板可以方便地设置对象的颜色、线型、线宽等。默认情况下，该面板上的【颜色控制】【线型控制】【线宽控制】3 个下拉列表框中显示【随层】，如图 2-12 所示。“随层”的意思是所绘对象的颜色、线型和线宽等属性与当前图层所设定的完全相同。本节将介绍怎样临时设置即将创建的图形对象的颜色、线型和线宽，以及如何修改已有对象的这些特性。

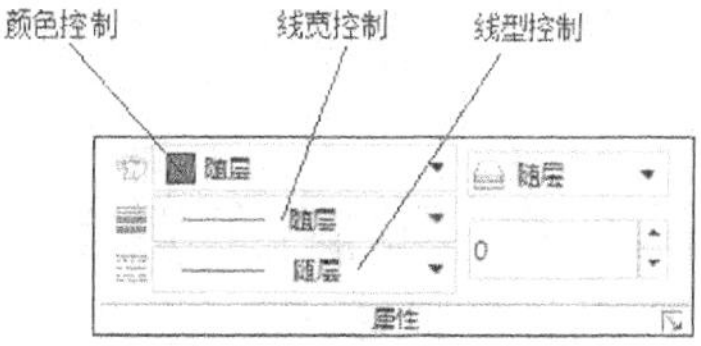

图 2-12 【属性】面板

2.4.1 修改对象颜色

要改变已有对象的颜色，可通过【属性】面板上的【颜色控制】下拉列表来完成，方法如下。

1. 选择要改变颜色的图形对象。

2. 在【属性】面板中打开【颜色控制】下拉列表，然后选择所需颜色。

3. 如果选择【选择颜色】选项，则打开【选择颜色】对话框，如图2-13所示。通过该对话框，用户可以选择更多种类的颜色。

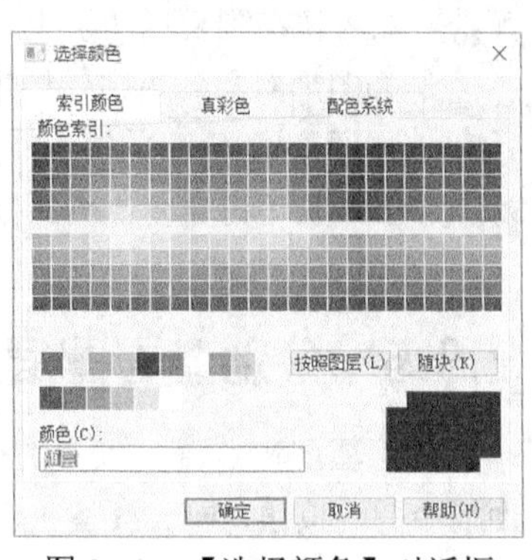

图2-13 【选择颜色】对话框

2.4.2 设置当前颜色

默认情况下，用户在某一图层上创建的图形对象都将使用图层所设置的颜色。若想改变当前图层的颜色，可通过【属性】面板上的【颜色控制】下拉列表来完成，方法如下。

1. 打开【属性】面板上的【颜色控制】下拉列表，选择一种颜色。

2. 当选择【选择颜色】选项时，系统打开【选择颜色】对话框。在该对话框中，用户可做更多选择。

2.4.3 修改对象的线型或线宽

修改已有对象的线型、线宽的操作与改变对象的颜色类似，方法如下。

1. 选择要改变线型的图形对象。

2. 在【属性】面板中打开【线型控制】下拉列表，选择所需的线型。

3. 若选择【其他】选项，则打开【线型管理器】对话框，如图2-14所示。在该对话框中，用户可选择一种或加载更多种线型。

要点提示 用户可以利用【线型管理器】对话框中的 删除 按钮删除未被使用的线型。

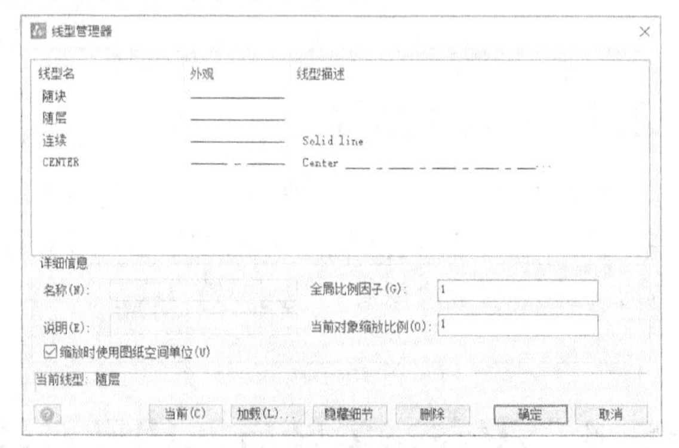

图2-14 【线型管理器】对话框

4. 单击【线型管理器】对话框左下角的 加载(L)... 按钮，打开【添加线型】对话框。该对话框列出了当前线型文件中的所有线型，用户可在列表框中选择一种或几种所需的线型，再单击 确定 按钮，这些线型就会被加载到系统中。

5. 利用【线宽控制】下拉列表修改线宽的步骤与上述类似，这里不再赘述。

2.4.4 设置当前线型或线宽

默认情况下，绘制的对象采用当前图层所设置的线型、线宽。若要使用其他种类的线型、线宽，则必须改变当前图层线型、线宽的设置，方法如下。

1. 打开【属性】面板中的【线型控制】下拉列表，选择一种线型。

2. 若选择【其他】选项，则打开【线型管理器】对话框。用户可在该对话框中选择所需线型或加载更多种类的线型。

3. 单击对话框左下角的 加载(L)... 按钮，打开【添加线型】对话框。该对话框列出了当前线型文件中的所有线型，用户可在列表框中选择一种或几种所需的线型，再单击 确定 按钮，这些线型就会被加载到系统中。

4. 在【线宽控制】下拉列表中可以方便地改变当前图层线宽的设置，步骤与上述类似，这里不再赘述。

2.5 管理图层

管理图层主要包括排序图层、显示所需的图层、删除不再使用的图层和重新命名图层等，下面分别进行介绍。

2.5.1 排序图层及按名称搜索图层

在【图层特性管理器】的图层列表中可以很方便地对图层进行排序，单击图层列表顶部的【名称】标题，系统就将所有图层按字母顺序排列，再次单击此标题，排列顺序就会颠倒。单击图层列表顶部的其他标题，也有类似的作用。

假设有几个图层名称均以某一字母开头，如“D-wall”“D-door”“D-window”等，若想从【图层特性管理器】的图层列表中快速找出它们，可在【搜索图层】文本框中输入要寻找的图层名称，名称中可包含通配符“*”和“？”，其中“*”用来代替任意数目的字符，“？”用来代替任意一个字符。例如，输入“D*”，则图层列表中立刻显示所有图层名称以字母“D”开头的图层。

2.5.2 使用图层特性过滤器

如果图样中包含的图层较少，那么可以很容易地找到某个图层或具有某种特征的一组图层。但当图层数目达到几十个甚至更多时，这项工作就会变得相当困难。图层特性过滤器可帮助用户轻松完成这一任务，该过滤器显示在【图层特性管理器】左边的树状图中，如图 2-15 所示。树状图表明了当前图形中所有过滤器的层次结构，用户选中一个过滤器，系统就会在【图层特性管理器】右边的图层列表中列出满足过滤条件的所有图层。默认情况下，系统提供以下 4 个过滤器。

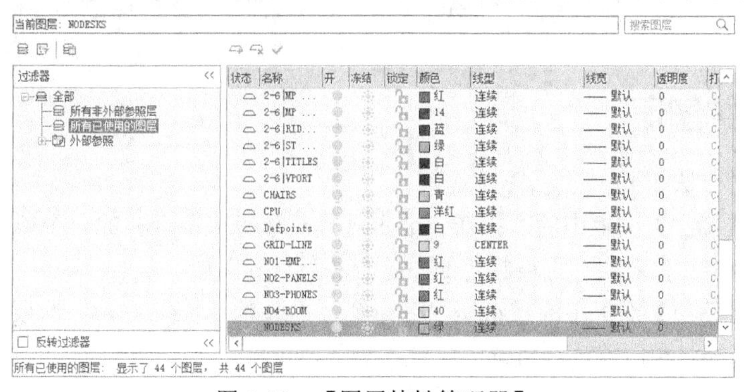

图 2-15 【图层特性管理器】

- 【全部】：显示当前图形的所有图层。
- 【所有非外部参照层】：不显示外部参照图形的图层。
- 【所有已使用的图层】：显示当前图形中所有对象所在的图层。
- 【外部参照】：显示外部参照图形的所有图层。

【练习 2-2】创建及使用图层特性过滤器。

1. 打开素材文件“dwg\第 2 章\2-2.dwg”。
2. 单击【图层】面板上的图层特性按钮，打开【图层特性管理器】，单击左上角的按钮，打开【图层过滤器特性】对话框。
3. 在【过滤器名】文本框中输入新过滤器的名称“名称和颜色过滤器”。
4. 在【过滤器定义】列表框的【名称】列中输入“no*”，在【颜色】列中选择红色，则符合这两个过滤条件的 3 个图层显示在【过滤器预览】列表框中，如图 2-16 所示。
5. 单击 确定(O) 按钮，返回【图层特性管理器】。在左边的树状图中选择新建的过滤器，此时右边的图层列表中列出所有满足过滤条件的图层。

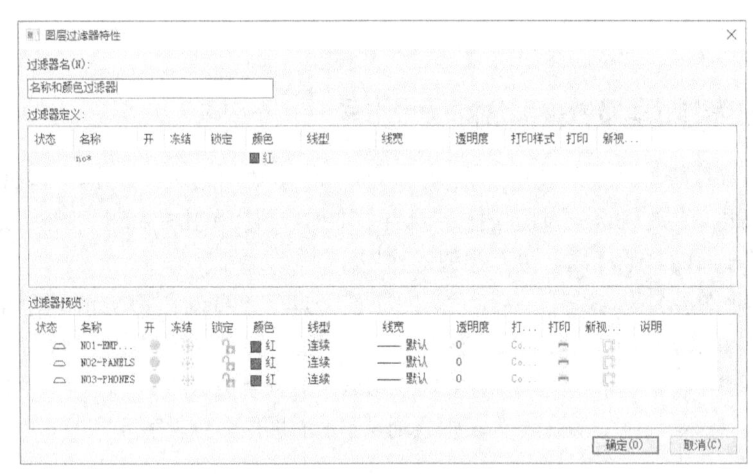

图 2-16 【图层过滤器特性】对话框

2.5.3 删除图层

删除图层的方法是：单击【图层】面板中的按钮，选择图形对象，则该对象所在的图层及图层上的所有对象被删除，但这对当前图层无效。

删除不用的图层的方法是：在【图层特性管理器】中选择图层名称，然后单击按钮，但当前图层、“0”图层、定义点层（Defpoints）及包含图形对象的图层不能被删除。

2.5.4 合并图层

合并图层的方法如下。

（1）单击【图层】面板中的按钮，通过选择对象指定要合并的一个或多个图层，然后继续选择对象指定目标图层，则被指定的图层合并为目标图层。

（2）单击【图层】面板中的按钮，在命令行中选择“名称（N）”选项，选择要合并的图层，然后再选择目标图层，则所选图层合并为目标图层。

2.5.5 重新命名图层

良好的图层名称有助于用户对图样进行管理。要重新命名一个图层，可打开【图层特性管理器】，先选择要修改的图层名称，再单击它，图层名称高亮显示，此时用户可输入新的图层名称，输入完成后，按Enter键结束。

2.6 修改非连续线的外观

非连续线型是由短线、空格等构成的重复图案，图案中的短线长度、空格大小是由线型比例来控制的。用户绘图时常会遇到以下情况，本来想绘制虚线或点画线，但最终绘制出的线型看上去却和连续线一样，其原因是线型比例设置得太大或太小。

2.6.1 改变全局比例因子

LTSCALE 值用于控制线型的全局比例因子，它将影响图样中所有非连续线的外观。其值增大时，将使非连续线中的短线变长和空格增大；其值缩小时，将使非连续线中的短线变短和空格缩小。当用户修改全局比例因子后，系统将重新生成图形，并使所有非连续线发生变化。图 2-17 所示为使用不同全局比例因子时非连续线的外观。

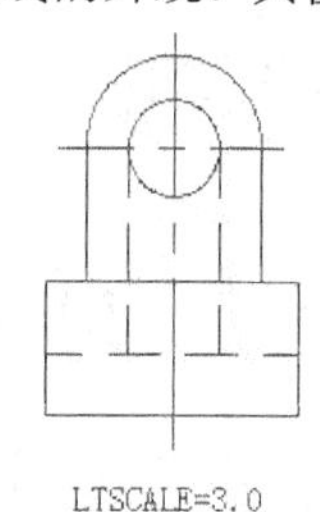

图 2-17　全局比例因子对非连续线外观的影响

改变全局比例因子的方法如下。

1. 打开【属性】面板上的【线型控制】下拉列表，如图 2-18 所示。

2. 在此下拉列表中选择【其他】选项，打开【线型管理器】对话框，单击显示细节(S)按钮，该对话框底部出现【详细信息】分组框，如图 2-19 所示。

3. 在【详细信息】分组框的【全局比例因子】文本框中输入新的比例值。

图 2-18　【线型控制】下拉列表

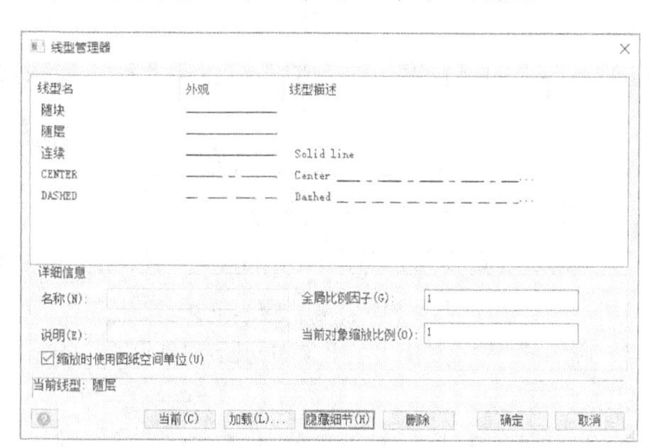

图 2-19　【线型管理器】对话框

2.6.2 改变当前对象的线型比例

有时用户需要为不同对象设置不同的线型比例，因此需单独控制对象的比例。当前对象线型比例是由系统变量 CELTSCALE 设定的，调整该值后，新绘制的非连续线均会受到它的影响。

默认情况下，CELTSCALE=1，该因子与 LTSCALE 同时作用在线型对象上。例如，将 CELTSCALE 设置为 4，LTSCALE 设置为 0.5，则系统在最终显示线型时采用的缩放比例将为 2，即最终显示比例=CELTSCALE×LTSCALE。图 2-20 所示的是 CELTSCALE 分别为 1 和 2 时虚线及中心线的外观。

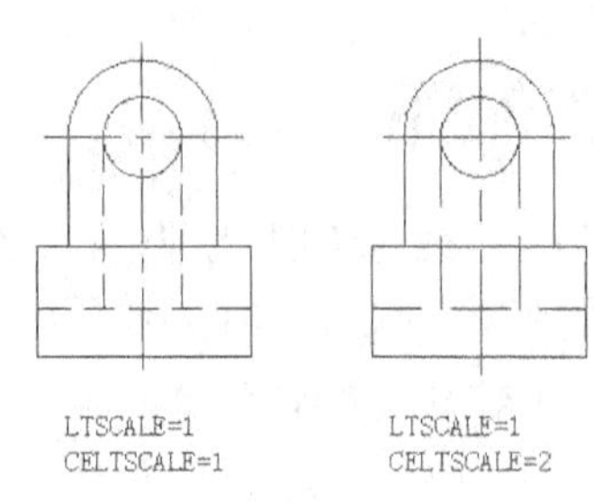

图 2-20 设置当前对象的线型比例

设置当前对象的比例的方法与设置全局比例因子类似，具体步骤参见 2.6.1 小节。该比例也在【线型管理器】对话框中设定，用户可在该对话框的【当前对象缩放比例】文本框中输入新的比例值。

2.7 习题

1．以下练习内容包括创建图层、控制图层状态、将图形对象移动到其他图层上、改变对象的颜色及线型。

（1）打开素材文件“dwg\第 2 章\2-3.dwg”。

（2）创建以下图层。

- 轮廓线。
- 尺寸线。
- 中心线。

（3）将图形的外轮廓线、对称轴线、尺寸标注分别移动到“轮廓线”“中心线”“尺寸线”图层上。

（4）把尺寸标注及对称轴线修改为蓝色。

（5）关闭或冻结“尺寸线”图层。

2．以下练习内容包括修改图层名称、利用图层特性过滤器查找图层、使用图层组。

（1）打开素材文件“dwg\第 2 章\2-4.dwg”。

（2）找到图层“LIGHT”和“DIMENSIONS”，将它们的图层名称分别改为“照明”和“尺寸标注”。

（3）创建图层特性过滤器，利用该过滤器查找所有颜色为黄色的图层，并将这些图层锁定，将颜色改为红色。

第 3 章

绘制和编辑由线段、圆弧构成的平面图形

主要内容

- 输入点的绝对坐标或相对坐标绘制线段。
- 结合对象捕捉、极轴追踪及对象捕捉追踪功能绘制线段。
- 绘制平行线及任意角度斜线。
- 修剪线条、打断线条及调整线段长度。
- 绘制圆、圆弧连接及切线。
- 移动及复制对象。
- 倒圆角及倒角。

3.1 绘制线段的方法

本节主要内容包括输入点的坐标绘制线段、捕捉几何点、修剪线条等。

3.1.1 通过输入点的坐标来绘制线段

LINE 命令可用于在二维或三维空间中创建线段。执行该命令后，用户指定线段的端点或输入端点坐标，系统就会将这些点连接成线段。

常用的点坐标形式如下。

- 绝对直角坐标或相对直角坐标。绝对直角坐标的输入格式为“X,Y”，相对直角坐标的输入格式为“@X,Y”。X 表示点的 x 坐标值，Y 表示点的 y 坐标值，两个坐标值之间用“,”分隔。例如，（−60,30）、（40,70）分别表示图 3-1 中的 A、B 点。
- 绝对极坐标或相对极坐标。绝对极坐标的输入格式为“$R<\alpha$”，相对极坐标的输入格式为“@$R<\alpha$”。R 表示点到原点的距离，α表示极轴方向与 x 轴正向间的夹角。若从 x 轴正向逆时针旋转到极轴方向，则α为正，否则α为负。例如，（70<120）、（50<−30）分别表示图 3-1 中的 C、D 点。

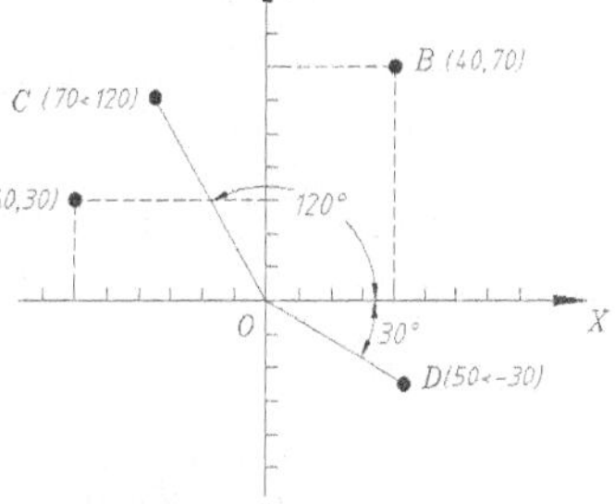

图 3-1　点的坐标

绘制线段时若只输入“$<\alpha$”，而不输入“R”，则表示沿α角度方向绘制任意长度的直线，这种方式称为角度覆盖方式。

一、命令启动方法

- 菜单命令：【绘图】/【直线】。
- 面板：【常用】选项卡中【绘图】面板上的╲按钮。
- 命令：LINE 或简写 L。

【**练习 3-1**】图形左下角点的绝对坐标及图形尺寸如图 3-2 所示，下面用 LINE 命令绘制此图形。

1. 设定绘图区域大小为 100 × 100，该区域左下角点的坐标为（200,150），右上角点的相对坐标为（@100,100）。双击鼠标滚轮，使绘图区域充满整个绘图窗口。

2. 单击【绘图】面板上的╲按钮或输入命令 LINE，执行绘制线段命令。

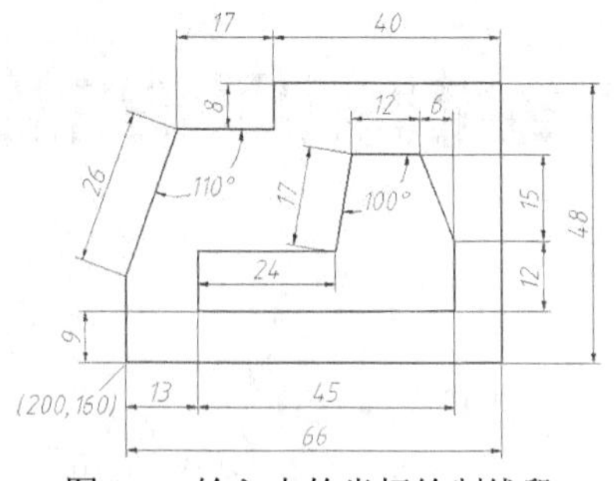

图 3-2 输入点的坐标绘制线段

```
命令： _line
指定第一个点： 200,160                                     //输入 A 点的绝对直角坐标
指定下一点或 [角度(A)/长度(L)/放弃(U)]： @66,0              //输入 B 点的相对直角坐标
指定下一点或 [角度(A)/长度(L)/放弃(U)]： @0,48              //输入 C 点的相对直角坐标
指定下一点或 [角度(A)/长度(L)/闭合(C)/放弃(U)]： @-40,0
                                                           //输入 D 点的相对直角坐标
指定下一点或 [角度(A)/长度(L)/闭合(C)/放弃(U)]： @0,-8
                                                           //输入 E 点的相对直角坐标
指定下一点或 [角度(A)/长度(L)/闭合(C)/放弃(U)]： @-17,0
                                                           //输入 F 点的相对直角坐标
指定下一点或 [角度(A)/长度(L)/闭合(C)/放弃(U)]： @26<-110
                                                           //输入 G 点的相对极坐标
指定下一点或 [角度(A)/长度(L)/闭合(C)/放弃(U)]： c          //使线框闭合
```

结果如图 3-3 所示。

3. 绘制图形的其余部分。

二、命令选项

- 指定第一个点：在此提示下，用户需指定线段的起始点，若此时按 Enter 键，则系统将以上一次所绘制线段或圆弧的终点作为新线段的起点。

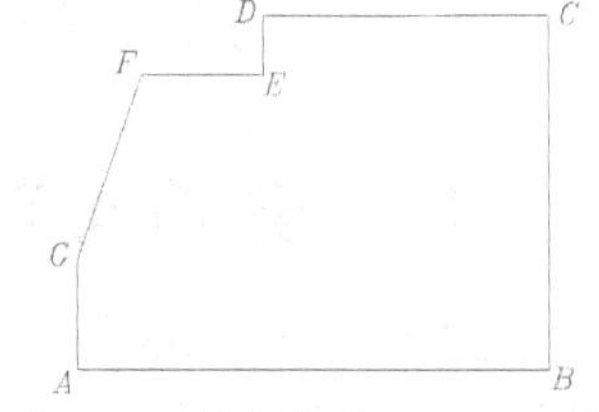

图 3-3 绘制线段 *AB*、*BC* 等

- 指定下一点：在此提示下，输入线段的端点，按 Enter 键后，系统继续提示“指定下一点”，用户可输入下一个端点，也可按 Enter 键结束命令。
- 角度(A)：绘制线段时，先指定线段的角度，再输入线段的长度。
- 长度(L)：绘制线段时，先指定线段的长度，再输入线段的角度。
- 放弃(U)：输入字母“U”，将删除上一条线段；多次输入“U”，则会删除多条线段。该选项可以及时纠正绘图过程中的错误。
- 闭合(C)：使连续折线自动闭合。

3.1.2 使用对象捕捉功能精确绘制线段

用 LINE 命令绘制线段的过程中，可启动对象捕捉功能，以拾取一些特殊的几何点，如端点、圆心、切点等。调用对象捕捉功能有以下 3 种方法。

（1）绘图过程中，当系统提示输入一个点时，可输入捕捉代号或单击捕捉按钮来启动对象捕捉，然后将十字光标移动到要捕捉的特征点附近，系统就会自动捕捉该点。

（2）利用快捷菜单。在绘图窗口中按住 Ctrl 或 Shift 键并单击鼠标右键，在弹出的快捷菜单中选择捕捉何种类型的点，如图 3-4 所示。也可直接单击鼠标右键，利用快捷菜单上的【捕捉替代】命令启动点捕捉。

（3）前面两种捕捉方式仅对当前操作有效，命令结束后，对象捕捉自动关闭，这种捕捉方式称为覆盖捕捉方式。除此之外，用户还可以采用自动捕捉方式来定位点，单击状态栏上的□按钮，就可以打开对象捕捉。在此按钮上单击鼠标右键，弹出快捷菜单，选择【设置】命令，打开【草图设置】对话框，在该对话框的【对象捕捉】选项卡中设置自动捕捉点的类型，如图 3-5 所示。

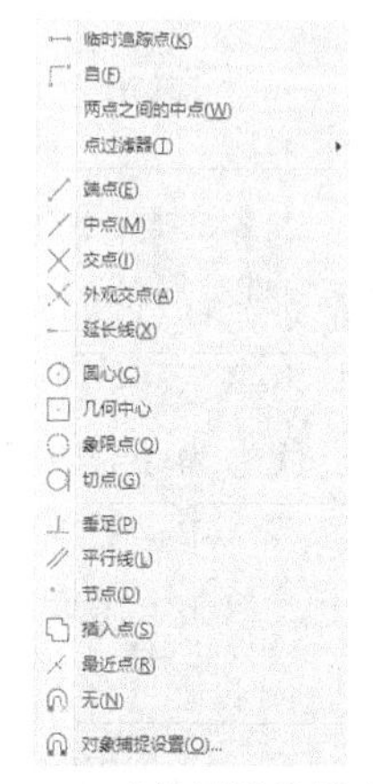

图 3-4 对象捕捉快捷菜单

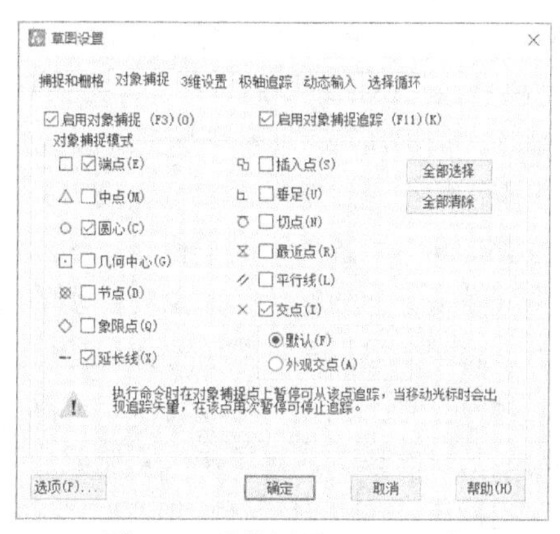

图 3-5 【草图设置】对话框

常用的对象捕捉方式的功能介绍如下。

- 端点：捕捉线段、圆弧等几何对象的端点，捕捉代号为 END。启动端点捕捉后，将十字光标移动到目标点的附近，系统就会自动捕捉该点，再单击确认捕捉。
- 中点：捕捉线段、圆弧等几何对象的中点，捕捉代号为 MID。启动中点捕捉后，将十字光标与线段、圆弧等几何对象相交，系统就会自动捕捉这些对象的中点，再单击确认捕捉。
- 圆心：捕捉圆、圆弧、椭圆的中心，捕捉代号为 CEN。启动圆心捕捉后，将十字光标与圆弧、椭圆等几何对象相交，系统就会自动捕捉这些对象的圆心，再单击确认捕捉。

要点提示 捕捉圆心时，只有当十字光标与圆、圆弧相交时才有效。

- 几何中心：捕捉封闭多段线（多边形等）的几何中心。启动几何中心捕捉后，将十字光标与封闭多段线相交，系统就会自动捕捉该对象的几何中心，再单击确认捕捉。
- 节点：捕捉用 POINT 命令创建的点对象，捕捉代号为 NOD。操作方法与端点捕捉类似。
- 象限点：捕捉圆、圆弧、椭圆的 0°、90°、180°或 270°处的点（象限点），捕捉代号为 QUA。启动象限点捕捉后，将十字光标与圆弧、椭圆等几何对象相交，系统就会显示出离十字光标最近的象限点，再单击确认捕捉。
- 延长线：捕捉延伸点，捕捉代号为 EXT。用户沿几何对象端点开始移动十字光标，此时系统沿该对象显示出捕捉辅助线及捕捉点的相对极坐标，如图 3-6 所示。输入捕捉距离后，系统会定位一个新点。

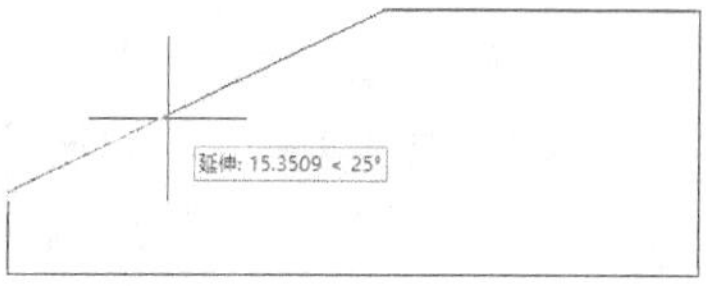

图 3-6 捕捉延伸点

- 插入点：捕捉图块、文字等对象的插入点，捕捉代号为 INS。
- 垂足：在绘制有垂直关系的几何图形时，使用此捕捉方式可以捕捉垂足，捕捉代号为

PER。启动垂足捕捉后，将十字光标与线段、圆弧等几何对象相交，系统就会自动捕捉垂足点，再单击确认捕捉。

- 切点：在绘制有相切关系的几何图形时，使用此捕捉方式可以捕捉切点，捕捉代号为 TAN。启动切点捕捉后，将十字光标与圆弧、椭圆等几何对象相交，系统就会显示出相切点，再单击确认捕捉。
- 最近点：捕捉距离十字光标中心最近的几何对象上的点，捕捉代号为 NEA。操作方法与端点捕捉类似。
- 平行线：平行线捕捉可用于绘制平行线，捕捉代号为 PAR。用 LINE 命令绘制线段 *AB* 的平行线 *CD*，如图 3-7 所示。执行 LINE 命令后，首先指定线段起点 *C*，然后选择平行线捕捉。移动十字光标到线段 *AB* 上，此时该线段上出现小的平行线符号，表示线段 *AB* 已被选定。再移动十字光标到即将创建平行线的位置，此时系统显示出平行线，输入该线长度，即可绘制出平行线。

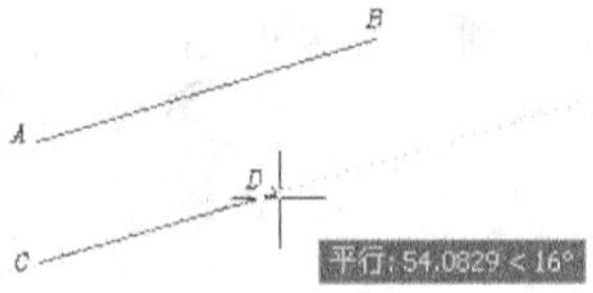

图 3-7　平行线捕捉

- 交点（默认）：捕捉几何对象间真实的或延伸的交点，捕捉代号为 INT。启动交点捕捉后，将十字光标移动到目标点附近，系统就会自动捕捉该点，单击确认捕捉。若两个对象没有直接相交，可先将十字光标放在其中一个对象上，单击，然后把十字光标移动到另一对象上，再单击，系统就会捕捉到交点。
- 临时追踪点：打开对象捕捉追踪功能后，利用捕捉代号 TT 创建临时参考点，该点作为追踪的起始点。
- 自（正交偏移捕捉）：使用此捕捉方式可以相对于一个已知点定位另一点，捕捉代号为 FRO。例如，已经绘制出一个矩形，现在想从 *B* 点开始绘制线段，*B* 点与 *A* 点的关系如图 3-8 所示。

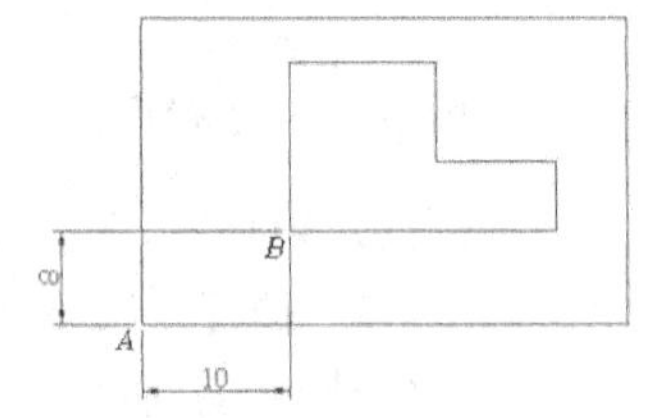

图 3-8　正交偏移捕捉

```
命令: _line
指定第一个点: fro                                  //启动正交偏移捕捉
基点: int 交点                                     //捕捉交点 A 作为偏移的基点
<偏移>: @10,8                                      //输入 B 点相对于 A 点的坐标
指定下一点或 [角度(A)/长度(L)/放弃(U)]:              //拾取下一个端点
指定下一点或 [角度(A)/长度(L)/放弃(U)]:              //按 Enter 键结束
```

- 两点之间的中点：捕捉代号为 M2P。使用这种捕捉方式时，用户需先指定两个点，系统将捕捉到这两点连线的中点。
- 点过滤器：提取点的 *x* 坐标值、*y* 坐标值及 *z* 坐标值，利用这些坐标值指定新的点。捕捉代号为“.x”“.yz”等。

【练习 3-2】打开素材文件“dwg\第 3 章\3-2.dwg”，如图 3-9 左图所示，使用 LINE 命令将图 3-9 中的左图修改为右图。为简化命令序列的显示，只将必要的命令选项列出来，后续讲解也将采用这种方式。

1. 单击状态栏上的□按钮，打开对象捕捉功能，在此按钮上单击鼠标右键，弹出快捷菜单，选择【设置】命令，打开【草图设置】对话框，在该对话框的【对象捕捉】选项卡中设置捕捉类型为【端点】【中点】【延长线】【交点】，如图 3-10 所示。
2. 绘制线段 *BC*、*BD*。*B* 点的位置用正交偏移捕捉确定。

```
命令: _line
指定第一个点: fro        //输入正交偏移捕捉代号“fro”，按 Enter 键
基点:                    //将十字光标移动到 A 点处，系统自动捕捉该点，单击确认
```

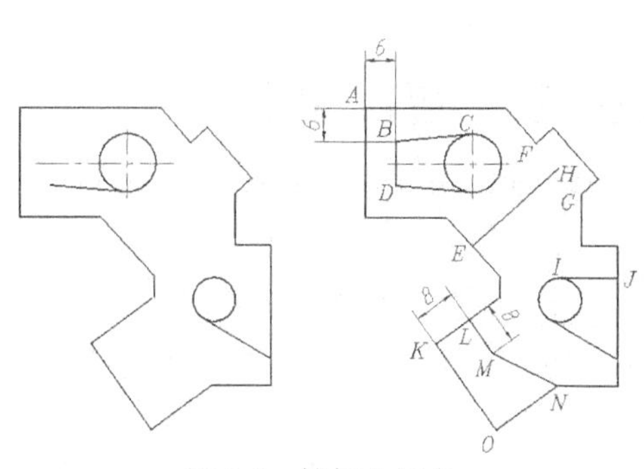

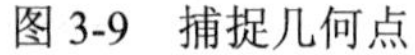
图 3-9 捕捉几何点

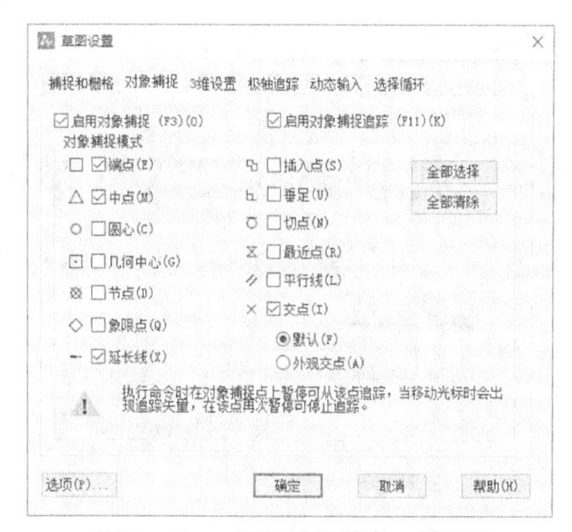

图 3-10 【草图设置】对话框

```
<偏移>: @6,-6                          //输入 B 点的相对坐标
指定下一点或 [放弃(U)]: tan 切点        //输入切点捕捉代号“tan”，按 Enter 键，捕捉切点 C
指定下一点或 [放弃(U)]:                 //按 Enter 键结束
命令:
_LINE                                  //重复命令
指定第一个点:                           //自动捕捉端点 B
指定下一点或 [放弃(U)]:                 //自动捕捉端点 D
指定下一点或 [放弃(U)]:                 //按 Enter 键结束
```

3. 绘制线段 *EH*、*IJ*。

```
命令: _line
指定第一个点:                           //自动捕捉中点 E
指定下一点或 [放弃(U)]: m2p             //输入捕捉代号“m2p”，按 Enter 键
中点的第一点:                           //自动捕捉端点 F
中点的第二点:                           //自动捕捉端点 G
指定下一点或 [放弃(U)]:                 //按 Enter 键结束
命令:
_LINE                                  //重复命令
指定第一个点: qua 象限点                //输入象限点捕捉代号“qua”，捕捉象限点 I
指定下一点或 [放弃(U)]: per 垂足        //输入垂足捕捉代号“per”，捕捉垂足 J
指定下一点或 [放弃(U)]:                 //按 Enter 键结束
```

4. 绘制线段 *LM*、*MN*。

```
命令: _line
指定第一个点: 8                         //从 K 点开始沿线段进行追踪，输入 L 点与 K 点之间的距离
指定下一点或 [角度(A)/长度(L)/放弃(U)]: a          //选择“角度(A)”选项
指定角度: par    平行线                 //输入平行偏移捕捉代号“par” ，按 Enter 键
                                       //将十字光标从线段 KO 处移动到 LM 处，再单击
指定长度: 8                             //输入 LM 线段的长度
指定下一点或 [放弃(U)]:                 //自动捕捉端点 N
指定下一点或 [放弃(U)]:                 //按 Enter 键结束
```

结果如图 3-9 右图所示。

3.1.3 利用正交模式辅助绘制线段

单击状态栏上的 按钮，打开正交模式。在正交模式下，十字光标只能沿水平或竖直方向移动。绘制线段的同时若打开该模式，则只需输入线段的长度，系统就自动绘制出水平或竖直线段。

当调整水平或竖直方向线段的长度时，可利用正交模式限制十字光标的移动方向。选择线段，线段上出现关键点（实心小方块），选择端点处的关键点后，移动十字光标，系统就会沿水平或竖直方向改变线段的长度。

3.1.4 利用极轴追踪及对象捕捉追踪功能绘制线段

先简要说明中望 CAD 中的极轴追踪及对象捕捉追踪功能，然后通过练习介绍它们的使用方法。

一、极轴追踪

打开极轴追踪功能并执行 LINE 命令后，移动十字光标，系统会在极轴方向上显示一条追踪辅助线及十字光标的极坐标值，如图 3-11 所示。输入线段的长度后，按 Enter 键，即可绘制出指定长度的线段。

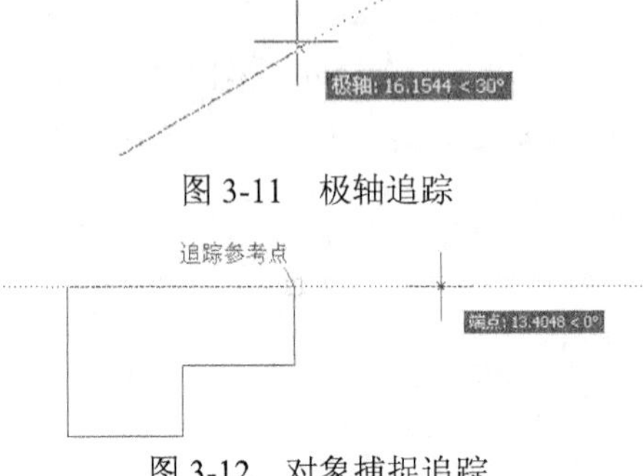

图 3-11 极轴追踪

图 3-12 对象捕捉追踪

二、对象捕捉追踪

对象捕捉追踪是指系统从一点开始自动沿某一方向进行追踪，追踪方向上将显示一条追踪辅助线及十字光标的极坐标值。输入追踪距离，按 Enter 键，即可确定新的点。在使用对象捕捉追踪功能时，必须打开对象捕捉功能。例如，先捕捉一个几何点作为追踪参考点，然后沿水平方向、竖直方向或设定的极轴方向进行追踪，如图 3-12 所示。

【练习 3-3】打开素材文件“dwg\第 3 章\3-3.dwg”，如图 3-13 左图所示，用 LINE 命令结合极轴追踪及对象捕捉追踪功能将图 3-13 中的左图修改为右图。

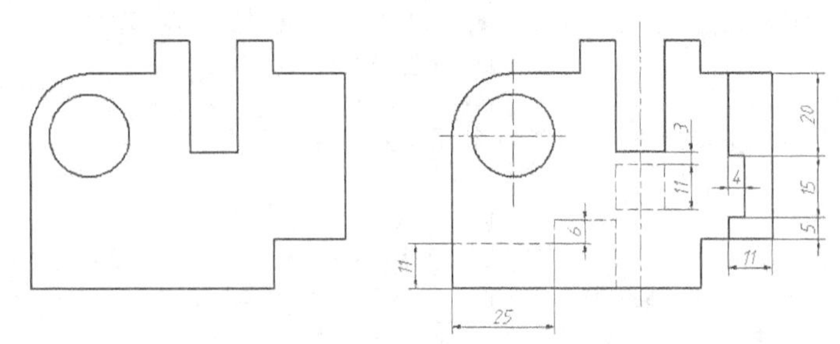

图 3-13 利用极轴追踪及对象捕捉追踪功能绘制线段

1. 打开对象捕捉功能，设置捕捉类型为【端点】【中点】【圆心】【交点】，再设定线型的【全局比例因子】为“0.2”。

2. 在状态栏中的按钮上单击鼠标右键，在弹出的快捷菜单中选择【设置】命令，打开【草图设置】对话框，进入【极轴追踪】选项卡，在【增量角度】下拉列表中选择【90】选项，如图 3-14 所示。此后，若用户打开极轴追踪功能绘制线段，十字光标将自动沿 0°、90°、180°及 270°方向进行追踪；再输入线段长度值，系统就会在该方向上绘制出线段。最后单击 确定 按钮，关闭【草图设置】对话框。

3. 单击状态栏上的、及按钮，打开极轴追踪、对象捕捉及对象捕捉追踪功能。

4. 切换到轮廓线层，绘制线段 *BC*、*EF* 等。

```
命令: _line
指定第一个点:                    //从中点 A 向上追踪到 B 点
指定下一点或 [放弃(U)]:          //从 B 点向下追踪到 C 点
指定下一点或 [放弃(U)]:          //按 Enter 键结束
命令:
_LINE                            //重复命令
```

```
指定第一个点：11                              //从 D 点向上追踪并输入追踪距离
指定下一点或 [放弃(U)]：25                    //从 E 点向右追踪并输入追踪距离
指定下一点或 [放弃(U)]：6                     //从 F 点向上追踪并输入追踪距离
指定下一点或 [闭合(C)/放弃(U)]：              //从 G 点向右追踪并以 I 点为追踪参考点确定 H 点
指定下一点或 [闭合(C)/放弃(U)]：              //从 H 点向下追踪并捕捉交点 J
指定下一点或 [闭合(C)/放弃(U)]：              //按 Enter 键结束
```

结果如图 3-15 所示。

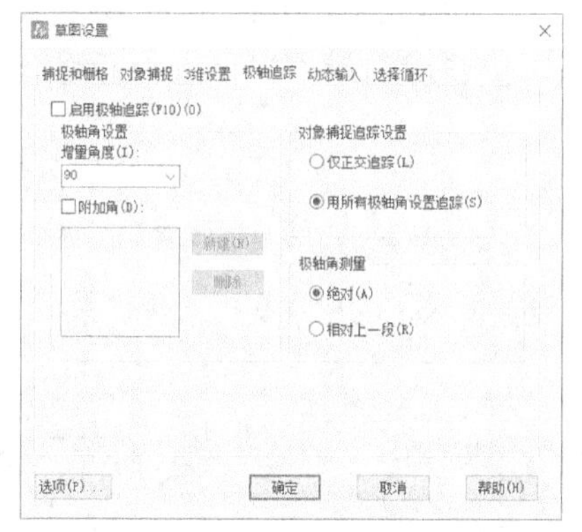

图 3-14 【草图设置】对话框

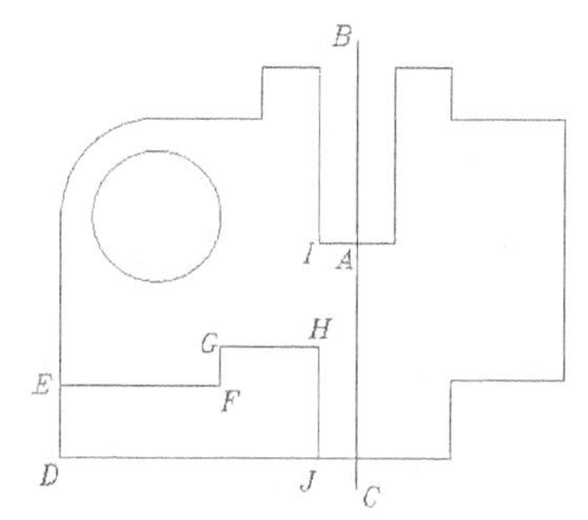

图 3-15 绘制线段 BC、EF 等

5. 绘制图形的其余部分，然后修改某些对象所在的图层。

3.1.5 利用动态输入及动态提示功能绘制线段

单击状态栏上的按钮，打开动态输入及动态提示功能。此时，若执行绘图命令，则十字光标附近将显示命令提示信息、十字光标的坐标及线段的长度和角度等。用户可直接在信息提示栏中选择命令选项或输入新的坐标值、线段长度、角度等参数。

一、动态输入

动态输入包含以下两项功能。

- 指针输入：在十字光标附近的信息提示栏中显示点的坐标值。默认情况下，第一点显示为绝对直角坐标，第二点及后续点显示为相对极坐标值。可在信息栏中输入新坐标值来定位点。输入坐标时，先在第 1 个框中输入数值，再按 Tab 键进入下一个框中继续输入数值。每次切换坐标框时，前一个框中的数值将被锁定，框中显示图标。
- 标注输入：在十字光标附近显示线段的长度及角度，按 Tab 键可在长度与角度之间切换，并可输入新的长度及角度值。

二、动态提示

在十字光标附近显示命令提示信息，可直接在信息栏（而不是在命令行）中输入所需的命令参数。若命令有多个选项，可按向下的箭头键，弹出菜单，其中包含命令所有的选项，选择其中之一即可执行相应的命令。

【练习 3-4】打开动态输入及动态提示功能，用 LINE 命令绘制图 3-16 所示的图形。

1. 设定绘图窗口的高度。绘制一条竖直（或近似竖直）的线段，线段起点坐标为（200,100），线段长度为 100。双击鼠标滚轮，使线段充满整个绘图窗口。

2. 用鼠标右键单击状态栏上的按钮，弹出快捷菜单，选择【设置】命令，打开【草图设置】对话框。进入【动态输入】选项卡，勾选【启用指针输入】【可能时启用标注输入】【在十字光标附近显示命令提示和命令输入】复选框，如图 3-17 所示。

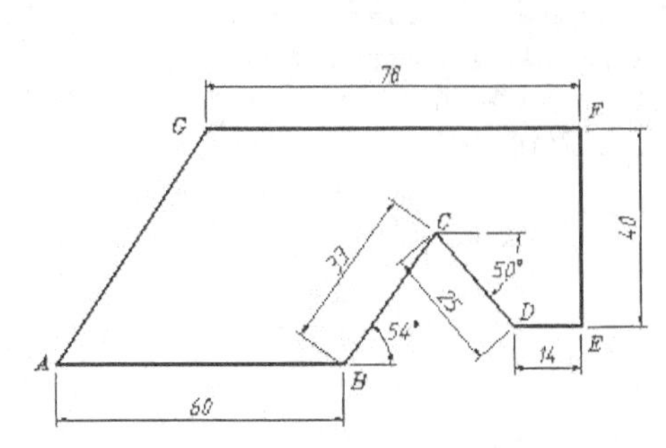

图 3-16　利用动态输入及动态提示功能绘制线段

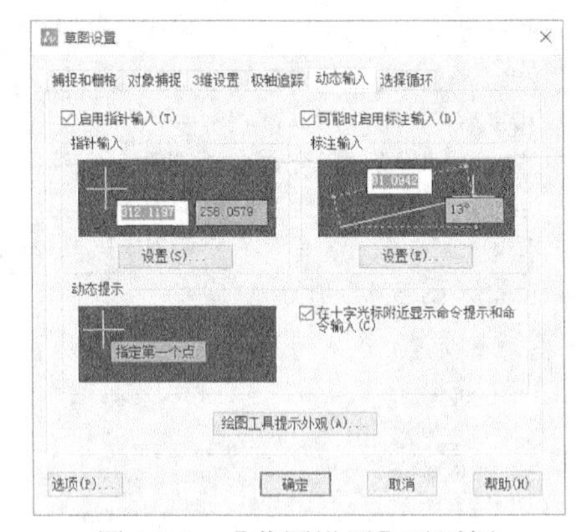

图 3-17　【草图设置】对话框

3. 单击按钮，打开动态输入及动态提示功能。输入 LINE 命令，系统提示如下。

```
命令: LINE
指定第一个点: 260,120                        //输入 A 点的 x 坐标值
                                             //按Tab键，输入 A 点的 y 坐标值，按Enter键
指定下一点或 [放弃(U)]: 0                     //输入线段 AB 的长度 60
                                             //按Tab键，输入线段 AB 的角度 0°，按Enter键
指定下一点或 [放弃(U)]: 54                    //输入线段 BC 的长度 33
                                             //按Tab键，输入线段 BC 的角度 54°，按Enter键
指定下一点或 [闭合(C)/放弃(U)]: 50            //输入线段 CD 的长度 25
                                             //按Tab键，输入线段 CD 的角度 50°，按Enter键
指定下一点或 [闭合(C)/放弃(U)]: 0             //输入线段 DE 的长度 14
                                             //按Tab键，输入线段 DE 的角度 0°，按Enter键
指定下一点或 [闭合(C)/放弃(U)]: 90            //输入线段 EF 的长度 40
                                             //按Tab键，输入线段 EF 的角度 90°，按Enter键
指定下一点或 [闭合(C)/放弃(U)]: 180           //输入线段 FG 的长度 78
                                             //按Tab键，输入线段 FG 的角度 180°，按Enter键
指定下一点或 [闭合(C)/放弃(U)]: c             //按↓键，选择"闭合(C)"选项
```

结果如图 3-16 所示。

3.1.6　调整线段长度

调整线段长度可采取以下 3 种方法。

（1）打开极轴追踪或正交模式，选择线段，线段上出现关键点，选择端点处的关键点后，移动十字光标，系统就沿水平或竖直方向改变线段的长度。

（2）打开对象捕捉功能并设置捕捉类型为【延长线】。选择线段，线段上出现关键点，选择端点处的关键点，沿线段移动十字光标，调整线段长度。操作时，也可输入数值改变线段长度。

（3）LENGTHEN 命令可用于测量对象的尺寸，也可用于一次性改变线段、圆弧、椭圆弧等多个对象的长度。使用此命令时，经常采用的选项是“动态”(DY)，即直接拖动对象来改变其长度。此外，也可利用“递增(DE)”选项按指定值编辑线段长度，或者通过“全部(T)”选项设定对象的总长度。

一、命令启动方法

- 菜单命令：【修改】/【拉长】。
- 面板：【常用】选项卡中【修改】面板上的按钮。
- 命令：LENGTHEN 或简写 LEN。

【练习 3-5】打开素材文件“dwg\第 3 章\3-5.dwg”，如图 3-18 左图所示，用 LENGTHEN 命令将图 3-18 中的左图修改为右图。

1. 用 LENGTHEN 命令调整线段 *A*、*B* 的长度。

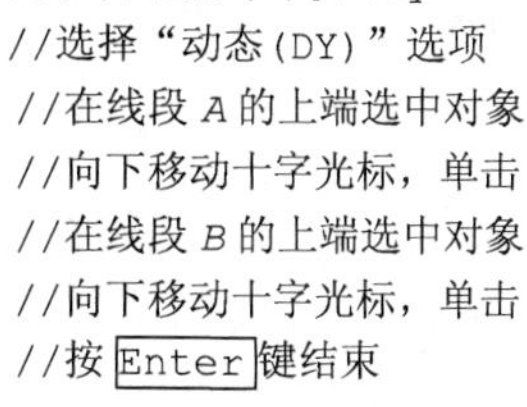

```
命令: _lengthen
列出选取对象长度或 [动态(DY)/递增(DE)/百分比(P)/全部(T)]: dy
                                        //选择“动态(DY)”选项
选取变化对象或 [方式(M)/撤消(U)]:         //在线段 A 的上端选中对象
指定新端点:                              //向下移动十字光标，单击
选取变化对象或 [方式(M)/撤消(U)]:         //在线段 B 的上端选中对象
指定新端点:                              //向下移动十字光标，单击
选取变化对象或 [方式(M)/撤消(U)]:         //按 Enter 键结束
```

结果如图 3-19 右图所示。

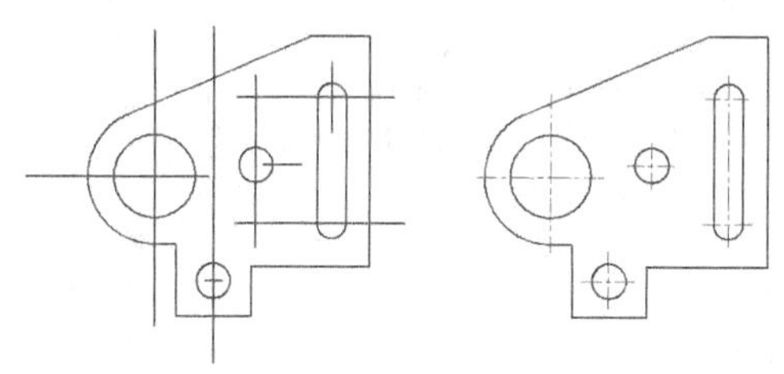

图 3-18 调整线段长度

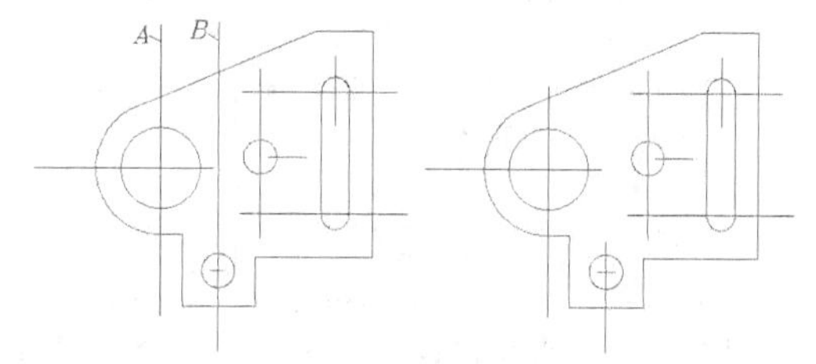

图 3-19 调整线段 *A*、*B* 的长度

2. 用 LENGTHEN 命令调整其他定位线的长度，然后将定位线修改到中心线层上。

二、命令选项

- 列出所选对象的长度：显示对象的长度。
- 递增(DE)：以指定的增量值改变线段或圆弧的长度。对于圆弧，还可通过设定角度增量改变其长度。
- 百分比(P)：以对象总长度的百分比形式改变对象长度。
- 全部(T)：通过指定线段或圆弧的新长度来改变对象的总长度。
- 动态(DY)：拖动十字光标就可以动态地改变对象长度。

3.1.7 修剪线条

使用 TRIM 命令可将多余线条修剪掉。执行该命令后，用户先指定一个或几个对象作为剪切边（可以想象为剪刀），然后选择要修剪的部分。剪切边可以是线段、圆弧、样条曲线等对象，剪切边本身也可作为被修剪的对象。

除修剪线条外，TRIM 命令也可用于延伸所选剪切边，操作时按住 Shift 键即可。使用 TRIM 命令的一个技巧是：一次选择多个对象，然后在这些对象间进行修剪或延伸操作。

一、命令启动方法

- 菜单命令：【修改】/【修剪】。
- 面板：【常用】选项卡中【修改】面板上的 -/-- 按钮。
- 命令：TRIM 或简写 TR。

【练习 3-6】练习 TRIM 命令。

1. 打开素材文件“dwg\第 3 章\3-6.dwg”，如图 3-20 左图所示，用 TRIM 命令将图 3-20 中

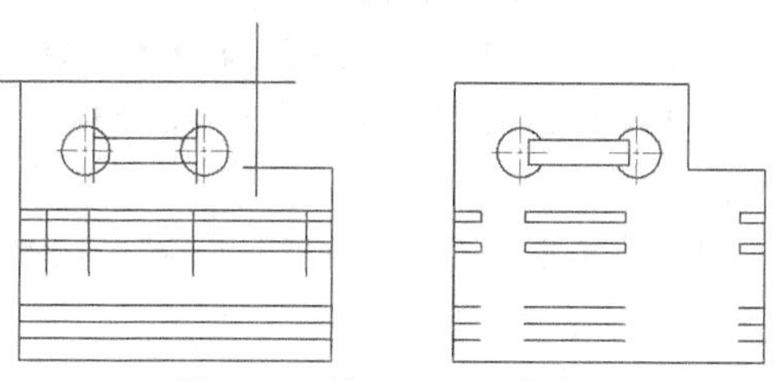

图 3-20 练习 TRIM 命令

的左图修改为右图。

2. 单击【修改】面板上的 按钮或输入命令 TRIM，执行修剪命令。

```
命令: _trim
选取对象来剪切边界 <全选>:  找到 1 个            //选择剪切边 A，如图 3-21 左图所示
选取对象来剪切边界 <全选>:                       //按Enter键
选择要修剪的实体，或按住Shift键选择要延伸的实体，或 [边缘模式(E)/围栏(F)/窗交(C)/投影(P)/删
除®/放弃(U)]:                                  //在 B 点处选择要修剪的多余线条
选择要修剪的实体:                               //按Enter键结束
命令:
_TRIM                                          //重复命令
选取对象来剪切边界 <全选>:总计 2 个              //选择剪切边 C、D
选取对象来剪切边界 <全选>:                       //按Enter键
选择要修剪的实体，或按住 Shift 键选择要延伸的实体，或 [边缘模式(E)/围栏(F)/窗交(C)/投影
(P)/删除(R)/放弃(U)]: e                         //选择“边缘模式(E)”选项
输入选项 [延伸(E)/不延伸(N)] <不延伸(N)>: e       //选择“延伸(E)”选项
选择要修剪的实体:                               //在 E、F 及 G 点处选择要修剪的部分
选择要修剪的实体:                               //按Enter键结束
```

结果如图 3-21 右图所示。

要点提示 为简化说明，仅将第 2 个 TRIM 命令与当前操作相关的提示信息罗列出来，而将其他信息省略，这种讲解方式在后续的练习中也将采用。

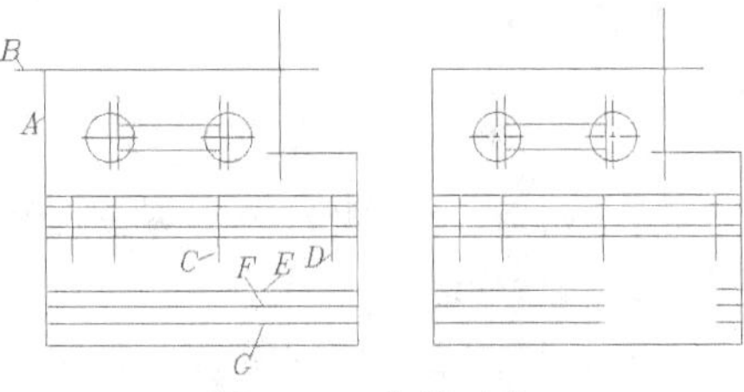

图 3-21 修剪对象

3. 利用 TRIM 命令修剪图中的其他多余线条。

二、命令选项

- 按住 Shift 键选择要延伸的实体：将选定的对象延伸至剪切边。
- 边缘模式(E)：如果剪切边太短，没有与被修剪对象相交，就利用此选项假想将剪切边延长，然后执行修剪操作。
- 围栏(F)：用户绘制连续折线，与折线相交的对象将被修剪。
- 窗交(C)：利用交叉窗口选择要修剪的对象。
- 投影(P)：用户可以指定执行修剪操作的空间。例如，三维空间中的两条线段呈交叉关系，用户可利用该选项假想将线段投影到某一平面上，然后执行修剪操作。
- 删除(R)：只要不退出 TRIM 命令，就能删除选定的对象。
- 放弃(U)：若修剪有误，可输入字母“U”，按 Enter 键，撤销上一次的修剪。

3.1.8 上机练习——绘制平面图形

【练习 3-7】 利用 LINE、TRIM 命令绘制平面图形，如图 3-22 所示。

【练习 3-8】 利用 LINE、TRIM 命令绘制平面图形，如图 3-23 所示。

【练习 3-9】 用 LINE 命令结合极轴追踪、对象捕捉追踪功能绘制平面图形，如图 3-24 所示。

【练习 3-10】 用 LINE 命令结合极轴追踪、对象捕捉追踪功能绘制平面图形，如图 3-25 所示。

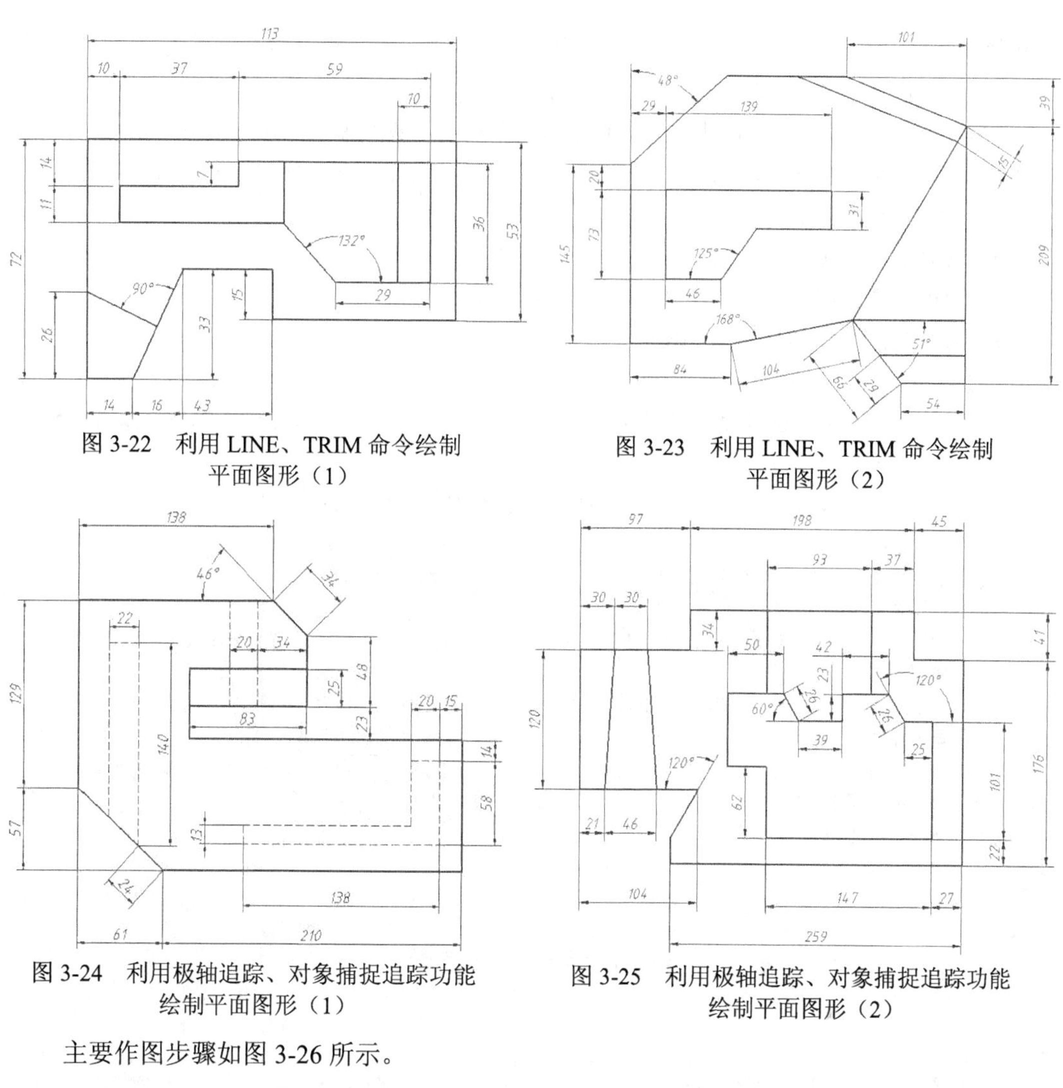

图 3-22 利用 LINE、TRIM 命令绘制平面图形（1）

图 3-23 利用 LINE、TRIM 命令绘制平面图形（2）

图 3-24 利用极轴追踪、对象捕捉追踪功能绘制平面图形（1）

图 3-25 利用极轴追踪、对象捕捉追踪功能绘制平面图形（2）

主要作图步骤如图 3-26 所示。

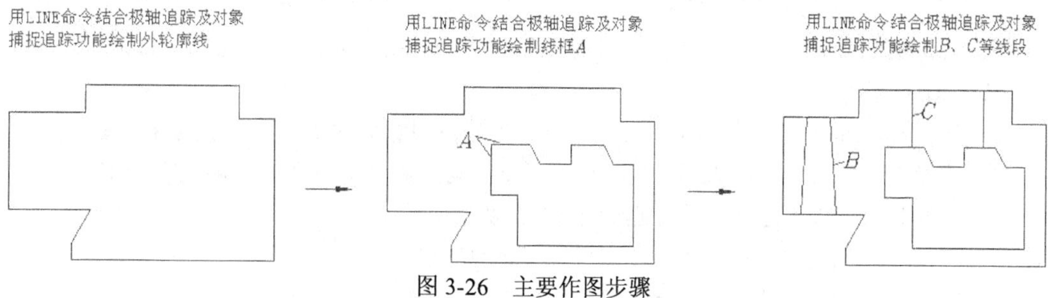

图 3-26 主要作图步骤

3.2 延伸、打断对象

下面介绍延伸及打断对象的方法。

3.2.1 延伸对象

利用 EXTEND 命令可以将线段、曲线等对象延伸到边界对象上，使其与边界对象相交。

执行该命令后，用户先选择一个或几个对象作为边界对象，然后选择要延伸的对象。有时对象延伸后并不与边界对象直接相交，而是与边界对象的延长线相交。

除延伸线条外，EXTEND 命令也可用于修剪已选的边界对象，操作时按住 Shift 键即可。使用 EXTEND 命令的一个技巧是：一次选择多个对象，然后在这些对象间进行延伸或修剪操作。

一、命令启动方法

- 菜单命令：【修改】/【延伸】。
- 面板：【常用】选项卡中【修改】面板上的--/按钮。
- 命令：EXTEND 或简写 EX。

【练习 3-11】练习 EXTEND 命令。

1. 打开素材文件“dwg\第 3 章\3-11.dwg”，如图 3-27 左图所示，用 EXTEND 及 TRIM 命令将图 3-27 中的左图修改为右图。
2. 单击【修改】面板上的--/按钮或输入命令 EXTEND，执行延伸命令。

```
命令: _extend
选取边界对象作延伸<回车全选>:总计 3 个          //选择边界线段 A、B、C，如图 3-28 左图所示
选取边界对象作延伸<回车全选>:                   //按 Enter 键
选择要延伸的实体，或按住 Shift 键选择要修剪的实体，或 [边缘模式(E)/围栏(F)/窗交(C)/投影
(P)/放弃(U)]: e                                 //选择“边缘模式(E)”选项
输入选项 [延伸(E)/不延伸(N)] <不延伸(N)>: e      //选择“延伸(E)”选项
选择要延伸的实体:                               //选择要延伸的线段 A、B、C
选择要延伸的实体:                               //按住 Shift 键选择线段 A 要修剪的部分
选择要延伸的实体:                               //按 Enter 键结束
```

结果如图 3-28 右图所示。

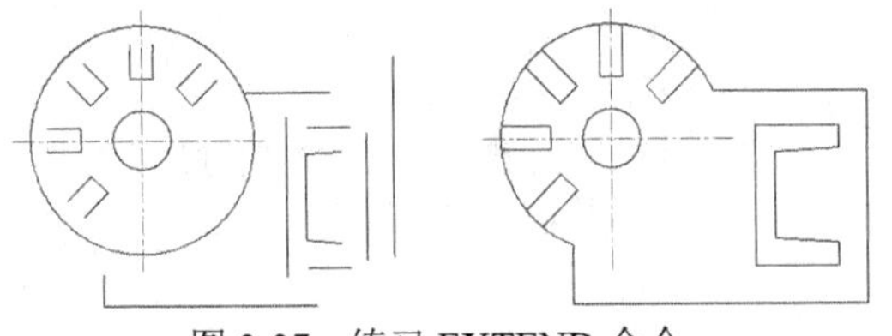

图 3-27 练习 EXTEND 命令

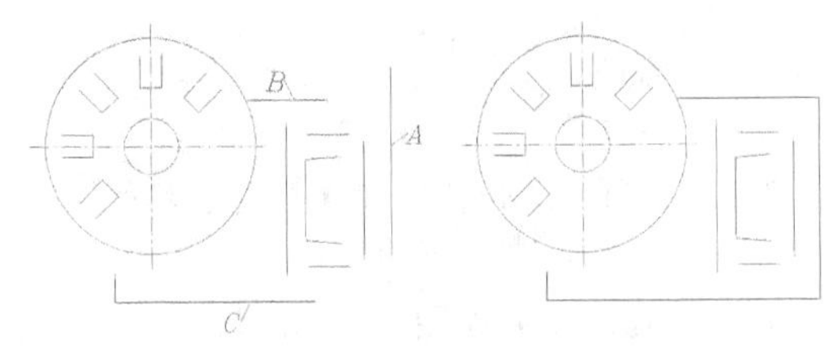

图 3-28 延伸及修剪线条

3. 利用 EXTEND 及 TRIM 命令继续修改图形中的其他部分。

二、命令选项

- 按住 Shift 键选择要修剪的实体：将选择的边界对象修剪到边界而不是将其延伸。
- 边缘模式(E)：当边界太短且对象延伸后不能与边界直接相交时，就打开该选项，此时系统假想将边界延长，然后延伸线条到边界。
- 围栏(F)：用户绘制连续折线，与折线相交的对象被延伸。
- 窗交(C)：利用交叉窗口选择要延伸的对象。
- 投影(P)：用户可以指定执行延伸操作的空间。对二维绘图来说，延伸操作是在当前用户坐标平面（*xy* 平面）内进行的。在三维空间绘图时，用户可通过该选项将两个交叉对象投影到 *xy* 平面或当前视图平面内，然后执行延伸操作。
- 放弃(U)：取消上一次的延伸操作。

3.2.2 打断对象

使用 BREAK 命令可以删除对象的一部分，既可以在某一点打断对象，也可以在指定的两

点间打断对象。BREAK 命令常用于打断线段、圆、圆弧及椭圆等。

一、命令启动方法

- 菜单命令：【修改】/【打断】。
- 面板：【常用】选项卡中【修改】面板上的□按钮。
- 命令：BREAK 或简写 BR。

【练习 3-12】打开素材文件“dwg\第 3 章\3-12.dwg”，如图 3-29 左图所示，用 BREAK 等命令将图 3-29 中的左图修改为右图。

1. 用 BREAK 命令打断线条，如图 3-30 所示。

```
命令: BREAK
选取切断对象:                                  //在 A 点处选择对象，如图 3-30 左图所示
指定第二切断点或 [第一切断点(F)]:              //在 B 点处选择对象
命令: BREAK
选取切断对象:                                  //在 C 点处选择对象
指定第二切断点或 [第一切断点(F)]:              //在 D 点处选择对象
命令: BREAK
选取切断对象:                                  //选择线段 E
指定第二切断点或 [第一切断点(F)]: f            //选择“第一切断点(F)”选项
指定第一切断点: int 交点                       //捕捉交点 F
指定第二切断点: @                              //输入相对坐标符号，按 Enter 键，在同一点打断对象
```

将线段 *E* 修改到虚线层上，结果如图 3-30 右图所示。

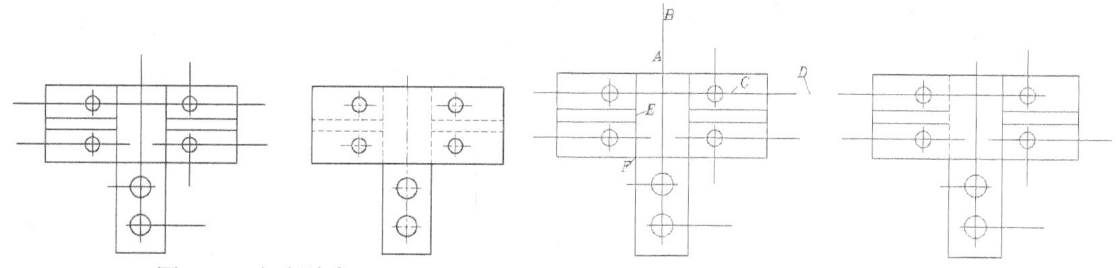

图 3-29 打断线条

图 3-30 打断线条及改变对象所在的图层

2. 用 BREAK 等命令修改图形的其他部分。

二、命令选项

- 指定第二切断点：在图形对象上选取第二切断点后，系统会将第一切断点与第二切断点间的部分删除。
- 第一切断点(F)：用户可以重新指定第一切断点。设定第一切断点后，再输入“@”符号表明第二切断点与第一切断点重合。

3.3 绘制平行线、垂线、斜线及切线

工程设计中经常需要绘制平行线、某条线段的垂线、与圆弧相切的切线或与已知线段成某一夹角的斜线。下面介绍绘制平行线、垂线、切线及斜线的方法。

3.3.1 用 OFFSET 命令绘制平行线

使用 OFFSET 命令可将对象偏移指定的距离，创建一个与原对象类似的新对象。使用该

命令时，用户可以通过两种方式创建平行对象：一种是输入平行线间的距离，另一种是指定新平行线通过的点。

一、命令启动方法

- 菜单命令：【修改】/【偏移】。
- 面板：【常用】选项卡中【修改】面板上的按钮。
- 命令：OFFSET 或简写 O。

【练习 3-13】打开素材文件“dwg\第 3 章\3-13.dwg”，如图 3-31 左图所示，用 OFFSET、EXTEND、TRIM 等命令绘制图 3-31 右图所示图形。

1. 用 OFFSET 命令偏移线段 *A*、*B*，得到平行线 *C*、*D*，如图 3-32 左图所示。

```
命令： _offset
指定偏移距离或 [通过(T)/擦除(E)/图层(L)] <通过>: 70          //输入偏移距离
选择要偏移的对象或 [放弃(U)/退出(E)] <退出>:                  //选择线段 A
指定目标点或 [退出(E)/多个(M)/放弃(U)] <退出>:               //在线段 A 的右边单击
选择要偏移的对象或 [放弃(U)/退出(E)] <退出>:                  //按 Enter 键结束
命令：
_OFFSET                                                       //重复命令
指定偏移距离或 [通过(T)/擦除(E)/图层(L)] <70.0000>: 74       //输入偏移距离
选择要偏移的对象或 [放弃(U)/退出(E)] <退出>:                  //选择线段 B
指定目标点或 [退出(E)/多个(M)/放弃(U)] <退出>:               //在线段 B 的上边单击
选择要偏移的对象或 [放弃(U)/退出(E)] <退出>:                  //按 Enter 键结束
```

用 TRIM 命令修剪多余线条，结果如图 3-32 右图所示。

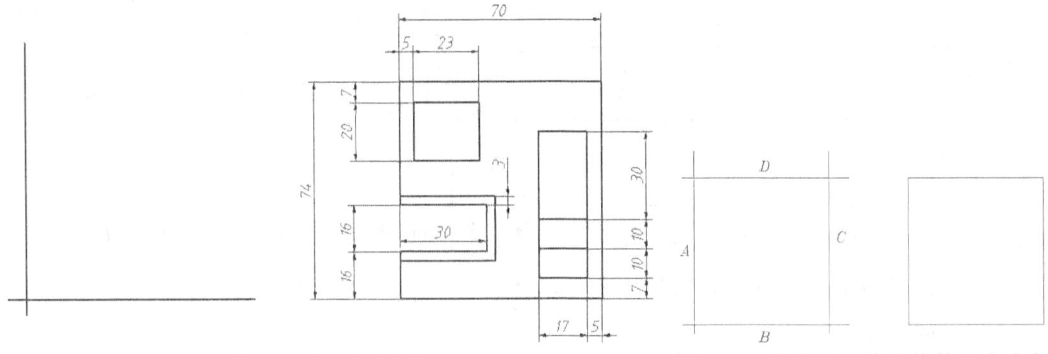

图 3-31　绘制平行线　　　　图 3-32　绘制平行线及修剪多余线条

2. 用 OFFSET、EXTEND 及 TRIM 命令绘制图形的其余部分。

二、命令选项

- 通过(T)：通过指定点创建新的偏移对象。
- 擦除(E)：偏移源对象后将其删除。
- 图层(L)：将偏移后的新对象放置在当前图层或源对象所在的图层上。
- 多个(M)：在要偏移的一侧单击多次，可创建多个等距对象。

3.3.2　利用平行线捕捉方式绘制平行线

要过某一点绘制已知线段的平行线，可利用平行线捕捉方式来很方便地绘制出倾斜位置的图形结构。

【练习 3-14】打开素材文件“dwg\第 3 章\3-14.dwg”，如图 3-33 左图所示，下面用 LINE 命令结合延长线捕捉、平行线捕捉将图 3-33 中的左图修改为右图。

1. 打开对象捕捉功能，设置捕捉类型为【延长线】。
2. 执行绘制线段命令，从 *B* 点开始沿直线捕捉，确定 *C* 点，如图 3-33 右图所示。

```
命令: _line                                         //从 B 点开始沿直线捕捉
指定第一个点: 10                                    //输入 C 点与 B 点之间的距离
指定下一点或 [角度(A)/长度(L)/放弃(U)]: a           //选择"角度(A)"选项
指定角度: par 平行线                                //利用"par"绘制线段 AB 的平行线 CD
指定长度: 15                                        //输入线段 CD 的长度
指定下一点或 [角度(A)/长度(L)/放弃(U)]: a
                    //选择"角度(A)"选项
指定角度: par 平行线
                    //利用"par"绘制平行线 DE
指定长度: 30        //输入线段 DE 的长度
指定下一点或 [放弃(U)]: per 垂足
                    //利用"per"绘制垂线 EF
指定下一点或 [放弃(U)]:       //按 Enter 键结束
```

结果如图 3-33 右图所示。

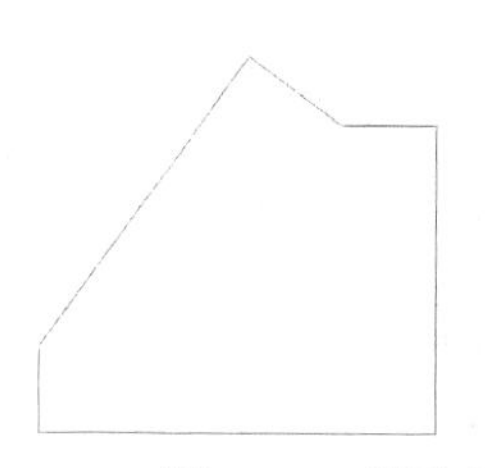

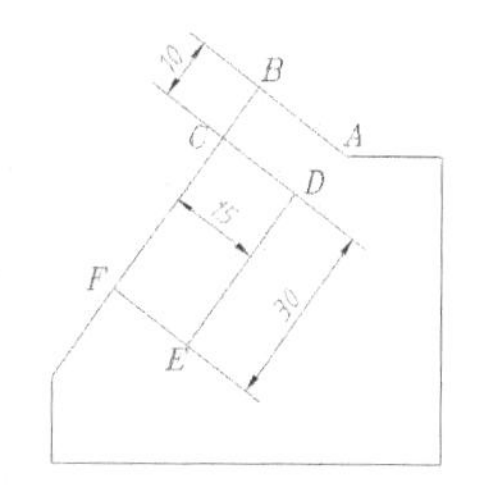

图 3-33 利用"PAR"绘制平行线

3.3.3 上机练习——用 OFFSET 和 TRIM 等命令绘图

【练习 3-15】利用 LINE、OFFSET、TRIM 等命令绘制平面图形，如图 3-34 所示。

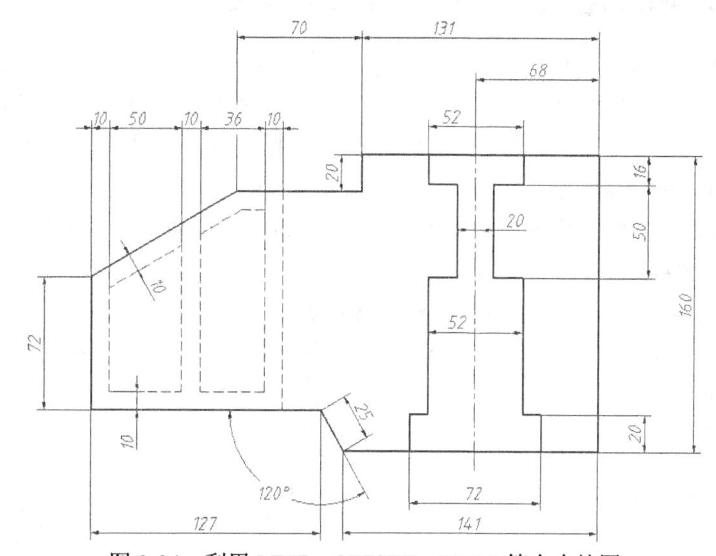

图 3-34 利用 LINE、OFFSET、TRIM 等命令绘图

主要作图步骤如图 3-35 所示。

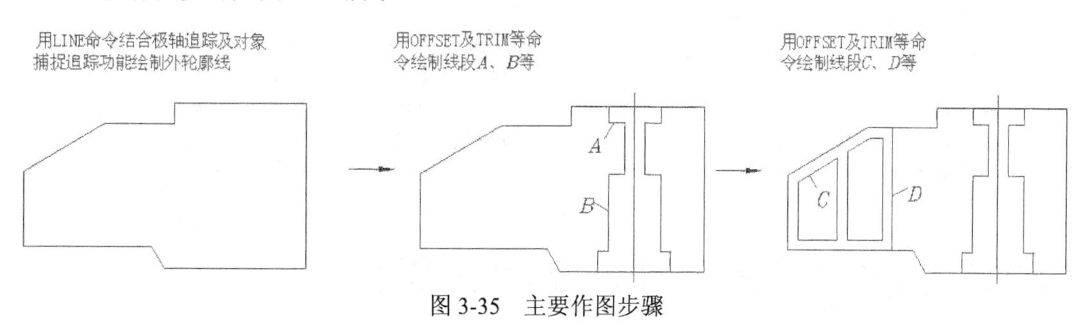

图 3-35 主要作图步骤

【练习 3-16】利用 OFFSET、EXTEND 及 TRIM 等命令绘制图 3-36 所示的图形。

【练习 3-17】利用 OFFSET、EXTEND 及 TRIM 等命令绘制平面图形，如图 3-37 所示。

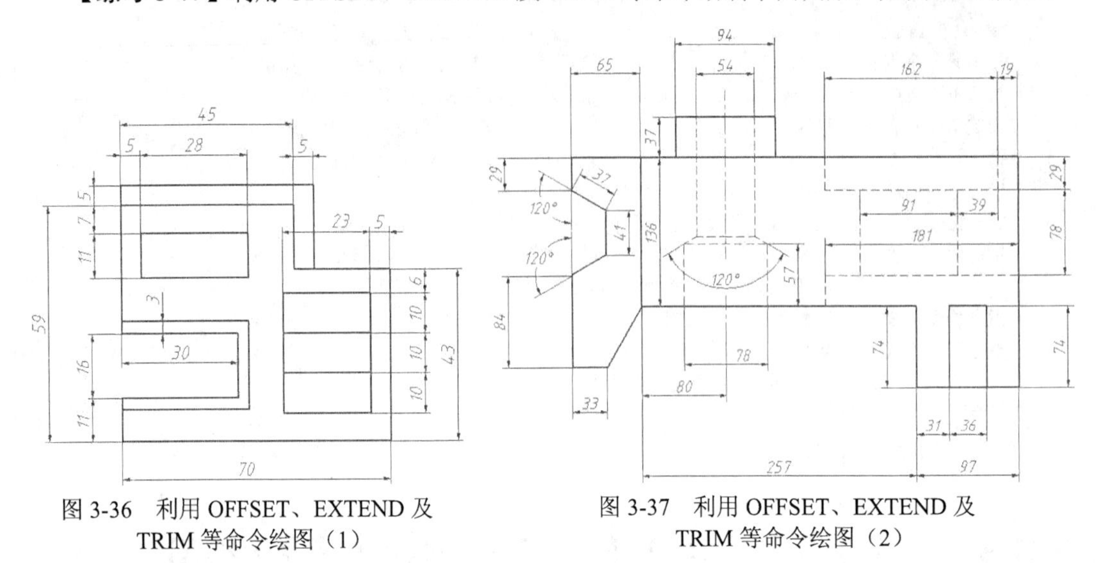

图 3-36 利用 OFFSET、EXTEND 及 TRIM 等命令绘图（1）

图 3-37 利用 OFFSET、EXTEND 及 TRIM 等命令绘图（2）

3.3.4 利用角度覆盖方式绘制垂线及斜线

可以用 LINE 命令沿指定方向绘制任意长度的线段。执行该命令，当系统提示输入点时，输入一个小于号“<”及角度值，该角度表明了要绘制的线段的方向，系统将把十字光标锁定在此方向上。移动十字光标，线段的长度就会发生变化，获取适当长度后，单击结束绘制，这种绘制线段的方式称为角度覆盖。

【练习 3-18】绘制垂线及斜线。打开素材文件“dwg\第 3 章\3-18.dwg”，利用角度覆盖方式绘制垂线 *BC* 和斜线 *DE*。

1. 打开对象捕捉功能，设置捕捉类型为【延长线】。
2. 启动绘制线段命令，从 *A* 点开始沿直线捕捉，确定线段起点，如图 3-38 所示。

```
命令: _line                                       //从 A 点开始沿直线捕捉
指定第一个点: 20                                   //输入 B 点与 A 点之间的距离
指定下一点或 [角度(A)/长度(L)/放弃(U)]: <120     //指定线段 BC 的方向
指定下一点或 [放弃(U)]:                            //在 C 点处单击
指定下一点或 [放弃(U)]:                            //按 Enter 键结束
命令:
_LINE                                             //重复命令
指定第一个点: 50                                   //从 A 点开始沿直线
捕捉，输入 D 点与 A 点之间的距离
指定下一点或 [角度(A)/长度(L)/放弃(U)]: <130
                                                  //指定线段 DE 的方向
指定下一点或 [放弃(U)]:                            //在 E 点处单击
指定下一点或 [放弃(U)]:                            //按 Enter 键结束
```

结果如图 3-38 所示。

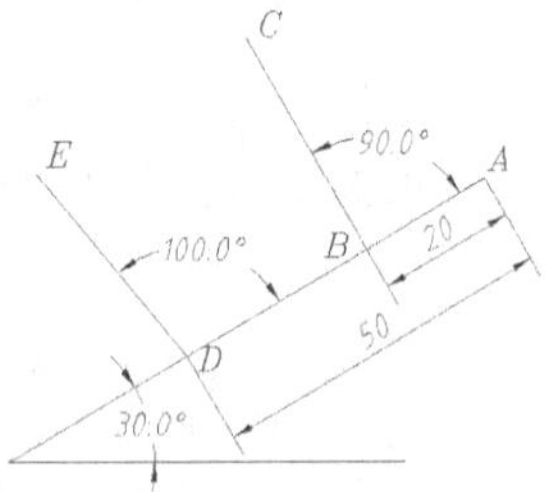

图 3-38 绘制垂线及斜线

3.3.5 用 XLINE 命令绘制任意角度的斜线

使用 XLINE 命令可以绘制无限长的构造线，包括水平方向、竖直方向及倾斜方向的直线等。作图过程中采用此命令绘制定位线或绘图辅助线是很方便的。

一、命令启动方法

- 菜单命令：【绘图】/【构造线】。
- 面板：【常用】选项卡中【绘图】面板上的 按钮。
- 命令：XLINE 或简写 XL。

【练习 3-19】 打开素材文件“dwg\第 3 章\3-19.dwg”，如图 3-39 左图所示，用 LINE、XLINE、TRIM 等命令将图 3-39 中的左图修改为右图。

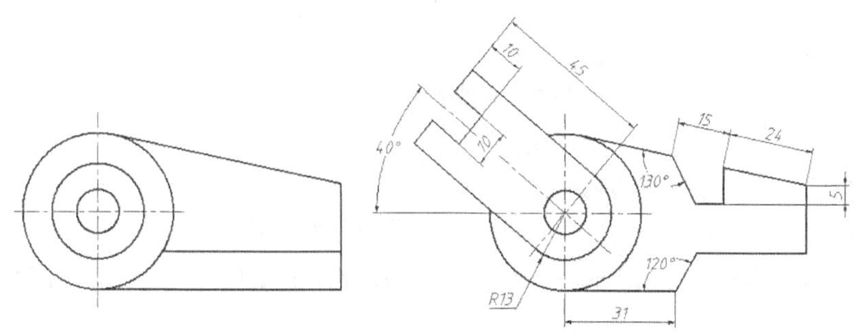

图 3-39　绘制任意角度斜线

1. 打开对象捕捉方式，设置捕捉类型为【端点】【延长线】【交点】。
2. 用 XLINE 命令绘制直线 G、H、I，用 LINE 命令绘制斜线 J，如图 3-40 左图所示。

```
命令: _xline
指定构造线位置或  [等分(B)/水平(H)/竖直(V)/角度(A)/偏移(O)]: v
                                            //选择“竖直(V)”选项
定位: 24                                    //从 A 点开始沿直线捕捉，输入 B 点与 A 点之间的距离
定位:                                       //按 Enter 键结束
命令:
_XLINE                                      //重复命令
指定构造线位置或  [等分(B)/水平(H)/竖直(V)/角度(A)/偏移(O)]: h
                                            //选择“水平(H)”选项
定位: 5                                     //从 A 点开始沿直线捕捉，输入 C 点与 A 点之间的距离
定位:                                       //按 Enter 键结束
命令:
_XLINE                                      //重复命令
指定构造线位置或  [等分(B)/水平(H)/竖直(V)/角度(A)/偏移(O)]: a
                                            //选择“角度(A)”选项
输入角度值或 [参照值(R)] <0>: r             //选择“参照(R)”选项
选取参照对象:                               //选择线段 AB
输入角度值 <0>: 130                         //输入构造线与线段 AB 的夹角
定位: 39                                    //从 A 点开始沿直线捕捉，输入 D 点与 A 点之间的距离
定位:                                       //按 Enter 键结束
命令:
_line                                       //执行绘制线段命令
指定第一个点: 31                            //从 E 点开始沿直线捕捉，输入 F 点与 E 点之间的距离
指定下一点或 [角度(A)/长度(L)/放弃(U)]: a   //选择“角度(A)”选项
指定角度: 60                                //设定斜线的角度
指定长度:                                   //沿 60° 方向移动十字光标，单击
指定下一点或 [角度(A)/长度(L)/放弃(U)]:     //按 Enter 键结束
```

修剪多余线条，结果如图 3-40 右图所示。

3. 用 XLINE、OFFSET、TRIM 等命令绘制图形的其余部分。

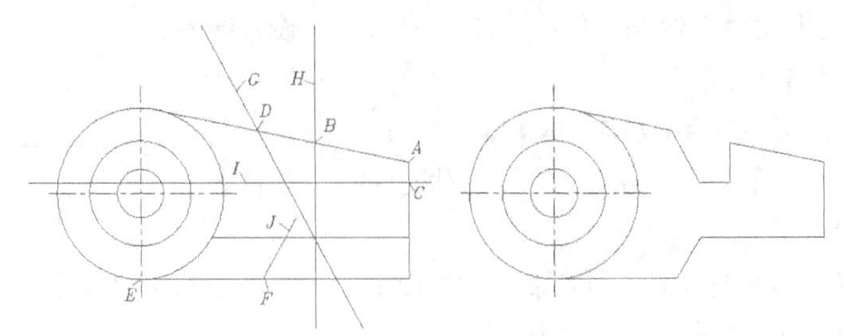

图 3-40 绘制斜线及修剪线条

二、命令选项

- 等分(B)：绘制一条平分已知角度的直线。
- 水平(H)：绘制水平方向的直线。
- 竖直(V)：绘制竖直方向的直线。
- 角度(A)：通过某点绘制一条与已知直线成一定角度的直线。
- 偏移(O)：可输入一个偏移距离来绘制平行线，或者指定直线通过的点来创建平行线。

3.3.6 绘制切线

绘制圆的切线一般有以下两种情况。

- 过圆外的一点绘制圆的切线。
- 绘制两个圆的公切线。

用户可利用 LINE 命令结合切点捕捉来绘制切线。此外，还有一种切线沿指定的方向与圆或圆弧相切，可用 LINE 及 OFFSET 命令来绘制。

【练习 3-20】绘制圆的切线。

打开素材文件“dwg\第 3 章\3-20.dwg”，如图 3-41 中的（a）图所示。用 LINE 命令将（a）图修改为（b）图。（c）图使用的是沿指定方向绘制切线的方法，先过圆心绘制倾斜线段，然后偏移线段得到圆的切线，偏移距离通过指定两点得到。

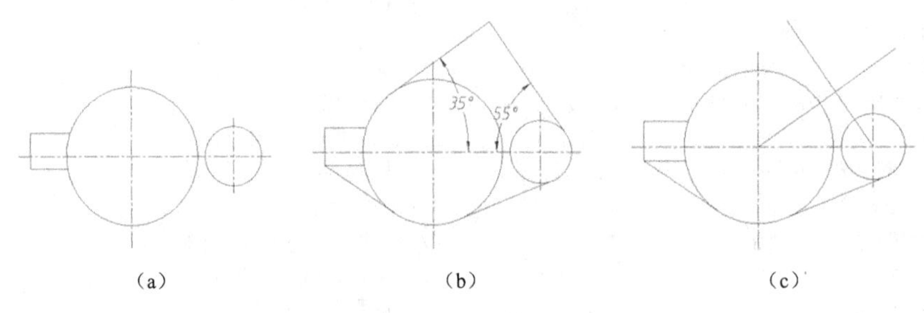

图 3-41 绘制切线

3.3.7 上机练习——绘制斜线、切线及垂线

【练习 3-21】打开素材文件“dwg\第 3 章\3-21.dwg”，如图 3-42 左图所示，下面将图 30-42 中的左图修改为右图。

1. 打开极轴追踪、对象捕捉及对象捕捉追踪功能。设置极轴追踪的【增量角度】为【90】，设定对象捕捉方式为【端点】【交点】，选择【仅正交追踪】单选项。

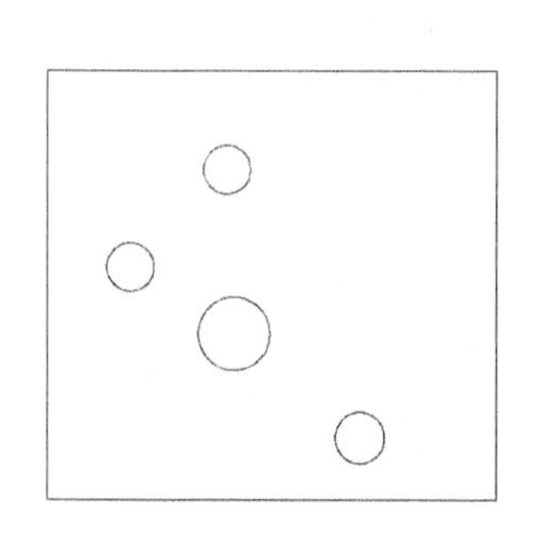

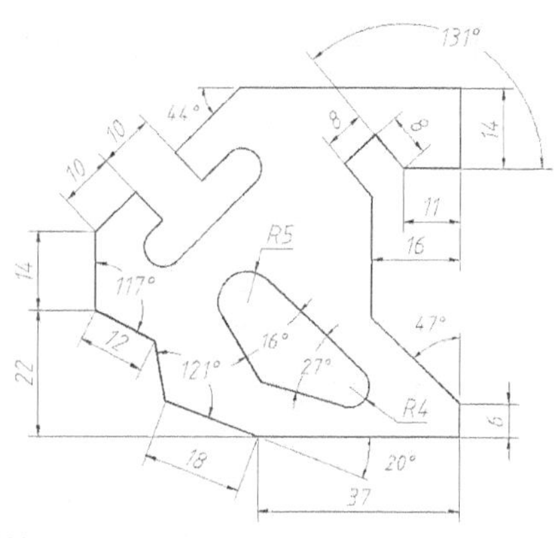

图 3-42 绘制斜线、切线及垂线

2. 使用 LINE 命令绘制线段 *BC*，使用 XLINE 命令绘制斜线，结果如图 3-43 所示。修剪多余线条，结果如图 3-44 所示。

3. 绘制切线 *HI*、*JK* 及垂线 *NP*、*MO*，结果如图 3-45 所示。修剪多余线条，结果如图 3-46 所示。

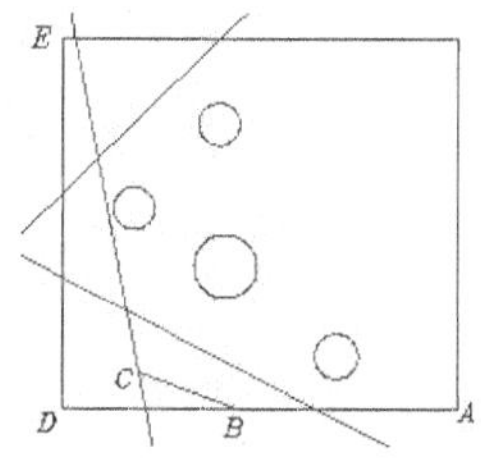

图 3-43 绘制斜线

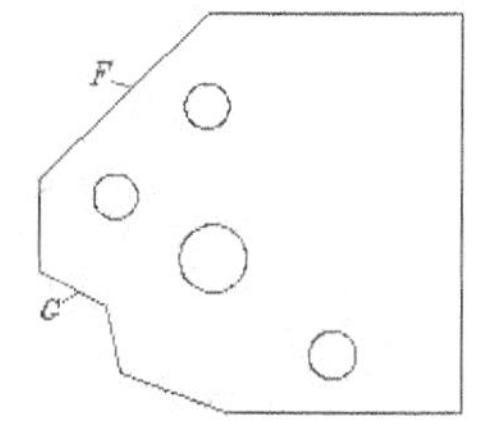

图 3-44 修剪结果（1）

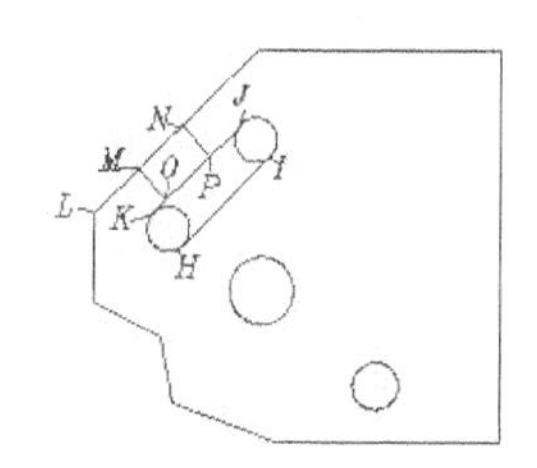

图 3-45 绘制切线和垂线

4. 绘制线段 *FG*、*GH*、*JK*，结果如图 3-47 所示。

5. 用 XLINE 命令绘制斜线 *O*、*P*、*R*、*Q*，结果如图 3-48 所示。修剪及删除多余线条，结果如图 3-49 所示。

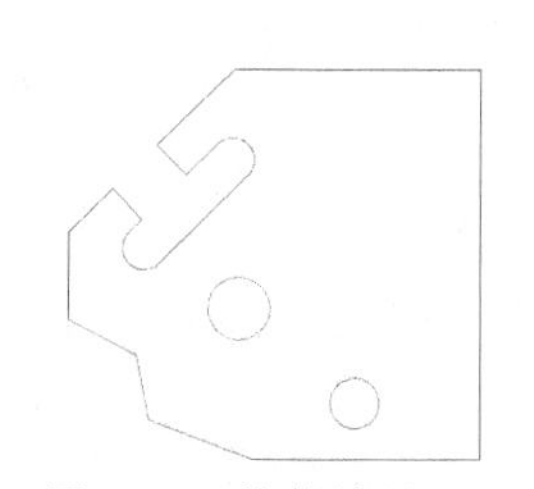

图 3-46 修剪结果（2）

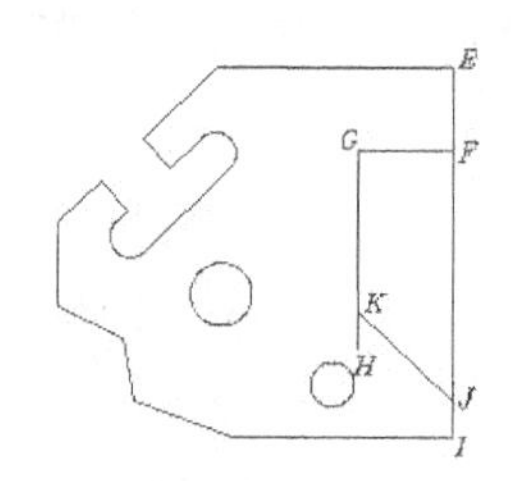

图 3-47 绘制线段 *FG*、*GK* 等

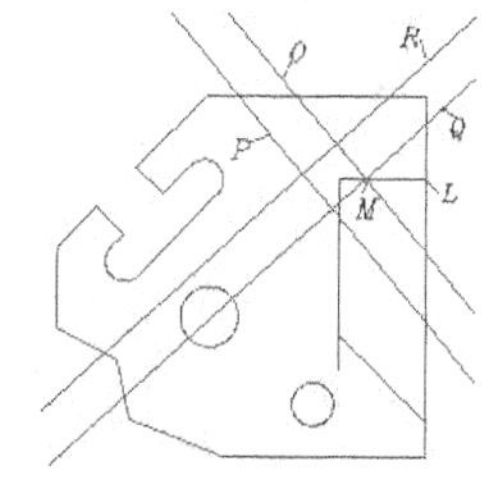

图 3-48 绘制斜线 *O*、*P* 等

6. 用 LINE、XLINE、OFFSET 等命令绘制切线 *G*、*H* 等，结果如图 3-50 所示。修剪及删除多余线条，结果如图 3-51 所示。

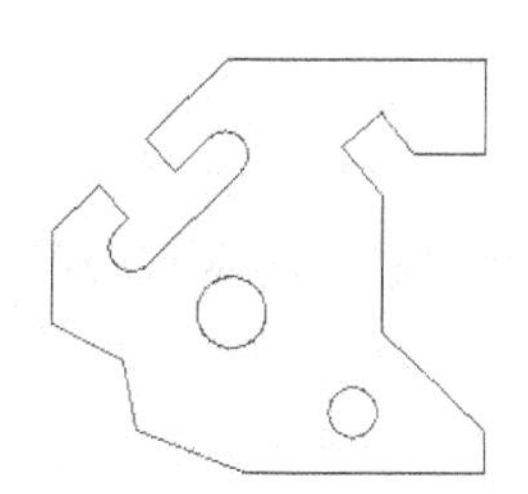

图 3-49 修剪结果（3）

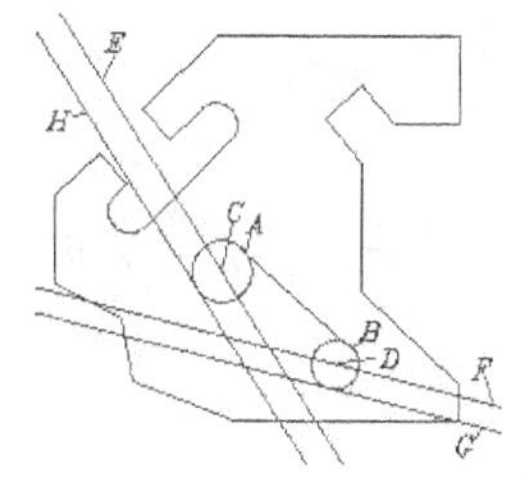

图 3-50 绘制切线 *G*、*H* 等

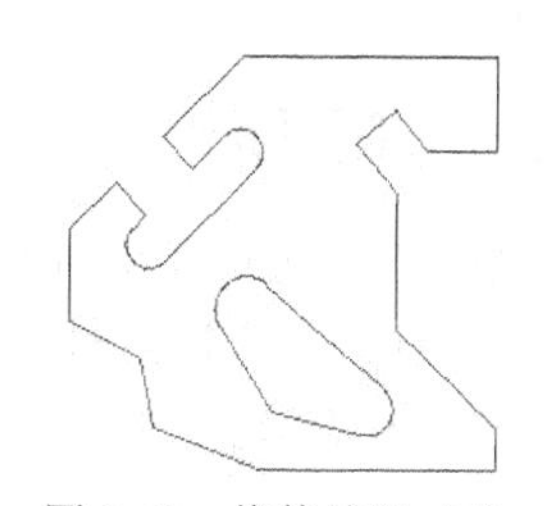

图 3-51 修剪结果（4）

【练习 3-22】利用 LINE、XLINE、OFFSET 及 TRIM 等命令绘制平面图形，如图 3-52 所示。

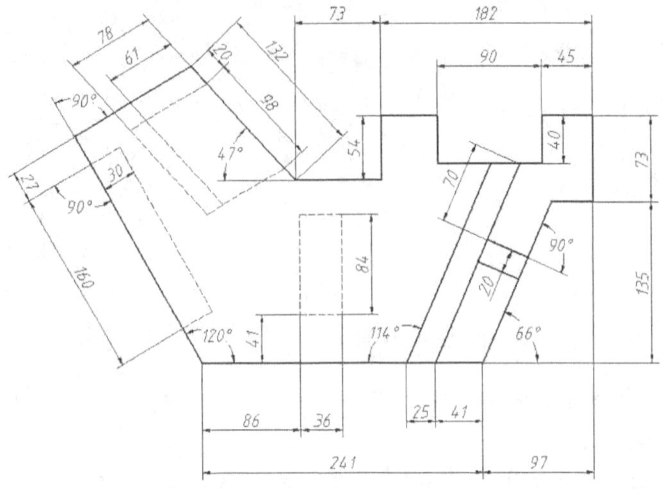

图 3-52　利用 LINE、XLINE 及 OFFSET 等命令绘图（1）

【练习 3-23】利用 LINE、XLINE、OFFSET 及 TRIM 等命令绘制平面图形，如图 3-53 所示。

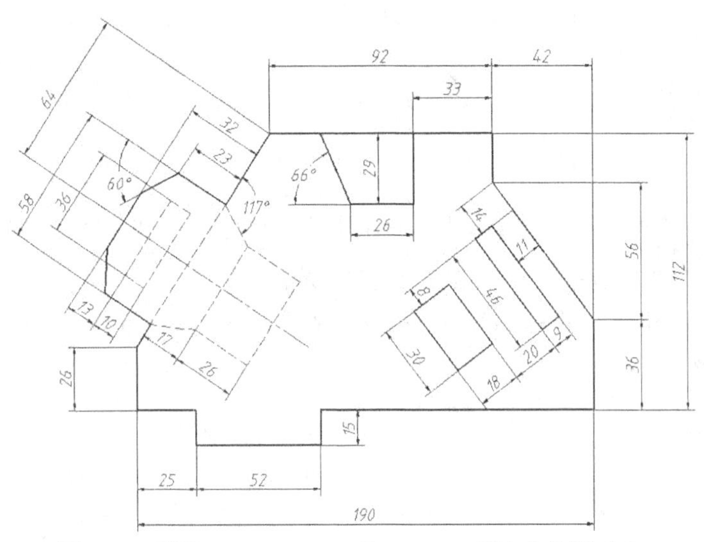

图 3-53　利用 LINE、XLINE 及 OFFSET 等命令绘图（2）

3.4　绘制圆及圆弧连接

通常工程图中有很多圆及圆弧连接，本节将介绍绘制圆及圆弧连接的方法。

3.4.1　绘制圆

用 CIRCLE 命令绘制圆时，默认的绘制圆的方法是指定圆心和半径，此外还可通过指定两点或三点的方式来绘制圆。

一、命令启动方法

- 菜单命令：【绘图】/【圆】。

- 面板：【常用】选项卡中【绘图】面板上的⊖按钮。
- 命令：CIRCLE 或简写 C。

【练习 3-24】打开素材文件“dwg\第 3 章\3-24.dwg”，如图 3-54 左图所示，用 CIRCLE 等命令将图 3-54 中的左图修改为右图。

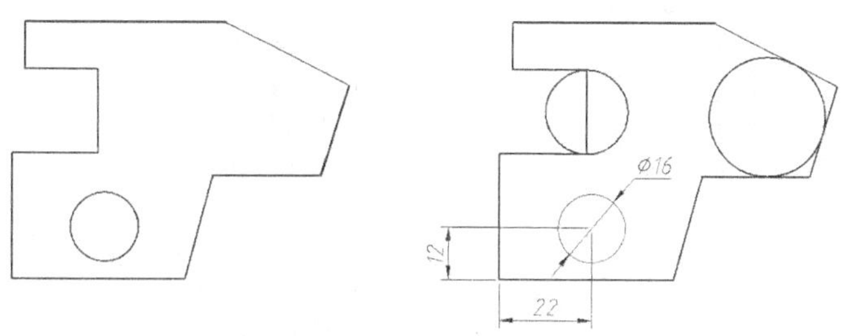

图 3-54 绘制圆

```
命令: _circle
指定圆的圆心或 [三点(3P)/两点(2P)/切点、切点、半径(T)]: fro
                                                  //使用正交偏移捕捉确定圆心
基点: int 交点                                     //捕捉图形左下角点
<偏移>: @22,12                                     //输入圆心相对坐标
指定圆的半径或 [直径(D)] <9.6835>:8                 //输入圆的半径
```

利用【三点(3P)】【两点(2P)】选项绘制其余两个圆，结果如图 3-54 右图所示。

二、命令选项

- 指定圆的圆心：默认选项。输入圆心坐标或拾取圆心后，系统提示输入圆的半径或直径。
- 三点(3P)：输入 3 个点绘制圆。
- 两点(2P)：指定直径的两个端点绘制圆。
- 切点、切点、半径(T)：选择与圆相切的两个对象，然后输入圆的半径。

3.4.2 绘制切线、圆及圆弧连接

用户可利用 LINE 命令结合切点捕捉绘制切线，用 CIRCLE 及 TRIM 命令绘制各种圆弧连接。

【练习 3-25】打开素材文件“dwg\第 3 章\3-25.dwg”，如图 3-55 左图所示，用 LINE、CIRCLE 等命令将图 3-55 中的左图修改为右图。

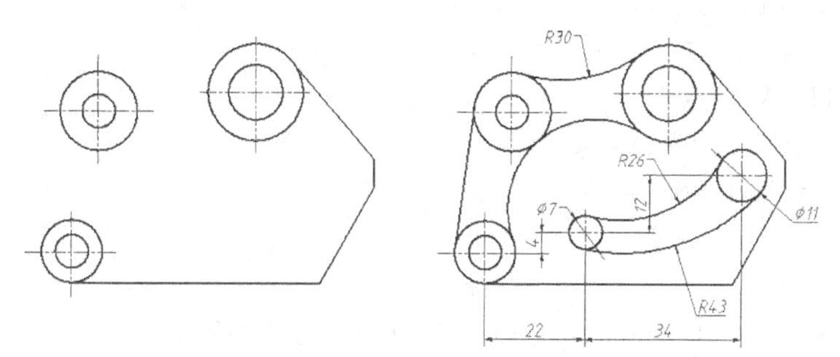

图 3-55 绘制切线、圆及圆弧连接

1. 绘制切线 *AB* 及圆弧连接，如图 3-56 左图所示。

```
命令: _circle
指定圆的圆心或 [三点(3P)/两点(2P)/切点、切点、半径(T)]: 3p
```

```
                                          //选择“三点(3P)”选项
指定圆上的第一个点: tan 切点              //捕捉切点 D
指定圆上的第二个点: tan 切点              //捕捉切点 E
指定圆上的第三个点: tan 切点              //捕捉切点 F
命令:CIRCLE
指定圆的圆心或 [三点(3P)/两点(2P)/ 切点、切点、半径(T)]: t
                                          //选择“切点、切点、半径(T)”选项
指定对象与圆的第一个切点:                 //捕捉切点 G
指定对象与圆的第二个切点:                 //捕捉切点 H
指定圆的半径 <10.8258>:30                 //输入圆半径
命令:CIRCLE
指定圆的圆心或 [三点(3P)/两点(2P)/ 切点、切点、半径(T)]: fro
                                          //使用正交偏移捕捉
基点: int 交点                            //捕捉交点 C
<偏移>: @22,4                             //输入相对坐标
指定圆的半径或 [直径(D)] <30.0000>: 3.5   //输入圆的半径
```

修剪多余线条，结果如图3-56右图所示。

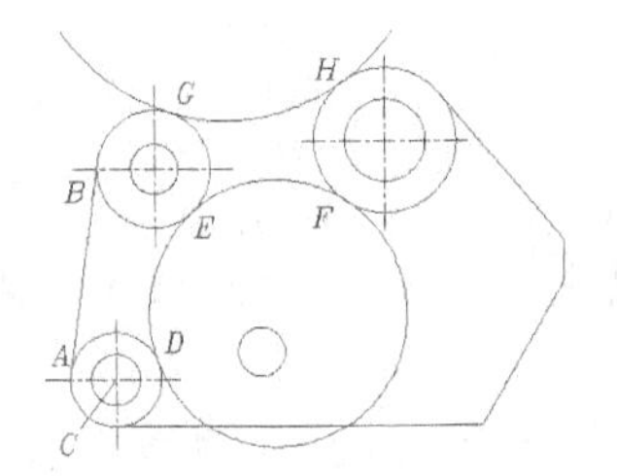

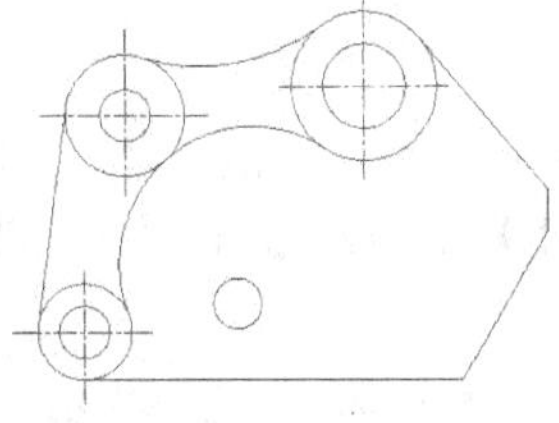

图3-56 绘制切线及圆弧连接

2. 用LINE、CIRCLE、TRIM等命令绘制图形的其余部分。

3.4.3 上机练习——绘制圆弧连接

【练习3-26】用LINE、CIRCLE、OFFSET、TRIM等命令绘制图3-57所示的图形。

1. 创建两个图层。

名称	颜色	线型	线宽
轮廓线层	白色	Continuous	0.5
中心线层	红色	Center	默认

2. 通过【线型控制】下拉列表打开【线型管理器】对话框，在此对话框中设定线型的【全局比例因子】为“0.2”。

3. 打开极轴追踪、对象捕捉及对象捕捉追踪功能。指定极轴追踪的【增量角度】为【90】，设定对象捕捉方式为【端点】【交点】。

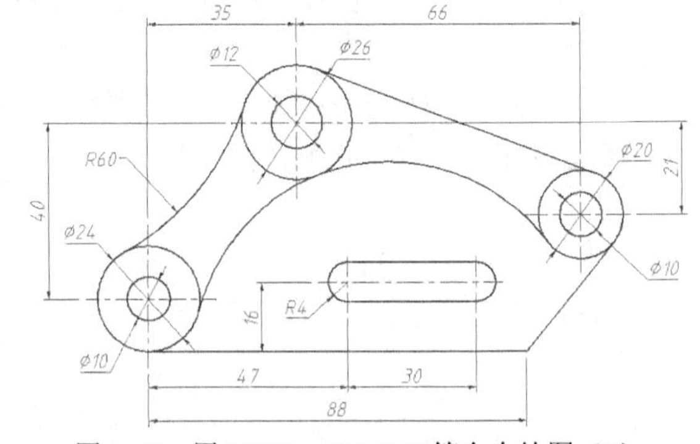

图3-57 用LINE、CIRCLE等命令绘图（1）

4. 设定绘图窗口的高度。绘制一条竖直线段，线段长度为100。双击鼠标滚轮，使线段充满整个绘图窗口。

5. 切换到中心线层，用LINE命令绘制圆的定位线A、B，其长度约为35，再用OFFSET及LENGTHEN命令绘制其他定位线，结果如图3-58所示。

6. 切换到轮廓线层，绘制圆、圆弧连接及切线，结果如图3-59所示。

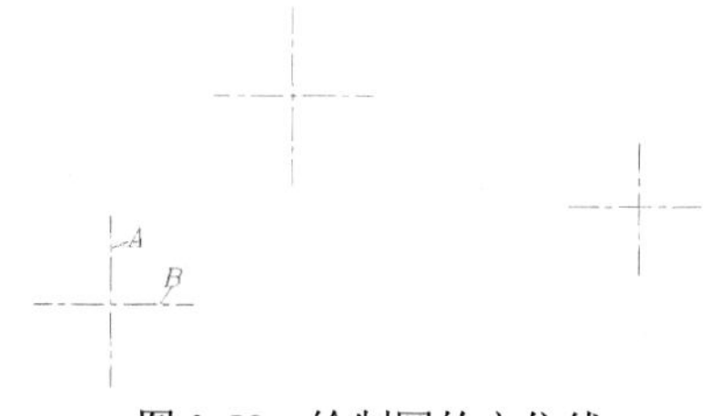

图 3-58 绘制圆的定位线

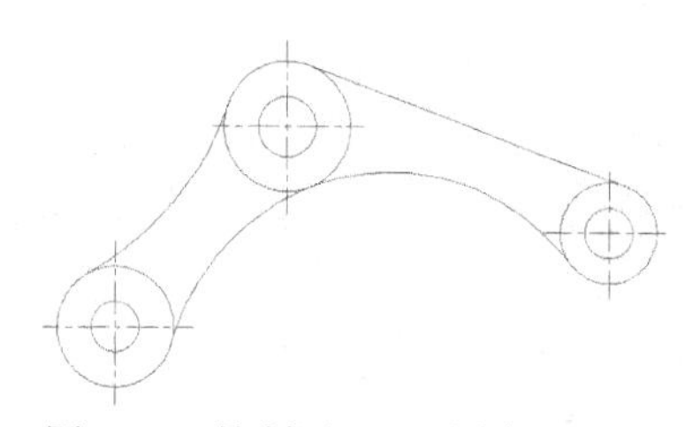

图 3-59 绘制圆、圆弧连接及切线

7. 用 LINE 命令绘制线段 *C*、*D*，再用 OFFSET 及 LENGTHEN 命令绘制定位线 *E*、*F* 等，结果如图 3-60 左图所示。绘制线框 *G*，结果如图 3-60 右图所示。

【练习 3-27】用 LINE、CIRCLE 及 TRIM 等命令绘制图 3-61 所示的图形。

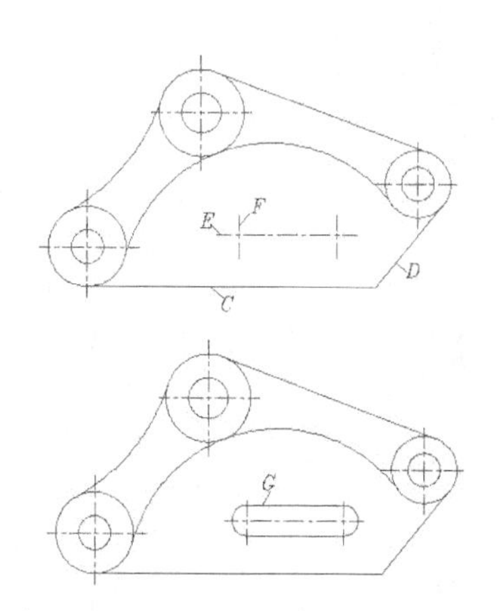

图 3-60 绘制线段 *C*、*D*、*E*、*F* 等及线框 *G*

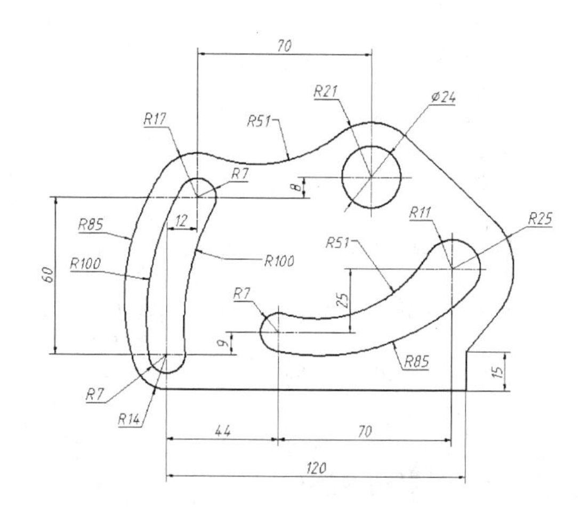

图 3-61 用 LINE、CIRCLE 等命令绘图（2）

3.5 移动及复制对象

移动对象的命令是 MOVE，复制对象的命令是 COPY，这两个命令都可以在二维、三维空间中执行，它们的使用方法相似。

3.5.1 移动对象

执行 MOVE 命令后，先选择要移动的对象，然后指定对象移动的距离和方向，系统就会将对象从原位置移动到新位置。

可通过以下 3 种方式指定对象移动的距离和方向。

- 在绘图窗口中指定两个点，这两点之间的距离和方向代表了对象移动的距离和方向，在指定第二个点时，应该采用相对坐标。
- 以“X,Y”方式输入对象沿 *x* 轴、*y* 轴移动的距离，或者以“距离<角度”方式输入对象位移的距离和方向。
- 打开正交模式或极轴追踪功能，就能方便地将对象只沿 *x* 轴、*y* 轴或极轴方向移动。

命令启动方法

- 菜单命令：【修改】/【移动】。
- 面板：【常用】选项卡中【修改】面板上的按钮。

- 命令：MOVE 或简写 M。

【练习 3-28】练习 MOVE 命令。

打开素材文件“dwg\第 3 章\3-28.dwg”，如图 3-62 左图所示，用 MOVE 命令将图 3-62 中的左图修改为右图。

```
命令: _move
选择对象:
指定对角点: 找到 3 个                              //选择圆
选择对象:                                          //按 Enter 键确认
指定基点或 [位移(D)] <位移>:                        //捕捉交点 A
指定第二点的位移或者 <使用第一点当做位移>:          //捕捉交点 B
命令:MOVE
选择对象:
指定对角点: 找到 1 个                              //选择小矩形
选择对象:                                          //按 Enter 键确认
指定基点或 [位移(D)] <位移>: 90,30                  //输入沿 x 轴、y 轴移动的距离
指定第二点的位移或者 <使用第一点当做位移>:          //按 Enter 键结束
命令:MOVE
选择对象: 找到 1 个              //选择大矩形
选择对象:                        //按 Enter 键确认
指定基点或 [位移(D)] <位移>: 45<-60
                                 //输入移动的距离和方向
指定第二点的位移或者 <使用第一点当做位移>:
                                 //按 Enter 键结束
```

图 3-62 移动对象

结果如图 3-62 右图所示。

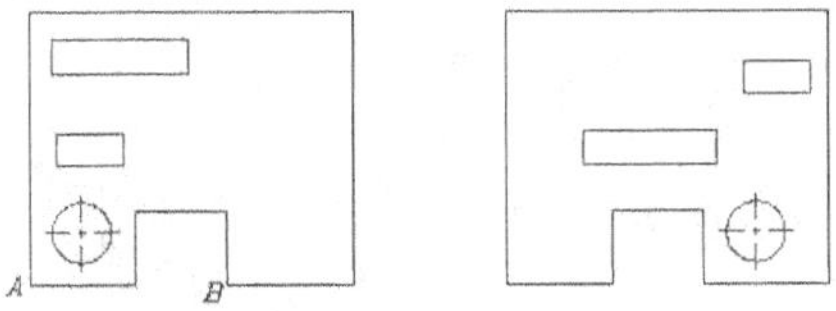

3.5.2 复制对象

执行 COPY 命令后，先选择要复制的对象，然后指定对象复制的距离和方向，系统就会将对象从原位置复制到新位置。

可通过以下 3 种方式指定对象复制的距离和方向。

- 在绘图窗口中指定两个点，这两点之间的距离和方向代表了对象复制的距离和方向，在指定第二个点时，应该采用相对坐标。
- 以“X,Y”方式输入对象沿 x 轴、y 轴复制的距离，或者以“距离<角度”方式输入对象复制的距离和方向。
- 打开正交模式或极轴追踪功能，就能方便地将对象只沿 x 轴、y 轴或极轴方向复制。

一、命令启动方法

- 菜单命令：【修改】/【复制】。
- 面板：【常用】选项卡中【修改】面板上的按钮。
- 命令：COPY 或简写 CO。

【练习 3-29】练习 COPY 命令。

打开素材文件“dwg\第 3 章\3-29.dwg”，如图 3-63 左图所示，用 COPY 命令将图 3-63 中的左图修改为右图。

```
命令: _copy
选择对象:
指定对角点: 找到 3 个                                        //选择圆
选择对象:                                                    //按 Enter 键确认
指定基点或 [位移(D)/模式(O)] <位移>:                          //捕捉交点 A
指定第二点的位移或 [阵列(A)] <使用第一个点当做位移>:          //捕捉交点 B
```

```
指定第二个点或 [阵列(A)/退出(E)/放弃(U)] <退出>:      //捕捉交点 C
指定第二个点或 [阵列(A)/退出(E)/放弃(U)] <退出>:      //按 Enter 键结束
命令: COPY
选择对象: 找到 1 个                                   //选择矩形
选择对象:                                             //按 Enter 键确认
指定基点或 [位移(D) /模式(O)] <位移>:-90,-20         //输入沿 x 轴、y 轴复制的距离
指定第二点的位移或 [阵列(A)] <使用第一个点当做位
移>:                                    //按 Enter 键结束
```

结果如图 3-63 右图所示。

二、命令选项

- 模式（O）：设定复制时采用单个或多个模式。
- 阵列（A）：可在复制对象的同时阵列对象。选择该选项，指定对象复制的距离、方向及沿复制方向的阵列数目，即可创建线性阵列，如图 3-64 所示。操作时，可设定两个对象间的距离，也可设定阵列的总距离。

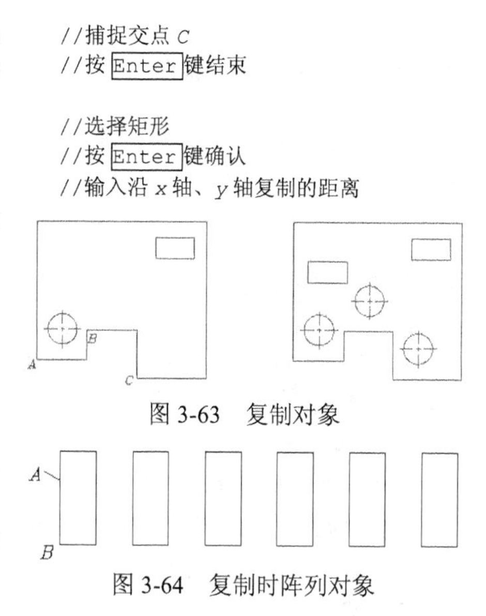

图 3-63　复制对象

图 3-64　复制时阵列对象

3.5.3 上机练习——用 MOVE 及 COPY 命令绘图

【练习 3-30】打开素材文件“dwg\第 3 章\3-30.dwg”，如图 3-65 左图所示，用 MOVE、COPY 等命令将图 3-65 中的左图修改为右图。

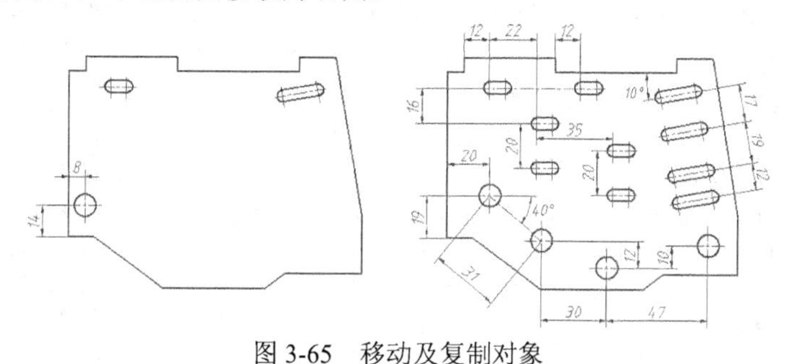

图 3-65　移动及复制对象

【练习 3-31】利用 LINE、CIRCLE 及 COPY 等命令绘制平面图形，如图 3-66 所示。

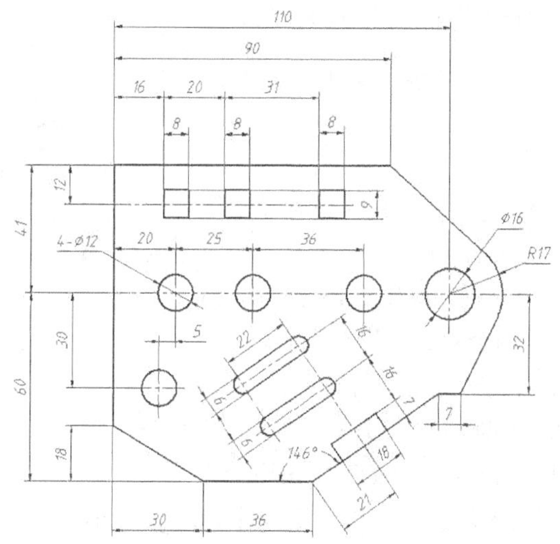

图 3-66　利用 LINE、CIRCLE 及 COPY 等命令绘图

3.6 倒圆角和倒角

在绘制工程图时，经常要进行倒圆角和倒角操作。用户可分别利用 FILLET 和 CHAMFER 命令完成这两个操作，下面介绍这两个命令的用法。

3.6.1 倒圆角

倒圆角是利用具有指定半径的圆弧光滑地连接两个对象的操作。操作的对象包括直线、多段线、样条曲线、圆及圆弧等。

一、命令启动方法

- 菜单命令：【修改】/【圆角】。
- 面板：【常用】选项卡中【修改】面板上的按钮。
- 命令：FILLET 或简写 F。

【练习 3-32】 练习 FILLET 命令。

打开素材文件“dwg\第 3 章\3-32.dwg”，如图 3-67 左图所示，下面用 FILLET 命令将图 3-67 中的左图修改为右图。

```
命令: _fillet
选取第一个对象或 [多段线(P)/半径(R)/修剪(T)/多个(M)/放弃(U)]:m
                                                        //选择“多个(M)”选项
选取第一个对象或 [多段线(P)/半径(R)/修剪(T)/多个(M)/放弃(U)]:r //选择“半径(R)”选项
圆角半径<0.0000>: 5                                     //输入圆角半径
选取第一个对象:                                         //选择线段 A
选择第二个对象:                                         //选择圆 B
选取第一个对象:                                         //选择线段 C
选择第二个对象:                                         //选择圆 D
选取第一个对象或 [多段线(P)/半径(R)/修剪(T)/多个(M)/放弃(U)]:r //选择“半径(R)”选项
圆角半径<5.0000>: 20                                    //输入圆角半径
选取第一个对象:                                         //选择圆 B 的上部
选择第二个对象:                                         //选择圆 D 的上部
选取第一个对象:                                         //选择圆 B 的下部
选择第二个对象:                                         //选择圆 D 的下部
选取第一个对象:                                         //选择线段 A
选择第二个对象或按住 Shift 键选择对象以应用角点:        //按住 Shift 键选择线段 E
选取第一个对象:                                         //选择线段 C
选择第二个对象或按住 Shift 键选择对象以应用角点:        //按住 Shift 键选择线段 E
```

结果如图 3-67 右图所示。

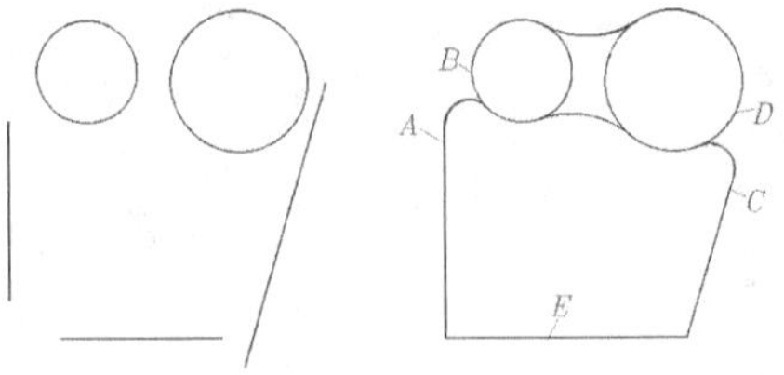

二、命令选项

- 多段线(P)：选择此选项后，系统将对多段线的每个顶点执行倒圆角操作。
- 半径(R)：设定圆角半径。若圆角半径为 0，则系统将使被修剪的两个对象交于一点。
- 修剪(T)：指定倒圆角时是否修剪对象。
- 多个(M)：可一次性创建多个圆角。系统将重复提示“选取第一个对象”和“选择第二个对象”，直到用户按 Enter 键结束命令为止。
- 按住 Shift 键选择对象以应用角点：若按住 Shift 键选择第二个圆角对象，则以 0 替代当前的圆角半径。

B
A
D
C
E

图 3-67 倒圆角

3.6.2 倒角

倒角是用一条斜线连接两个对象的操作。操作时用户可以输入每条边的倒角距离，也可以指定某条边上倒角的长度及与此边的夹角。

一、命令启动方法

- 菜单命令：【修改】/【倒角】。
- 面板：【常用】选项卡中【修改】面板上的按钮。
- 命令：CHAMFER 或简写 CHA。

【练习 3-33】练习 CHAMFER 命令。

打开素材文件“dwg\第 3 章\3-33.dwg”，如图 3-68 左图所示，下面用 CHAMFER 命令将图 3-68 中的左图修改为右图。

```
命令: _chamfer
选择第一条直线或 [多段线(P)/距离(D)/角度(A)/方式(E)/修剪(T)/多个(M)/放弃(U)]: m
                                                          //选择“多个(M)”选项
选择第一条直线或 [多段线(P)/距离(D)/角度(A)/方式(E)/修剪(T)/多个(M)/放弃(U)]: d
                                                          //“距离(D)”选项
指定基准对象的倒角距离 <30.0000>: 15                      //输入第一条边的倒角距离
指定另一个对象的倒角距离 <15.0000>: 20                    //输入第二条边的倒角距离
选择第一条直线:                                           //选择线段 A
选择第二个对象或按住 Shift 键选择对象以应用角点:          //选择线段 B
选择第一条直线或 [多段线(P)/距离(D)/角度(A)/方式(E)/修剪(T)/多个(M)/放弃(U)]: d
                                                          //“距离(D)”选项
指定基准对象的倒角距离 <15.0000>: 30                      //输入第一条边的倒角距离
指定另一个对象的倒角距离 <30.0000>: 15                    //输入第二条边的倒角距离
选择第一条直线:                                           //选择线段 C
选择第二个对象或按住 Shift 键选择对象以应用角点:          //选择线段 B
选择第一条直线:                                           //选择线段 A
选择第二个对象或按住 Shift 键选择对象以应用角点:          //按住 Shift 键选择线段 D
选择第一条直线:                                           //选择线段 C
选择第二个对象或按住 Shift 键选择对象以应用角点:          //按住 Shift 键选择线段 D
```

结果如图 3-68 右图所示。

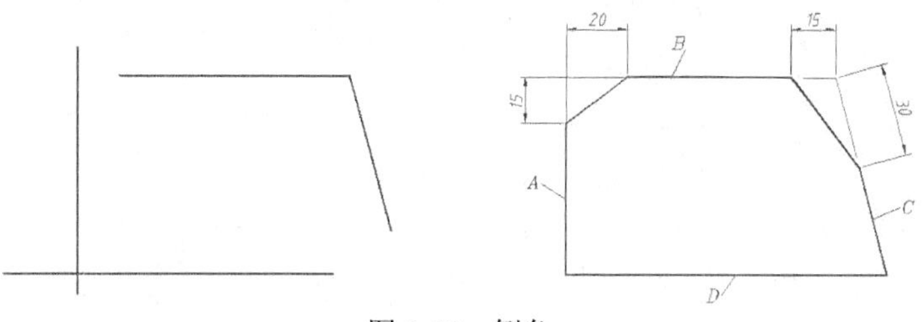

图 3-68 倒角

二、命令选项

- 多段线(P)：选择此选项后，系统将对多段线的每个顶点执行倒角操作。
- 距离(D)：设定倒角距离。若倒角距离为 0，则系统将使被倒角的两个对象交于一点。
- 角度(A)：指定倒角角度。
- 修剪(T)：设置倒角时是否修剪对象。该选项与 FILLET 命令的“修剪(T)”选项相同。
- 方式(E)：设置是使用两个倒角距离还是一个距离与一个角度来创建倒角。
- 多个(M)：可一次性创建多个倒角。系统将重复提示“选择第一条直线”和“选择第二个对象”，直到用户按 Enter 键结束命令为止。

- 按住 Shift 键选择对象以应用角点：若按住 Shift 键选择第二个倒角对象，则以 0 替代当前的倒角距离。

3.6.3 上机练习——倒圆角及倒角

【练习 3-34】打开素材文件“dwg\第 3 章\3-34.dwg”，如图 3-69 左图所示，用 FILLET、CHAMFER 命令将图 3-69 中的左图修改为右图。

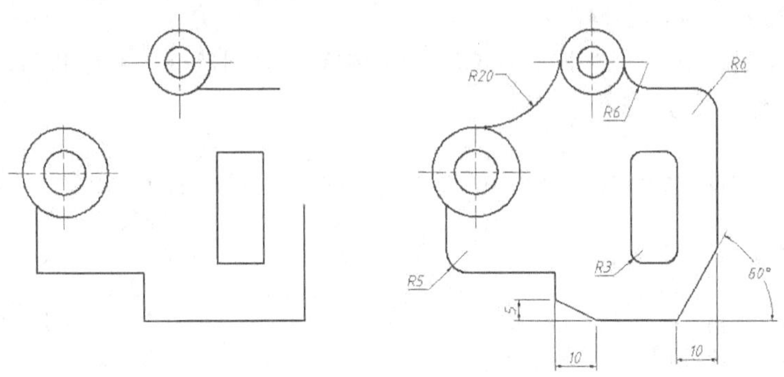

图 3-69 倒圆角及倒角

【练习 3-35】利用 LINE、CIRCLE、FILLET 及 CHAMFER 等命令绘制平面图形，如图 3-70 所示。

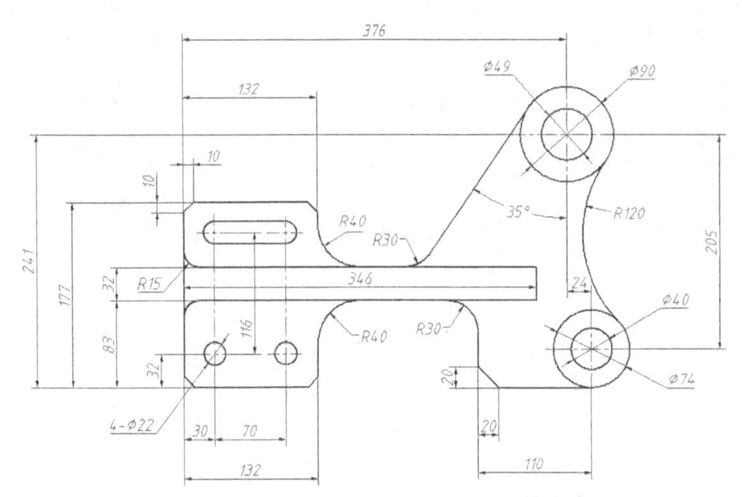

图 3-70 利用 LINE、CIRCLE、FILLET 等命令绘图

3.7 综合练习——绘制由线段构成的图形

【练习 3-36】用 LINE、OFFSET 及 TRIM 等命令绘制图 3-71 所示的图形。

1. 打开极轴追踪、对象捕捉及对象捕捉追踪功能。设置极轴追踪的【增量角度】为【90】，设定对象捕捉方式为【端点】【交点】，选择【仅正交追踪】单选项。

2. 设定绘图窗口的高度。绘制一条竖直线段，线段长度为 150。双击鼠标滚轮，使线段充满整个绘图窗口。

3. 绘制两条水平及竖直的作图基准线 *A*、*B*，结果如图 3-72 所示。线段 *A* 的长度约为 130，线段 *B* 的长度约为 80。

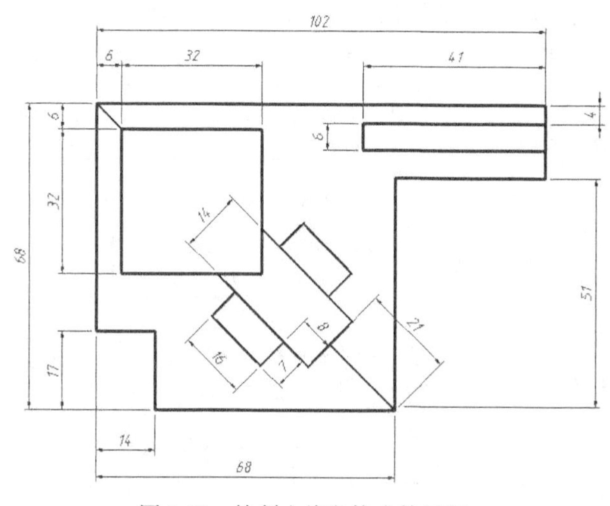

图 3-71 绘制由线段构成的图形

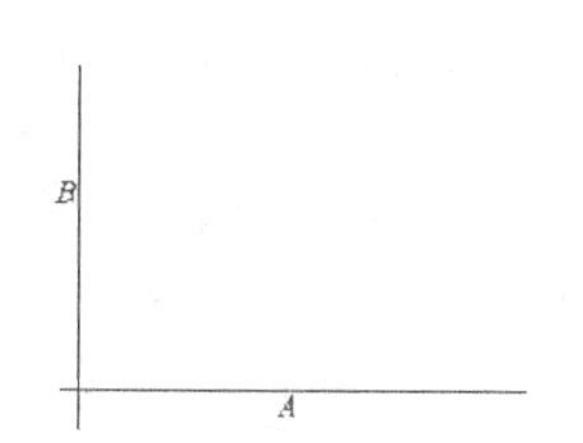

图 3-72 绘制作图基准线

4. 使用 OFFSET 及 TRIM 命令绘制线框 *C*，结果如图 3-73 所示。

5. 绘制连线 *EF*，再用 OFFSET 及 TRIM 命令绘制线框 *G*，结果如图 3-74 所示。

6. 用 XLINE、OFFSET 及 TRIM 命令绘制线段 *A*、*B*、*C* 等，结果如图 3-75 所示。

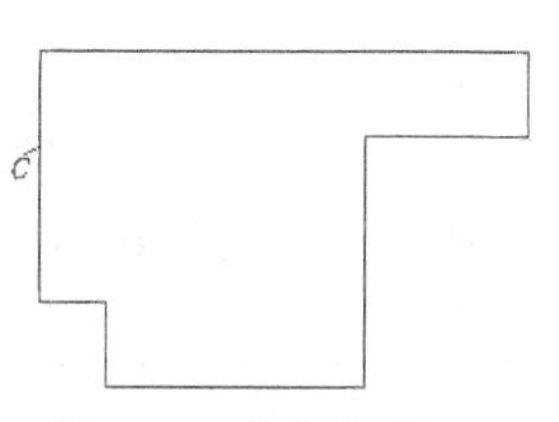

图 3-73 绘制线框 *C*

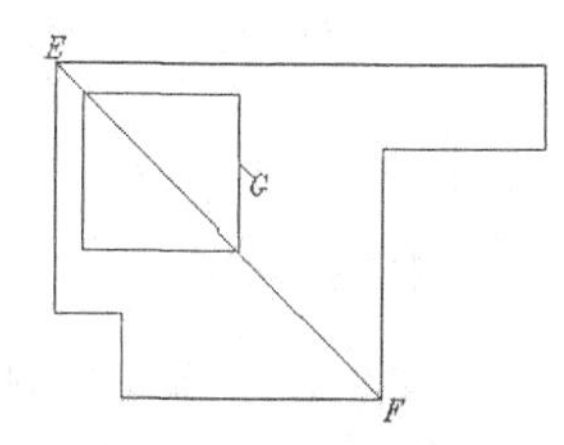

图 3-74 绘制线框 *G*

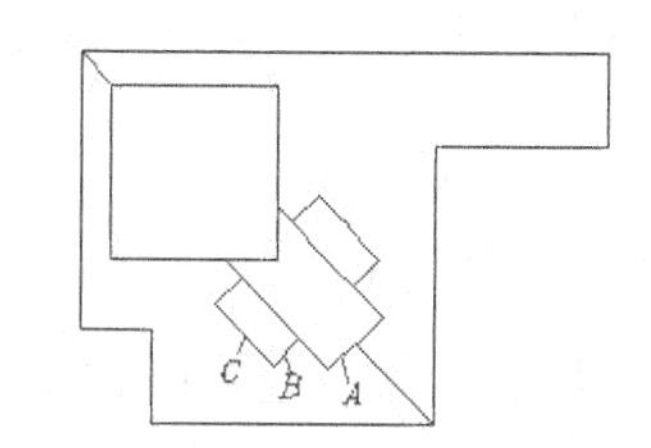

图 3-75 绘制线段 *A*、*B*、*C* 等

7. 用 LINE 命令绘制线框 *H*，结果如图 3-76 所示。

【练习 3-37】用 LINE、OFFSET、EXTEND 及 TRIM 等命令绘制图 3-77 所示的图形。

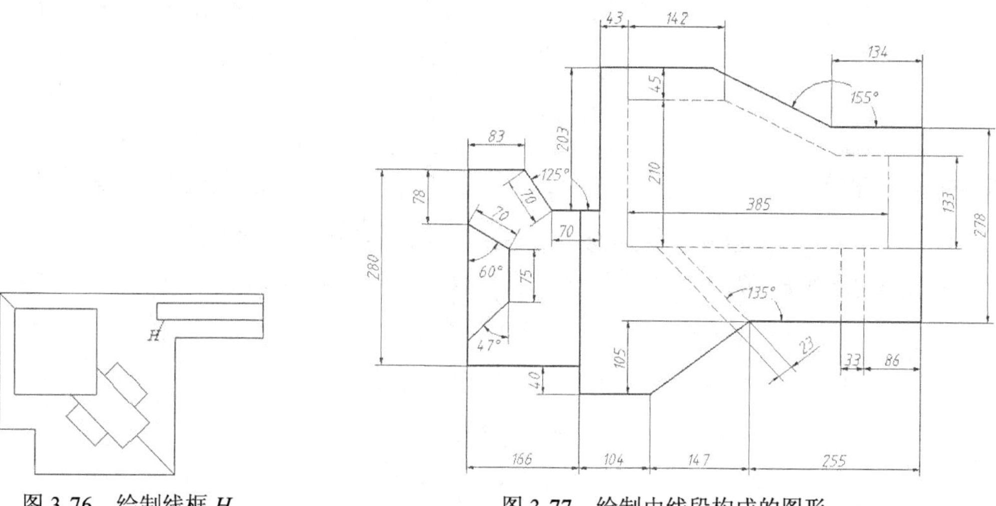

图 3-76 绘制线框 *H*

图 3-77 绘制由线段构成的图形

3.8 综合练习二——用 OFFSET 和 TRIM 命令绘图

【练习 3-38】用 LINE、OFFSET 及 TRIM 等命令绘制图 3-78 所示的图形。

1. 打开极轴追踪、对象捕捉及对象捕捉追踪功能。设置极轴追踪的【增量角度】为【90】，设定对象捕捉方式为【端点】【交点】，选择【仅正交追踪】单选项。

2. 设定绘图窗口的高度。绘制一条竖直线段，线段长度为 150。双击鼠标滚轮，使线段充满整个绘图窗口。

3. 绘制水平及竖直的作图基准线 *A*、*B*，结果如图 3-79 所示。线段 *A* 的长度约为 120，线段 *B* 的长度约为 110。

4. 用 OFFSET 命令绘制平行线 *C*、*D*、*E*、*F*，结果如图 3-80 所示。修剪多余线条，结果如图 3-81 所示。

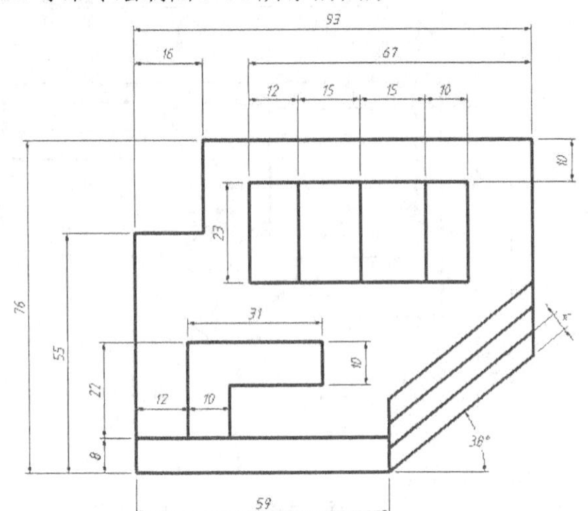

图 3-78 用 OFFSET 和 TRIM 命令绘图

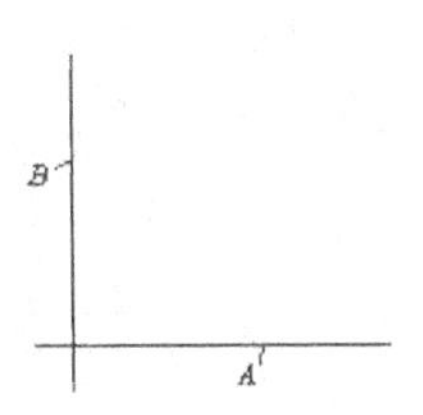

图 3-79 绘制作图基准线

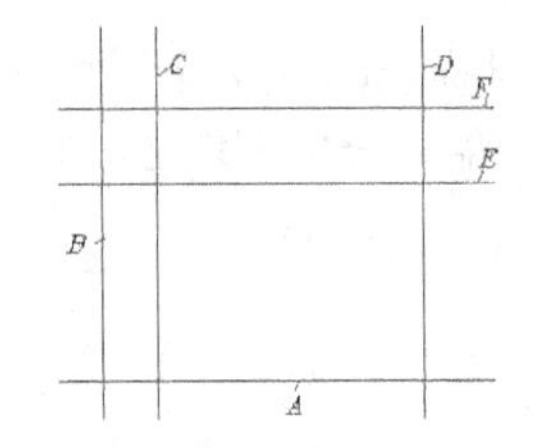

图 3-80 绘制平行线 *C*、*D*、*E*、*F*

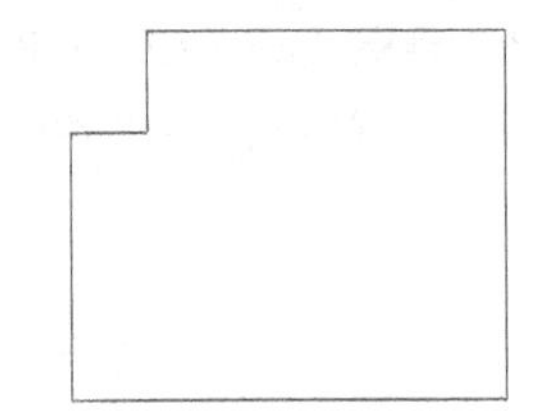

图 3-81 修剪结果（1）

5. 以线段 *G*、*H* 为作图基准线，用 OFFSET 命令绘制平行线 *I*、*J*、*K*、*L* 等，结果如图 3-82 所示。修剪多余线条，结果如图 3-83 所示。

6. 绘制平行线 *A*，再用 XLINE 命令绘制斜线 *B*，结果如图 3-84 所示。

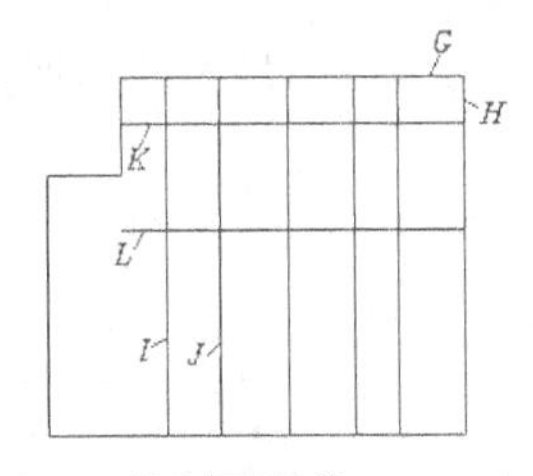

图 3-82 绘制平行线 *I*、*J*、*K*、*L* 等

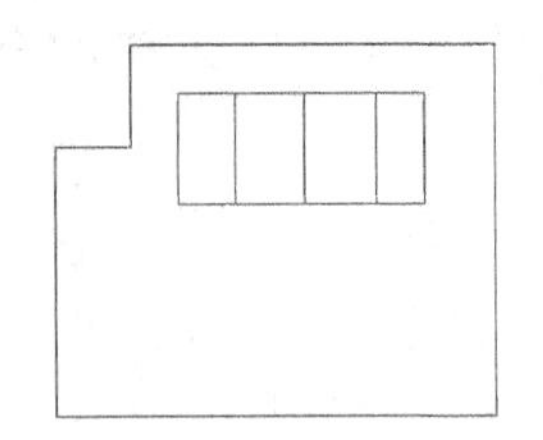

图 3-83 修剪结果（2）

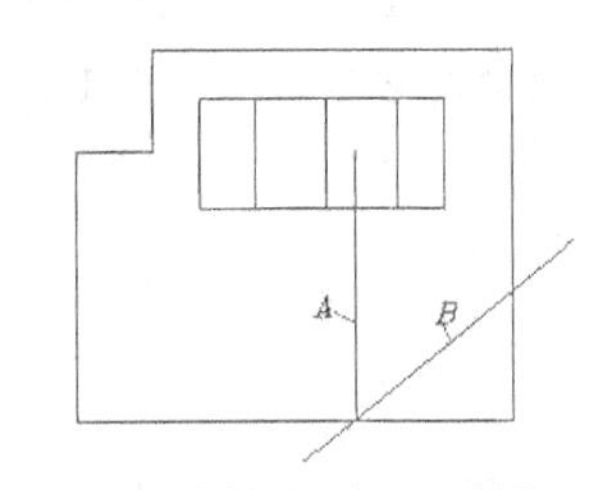

图 3-84 绘制平行线 *A*、斜线 *B* 等

7. 绘制平行线 *C*、*D*、*E*，然后修剪多余线条，结果如图 3-85 所示。

8. 绘制平行线 *F*、*G*、*H*、*I*、*J* 等，结果如图 3-86 所示。修剪多余线条，结果如图 3-87 所示。

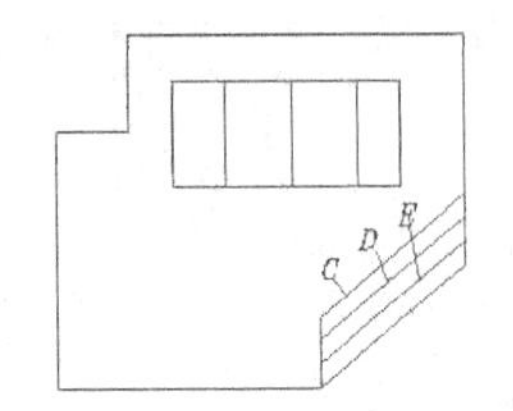

图 3-85 绘制平行线 *C*、*D*、*E*

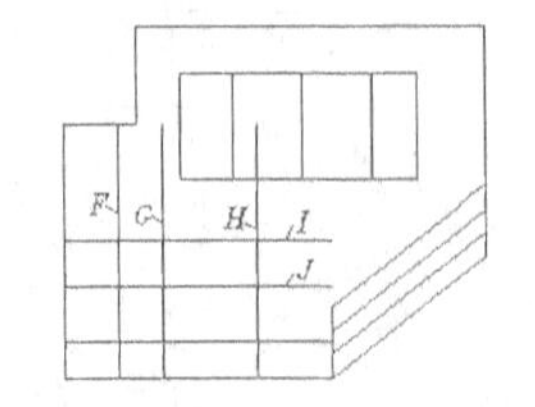

图 3-86 绘制平行线 *F*、*G*、*H* 等

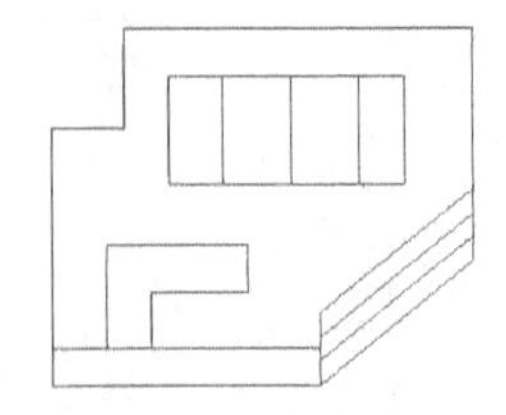

图 3-87 修剪结果（3）

【练习 3-39】用 LINE、CIRCLE、XLINE、OFFSET 及 TRIM 等命令绘制图 3-88 所示的图形。

主要作图步骤如图 3-89 所示。

【练习 3-40】用 LINE、CIRCLE、XLINE、OFFSET 及 COPY 等命令绘制图 3-90 所示的图形。

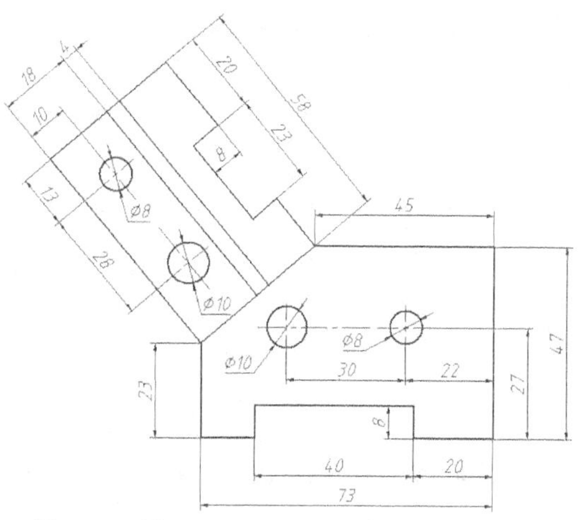

图 3-88 用 LINE、OFFSET 等命令绘图（1）

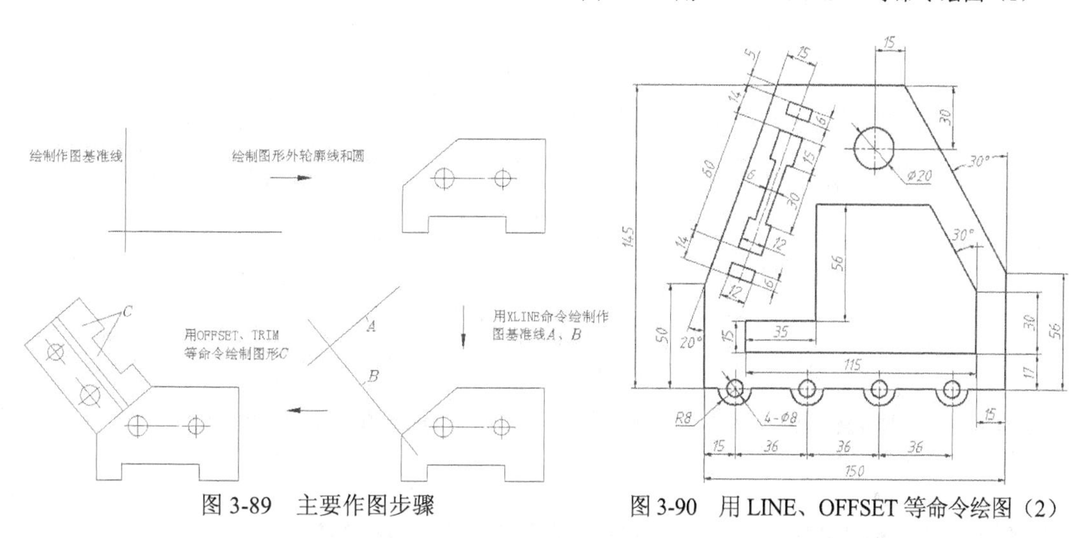

图 3-89 主要作图步骤

图 3-90 用 LINE、OFFSET 等命令绘图（2）

3.9 综合练习三——绘制线段及圆弧连接

【练习 3-41】用 LINE、CIRCLE、OFFSET 及 TRIM 等命令绘制图 3-91 所示的图形。

1. 打开极轴追踪、对象捕捉及对象捕捉追踪功能。设置极轴追踪的【增量角度】为【90】，设定对象捕捉方式为【端点】【圆心】【交点】，选择【仅正交追踪】单选项。

2. 绘制圆 *A*、*B*、*C* 和 *D*，结果如图 3-92 所示。圆 *C*、*D* 的圆心可利用正交偏移捕捉确定。

3. 利用 CIRCLE 命令的【切点、切点、半径（T）】选项绘制圆弧连接 *E*、*F*，结果如图 3-93 所示。

4. 用 LINE 命令绘制线段 *G*、*H*、*I* 等，结果如图 3-94 所示。

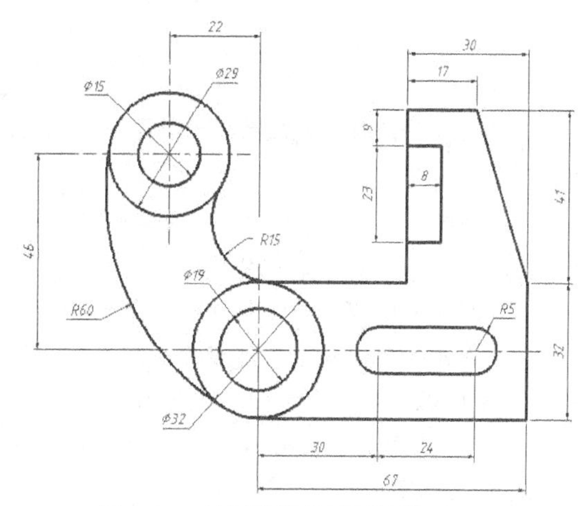

图 3-91 绘制线段及圆弧连接（1）

5. 绘制圆 *A*、*B* 及两条切线 *C*、*D*，结果如图 3-95 所示。修剪多余线条，结果如图 3-96 所示。

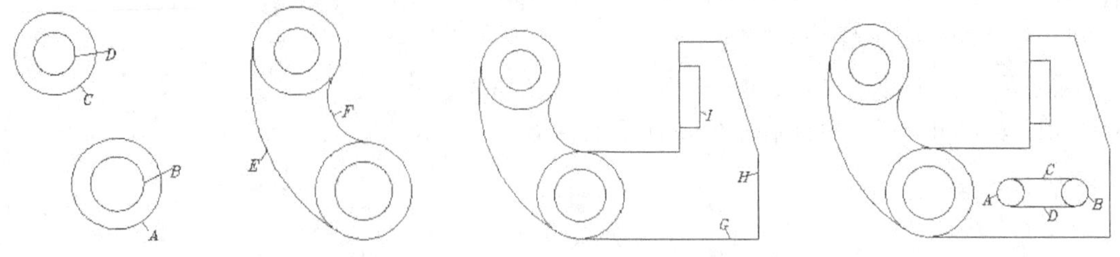

图 3-92 绘制圆　图 3-93 绘制圆弧连接　图 3-94 绘制线段　图 3-95 绘制圆及切线

【练习 3-42】用 LINE、CIRCLE、OFFSET 及 TRIM 等命令绘制图 3-97 所示的图形。

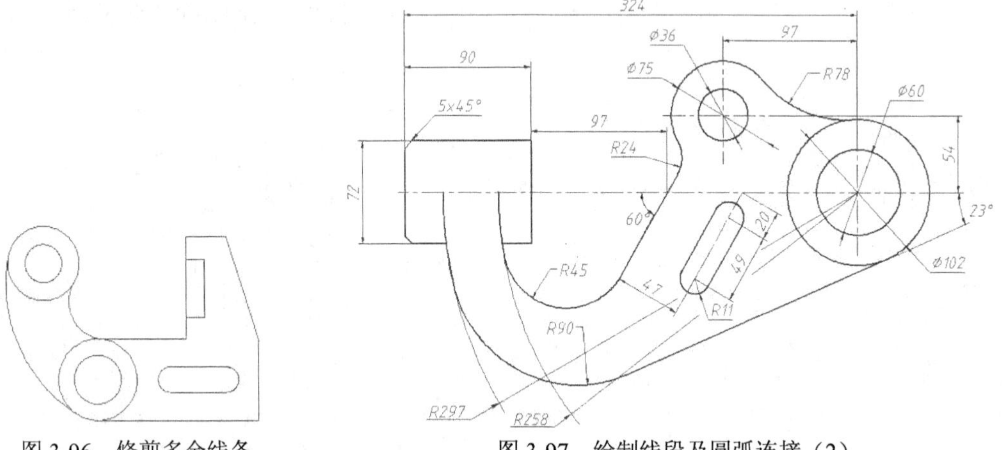

图 3-96 修剪多余线条　　图 3-97 绘制线段及圆弧连接（2）

3.10 综合练习四——绘制圆及圆弧连接

【练习 3-43】用 LINE、CIRCLE 及 TRIM 等命令绘制图 3-98 所示的图形。

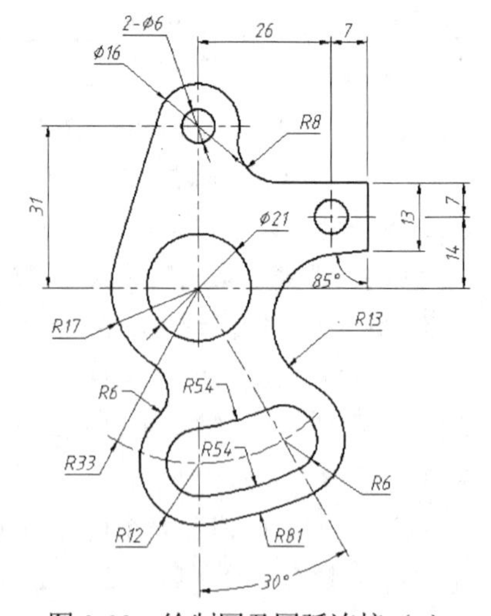

图 3-98 绘制圆及圆弧连接（1）

1. 创建以下两个图层。

名称	颜色	线型	线宽
粗实线	白色	Continuous	0.7
中心线	白色	Center	默认

2. 设置绘图窗口高度为 200，再设定线型的【全局比例因子】为“0.2”。

3. 利用 LINE 和 OFFSET 命令绘制图形定位线 *A*、*B*、*C*、*D*、*E* 等，结果如图 3-99 所示。

4. 使用 CIRCLE 命令绘制图 3-100 所示的圆。

5. 利用 LINE 命令绘制圆的切线 *A*，再利用 FILLET 命令绘制圆弧连接 *B*，结果如图 3-101 所示。

6. 使用 LINE 和 OFFSET 命令绘制平行线 *C*、*D* 及斜线 *E*，结果如图 3-102 所示。

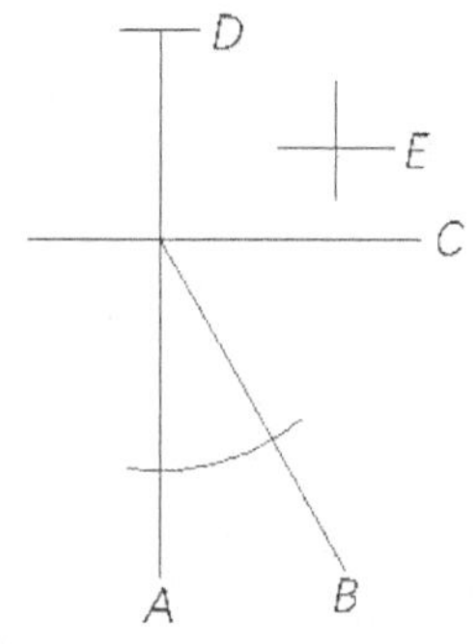

图 3-99 绘制图形定位线

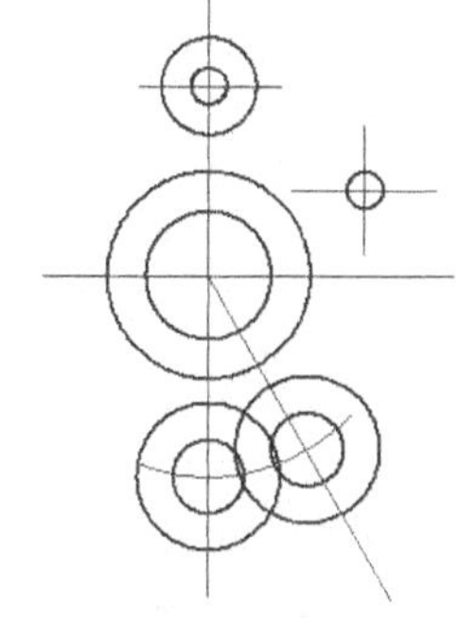
图 3-100 绘制圆

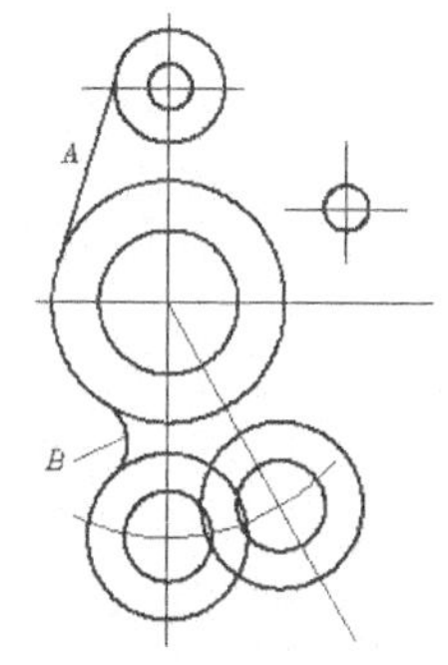

图 3-101 绘制切线及圆弧连接

7. 使用 CIRCLE 和 TRIM 命令绘制圆弧连接 *G*、*H*、*M*、*N*，结果如图 3-103 所示。
8. 修剪多余线段，再将定位线的线型修改为中心线，结果如图 3-104 所示。

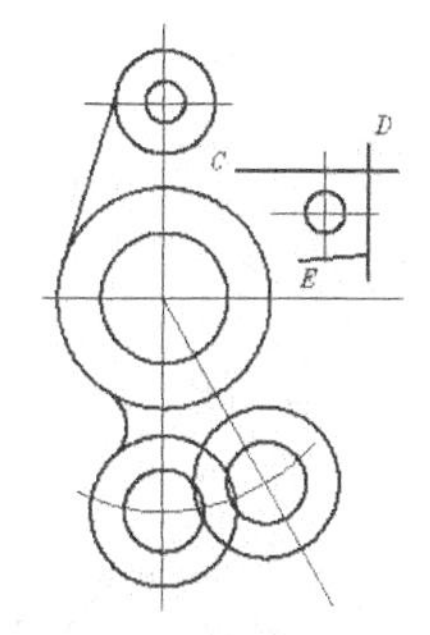

图 3-102 绘制线段 *C*、*D*、*E*

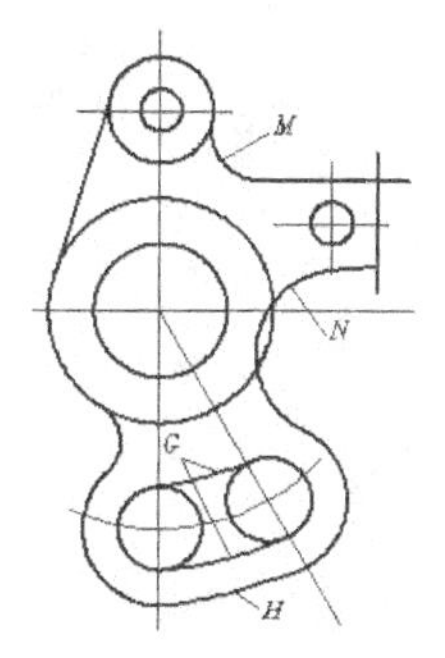

图 3-103 绘制圆弧连接

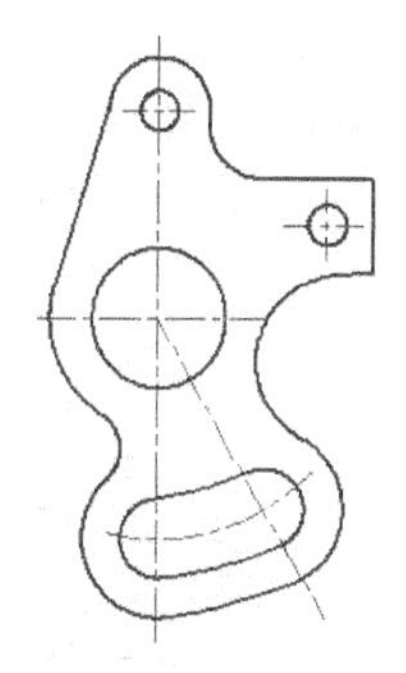
图 3-104 修剪线段并调整线型

【练习 3-44】用 LINE、CIRCLE 及 TRIM 等命令绘制图 3-105 所示的图形。

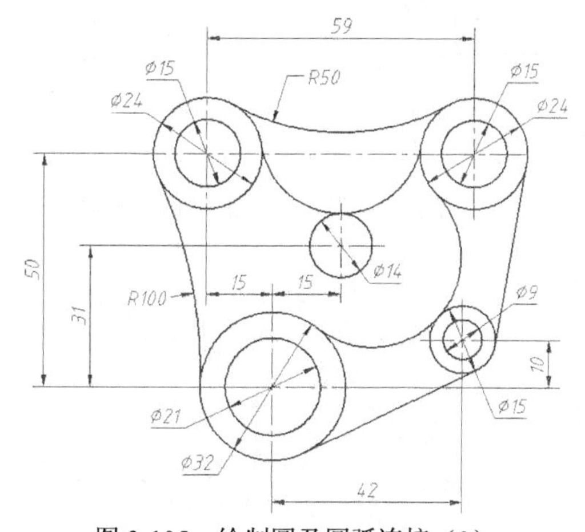

图 3-105 绘制圆及圆弧连接（2）

3.11 习题

1. 输入相对坐标及利用对象捕捉绘制图形，如图 3-106 所示。
2. 利用极轴追踪、对象捕捉及对象捕捉追踪功能绘制图形，如图 3-107 所示。

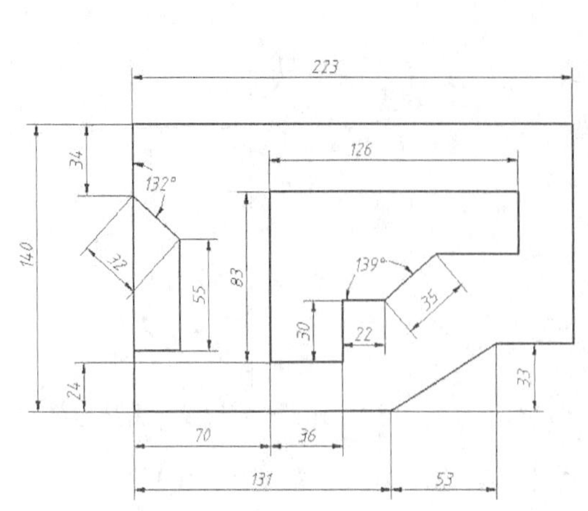

图 3-106　利用点的相对坐标绘制图形

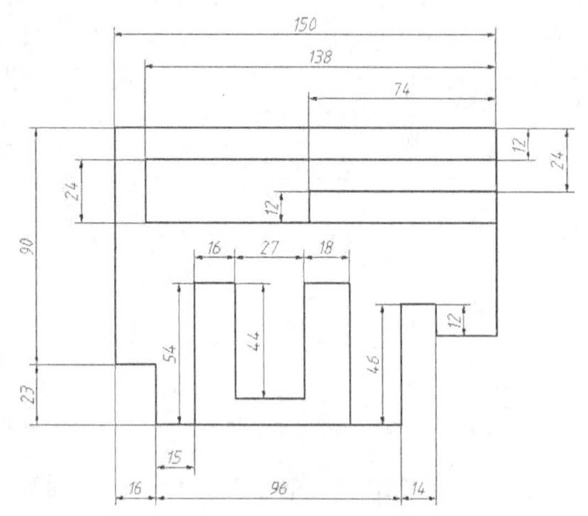

图 3-107　利用极轴追踪、对象捕捉追踪等功能绘制图形

3．用 OFFSET 及 TRIM 命令绘图，如图 3-108 所示。

4．绘制图 3-109 所示的图形。

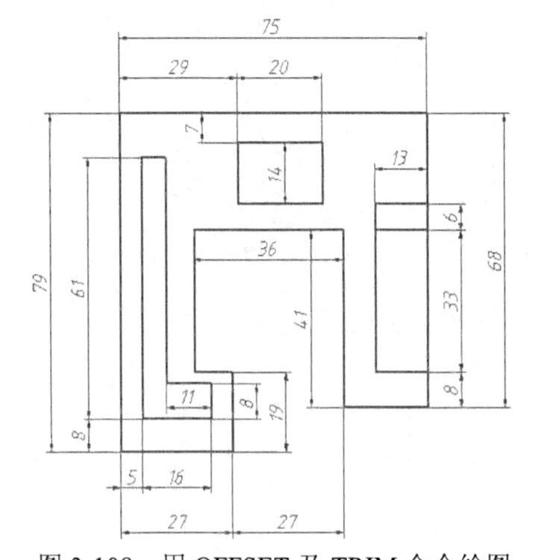

图 3-108　用 OFFSET 及 TRIM 命令绘图

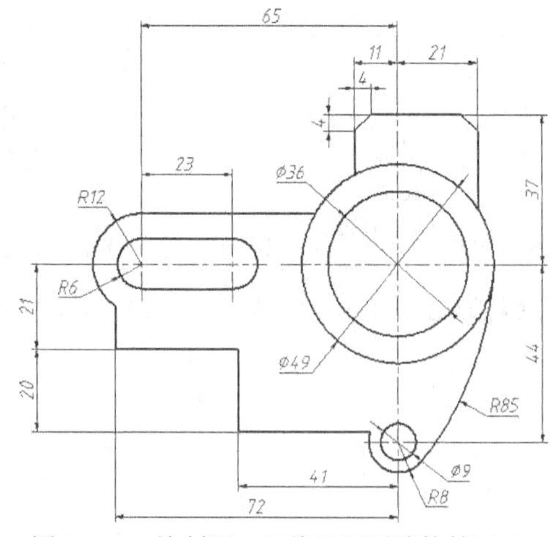

图 3-109　绘制圆、切线及圆弧连接等（1）

5．绘制图 3-110 所示的图形。

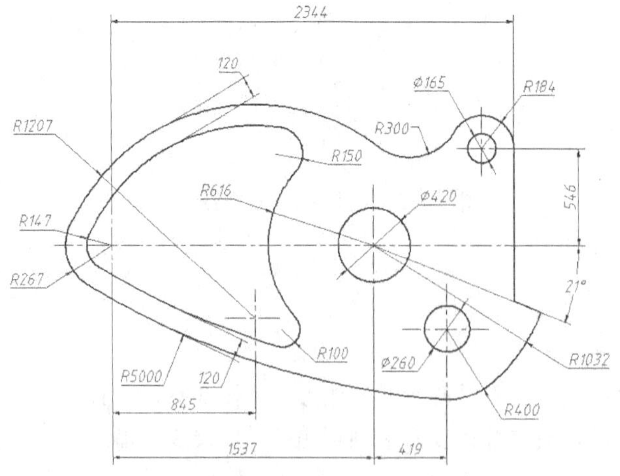

图 3-110　绘制圆、切线及圆弧连接等（2）

第 4 章

绘制和编辑由正多边形、椭圆等对象构成的平面图形

主要内容

- 绘制矩形、正多边形及椭圆。
- 矩形阵列对象、环形阵列对象及沿路径阵列对象。
- 旋转、镜像、对齐及拉伸图形。
- 按比例缩放图形。
- 关键点编辑方式。
- 绘制样条曲线及填充剖面图案。
- 编辑对象特性。

4.1 绘制矩形、正多边形及椭圆

本节主要介绍矩形、正多边形及椭圆等的绘制方法。

4.1.1 绘制矩形

RECTANG 命令用于绘制矩形，用户只需指定矩形对角线的两个端点就能绘制出矩形。绘制时，可指定顶点处的倒角距离及圆角半径。

一、命令启动方法

- 菜单命令：【绘图】/【矩形】。
- 面板：【常用】选项卡中【绘图】面板上的□按钮。
- 命令：RECTANG 或简写 REC。

【练习 4-1】打开素材文件“dwg\第 4 章\4-1.dwg”，如图 4-1 左图所示，用 RECTANG 和 OFFSET 命令将图 4-1 中的左图修改为右图。

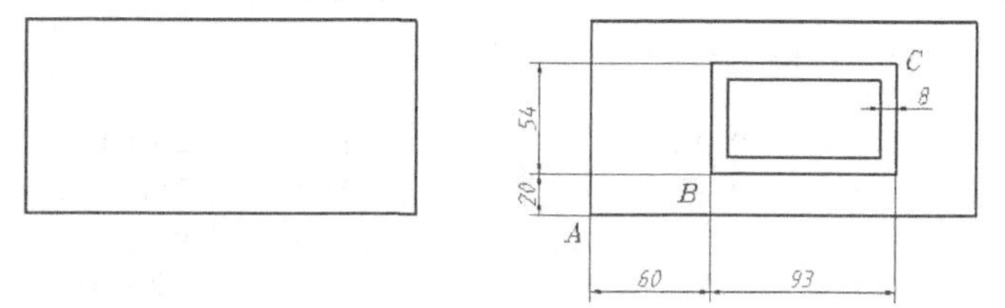

图 4-1　绘制矩形

```
命令: _rectang
指定第一个角点或 [倒角(C)/标高(E)/圆角(F)/正方形(S)/厚度(T)/宽度(W)]: fro
                                                        //使用正交偏移捕捉
基点: int 交点                                           //捕捉 A 点
<偏移>: @60,20                                          //输入 B 点的相对坐标
指定其他的角点或 [面积(A)/尺寸(D)/旋转(R)]: @93,54        //输入 C 点的相对坐标
```

用 OFFSET 命令将矩形向内偏移，偏移距离为 8，结果如图 4-1 右图所示。

二、命令选项

- 倒角(C)：指定矩形各顶点倒角的大小。
- 标高(E)：确定矩形所在的平面高度。默认情况下，绘制的矩形在 *xy* 平面（*z* 坐标值为 0）内。
- 圆角(F)：指定矩形各顶点的圆角半径。
- 正方形(S)：指定正方形一条边的两个端点创建正方形。
- 厚度(T)：设置矩形的厚度，在三维绘图时常使用该选项。
- 宽度(W)：设置矩形边的宽度。
- 面积(A)：先输入矩形面积，再输入矩形的长度或宽度创建矩形。
- 尺寸(D)：输入矩形的长度、宽度创建矩形。
- 旋转(R)：设定矩形的旋转角度。

4.1.2 绘制正多边形

在中望 CAD 中可以创建有 3～1024 条边的正多边形。绘制正多边形一般有以下两种方法。

（1）根据外接圆或内切圆生成正多边形。

（2）指定正多边形的边数及某一条边的两个端点生成正多边形。

一、命令启动方法

- 菜单命令：【绘图】/【正多边形】。
- 面板：【常用】选项卡中【绘图】面板上的⬠按钮。
- 命令：POLYGON 或简写 POL。

【练习 4-2】打开素材文件“dwg\第 4 章\4-2.dwg”，该文件包含一个大圆和一个小圆，下面用 POLYGON 命令绘制出圆的内接正多边形和外切正多边形，如图 4-2 所示。

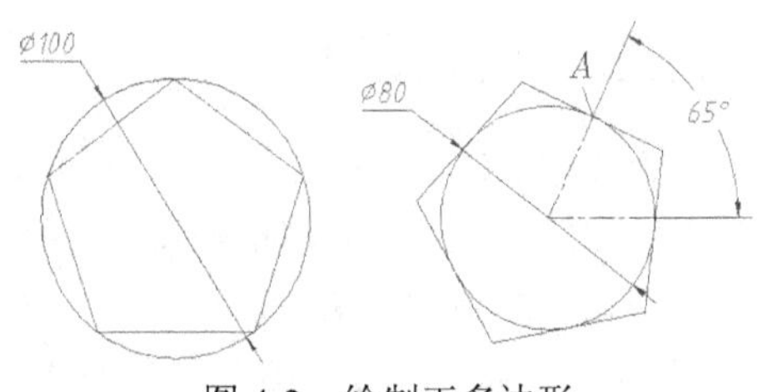

图 4-2 绘制正多边形

```
命令: _polygon
输入边的数目 <4> 或 [多个(M)/线宽(W)]: 5           //输入正多边形的边数
指定正多边形的中心点或 [边(E)]: cen 圆心           //捕捉大圆的圆心，如图 4-2 左图所示
输入选项 [内接于圆(I)/外切于圆(C)] <C>: i        //采用内接于圆的方式绘制正多边形
指定圆的半径: 50                                  //输入半径
命令:
_POLYGON                                          //重复命令
输入边的数目 <5> 或 [多个(M)/线宽(W)]:              //按 Enter 键接受默认值
指定正多边形的中心点或 [边(E)]: cen 圆心           //捕捉小圆的圆心，如图 4-2 右图所示
输入选项 [内接于圆(I)/外切于圆(C)] <C>: c        //采用外切于圆的方式绘制正多边形
指定圆的半径: @40<65                              //输入 A 点的相对坐标
```

结果如图 4-2 所示。

二、命令选项

- 多个(M)：可以一次性创建多个正多边形。
- 线宽(W)：设置正多边形的线宽。
- 内接于圆(I)：根据外接圆生成正多边形。
- 外切于圆(C)：根据内切圆生成正多边形。
- 边(E)：输入正多边形的边数后，再指定某一条边的两个端点即可绘制出正多边形。

4.1.3 绘制椭圆

椭圆包含椭圆中心、长轴及短轴等几何特征。绘制椭圆有以下两种方法。

（1）利用椭圆中心绘制椭圆。指定椭圆中心及第一条轴的端点，再输入另一条轴的半轴长度。

（2）利用轴的端点绘制椭圆。指定椭圆第一条轴的两个端点，再输入另一条轴的半轴长度。

一、命令启动方法

- 菜单命令：【绘图】/【椭圆】。
- 面板：【常用】选项卡中【绘图】面板上的⊙、◌按钮。
- 命令：ELLIPSE 或简写 EL。

【练习 4-3】打开素材文件“dwg\第 4 章\4-3.dwg”，如图 4-3 左图所示，用 ELLIPSE 和 LINE 等命令将图 4-3 中的左图修改为右图。

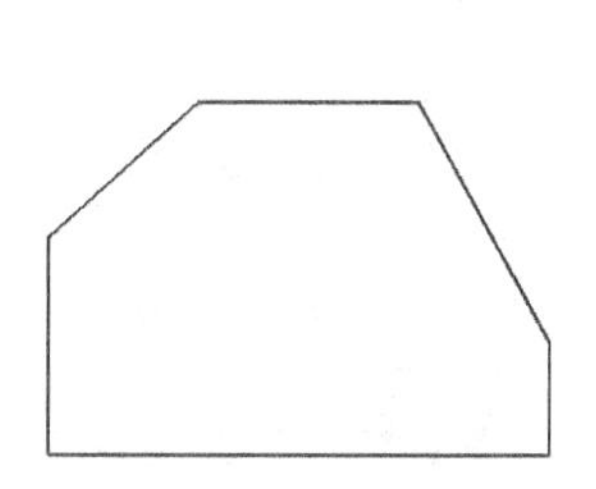

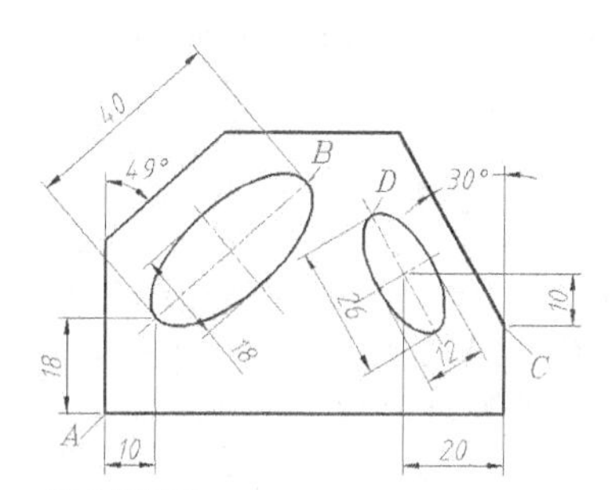

图 4-3 绘制椭圆

```
命令: _ellipse                                  //利用轴的端点绘制椭圆
指定椭圆的第一个端点或 [弧(A)/中心(C)]:fro        //使用正交偏移捕捉
基点: int 交点                                   //指定基点 A
<偏移>: @10,18                                   //输入椭圆第一条轴的一个端点的相对坐标
指定轴向第二端点: @40<41                          //输入椭圆第一条轴的另一端点 B 的相对坐标
指定其他轴或 [旋转(R)]: 9                         //输入另一条轴的半轴长度
命令:
_ELLIPSE                                         //重复命令
指定椭圆的第一个端点或 [弧(A)/中心(C)]:c          //选择“中心(C)”选项
指定椭圆的中心: fro                              //使用正交偏移捕捉
基点: int 交点                                   //指定基点 C
<偏移>: @-20,10                                  //输入椭圆中心的相对坐标
指定轴向第二端点: @13<120                         //输入椭圆第一条轴的端点 D 的相对坐标
指定其他轴或 [旋转(R)]: 6                         //输入另一条轴的半轴长度
```

结果如图 4-3 右图所示。

二、命令选项

- 弧(A)：用于绘制一段椭圆弧。过程是先绘制一个完整的椭圆，随后系统提示用户指定

椭圆弧的起始角度及终止角度。

- 中心(C)：通过椭圆中心、长轴及短轴来绘制椭圆。
- 旋转(R)：按旋转方式绘制椭圆，即将圆绕直径转动一定角度后，再投影到平面上形成椭圆。

4.1.4 上机练习——绘制由矩形、正多边形及椭圆等构成的图形

【练习 4-4】 用 LINE、RECTANG、POLYGON 及 ELLIPSE 等命令绘制平面图形，如图 4-4 所示。

1. 打开极轴追踪、对象捕捉及对象捕捉追踪功能。设置极轴追踪的【增量角度】为【90】，设置对象捕捉方式为【端点】【交点】。

2. 用 LINE、OFFSET、LENGTHEN 等命令绘制外轮廓线、正多边形和椭圆的定位线，结果如图 4-5 左图所示，然后绘制矩形、正五边形及椭圆。

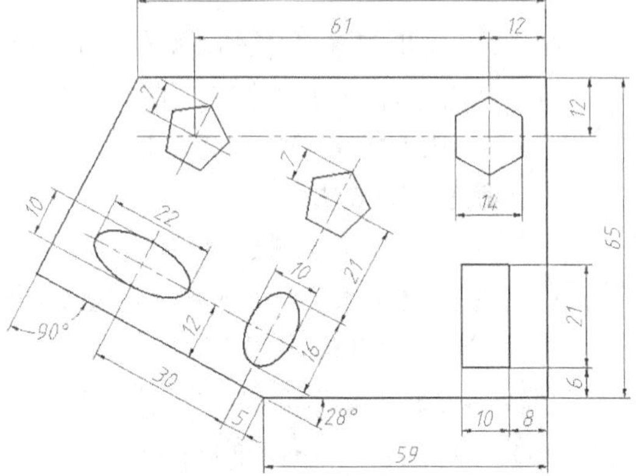

图 4-4 绘制矩形、正多边形及椭圆等

```
命令: _rectang        //绘制矩形
指定第一个角点: fro   //使用正交偏移捕捉
基点:                 //捕捉交点 A
 <偏移>: @-8,6        //输入 B 点的相对坐标
指定其他的角点或 [旋转(R)]: @-10,21                //输入 C 点的相对坐标
命令: _polygon
输入边的数目 <4>: 5                                 //输入正多边形的边数
指定正多边形的中心点或 [边(E)]:                     //捕捉交点 D
输入选项 [内接于圆(I)/外切于圆(C)] <I>: i           //按内接于圆的方式绘制正多边形
指定圆的半径: @7<62                                 //输入 E 点的相对坐标
命令: _ellipse                                      //绘制椭圆
指定椭圆的第一个端点或 [弧(A)/中心(C)]:_c           //选择"中心 (C)"选项
指定椭圆的中心:                                     //捕捉 F 点
指定轴向第二端点: @8<62                             //输入 G 点的相对坐标
指定其他轴或 [旋转(R)]: 5                           //输入另一条轴的半轴长度
```

结果如图 4-5 右图所示。

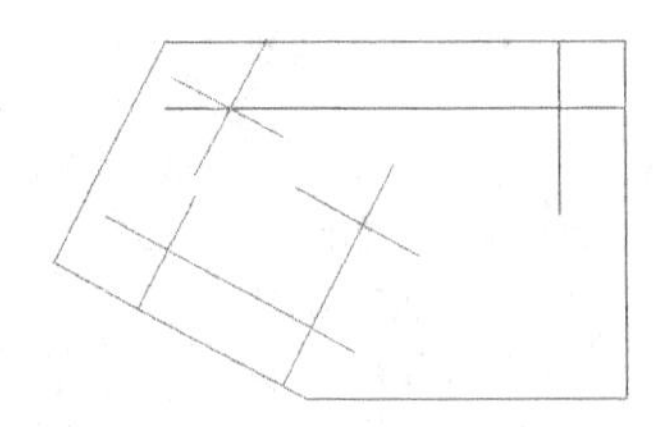

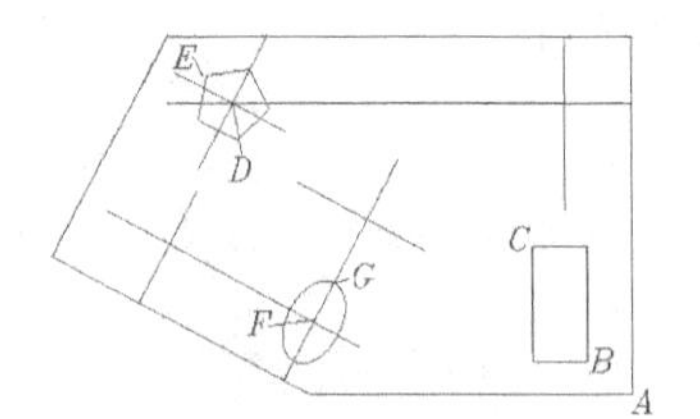

图 4-5 绘制矩形、正五边形及椭圆

3. 绘制图形的其余部分，然后修改定位线所在的图层。

【练习 4-5】 用 LINE、RECTANG、ELLIPSE 及 POLYGON 等命令绘制图 4-6 所示的图形。

【练习 4-6】 用 RECTANG、POLYGON、ELLIPSE 等命令绘图，如图 4-7 所示。

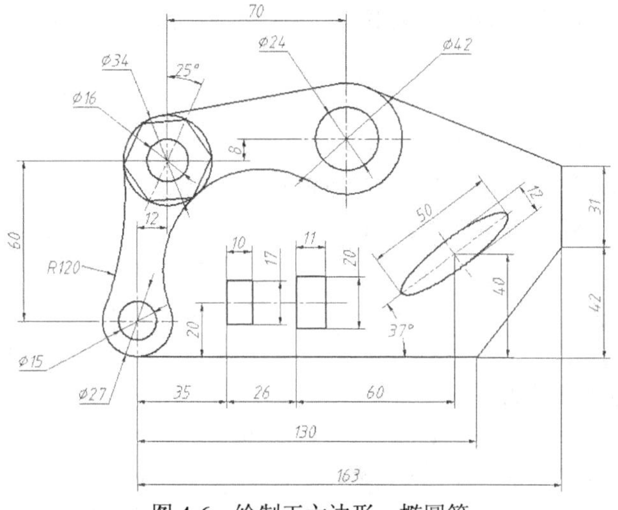

图 4-6 绘制正六边形、椭圆等

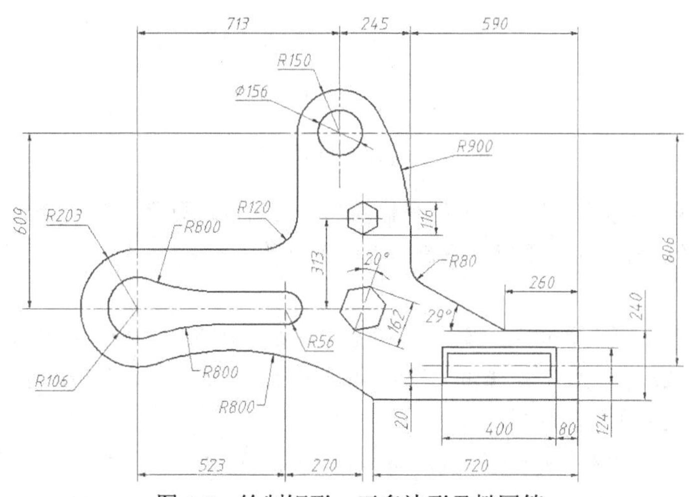

图 4-7 绘制矩形、正多边形及椭圆等

4.2 绘制具有均布及对称几何特征的图形

几何元素的均布特征及图形的对称关系在作图中经常用到。绘制具有均布特征的图形时使用 ARRAY 命令，该命令可用于指定以矩形阵列、环形阵列或路径阵列的方式来阵列对象。图形中的对称关系可用 MIRROR 命令创建，操作时可选择删除或保留原来的对象。

下面介绍绘制具有均布及对称几何特征的图形的方法。

4.2.1 矩形阵列对象

ARRAYRECT 命令用于创建矩形阵列。矩形阵列是指将对象按行、列方式进行排列。操作时，用户一般应提供阵列的行数、列数、行间距及列间距等。对于已生成的矩形阵列，可利用旋转命令或通过关键点编辑方式改变阵列方向，形成倾斜的阵列。

除可在 *xy* 平面阵列对象之外，还可沿 *z* 轴方向均布对象，用户只需设定阵列的层数及层间距即可。默认层数为 1。

创建的阵列分为关联阵列及非关联阵列，前者包含的所有对象构成一个对象，后者中的每个对象都是独立的。

命令启动方法

- 菜单命令：【修改】/【阵列】/【矩形阵列】。
- 面板：【常用】选项卡中【修改】面板上的按钮。
- 命令：ARRAYRECT 或简写 AR 或 ARRAY。

【练习 4-7】 打开素材文件“dwg\第 4 章\4-7.dwg”，如图 4-8 左图所示，用 ARRAYRECT 命令将图 4-8 中的左图修改为右图。

1. 执行矩形阵列命令，选择要阵列的图形对象 *A*，如图 4-8 左图所示，按 Enter 键后，弹出【阵列创建】选项卡，如图 4-9 所示。

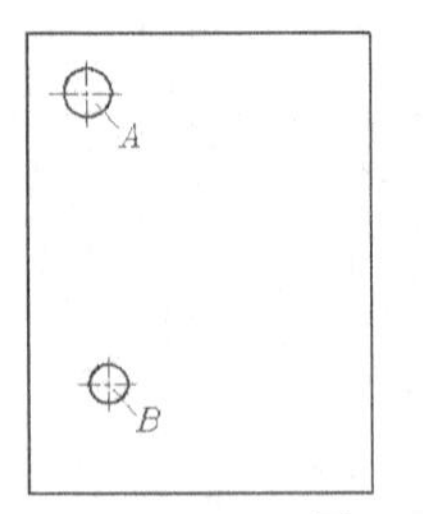

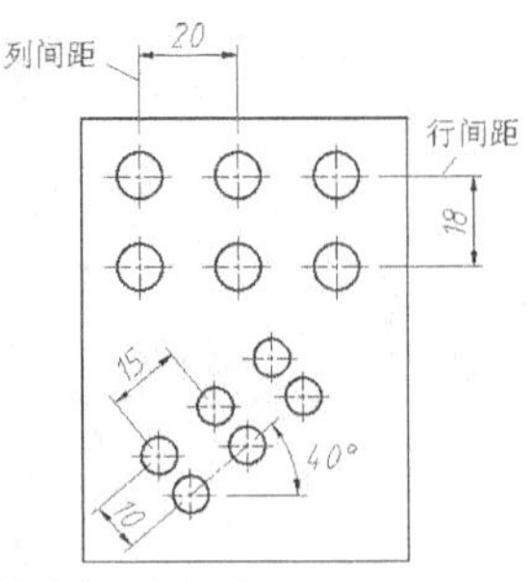

图 4-8 创建矩形阵列

类型	列		行			层		特性		关闭
矩形	列数:	3	行数:	2	增量: 0	层数:	1	关联	基点	关闭阵列
	间距:	20	间距:	-18		间距:	1			
	总计:	40	总计:	-18		总计:	1			

图 4-9 【阵列创建】选项卡

2. 分别在【列数】【行数】文本框中输入阵列的列数及行数。“行”的方向与坐标系的 *x* 轴平行，“列”的方向与 *y* 轴平行。每输入完一个数值，按 Enter 键或单击其他文本框，系统将显示预览效果。

3. 分别在【列】【行】面板中的【间距】文本框中输入列间距及行间距。行间距、列间距的数值可为正值或负值。若是正值，则系统沿 *x* 轴、*y* 轴的正方向形成阵列，否则沿反方向形成阵列。

4. 【层】面板中的参数用于设定阵列的层数及层高，“层”的方向与 *z* 轴平行。默认情况下，按钮是高亮显示的，表明创建的矩形阵列是一个整体对象，否则表明阵列中的每个对象都是独立的。

5. 阵列对象时，系统会显示阵列关键点，如图 4-10 所示。单击关键点并拖动它，就能动态地调整行数、列数及相应间距，还能设定行列方向间的夹角。具体说明如下。

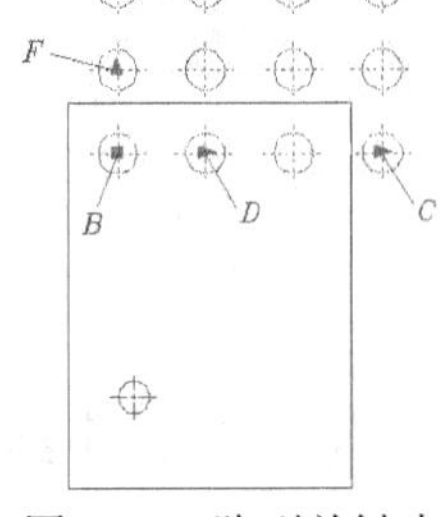

图 4-10 阵列关键点

- *A* 点用于动态调整行数、列数，*B* 点用于调整所有对象的位置。
- *C* 点用于调整列数，*D* 点用于调整列间距，可输入数值。
- *E* 点用于调整行数，*F* 点用于调整行间距，可输入数值。
- 将十字光标移动到 *C* 点或 *E* 点处并悬停，在弹出的菜单中选择【轴角度】命令，利用该命令设定阵列方向与另一阵列方向正向间的夹角。

6. 创建圆的矩形阵列后，再选中它，弹出【阵列】选项卡，如图 4-11 所示。在此选项卡中可编辑阵列参数，还可重新设定阵列基点，以及通过修改阵列中的某个图形对象使所有阵列对象发生变化。

类型	列		行			层		特性	选项			关闭
矩形	列数:	3	行数:	2	增量: 0	层数:	1	基点	编辑来源	替换项目	重置阵列	关闭阵列
	间距:	20	间距:	-18		间距:	1					
	总计:	40	总计:	-18		总计:	1					

图 4-11 【阵列】选项卡

【阵列】选项卡中的一些选项的功能如下。

- 【基点】：设定阵列的基点。
- 【编辑来源】：选择阵列中的一个对象进行修改，完成后将更新所有对象。
- 【替换项目】：用新对象替换阵列中的多个对象。操作时，先选择新对象，并指定基点，再选择阵列中要替换的对象。若想一次性替换所有对象，可选择命令行中的“源对象(S)”选项。
- 【重置阵列】：对阵列中的部分对象进行替换操作时，若有错误，可按Esc键，再单击重置阵列按钮进行恢复。

7. 创建图形对象 *B* 的矩形阵列，如图 4-12 中的（a）图所示。其阵列参数为：行数为“2”、列数为“3”、行间距为“−10”、列间距为“15”。创建完成后，使用 ROTATE 命令将该阵列旋转到指定的倾斜方向。

8. 利用关键点改变两个阵列方向。沿水平及竖直方向阵列完成后，选中阵列对象，将十字光标移动到箭头形状的关键点处，如图 4-12 中的（c）图所示。在弹出的菜单中选择【轴角度】命令可以设定新的行、列方向。输入角度值后，十字光标所在处的阵列方向将改变，而另一阵列方向不变。要注意，该角度值是指沿行或列的正方向（*x* 轴、*y* 轴正方向）旋转到新方向的角度值，逆时针为正。先设定水平阵列方向的“轴角度”为“50”，则新方向相当于 *y* 轴正方向逆时针旋转指定角度后的指向，再设定竖直阵列方向的“轴角度”为“−90”，结果如图 4-12 中的（b）图所示。

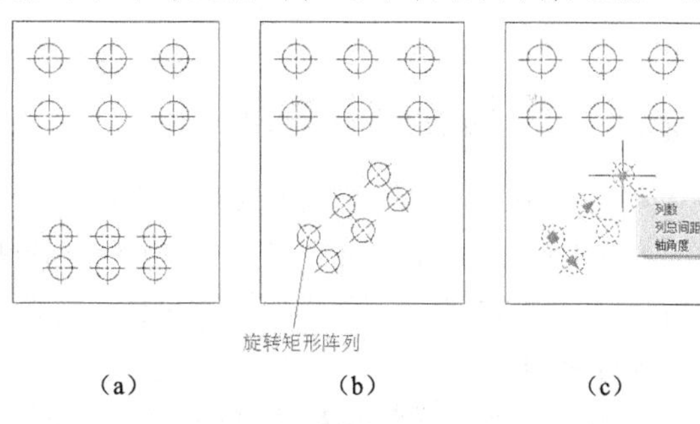

图 4-12　创建倾斜方向的矩形阵列

4.2.2 环形阵列对象

ARRAYPOLAR 命令用于创建环形阵列。环形阵列是指把对象绕阵列中心等角度均匀分布。决定环形阵列的主要参数有阵列中心、阵列总角度及阵列数目，此外用户也可通过输入阵列总数及对象间的夹角来创建环形阵列。

如果要沿径向或 *z* 轴方向分布对象，还可设定环形阵列的行数（同心分布的圈数）及层数。

命令启动方法

- 菜单命令：【修改】/【阵列】/【环形阵列】。
- 面板：【常用】选项卡中【修改】面板上的按钮。
- 命令：ARRAYPOLAR 或简写 AR。

【练习 4-8】打开素材文件“dwg\第4章\4-8.dwg”，如图4-13左图所示，用 ARRAYPOLAR 命令将图 4-13 中的左图修改为右图。

1. 执行环形阵列命令，选择要阵列的图形对象 *A*，再指定阵列中心 *B*，弹出【阵列创建】选项卡，如图 4-14 所示。

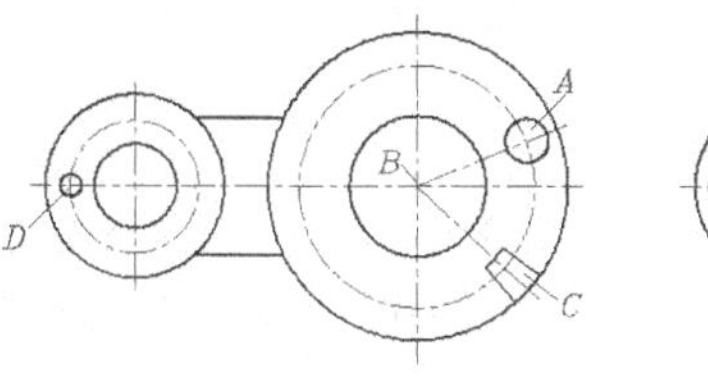

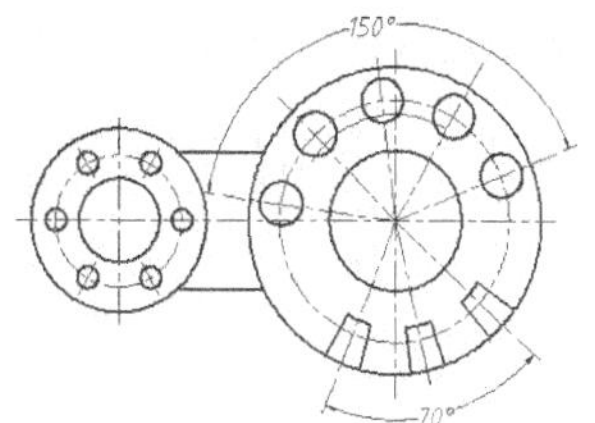

图 4-13　创建环形阵列

2. 在【项目数】及【填充】文本框中输入阵列的数目及阵列分布的总角度，也可在【角度】文本框中输入阵列项目间的夹角。

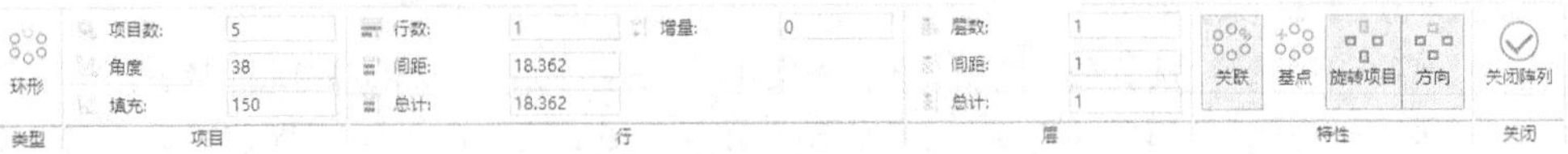

图 4-14 【阵列创建】选项卡

3. 单击按钮，设定沿顺时针或逆时针方向创建环形阵列。

4. 在【行】面板中可以设定环形阵列沿径向分布的数目及间距；在【层】面板中可以设定环形阵列沿 z 轴方向阵列的数目及间距。

5. 创建对象 C、D 的环形阵列，结果如图 4-13 右图所示。

6. 默认情况下，按钮是高亮显示的，表明创建的阵列是一个整体对象，否则表明阵列中的每个对象都是独立的。按钮用于控制阵列时各个项目是否与源对象保持平行。

7. 选中已创建的环形阵列，弹出【阵列】选项卡，在该选项卡中可编辑阵列参数，还可通过修改阵列中的某个图形对象使所有阵列对象发生变化。该选项卡中一些按钮的功能可参见 4.2.1 小节。

4.2.3 沿路径阵列对象

ARRAYPATH 命令用于沿路径阵列对象。沿路径阵列是指将对象沿路径均匀分布或按指定的距离进行分布。路径对象可以是直线、多段线、样条曲线、圆弧及圆等。创建路径阵列时可指定阵列对象和路径是否关联，还可设置对象在阵列时的方向，以及对象是否与路径对齐。

命令启动方法

- 菜单命令：【修改】/【阵列】/【路径阵列】。
- 面板：【常用】选项卡中【修改】面板上的按钮。
- 命令：ARRAYPATH 或简写 AR。

【练习 4-9】绘制圆、矩形及用作阵列路径的直线和圆弧，将圆和矩形分别沿直线和圆弧阵列，如图 4-15 所示。

图 4-15 沿路径阵列对象

1. 执行路径阵列命令，选择阵列对象圆，按 Enter 键，再选择阵列路径直线，弹出【阵列创建】选项卡，如图 4-16 所示。

图 4-16 【阵列创建】选项卡

2. 单击按钮，设定圆心为阵列基点。

3. 单击（定数等分）按钮，在【项目数】文本框中输入阵列数目，按 Enter 键预览阵列效果。也可单击按钮，然后输入项目间距形成阵列。

4. 用同样的方法将矩形沿圆弧均布阵列，阵列数目为“7”。

5. 按钮用于阵列时观察对齐的效果。若单击该按钮，则每个矩形与圆弧的夹角保持一致，否则每个矩形都与第 1 个起始矩形保持平行。

6. 若按钮是高亮显示的，则创建的阵列是一个整体对象，否则阵列中的对象都是独立的。选中该对象，弹出【阵列】选项卡，在该选项卡中可编辑阵列参数及路径。此外，还可通过修改阵列中的某个图形对象使所有阵列对象发生变化。该选项卡中一些按钮的功能可参见 4.2.1 小节。

4.2.4 沿倾斜方向阵列对象

沿倾斜方向阵列对象的情况如图 4-17 所示，此类形式的阵列可采取以下方法进行创建。

（1）阵列（a）的创建过程如图 4-18 所示。先沿水平、竖直方向阵列对象，然后利用旋转命令将阵列旋转到倾斜位置。

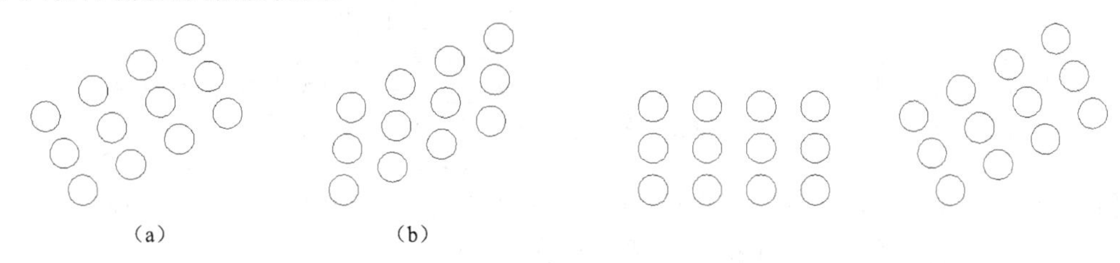

图 4-17 沿倾斜方向阵列对象　　　图 4-18 阵列及旋转（1）

（2）阵列（b）的创建过程如图 4-19 所示。沿水平、竖直方向阵列对象，然后选中阵列，将十字光标移动到箭头形状的关键点处悬停，在弹出的菜单中选择【轴角度】命令，设定行、列两个方向间的夹角（x 轴、y 轴正方向夹角）。设置完成后，利用旋转命令将阵列旋转到倾斜位置。

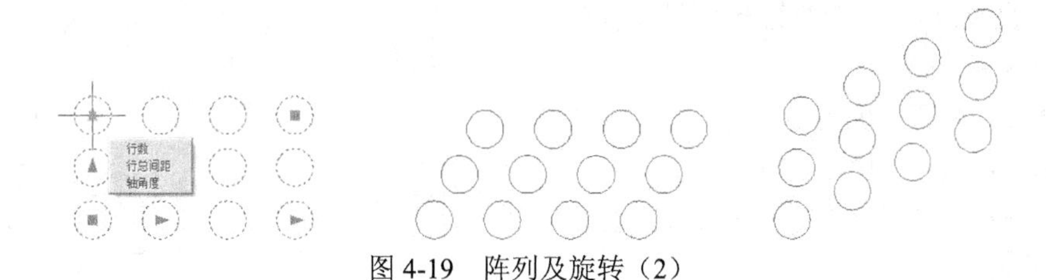

图 4-19 阵列及旋转（2）

（3）阵列（a）、（b）都可采用路径阵列命令进行绘制，阵列（b）的创建过程如图 4-20 所示。先绘制阵列路径，然后沿路径阵列对象，路径长度等于行、列的总间距值，阵列完成后删除路径。

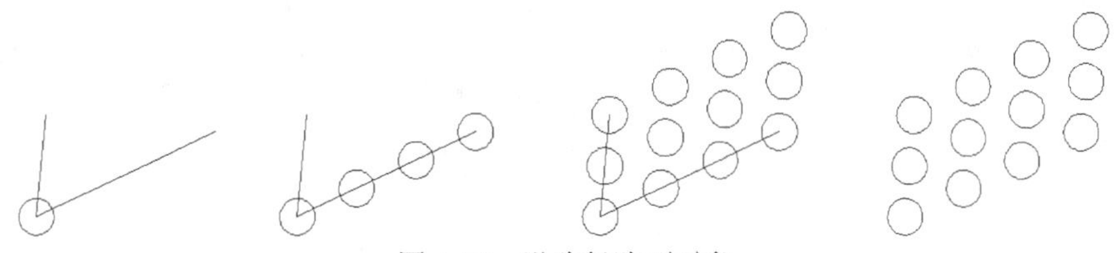

图 4-20 沿路径阵列对象

4.2.5 镜像对象

若要绘制对称图形，用户只需绘制出该图形的一半，另一半可用 MIRROR 命令镜像出来。操作时，用户需先指定要镜像的对象，再指定镜像线的位置。

命令启动方法

- 菜单命令：【修改】/【镜像】。
- 面板：【常用】选项卡中【修改】面板上的按钮。
- 命令：MIRROR 或简写 MI。

【练习 4-10】打开素材文件“dwg\第 4 章\4-10.dwg”，如图 4-21 左图所示，用 MIRROR 命令将图 4-21 中的左图修改为中图。

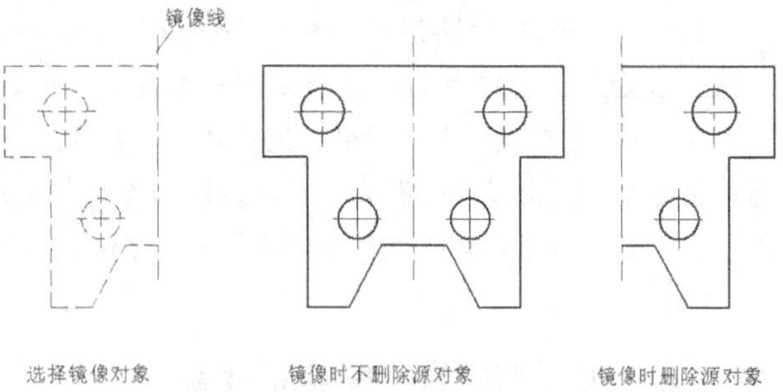

镜像线

选择镜像对象　　镜像时不删除源对象　　镜像时删除源对象

图 4-21 镜像对象

```
命令: _mirror                              //执行镜像命令
选择对象:
指定对角点: 找到 13 个                     //选择镜像对象
选择对象:                                  //按 Enter 键
指定镜像线的第一点:                        //拾取镜像线上的第一点
指定镜像线的第二点:                        //拾取镜像线上的第二点
是否删除源对象? [是(Y)/否(N)] <N>:         //按 Enter 键，默认镜像时不删除源对象
```

结果如图 4-21 中图所示。如果删除源对象，则结果如图 4-21 右图所示。

要点提示 当对文字及属性进行镜像操作时，会出现文字及属性倒置的情况。为避免这种情况，用户需将 MIRRTEXT 系统变量设置为“0”。

4.2.6 上机练习——练习阵列及镜像命令

【练习 4-11】利用 LINE、OFFSET、ARRAY、MIRROR 等命令绘制平面图形，如图 4-22 所示。

主要作图步骤如图 4-23 所示。

【练习 4-12】利用 LINE、CIRCLE、OFFSET、ARRAY 等命令绘制平面图形，如图 4-24 所示。

【练习 4-13】利用 LINE、OFFSET、ARRAY、MIRROR 等命令绘制平面图形，如图 4-25 所示。

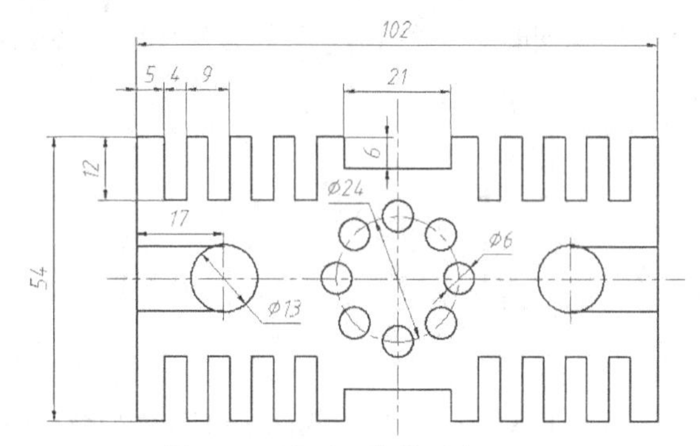

图 4-22 阵列及镜像对象（1）

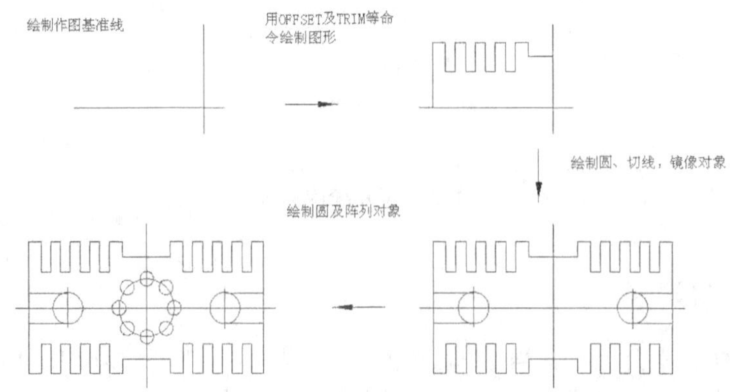

图 4-23 主要作图步骤

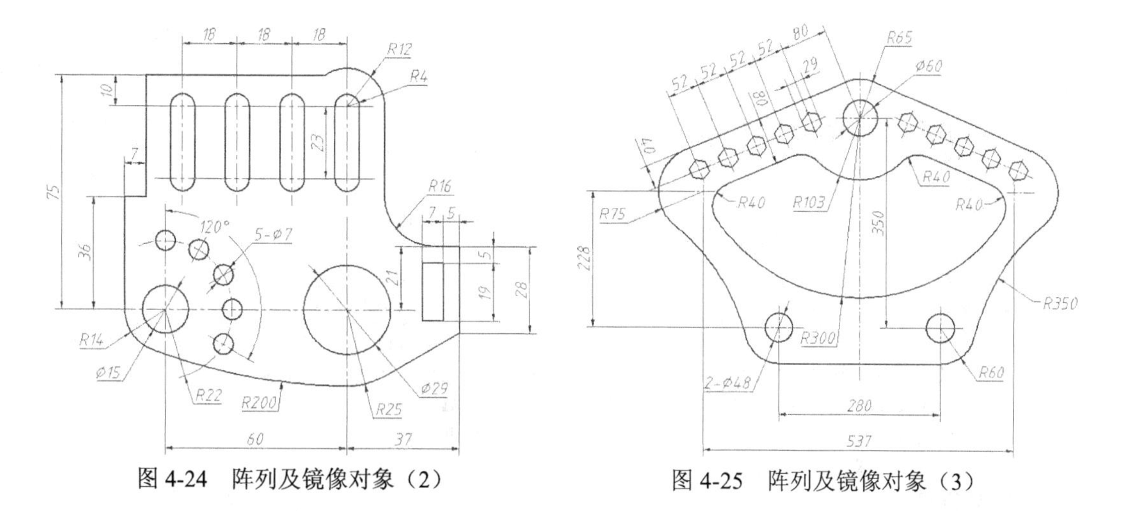

图 4-24 阵列及镜像对象（2） 图 4-25 阵列及镜像对象（3）

4.3 旋转及对齐图形

下面介绍旋转及对齐图形的方法。

4.3.1 旋转对象

ROTATE 命令用于旋转图形对象，改变图形对象的方向。使用此命令时，用户指定旋转基点并输入旋转角度就可以转动图形对象，此外，用户也可以将某个方位作为参照位置，然后选择一个新对象或输入一个新角度来指明对象要旋转到的位置。

一、命令启动方法

- 菜单命令：【修改】/【旋转】。
- 面板：【常用】选项卡中【修改】面板上的按钮。
- 命令：ROTATE 或简写 RO。

【练习 4-14】打开素材文件“dwg\第 4 章\4-14.dwg”，如图 4-26 左图所示，用 LINE、CIRCLE、ROTATE 等命令将图 4-26 中的左图修改为右图。

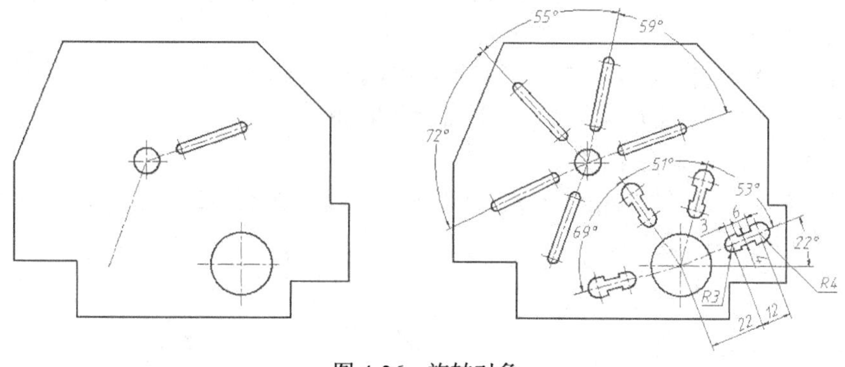

图 4-26 旋转对象

1. 用 ROTATE 命令旋转图形对象 *A*，如图 4-27 所示。

```
命令： _rotate
选择对象：
```

```
指定对角点: 找到 7 个                                    //选择图形对象 A，如图 4-27 左图所示
选择对象:                                                //按Enter键
指定基点:                                                //捕捉圆心 B
指定旋转角度或 [复制(C)/参照(R)] <70>:  c                //选择"复制(C)"选项
指定旋转角度或 [复制(C)/参照(R)] <70>:  59               //输入旋转角度
命令:
_ROTATE                                                  //重复命令
选择对象:
指定对角点: 找到 7 个                                    //选择图形对象 A
选择对象:                                                //按Enter键
指定基点:                                                //捕捉圆心 B
指定旋转角度或 [复制(C)/参照(R)] <59>:  c                //选择"复制(C)"选项
指定旋转角度或 [复制(C)/参照(R)] <59>:  r                //选择"参照(R)"选项
指定参照角 <0>:                                          //捕捉 B 点
请指定第二点获取角度:                                    //捕捉 C 点
指定新角度或 [点(P)] <0>:                                //捕捉 D 点
```

结果如图 4-27 右图所示。

2. 绘制图形的其余部分。

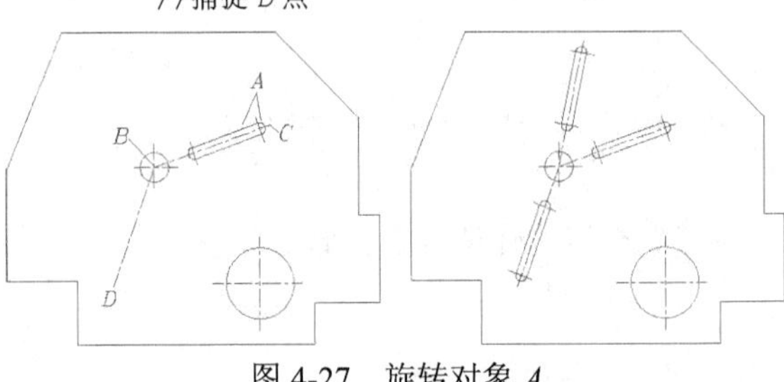

图 4-27 旋转对象 *A*

二、命令选项

- 指定旋转角度：指定旋转基点并输入绝对旋转角度来旋转对象。旋转角度是基于当前用户坐标系测量的。如果输入负的旋转角度，则选定的对象将顺时针旋转，否则该对象将逆时针旋转。
- 复制(C)：旋转对象的同时复制对象。
- 参照(R)：指定某个方向作为起始参照角度，然后拾取一个点或两个点来指定源对象要旋转到的位置，也可以输入新角度来指明要旋转到的位置。

4.3.2 对齐对象

使用 ALIGN 命令可以同时移动、旋转一个对象，使之与另一对象对齐。例如，用户可以使用 ALIGN 命令将图形对象中的某一点、某一条直线或某一个面（三维实体）与另一对象的点、线或面对齐。操作过程中，用户只需按照系统提示指定源对象与目标对象的一点、两点或三点对齐就可以了。

命令启动方法

- 菜单命令：【修改】/【三维操作】/【对齐】。
- 面板：【常用】选项卡中【修改】面板上的按钮。
- 命令：ALIGN 或简写 AI。

【练习 4-15】打开素材文件“dwg\第 4 章\4-15.dwg”，如图 4-28 左图所示，用 ALIGN 命令将图 4-28 中的左图修改为右图。

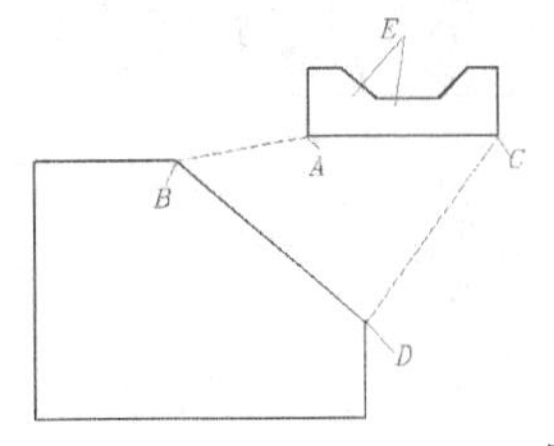

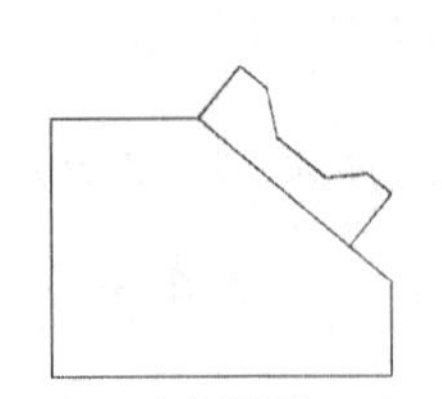
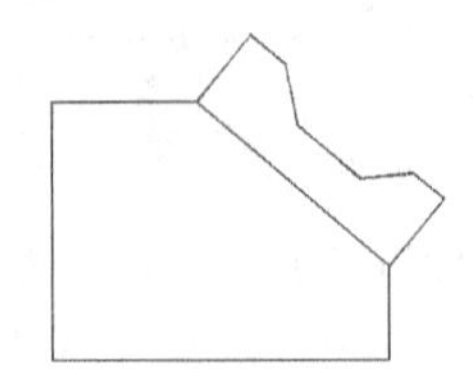

图 4-28 对齐图形（1）

```
命令: _align
选择对象: 找到 9 个          //选择图形 E
选择对象:                    //按 Enter 键
指定第一个源点:              //捕捉第一个源点 A
指定第一个目标点:            //捕捉第一个目标点 B
指定第二个源点:              //捕捉第二个源点 C
指定第二个目标点:            //捕捉第二个目标点 D
指定第三个源点或 <继续>: //按 Enter 键
是否基于对齐点缩放对象? [是(Y)/否(N)] <否>:
                        //按 Enter 键不缩放源对象
```

结果如图 4-28 中图所示。若选择“是(Y)”选项，则系统会将线段 *AC* 缩放到与线段 *BD* 等长，结果如图 4-28 右图所示。

【练习 4-16】用 LINE、CIRCLE、ALIGN 等命令绘制平面图形，如图 4-29 所示。

主要作图步骤如图 4-30 所示。

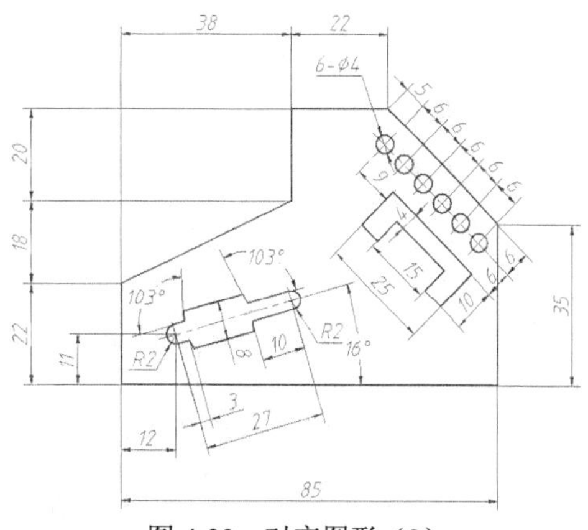

图 4-29 对齐图形（2）

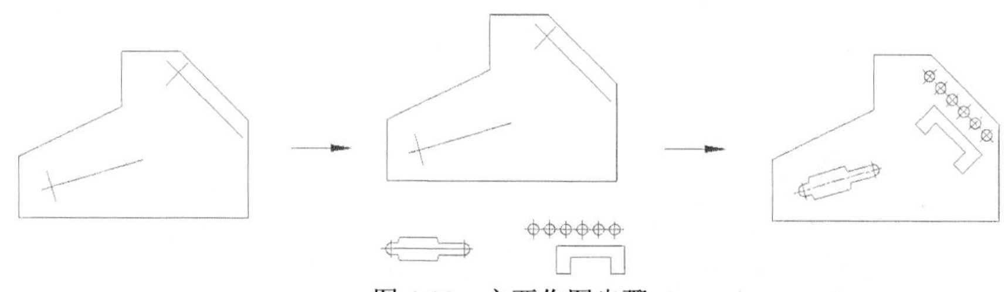

图 4-30 主要作图步骤

4.3.3 上机练习——用旋转及对齐命令绘图

图样中的图形一般位于水平或竖直方向，如果利用正交或极轴追踪功能辅助绘制这类图形就非常方便。另一类图形处于倾斜方向，这给作图带来了许多不便。绘制这类图形时，可先在水平或竖直方向作图，然后利用 ROTATE 或 ALIGN 命令将图形定位到倾斜方向。

【练习 4-17】利用 LINE、CIRCLE、COPY、ROTATE 及 ALIGN 等命令绘制平面图形，如图 4-31 所示。

主要作图步骤如图 4-32 所示。

【练习 4-18】利用 LINE、ROTATE、ALIGN 等命令绘制图 4-33 所示的图形。

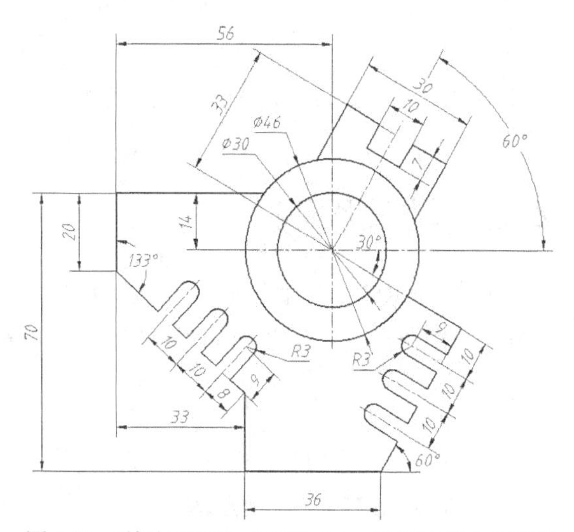

图 4-31 利用 COPY、ROTATE、ALIGN 等命令绘图

【练习 4-19】利用 LINE、CIRCLE、OFFSET、ROTATE 等命令绘制平面图形，如图 4-34 所示。

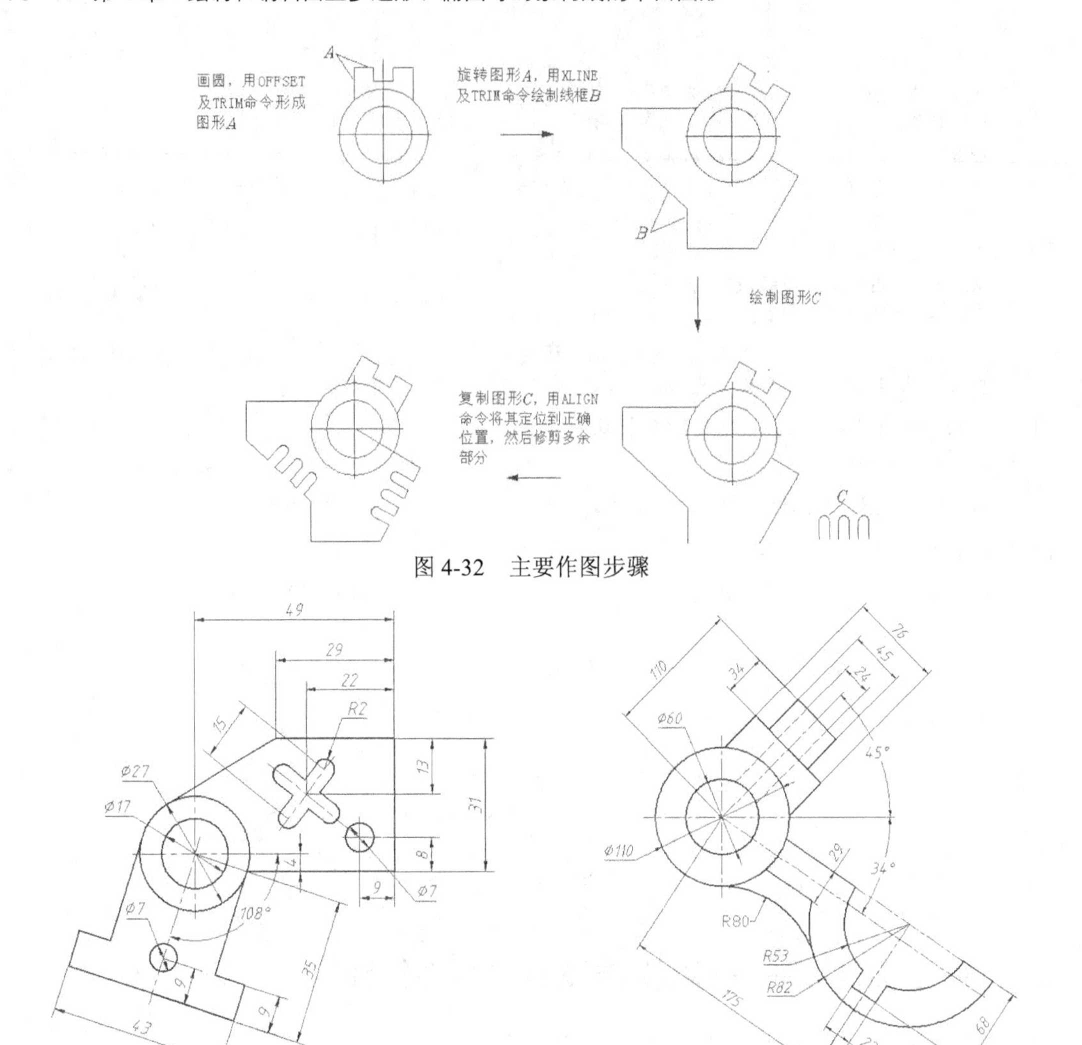

图 4-32 主要作图步骤

图 4-33 利用 ROTATE、ALIGN 等命令绘图

图 4-34 利用 CIRCLE、ROTATE 等命令绘图

4.4 拉伸图形

利用 STRETCH 命令可以一次性沿指定的方向拉伸多个图形对象。编辑过程中必须用虚线矩形选择对象，除被选中的对象之外，其他图元的大小及相互间的几何关系将保持不变。

命令启动方法

- 菜单命令：【修改】/【拉伸】。
- 面板：【常用】选项卡中【修改】面板上的按钮。
- 命令：STRETCH 或简写 S。

【练习 4-20】打开素材文件“dwg\第 4 章\4-20.dwg”，如图 4-35 左图所示，用 STRETCH 命令将图 4-35 中的左图修改为右图。

1. 打开极轴追踪、对象捕捉及对象捕捉追踪功能。
2. 调整槽 *A* 的宽度及槽 *D* 的深度，如图 4-36 左图所示。

```
命令： _stretch                    //执行拉伸命令
选择对象：                         //单击 B 点
```

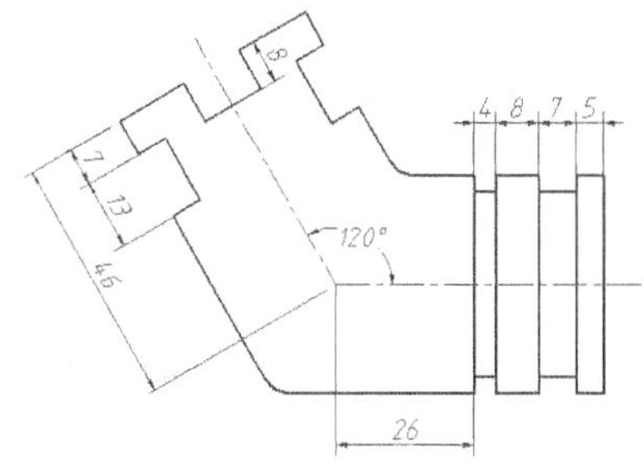

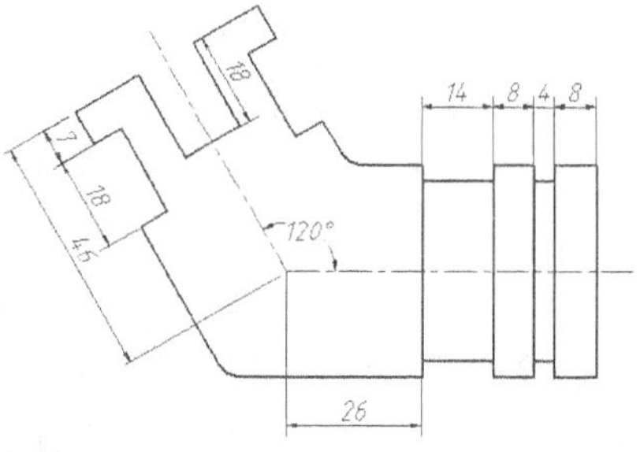

图 4-35 拉伸图形

```
指定对角点: 找到 17 个                              //单击 C 点
选择对象:                                           //按 Enter 键
指定基点或 [位移(D)] <位移>:                        //单击
指定第二个点或 <使用第一个点作为位移>: 10            //向右追踪并输入追踪距离
命令:
_STRETCH                                            //重复命令
选择对象:                                           //单击 E 点
指定对角点: 找到 5 个                               //单击 F 点
选择对象:                                           //按 Enter 键
指定基点或 [位移(D)] <位移>: 10<-60                 //输入拉伸的距离及方向
指定第二个点或 <使用第一个点作为位移>:               //按 Enter 键结束
```

结果如图 4-36 右图所示。

3. 用 STRETCH 命令修改图形的其余部分。

使用 STRETCH 命令时，应先利用虚线矩形选择对象，然后指定拉伸的距离和方向。凡在虚线矩形中的对象顶点都被移动，而与虚线矩形相交的对象将被延伸或缩短。

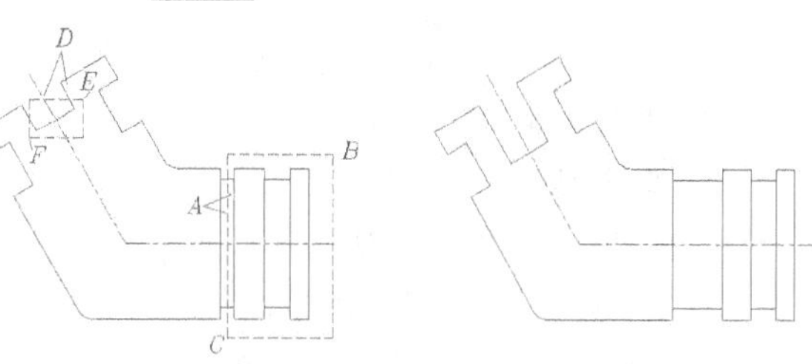

图 4-36 拉伸对象

设定拉伸距离和方向的方式如下。

- 在绘图窗口上指定两个点，这两点之间的距离和方向代表了拉伸的距离和方向。
- 当系统提示“指定基点”时，指定拉伸的基准点。当系统提示“指定第二个点”时，捕捉第二个点或输入第二个点相对于基准点的直角坐标或极坐标。
- 以“X,Y”方式输入对象沿 x 轴、y 轴拉伸的距离，或者以“距离<角度”方式输入拉伸的距离和方向。

当系统提示“指定基点”时，输入拉伸值。在系统提示“指定第二个点”时，按 Enter 键确认，这样系统就会以输入的拉伸值来拉伸对象。

- 打开正交或极轴追踪功能，就能方便地将对象只沿 x 轴或 y 轴方向拉伸。

当系统提示“指定基点”时，单击并把对象沿水平或竖直方向拉伸，然后输入拉伸值。

- 选择“位移(D)”选项，系统提示“指定位移”，此时以“X,Y”方式输入沿 x 轴、y 轴拉伸的距离，或者以“距离<角度”方式输入拉伸的距离和方向。

4.5 按比例缩放图形

使用 SCALE 命令可将对象按指定的缩放比例相对于基点放大或缩小，也可把对象缩放到指定的尺寸。

一、命令启动方法

- 菜单命令：【修改】/【缩放】。
- 面板：【常用】选项卡中【修改】面板上的按钮。
- 命令：SCALE 或简写 SC。

【练习 4-21】打开素材文件“dwg\第 4 章\4-21.dwg”，如图 4-37 左图所示，用 SCALE 命令将图 4-37 中的左图修改为右图。

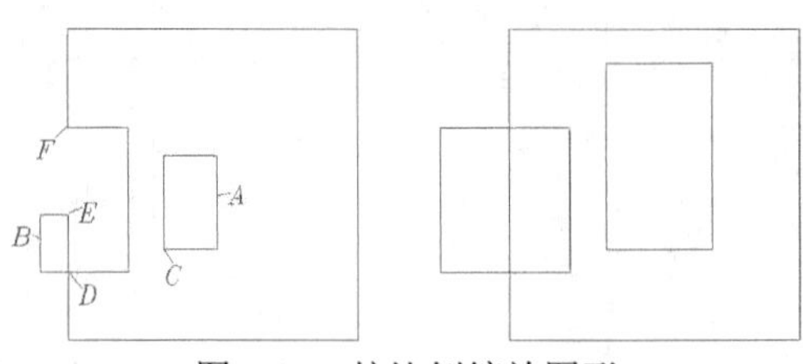

图 4-37　按比例缩放图形

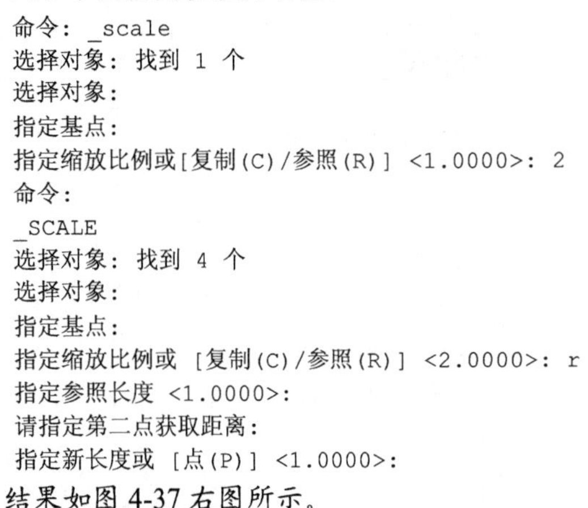

```
命令: _scale                                          //执行缩放命令
选择对象: 找到 1 个                                    //选择矩形 A
选择对象:                                             //按 Enter 键
指定基点:                                             //捕捉交点 C
指定缩放比例或[复制(C)/参照(R)] <1.0000>: 2            //输入缩放比例
命令:
_SCALE                                                //重复命令
选择对象: 找到 4 个                                    //选择线框 B
选择对象:                                             //按 Enter 键
指定基点:                                             //捕捉交点 D
指定缩放比例或 [复制(C)/参照(R)] <2.0000>: r           //选择“参照(R)”选项
指定参照长度 <1.0000>:                                 //捕捉交点 D
请指定第二点获取距离:                                   //捕捉交点 E
指定新长度或 [点(P)] <1.0000>:                         //捕捉交点 F
```

结果如图 4-37 右图所示。

二、命令选项

- 指定缩放比例：直接输入缩放比例，系统根据此比例缩放对象。若此比例小于 1，则缩小对象，否则放大对象。
- 复制(C)：缩放对象的同时复制对象。
- 参照(R)：以参照方式缩放对象。用户输入参考长度及新长度，系统将把新长度与参考长度的比值作为缩放比例来缩放对象。
- 点(P)：使用两点来定义新的长度。

4.6　关键点编辑方式

关键点编辑方式是一种集成的编辑模式，该模式包含了以下 5 种编辑方式。

- 拉伸。
- 移动。
- 旋转。
- 缩放。
- 镜像。

默认情况下，系统的关键点编辑方式是开启的。当用户选择对象后，对象上将出现若干方框，这些方框被称为关键点。移动十字光标靠近并捕捉关键点，然后单击，激活关键点编辑状态，此时系统自动进入拉伸编辑方式，连续按 Enter 键，就可以在所有的编辑方式间切换。此外，用户也可在激活关键点后单击鼠标右键，弹出快捷菜单，如图 4-38 所示，在此

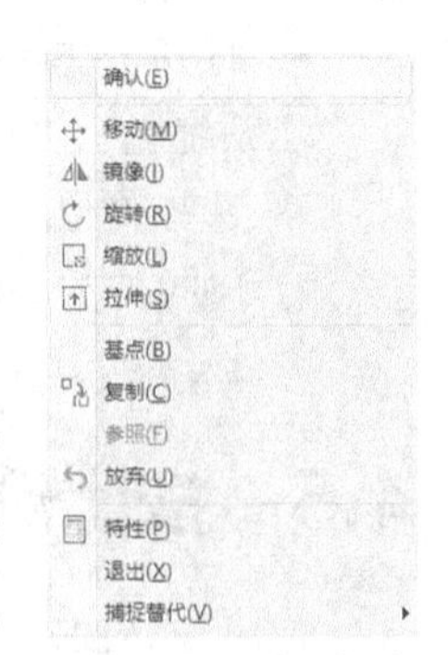

图 4-38　快捷菜单

快捷菜单中选择某种编辑方式。

在不同的编辑方式间切换时，系统为每种编辑方式提供的选项基本相同，其中“基点(B)”“复制(C)”选项是所有编辑方式都有的。

- 基点(B)：拾取某一个点作为编辑过程中的基点。例如，当进入了旋转模式要指定一个点作为旋转中心时，就选择“基点(B)”选项。默认情况下，编辑的基点是热关键点（选中的关键点）。
- 复制(C)：如果用户在编辑对象的同时还需要复制对象，就选择此选项。

下面通过一个练习来熟悉关键点的各种编辑方式。

【练习 4-22】打开素材文件“dwg\第 4 章\4-22.dwg”，如图 4-39 左图所示，利用关键点编辑方式将图 4-39 中的左图修改为右图。

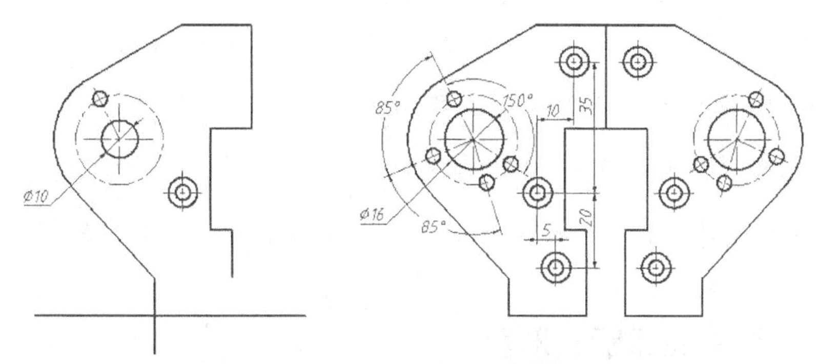

图 4-39 利用关键点编辑方式修改图形

4.6.1 利用关键点拉伸对象

在拉伸模式下，当热关键点是线段的端点时，用户可有效地拉伸或缩短对象。如果热关键点是线段的中点、圆或圆弧的圆心，或者属于块、文字、尺寸数字等实体时，使用这种编辑方式就只能移动对象。

利用关键点拉伸线段的操作如下。

1. 打开极轴追踪、对象捕捉及对象捕捉追踪功能。设置极轴追踪的【增量角度】为【90】，设置对象捕捉方式为【端点】【圆心】【交点】。

```
命令:                              //选择线段 A，如图 4-40 左图所示
命令:                              //选中关键点 B
** 拉伸 **                         //进入拉伸模式
指定拉伸点或 [基点(B)/复制(C)/放弃(U)/退出(X)]:
                                   //向下移动十字光标并捕捉 C 点
```

2. 调整其他线段的长度，结果如图 4-40 右图所示。

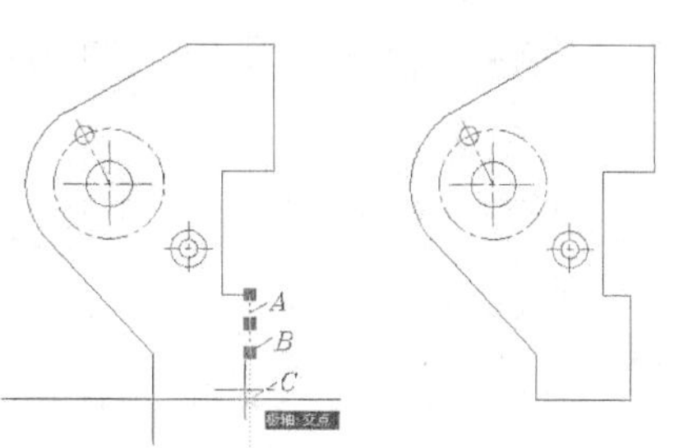

图 4-40 利用关键点拉伸对象

要点提示 打开正交模式后，用户就可利用关键点拉伸编辑方式很方便地改变水平线段或竖直线段的长度。

4.6.2 利用关键点移动及复制对象

在移动模式下，用户可以编辑单一对象或一组对象，选择“复制(C)”选项就能在移动对

象的同时进行复制，这种编辑方式的使用方法与普通的 MOVE 命令相似。

利用关键点移动及复制对象的操作如下。

```
命令:                                              //选择对象 D，如图 4-41 左图所示
命令:                                              //选中一个关键点
** 拉伸 **
指定拉伸点或 [基点(B)/复制(C)/放弃(U)/退出(X)]:     //进入拉伸模式
** 移动 **                                         //按 Enter 键进入移动模式
指定移动点或 [基点(B)/复制(C)/放弃(U)/退出(X)]: c   //选择“复制(C)”选项进行复制
** 移动 (多重) **
指定移动点或 [基点(B)/复制(C)/放弃(U)/退出(X)]: b   //选择“基点(B)”选项
指定基点:                                          //捕捉对象 D 的圆心
** 移动 (多重) **
指定移动点或 [基点(B)/复制(C)/放弃(U)/退出(X)]:
@10,35                            //输入相对坐标
** 移动 (多重) **
指定移动点或 [基点(B)/复制(C)/放弃(U)/退出(X)]:
@5,-20                            //输入相对坐标
指定移动点或 [基点(B)/复制(C)/放弃(U)/退出(X)]:
                                  //按 Enter 键结束
```

结果如图 4-41 右图所示。

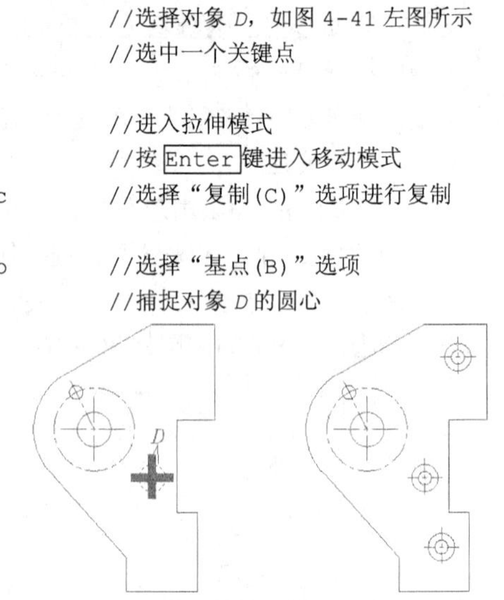

图 4-41 利用关键点移动及复制对象

4.6.3 利用关键点旋转对象

旋转对象是绕旋转中心进行的，在旋转模式下，热关键点就是旋转中心，但用户也可以指定其他点作为旋转中心。这种编辑方式与 ROTATE 命令相似，它的优点在于可一次性将对象旋转且复制到多个位置。

旋转模式中的“参照(R)”选项有时非常有用，选择该选项后，用户可以旋转图形使其与某个新位置对齐。

利用关键点旋转对象的操作如下。

```
命令:                                              //选择对象 E，如图 4-42 左图所示
命令:                                              //选中一个关键点
** 拉伸 **                                         //进入拉伸模式
指定拉伸点或 [基点(B)/复制(C)/放弃(U)/退出(X)]: _rotate
                                    //单击鼠标右键，在弹出的快捷菜单中选择【旋转】命令
** 旋转 **                                         //进入旋转模式
指定旋转角度或 [基点(B)/复制(C)/放弃(U)/参照(R)/退出(X)]: c
                                                   //选择“复制(C)”选项进行复制
** 旋转 (多重) **
指定旋转角度或 [基点(B)/复制(C)/放弃(U)/参照(R)/退出(X)]: b
                                                   //选择“基点(B)”选项
指定基点:                                          //捕捉圆心 F
** 旋转 (多重) **
指定旋转角度或 [基点(B)/复制(C)/放弃(U)/参照(R)/退出(X)]: 85      //输入旋转角度
** 旋转 (多重) **
指定旋转角度或 [基点(B)/复制(C)/放弃(U)/参照(R)/退出(X)]: 170     //输入旋转角度
** 旋转 (多重) **
指定旋转角度或 [基点(B)/复制(C)/放弃(U)/参照(R)/退出(X)]: -150    //输入旋转角度
** 旋转 (多重) **
指定旋转角度或 [基点(B)/复制(C)/放弃(U)/参照(R)/退出(X)]:         //按 Enter 键结束
```

结果如图 4-42 右图所示。

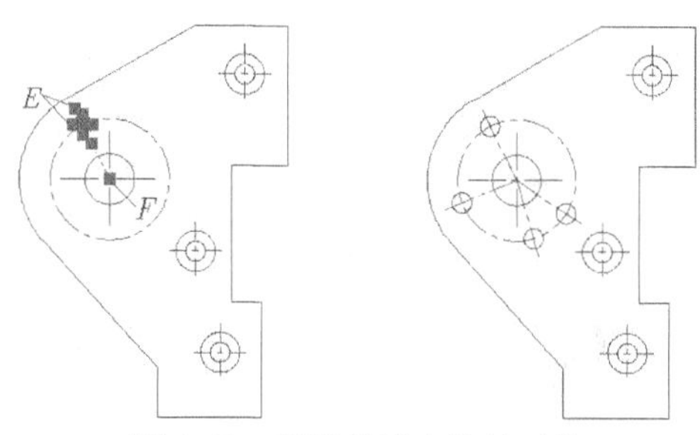

图 4-42 利用关键点旋转对象

4.6.4 利用关键点缩放对象

关键点编辑方式也提供了缩放对象的功能，当切换到缩放模式时，当前热关键点就是缩放的基点。用户可以输入缩放比例对对象进行放大或缩小操作，也可利用“参照(R)”选项将对象缩放到某一尺寸。

利用关键点缩放对象的操作如下。

```
命令:                  //选择圆 G，如图 4-43 左图所示
命令:                  //选中任意一个关键点
** 拉伸 **             //进入拉伸模式
指定拉伸点或 [基点(B)/复制(C)/放弃(U)/退出(X)]: _scale
                       //单击鼠标右键，在弹出的快捷菜单
                         中选择【缩放】命令
** 比例缩放 **         //进入缩放模式
指定比例因子或 [基点(B)/复制(C)/放弃(U)/参照(R)/
退出(X)]: b            //选择“基点(B)”选项
指定基点:              //捕捉圆 G 的圆心
** 比例缩放 **
指定比例因子或 [基点(B)/复制(C)/放弃(U)/参照(R)/
退出(X)]: 1.6          //输入缩放比例
```

结果如图 4-43 右图所示。

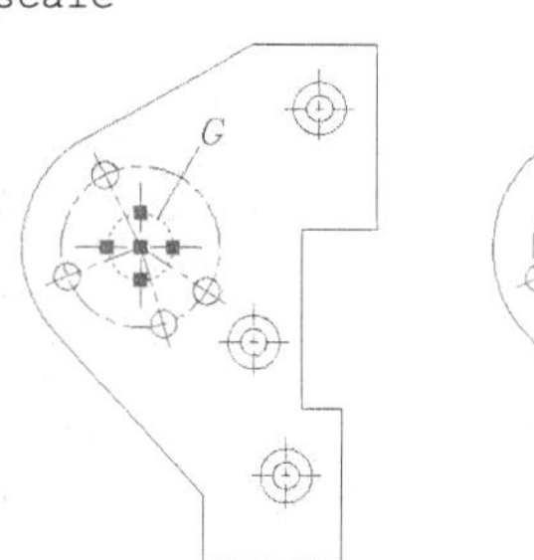

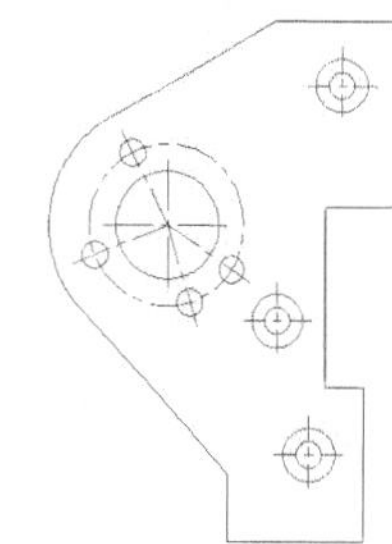

图 4-43 利用关键点缩放对象

4.6.5 利用关键点镜像对象

进入镜像模式后，系统会直接提示“指定第二点”。默认情况下，热关键点就是镜像线的第一点，在拾取第二点后，此点便与第一点连接形成镜像线。如果用户要重新设定镜像线的第一点，就要利用“基点(B)”选项。

利用关键点镜像对象的操作如下。

```
命令:                                      //选择要镜像的对象，如图 4-44 左图所示
命令:                                      //选中关键点 H
** 拉伸 **                                 //进入拉伸模式
指定拉伸点或 [基点(B)/复制(C)/放弃(U)/退出(X)]: _mirror
                                           //单击鼠标右键，在弹出的快捷菜单中选择【镜像】命令
** 镜像 **                                 //进入镜像模式
指定第二点或 [基点(B)/复制(C)/放弃(U)/退出(X)]: c     //选择“复制(C)选项”
** 镜像 (多重) **
指定第二点或 [基点(B)/复制(C)/放弃(U)/退出(X)]:       //捕捉 I 点
** 镜像 (多重) **
指定第二点或 [基点(B)/复制(C)/放弃(U)/退出(X)]:       //按 Enter 键结束
```

结果如图 4-44 右图所示。

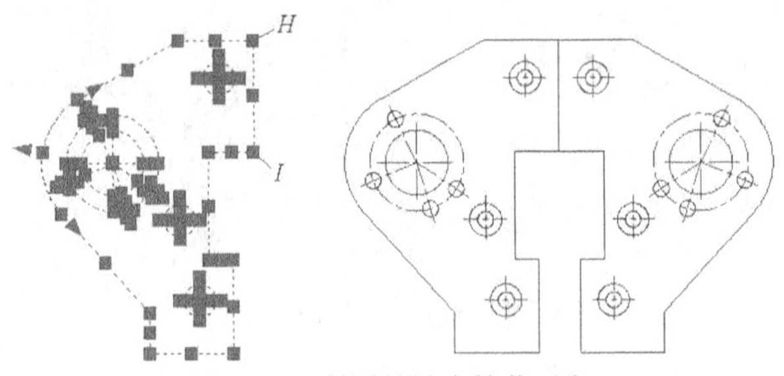

图 4-44 利用关键点镜像对象

4.6.6 上机练习——利用关键点编辑方式绘图

【练习 4-23】利用 LINE、CIRCLE、OFFSET 等命令及关键点编辑方式绘图，如图 4-45 所示。

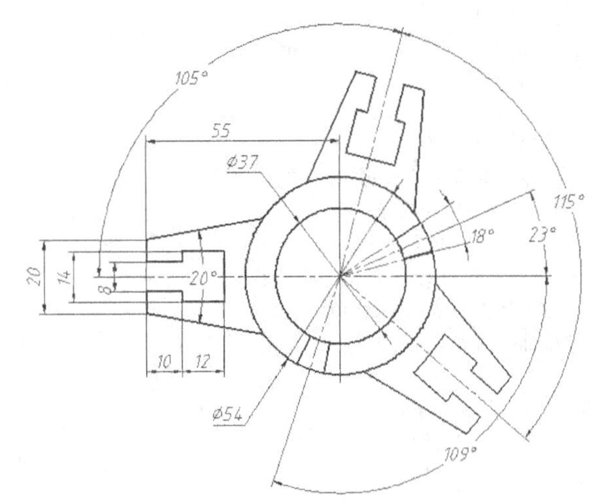

图 4-45 利用关键点编辑方式绘图（1）

主要作图步骤如图 4-46 所示。

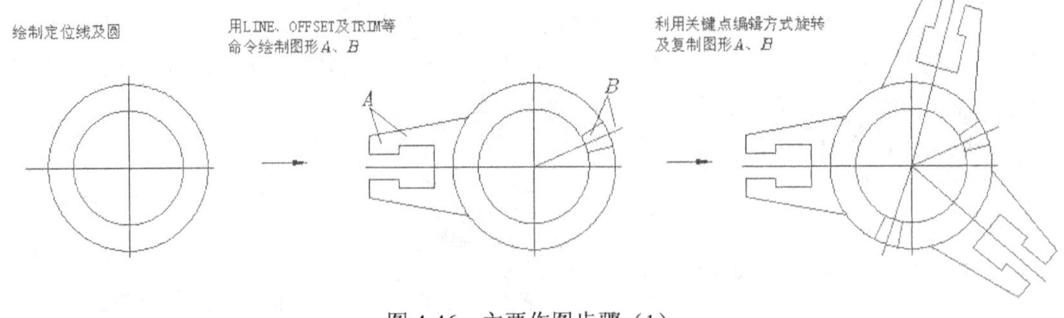

图 4-46 主要作图步骤（1）

【练习 4-24】利用 LINE、CIRCLE、OFFSET 等命令及关键点编辑方式中的旋转、复制等功能绘图，如图 4-47 所示。

【练习 4-25】利用 ROTATE、ALIGN 等命令及关键点编辑方式绘图，如图 4-48 所示。

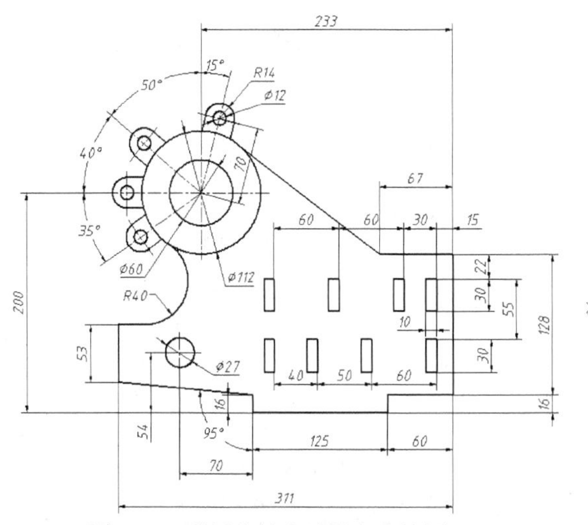

图 4-47 利用关键点编辑方式绘图（2）

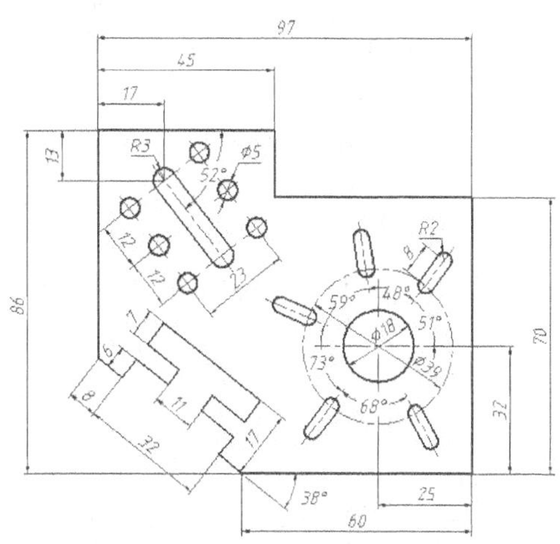

图 4-48 利用关键点编辑方式绘图（3）

主要作图步骤如图 4-49 所示。

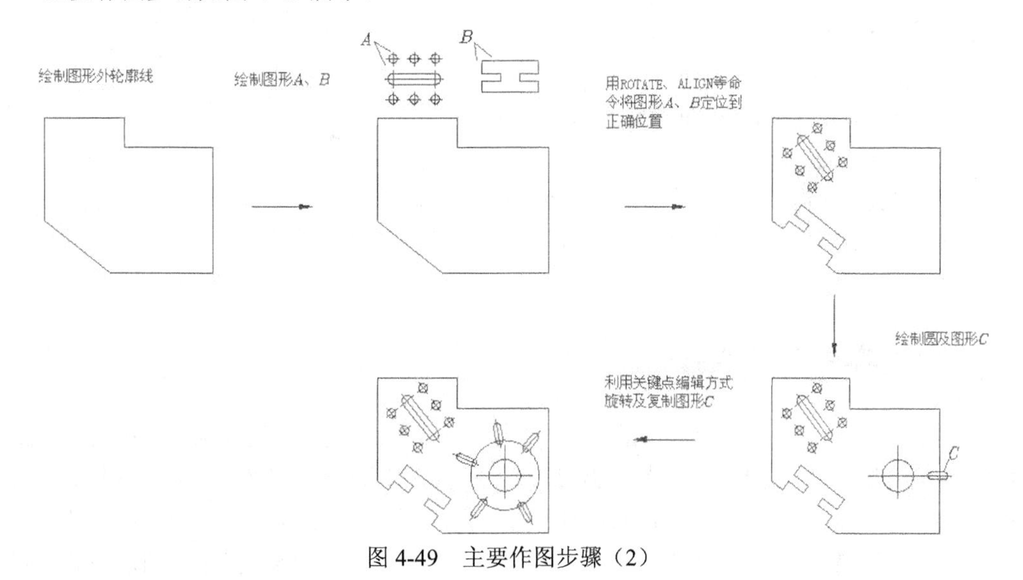

图 4-49 主要作图步骤（2）

4.7 绘制样条曲线及断裂线

可用 SPLINE 命令绘制光滑的曲线，即样条曲线。系统通过拟合用户指定的一系列数据点形成样条曲线。绘制工程图时，可利用 SPLINE 命令绘制断裂线。

样条曲线的形状可通过调整拟合点或控制点的位置来实现，如图 4-50 所示。选中样条曲线，单击箭头形式的关键点，利用弹出的菜单中的相关命令可切换拟合点或关键点。默认情况下，拟合点与样条曲线重合，而控制点用于定义多边形控制框，利用控制框可以很方便地调整样条曲线的形状。

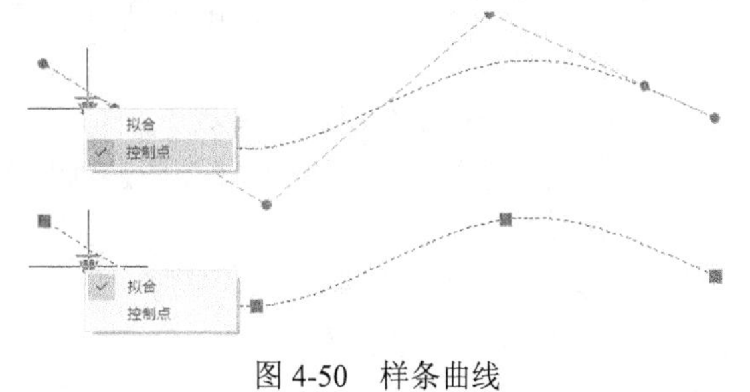

图 4-50 样条曲线

可以通过拟合公差来设定样条曲线的精度。拟合公差越小，样条曲线与拟合点越接近，样条曲线精度越高。

一、命令启动方法

- 菜单命令：【绘图】/【样条曲线】。
- 面板：【常用】选项卡中【绘图】面板上的～按钮。
- 命令：SPLINE 或简写 SPL。

【练习 4-26】 练习 SPLINE 命令。

```
命令：_spline
指定第一个点或 [对象(O)]:                                          //拾取 A 点
指定下一点:                                                        //拾取 B 点
指定下一点或 [闭合(C)/拟合公差(F)/放弃(U)] <起点切向>:              //拾取 C 点
指定下一点或 [闭合(C)/拟合公差(F)/放弃(U)] <起点切向>:              //拾取 D 点
指定下一点或 [闭合(C)/拟合公差(F)/放弃(U)] <起点切向>:              //按 Enter 键
指定起点切向:                                   //移动十字光标调整起点切线方向，按 Enter 键
指定端点切向:                                   //移动十字光标调整终点切线方向，按 Enter 键
```

结果如图 4-51 所示。

图 4-51　绘制样条曲线

二、命令选项

- 闭合(C)：使样条曲线闭合。
- 拟合公差(F)：指定样条曲线可以偏离指定拟合点的距离。
- 指定起点切向：指定样条曲线起点的切线方向。
- 指定端点切向：指定样条曲线终点的切线方向。

4.8　填充剖面图案

工程图中的剖面线一般绘制在由一个对象或几个对象围成的封闭区域中。在绘制剖面线时，用户先要指定填充边界。一般可用两种方法选定要绘制的剖面线的边界：一种方法是在闭合的区域中选一点，系统自动搜索闭合的边界；另一种方法是通过选择对象来定义边界。

中望 CAD 提供了许多标准填充图案，用户也可自定义填充图案。此外，用户还能控制剖面图案的疏密及剖面线的倾角。

4.8.1　填充封闭区域

HATCH 命令用于生成填充图案。执行该命令后，系统打开【填充】对话框，用户在该对话框中选择填充图案、设定填充比例和角度、指定填充区域后，就可以创建图案填充了。

命令启动方法

- 菜单命令：【绘图】/【图案填充】。
- 面板：【常用】选项卡中【绘图】面板上的▨按钮。
- 命令：HATCH 或简写 H。

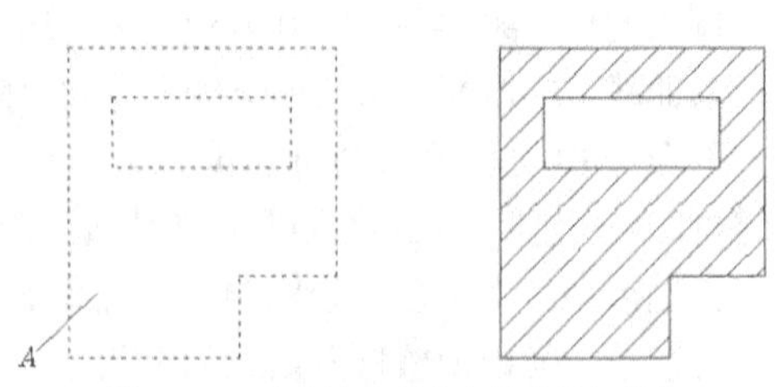

图 4-52　在封闭区域内绘制剖面线

【练习 4-27】 打开素材文件“dwg\第 4 章\4-27.dwg”，如图 4-52 左图所示，下面用 HATCH 命

令将图 4-52 中的左图修改为右图。

1. 单击【绘图】面板上的按钮，打开【填充】对话框，进入【图案填充】选项卡，如图 4-53 所示。单击按钮，在想要填充的区域中选定点 A，此时系统会自动寻找一个闭合的边界。

2. 按 Enter 键，返回【填充】对话框。单击【图案】右边的按钮，打开【填充图案选项板】对话框，进入【ANSI】选项卡，选择剖面图案【ANSI31】，如图 4-54 所示，单击 确定 按钮。

3. 在【填充】对话框的【角度】和【比例】文本框中分别输入数值“45”和“2”，单击 预览 按钮，观察填充效果。

4. 按 Esc 键，返回【填充】对话框，重新设定有关参数。将【角度】和【比例】分别改为“0”和“1.5”，单击 预览 按钮，观察填充效果。按 Enter 键，完成剖面图案的绘制，结果如图 4-52 右图所示。

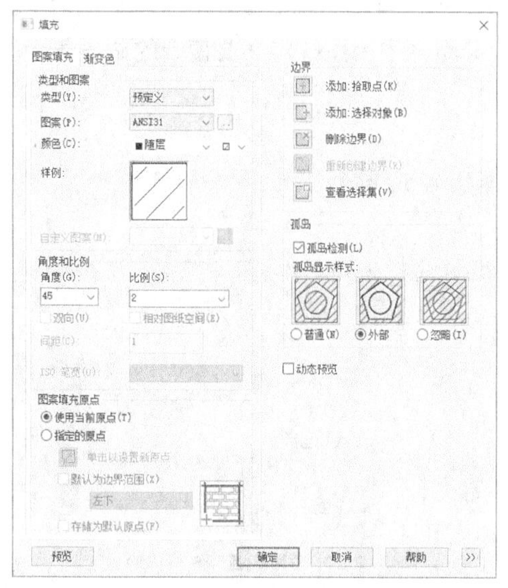

图 4-53 【填充】对话框

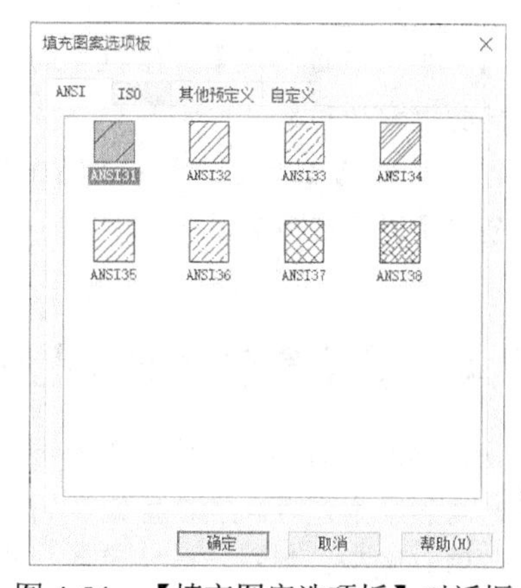

图 4-54 【填充图案选项板】对话框

【填充】对话框中常用选项的功能介绍如下。

（1）【类型】：设置填充图案类型，共有以下 3 个选项。

- 【预定义】：使用系统预定义图案进行图案填充。
- 【用户定义】：利用当前线型定义一种新的简单图案。
- 【自定义】：采用用户定制的图案进行图案填充，这个图案保存在“.pat”类型文件中。

（2）【图案】：通过其下拉列表或右边的按钮选择所需的填充图案。

（3）按钮：单击此按钮，然后在填充区域中拾取一点，系统将自动分析边界集，并从中确定包围该点的闭合边界。

（4）按钮：单击此按钮，然后选择一些对象作为填充边界，此时无须使对象构成闭合的边界。

（5）按钮：单击此按钮，删除填充边界。填充区域中常常包含一些闭合边界，这些边界称为孤岛。若希望在孤岛中也填充图案，则单击此按钮，选择要删除的孤岛。

（6）按钮：编辑填充图案时，可利用此按钮生成与图案边界相同的多段线或面域，并指定新对象与图案填充是否关联。

4.8.2 填充不封闭的区域

中望 CAD 允许用户填充不封闭的区域，如图 4-55 左图所示，直线和圆弧的端点不重合，存在间距。若该间距值小于或等于设定的最大间距值，则系统将忽略此间隙，认为边界是闭合的，从而填充图案。填充边界两端点间的最大间距值可在【填充】对话框的【允许的间隙】分组框中设定，如图 4-55 右图所示。此外，该值也可通过系统变量 HPGAPTOL 设定。

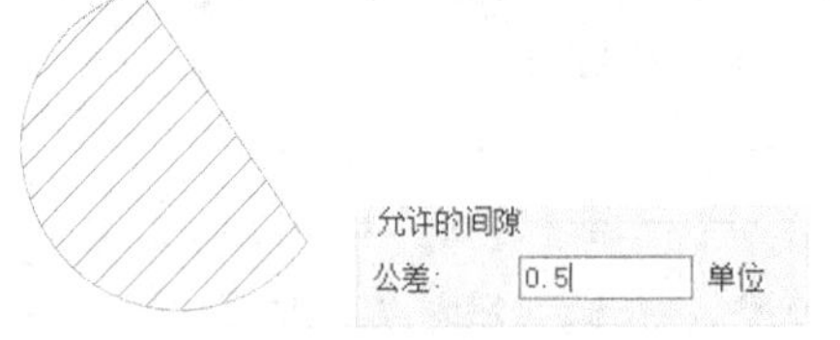

图 4-55 填充不封闭的区域

4.8.3 填充复杂图形的方法

在图形不复杂的情况下，可使用在填充区域内指定一点的方法来定义边界。但若图形很复杂，使用这种方法就会浪费许多时间，因为系统要在当前视口中搜寻所有可见的对象。为节省时间，用户可在【填充】对话框的【边界集】分组框中为系统定义要搜索的边界集，这样就能很快地生成填充区域边界。

定义系统搜索边界集的方法如下。

（1）单击【边界集】分组框中的按钮，如图 4-56 所示，然后选择要搜索的对象。

（2）在填充区域内拾取一点，此时系统仅通过分析选定的对象来创建填充区域边界。

图 4-56 【边界集】分组框

4.8.4 使用渐变色填充图形

颜色的渐变是指一种颜色的不同灰度之间或两种颜色之间的平滑过渡。在中望 CAD 中，用户可以使用渐变色填充图形，填充后的区域将呈现类似被光照射后的反射效果，因而可大大增强图形的演示效果。

进入【填充】对话框中的【渐变色】选项卡，该选项卡中显示了 9 种渐变色图案，如图 4-57 所示。用户可在【颜色】分组框中指定一种或两种颜色形成渐变色，然后填充图形。

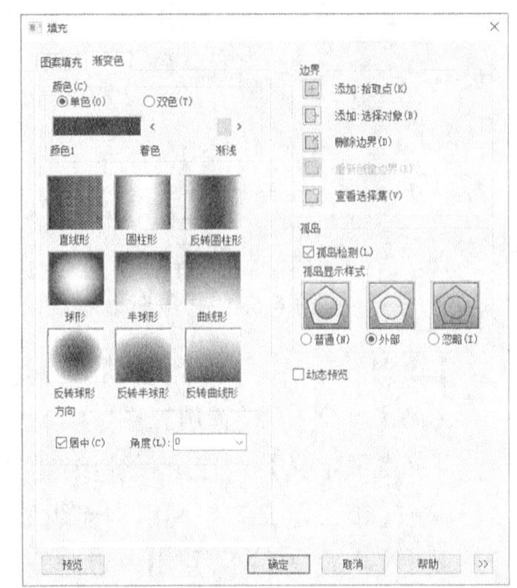

图 4-57 渐变色填充

4.8.5 剖面线的比例

在中望 CAD 中，预定义剖面线图案的默认缩放比例是 1.0。用户可打开【填充】对话框，在【图案填充】选项卡的【比例】文本框中设定其他比例值。绘制剖面线时，若没有指定特殊比例值，系统将按默认值绘制剖面线。当输入一个不同于默认值的比例时，可以增大或减小剖面线的间距，图 4-58 所示的分别是剖面线比例为 1、2 和 0.5 时的情况。

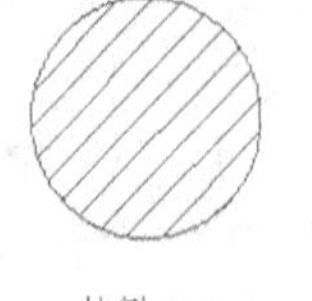

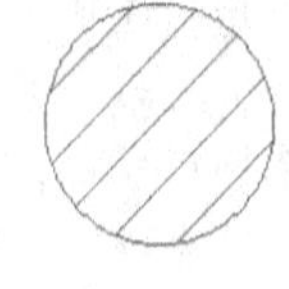

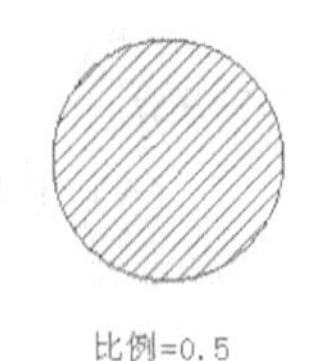

图 4-58 不同比例的剖面线

4.8.6 剖面线的角度

除剖面线的间距可以控制之外，剖面线的倾斜角度也可以控制。用户可打开【填充】对话框，在【图案填充】选项卡的【角度】文本框中设定图案填充的角度。当【角度】是“0”时，剖面线（ANSI31）与 x 轴的夹角是 45°，【角度】文本框中显示的值并不是剖面线与 x 轴的夹角，而是剖面线的旋转角度。

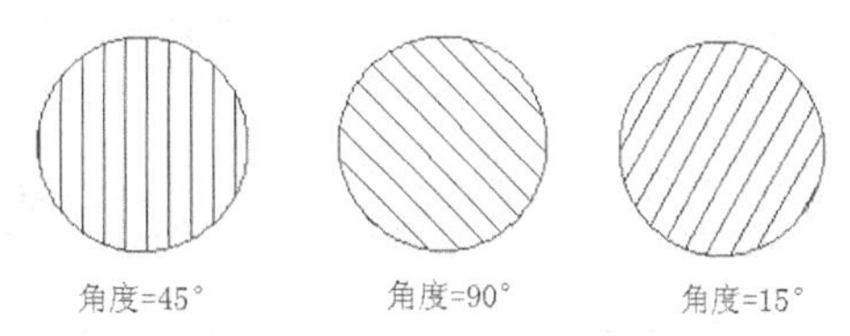

图 4-59 角度不同时的剖面线

当【角度】分别设为【45】【90】【15】时，剖面线将逆时针旋转到新的位置，剖面线与 x 轴的夹角分别是 90°、135° 和 60°，如图 4-59 所示。

4.8.7 编辑填充图案

双击填充图案，打开【填充】对话框，在该对话框中可修改填充图案的外观及类型，如改变图案的角度、比例或用其他样式的图案填充图形等。

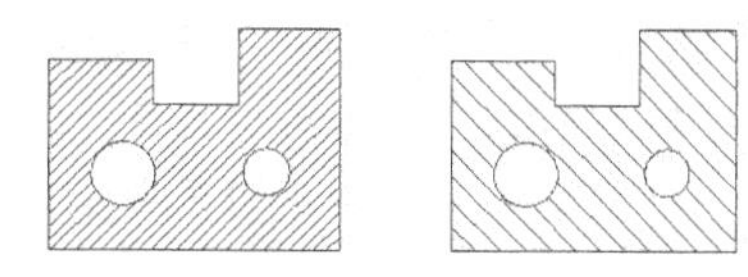
图 4-60 修改图案角度及比例

命令启动方法

- 菜单命令：【修改】/【对象】/【图案填充】。
- 面板：【常用】选项卡中【修改】面板上的按钮。
- 命令：HATCHEDIT 或简写 HE。

【练习 4-28】练习 HATCHEDIT 命令。

1. 打开素材文件“dwg\第 4 章\4-28.dwg”，如图 4-60 左图所示。

2. 执行 HATCHEDIT 命令，系统提示“选择填充对象”，选择填充对象后，打开【填充】对话框，如图 4-61 所示。

3. 在【角度】文本框中输入数值“90”，在【比例】文本框中输入数值“3”，单击 确定 按钮，结果如图 4-60 右图所示。

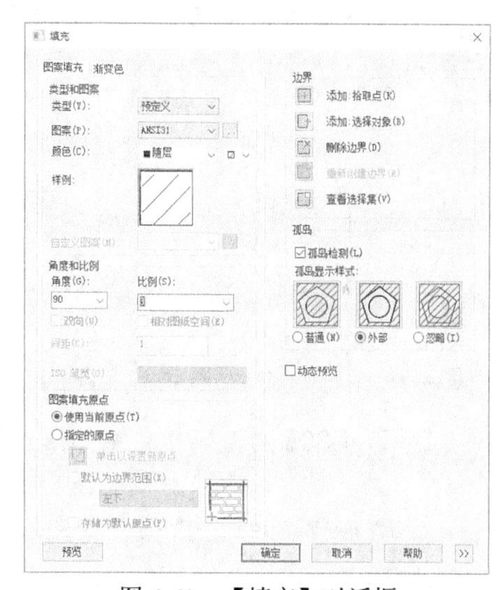

图 4-61 【填充】对话框

4.8.8 创建注释性填充图案

在工程图中填充图案时，要考虑打印比例对最终图案疏密程度的影响。一般应设定图案填充比例为打印比例的倒数，这样打印后，图纸上图案的间距与最初系统的定义值一致。为实现这一目标，也可以采用另外一种方式，即创建注释性图案。在【填充】对话框中勾选【注释性】复选框，即可创建注释性填充图案。

注释性图案具有注释比例属性，比例值为当前系统设置值，单击状态栏上的 4:1 按钮，可以设定当前注释比例（一般应等于打印比例）。选择注释对象，单击鼠标右键，选择快捷菜单中的【注释性比例】命令可添加或去除注释对象的注释比例。

可以认为注释比例就是打印比例，只要注释对象的注释比例、系统当前注释比例与打印比例一致，就能保证打印后图案填充的间距与系统的原始定义值相同。例如，在直径为30000的圆内填充图案，打印比例为 1∶100，若采用非注释性对象进行填充，则图案的缩放比例一般要设定为100，这样打印后图案的外观才合适。若采用注释性对象进行填充，则图案的缩放比例可保持默认值1，只需设定当前注释比例为1∶100，就能打印出合适的图案了。

4.8.9 上机练习——填充图案

【练习 4-29】打开素材文件“dwg\第4章\4-29.dwg”，在平面图形中填充图案，如图4-62所示。

1. 在6个小椭圆内填充图案，结果如图4-63所示。图案名称为“ANSI31”，角度为45°，比例为0.5。

2. 在6个小圆内填充图案，结果如图4-64所示。图案名称为“ANSI31”，角度为−45°，比例为0.5。

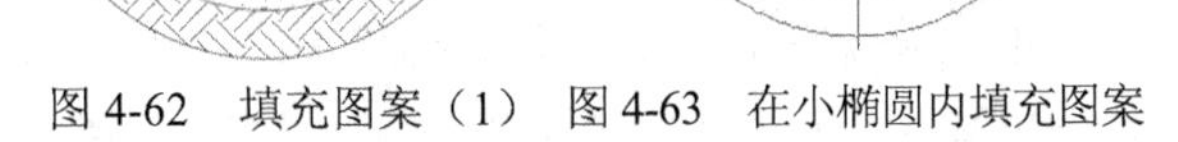

图4-62 填充图案（1） 图4-63 在小椭圆内填充图案

3. 在区域 *A* 中填充图案，结果如图4-65所示。图案名称为“AR-CONC”，角度为0°，比例为0.05。

4. 在区域 *B* 中填充图案，结果如图4-66所示。图案名称为“EARTH”，角度为0°，比例为1。

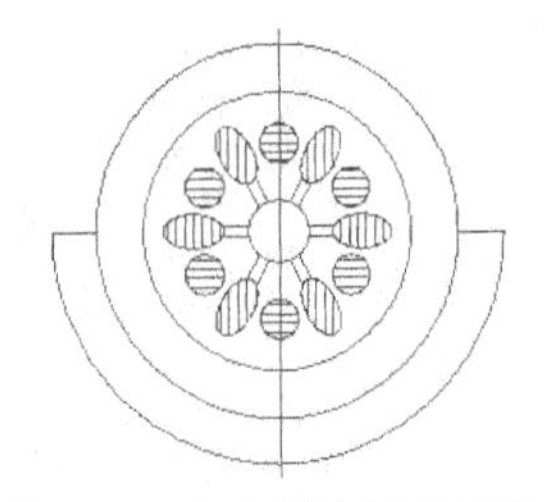

图4-64 在小圆内填充图案

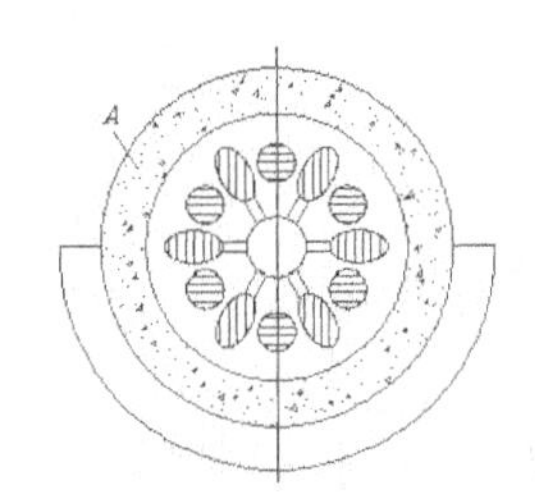

图4-65 在区域 *A* 中填充图案

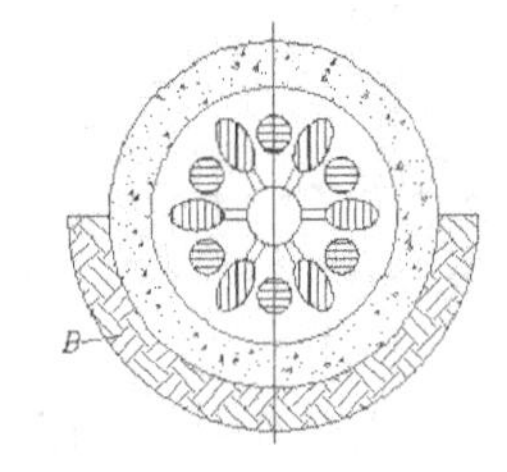

图4-66 在区域 *B* 中填充图案

【练习 4-30】打开素材文件“dwg\第4章\4-30.dwg”，在平面图形中填充图案，如图4-67所示。

1. 在区域 *G* 中填充图案，结果如图4-68所示。图案名称为“AR-SAND”，角度为0°，比例为0.05。

2. 在区域 *H* 中填充图案，结果如图4-69所示。图案名称为“ANSI31”，角度为−45°，比例为1。

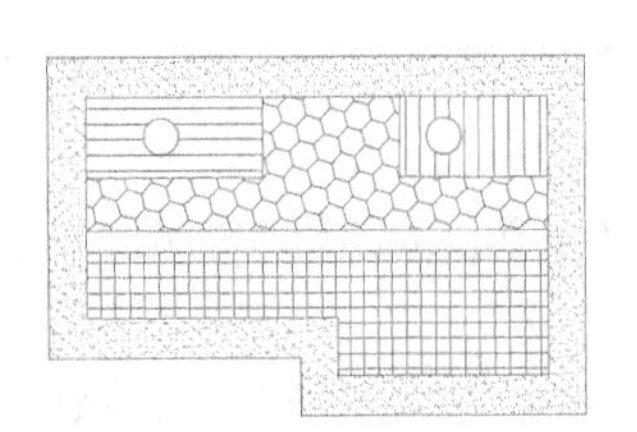

图4-67 填充图案（2）

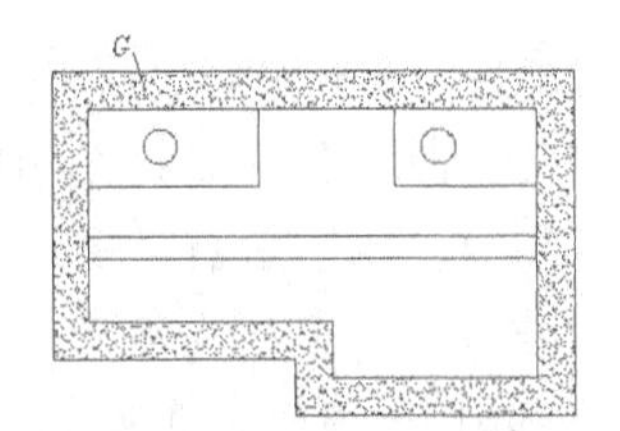

图4-68 在区域 *G* 中填充图案

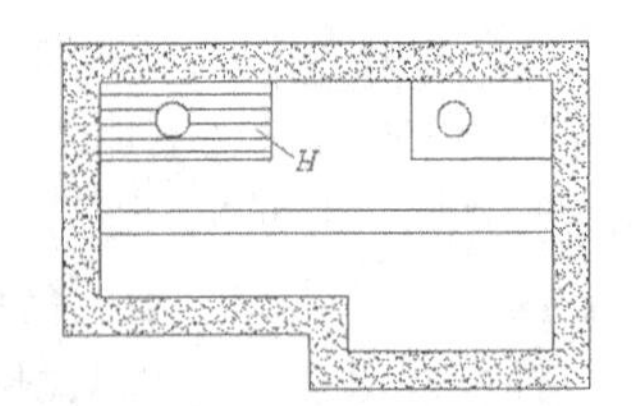

图4-69 在区域 *H* 中填充图案

3. 在区域 *I* 中填充图案，结果如图4-70所示。图案名称为“ANSI31”，角度为45°，比例为1。

4. 在区域 *J* 中填充图案，结果如图 4-71 所示。图案名称为 “HONEY”，角度为 45°，比例为 1。

5. 在区域 *K* 中填充图案，结果如图 4-72 所示。图案名称为 “NET”，角度为 0°，比例为 1。

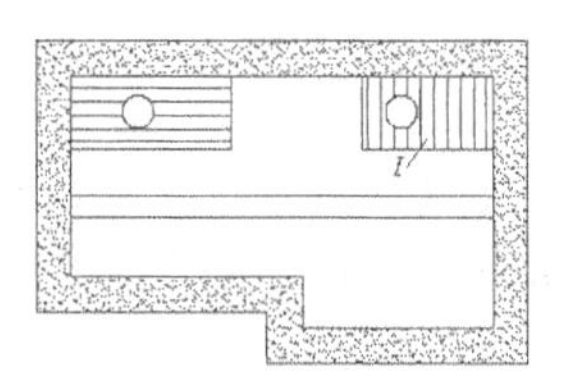

图 4-70 在区域 *I* 中填充图案

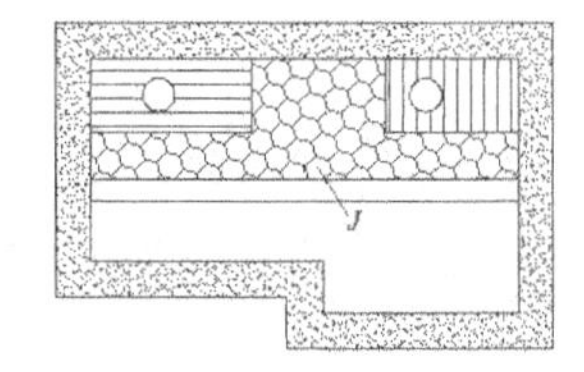

图 4-71 在区域 *J* 中填充图案

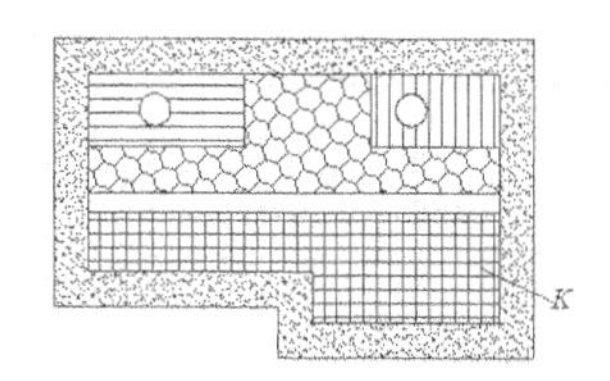

图 4-72 在区域 *K* 中填充图案

4.9 编辑对象特性

在中望 CAD 中，对象特性是指系统赋予对象的颜色、线型、图层、高度及文字样式等特性，如直线和曲线包含图层、线型及颜色等特性，而文本则包含图层、颜色、字体及字高等特性。要改变对象特性，一般可使用 PROPERTIES 命令，执行该命令后，系统打开【特性】选项板，该选项板中列出了所选对象的所有特性，用户通过此选项板就可以很方便地进行修改。

改变对象特性的另一种方法是采用 MATCHPROP 命令，该命令可以使被编辑对象的特性与指定的源对象的特性完全相同，即把源对象的特性传递给目标对象。

4.9.1 用 PROPERTIES 命令改变对象特性

命令启动方法

- 菜单命令：【修改】/【特性】。
- 命令：PROPERTIES 或简写 PR。

下面通过修改非连续线的当前线型比例因子的练习来说明 PR 命令的用法。

【练习 4-31】打开素材文件 “dwg\第 4 章\4-31.dwg”，如图 4-73 左图所示，用 PR 命令将图 4-73 中的左图修改为右图。

1. 选择要编辑的非连续线。

2. 单击鼠标右键，在弹出的快捷菜单中选择【特性】命令，或者输入 PR 命令，系统打开【特性】选项板，如图 4-74 所示。根据所选对象不同，【特性】选项板中显示的特性也不同，但有一些特性几乎是所有对象都拥有的，如颜色、图层、线型等。当在绘图窗口中选择单个对象时，【特性】选项板就显示此对象的特性。若选择多个对象，则【特性】选项板显示它们所共有的特性。

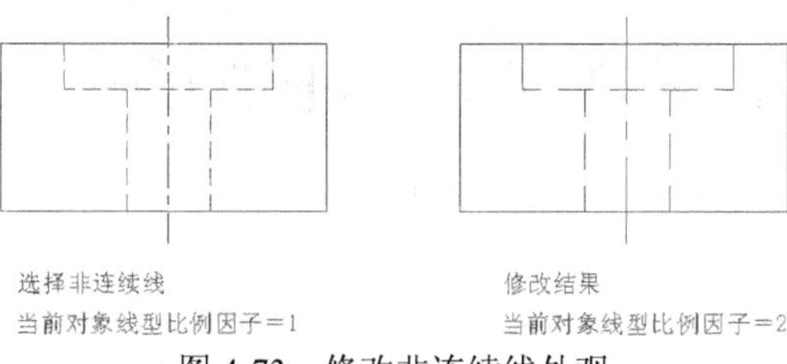

图 4-73 修改非连续线外观

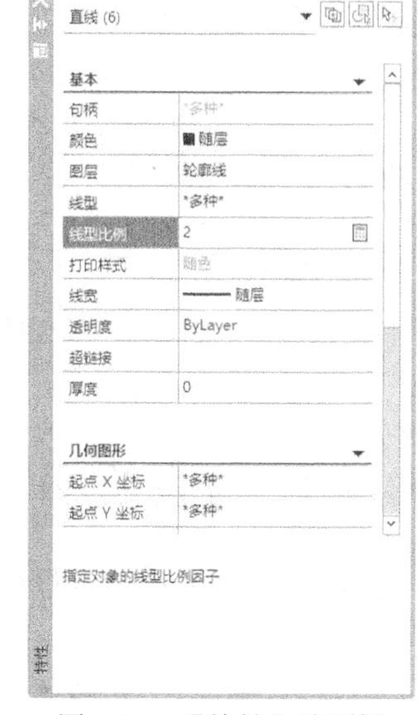

图 4-74 【特性】选项板

3. 【线型比例】的默认值是“1”，输入新线型比例　“2”后，按 Enter 键，绘图窗口中的非连续线立即更新，如图 4-73 右图所示。

4.9.2　对象特性匹配

MATCHPROP 命令非常有用，用户可使用此命令将源对象的特性（如颜色、线型、图层和线型比例等）传递给目标对象。操作时，用户要选择两个对象，第 1 个为源对象，第 2 个是目标对象。

命令启动方法

- 菜单命令：【修改】/【特性匹配】。
- 面板：【常用】选项卡中【剪贴板】面板上的按钮。
- 命令：MATCHPROP 或简写 MA。

【练习 4-32】打开素材文件“dwg\第 4 章\4-32.dwg”，如图 4-75 左图所示，用 MATCHPROP 命令将图 4-75 中的左图修改为右图。

1. 执行 MATCHPROP 命令，系统提示如下。

```
命令: MATCHPROP
选择源对象:                          //选择源对象
选择目标对象或 [设置(S)]:            //选择第 1 个目标对象
选择目标对象或 [设置(S)]:            //选择第 2 个目标对象
选择目标对象或 [设置(S)]:            //按 Enter 键结束
```

选择源对象后，十字光标变成类似“刷子”形状，用此“刷子”来选取接受特性匹配的目标对象，结果如图 4-75 右图所示。

2. 如果用户仅想使目标对象的部分特性与源对象相同，可在选择源对象后，输入“S”，此时系统打开【特性设置】对话框，如图 4-76 所示。默认情况下，系统勾选该对话框中源对象的所有特性，但用户也可指定仅将其中部分特性传递给目标对象。

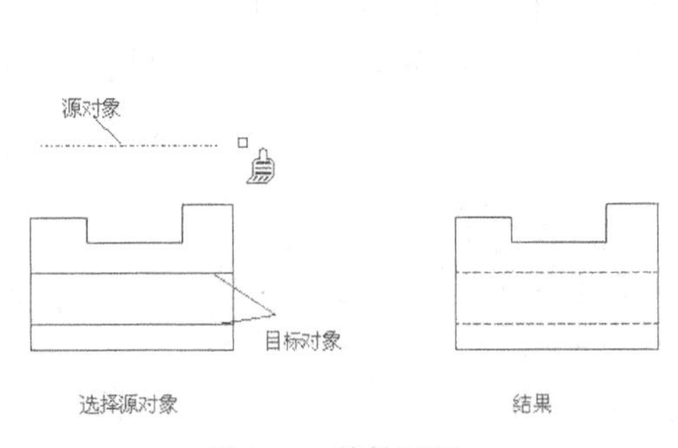

图 4-75　特性匹配

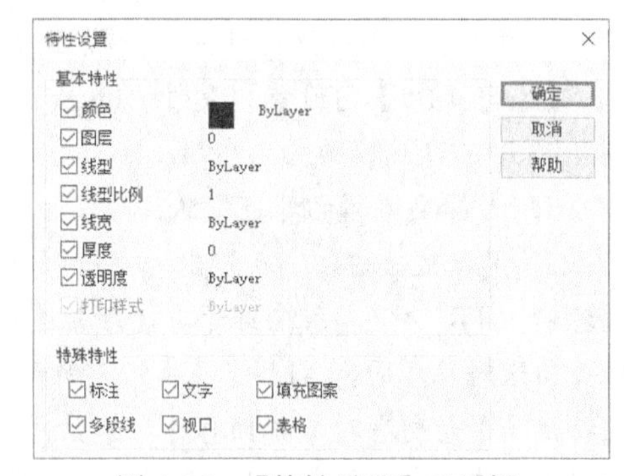

图 4-76　【特性设置】对话框

4.10　综合练习——绘制具有均布特征的图形

【练习 4-33】利用 LINE、OFFSET、ARRAY、MIRROR 等命令绘制平面图形，如图 4-77 所示。

1. 创建以下两个图层。

名称　　　　颜色　　　线型　　　　　　线宽

轮廓线层　　白色　　Continuous　　0.5
中心线层　　红色　　Center　　默认

2. 打开极轴追踪、对象捕捉及对象捕捉追踪功能。设置极轴追踪的【增量角度】为【90】，设定对象捕捉方式为【端点】【圆心】【交点】，选择【仅正交追踪】单选项。

3. 设定绘图窗口的高度。绘制一条竖直线段，线段长度为100。双击鼠标滚轮，使线段充满整个绘图窗口。

4. 绘制两条作图基准线 *A*、*B*，线段 *A* 的长度约为80，线段 *B* 的长度约为100，结果如图4-78所示。

5. 用OFFSET、TRIM命令绘制线框 *C*，结果如图4-79所示。

6. 用LINE命令绘制线框 *D*，用CIRCLE命令绘制圆 *E*，结果如图4-80所示。圆 *E* 的圆心用正交偏移捕捉确定。

7. 创建线框 *D* 及圆 *E* 的矩形阵列，结果如图4-81所示。

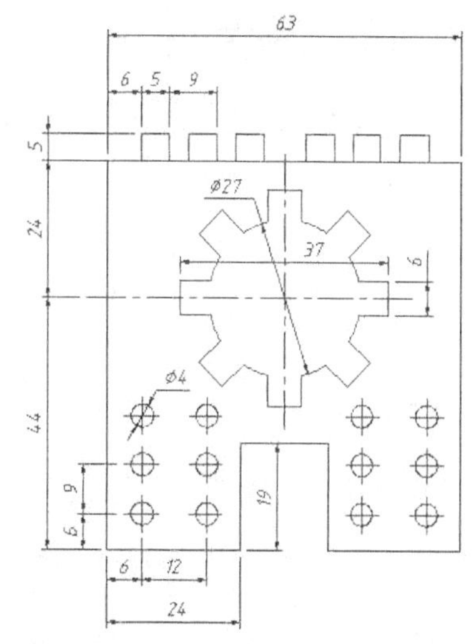

图4-77　绘制具有均布特征的图形

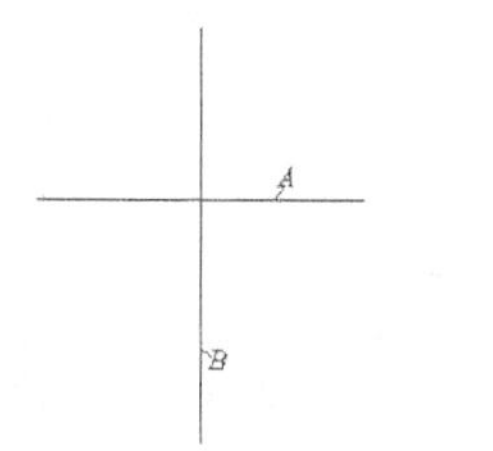

图4-78　绘制作图基准线 *A*、*B*

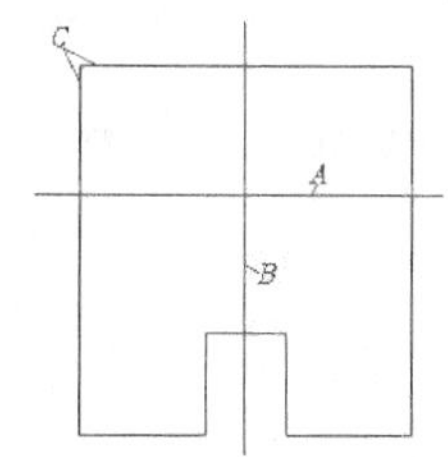

图4-79　绘制线框 *C*

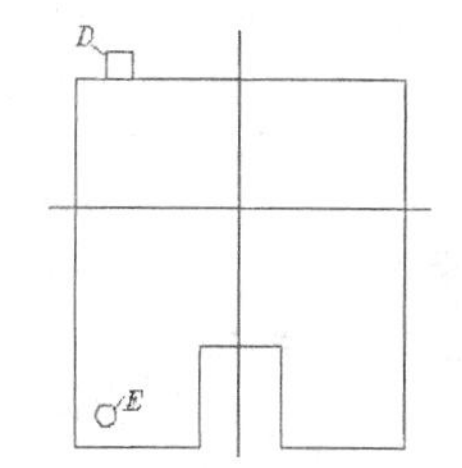

图4-80　绘制线框和圆

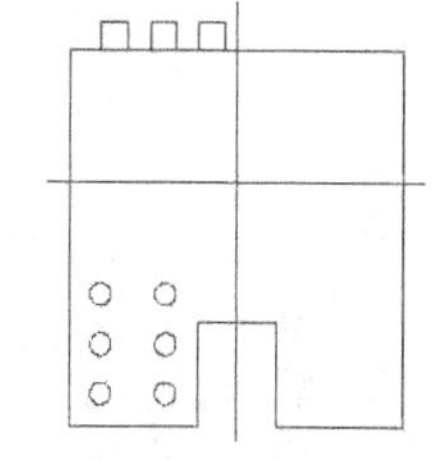

图4-81　创建矩形阵列

8. 镜像对象，结果如图4-82所示。

9. 用CIRCLE命令绘制圆 *A*，再用OFFSET、TRIM命令绘制线框 *B*，结果如图4-83所示。

10. 创建线框 *B* 的环形阵列，再修剪多余线条，结果如图4-84所示。

【练习4-34】利用LINE、OFFSET、ARRAY、MIRROR等命令绘制对称图形，如图4-85所示。

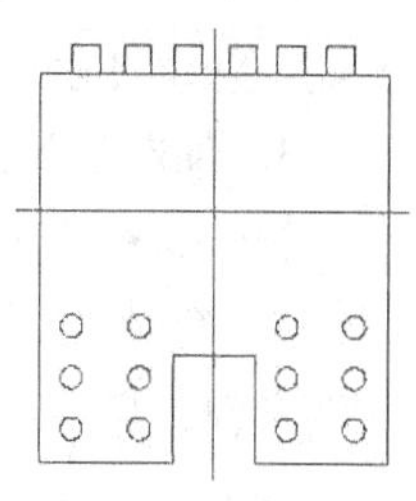

图4-82　镜像对象

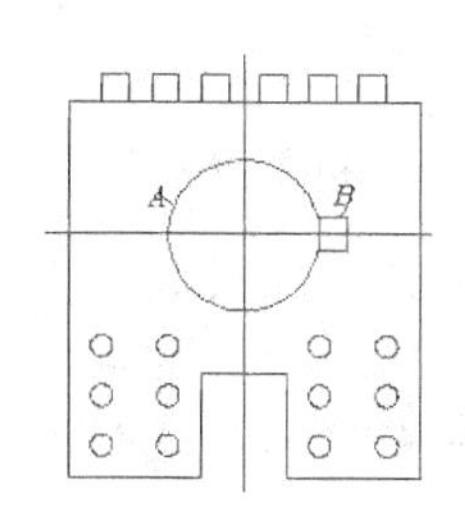

图4-83　绘制圆和线框

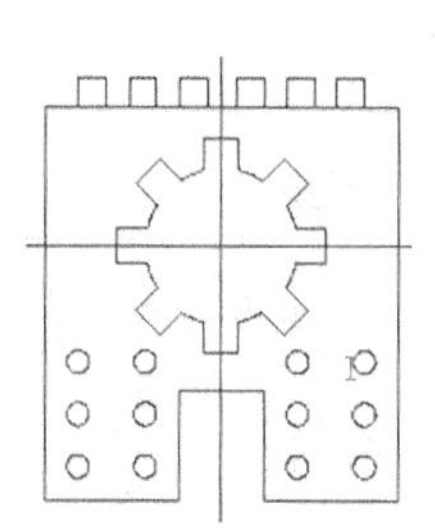

图4-84　创建环形阵列并修剪多余线条

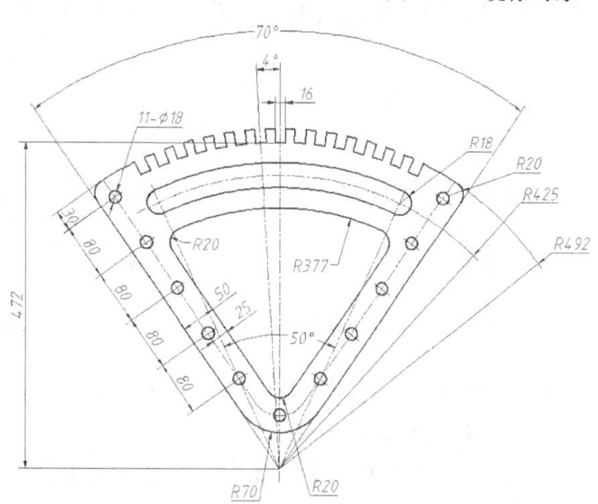

图4-85　绘制对称图形

4.11 综合练习二——创建矩形阵列及环形阵列

【练习 4-35】利用 LINE、CIRCLE、ARRAY 等命令创建矩形阵列及环形阵列，如图 4-86 所示。

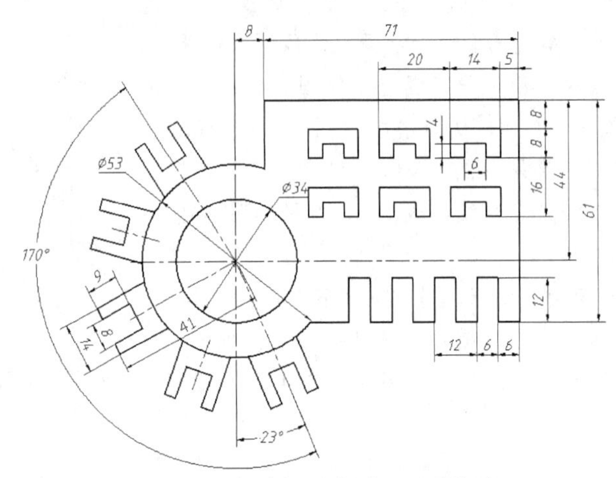

图 4-86 创建矩形阵列及环形阵列

1. 创建以下两个图层。

名称	颜色	线型	线宽
轮廓线层	白色	Continuous	0.5
中心线层	红色	Center	默认

2. 打开极轴追踪、对象捕捉及对象捕捉追踪功能。设置极轴追踪的【增量角度】为【90】，设定对象捕捉方式为【端点】【交点】，选择【仅正交追踪】单选项。

3. 设定绘图窗口的高度。绘制一条竖直线段，线段长度为 150。双击鼠标滚轮，使线段充满整个绘图窗口。

4. 绘制水平及竖直的作图基准线 *A*、*B*，结果如图 4-87 所示。线段 *A* 的长度约为 120，线段 *B* 的长度约为 80。

5. 分别以线段 *A*、*B* 的交点为圆心绘制圆 *C*、*D*，再绘制平行线 *E*、*F*、*G*、*H*，结果如图 4-88 所示。修剪多余线条，结果如图 4-89 所示。

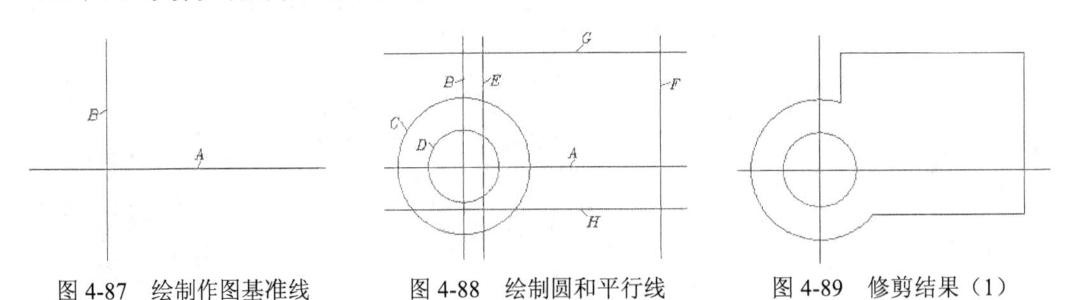

图 4-87 绘制作图基准线 图 4-88 绘制圆和平行线 图 4-89 修剪结果（1）

6. 以 *I* 点为起点，用 LINE 命令绘制闭合线框 *K*，结果如图 4-90 所示。*I* 点的位置可用正交偏移捕捉确定，*J* 点为偏移的基准点。

7. 创建线框 *K* 的矩形阵列，结果如图 4-91 所示。阵列行数为 2、列数为 3、行间距为−16、列间距为−20。

8. 绘制线段 *L*、*M*、*N*，结果如图 4-92 所示。

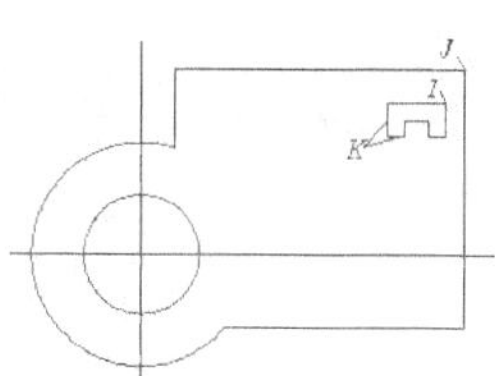

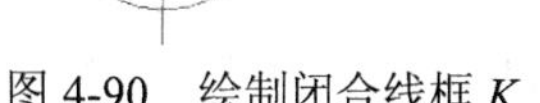

图 4-90 绘制闭合线框 *K*

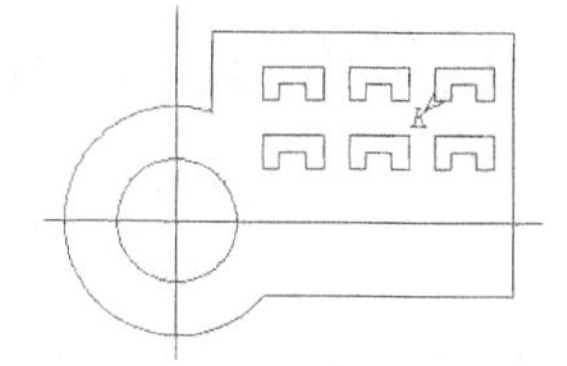

图 4-91 创建矩形阵列（1）

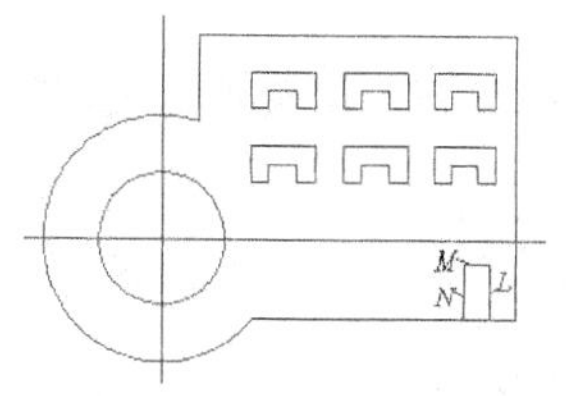

图 4-92 绘制线段 *L*、*M*、*N*

9. 创建线框 *A* 的矩形阵列，结果如图 4-93 所示。阵列行数为 1、列数为 4、列间距为−12。修剪多余线条，结果如图 4-94 所示。

10. 用 XLINE 命令绘制两条相互垂直的直线 *B*、*C*，结果如图 4-95 所示，直线 C 与 *D* 的夹角为 23° 。

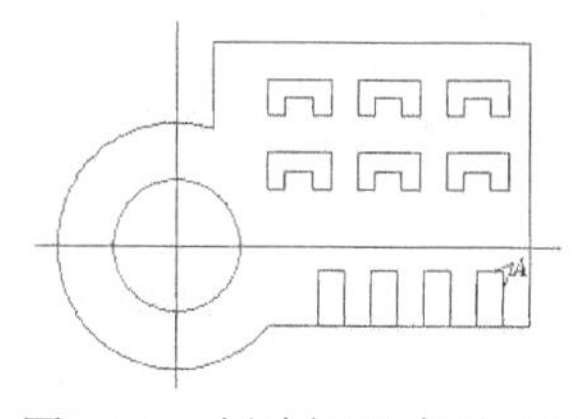

图 4-93 创建矩形阵列（2）

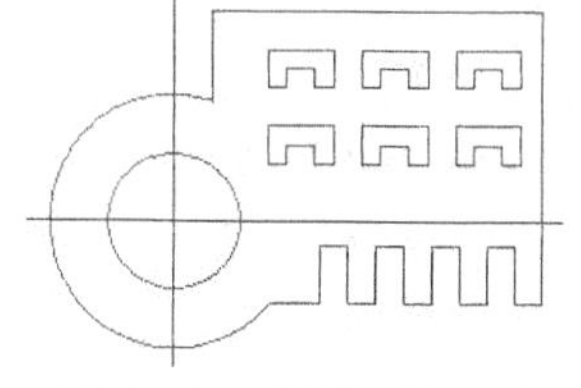

图 4-94 修剪结果（2）

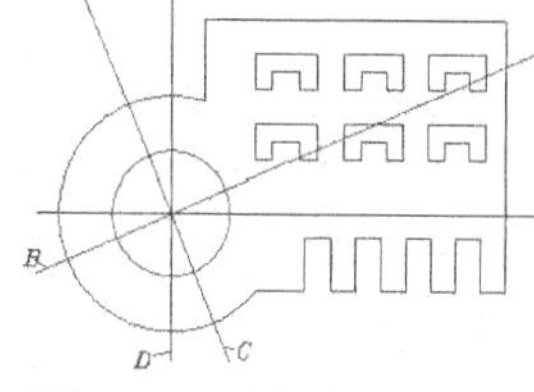

图 4-95 绘制直线 *B*、*C*

11. 以直线 *B*、*C* 为基准线，用 OFFSET 命令绘制平行线 *E*、*F*、*G* 等，结果如图 4-96 所示。修剪及删除多余线条，结果如图 4-97 所示。

12. 创建线框 *H* 的环形阵列，阵列数目为 5、总角度为 170，结果如图 4-98 所示。

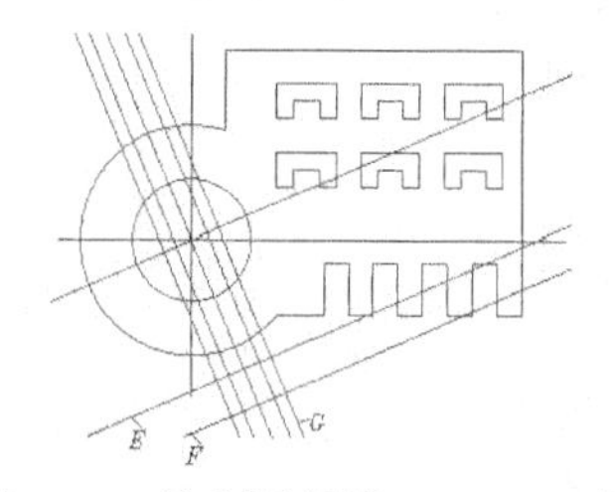

图 4-96 绘制平行线 *E*、*F*、*G* 等

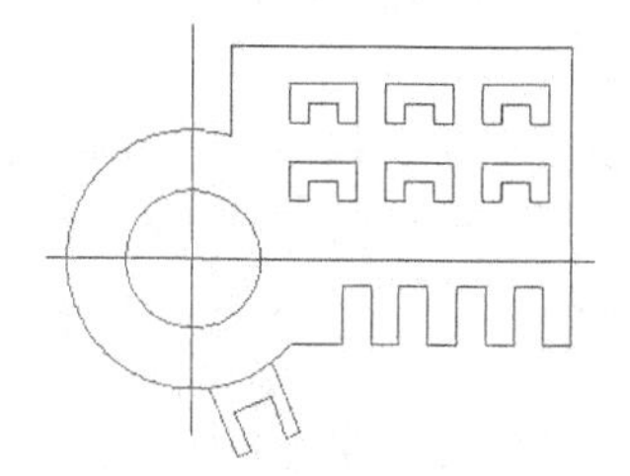

图 4-97 修剪结果（3）

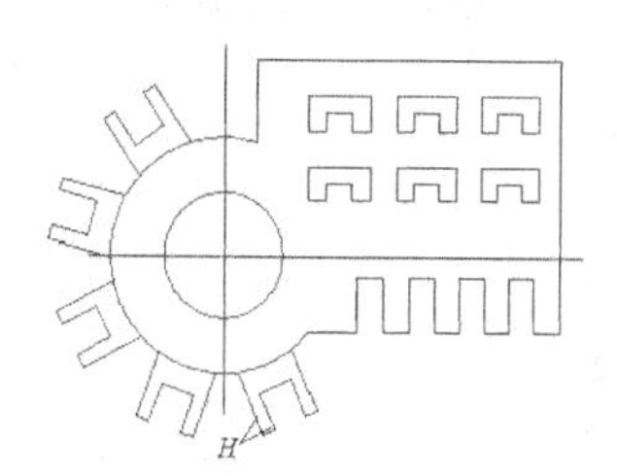

图 4-98 创建环形阵列

【练习 4-36】利用 LINE、CIRCLE、ARRAY 等命令绘制平面图形，如图 4-99 所示。

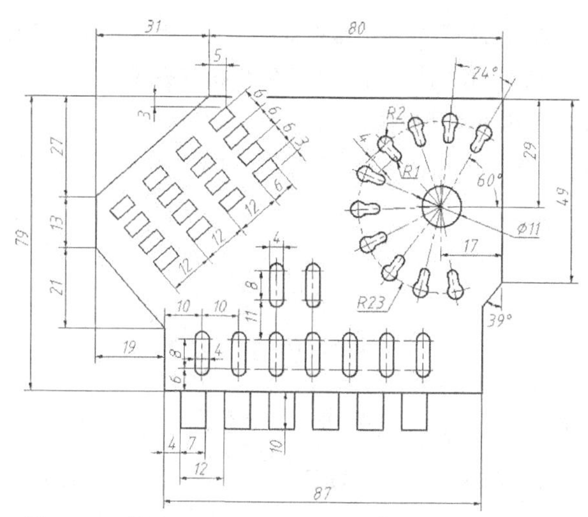

图 4-99 利用 LINE、CIRCLE、ARRAY 等命令绘图

4.12 综合练习三——绘制由正多边形、椭圆等对象构成的图形

【练习 4-37】利用 RECTANG、POLYGON、ELLIPSE 等命令绘图，如图 4-100 所示。

1. 打开极轴追踪、对象捕捉及对象捕捉追踪功能。设置极轴追踪的【增量角度】为【90】，设定对象捕捉方式为【端点】【圆心】【交点】，选择【仅正交追踪】单选项。

2. 设定绘图窗口的高度。绘制一条竖直线段，线段长度为 150。双击鼠标滚轮，使线段充满整个绘图窗口。

3. 用 LINE 命令绘制水平线段 *A* 及竖直线段 *B*，线段 *A* 的长度约为 80，线段 *B* 的长度约为 50，结果如图 4-101 所示。

4. 绘制椭圆 *C*、*D* 及圆 *E*，结果如图 4-102 所示。圆 *E* 的圆心用正交偏移捕捉确定。

5. 用 OFFSET、LINE 及 TRIM 命令绘制线框 *F*，结果如图 4-103 所示。

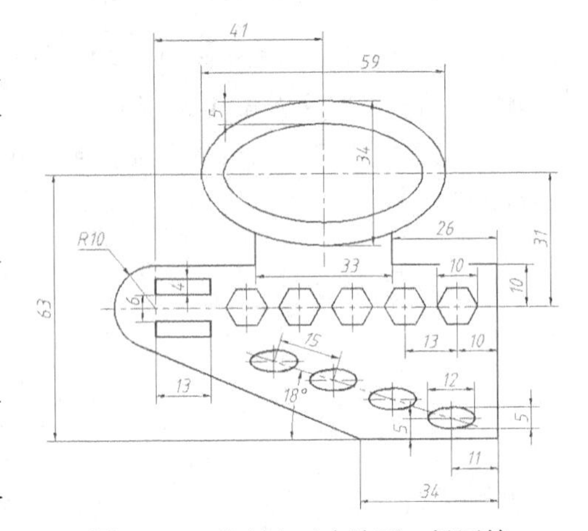

图 4-100 绘制由正多边形、椭圆等对象构成的图形

6. 绘制正六边形及椭圆，其中心的位置可利用正交偏移捕捉确定，结果如图 4-104 所示。

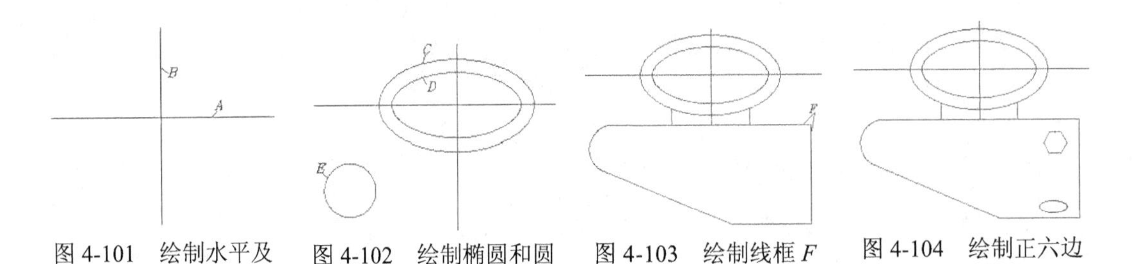

图 4-101 绘制水平及竖直线段　图 4-102 绘制椭圆和圆　图 4-103 绘制线框 *F*　图 4-104 绘制正六边形及椭圆

7. 创建正六边形及椭圆的矩形阵列，结果如图 4-105 所示。椭圆阵列的倾斜角度为 162°。

8. 绘制矩形，其角点 *A* 的位置可利用正交偏移捕捉确定，结果如图 4-106 所示。

9. 镜像矩形，结果如图 4-107 所示。

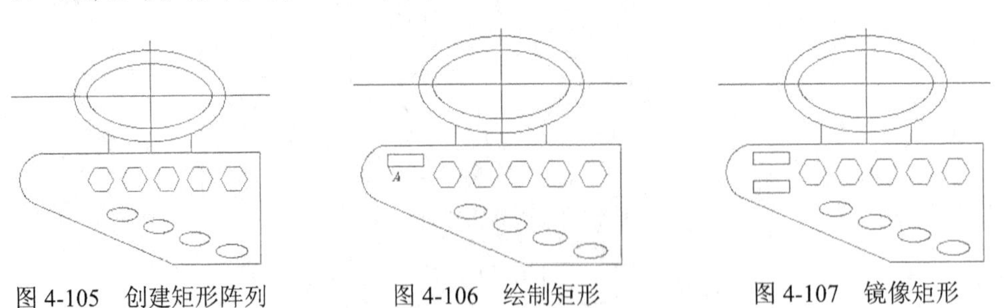

图 4-105 创建矩形阵列　图 4-106 绘制矩形　图 4-107 镜像矩形

【练习 4-38】利用 RECTANG、POLYGON、ELLIPSE 等命令绘图，如图 4-108 所示。

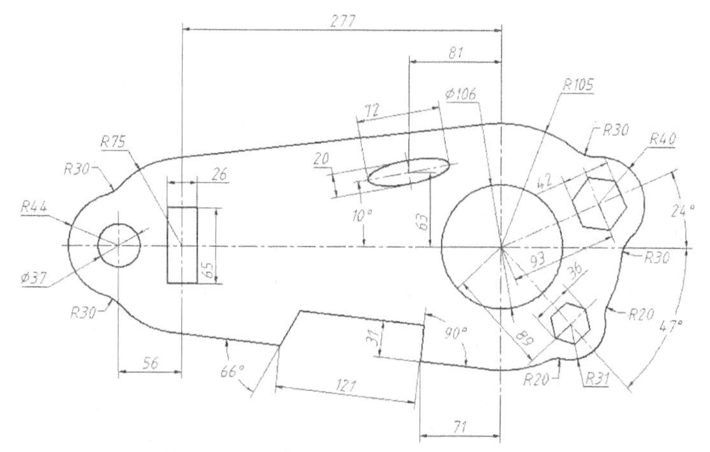

图 4-108 绘制矩形、正多边形及椭圆等

4.13 综合练习四——利用已有图形生成新图形

【练习 4-39】利用 LINE、OFFSET、COPY、ROTATE 及 STRETCH 等命令绘制平面图形，如图 4-109 所示。

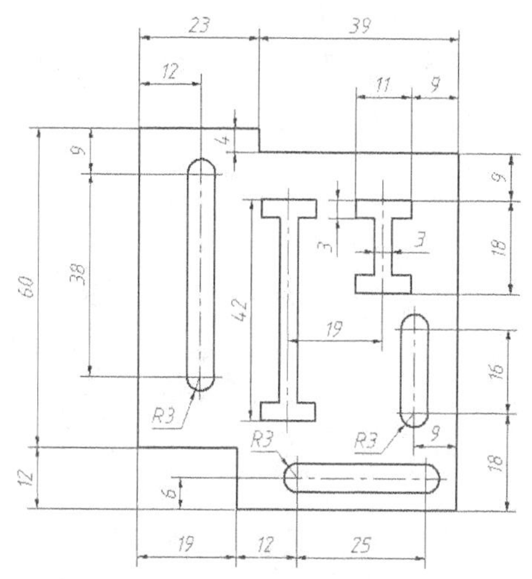

图 4-109 利用已有图形生成新图形

1. 创建以下两个图层。

名称	颜色	线型	线宽
轮廓线层	白色	Continuous	0.5
中心线层	红色	Center	默认

2. 打开极轴追踪、对象捕捉及对象捕捉追踪功能。设置极轴追踪的【增量角度】为【90】，设定对象捕捉方式【端点】【圆心】【交点】，选择【仅正交追踪】单选项。

3. 设定绘图窗口的高度。绘制一条竖直线段，线段长度为 150。双击鼠标滚轮，使线段充满整个绘图窗口。

4. 绘制两条作图基准线 *A*、*B*，线段 *A* 的长度约为 80，线段 *B* 的长度约为 90，结果如图 4-110 所示。

5. 用 OFFSET、TRIM 命令绘制线框 *C*，结果如图 4-111 所示。

6. 用 LINE 及 CIRCLE 命令绘制线框 *D*，结果如图 4-112 所示。

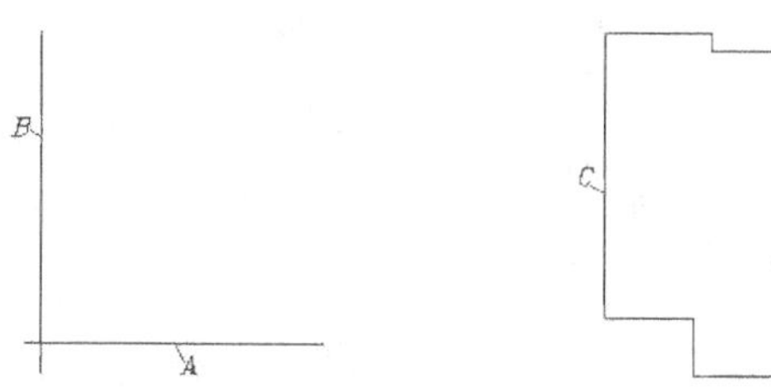

图 4-110 绘制作图基准线 *A*、*B*

图 4-111 绘制线框 *C*

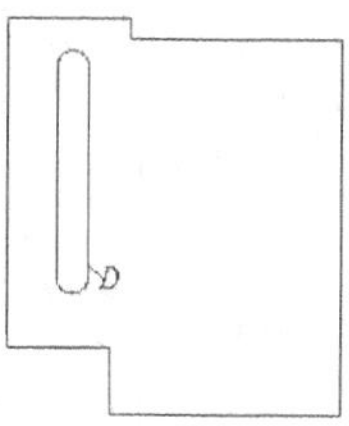

图 4-112 绘制线框 *D*

7. 把线框 *D* 复制到 *E*、*F* 处，结果如图 4-113 所示。

8. 把线框 *E* 绕 *G* 点顺时针旋转 90°，结果如图 4-114 所示。

9. 用 STRETCH 命令拉伸线框 *E*、*F*，结果如图 4-115 所示。

10. 用 LINE 命令绘制线框 *A*，结果如图 4-116 所示。

11. 把线框 *A* 复制到 *B* 处，结果如图 4-117 所示。

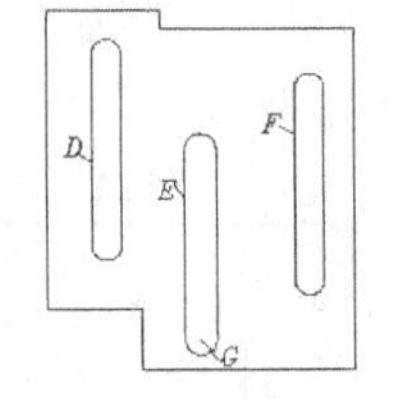

图 4-113 复制对象（1）

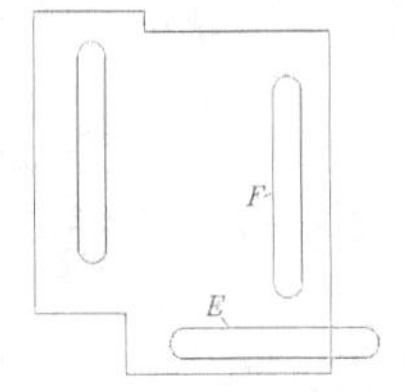

图 4-114 旋转对象

12. 用 STRETCH 命令拉伸线框 *B*，结果如图 4-118 所示。

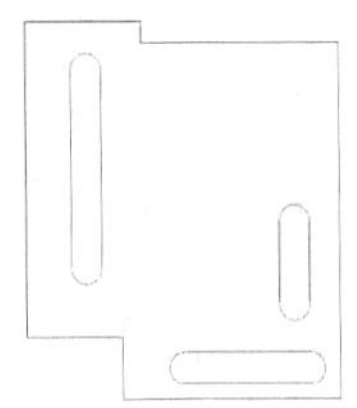
图 4-115 拉伸对象（1）

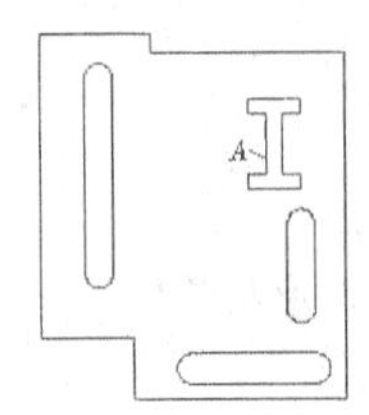

图 4-116 绘制线框 *A*

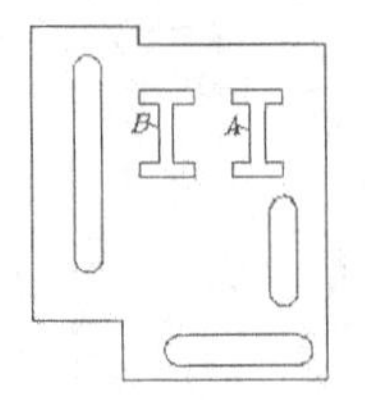

图 4-117 复制对象（2）

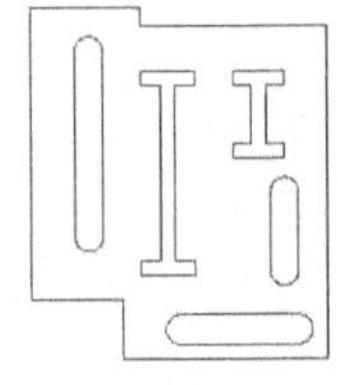
图 4-118 拉伸对象（2）

【练习 4-40】利用 LINE、OFFSET、COPY、ROTATE 及 ALIGN 等命令绘制平面图形，如图 4-119 所示。

【练习 4-41】利用 LINE、CIRCLE、ROTATE、STRETCH 及 ALIGN 等命令绘制平面图形，如图 4-120 所示。

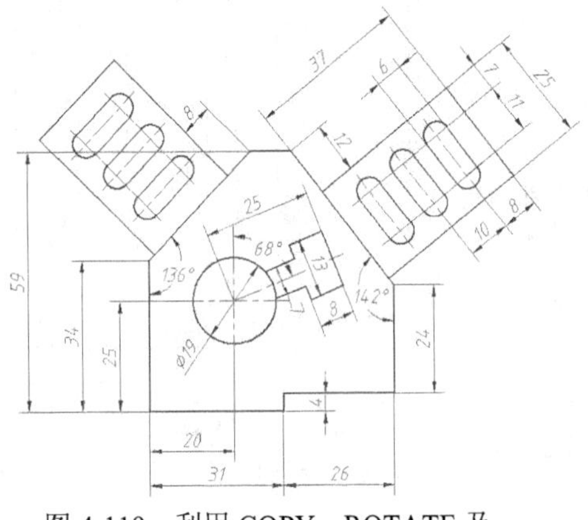

图 4-119 利用 COPY、ROTATE 及 ALIGN 等命令绘图

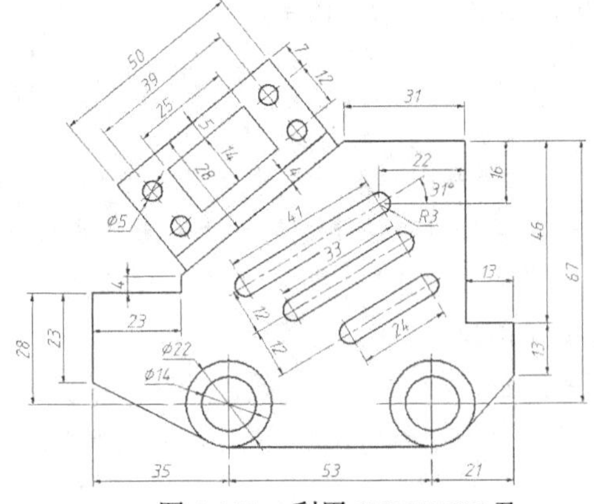

图 4-120 利用 STRETCH 及 ALIGN 等命令绘图

4.14 习题

1. 绘制图 4-121 所示的图形。
2. 绘制图 4-122 所示的图形。
3. 绘制图 4-123 所示的图形。
4. 绘制图 4-124 所示的图形。
5. 绘制图 4-125 所示的图形。
6. 绘制图 4-126 所示的图形。
7. 绘制图 4-127 所示的图形。
8. 绘制图 4-128 所示的图形。

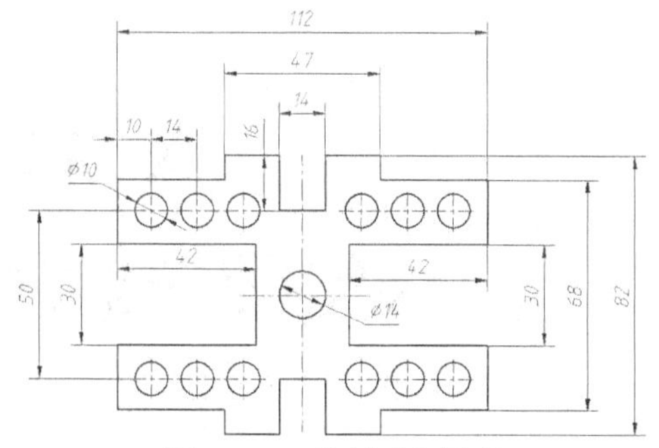

图 4-121 绘制对称图形

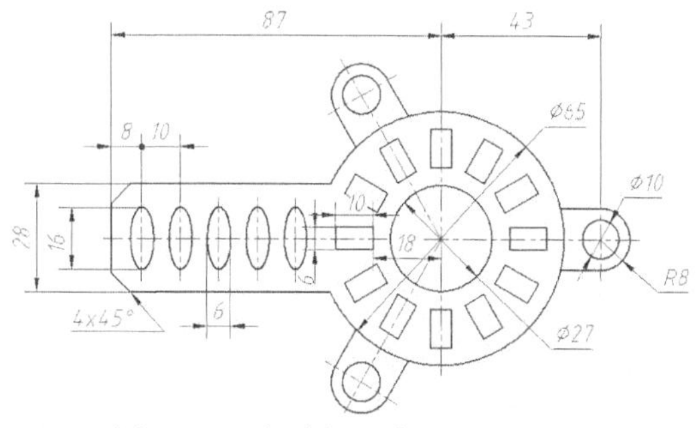

图 4-122 创建矩形阵列及环形阵列

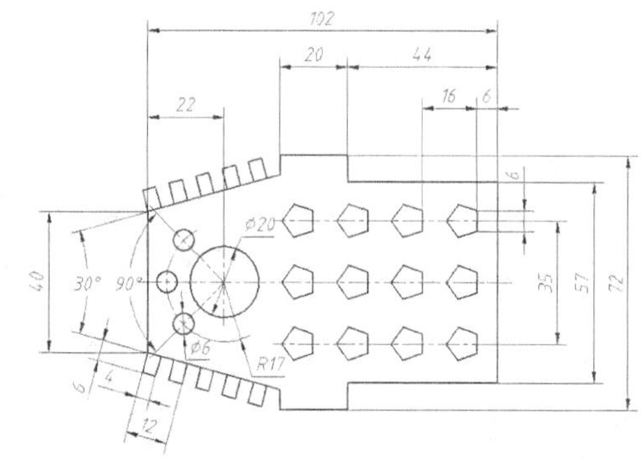

图 4-123 创建多边形并阵列对象

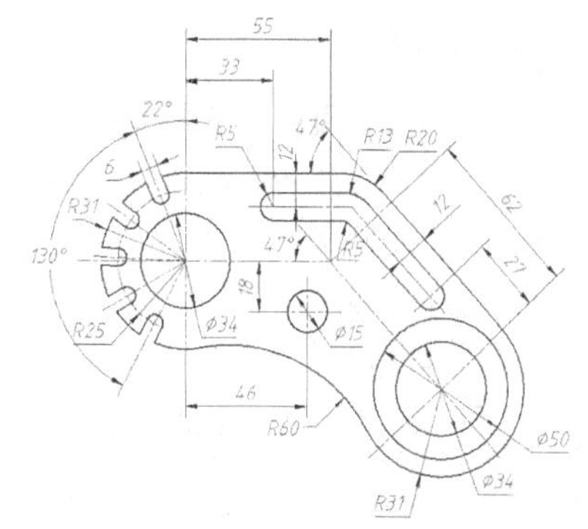

图 4-124 绘制圆、切线并阵列对象

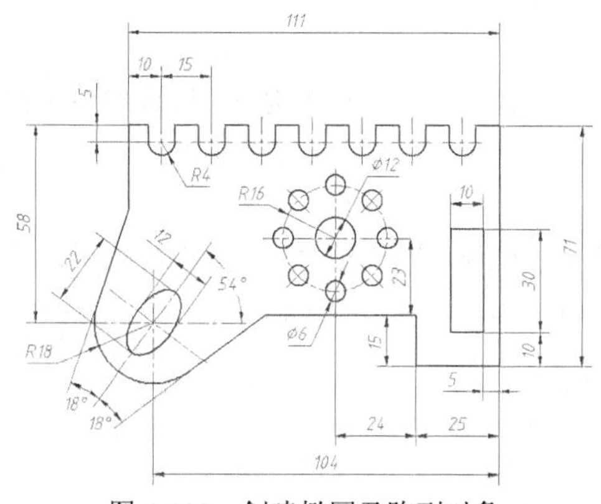

图 4-125 创建椭圆及阵列对象

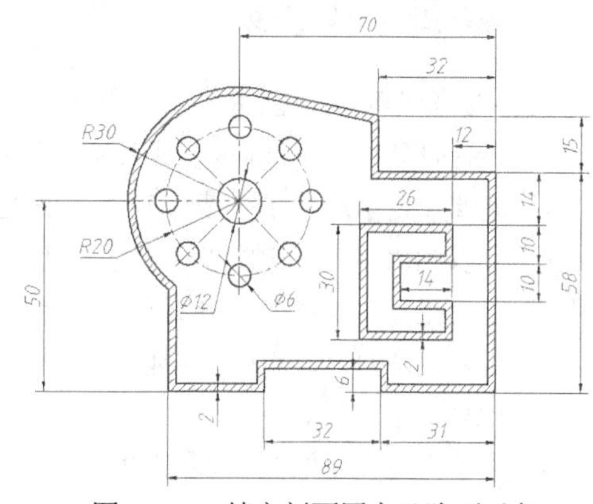

图 4-126 填充剖面图案及阵列对象

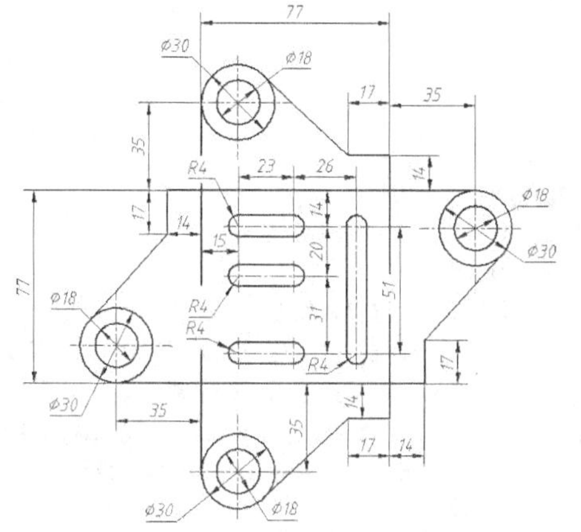

图 4-127 利用 MIRROR、ROTATE 及 STRETCH 等命令绘图

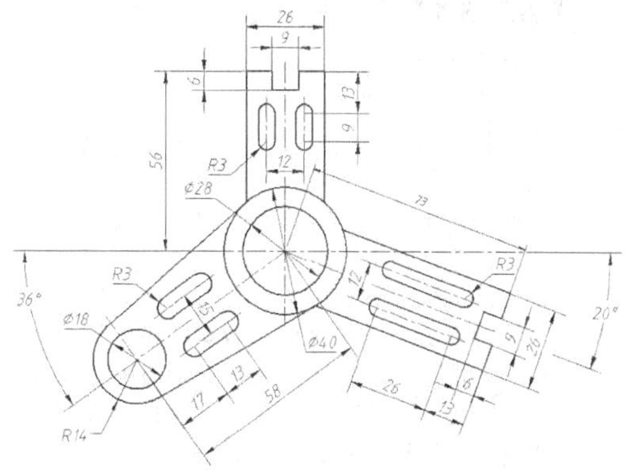

图 4-128 利用 ROTATE 及 STRETCH 等命令绘图

第 5 章 高级绘图与编辑

主要内容

- 创建及编辑多段线、多线。
- 绘制云线及徒手画线。
- 创建测量点和等分点。
- 创建圆环及圆点。
- 分解、合并及清理对象。
- 利用面域对象构建图形。

5.1 绘制多段线

PLINE 命令可用来创建二维多段线。多段线是由几条线段和圆弧构成的连续线条，它是一个单独的图形对象。二维多段线具有以下特点。

- 能够设定多段线中直线及圆弧的宽度。
- 可以利用具有一定宽度的多段线形成实心圆、圆环，或创建宽度逐渐变化的粗线等。
- 能在指定的线段交点处或对整个多段线进行倒圆角或倒角操作。
- 可以使用直线、圆弧构成闭合的多段线。

一、命令启动方法

- 菜单命令：【绘图】/【多段线】。
- 面板：【常用】选项卡中【绘图】面板上的按钮。
- 命令：PLINE 或简写 PL。

【练习 5-1】练习 PLINE 命令。

```
命令：_pline
指定多段线的起点：                                    //单击 A 点
指定下一点或 [圆弧(A)/半宽(H)/长度(L)/撤消(U)/宽度(W)]：100
                                                      //从 A 点向右追踪并输入追踪距离
指定下一点或 [圆弧(A)/闭合(C)/半宽(H)/长度(L)/撤消(U)/宽度(W)]：a
                                                      //选择“圆弧(A)”选项，绘制圆弧
指定圆弧的端点(按住 Ctrl 键以切换方向)或 [角度(A)/圆心(CE)/闭合(CL)/方向(D)/半宽(H)/直线
(L)/半径(R)/第二个点(S)/宽度(W)/撤消(U)]：30    //从 B 点向下追踪并输入追踪距离
指定圆弧的端点(按住 Ctrl 键以切换方向)或 [角度(A)/圆心(CE)/闭合(CL)/方向(D)/半宽(H)/直线
(L)/半径(R)/第二个点(S)/宽度(W)/撤消(U)]：l     //选项“直线(L)”选项切换到绘制直线模式
指定下一点或 [圆弧(A)/闭合(C)/半宽(H)/长度(L)/撤消(U)/宽度(W)]：
                                                      //从 C 点向左追踪，再从 A 点向下追踪，在交点 D 处单击
指定下一点或 [圆弧(A)/闭合(C)/半宽(H)/长度(L)/撤消(U)/宽度(W)]：a
```

```
                                        //选择“圆弧(A)”选项，绘制圆弧
指定圆弧的端点(按住 Ctrl 键以切换方向)或 [角度(A)/圆心(CE)/闭合(CL)/方向(D)/半宽(H)/直线(L)/半径(R)/第二个点(S)/宽度(W)/撤消(U)]: //捕捉端点 A
指定圆弧的端点:                          //按Enter键结束
```

结果如图 5-1 所示。

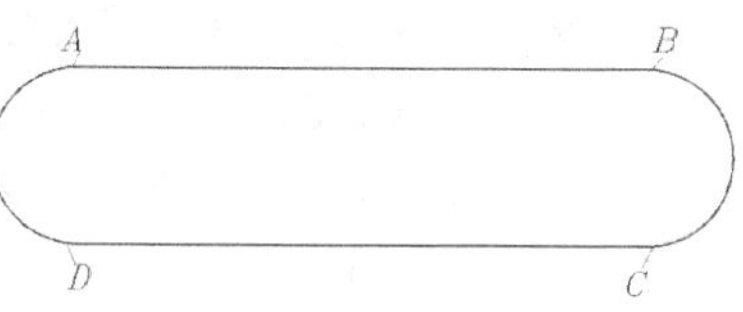

图 5-1 绘制多段线

二、命令选项

- 圆弧(A)：绘制圆弧。
- 闭合(C)：使多段线闭合，它与 LINE 命令的“闭合(C)”选项作用相同。
- 半宽(H)：指定当前多段线的半宽度，即线宽的一半。
- 长度(L)：指定当前多段线的长度，其方向与上一线段相同或沿上一段圆弧的切线方向。
- 撤消(U)：删除多段线中最后一次绘制的线段或圆弧。
- 宽度(W)：设置多段线的宽度，此时系统将提示“指定起始宽度”和“指定终止宽度”，用户可输入不同的起始宽度和终止宽度以绘制一条宽度逐渐变化的多段线。

5.2 编辑多段线

编辑多段线的命令是 PEDIT，该命令主要有以下功能。

- 将直线与圆弧构成的连续线修改为多段线。
- 移动、增加或打断多段线的顶点。
- 为整个多段线设定统一的宽度或分别控制各段的宽度。
- 用样条曲线或双圆弧曲线拟合多段线。
- 将开式多段线闭合或将闭合多段线变为开式多段线。

此外，利用关键点编辑方式也能修改多段线，还可以移动、删除及添加多段线的顶点，或者使其中的线段与圆弧互换。选中多段线，将十字光标悬停在关键点处，弹出的菜单单包含编辑多段线顶点的命令。

一、命令启动方法

- 菜单命令：【修改】/【对象】/【多段线】。
- 面板：【常用】选项卡中【修改】面板上的按钮。
- 命令：PEDIT 或简写 PE。

在绘制图 5-2 所示的图形时，可利用多段线构图。用户首先用 LINE、CIRCLE 等命令绘制外轮廓线框，然后用 PEDIT 命令将此线框编辑成一条多段线，最后用 OFFSET 命令偏移多段线来形成内轮廓线框。图中的长槽或箭头可使用 PLINE 命令绘制。

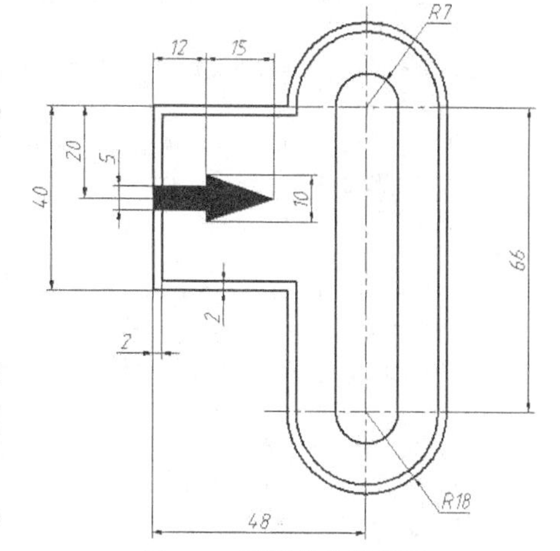

图 5-2 利用多段线构图

【练习 5-2】用 LINE、PLINE、PEDIT 等命令绘制图 5-2 所示的图形。

1. 创建两个图层。

名称	颜色	线型	线宽
轮廓线层	白色	Continuous	0.5
中心线层	红色	Center	默认

2. 设定线型的【全局比例因子】为“0.2”，设定绘图区域的大小为 100 × 100，并使该区域充满整个绘图窗口。

3. 打开极轴追踪、对象捕捉及对象捕捉追踪功能。设置极轴追踪的增量角度为【90】，设置对象捕捉方式为【端点】【交点】。

4. 用 LINE、CIRCLE、TRIM 等命令绘制定位中心线及闭合线框 *A*，结果如图 5-3 所示。

5. 用 PEDIT 命令将线框 *A* 编辑成一条多段线。

```
命令: _pedit                                          //执行编辑多段线命令
选择要编辑的多段线或 [多个(M)]:                        //选择线框 A 中的一条线段
选择的对象不是多段线. 将它转化吗? <Y>                  //按 Enter 键
输入选项 [编辑顶点(E)/闭合(C)/非曲线化(D)/拟合(F)/连接(J)/线型模式(L)/反向(R)/样条曲线
(S)/锥形(T)/宽度(W)/撤消(U)] <退出(X)>: j              //选择“连接(J)”选项
选择对象:总计 11 个                                    //选择线框 A 中的其余线条
选择对象:                                              //按 Enter 键
输入选项 [编辑顶点(E)/闭合(C)/非曲线化(D)/拟合(F)/连接(J)/线型模式(L)/反向(R)/样条曲线
(S)/锥形(T)/宽度(W)/撤消(U)] <退出(X)>:                 //按 Enter 键结束
```

6. 用 OFFSET 命令向内偏移线框 *A*，偏移距离为 2，结果如图 5-4 所示。

7. 用 PLINE 命令绘制长槽及箭头，结果如图 5-5 所示。

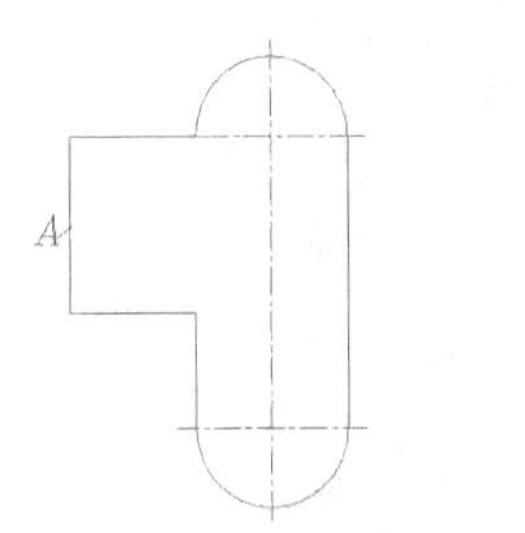

图 5-3 绘制定位中心线及闭合线框 *A*

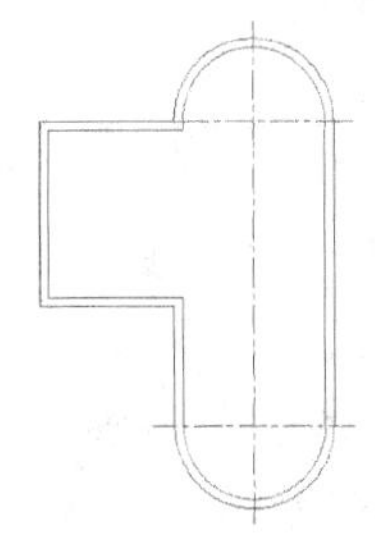
图 5-4 偏移线框

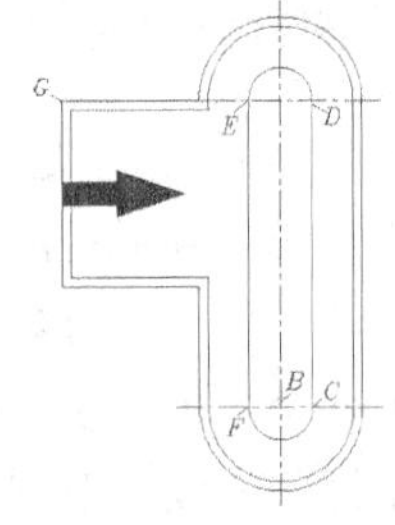

图 5-5 绘制长槽及箭头

```
命令: _pline                                          //执行绘制多段线命令
指定多段线的起点或 <最后点>:7                          //从 B 点向右追踪并输入追踪距离
指定下一个点或 [圆弧(A)/撤消(U)/宽度(W)]:              //从 C 点向上追踪并捕捉交点 D
指定下一点或 [圆弧(A)/ 撤消(U)/宽度(W)]: a             //选择“圆弧(A)”选项
指定圆弧的端点: 14                                     //从 D 点向左追踪并输入追踪距离
指定圆弧的端点或[直线(L)/宽度(W)/撤消(U)]: l           //选择“直线(L)”选项
指定下一点:                                            //从 E 点向下追踪并捕捉交点 F
指定下一点或 [圆弧(A)/撤消(U)/宽度(W)]: a              //选择“圆弧(A)”选项
指定圆弧的端点:                                        //从 F 点向右追踪并捕捉端点 C
指定圆弧的端点:                                        //按 Enter 键结束
命令: _PLINE                                          //重复命令
指定多段线的起点或 <最后点>: 20                        //从 G 点向下追踪并输入追踪距离
指定下一个点或 [圆弧(A)/撤消(U)/宽度(W)]: w            //选择“宽度(W)”选项
指定起始宽度 <0.0000>: 5                               //输入多段线起始宽度
指定终止宽度 <5.0000>:                                 //按 Enter 键
指定下一个点: 12                                       //向右追踪并输入追踪距离
指定下一点或 [圆弧(A)/撤消(U)/宽度(W)]: w              //选择“宽度(W)”选项
指定起始宽度 <5.0000>: 10                              //输入多段线起始宽度
指定终止宽度 <10.0000>: 0                              //输入多段线终止宽度
指定下一点: 15                                         //向右追踪并输入追踪距离
指定下一点:                                            //按 Enter 键结束
```

二、命令选项

- 编辑顶点(E)：增加、移动或删除多段线的顶点。

- 闭合(C)：使多段线闭合。若被编辑的多段线是闭合的，则此选项变为“打开(O)”，其功能与“闭合(C)”恰好相反。
- 非曲线化(D)：取消“拟合(F)”或“样条曲线(S)”的拟合效果。
- 拟合(F)：采用双圆弧曲线拟合图 5-6 上图所示的多段线，结果如图 5-6 中图所示。
- 连接(J)：将直线、圆弧或多段线与所编辑的多段线连接，形成一条新的多段线。
- 线型模式(L)：该选项对非连续线型起作用。当线型模式为“开”时，系统将多段线作为整体应用线型，否则对多段线的每一段分别应用线型。
- 反向(R)：反转多段线顶点的顺序。可反转使用包含文字线型的对象的方向。例如，根据多段线的创建方向，线型中的文字可能会倒置显示。
- 样条曲线(S)：用样条曲线拟合图 5-6 上图所示的多段线，结果如图 5-6 下图所示。
- 锥形(T)：指定多段线的起始宽度和终止宽度，使其变为宽度逐渐变化的多段线。
- 宽度(W)：修改整条多段线的宽度。
- 撤消(U)：取消上一次的编辑操作，可连续选择该选项。

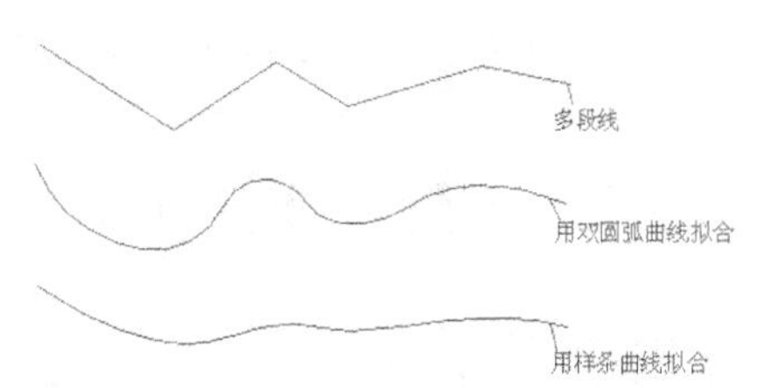

图 5-6 用光滑曲线拟合多段线

5.3 多线

在中望 CAD 中，用户可以创建多线，如图 5-7 所示。多线是由多条平行直线组成的对象，线间的距离、线的数量、线条颜色及线型等都可以调整。多线功能常用于绘制墙体、公路或管道等。

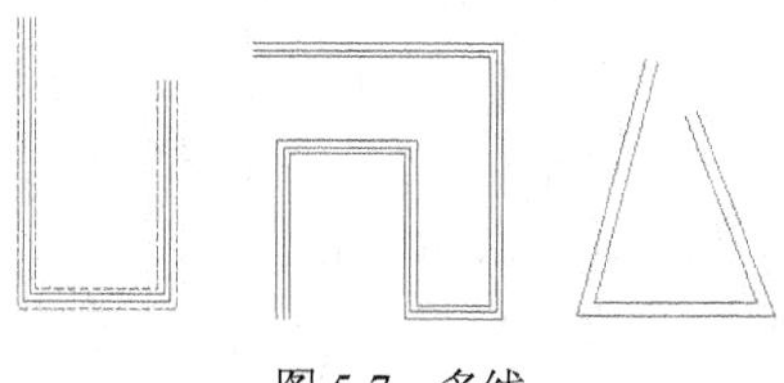

图 5-7 多线

5.3.1 创建多线

MLINE 命令用于创建多线。绘制时，用户可通过选择多线样式来控制多线外观。多线样式中规定了各平行线的特性，如线型、线间距离和颜色等。

一、命令启动方法

- 菜单命令：【绘图】/【多线】。
- 命令：MLINE 或简写 ML。

【练习 5-3】练习 MLINE 命令。

```
命令: _mline
指定起点或 [对正(J)/比例(S)/样式(ST)]://拾取 A 点
指定下一点:                       //拾取 B 点
指定下一点或 [撤消(U)]:           //拾取 C 点
指定下一点或 [闭合(C)/ 撤消(U)]:   //拾取 D 点
指定下一点或 [闭合(C)/ 撤消(U)]:   //拾取 E 点
指定下一点或 [闭合(C)/ 撤消(U)]:   //拾取 F 点
指定下一点或 [闭合(C)/ 撤消(U)]:   //按 Enter 键结束
```

结果如图 5-8 所示。

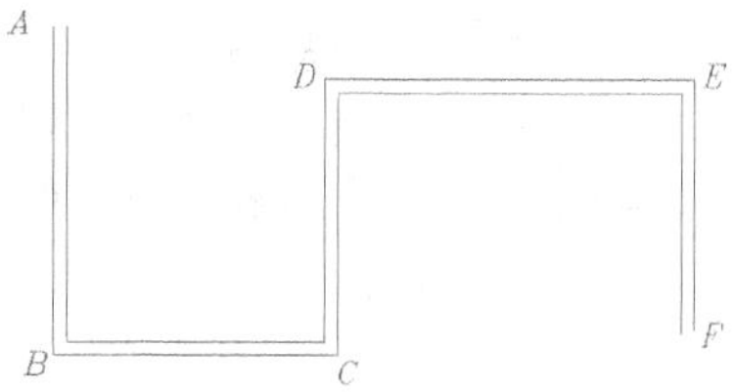

图 5-8 创建多线

二、命令选项

- 对正(J)：设定多线对正方式，即多线中哪条线段的端点与十字光标重合并随十字光标移动。该选项包含以下 3 个对正方式。

  上(T)：若从左往右绘制多线，则对正点将在顶端线段的端点处。

  无(Z)：对正点位于多线中偏移量为“0”的位置。多线中线条的偏移量可在多线样式中设定。

  下(B)：若从左往右绘制多线，则对正点将在底端线段的端点处。
- 比例(S)：指定多线宽度相对于定义宽度（在多线样式中定义）的比例，该比例不影响线型比例。
- 样式(ST)：设定多线样式，默认样式是“Standard”。

5.3.2 创建多线样式

多线的外观由多线样式决定。在多线样式中，用户不仅可以设定多线中线条的数量、每条线的颜色、线型和线间距离，还可以指定多线两个端头的形式，如弧形端头、平直端头等。

命令启动方法

- 菜单命令：【格式】/【多线样式】。
- 命令：MLSTYLE。

【练习 5-4】创建多线样式及多线。

1. 打开素材文件“dwg\第 5 章\5-4.dwg”。

2. 执行 MLSTYLE 命令，弹出【多线样式】对话框，如图 5-9 所示。

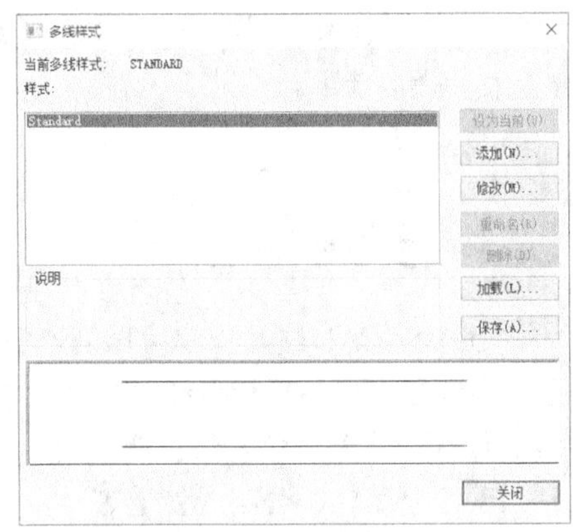

图 5-9 【多线样式】对话框

3. 单击 添加(N)... 按钮，弹出【创建新多线样式】对话框，如图 5-10 所示。在【新样式名称】文本框中输入新多线样式的名称“样式-240”，在【继承于】下拉列表中选择样板样式，默认的样板样式是【Standard】。

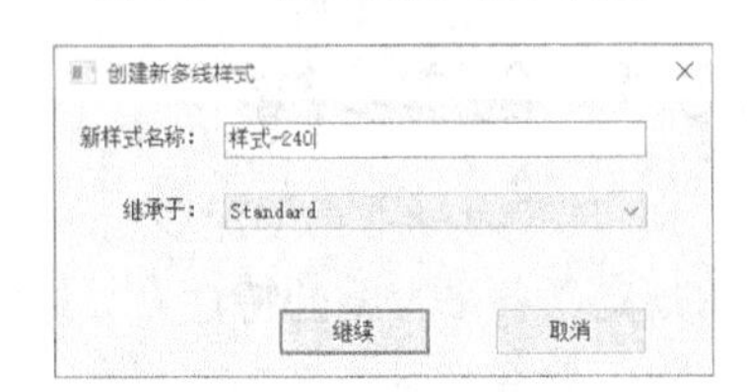

图 5-10 【创建新多线样式】对话框

4. 单击 继续 按钮，弹出【新建多线样式】对话框，如图 5-11 所示。在该对话框中完成以下设置。

- 在【说明】文本框中输入关于多线样式的说明文字。
- 在【元素】列表框中选中“0.5”，然后在【偏移】文本框中输入数值“120”。
- 在【元素】列表框中选中“-0.5”，然后在【偏移】文本框中输入数值“-120”。

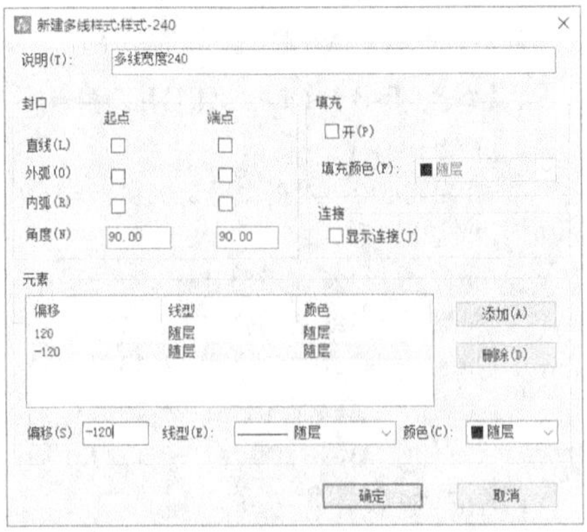

图 5-11 【新建多线样式】对话框

5. 单击 确定 按钮，返回【多线样式】对话框，然后单击 设为当前(U) 按钮，使新样式成为当前样式。

6. 前面创建了多线样式，下面用 MLINE 命令创建多线。

```
命令: _mline
指定起点或 [对正(J)/比例(S)/样式(ST)]: s
                                  //选择“比例(S)”选项
```

```
输入多线比例 <20.00>:  1                                    //输入缩放比例值
指定起点或 [对正(J)/比例(S)/样式(ST)]:  j                   //选择“对正(J)”选项
输入对正类型 [上(T)/无(Z)/下(B)] <无>:  z                   //设定对正方式为“无”
指定起点或 [对正(J)/比例(S)/样式(ST)]:                      //捕捉 A 点
指定下一点:                                                //捕捉 B 点
指定下一点或 [撤消(U)]:                                    //捕捉 C 点
指定下一点或 [闭合(C)/ 撤消(U)]:                           //捕捉 D 点
指定下一点或 [闭合(C)/ 撤消(U)]:                           //捕捉 E 点
指定下一点或 [闭合(C)/ 撤消(U)]:                           //捕捉 F 点
指定下一点或 [闭合(C)/ 撤消(U)]:  c                        //使多线闭合
命令:
_MLINE                                                     //重复命令
指定起点或 [对正(J)/比例(S)/样式(ST)]:                      //捕捉 G 点
指定下一点:                                                //捕捉 H 点
指定下一点或 [撤消(U)]:                                    //按 Enter 键结束
命令:
_MLINE                                                     //重复命令
指定起点或 [对正(J)/比例(S)/样式(ST)]:                      //捕捉 I 点
指定下一点:                                                //捕捉 J 点
指定下一点或 [撤消(U)]:                                    //按 Enter 键结束
```

结果如图 5-12 右图所示。

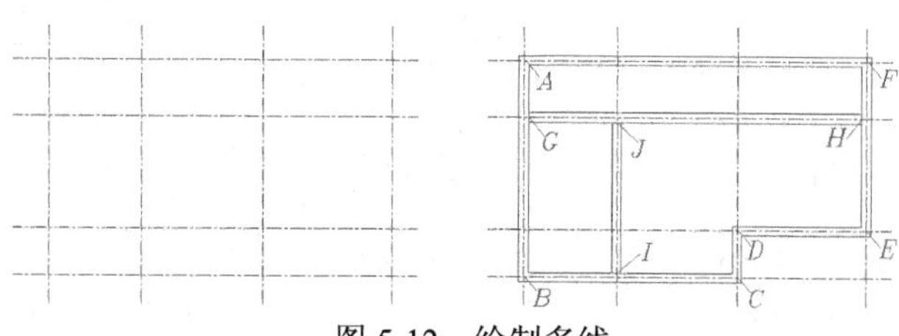

图 5-12 绘制多线

【新建多线样式】对话框中的各选项介绍如下。

- 添加(A) 按钮：单击此按钮，可在多线中添加一条新线，该线的偏移量可在【偏移】文本框中设置。
- 删除(D) 按钮：删除在【元素】列表框中选中的线元素。
- 【颜色】：修改在【元素】列表框中选中的线元素的颜色。
- 【线型】：指定在【元素】列表框中选中的线元素的线型。
- 【显示连接】：勾选该复选框，则多线拐角处将显示连接线，如图 5-13 左图所示。
- 【直线】：在多线的两端用直线封口，如图 5-13 右图所示。
- 【外弧】：在多线的两端用外圆弧封口，如图 5-13 右图所示。
- 【内弧】：在多线的两端用内圆弧封口，如图 5-13 右图所示。
- 【角度】：设置多线某一端的端口连线与多线的夹角，如图 5-13 右图所示。
- 【填充颜色】：设置多线的填充颜色。

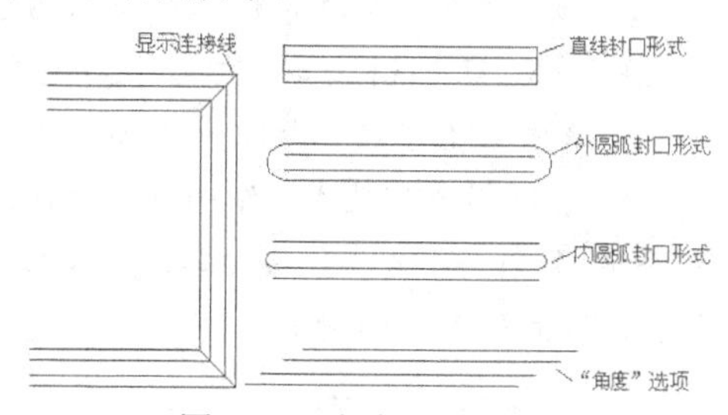

图 5-13 多线的各种特性

5.3.3 编辑多线

MLEDIT 命令用于编辑多线，其主要功能如下。

- 改变两条多线的相交形式。例如，使它们相交成“十”字形或“T”字形。

- 在多线中添加控制顶点或删除顶点。
- 将多线中的线条切断或接合。

命令启动方法

- 菜单命令：【修改】/【对象】/【多线】。
- 命令：MLEDIT。

【练习 5-5】练习 MLEDIT 命令。

1. 打开素材文件“dwg\第 5 章\5-5.dwg”，如图 5-14 左图所示。

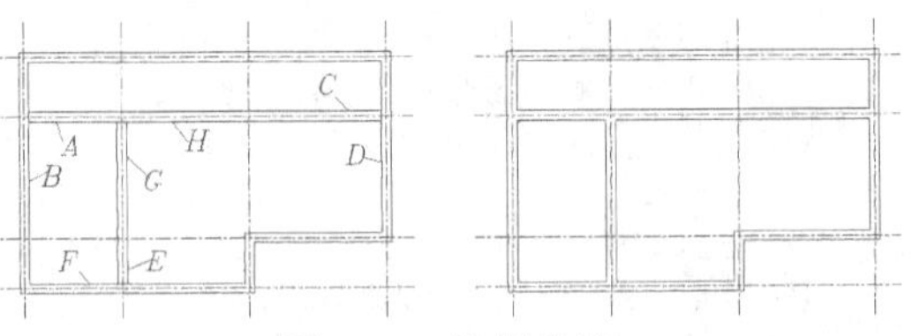

图 5-14 编辑多线

2. 执行 MLEDIT 命令，打开【多线编辑工具】对话框，如图 5-15 所示。该对话框中的小图标形象地说明了各工具的功能。

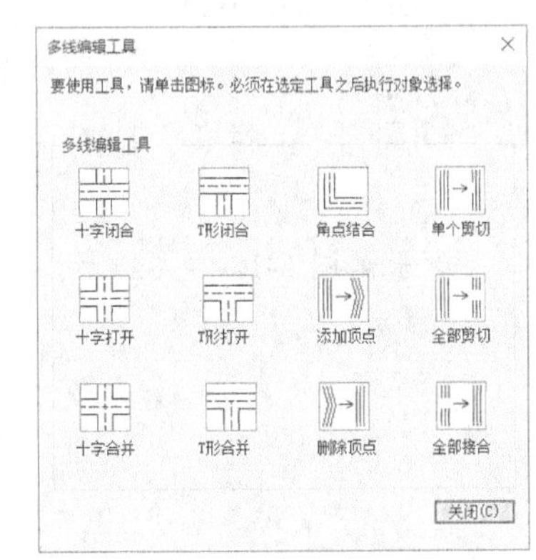

图 5-15 【多线编辑工具】对话框

3. 选择【T 形合并】选项，系统提示如下。

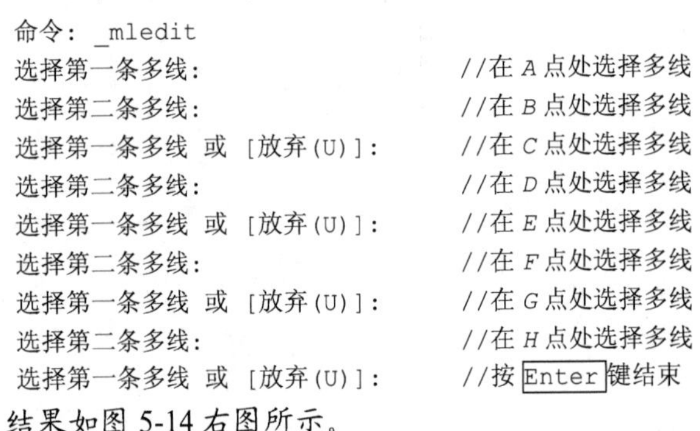

```
命令: _mledit
选择第一条多线:                          //在 A 点处选择多线
选择第二条多线:                          //在 B 点处选择多线
选择第一条多线 或 [放弃(U)]:             //在 C 点处选择多线
选择第二条多线:                          //在 D 点处选择多线
选择第一条多线 或 [放弃(U)]:             //在 E 点处选择多线
选择第二条多线:                          //在 F 点处选择多线
选择第一条多线 或 [放弃(U)]:             //在 G 点处选择多线
选择第二条多线:                          //在 H 点处选择多线
选择第一条多线 或 [放弃(U)]:             //按 Enter 键结束
```

结果如图 5-14 右图所示。

5.3.4 用多段线及多线命令绘图

【练习 5-6】利用 MLINE、PLINE 等命令绘制平面图形，如图 5-16 所示。

1. 打开极轴追踪、对象捕捉及对象捕捉追踪功能。设置极轴追踪的【增量角度】为【90】，设定对象捕捉方式为【端点】【交点】，选择【仅正交追踪】单选项。
2. 设定绘图窗口的高度。绘制一条竖直线段，线段长度为 700。双击鼠标滚轮，使线段充满整个绘图窗口。
3. 绘制闭合多线，结果如图 5-17 所示。
4. 绘制闭合多段线，结果如图 5-18 所示。用 OFFSET 命令将闭合多段线向其内部偏移，偏移距离为 25，结果如图 5-19 所示。

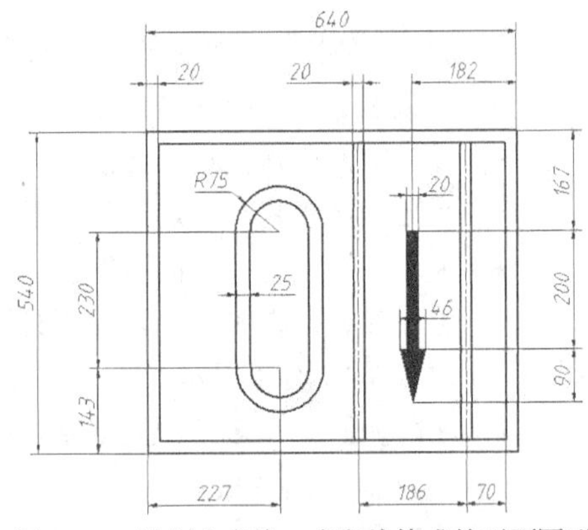

图 5-16 绘制由多线、多段线构成的平面图形

图 5-17 绘制闭合多线

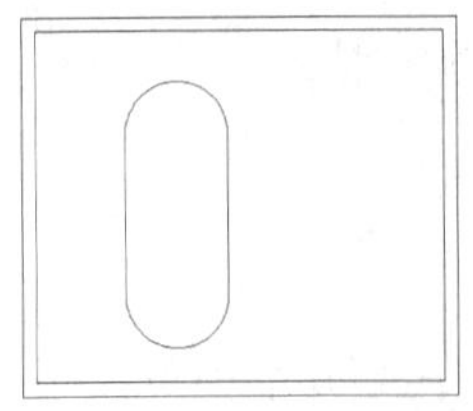

图 5-18 绘制闭合多段线

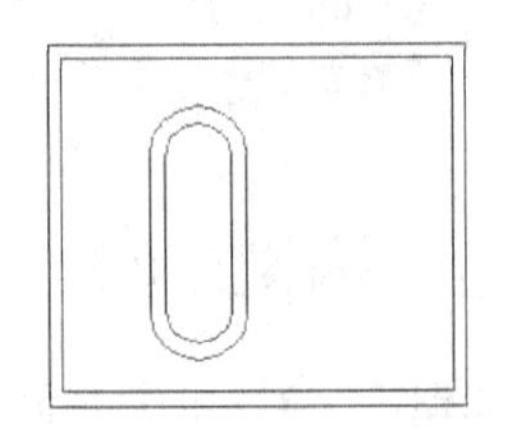

图 5-19 偏移闭合多段线

5. 用 PLINE 命令绘制箭头 *BD*，结果如图 5-20 所示。
6. 设置多线样式，与该样式关联的多线包含的几何元素如图 5-21 所示。
7. 返回绘图窗口，绘制多线 *FG*、*HI*，结果如图 5-22 所示。

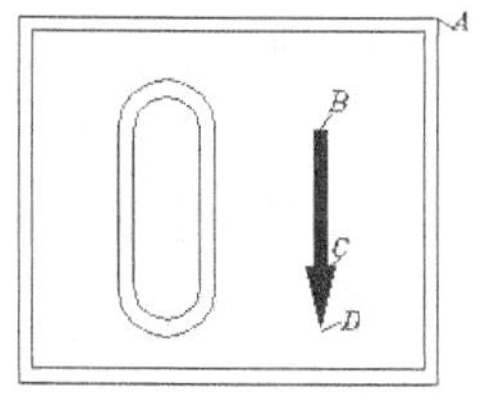

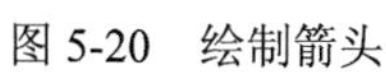
图 5-20 绘制箭头

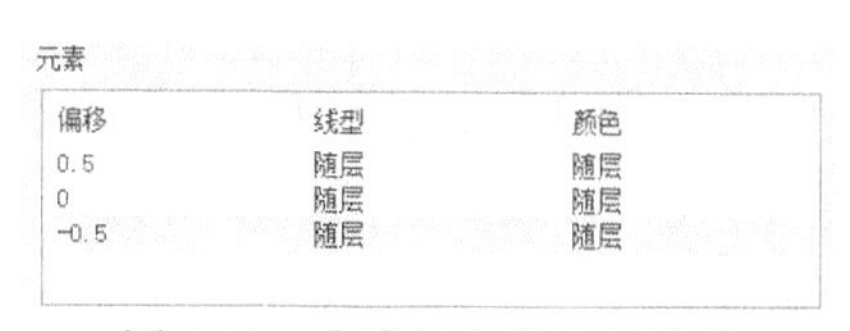

图 5-21 多线包含的几何元素

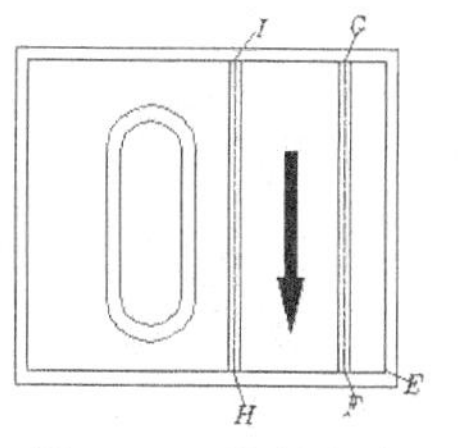

图 5-22 绘制多线

【练习 5-7】 利用 LINE、PLINE、PEDIT 等命令绘制平面图形，如图 5-23 所示。绘制图形外轮廓后，将其编辑成多段线，然后偏移多段线。

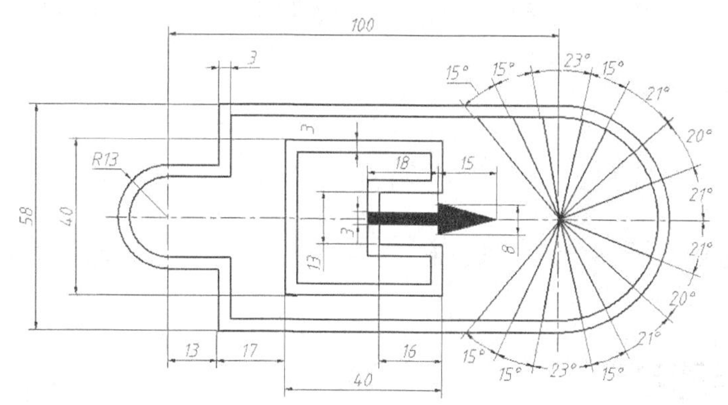

图 5-23 用 LINE、PEDIT 等命令绘图

5.4 绘制云线

REVCLOUD 命令用于绘制云线，该线是由连续圆弧组成的多段线，云线中弧长的最大值及最小值可以设定。云线包括徒手绘制的云线、矩形云线及多边形云线等。在圈画图形时，用户可以使用云线进行标记。

一、命令启动方法

- 菜单命令：【绘图】/【修订云线】。
- 面板：【常用】选项卡中【绘图】面板上的按钮。
- 命令：REVCLOUD。

【练习 5-8】 练习 REVCLOUD 命令。

```
命令: _revcloud
指定起点或 [弧长(A)/对象(O)/矩形(R)/多边形(P)/自由绘制(F)/样式(S)] <对象>:a
                                      //设定云线中弧长的最大值及最小值
指定最小弧长 <19.5>:10                 //输入弧长最小值
指定最大弧长 <10>:20                   //输入弧长最大值
指定起点或 [弧长(A)/对象(O)/矩形(R)/多边形(P)/自由绘制(F)/样式(S)] <对象>:
沿云线路径引导十字光标...              //单击，移动十字光标绘制云线
修订云线完成                           //当十字光标移动到起点时，系统会自动形成闭合云线
```

重复执行 REVCLOUD 命令。选择“矩形(R)”选项，再指定两个对角点，绘制矩形云线；

选择“多边形(P)”选项，指定多个点，绘制多边形云线。结果如图 5-24 所示。

图 5-24 绘制云线

二、命令选项

- 弧长(A)：设定云线中弧线长度的最大值及最小值，注意最大弧长不能大于最小弧长的 3 倍。
- 对象(O)：将闭合对象（如矩形、圆和闭合多段线等）转化为云线，还能调整云线中弧线的方向，如图 5-25 所示。
- 矩形(R)：创建矩形云线。
- 多边形(P)：创建多边形云线。
- 自由绘制(F)：徒手绘制云线。
- 样式(S)：指定云线样式为“普通”或“手绘”。“普通”云线的外观如图 5-26 左图所示。而“手绘”云线看起来像是用画笔绘制的，如图 5-26 右图所示。

图 5-25 将闭合对象转化为云线

图 5-26 云线外观

5.5 徒手画线

SKETCH 可以作为徒手画线的命令，绘制效果如图 5-27 所示。执行此命令后，移动十字光标就能绘制出曲线，十字光标移动到哪里，线条就画到哪里。徒手绘制的曲线是由许多小线段组成的，用户可以设置线段的分段长度。当从一条线的端点移动一段距离，而这段距离又超过了设定的分段长度值时，系统就会产生新的线段。因此，如果设定的分段长度较小，那么所绘曲线中就会包含大量的微小线段，从而增加图样的大小，若设定的分段长度较大，则绘制的曲线看起来就像连续折线。

SKPOLY 系统变量控制徒手绘制的曲线是否为一个单一对象，当 SKPOLY 为“1”时，用 SKETCH 命令绘制的曲线是一条单独的多段线。

【练习 5-9】练习 SKETCH 命令。

```
命令: _sketch
指定分段长度 <4.6046>:                          //设定线的分段长度
按回车结束/落笔(P)p                             //输入“p”落下画笔，移动十字光标绘制曲线 A
按回车结束/停止(Q)/抬笔(P)/擦除(E)/写入图中(W)/: p
                                                //输入“p”抬起画笔，停止绘制
按回车结束/停止(Q)/落笔(P)/擦除(E)/写入图中(W)/连接(C)/直接到光标(S)/: p
                                                //将十字光标移动到新位置，“落笔”绘制曲线 B
按回车结束/停止(Q)/抬笔(P)/擦除(E)/写入图中(W)/: p
                                                //“抬笔”停止绘制
按回车结束/停止(Q)/落笔(P)/擦除(E)/写入图中(W)/连接(C)/直接到光标(S)/:
                                                //按 Enter 键结束
```

结果如图 5-28 所示。

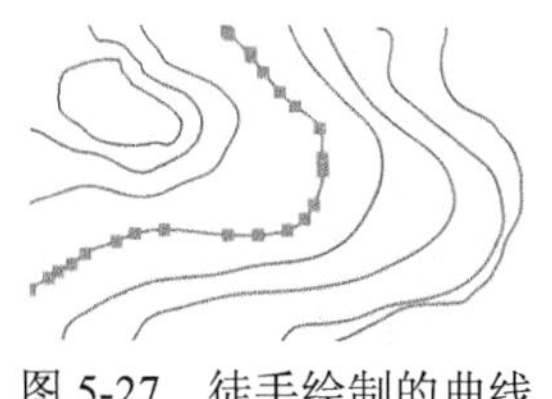

图 5-27 徒手绘制的曲线

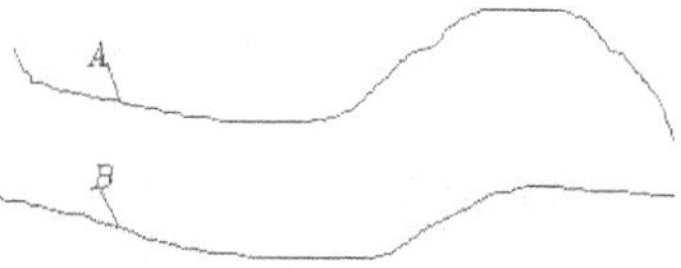

图 5-28 徒手画线

要点提示 在绘图窗口中单击，也可改变 SKETCH 命令的抬笔或落笔状态。

命令选项

- 停止(Q)：退出 SKETCH 命令，但不保存图形中已绘制的草图曲线。
- 落笔(P)/抬笔(P)：输入“p”，但不要按 Enter 键，可控制抬笔或落笔状态。
- 擦除(E)：移动十字光标，删除未保存的草图曲线。
- 写入图中(W)：不退出 SKETCH 命令，存储图形中已绘制的草图曲线。
- 连接(C)：继续从上一条徒手绘制的曲线末端开始绘图。
- 直接到光标(S)：将上一条徒手绘制的曲线末端直接连接到十字光标所在位置。

5.6 点对象

在中望 CAD 中可创建单独的点对象，点的外观由点样式控制。一般在创建点之前要先设置点样式，但也可先绘制点，再设置点样式。

5.6.1 设置点样式

可用 POINT 命令创建单独的点对象，这些点可用“NOD”进行捕捉。

选择菜单命令【格式】/【点样式】，打开【点样式】对话框，如图 5-29 所示。该对话框提供了多种样式的点，用户可根据需要进行选择，此外，还能通过【点大小】文本框指定点的大小。点的大小既可相对于屏幕大小来设置，也可直接输入点的绝对尺寸。

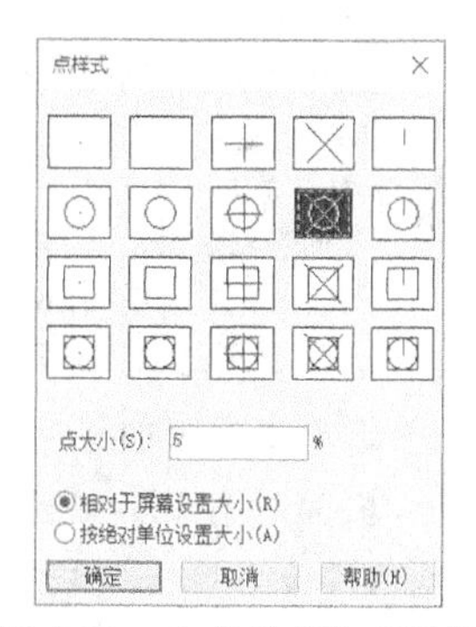

图 5-29 【点样式】对话框

5.6.2 创建点

POINT 命令可创建点对象，此类对象可以作为绘图的参考点。节点捕捉“NOD”可以拾取该对象。

命令启动方法

- 菜单命令：【绘图】/【点】/【多个点】。
- 面板：【常用】选项卡中【绘图】面板上的 按钮。
- 命令：POINT 或简写 PO。

【练习 5-10】练习 POINT 命令。

```
命令: _point
指定点定位或 [设置(S)/多次(M)]: //输入点的坐标或在绘图窗口中拾取点，即可在指定位置创建点对
```

象，如图 5-30 所示。按Esc键结束
//选择“设置(S)”选项可设定点的样式

要点提示 若将点的大小设置成绝对数值，则缩放图形后点的大小将发生变化。而相对于屏幕设置点大小时，则不会出现这种情况（要用 REGEN 命令重新生成图形）。

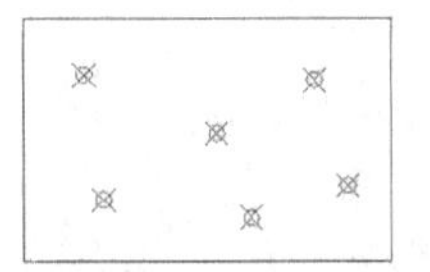
图 5-30 创建点对象

5.6.3 创建测量点

MEASURE 命令用于在图形对象上按指定的距离创建点对象（POINT 对象），这些点可用“NOD”进行捕捉。对于不同类型的图形元素，测量距离的起点是不同的。若是线段或非闭合的多段线，则起点是离选择点最近的端点。若是闭合多段线，则起点是多段线的起点。如果是圆，则一般从 0° 角开始进行测量。

该命令有一个选项“块(B)”，该选项的功能是将图块按指定的测量长度放置在对象上。图块是由多个对象组成的整体，是一个单独的对象。

一、命令启动方法

- 菜单命令：【绘图】/【点】/【定距等分】。
- 面板：【常用】选项卡中【绘图】面板上的按钮。
- 命令：MEASURE 或简写 ME。

【练习 5-11】练习 MEASURE 命令。

打开素材文件“dwg\第 5 章\5-11.dwg”，用 MEASURE 命令创建两个测量点 C、D。

```
命令: _measure
选取量测对象:                         //在 A 端附近选择对象
指定分段长度或 [块(B)]: 160            //输入测量长度
命令:
_MEASURE                              //重复命令
选取量测对象:                         //在 B 端处选择对象
指定分段长度或 [块(B)]: 160            //输入测量长度
```

结果如图 5-31 所示。

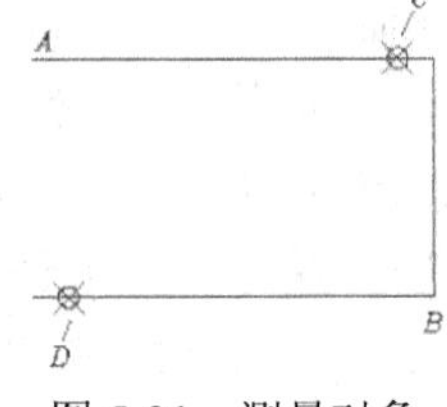

图 5-31 测量对象

二、命令选项

块(B)：按指定的测量长度在对象上插入图块（在第 9 章中将介绍图块对象）。

5.6.4 创建等分点

DIVIDE 命令用于根据等分数目在图形对象上创建等分点，这些点并不分割对象，只是标明等分的位置。在中望 CAD 中，可等分的图形元素包括线段、圆、圆弧、样条曲线和多段线等。对于圆，等分的起点位于 0° 线与圆的交点处。

该命令有一个选项“块(B)”，该选项的功能是将图块放置在对象的等分点处。

一、命令启动方法

- 菜单命令：【绘图】/【点】/【定数等分】。
- 面板：【常用】选项卡中【绘图】面板上的按钮。
- 命令：DIVIDE 或简写 DIV。

【练习 5-12】练习 DIVIDE 命令。

打开素材文件“dwg\第 5 章\5-12.dwg”，用 DIVIDE 命令创建等分点。

```
命令: _divide
选取分割对象:                    //选择线段
输入分段数或 [块(B)]: 4          //输入等分数目
命令:
_DIVIDE                          //重复命令
选取分割对象:                    //选择圆弧
输入分段数或 [块(B)]: 5          //输入等分数目
```

图 5-32　等分对象

结果如图 5-32 所示。

二、命令选项

块(B)：在等分点处插入图块。

5.6.5　上机练习——等分多段线及沿曲线均布对象

【练习 5-13】打开素材文件“dwg\第 5 章\5-13.dwg”，如图 5-33 左图所示，用 PEDIT、PLINE、DIVIDE 等命令将图 5-33 中的左图修改为右图。

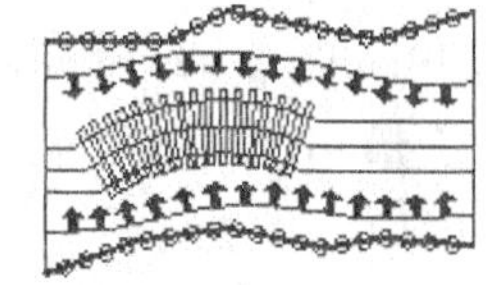

图 5-33　沿曲线均布对象

1. 打开极轴追踪、对象捕捉及对象捕捉追踪功能。设定极轴追踪的【增量角度】为【90】，设定对象捕捉方式为【端点】【中点】【交点】，选择【仅正交追踪】单选项。

2. 用 LINE、ARC 和 OFFSET 命令绘制图形 *A*，结果如图 5-34 所示。圆弧命令 ARC 的操作过程如下。

```
命令: _arc                       //选择菜单命令【绘图】/【圆弧】/【起点、端点、半径】
指定圆弧的起点或 [圆心(C)]:      //捕捉端点 C
指定圆弧的端点:                  //捕捉端点 B
指定圆弧的半径: 300              //输入圆弧的半径
```

3. 用 PEDIT 命令将线条 *D*、*E* 编辑为一条多段线，并将多段线的宽度修改为 5。指定点样式为圆，再设定其绝对大小为 20。用 DIVIDE 命令等分线条 *D*、*E*，等分数目为 20，结果如图 5-35 所示。

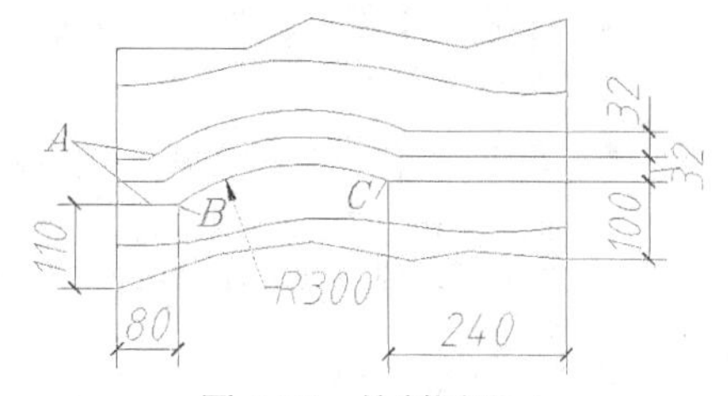

图 5-34　绘制图形 *A*

4. 用 PLINE 命令绘制箭头，用 RECTANG 命令绘制矩形，然后用 BLOCK 命令（详见 9.2.1 小节）分别将它们创建成图块“上箭头”“下箭头”“矩形”，插入点定义在 *F*、*G*、*H* 点处，如图 5-36 所示。

5. 用 DIVIDE 命令沿曲线均布图块“上箭头”“下箭头”“矩形”，它们的数量分别为 14、14 和 17，结果如图 5-37 所示。

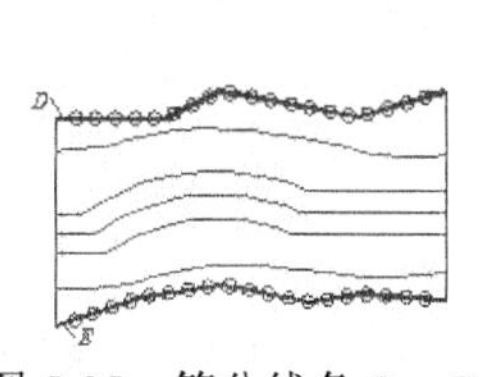

图 5-35　等分线条 *D*、*E*

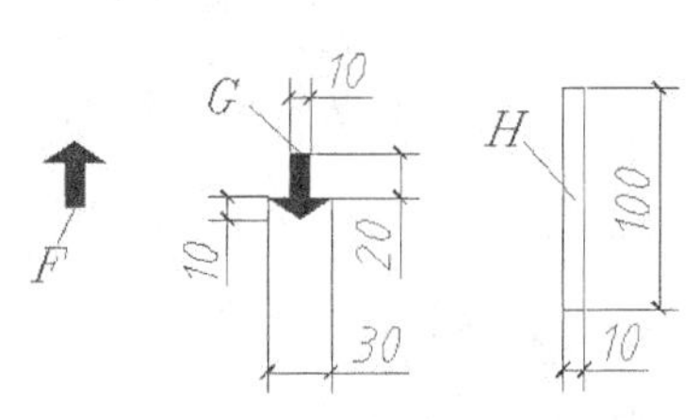

图 5-36　创建图块

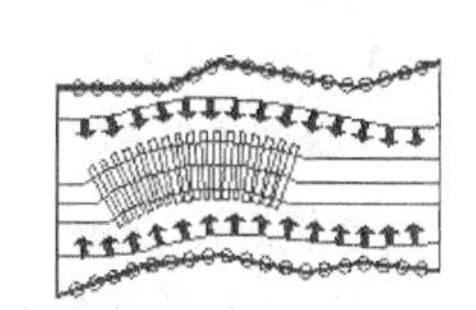

图 5-37　沿曲线均布图块

5.7 绘制圆环及圆点

DONUT 命令用于创建填充圆环或实心圆。执行该命令后，用户依次输入圆环内径、外径，指定圆环的中心，即可绘制圆环。若要绘制实心圆，则指定圆环内径为“0”即可。

命令启动方法

- 菜单命令：【绘图】/【圆环】。
- 面板：【常用】选项卡中【绘图】面板上的◎按钮。
- 命令：DONUT。

【练习 5-14】练习 DONUT 命令。

```
命令: _donut
指定圆环的内径 <2.0000>: 3              //输入圆环内径
指定圆环的外径 <5.0000>: 6              //输入圆环外径
指定圆环的中心点或<退出>:               //指定圆环的中心
指定圆环的中心点或<退出>:               //按 Enter 键结束
```

结果如图 5-38 所示。

使用 DONUT 命令生成的圆环实际上是具有宽度的多段线，可用 PEDIT 命令编辑该对象。此外，还可以设定是否对圆环进行填充，当把变量 FILLMODE 设置为“1”时，系统将填充圆环，否则不填充。

图 5-38 绘制圆环

5.8 绘制射线

RAY 命令用于创建无限延伸的单向线，即射线。操作时，用户只需指定射线的起点及另一通过点。使用该命令可一次性创建多条射线。

一、命令启动方法

- 菜单命令：【绘图】/【射线】。
- 面板：【常用】选项卡中【绘图】面板上的╲按钮。
- 命令：RAY。

【练习 5-15】绘制两个圆，然后用 RAY 命令绘制射线。

```
命令: _ray
指定射线起点或 [等分(B)/水平(H)/竖直(V)/角度(A)/偏移(O)]:      //捕捉圆心
指定通过点: <20                          //设定绘制射线的角度
指定通过点:                              //单击 A 点
指定通过点: <110                         //设定绘制射线的角度
指定通过点:                              //单击 B 点
指定通过点: <130                         //设定绘制射线的角度
指定通过点:                              //单击 C 点
指定通过点: <-100                        //设定绘制射线的角度
指定通过点:                              //单击 D 点
指定通过点:                              //按 Enter 键结束
```

结果如图 5-39 所示。

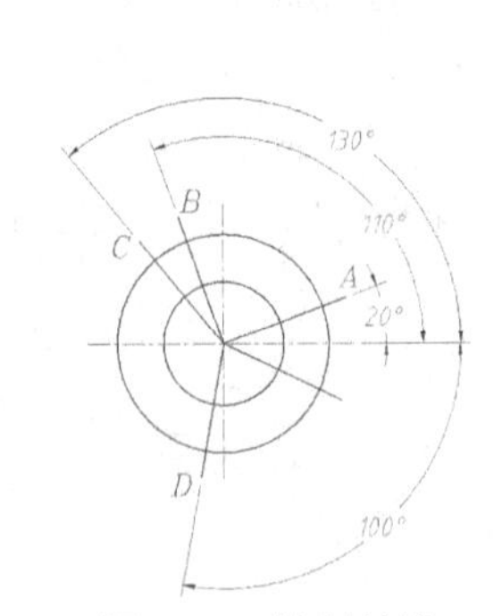

图 5-39 绘制射线

二、命令选项

- 等分(B)：创建垂直平分线或角平分线。
- 水平(H)/竖直(V)：创建水平或竖直射线。

- 角度(A)：以指定的角度或输入与参照对象之间的夹角绘制射线。
- 偏移(O)：以输入的偏移距离或指定通过点的方式绘制与已知对象平行的射线。

5.9 创建空白区域以覆盖对象

WIPEOUT 命令可用于在现有对象上生成一个空白区域。该区域使用当前背景色覆盖底层的对象，用户可在空白区域中为图形添加其他的设计信息。空白区域是一个多边形区域，用户可通过一系列点来设定此区域，另外，也可将闭合多段线转化为空白区域。

一、命令启动方法

- 菜单命令：【绘图】/【区域覆盖】。
- 面板：【常用】选项卡中【绘图】面板上的按钮。
- 命令：WIPEOUT。

【练习 5-16】练习 WIPEOUT 命令。

打开素材文件“dwg\第 5 章\5-16.dwg”，如图 5-40 左图所示，用 WIPEOUT 命令创建空白区域。

```
命令: _wipeout
指定第一点或 [边框(F)/圆或多段线(P)] <圆或多段线>:            //拾取 A 点
指定终点或 [角度(A)/长度(L)]:                                  //拾取 B 点
指定终点或 [角度(A)/长度(L)/跟踪(F)/放弃(U)]:                  //拾取 C 点
指定终点或 [角度(A)/长度(L)/跟踪(F)/闭合(C)/放弃(U)]:          //拾取 D 点
指定终点或 [角度(A)/长度(L)/跟踪(F)/闭合(C)/放弃(U)]:          //按 Enter 键结束
```

结果如图 5-40 右图所示。

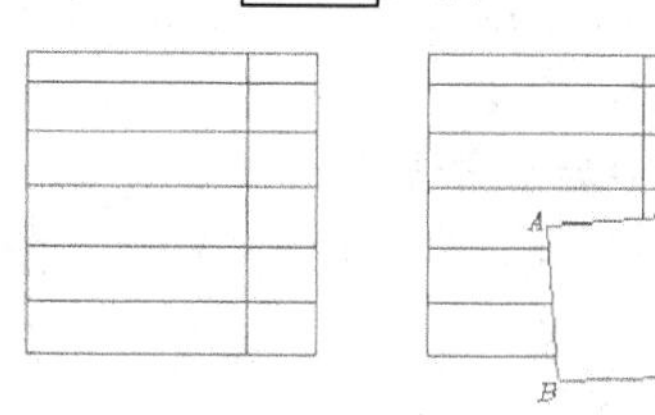

图 5-40 创建空白区域

二、命令选项

- 边框(F)：设置是否显示空白区域的边框。
- 圆或多段线(P)：将圆或闭合多段线转化为空白区域。
- 角度(A)/长度(L)：按指定的长度或角度绘制空白区域边框。
- 跟踪(F)：在边框的延长线上指定一点。

5.10 更改对象的显示顺序

在中望 CAD 中，重叠的图形对象是按它们的绘制顺序显示的，即新创建的对象显示在已有对象的上层。这种默认的显示顺序可用 DRAWORDER 命令改变，以保证在多个对象彼此覆盖的情况下，正确地显示或输出图形。例如，当一个光栅图像遮住了图形对象时，用户可用 DRAWORDER 命令把图形对象放在光栅图像的上层显示出来。

命令启动方法

- 菜单命令：【工具】/【绘图顺序】。
- 面板：【常用】选项卡中【修改】面板上的按钮。
- 命令：DRAWORDER。

单击按钮右侧的箭头，弹出下拉列表，其中包含“前置”“后置”等工具按钮，如图

5-41 左图所示。

【练习 5-17】练习 DRAWORDER 命令。

打开素材文件“dwg\第 5 章\5-17.dwg”，如图 5-41 中图所示，用 DRAWORDER 命令使圆被遮住的部分显示出来。

单击 前置按钮，选择圆，按 Enter 键，结果如图 5-41 右图所示。

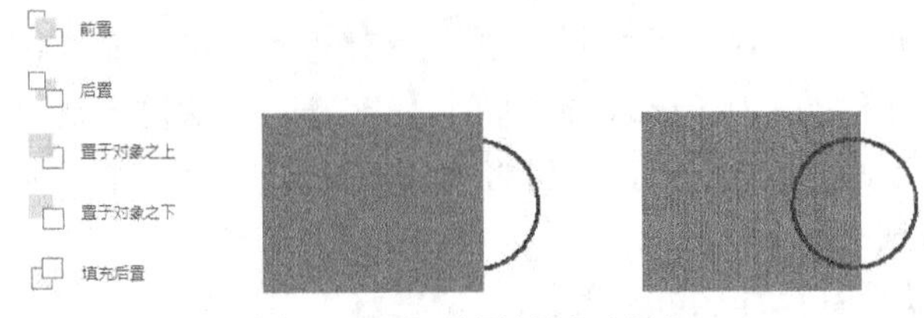

图 5-41 调整圆的显示顺序

5.11 分解、合并及清理对象

下面介绍分解、清理及合并对象的方法。

5.11.1 分解对象

EXPLODE 命令可用于将多线、多段线、块、标注及面域等复杂对象分解成基本图形对象。例如，连续的多段线是一个独立的对象，用 EXPLODE 命令分解后，多段线的每一段都会变成独立的对象。

命令启动方法

- 菜单命令：【修改】/【分解】。
- 面板：【常用】选项卡中【修改】面板上的按钮。
- 命令：EXPLODE 或简写 X。

执行 EXPLODE 命令，系统提示“选择对象”，用户选择图形对象后，系统就会对其进行分解。

5.11.2 合并对象

JOIN 命令具有以下功能。

（1）把相连的线段及圆弧等对象合并为一条多段线。

（2）将共线的、断开的线段连接为一条线段。

（3）把重叠的直线或圆弧合并为单一对象。

命令启动方法

- 菜单命令：【修改】/【合并】。
- 面板：【常用】选项卡中【修改】面板上的按钮。
- 命令：JOIN。

执行 JOIN 命令，选择首尾相连的线段和曲线对象，或者选择断开的共线对象，系统就会将这些对象合并成多段线或线段，如图 5-42 所示。

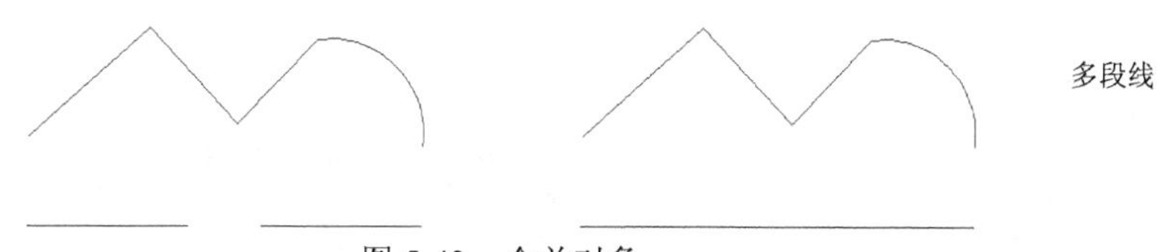

图 5-42 合并对象

5.11.3 清理已命名对象

PURGE 命令用于清理图形中没有使用的已命名对象。

命令启动方法

- 菜单命令：【文件】（或菜单浏览器）/【图形实用工具】/【清理】。
- 命令：PURGE。

执行 PURGE 命令，打开【清理】对话框，如图 5-43 所示。选择【查看能清理的项目】单选项，则【图形中未使用的项目】列表框中将显示当前图中所有未使用的已命名项目。

单击项目左边的加号以展开它，选择未使用的已命名对象，单击 清理(P) 按钮进行清除。若单击全部清理(A)按钮，则图形中所有未使用的已命名对象将全部被清除。

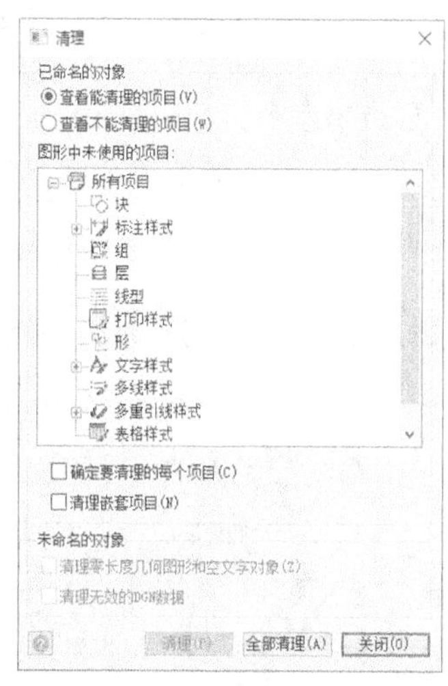

图 5-43 【清理】对话框

5.12 面域造型

面域（REGION）是指二维的封闭图形，它可由线段、多段线、圆、圆弧和样条曲线等对象围成，创建面域时应保证相邻对象间共享连接的端点，否则将不能创建面域。面域是一个单独的实体，具有面积、周长、形心等几何特征。使用面域作图与传统的作图方法是截然不同的，此时可采用“并”“交”“差”等布尔运算来构造不同形状的图形，图 5-44 所示为面域的 3 种布尔运算的结果。

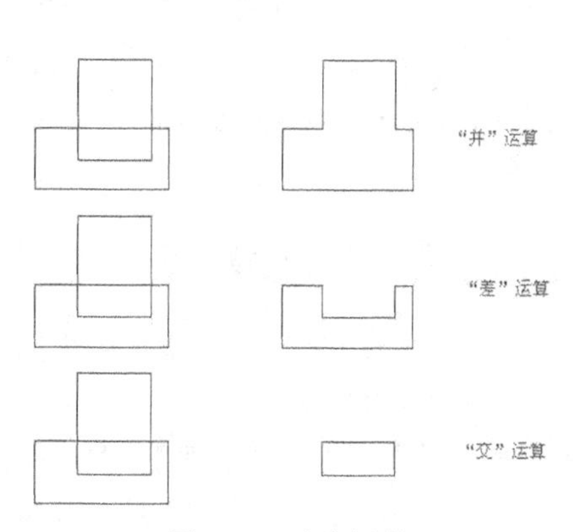

图 5-44 布尔运算

5.12.1 创建面域

REGION 命令用于创建面域。执行该命令后，用户选择一个或多个封闭图形，就能创建面域。

命令启动方法

- 菜单命令：【绘图】/【面域】。
- 面板：【常用】选项卡中【绘图】面板上的按钮。
- 命令：REGION 或简写 REG。

【练习 5-18】练习 REGION 命令。

打开素材文件“dwg\第 5 章\5-18.dwg”，如图 5-45 所示，用 REGION 命令将该图创建成面域。

```
命令: _region
选择对象:
指定对角点: 找到 7 个                  //用虚线矩形选择矩形及两个圆
选择对象:                              //按Enter键结束
```

图5-45中包含了3个闭合区域，因而可创建3个面域。

面域以线框的形式显示。用户可以对面域进行移动、复制等操作，还可用EXPLODE命令分解面域，将其还原为原始图形对象。

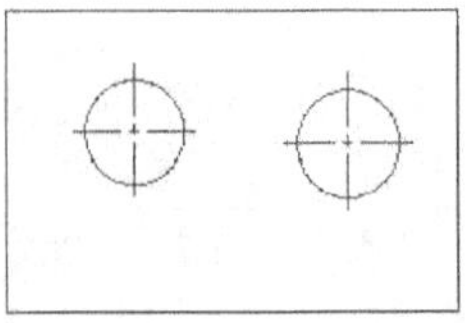

选择矩形及两个圆创建面域

图5-45 创建面域

要点提示 默认情况下，使用REGION命令创建面域的同时将删除源对象。如果用户希望保留源对象，则需将系统变量DELOBJ设为“0”。

5.12.2 并运算

使用并运算可将所有参与运算的面域合并为一个新面域。

命令启动方法

- 菜单命令：【修改】/【实体编辑】/【并集】。
- 命令：UNION或简写UNI。

【练习5-19】练习UNION命令。

打开素材文件“dwg\第5章\5-19.dwg”，如图5-46左图所示，用UNION命令将图5-46中的左图修改为右图。

```
命令:_union
选择对象求和: 找到 7 个        //用虚线矩形选择5个面域
选择对象求和:                  //按Enter键结束
```

结果如图5-46右图所示。

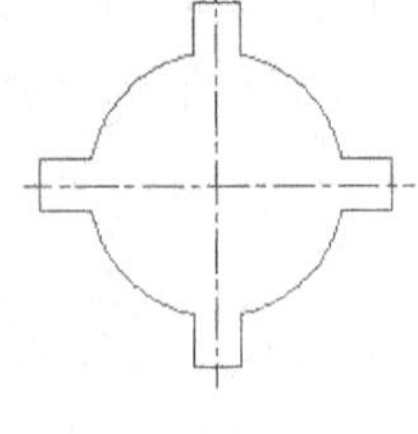

对5个面域进行并运算　　结果

图5-46 执行并运算

5.12.3 差运算

使用差运算可从一个面域中去掉一个或多个面域，从而形成一个新面域。

命令启动方法

- 菜单命令：【修改】/【实体编辑】/【差集】。
- 命令：SUBTRACT或简写SU。

【练习5-20】练习SUBTRACT命令。

打开素材文件“dwg\第5章\5-20.dwg”，如图5-47左图所示，用SUBTRACT命令将图5-47中的左图修改为右图。

```
命令: _subtract
选择要从中减去的实体,曲面和面域: 找到 1 个
                                    //选择大圆面域
选择要从中减去的实体,曲面和面域: //按Enter键
选择要减去的实体,曲面和面域:总计 4 个
                                    //选择4个小矩形面域
选择要减去的实体,曲面和面域:   //按Enter键结束
```

结果如图5-47右图所示。

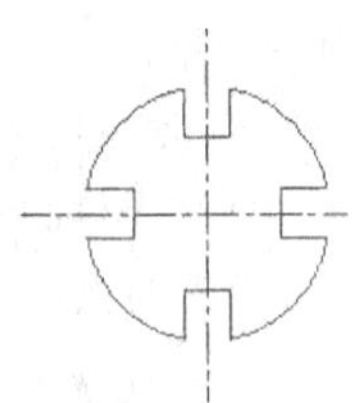

用大圆面域减去4个小矩形面域　　结果

图5-47 执行差运算

5.12.4 交运算

使用交运算可以求出各个相交面域的公共部分。

命令启动方法

- 菜单命令：【修改】/【实体编辑】/【交集】。
- 命令：INTERSECT 或简写 IN。

【练习 5-21】练习 INTERSECT 命令。

打开素材文件“dwg\第 5 章\5-21.dwg”，如图 5-48 左图所示，用 INTERSECT 命令将图 5-48 中的左图修改为右图。

```
命令: _intersect
选取要相交的对象: 找到 2 个    //选择圆面域及矩形面域
选取要相交的对象:              //按 Enter 键结束
```

结果如图 5-48 右图所示。

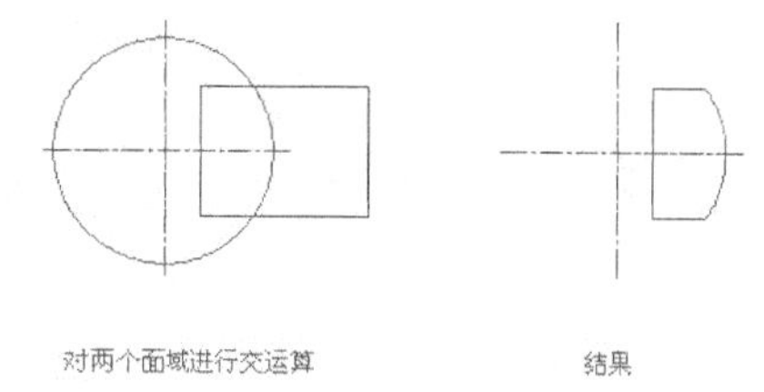

图 5-48 执行交运算

5.12.5 面域造型应用实例

面域造型法是通过对面域对象进行并、交或差运算来创建图形的方法，当图形边界比较复杂时，使用这种方法作图的效率是很高的。采用面域造型法作图时，必须先对图形进行分析，以确定应生成哪些面域对象，然后考虑如何进行面域的布尔运算，以形成最终的图形。

【练习 5-22】利用面域造型法绘制图 5-49 所示的图形。可以认为该图是由矩形面域组成的，对这些面域进行并运算即可形成所需的图形。

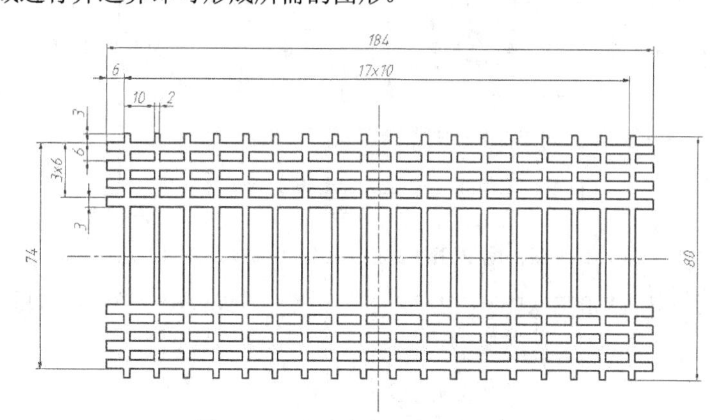

图 5-49 用面域造型法绘图（1）

1. 绘制两个矩形并将它们创建成面域，结果如图 5-50 所示。
2. 阵列矩形面域，再进行镜像操作，结果如图 5-51 所示。

图 5-50 创建面域

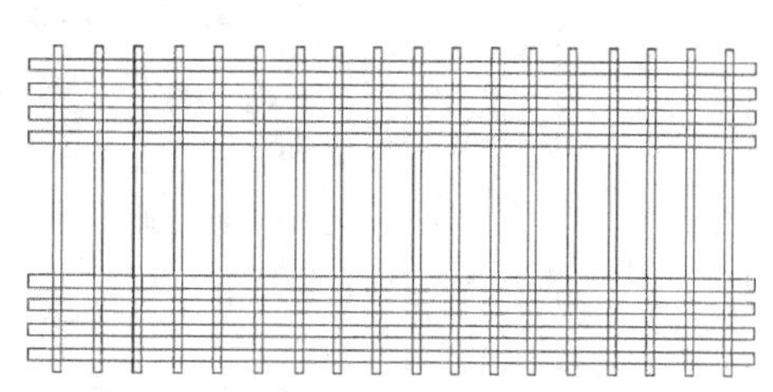

图 5-51 阵列面域并进行镜像操作

3. 对所有矩形面域执行并运算，结果如图 5-52 所示。

【练习 5-23】利用面域造型法绘制图 5-53 所示的图形。

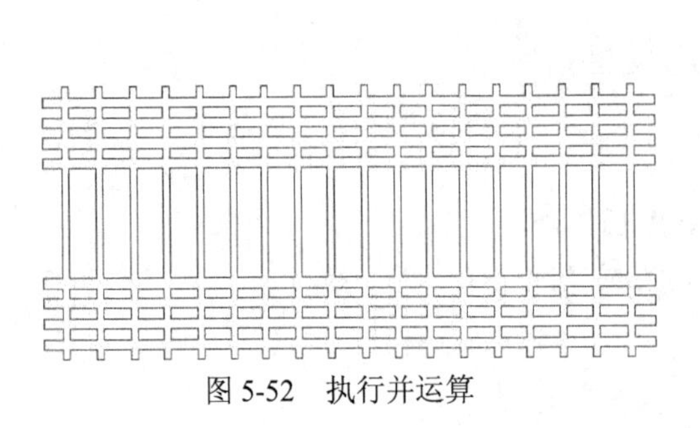

图 5-52 执行并运算

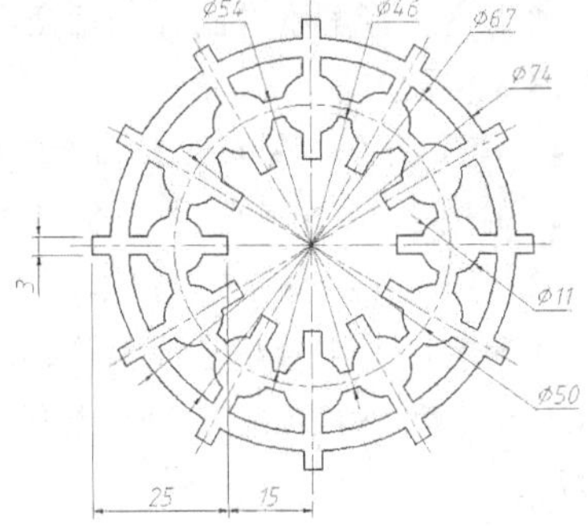

图 5-53 用面域造型法绘图（2）

5.13 综合练习——创建多段线、圆点及面域

【练习 5-24】利用 LINE、PLINE、DONUT 等命令绘制平面图形，如图 5-54 所示。图中的箭头及实心矩形用 PLINE 命令绘制。

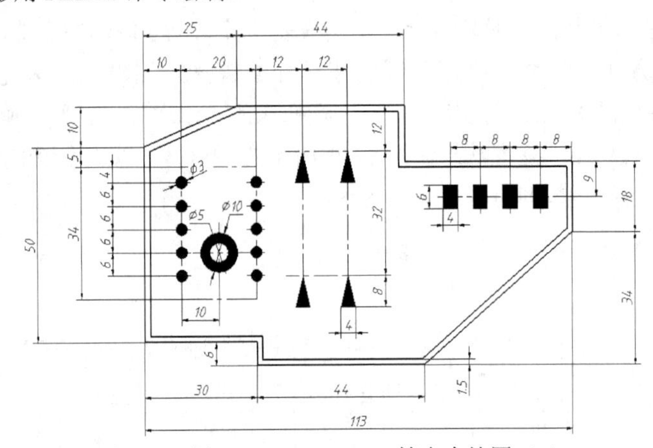

图 5-54 用 PLINE、DONUT 等命令绘图（1）

【练习 5-25】利用 PLINE、DONUT、ARRAY 等命令绘制平面图形，如图 5-55 所示。

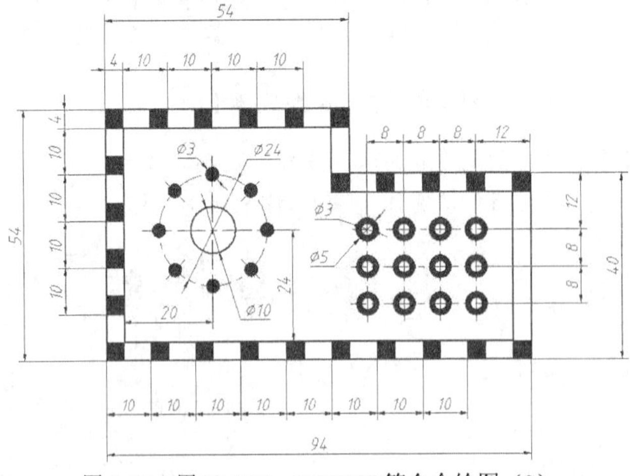

图 5-55 用 PLINE、DONUT 等命令绘图（2）

【练习 5-26】利用 LINE、PEDIT、DIVIDE 等命令绘制平面图形，如图 5-56 所示。

【练习 5-27】利用 LINE、PLINE、DONUT 等命令绘制平面图形，尺寸自定，如图 5-57 所示。图形轮廓及箭头都是多段线。

【练习 5-28】利用面域造型法绘制图 5-58 所示的图形。

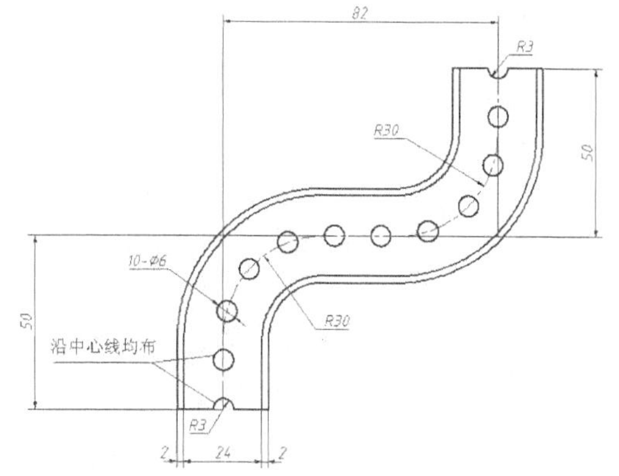

图 5-56 用 PEDIT、DIVIDE 等命令绘图

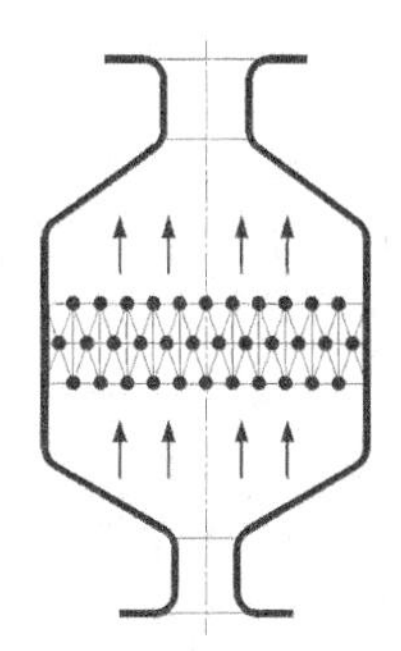

图 5-57 用 PLINE 及 DONUT 等命令绘图

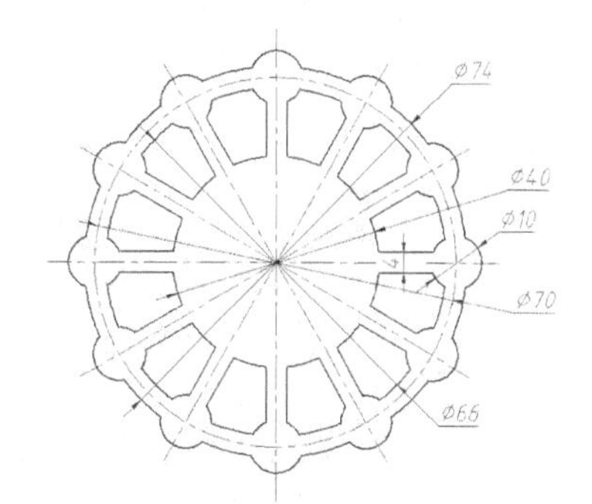

图 5-58 用面域造型法绘图

5.14 习题

1．利用 LINE、PEDIT、OFFSET 等命令绘制平面图形，如图 5-59 所示。

2．利用 MLINE、PLINE、DONUT 等命令绘制平面图形，如图 5-60 所示。

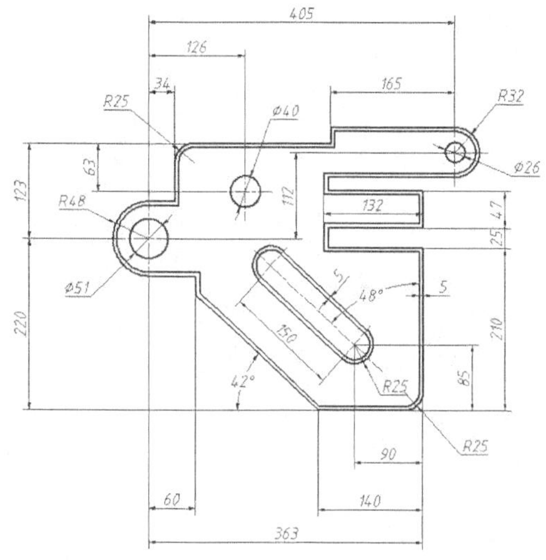

图 5-59 用 PEDIT、OFFSET 等命令绘图

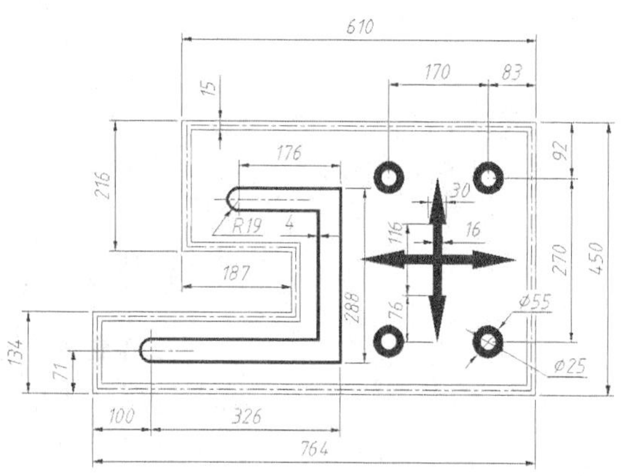

图 5-60 用 MLINE、DONUT 等命令绘图

3．利用 DIVIDE、DONUT、REGION、UNION 等命令绘制平面图形，如图 5-61 所示。

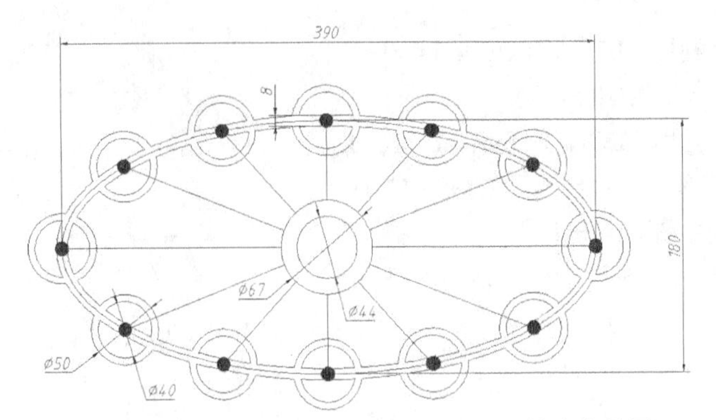

图 5-61 用 DIVIDE、REGION、UNION 等命令绘图

4．利用面域造型法绘制图 5-62 所示的图形。

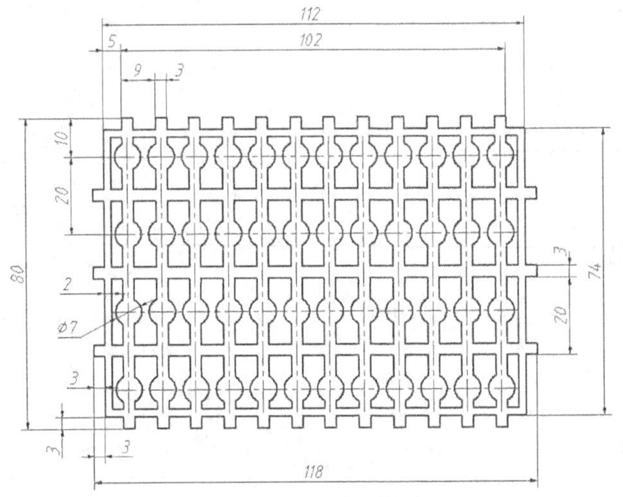

图 5-62 用面域造型法绘图（1）

5．利用面域造型法绘制图 5-63 所示的图形。

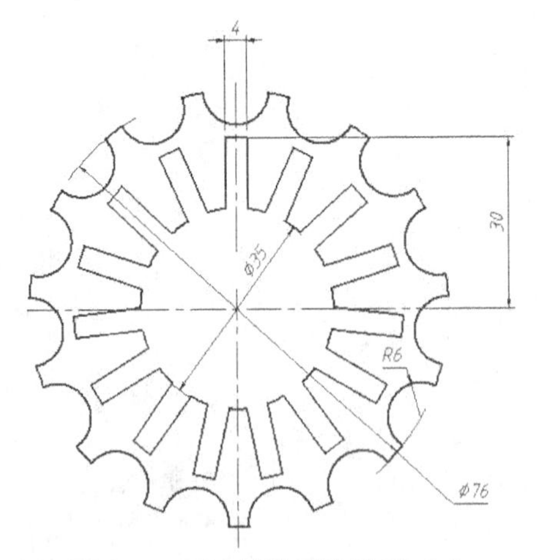

图 5-63 用面域造型法绘图（2）

第 6 章

复杂图形绘制实例

主要内容

- 绘制复杂平面图形。
- 绘制复杂圆弧连接。
- 用 OFFSET、TRIM 命令快速作图。
- 绘制对称图形及具有均布几何特征的复杂图形。
- 用 COPY、STRETCH 等命令操作已有图形生成新图形。
- 绘制倾斜图形的技巧。
- 采用“装配法”绘制复杂图形。
- 根据轴测图绘制三视图。

6.1 绘制复杂平面图形

平面图形是由线段、圆、圆弧、多边形等图形元素组成的，作图时应从哪一部分入手呢？怎样才能更高效地绘图呢？要解决这些问题，一般应采取以下作图步骤。

（1）绘制图形的主要作图基准线，利用作图基准线定位及绘制其他图形元素。图形的对称线、圆的中心线、重要轮廓线等可作为作图基准线。

（2）绘制出主要轮廓线，形成图形的大致形状。一般不应从某一局部开始绘图。

（3）绘制出图形主要轮廓后就可开始绘制图形细节。先把图形细节分成几个部分，然后依次绘制。对于复杂的细节，可先绘制作图基准线，再绘制完整细节。

（4）修饰平面图形。用 BREAK、LENGTHEN 等命令打断线条及调整线条长度，再改正不适当的线型，然后修剪多余线条。

【练习 6-1】使用 LINE、CIRCLE、OFFSET、TRIM 等命令绘制图 6-1 所示的图形。

1. 创建以下两个图层。

名称	颜色	线型	线宽
轮廓线层	白色	Continuous	0.5
中心线层	红色	Center	默认

2. 设定绘图窗口的高度为 150，再设置线型的【全局比例因子】为“0.2”。

3. 打开极轴追踪、对象捕捉及对象捕捉追踪

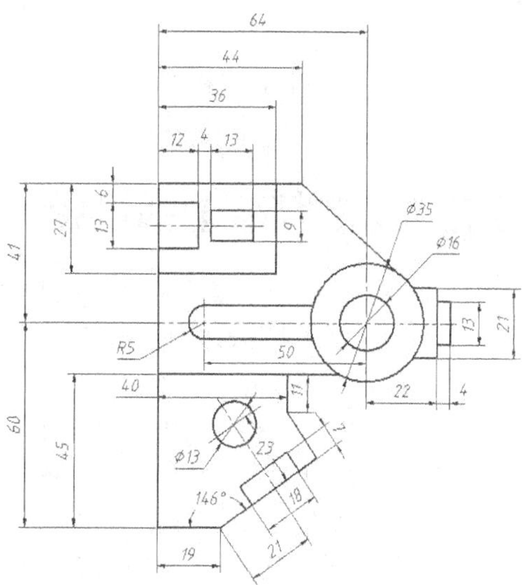

图 6-1　绘制平面图形（1）

功能。指定极轴追踪的【增量角度】为【90】，设定对象捕捉方式为【端点】【交点】。

4. 切换到轮廓线层，绘制两条作图基准线 *A*、*B*，结果如图 6-2 左图所示。线段 *A*、*B* 的长度约为 200。

5. 利用 OFFSET、LINE、CIRCLE 等命令绘制图形的主要轮廓，结果如图 6-2 右图所示。

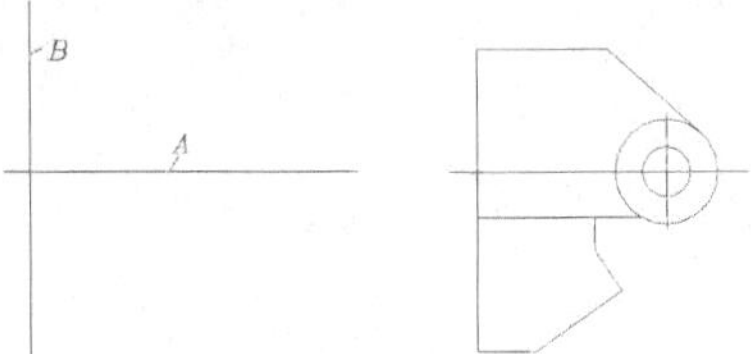

图 6-2 绘制图形的主要轮廓

6. 利用 OFFSET、TRIM 命令绘制图形 *C*，结果如图 6-3 左图所示。再依次绘制图形 *D*、*E*，结果如图 6-3 右图所示。

7. 绘制两条定位线 *F*、*G*，结果如图 6-4 左图所示。用 CIRCLE、OFFSET、TRIM 命令绘制图形 *H*，结果如图 6-4 右图所示。

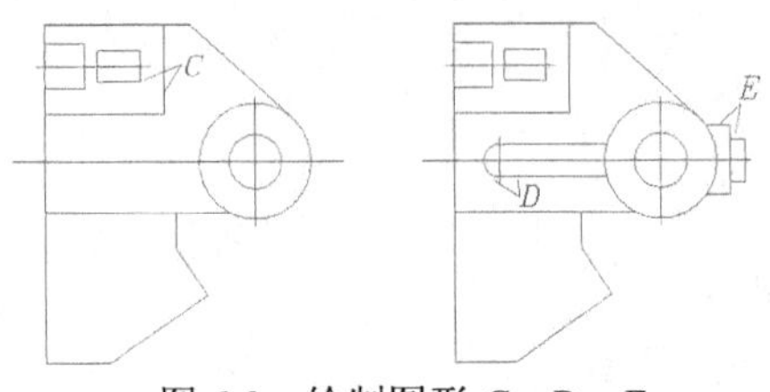

图 6-3 绘制图形 *C*、*D*、*E*

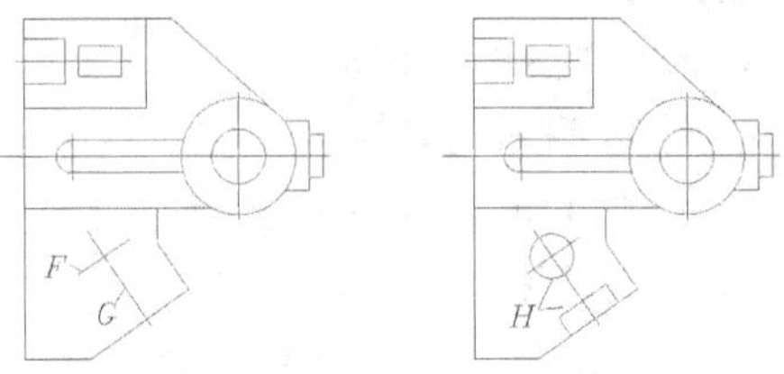

图 6-4 绘制图形 *H*

【练习 6-2】绘制图 6-5 所示的图形。

主要作图步骤如图 6-6 所示。

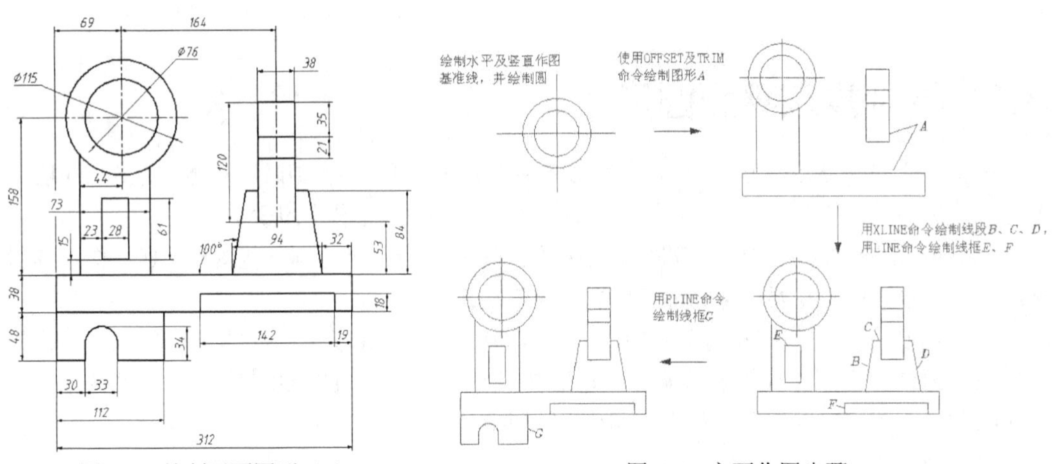

图 6-5 绘制平面图形（2）

图 6-6 主要作图步骤

6.2 绘制复杂圆弧连接

平面图形中图形元素的相切关系是一类典型的几何关系，如直线与圆弧相切、圆弧与圆弧相切等。绘制此类图形的步骤如下。

（1）绘制主要圆的定位线。

（2）绘制圆，并根据圆绘制切线及圆弧连接。

（3）绘制图形的其他细节。先把图形细节分成几个部分，然后依次绘制。对于复杂的细节，可先绘制作图基准线，再绘制完整细节。

（4）修饰平面图形。用 BREAK、LENGTHEN 等命令打断线条及调整线条长度，再改正不适当的线型，然后修剪多余线条。

【练习 6-3】使用 LINE、CIRCLE、OFFSET、TRIM 等命令绘制图 6-7 所示的图形。

1. 创建以下两个图层。

名称	颜色	线型	线宽
轮廓线层	绿色	Continuous	0.5
中心线层	红色	Center	默认

2. 设定绘图窗口的高度为 150，再设置线型的【全局比例因子】为“0.2”。

3. 打开极轴追踪、对象捕捉及对象捕捉追踪功能。指定极轴追踪的【增量角度】为【90】，设定对象捕捉方式为【端点】【交点】。

4. 切换到轮廓线层，用 LINE、OFFSET、LENGTHEN 等命令绘制圆的定位线，结果如图 6-8 左图所示。绘制圆及圆弧连接 *A*、*B*，结果如图 6-8 右图所示。

5. 用 OFFSET、XLINE 等命令绘制定位线 *C*、*D*、*E* 等，结果如图 6-9 左图所示。绘制圆 *F* 及线框 *G*、*H*，结果如图 6-9 右图所示。

6. 绘制定位线 *I*、*J* 等，结果如图 6-10 左图所示。绘制线框 *K*，结果如图 6-10 右图所示。

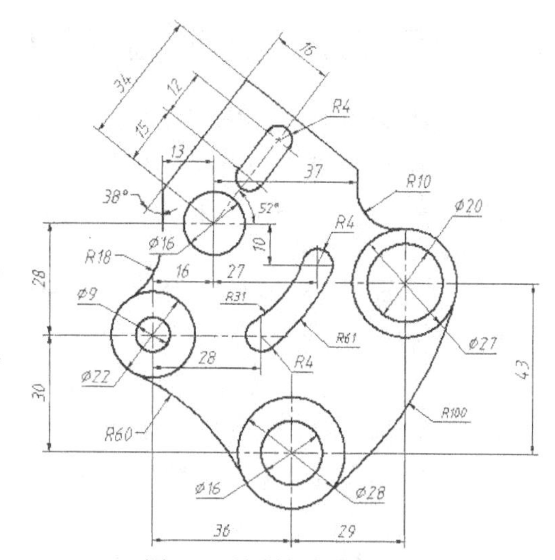

图 6-7　绘制复杂圆弧连接

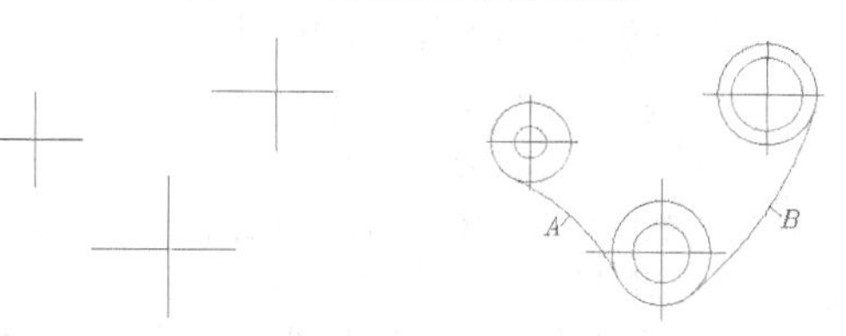

图 6-8　绘制圆的定位线及圆等

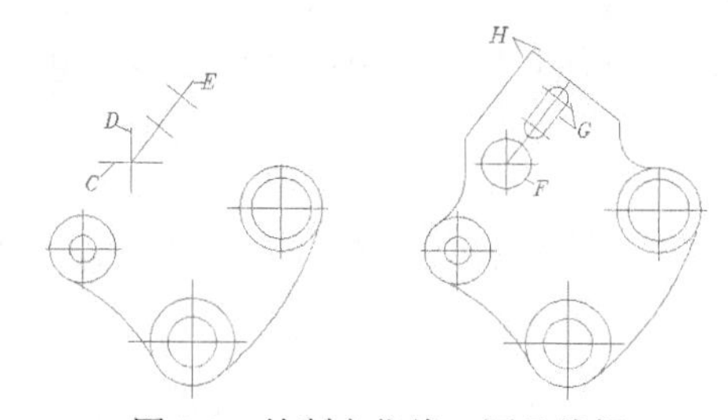

图 6-9　绘制定位线、圆及线框

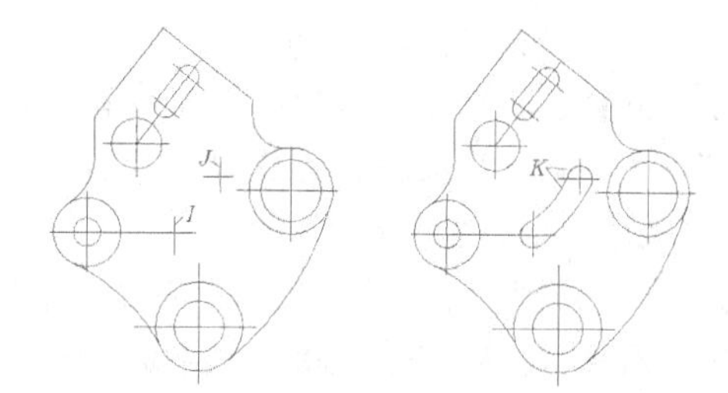

图 6-10　绘制定位线及线框

【练习 6-4】利用 LINE、CIRCLE、OFFSET、TRIM 等命令绘制图 6-11 所示的图形。主要作图步骤如图 6-12 所示。

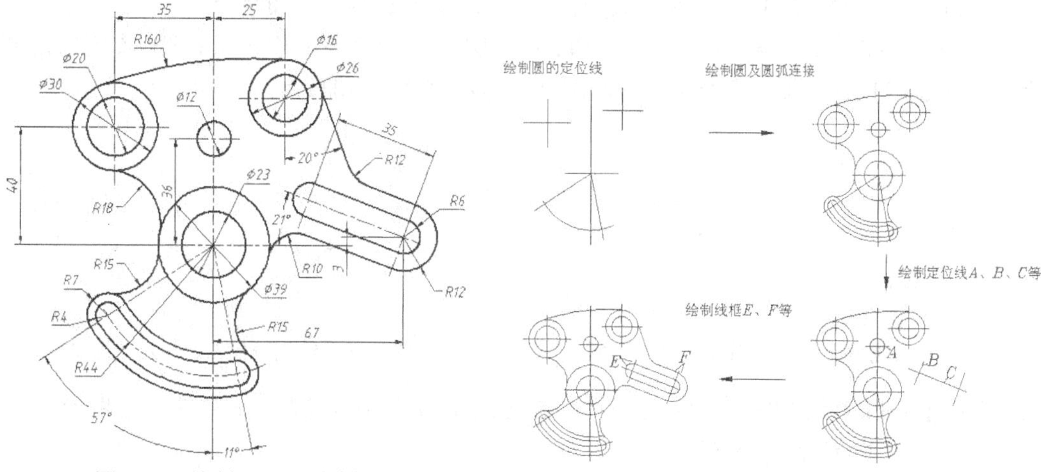

图 6-11　绘制圆及圆弧连接

图 6-12　主要作图步骤

6.3 用 OFFSET 及 TRIM 命令快速作图

如果要绘制图 6-13 所示的图形，用户可采取两种作图方法：一种是用 LINE 命令将图中的每条线准确地绘制出来，这种作图方法往往效率较低；另一种是实际作图时，常用 OFFSET 和 TRIM 命令来构建图形，采用此方法绘图的主要步骤如下。

（1）绘制作图基准线。

（2）用 OFFSET 命令偏移作图基准线创建新的图形实体，然后用 TRIM 命令修剪掉多余线条，形成精确图形。

这种作图方法有一个显著的优点：仅反复使用两个命令就可完成几乎 80%的工作。下面通过绘制图 6-13 所示的图形来演示此方法。

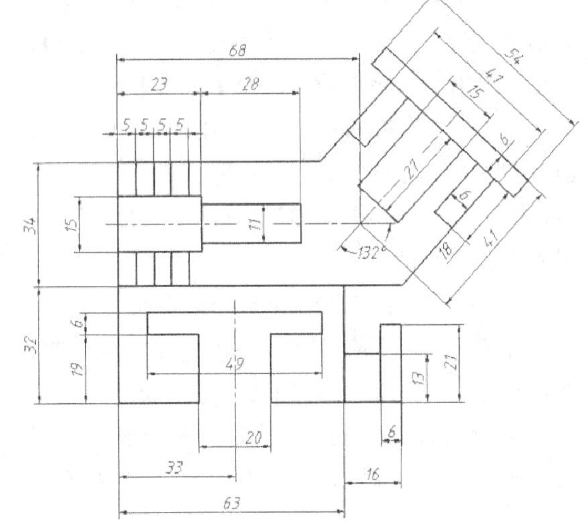

图 6-13 用 OFFSET 及 TRIM 等命令快速作图（1）

【练习 6-5】利用 LINE、OFFSET、TRIM 等命令绘制图 6-13 所示的图形。

1. 创建以下两个图层。

名称	颜色	线型	线宽
轮廓线层	绿色	Continuous	0.5
中心线层	红色	Center	默认

2. 设定绘图窗口的高度为 180，再设置线型的【全局比例因子】为“0.2”。

3. 打开极轴追踪、对象捕捉及对象捕捉追踪功能。指定极轴追踪的【增量角度】为【90】，设定对象捕捉方式为【端点】【交点】。

4. 切换到轮廓线层，绘制水平及竖直作图基准线 *A*、*B*，长度分别约为 90、60，结果如图 6-14 左图所示。用 OFFSET、TRIM 命令绘制图形 *C*，结果如图 6-14 右图所示。

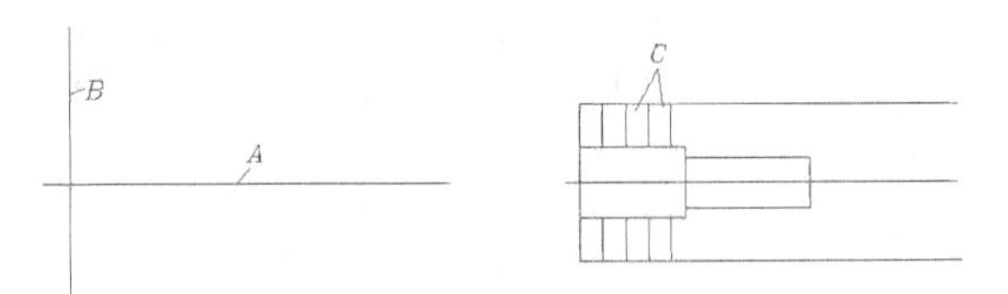

图 6-14 绘制作图基准线及图形 *C*

5. 用 XLINE 命令绘制作图基准线 *D*、*E*，两条线相互垂直，结果如图 6-15 左图所示。用 OFFSET、TRIM、BREAK 等命令绘制图形 *F*，结果如图 6-15 右图所示。

6. 用 LINE 命令绘制线段 *G*、*H*，这两条线是下一步的作图基准线，结果如图 6-16 左图所示。用 OFFSET、TRIM 命令绘制图形 *J*，结果如图 6-16 右图所示。

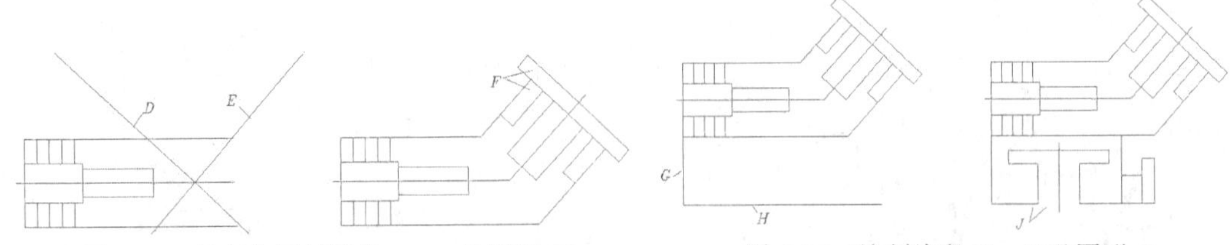

图 6-15 绘制作图基准线 *D*、*E* 及图形 *F*　　图 6-16 绘制线段 *G*、*H* 及图形 *J*

【练习 6-6】利用 LINE、CIRCLE、OFFSET、TRIM 等命令绘制图 6-17 所示的图形。主要作图步骤如图 6-18 所示。

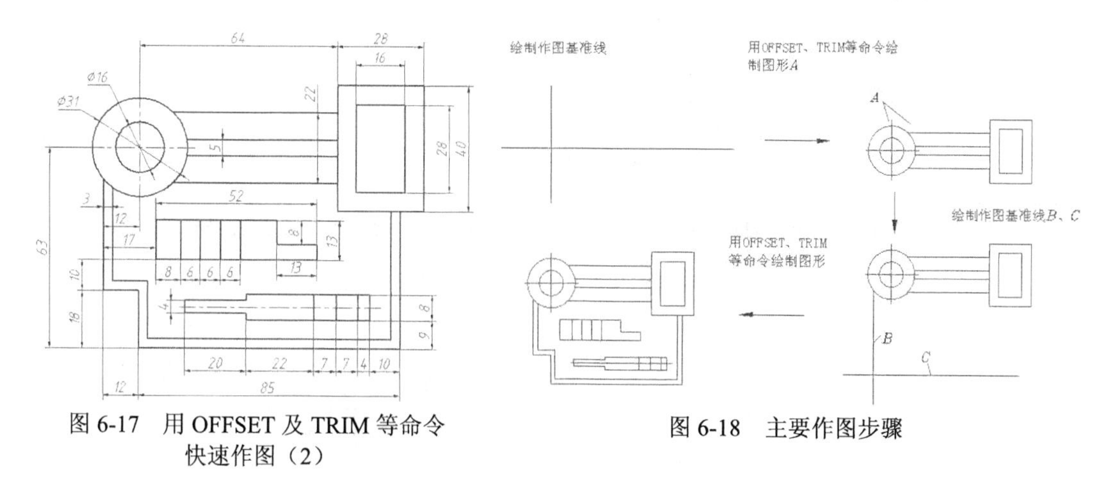

图 6-17 用 OFFSET 及 TRIM 等命令快速作图（2）

图 6-18 主要作图步骤

6.4 绘制具有均布几何特征的复杂图形

平面图形中的几何对象按矩形阵列或环形阵列方式均匀分布的现象是很常见的。将阵列命令 ARRAY 与 MOVE、MIRROR 等命令结合使用就能轻易地创建出这类图形。

【练习 6-7】利用 OFFSET、ARRAY、MIRROR 等命令绘制图 6-19 所示的图形。

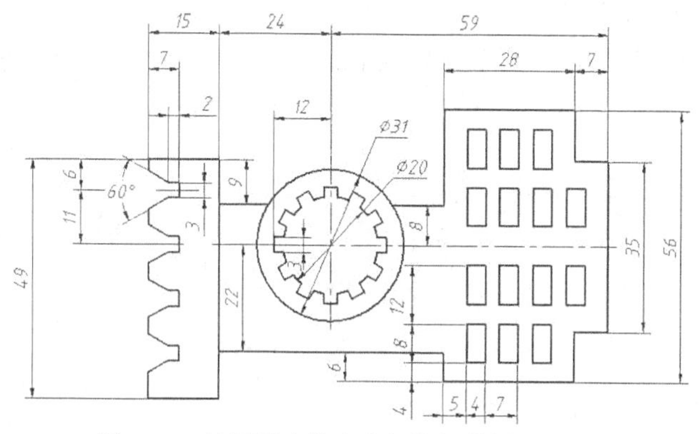

图 6-19 绘制具有均布几何特征的图形（1）

1. 创建以下两个图层。

名称	颜色	线型	线宽
轮廓线层	绿色	Continuous	0.5
中心线层	红色	Center	默认

2. 设定绘图窗口的高度为 120，再设置线型的【全局比例因子】为“0.2”。

3. 打开极轴追踪、对象捕捉及对象捕捉追踪功能。指定极轴追踪的【增量角度】为【90】，设定对象捕捉方式为【端点】【圆心】及【交点】。

4. 切换到轮廓线层，绘制圆的定位线 *A*、*B*，长度分别约为 130、90，结果如图 6-20 左图所示。绘制圆及线框 *C*、*D*，结果如图 6-20 右图所示。

5. 用 OFFSET、TRIM 命令绘制线框 *E*，结果如图 6-21 左图所示。用 ARRAY 命令创建线框 *E* 的环形阵列，结果如图 6-21 右图所示。

6. 用 LINE、OFFSET、TRIM 等命令绘制线框 *F*、*G*，结果如图 6-22 左图所示。用 ARRAY 命令创建线框 *F*、*G* 的矩形阵列，再对矩形进行镜像操作，结果如图 6-22 右图所示。

【练习 6-8】利用 CIRCLE、OFFSET、ARRAY 等命令绘制图 6-23 所示的图形。

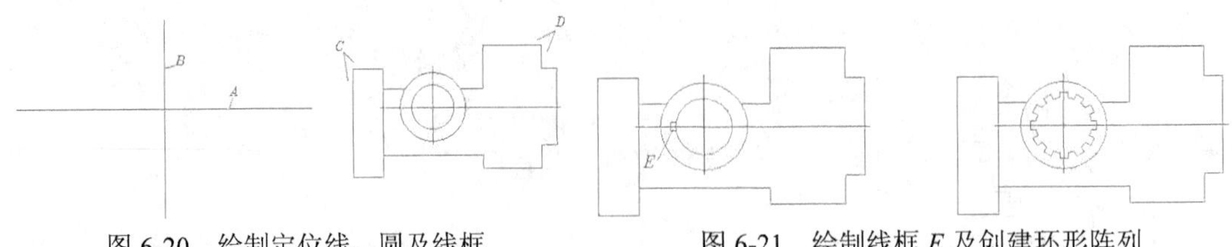

图 6-20 绘制定位线、圆及线框　　图 6-21 绘制线框 *E* 及创建环形阵列

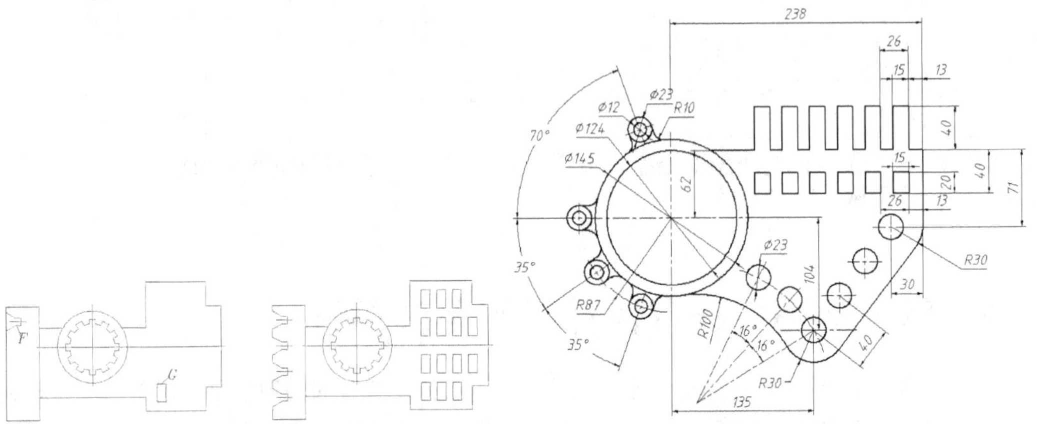

图 6-22 绘制线框、创建矩形阵列及镜像对象　　图 6-23 绘制具有均布几何特征的图形（2）

主要作图步骤如图 6-24 所示。

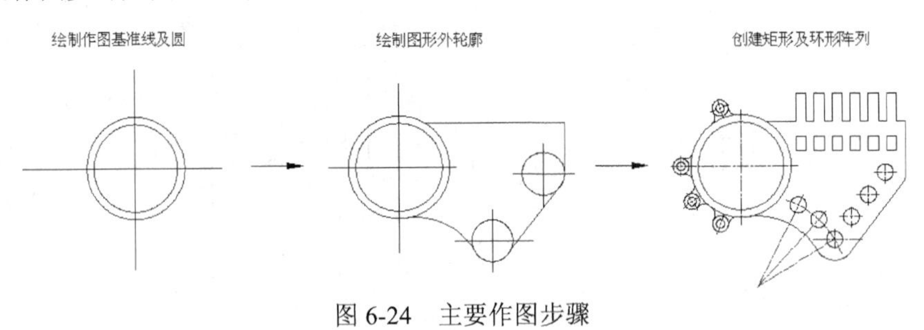

图 6-24 主要作图步骤

6.5 绘制倾斜图形的技巧

工程图中的多数图形对象是沿水平或竖直方向绘制的，绘制此类图形实体时，如果利用正交或极轴追踪功能辅助绘图，就非常方便。当处于倾斜方向的图形时，可以采用以下步骤来完成。

（1）在水平或竖直方向绘制图形。

（2）用 ROTATE 命令把图形旋转到倾斜方向，或者用 ALIGN 命令调整图形的位置及方向。

【练习 6-9】利用 OFFSET、ROTATE、ALIGN 等命令绘制图 6-25 所示的图形。

1. 创建以下两个图层。

名称	颜色	线型	线宽
轮廓线层	白色	Continuous	0.5
中心线层	红色	Center	默认

2. 设定绘图窗口的高度为 150，再设置线型的【全局比例因子】为“0.2”。

3. 打开极轴追踪、对象捕捉及对象捕捉追踪功能。指定极轴追踪的【增量角度】为【90】，设定对象捕捉方式为【端点】【交点】。

4. 切换到轮廓线层，绘制闭合线框及圆，结果如图 6-26 所示。

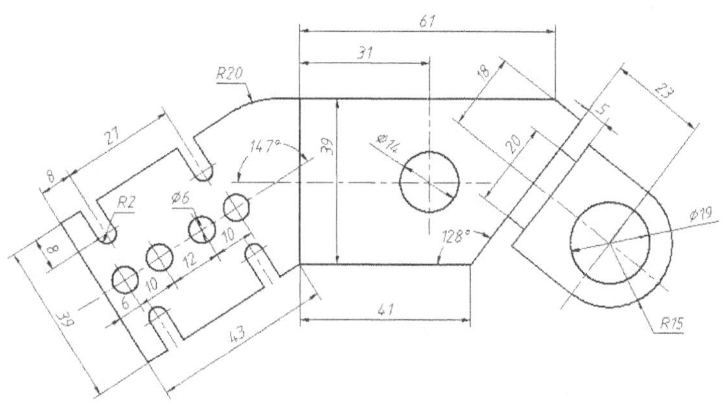

图 6-25 绘制倾斜图形的技巧（1）

5. 绘制图形 *A*，结果如图 6-27 左图所示。将图形 *A* 绕 *B* 点逆时针旋转 33°，然后创建圆角，结果如图 6-27 右图所示。

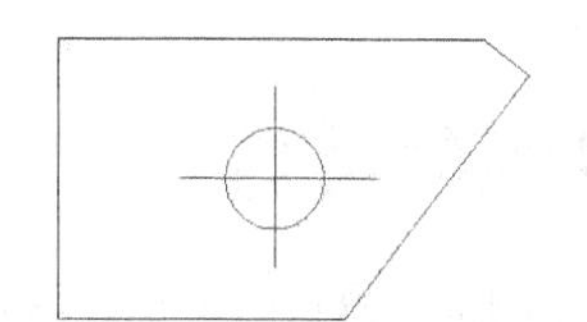

图 6-26 绘制闭合线框及圆

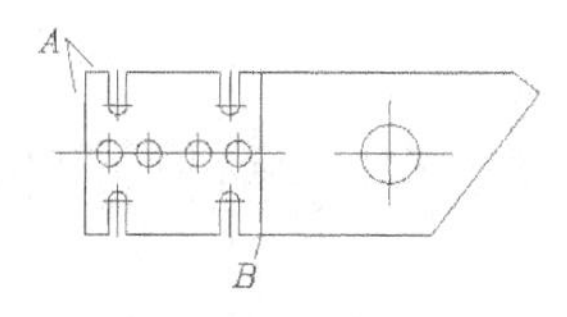

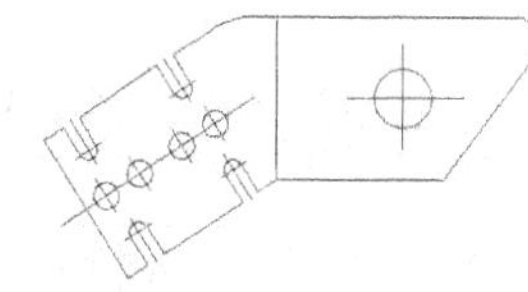

图 6-27 绘制图形 *A* 并旋转

6. 绘制图形 *C*，结果如图 6-28 左图所示。用 ALIGN 命令将图形 *C* 调整到正确的位置，结果如图 6-28 右图所示。

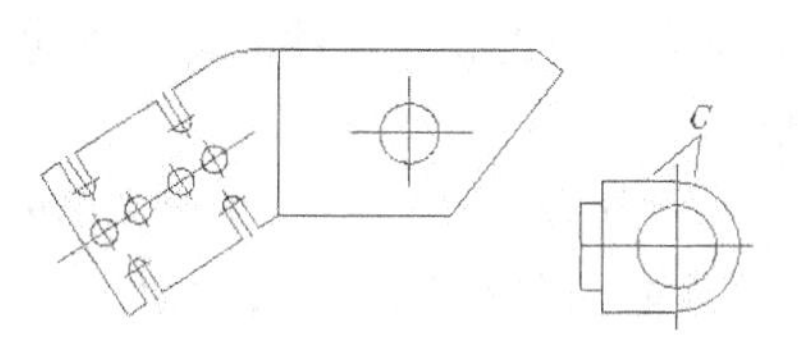

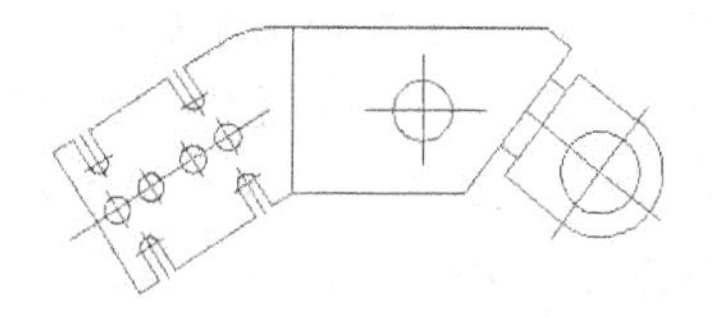

图 6-28 绘制图形 *C* 并调整其位置

【练习 6-10】绘制图 6-29 所示的图形。

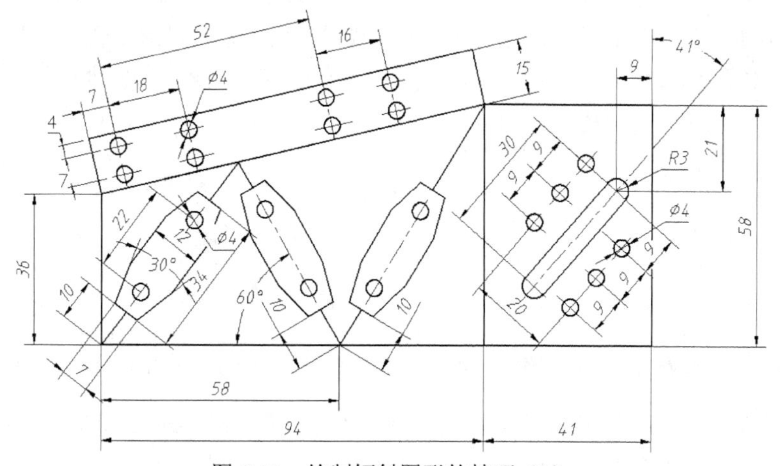

图 6-29 绘制倾斜图形的技巧（2）

主要作图步骤如图 6-30 所示。

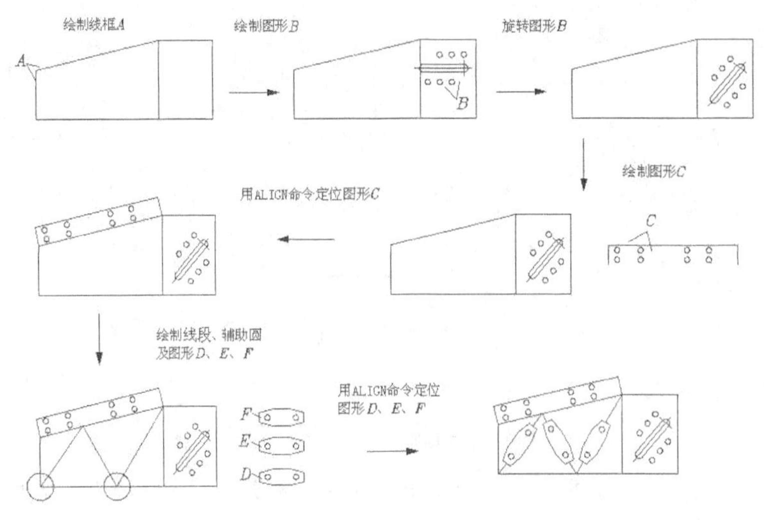

图 6-30 主要作图步骤

6.6 在倾斜方向上直接作图及利用辅助线的技巧

6.5 节中介绍了绘制倾斜图形的技巧：在水平或竖直方向绘制图形，然后将图形调整到倾斜的方向。实际绘图时，也可以采用以下作图方法，这种方法的特点是直接在倾斜方向上作图。

在倾斜方向上绘制两条相互垂直的作图基准线，然后用偏移及修剪命令构建其他线段，或者将作图基准线作为图形元素的定位线来绘制图形。图 6-31 所示的线段 *A*、*B* 为作图基准线，其中线段 *B* 可用旋转命令来绘制，或者先绘制线段 *A* 的任意垂线，再用移动命令调整垂线位置至 *B* 处。旋转中心可利用延伸点捕捉方式来确定。

图 6-31 所示的线段 *C*、*D* 也是作图基准线，偏移线段 *E*，再利用 LENGTHEN 命令将偏移的线段修改为指定的长度，即可得到线段 *D*，具体方法详见 3.1.6 小节。此外，也可在线段 *E* 的位置绘制一条重合线段，然后偏移重合线段得到线段 *D*。重合线段的起始点利用延伸点捕捉方式来确定，终止点利用平行捕捉方式来确定。

绘图时，经常采用的一个技巧是：绘制定长的重合线段，再偏移、移动及旋转它，形成新的对象。例如，在已有图形上绘制重合的多段线框，偏移它即可形成新线框。

【练习 6-11】绘制图 6-32 所示的图形。图形各部分细节的尺寸都包含在各分步图形中。

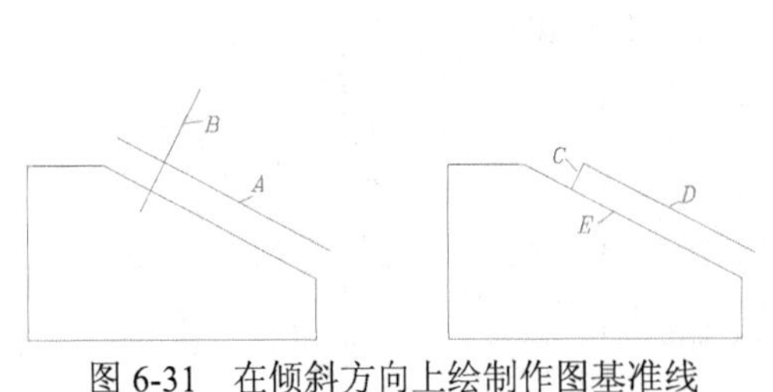

图 6-31 在倾斜方向上绘制作图基准线

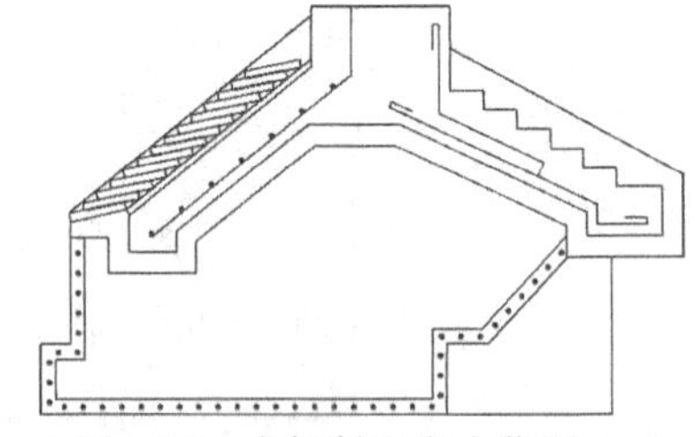

图 6-32 在倾斜方向上作图（1）

1. 用 LINE、OFFSET、COPY 等命令绘制线段，结果如图 6-33 上图所示。将其中部分对象创建成多段线，再偏移多段线形成图形，结果如图 6-33 下图所示。

2. 用 OFFSET、TRIM 等命令绘制倾斜线段，结果如图 6-34 所示。对于某些定长线段，可利用 LENGTHEN 命令修改其长度。

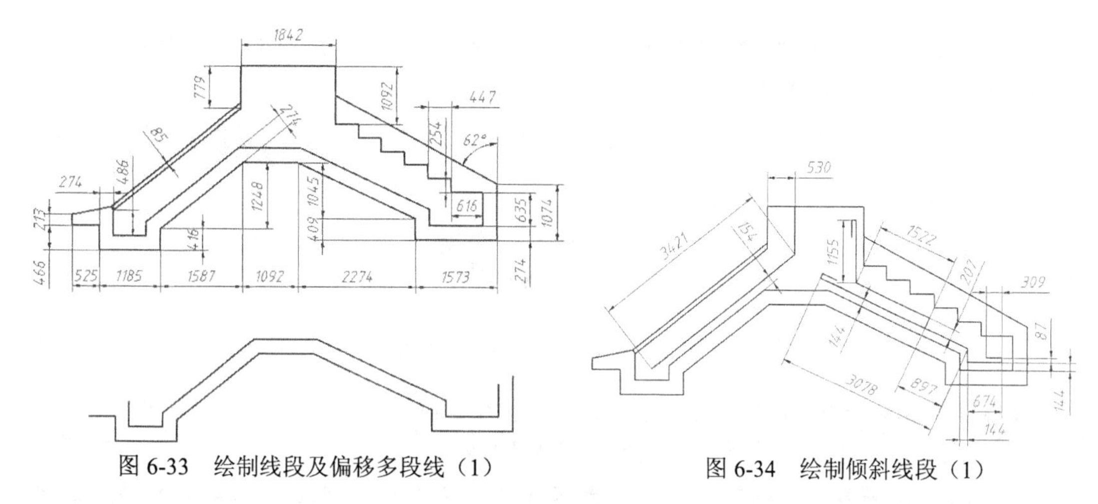

图 6-33 绘制线段及偏移多段线（1）

图 6-34 绘制倾斜线段（1）

3. 创建矩形及圆点的矩形阵列，结果如图 6-35 所示。创建圆点的阵列时，可先绘制阵列路径辅助线，然后将圆点沿路径阵列。

【练习 6-12】绘制图 6-36 所示的图形。图形各部分细节的尺寸都包含在各分步图形中。

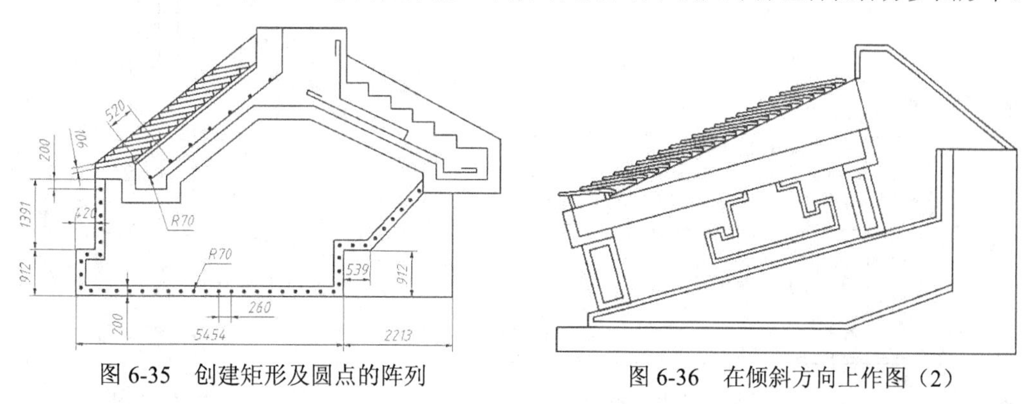

图 6-35 创建矩形及圆点的阵列

图 6-36 在倾斜方向上作图（2）

1. 用 LINE、OFFSET 等命令绘制线段，结果如图 6-37 所示。将其中部分对象创建成多段线，再偏移多段线形成图形。

2. 用 LINE、OFFSET、TRIM 等命令绘制倾斜线段，结果如图 6-38 所示。将其中部分对象创建成多段线，再偏移多段线形成图形。

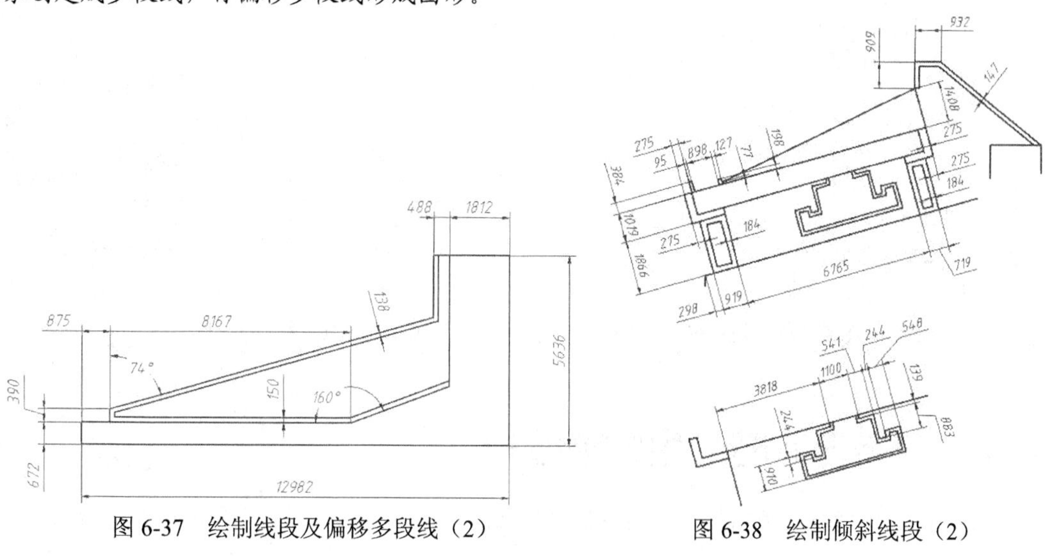

图 6-37 绘制线段及偏移多段线（2）

图 6-38 绘制倾斜线段（2）

3. 用 LINE、LENGTHEN、ROTATE 等命令绘制倾斜线段，再用 COPY 命令沿指定方向创建阵列，结果如图 6-39 所示。

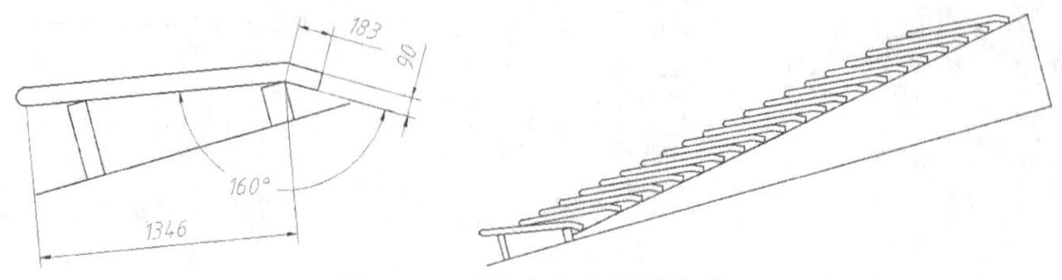

图 6-39 沿指定方向创建阵列

【练习 6-13】绘制图 6-40 所示的图形。图形各部分细节的尺寸都包含在各分步图形中。

1. 用 LINE、OFFSET 等命令绘制线段，结果如图 6-41 所示。

2. 绘制倾斜线段及创建圆点的阵列，结果如图 6-42 所示。创建圆点的阵列时，可先绘制辅助线，然后沿辅助线阵列对象。

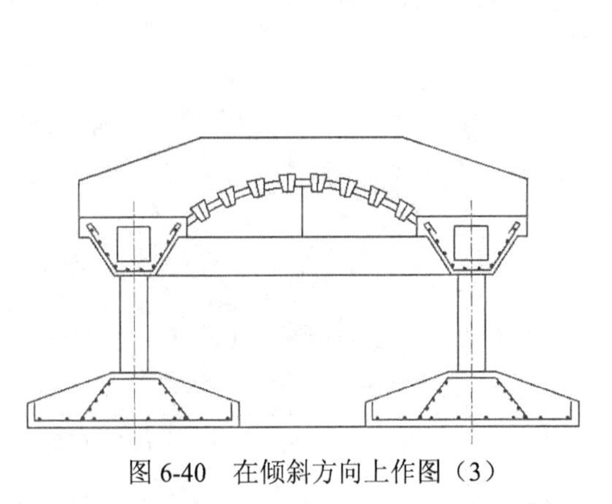

图 6-40 在倾斜方向上作图（3）

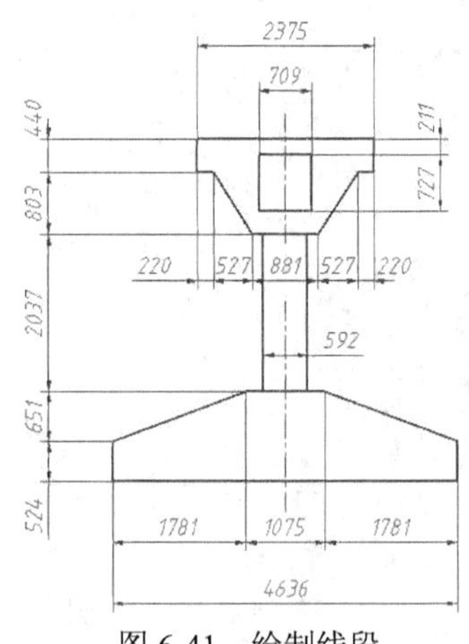

图 6-41 绘制线段

3. 镜像及阵列对象，结果如图 6-43 所示。

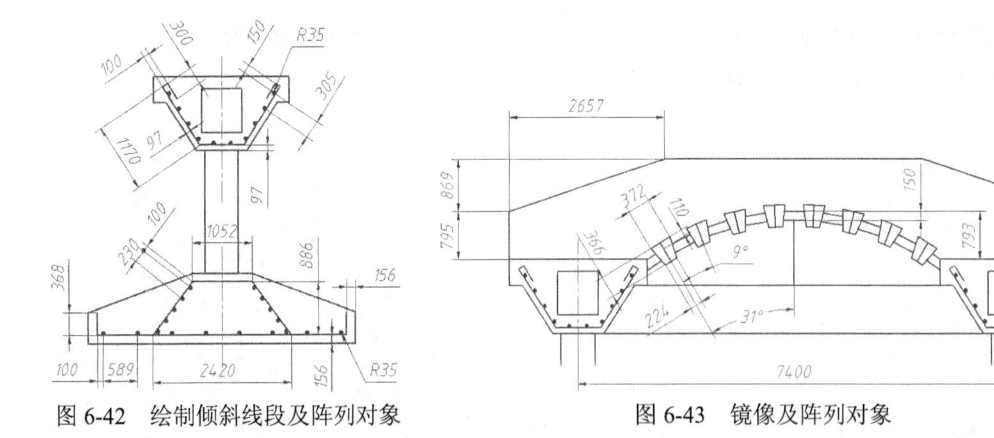

图 6-42 绘制倾斜线段及阵列对象

图 6-43 镜像及阵列对象

6.7 利用已有图形生成新图形

平面图形中常有一些局部细节的形状是相似的，只是大小不同。在绘制这些对象时，应尽量利用已有图形细节创建新图形。例如，先用 COPY、ROTATE 命令把图形细节复制到新位置并调整方向，然后利用 STRETCH、SCALE 等命令改变图形细节的大小。

【练习 6-14】利用 OFFSET、COPY、ROTATE、STRETCH 等命令绘制图 6-44 所示的图形。

1. 创建以下 3 个图层。

名称	颜色	线型	线宽
轮廓线层	绿色	Continuous	0.5
中心线层	红色	Center	默认
虚线层	黄色	Dashed	默认

2. 设定绘图窗口的高度为 150，再设置线型的【全局比例因子】为 0.2。

3. 打开极轴追踪、对象捕捉及对象捕捉追踪功能。指定极轴追踪的【增量角度】为【90】，设定对象捕捉方式为【端点】【交点】。

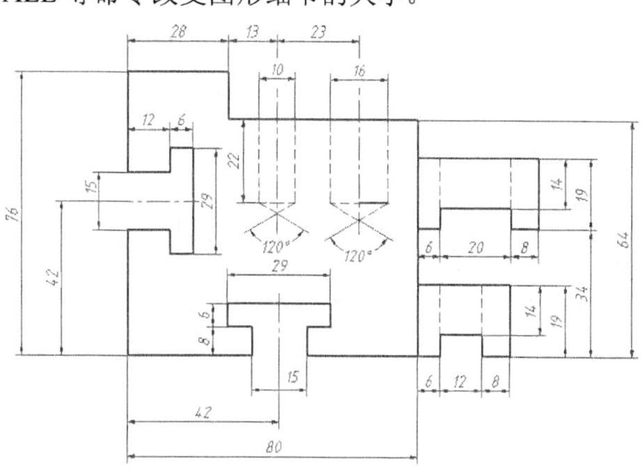

图 6-44 利用已有图形生成新图形（1）

4. 切换到轮廓线层，绘制作图基准线 *A*、*B*，其长度约为 110，结果如图 6-45 左图所示。用 OFFSET、TRIM 命令绘制线框 *C*，结果如图 6-45 右图所示。

5. 绘制线框 *B*、*C*、*D*，结果如图 6-46 左图所示。用 COPY、ROTATE、SCALE、STRETCH 等命令绘制线框 *E*、*F*、*G*，结果如图 6-46 右图所示。

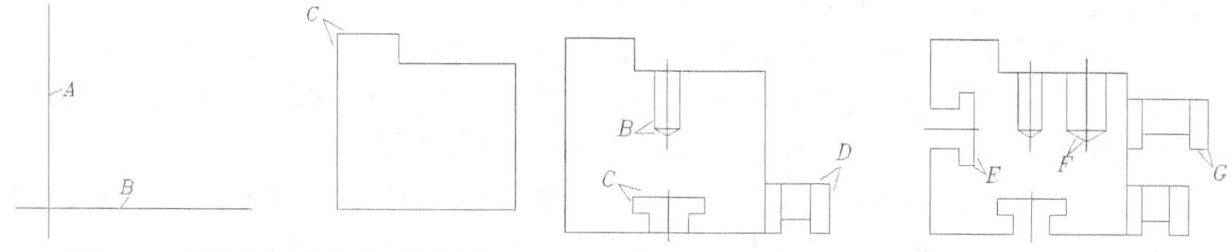

图 6-45 绘制作图基准线及线框

图 6-46 绘制线框及编辑线框生成新图形

6. 将部分线段修改到中心线层及虚线层上。

【练习 6-15】绘制图 6-47 所示的图形。

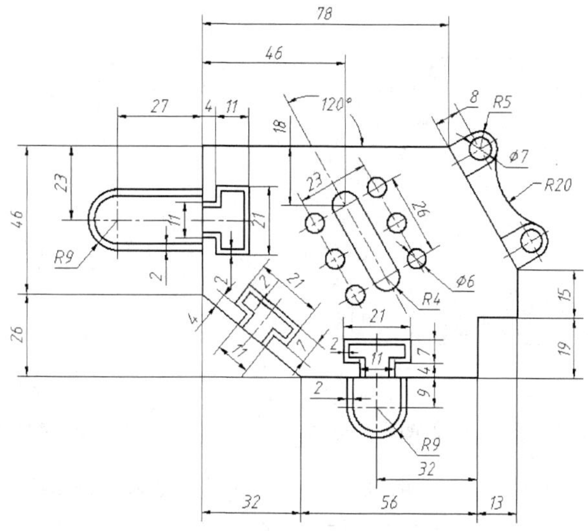

图 6-47 利用已有图形生成新图形（2）

主要作图步骤如图 6-48 所示。

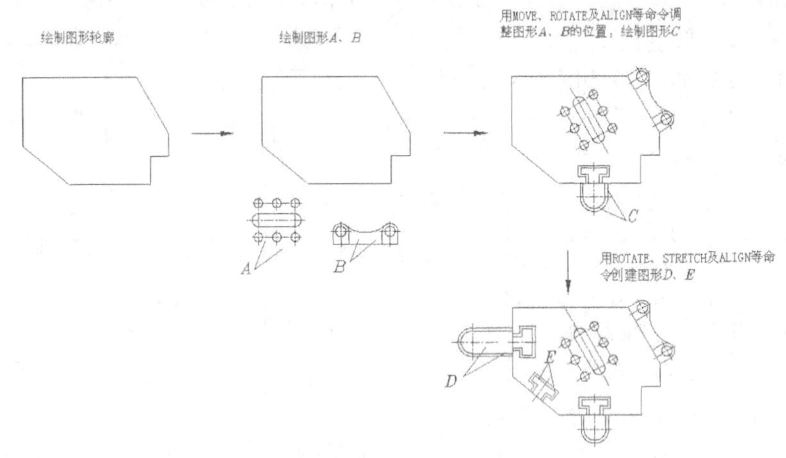

图 6-48 主要作图步骤

6.8 利用“装配法”绘制复杂图形

利用“装配法”绘制复杂图形的大致操作为：将复杂图形看作几个简单图形的组合，分别进行绘制，然后将简单图形组合，形成复杂图形。

【练习 6-16】绘制图 6-49 所示的图形。可认为该图形由 4 个部分组成，每一部分的形状都不复杂。作图时，先分别绘制这 4 个部分的图形（倾斜部分的图形可在水平或竖直方向绘制），然后用 MOVE、ROTATE、ALIGN 命令将各部分图形“装配”在一起。

1. 打开极轴追踪、对象捕捉及对象捕捉追踪功能。指定极轴追踪的【增量角度】为【90】，设定对象捕捉方式为【端点】【交点】，选择【仅正交追踪】单选项。

2. 用 LINE、OFFSET、CIRCLE、ARRAY 等命令绘制图形 *A*、*B*、*C*，结果如图 6-50 所示。

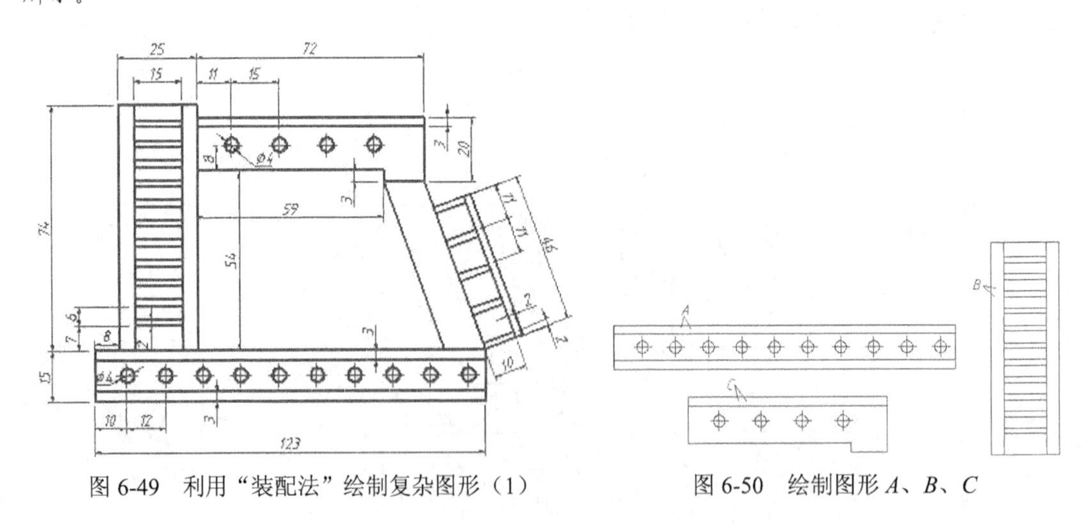

图 6-49 利用“装配法”绘制复杂图形（1）

图 6-50 绘制图形 *A*、*B*、*C*

3. 用 MOVE 命令将图形 *B*、*C* 移动到正确的位置，结果如图 6-51 所示。

4. 绘制线段 *D*、*E*，再绘制图形 *F*，结果如图 6-52 所示。

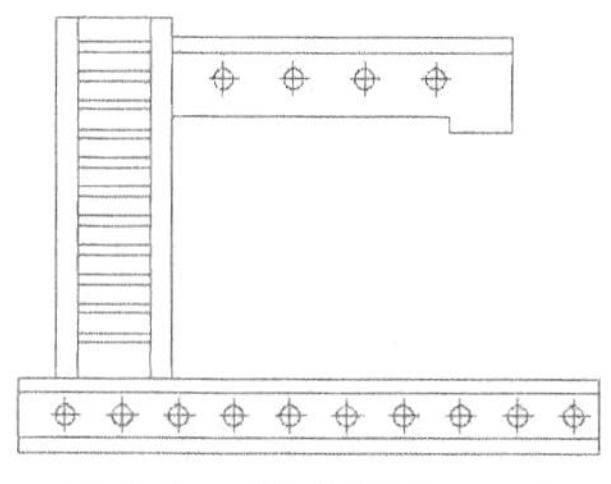

图 6-51 移动图形 *B*、*C*

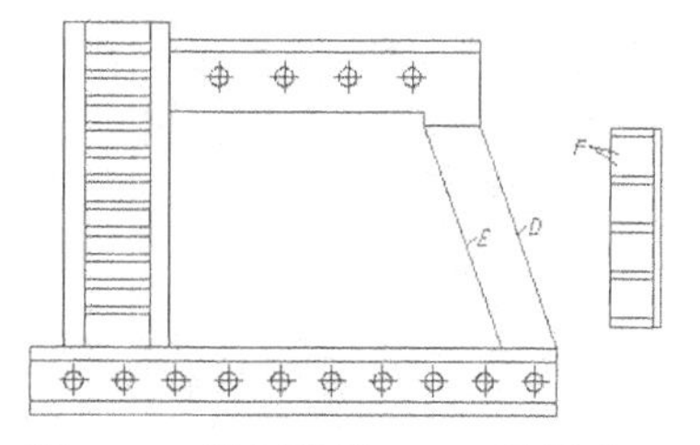

图 6-52 绘制线段 *D*、*E* 及图形 *F*

5. 用 ALIGN 命令将图形 *F*“装配”到正确的位置，结果如图 6-53 所示。

【练习 6-17】绘制图 6-54 所示的图形。

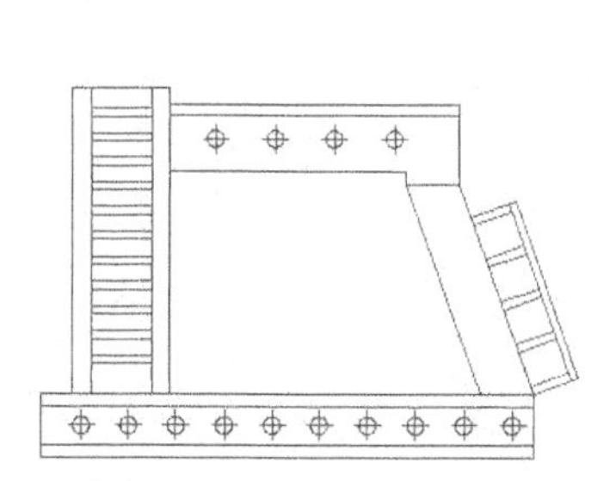

图 6-53 把图形 *F*“装配”到正确的位置

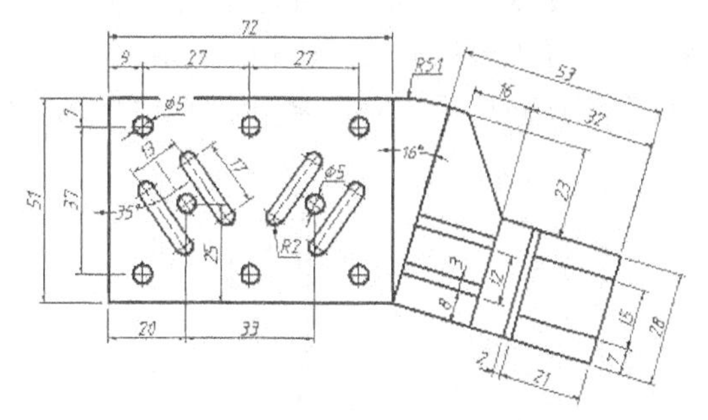

图 6-54 利用“装配法”绘制复杂图形（2）

6.9 绘制组合体三视图及剖视图

【练习 6-18】根据图 6-55 所示的轴测图绘制三视图。

1. 创建以下 3 个图层。

名称	颜色	线型	线宽
轮廓线层	绿色	Continuous	0.5
中心线层	红色	Center	默认
虚线层	黄色	Dashed	默认

2. 设定绘图窗口的高度为 170，再设置线型的【全局比例因子】为 0.2。

3. 打开极轴追踪、对象捕捉及对象捕捉追踪功能。指定极轴追踪的【增量角度】为【90】，设定对象捕捉方式为【端点】【交点】。

4. 切换到轮廓线层，绘制两条作图基准线，结果如图 6-56 左图所示。用 OFFSET、TRIM 等命令绘制主视图，结果如图 6-56 右图所示。

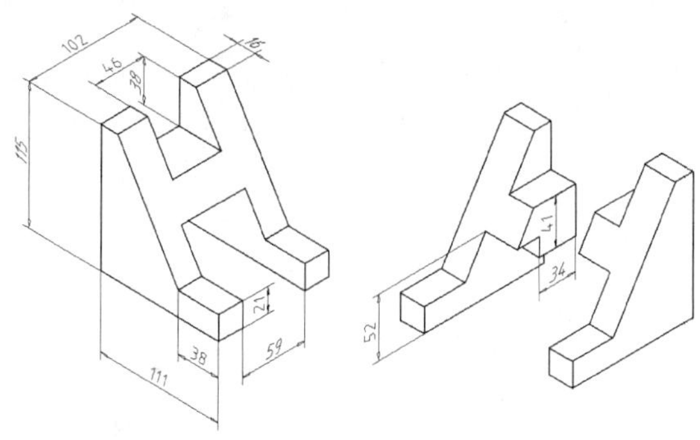

图 6-55 轴测图（1）

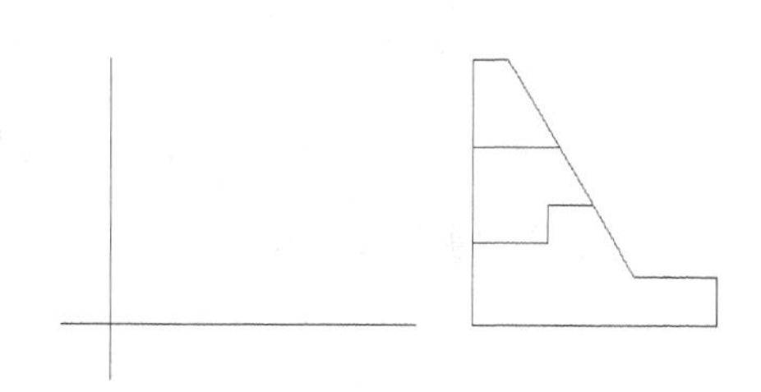

图 6-56 绘制主视图

5. 绘制水平投影线及左视图对称线，结果如图 6-57 左图所示。用 OFFSET、TRIM 等命令绘制左视图，结果如图 6-57 右图所示。

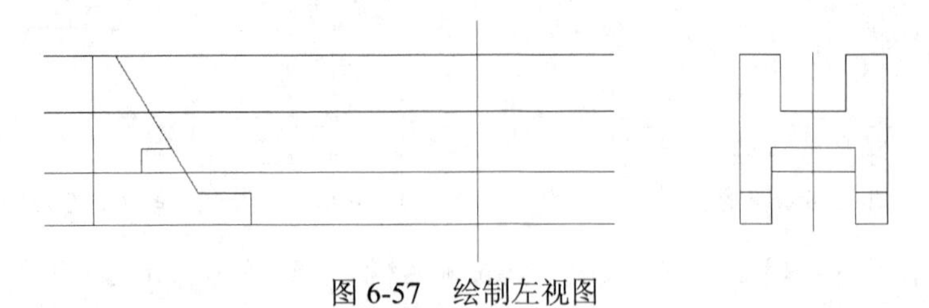

图 6-57 绘制左视图

6. 将左视图复制到适当的位置，并将其顺时针旋转 90°，然后用 XLINE 命令从主视图、左视图向俯视图绘制投影线，结果如图 6-58 所示。

7. 用 OFFSET、TRIM 等命令绘制俯视图的细节，结果如图 6-59 所示。

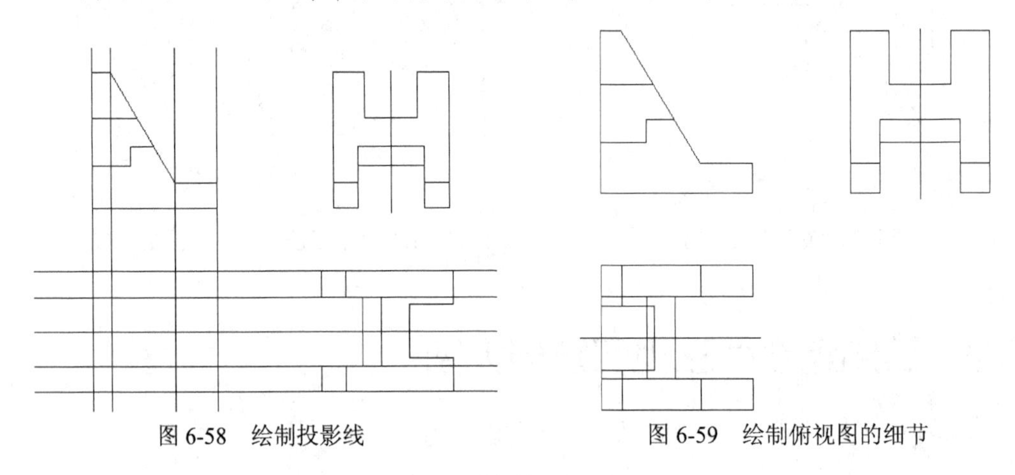

图 6-58 绘制投影线　　　　图 6-59 绘制俯视图的细节

【练习 6-19】根据图 6-60 所示的轴测图绘制三视图。

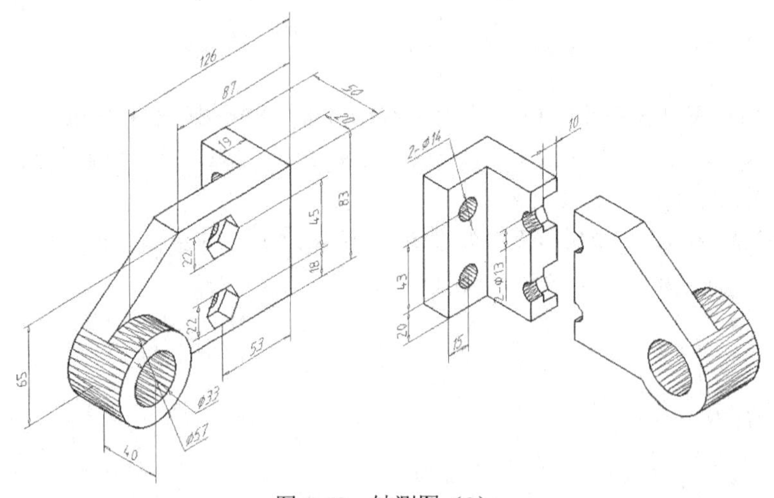

图 6-60 轴测图（2）

主要作图步骤如图 6-61 所示。

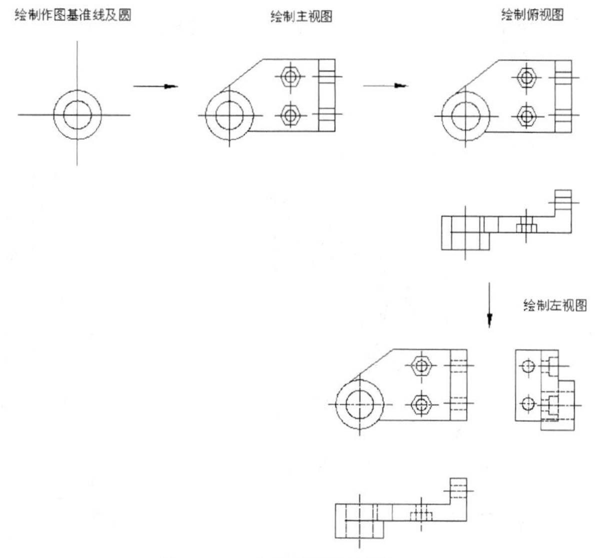

图 6-61　主要作图步骤（1）

【练习 6-20】根据图 6-62 所示的轴测图绘制三视图。

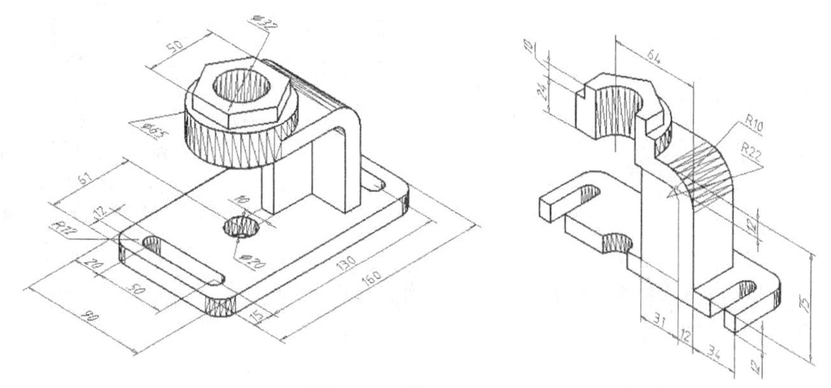

图 6-62　轴测图（3）

主要作图步骤如图 6-63 所示。

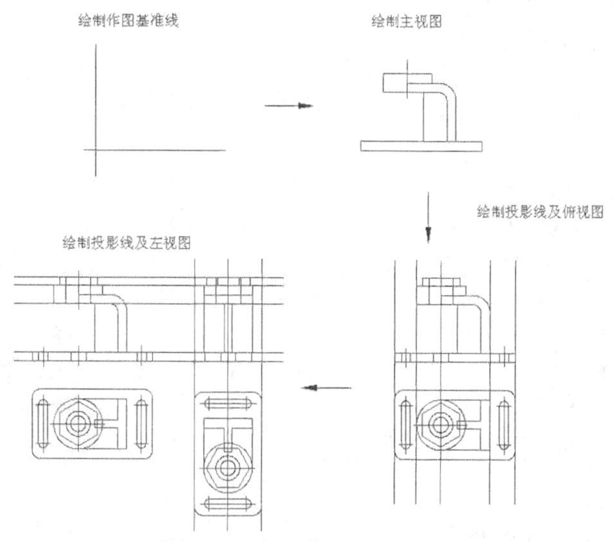

图 6-63　主要作图步骤（2）

【练习 6-21】根据图 6-64 所示的轴测图及视图轮廓绘制俯视图及剖视图。剖视图采用主视方向的半剖形式。

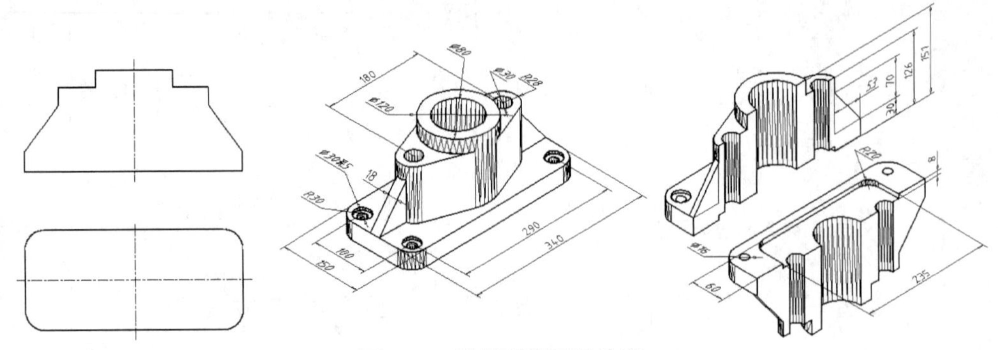

图 6-64 轴测图及视图轮廓

主要作图步骤如图 6-65 所示。

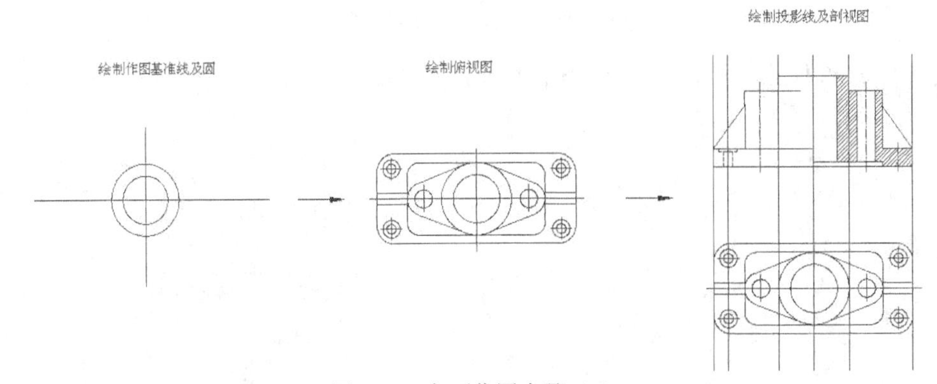

图 6-65 主要作图步骤（3）

6.10 习题

1．绘制图 6-66 所示的图形。

2．绘制图 6-67 所示的图形。

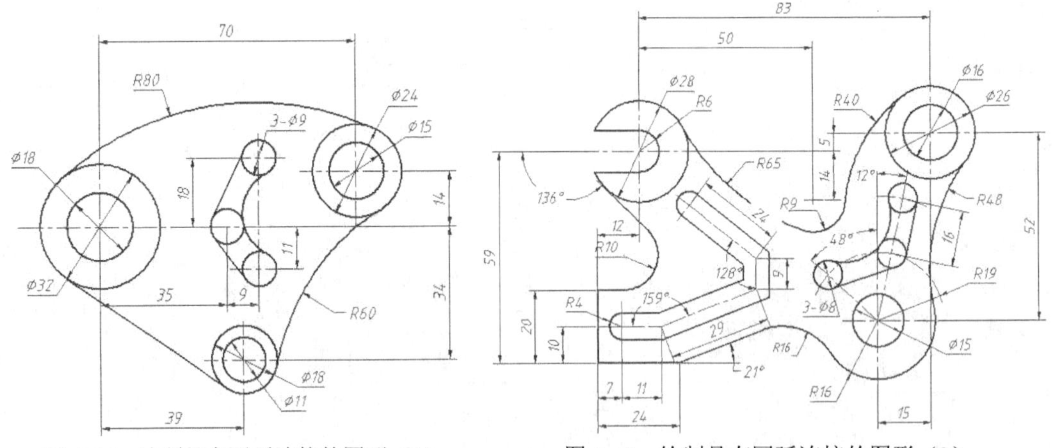

图 6-66 绘制具有圆弧连接的图形（1） 图 6-67 绘制具有圆弧连接的图形（2）

3．绘制图 6-68 所示的图形。

4．绘制图 6-69 所示的图形。

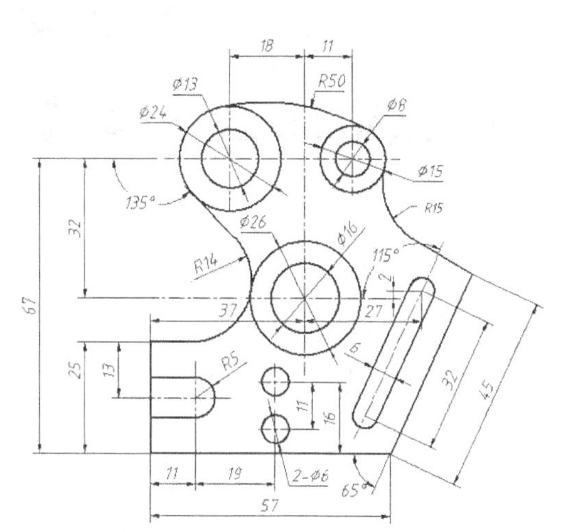

图 6-68　绘制具有圆弧连接的图形（3）

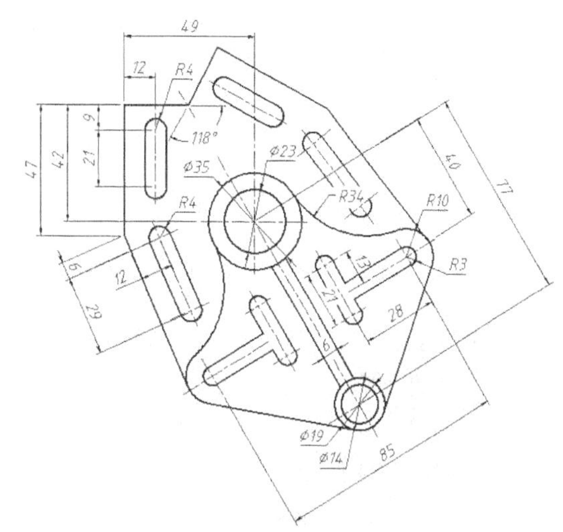

图 6-69　绘制倾斜图形

5．绘制图 6-70 所示的图形。

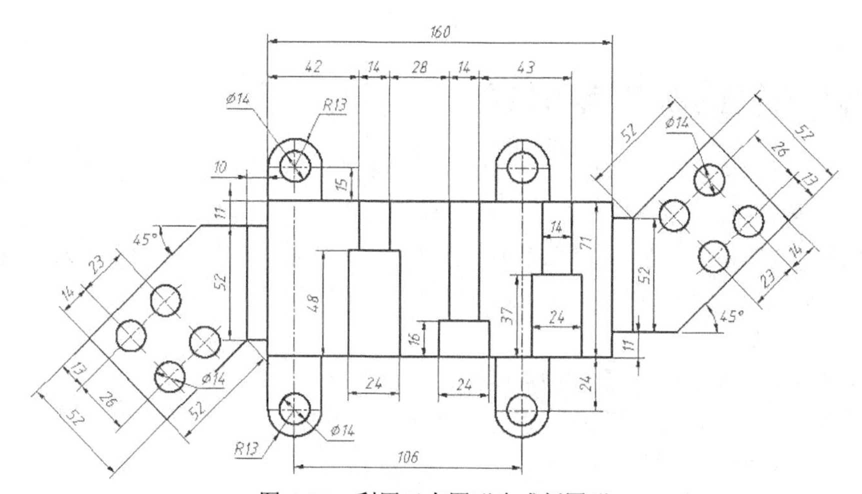

图 6-70　利用已有图形生成新图形

6．根据图 6-71 所示的轴测图绘制三视图。

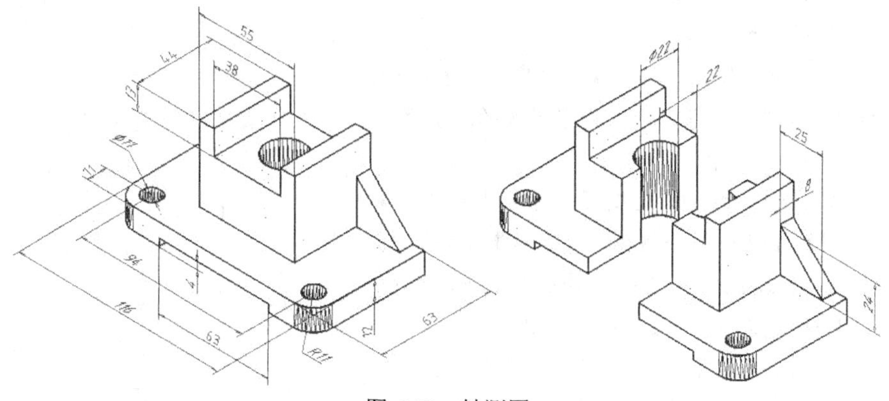

图 6-71　轴测图

第 7 章

在图形中添加文字

主要内容

- 创建及修改文字样式。
- 创建单行文字及多行文字。
- 添加特殊字符。
- 使用注释性对象。
- 编辑文字内容及格式。
- 创建表格样式及表格对象。

7.1 创建及修改文字样式

在中望 CAD 中创建文字对象时，它们的外观都由与其关联的文字样式决定。默认情况下，Standard 文字样式是当前样式，用户也可根据需要创建新的文字样式。

文字样式主要用于控制与文本连接的字体文件、字符宽度、文字倾斜角度及高度等属性，另外，还可通过它设计出反向的、颠倒的或竖直方向的文本。

命令启动方法

- 菜单命令：【格式】/【文字样式】。
- 面板：【注释】选项卡中【文字】面板上的↘按钮。
- 命令：STYLE 或简写 ST。

下面在图形文件中创建新的文字样式。

【练习 7-1】创建文字样式。

1. 单击【文字】面板上的↘按钮，打开【文字样式管理器】对话框，如图 7-1 所示。

2. 单击 新建(N) 按钮，打开【新文字样式】对话框，在【样式名称】文本框中输入文字样式的名称“工程文字”，如图 7-2 所示。

3. 单击 确定 按钮，返回【文字样式管理器】对话框，在【文本字体】分组框的【名称】下拉列表中选择【IC-isocp.shx】(或【isocp.shx】) 选项，再在【大字体】下拉列表中选择【GBCBIG.SHX】选项。

4. 工程文字为长仿宋字，字体高宽比为 0.7。在【文本度量】分组框的【宽度因子】文本框中输入数值 “0.7”。

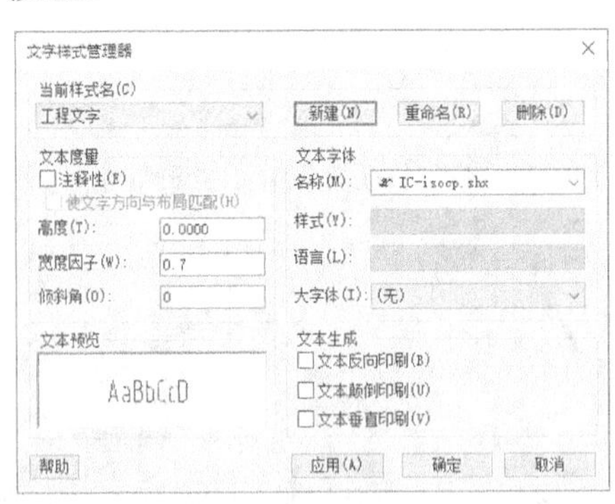

图 7-1 【文字样式管理器】对话框

图 7-2 【新文字样式】对话框

5. 单击 应用(A) 按钮完成创建。

设置字体、字高和特殊效果等外部特征，以及修改、删除文字样式等操作都是在【文字样式管理器】对话框中进行的。该对话框中的常用选项如下。

- 【当前样式名】：该下拉列表中列出了图形中所有文字样式的名称，用户可从中选择一个，使其成为当前样式。
- 【名称】：该下拉列表中列出了所有的字体，带有双“T”标志的字体是 Windows 系统提供的“TrueType”字体，其他字体是中望 CAD 自己的字体（*.shx），其中“gbenor.shx”和“gbeitc.shx”（斜体西文）字体是符合国标的工程字体。也可选用近似字体，如“isocp.shx”或“IC-isocp.shx”。
- 【大字体】：大字体是指专为双字节的文字所设计的文本字体。其中“gbcbig.shx”字体是符合国标的工程汉字字体，该字体文件还包含一些常用的特殊符号。由于“gbcbig.shx”中不包含西文字体定义，所以可将其与“gbenor.shx”“gbeitc.shx”“isocp.shx”字体配合使用。
- 【高度】：输入字体的高度。如果用户在该文本框中指定了文本高度，则当使用 TEXT（单行文字）命令时，系统将不再提示“指定高度”。
- 【宽度因子】：默认的宽度因子为 1。若输入小于 1 的数值，则文本将变窄，否则文本变宽，如图 7-3 所示。
- 【倾斜角】：指定文本的倾斜角度。角度为正时，文本向右倾斜；角度为负时，文本向左倾斜，如图 7-4 所示。

中望CAD2022　　中望CAD2022　　中望CAD2022　　中望CAD2022

宽度比例因子为 1.0　　宽度比例因子为 0.7　　倾斜角度为 30°　　倾斜角度为−30°

图 7-3　调整宽度比例因子　　　　图 7-4　设置文字倾斜角度

修改文字样式的操作也是在【文字样式管理器】对话框中进行的，其过程与创建文字样式相似，这里不再赘述。

修改文字样式时，用户应注意以下几点。

（1）修改完成后，单击【文字样式】对话框的 应用(A) 按钮则修改生效，系统立即更新图形中与此文字样式关联的文字。

（2）当修改文字样式连接的字体文件时，系统将改变所有文字的外观。

（3）当修改文字的颠倒、反向和垂直特性时，系统将改变单行文字的外观；而修改文字高度、宽度因子及倾斜角度时，则不会改变已有单行文字的外观，但将影响此后创建的文字对象的外观。

（4）对于多行文字，只有【宽度因子】【倾斜角】选项才能影响已有多行文字的外观。

7.2 单行文字

单行文字是指比较简短的文字信息，每一行都是独立的对象，可以灵活地移动、复制及旋转。下面介绍创建单行文字的方法。

7.2.1 创建单行文字

TEXT 命令用于创建单行文字对象。执行此命令后，用户不仅可以设定文本的对齐方式和文字的倾斜角度，还可以移动十字光标在不同的地方选取点以确定文本的位置。用户只执行一次 TEXT 命令就能在图形的多个区域放置文本。

默认情况下，与新建文字关联的文字样式是“Standard”。如果要输入中文，则应使当前文字样式与中文字体相关联，此外也可创建一个采用中文字体的新文字样式。

一、命令启动方法

- 菜单命令：【绘图】/【文字】/【单行文字】。
- 面板：【常用】选项卡中【注释】面板上的“单行文字”按钮。
- 命令：TEXT 或简写 DT。

【练习 7-2】用 TEXT 命令在图形中放置一些单行文字。

1. 打开素材文件“dwg\第 7 章\7-2.dwg”。

2. 创建新文字样式并使其成为当前样式。样式名为“工程文字”，与该样式相连的字体文件是“IC-isocp.shx”和“gbcbig.shx”。

3. 执行 TEXT 命令，输入单行文字，如图 7-5 所示。

```
命令:TEXT
指定文字的起点或 [对正(J)/样式(S)]:         //单击 A 点
指定文字高度 <3.0000>: 5                    //输入文字高度
指定文字的旋转角度 <0>:                     //按 Enter 键
横臂升降机构                                //输入文字
行走轮                                      //在 B 点处单击并输入文字
行走轨道                                    //在 C 点处单击并输入文字
行走台车                                    //在 D 点处单击，输入文字并按 Enter 键
台车行走速度 5.72m/min                      //输入文字并按 Enter 键
台车行走电机功率 3kW                        //输入文字
立架                                        //在 E 点处单击并输入文字
配重系统                                    //在 F 点处单击，输入文字并按 Enter 键
                                            //按 Enter 键结束
命令:
TEXT
指定文字的起点或 [对正(J)/样式(S)]:         //单击 G 点
指定文字高度 <5.0000>:                      //按 Enter 键
指定文字的旋转角度 <0>: 90                  //输入文字的旋转角度
设备总高 5500                               //输入文字并按 Enter 键
                                            //按 Enter 键结束
```

再在 *H* 点处输入“横臂升降行程 1 500”，结果如图 7-5 所示。

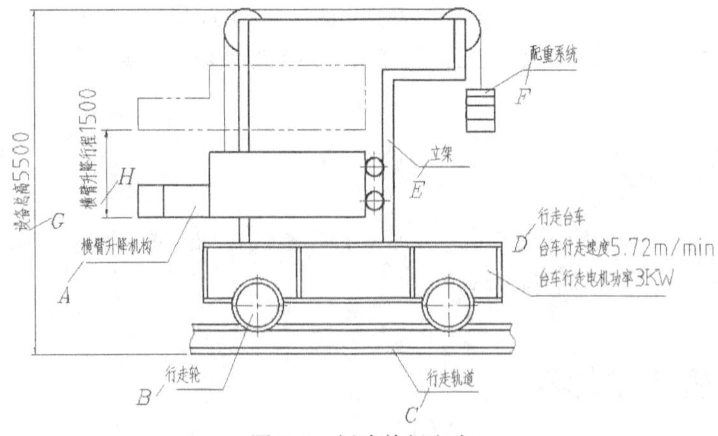

图 7-5 创建单行文字

要点提示 若图形中的文本没有正确地显示出来，则多数情况是由于文字样式所连接的字体不合适。

二、命令选项

- 样式(S)：指定当前文字样式。
- 对正(J)：设定文字的对齐方式，详见 7.2.2 小节。

7.2.2 单行文字的对齐方式

执行 TEXT 命令后，系统提示“指定文字的起点”，此点和实际字符的位置关系由对齐方式“对正(J)”决定。对于单行文字，系统提供了 10 多种对正选项。默认情况下，文本是左对齐的，即指定的起点是文字的左基线点，如图 7-6 所示。

如果要改变单行文字的对齐方式，就选择“对正(J)”选项。方法为：在“指定文字的起点或 [对正(J)/样式(S)]：”提示下，输入“j”，则系统提示如下。

输入选项 [对齐(A)/布满(F)/居中(C)/中间(M)/左对齐(L)/右对齐(R)/左上(TL)/中上(TC)/右上(TR)/左中(ML)/正中(MC)/右中(MR)/左下(BL)/中下(BC)/右下(BR)]

下面对以上选项进行详细说明。

- 对齐(A)：选择此选项后，系统会提示“指定文字起点”和“指定文字终点”。当用户选定两点并输入文字后，系统会将文字压缩或扩展，使其充满指定的宽度范围，而文字的高度则按适当比例变化，不会扭曲。
- 布满(F)：选择此选项后，系统会增加“指定高度”的提示。使用此选项也将压缩或扩展文字，使其充满指定的宽度范围，但文字的高度值等于指定的数值。

分别选择“对齐(A)”和“布满(F)”选项，在矩形中输入文字，结果如图 7-7 所示。

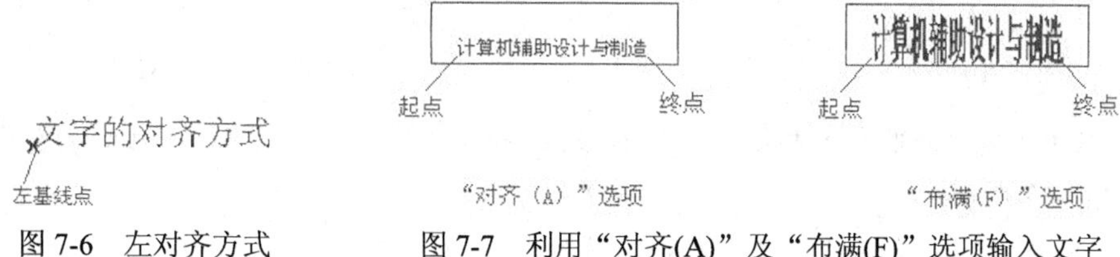

图 7-6 左对齐方式　　图 7-7 利用“对齐(A)”及“布满(F)”选项输入文字

- [居中(C)/中间(M)/左对齐(L)/右对齐(R)/左上(TL)/中上(TC)/右上(TR)/左中(ML)/正中(MC)/右中(MR)/左下(BL)/中下(BC)/右下(BR)]：通过这些选项设置文字的起点，各起点的位置如图 7-8 所示。

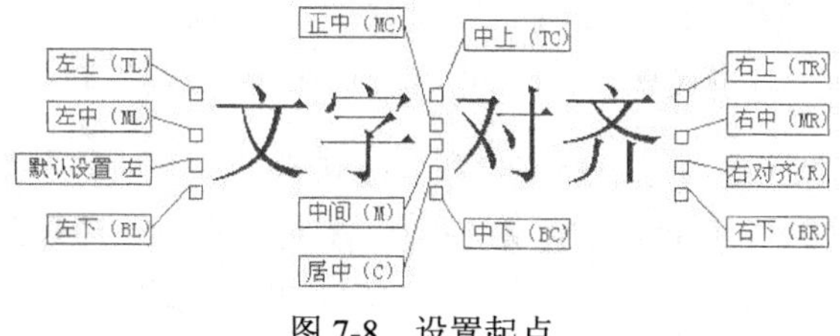

图 7-8 设置起点

7.2.3 在单行文字中加入特殊字符

工程图中的许多符号都不能通过标准键盘直接输入，如文字的下划线、直径代号等。当用户利用 TEXT 命令创建文字注释时，可以通过输入代码来产生特殊字符，这些代码及对应的特殊字符如表 7-1 所示。

表 7-1 特殊字符的代码

代码	字符	代码	字符
%%o	文字的上划线	%%p	表示“±”
%%u	文字的下划线	%%c	直径代号
%%d	角度的度符号		

使用表中代码生成特殊字符的样例如图 7-9 所示。

添加%%u特殊%%u字符　　添加特殊字符

%%c100　　⌀100

%%p0.010　　±0.010

图 7-9 创建特殊字符

7.2.4 用 TEXT 命令填写明细表及标题栏

【练习 7-3】在表格中添加文字。

1. 打开素材文件“dwg\第 7 章\7-3.dwg”。

2. 创建新文字样式，并使其成为当前样式。新样式名称为“工程文字”，与其相连的字体文件是“IC-isocp.shx”和“gbcbig.shx”。

3. 用 TEXT 命令在明细表底部第 1 行中输入文字“序号”，字高为 5，结果如图 7-10 所示。

4. 用 COPY 命令将“序号”从 *A* 点复制到 *B*、*C*、*D*、*E* 点，结果如图 7-11 所示。

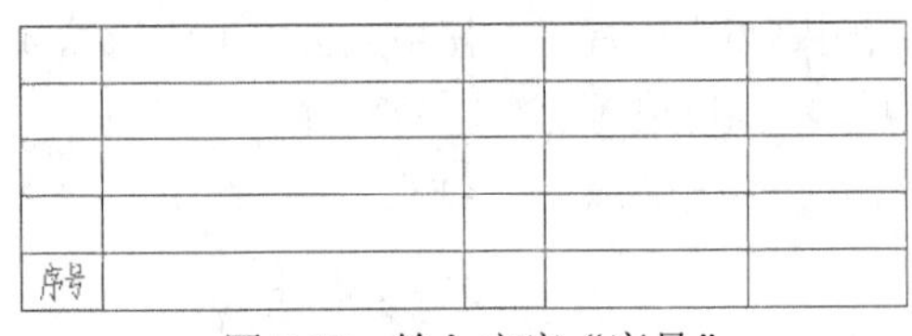

图 7-10 输入文字“序号”

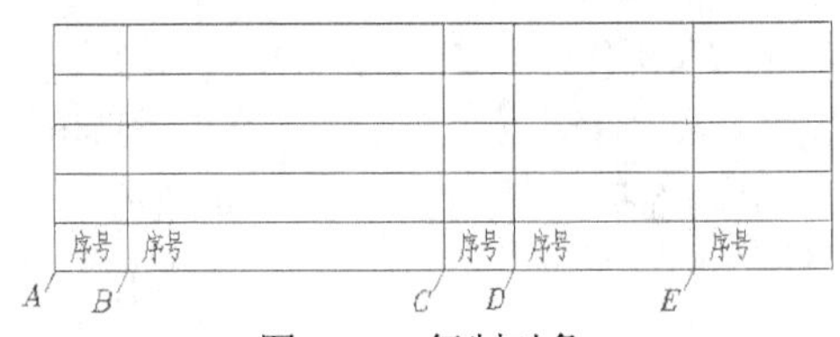

图 7-11 复制对象

5. 双击文字，修改文字内容，再用 MOVE 命令调整“名称”“材料”“备注”的位置，结果如图 7-12 所示。

6. 把已经填写好的文字向上复制，结果如图 7-13 所示。

序号	名称	数量	材料	备注

图 7-12 修改文字内容并调整位置

序号	名称	数量	材料	备注
序号	名称	数量	材料	备注
序号	名称	数量	材料	备注
序号	名称	数量	材料	备注
序号	名称	数量	材料	备注

图 7-13 复制文字

7. 双击文字，修改文字内容，结果如图 7-14 所示。

8. 把“序号”“数量”列的数字移动到单元格的中间位置，结果如图 7-15 所示。

4	转轴	1	45	
3	定位板	2	Q235	
2	轴承盖	1	HT200	
1	轴承座	1	HT200	
序号	名称	数量	材料	备注

图 7-14 修改文字内容

4	转轴	1	45	
3	定位板	2	Q235	
2	轴承盖	1	HT200	
1	轴承座	1	HT200	
序号	名称	数量	材料	备注

图 7-15 移动文字

【练习 7-4】使用 TEXT 命令填写工程图的标题栏。

1. 打开素材文件“dwg\第 7 章\7-4.dwg”。
2. 修改当前文字样式，使之与中文字体“宋体”关联。
3. 执行 TEXT 命令，输入单行文字，如图 7-16 所示。

```
命令: TEXT
指定文字的起点或 [对正(J)/样式(S)]:          //在 A 点处单击
指定文字高度 <2.5000>: 3.5                  //输入文字高度
指定文字的旋转角度 <0>:                      //按 Enter 键
设计                                        //输入文字
审核                                        //在 B 点处单击并输入文字
工艺                                        //在 C 点处单击并输入文字
比例                                        //在 D 点处单击并输入文字
件数                                        //在 E 点处单击并输入文字
重量                                        //在 F 点处单击并输入文字
                                            //按 Enter 键结束
```

再用 MOVE 命令调整单行文字的位置，结果如图 7-16 所示。

4. 选择“布满(F)”选项，输入文字，如图 7-17 所示。

```
命令: TEXT
指定文字的起点或 [对正(J)/样式(S)]: j        //设置文字对齐方式
输入选项 [对齐(A)/布满(F)/居中(C)]:f         //选择“布满(F)”选项
指定文字起点:                                //在 A 点处单击
指定文字终点:                                //在 B 点处单击
指定文字高度 <5.0000>: 7                     //输入文字高度
济南第一机床厂                               //输入文字
                                             //按 Enter 键结束
```

结果如图 7-17 所示。

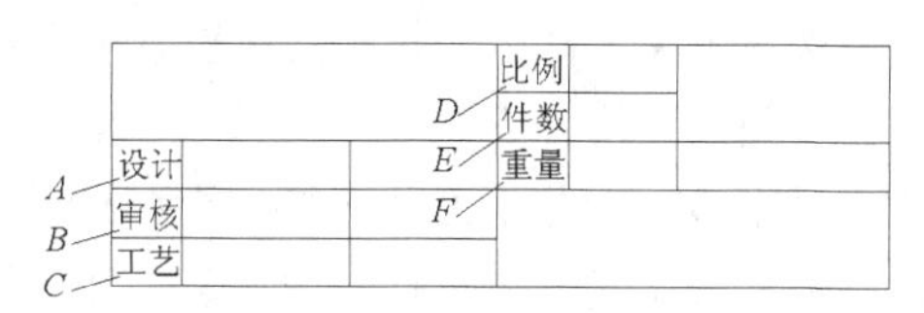

图 7-16 输入单行文字

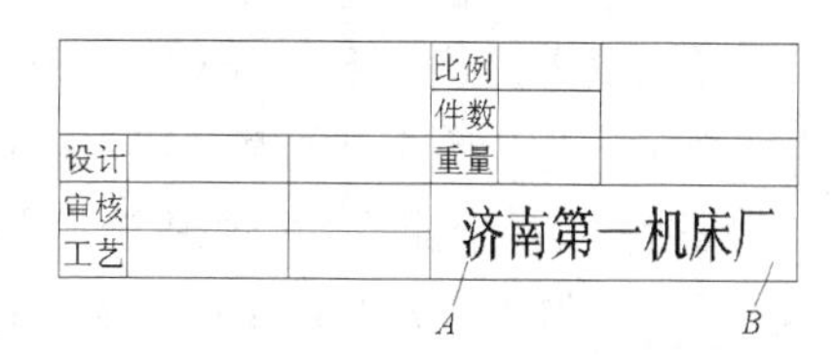

图 7-17 选择“布满(F)”选项并输入文字

7.3 多行文字

使用 MTEXT 命令可以创建复杂的文字说明。用 MTEXT 命令生成的文字段落称为多行文字，它可由任意数目的文字行组成，所有的文字构成一个单独的实体。使用 MTEXT 命令时，用户可以指定文本分布的宽度，但文字沿竖直方向可无限延伸。另外，用户还能设置多行文字中单个字符或某一部分文字的属性（包括文本的字体、倾斜角度和高度等）。

7.3.1 创建多行文字

要创建多行文字，首先要了解文字编辑器，下面将详细介绍文字编辑器的使用方法及常用选项的功能。

命令启动方法

- 菜单命令：【绘图】/【文字】/【多行文字】。

- 面板：【常用】选项卡中【注释】面板上的多行文字按钮。
- 命令：MTEXT 或简写 T。

【练习 7-5】练习 MTEXT 命令。

使用 MTEXT 命令创建多行文字前，用户一般要设定当前绘图区域的大小（或绘图窗口高度），这样便于估计新建的文字在绘图区中显示的大致高度，避免其外观过大或过小。

执行 MTEXT 命令后，系统提示如下。

```
指定第一角点：          //用户在屏幕上指定文本边框的一个角点，系统显示相应的样例文字
指定对角点：            //指定文本边框的对角点
```

当指定了文本边框的第 1 个角点后，再拖动十字光标指定矩形分布区域的另一个角点，一旦建立了文本边框，系统就打开多行文字编辑器，该编辑器由【文本格式】工具栏及顶部带标尺的文字输入框组成，如图 7-18 所示。利用它们可创建文字并设置文字样式、对齐方式、字体、字高等属性。

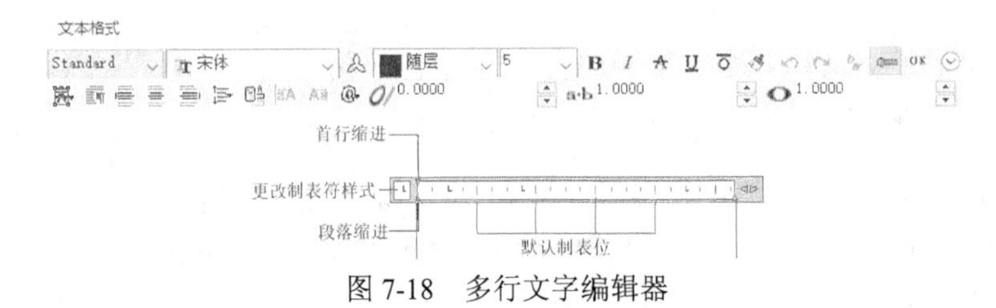

图 7-18 多行文字编辑器

用户在文字输入框中输入中文，当文本到达定义边框的右边界时，自动换行。若输入英文或数字，则按 Shift+Enter 键换行。

下面对多行文字编辑器的主要功能进行说明。

一、【文本格式】工具栏

- 【样式】：从此下拉列表中选择与多行文字关联的文字样式，新样式将影响所有相关文字，也影响文字的某些特殊格式，如粗体、斜体、堆叠等。
- 【字体】：从此下拉列表中选择需要的字体。多行文字对象中可以包含不同字体的字符。
- 【文字高度】：从此下拉列表中选择或直接输入文字高度。多行文字对象中可以包含不同高度的字符。
- 按钮：将选定文字的格式传递给目标文字。
- 按钮：当左、右文字间有堆叠字符（^、/、#）时，将使左边的文字堆叠在右边文字的上方。其中“/”转化为水平分数线，“#”转化为倾斜分数线。
- 按钮：打开或关闭文字输入框上部的标尺。
- 0.0000【倾斜角度】：设定文字的倾斜角度。
- a·b 1.0000【追踪因子】：控制字符间的距离。如果输入大于 1 的数值，则增大字符间距；输入小于 1 的数值，则缩小字符间距。
- 1.0000【宽度因子】：设定文字的宽度因子。如果输入小于 1 的数值，则文本变窄；输入大于 1 的数值，则文本变宽。

二、文字输入框

（1）标尺：设置首行文字及段落文字的缩进，还可设置制表位，操作方法如下。

- 拖动标尺上第 1 行的缩进滑块，可改变所选段落第 1 行的缩进位置。
- 拖动标尺上第 2 行的缩进滑块，可改变所选段落其余行的缩进位置。
- 标尺上显示了默认的制表位。若要设置新的制表位，可单击标尺。若要删除创建的制

表位，可按住制表位，将其拖出标尺。

（2）快捷菜单：在文字输入框中单击鼠标右键，弹出快捷菜单，该菜单中包含了一些标准编辑命令和多行文字特有的命令，如图 7-19 所示（只显示了部分命令）。

- 【符号】：该命令包含以下常用符号。

【度数】：在光标定位处插入特殊字符“%%d”，它表示度数符号“ ° ”。

【正/负】：在光标定位处插入特殊字符“%%p”，它表示加减符号“±”。

【直径】：在光标定位处插入特殊字符“%%c”，它表示直径符号“ ϕ ”。

【几乎相等】：在光标定位处插入符号“≈”。

【角度】：在光标定位处插入符号“∠”。

【不相等】：在光标定位处插入符号“≠”。

【下标 2】：在光标定位处插入下标“2”。

【平方】：在光标定位处插入上标“2”。

【立方】：在光标定位处插入上标“3”。

【其他】：选择该命令，打开【字符映射表】对话框，在该对话框的【字体】下拉列表中选择字体，则对话框显示所选字体包含的各种字符，如图 7-20 所示。若要插入一个字符，先选择它，再单击[选择(S)]按钮，此时系统将选取的字符放在【复制字符】文本框中，依次选择所有要插入的字符，然后单击[复制(C)]按钮，关闭【字符映射表】对话框，返回多行文字编辑器，在要插入字符的位置单击，再单击鼠标右键，从弹出的快捷菜单中选择【粘贴】命令，这样就将字符插入多行文字中了。

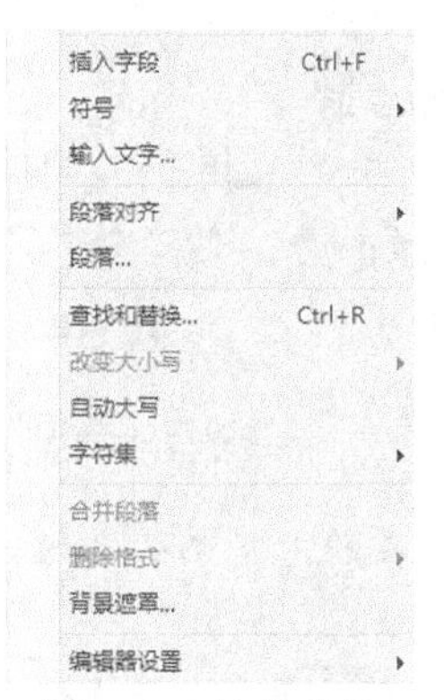

图 7-19 快捷菜单

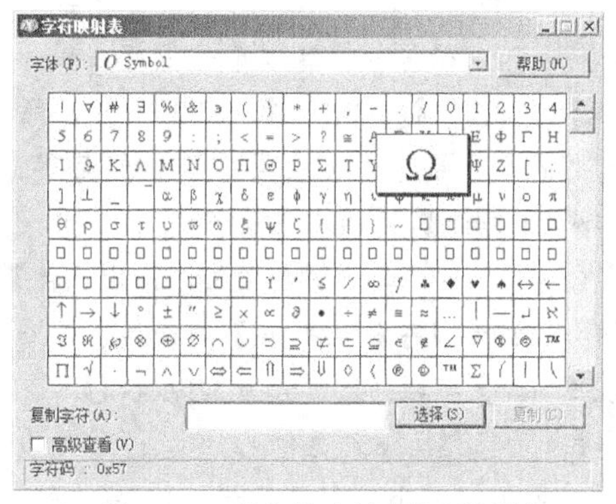

图 7-20 【字符映射表】对话框

- 【输入文字】：选择该命令，打开【打开】对话框，用户可通过该对话框将用其他文字处理器创建的文本文件输入当前图形中。
- 【段落对齐】：设置多行文字的对齐方式。
- 【段落】：设定制表位和缩进，控制段落的对齐方式、段落间距、行间距。
- 【背景遮罩】：在文字后设置背景。
- 【堆叠】：利用此命令可使选择的文字堆叠起来，如图 7-21 所示，这对创建分数及公差形式的文字很有用。系统通过特殊字符“/”“^”“#”表明多行文字是可堆叠的。输入堆叠文字的方式为“左边文字+特殊字符+右边文字”，堆叠后，左边文字被放在右边文字的上面。

输入可堆叠的文字	堆叠结果
1/3	$\frac{1}{3}$
100+0.021^-0.008	$100^{+0.021}_{-0.008}$
1#12	$^{1}/_{12}$

图 7-21 堆叠文字

【练习 7-6】创建多行文字，文字内容如图 7-22 所示。

A
技术要求
1. 两端中心孔 B4 GB145-59。
2. 调质处理HB220-240。
B

图 7-22 输入多行文字

1. 设定绘图窗口的高度为 50。
2. 执行 MTEXT 命令，系统提示如下。

```
指定第一角点:                    //在 A 点处单击
指定对角点:                      //在 B 点处单击
```

3. 系统打开多行文字编辑器，在【字体】下拉列表中选择【宋体】选项，在【文字高度】文本框中输入数值“3.5”，然后输入文字，结果如图 7-23 所示。

技术要求
1. 两端中心孔 B4 GB145-59。
2. 调质处理HB220-240。

图 7-23 创建多行文字

4. 单击 OK 按钮结束操作。

7.3.2 添加特殊字符

以下过程演示了如何在多行文字中添加特殊字符，文字内容如下。

蜗轮分度圆直径= ϕ100
齿形角α=20°
导程角γ=14°

【练习 7-7】添加特殊字符。

1. 设定绘图窗口的高度为 50。
2. 执行 MTEXT 命令，再指定文字分布宽度，系统打开多行文字编辑器，在【字体】下拉列表中选择【宋体】选项，在【文字高度】文本框中输入数值“3.5”，然后输入文字，如图 7-24 所示。

蜗轮分度圆直径=100
齿形角=20
导程角=14

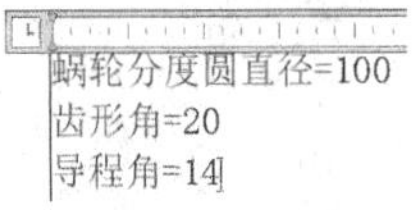

图 7-24 输入多行文字

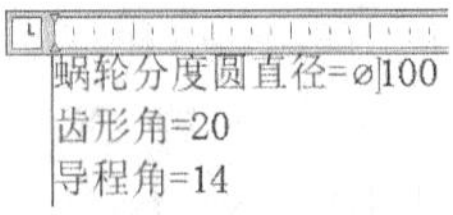

3. 在要插入直径符号的地方单击鼠标左键，然后单击鼠标右键，弹出快捷菜单，选择【符号】/【直径】命令，结果如图 7-25 所示。

蜗轮分度圆直径=ø100
齿形角=20
导程角=14

图 7-25 插入直径符号

4. 在要插入符号“°”的位置单击，然后单击鼠标右键，弹出快捷菜单，选择【符号】/【度数】命令。
5. 在文字输入框中单击鼠标右键，弹出快捷菜单，选择【符号】/【其他】命令，打开【字符映射表】对话框。
6. 在【字体】下拉列表中选择【Symbol】选项，然后选择需要的字符“α”，如图 7-26 所示。
7. 单击 选择(S) 按钮，再单击 复制(C) 按钮。
8. 返回文字输入框，在需要插入字符“α”的位置单击，然后单击鼠标右键，系统弹出快捷菜单，选择【粘贴】命令，结果如图 7-27 所示。

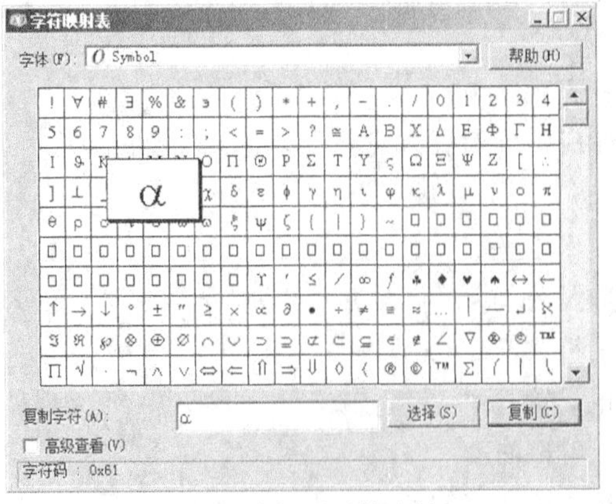

图 7-26 选择需要的字符“α”

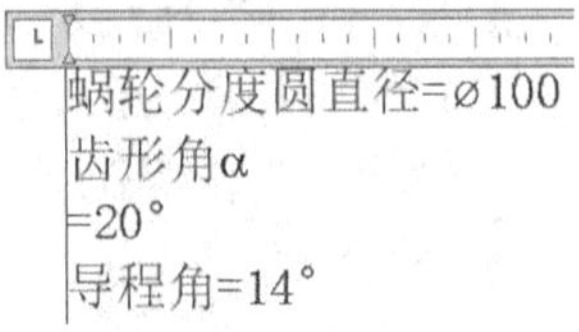

蜗轮分度圆直径=ø100
齿形角α
=20°
导程角=14°

图 7-27 插入字符“α”

要点提示 粘贴符号“α”后，系统将自动回车。

9. 把符号“α”的高度修改为 3，再将光标放置在此符号的后面，按 Delete 键，结果如图 7-28 所示。

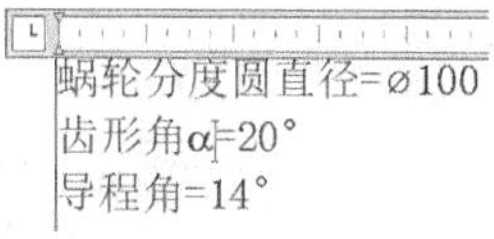

图 7-28 修改文字高度及调整文字位置

10. 用同样的方法插入字符“γ”，结果如图 7-29 所示。

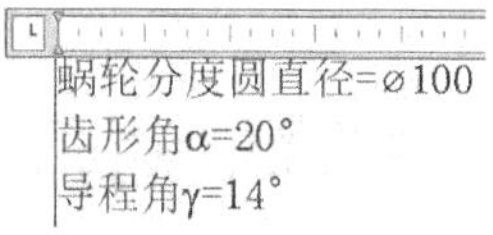

11. 单击 OK 按钮完成操作。

图 7-29 插入字符“γ”

7.3.3 在多行文字中设置不同字体及文字高度

输入多行文字时，用户可随时选择不同字体及指定不同文字高度。

【练习 7-8】在多行文字中设置不同字体及文字高度。

1. 设定绘图窗口的高度为 100。

2. 执行 MTEXT 命令，再指定文字分布宽度，系统打开多行文字编辑器，在【字体】下拉列表中选择【黑体】选项，在【文字高度】文本框中输入数值“5”，然后输入文字，如图 7-30 所示。

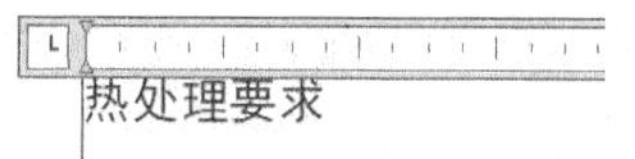

图 7-30 使多行文字连接黑体

3. 在【字体】下拉列表中选择【汉仪长仿宋】选项，在【文字高度】文本框中输入数值“3.5”，然后输入文字，如图 7-31 所示。

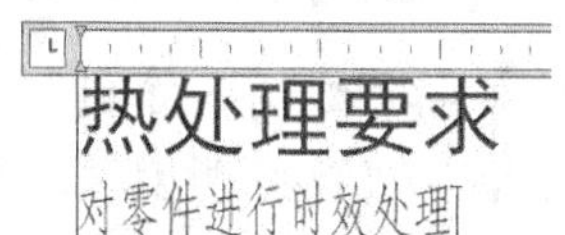

图 7-31 使多行文字连接汉仪长仿宋

4. 单击 OK 按钮完成操作。

7.3.4 创建分数及公差形式的文字

下面使用多行文字编辑器创建分数及公差形式文字，文字内容如下。

$$\phi 100\frac{H7}{m6}$$

$$200^{+0.020}_{-0.016}$$

【练习 7-9】创建分数及公差形式文字。

1. 打开多行文字编辑器，输入多行文字，如图 7-32 所示。

2. 选中文字“H7/m6”，然后单击鼠标右键，在弹出的快捷菜单中选择【堆叠】命令，结果如图 7-33 所示。

3. 选中文字“+0.020^ −0.016”，然后单击鼠标右键，在弹出的快捷菜单中选择【堆叠】命令，结果如图 7-34 所示。

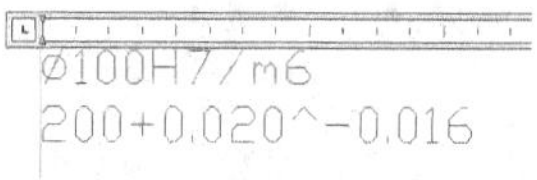

图 7-32 输入多行文字

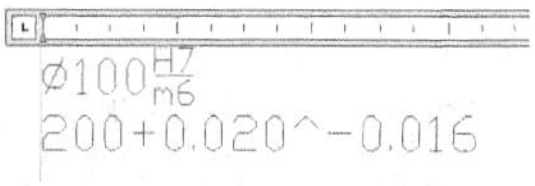

图 7-33 创建分数形式文字

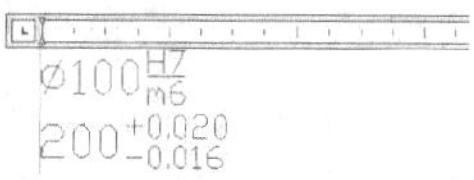

图 7-34 创建公差形式文字

4. 单击 OK 按钮完成操作。

要点提示 使用堆叠文字的方法也可创建文字的上标或下标，输入方式为“上标^”“^下标”。例如，输入“53^”，选中“3^”，单击鼠标右键，在弹出的快捷菜单中选择【堆叠】命令，结果为“5^3”。

7.4 注释性对象

打印时，图中文字、标注对象和图块的外观，以及填充图案的疏密程度等，都会随着打印比例而变化，因此在创建这些对象时，要考虑这些对象在图样中的尺寸，以保证打印后图纸上的真实外观是正确的。一般的做法是：将这些对象进行缩放，缩放比例因子设定为打印比例的倒数。

另一种方法是使用注释性对象，只要设定注释比例为打印比例，就能使注释性对象打印在图纸上的大小与图样中设定的原始值一致。可以添加注释性属性的对象包括文字、普通标注、引线标注、形位公差、图案、图块及块属性等。

7.4.1 注释性对象的特性

注释性对象具有注释比例属性，当设定当前注释比例与注释性对象的注释比例相同时，系统会自动缩放注释性对象，缩放比例因子为当前注释比例的倒数。例如，若指定当前注释比例为 1∶3，则所有具有该比例的注释对象都将放大 3 倍。

因此，如果注释性对象的比例、系统当前设定的注释比例与打印比例相等，那么打印出图后，注释性对象的真实大小应该与图样中设定的大小相同，即打印大小值为设定值。例如，在图样中设定注释性文字高度为 3.5，当前注释比例为 1∶2，打印比例也为 1∶2，则打印完成后，文字高度为 3.5。

7.4.2 设定对象的注释比例

创建注释性对象的同时，该对象就被系统添加了当前注释比例，与此同时，系统也将自动缩放注释性对象。

单击状态栏上的 1:1 ▾按钮，可设定当前注释比例。

可以给注释性对象添加多个注释比例。在绘图窗口中单击鼠标右键，选择快捷菜单中的【特性】命令，打开【特性】选项板，利用其中【注释性比例】选项的…按钮打开【注释对象比例】对话框，如图 7-35 所示，在该对话框中给注释性对象添加或删除注释比例。

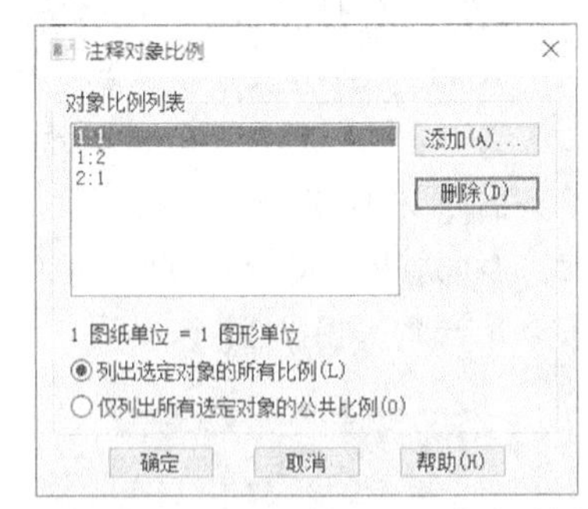

图 7-35 【注释对象比例】对话框

单击【注释】选项卡中【注释性比例】面板上的 添加/删除比例 按钮，也可打开【注释对象比例】对话框。

可以在改变当前注释比例的同时让系统自动将新的注释比例赋予所有注释性对象。单击状态栏上的按钮可实现这一目标，这样就能保证按不同注释比例打印对象时，其高度始终为最初设定的高度。

7.4.3 自定义注释比例

中望 CAD 提供了常用的注释比例，用户也可自定义注释比例，操作步骤如下。

1. 单击状态栏上的 1:1 ▼按钮，选择【自定义】选项，打开【编辑比例列表】对话框，如图 7-36 所示。

2. 在【增加/编辑比例】分组框中分别输入比例名称和比例值，单击 增加/编辑(A) 按钮，随后新的比例将显示在【比例列表】中。

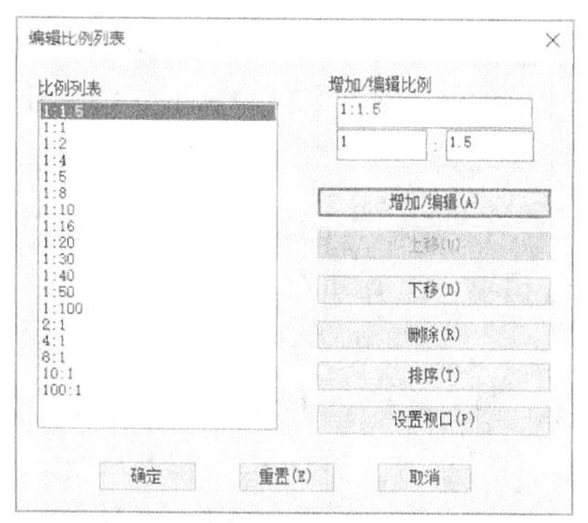

图 7-36 【编辑比例列表】对话框

7.4.4 控制注释性对象的显示

注释性对象可以具有多个注释比例。默认情况下，系统始终显示注释性对象。单击状态栏上的（关闭）按钮后，系统仅显示注释比例等于系统当前注释比例的对象，并对其进行缩放。改变系统当前注释比例，则与该比例不同的注释性对象将隐藏。

7.4.5 在工程图中使用注释性文字

在工程图中创建一般文字对象时，需要注意的一个问题是：文字高度应设置为图纸上的实际高度与打印比例倒数的乘积。例如，文字在图纸上的高度为 3.5，打印比例为 1∶2，则输入文字时应将文字高度设为 7。

若采用注释性文字标注工程图，则方便得多。只需设置注释性文字的当前注释比例等于打印比例，就能保证打印后文字高度与最初设定的高度一致。例如，设定文字高度为 3.5，设置系统当前注释比例为 1∶2，创建文字后其注释比例也为 1∶2，然后以 1∶2 的比例打印后，文字在图纸上的高度仍为 3.5。

创建注释性文字的操作步骤如下。

1. 创建注释性文字样式。若文字样式是注释性的，则与其关联的文字就是注释性的。在【文字样式管理器】对话框中勾选【注释性】复选框，即可将文字样式修改为注释性文字样式，如图 7-37 所示。

2. 单击状态栏上的 1:1 ▼按钮，设定当前注释比例，该值等于打印比例。

3. 创建文字，文字高度设定为图纸上的实际高度。该文字对象是注释性文字，具有注释比例属性，其值为当前注释比例。

若当前文字样式是非注释性样式，则创建的文字对象就不具有注释性特性，但用户可以通过 PROPERTIES 命令将其改为注释性文字，并能添加多个注释比例。

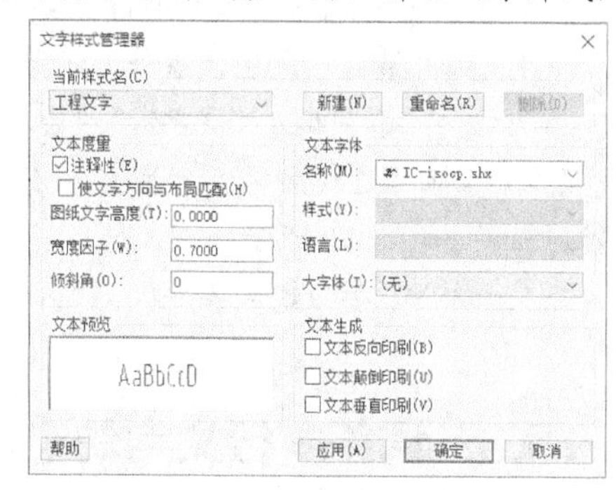

图 7-37 创建注释性文字样式

7.5 编辑文字

编辑文字的常用方法有以下 3 种。

（1）双击单行文字，相当于执行 DDEDIT 命令，使用该命令可对单行及多行文字进行连续编辑。双击多行文字，相当于执行 MTEDIT 命令，使用该命令只能编辑多行文字，且不能连续操作。

（2）执行 DDEDIT 命令连续编辑单行或多行文字。选择的对象不同，系统将打开不同的对话框。选择单行文字，显示文本编辑框；选择多行文字，打开多行文字编辑器。

（3）用 PROPERTIES 命令修改文本。选择要修改的文字后，单击鼠标右键，弹出快捷菜单，选择【特性】命令，打开【特性】选项板。在此对话框中用户不仅能修改文本的内容，还能编辑文本的许多其他属性，如倾斜角度、对齐方式、文字高度及文字样式等。

【练习 7-10】以下练习内容包括修改文字内容、改变多行文字的字体及文字高度、调整多行文字的边界宽度及为文字指定新的文字样式。

7.5.1 修改文字内容

使用 DDEDIT 命令编辑单行或多行文字。

1. 打开素材文件“dwg\第 7 章\7-10.dwg”，该文件包含的文字内容如下。

减速机机箱盖
技术要求
1. 铸件进行清砂、时效处理，不允许有砂眼。
2. 未注圆角半径 $R3-5$。

减速机机箱盖零件图

图 7-38 修改单行文字内容

2. 双击第 1 行文字，打开文本编辑框，输入文字“减速机机箱盖零件图”，如图 7-38 所示，在框外单击退出编辑状态。

3. 选择第 2 行文字，系统打开多行文字编辑器，选中文字“时效”，将其修改为“退火”，如图 7-39 所示。

4. 单击OK按钮完成操作。

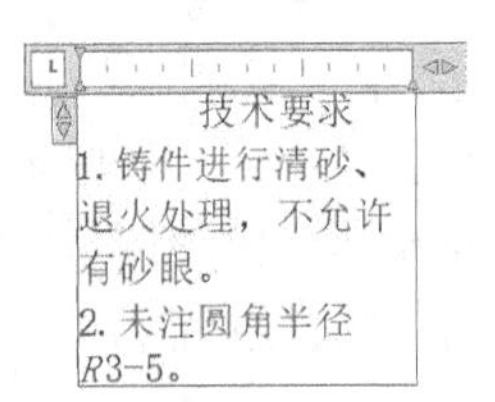

图 7-39 修改多行文字内容

7.5.2 改变字体及文字高度

继续前面的练习，改变多行文字的字体及文字高度。

1. 双击第 2 行文字，系统打开多行文字编辑器。

2. 选中文字“技术要求”，然后在【字体】下拉列表中选择【黑体】选项，在【文字高度】文本框中输入数值“5”，按 Enter 键，结果如图 7-40 所示。

3. 单击OK按钮完成操作。

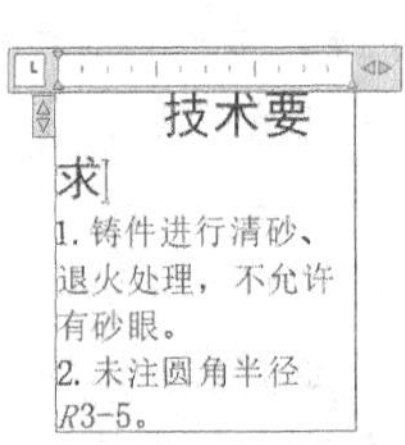
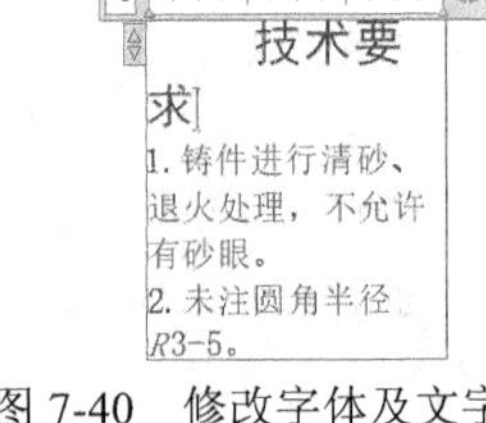

图 7-40 修改字体及文字高度

7.5.3 调整多行文字的边界宽度

继续前面的练习，改变多行文字的边界宽度。

1. 选择多行文字，系统显示对象关键点，如图 7-41 左图所示，激活右边的一个关键点，进入拉伸编辑模式。

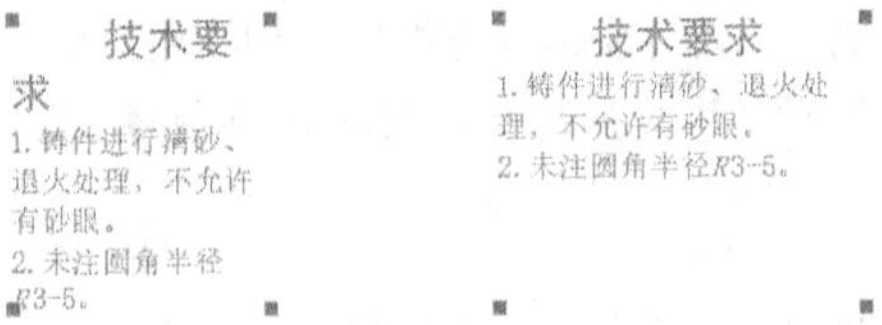

图 7-41 拉伸多行文字边界

2. 向右移动光标，拉伸多行文字边界，结果如图 7-41 右图所示。

7.5.4 为文字指定新的文字样式

继续前面的练习，为文字指定新的文字样式。

1. 单击【注释】选项卡中【文字】面板上的↘按钮，打开【文字样式管理器】对话框，利用该对话框创建新文字样式，样式名为“样式-1”，使该文字样式连接中文字体“楷体”，如图 7-42 所示。

2. 选择所有文字，单击鼠标右键，选择快捷菜单中的【特性】命令，打开【特性】选项板，在该选项板上面的下拉列表中选择【文字（1)】，在【样式】下拉列表中选择【样式-1】，如图 7-43 所示。

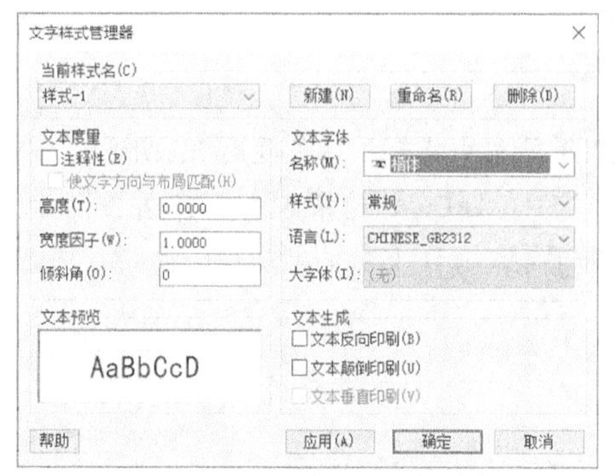

图 7-42 创建新文字样式

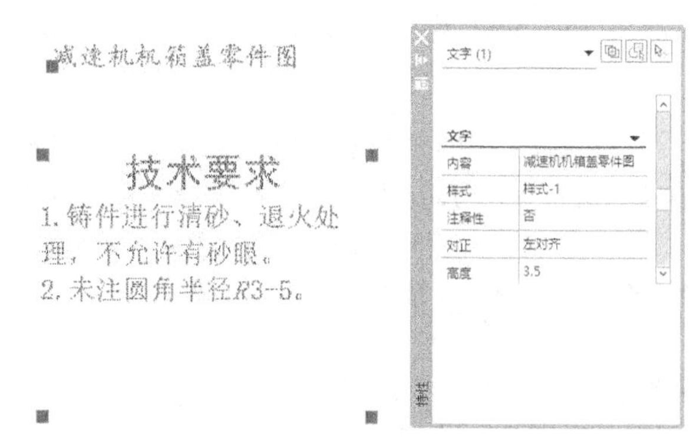

图 7-43 为单行文字指定新文字样式

3. 在【特性】选项板上面的下拉列表中选择【多行文字（1)】，在【样式】下拉列表中选择【样式-1】，如图 7-44 所示。

4. 文字采用新样式后，外观如图 7-45 所示。

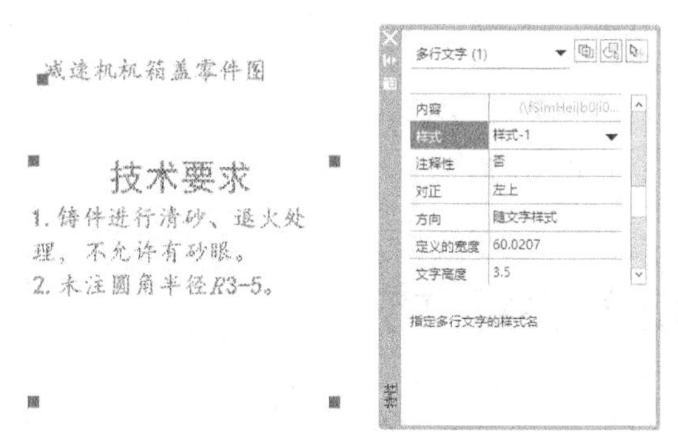

图 7-44 为多行文字指定新文字样式

减速机机箱盖零件图

技术要求

1. 铸件进行清砂、退火处
理，不允许有砂眼。
2. 未注圆角半径R3~5。

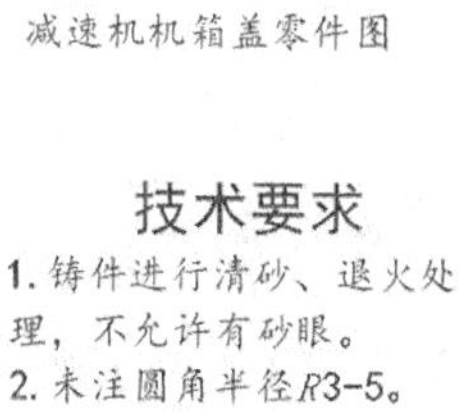

图 7-45 文字采用新样式后的外观

7.5.5 编辑文字实例

【练习 7-11】打开素材文件“dwg\第 7 章\7-11.dwg”，如图 7-46 左图所示，修改文字内容、字体及文字高度，结果如图 7-46 右图所示。右图中的文字的特性如下。

- “技术要求”：文字高度为 5，字体为“IC-isocp.shx”“gbcbig.shx”。
- 其余文字：文字高度为 3.5，字体为“IC-isocp.shx”“gbcbig.shx”。

1. 创建新文字样式，新样式名称为“工程文字”，与其相连的字体文件是“IC-isocp.shx”和“gbcbig.shx”。

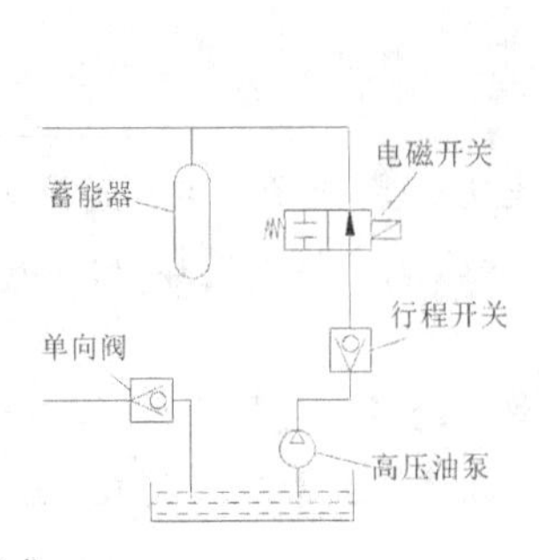

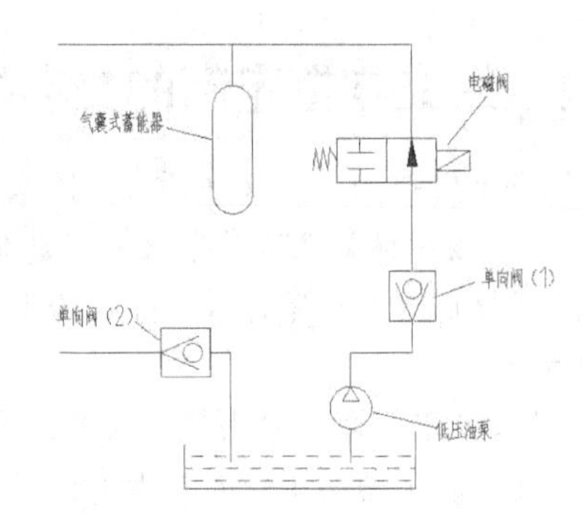

图 7-46 编辑文字

2. 执行 DDEDIT 命令，修改“蓄能器”“行程开关”等单行文字的内容，再用 PROPERTIES 命令将这些文字的高度修改为 3.5，并使其与 “工程文字”样式相连，结果如图 7-47 左图所示。

3. 用 DDEDIT 命令修改“技术要求”等多行文字的内容，再改变文字高度，并使其采用“工程文字”样式，结果如图 7-47 右图所示。

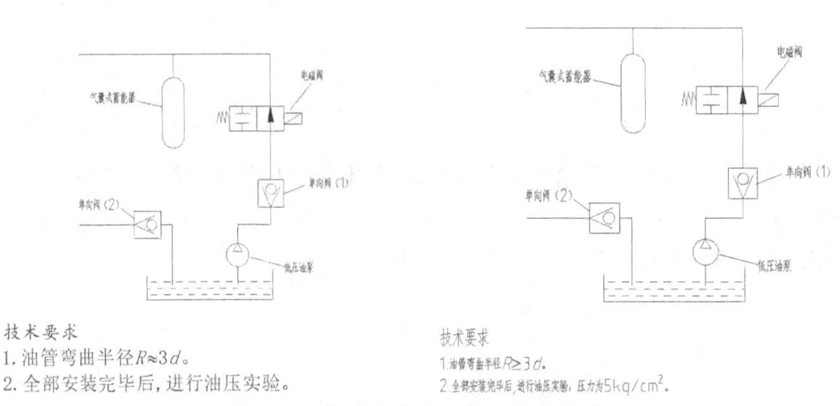

图 7-47 修改文字内容及文字高度等

7.6 综合练习——创建单行及多行文字

【练习 7-12】打开素材文件“dwg\第 7 章\7-12.dwg”，在图中添加单行文字，如图 7-48 所示。文字高度为 3.5，字体采用“楷体”。

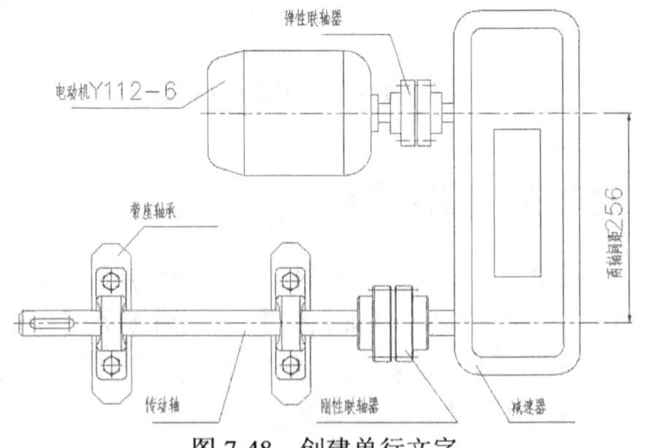

图 7-48 创建单行文字

【练习 7-13】打开素材文件“dwg\第 7 章\7-13.dwg”，在图中添加多行文字，如图 7-49 所示。图中文字的特性如下。

- “α、λ、δ、≈、≥”：文字高度为 4，字体为“symbol”。
- 其余文字：文字高度为 5，中文字体采用“gbcbig.shx”，西文字体采用“IC-isocp.shx”。

【练习 7-14】打开素材文件“dwg\第 7 章 7-14.dwg”，在图中添加单行及多行文字，如图 7-50 所示。图中文字的特性如下。

- 单行文字的字体为“宋体”，文字高度为 10，其中部分文字沿 60°方向创建，字体倾斜角度为 30°。
- 多行文字的字体为“黑体”和“宋体”，文字高度为 12。

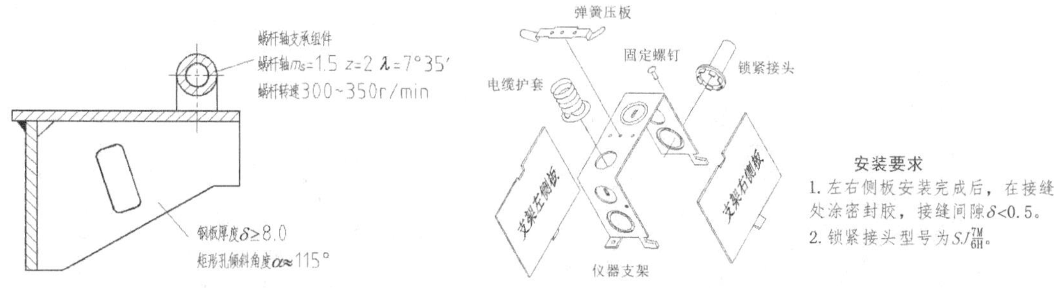

图 7-49 在多行文字中添加特殊字符　　图 7-50 创建单行及多行文字

7.7 创建表格对象

在中望 CAD 中，用户可以创建表格对象。创建该对象时，系统先生成一个空白表格，随后用户可在该表中输入文字信息，并可以很方便地修改表格的宽度、高度及表中文字，还可按行、列方式删除表格单元或合并表中的相邻单元。

7.7.1 表格样式

表格对象的外观由表格样式控制。默认情况下，表格样式是“Standard”，用户也可以根据需要创建新的表格样式。“Standard”表格的外观如图 7-51 所示，第 1 行是标题行，第 2 行是表头行，其他行是数据行。

图 7-51 “Standard”表格的外观

在表格样式中，用户可以设定标题文字和数据文字的文字样式、文字高度、对齐方式及表格单元的填充颜色，还可设定单元边框的线宽和颜色，以及控制是否将边框显示出来。

命令启动方法

- 菜单命令：【格式】/【表格样式】。
- 面板：【注释】选项卡中【表格】面板上的按钮。
- 命令：TABLESTYLE。

【练习 7-15】创建新的表格样式。

1. 创建新表格样式，新样式名称为“工程文字”，与其相连的字体文件是“IC-isocp.shx”和“gbcbig.shx”。

2. 执行 TABLESTYLE 命令，打开【表格样式管理器】对话框，如图 7-52 所示，在该对话框中可以新建、修改及删除表格样式。

3. 单击 新建(N)... 按钮，打开【创建新的表格样式】对话框，在【基础样式】下拉列表中选择新样式的原始样式【Standard】，该原始样式为新样式提供默认设置。在【新样式名】文本框中输入新样式的名称“表格样式-1”，如图 7-53 所示。

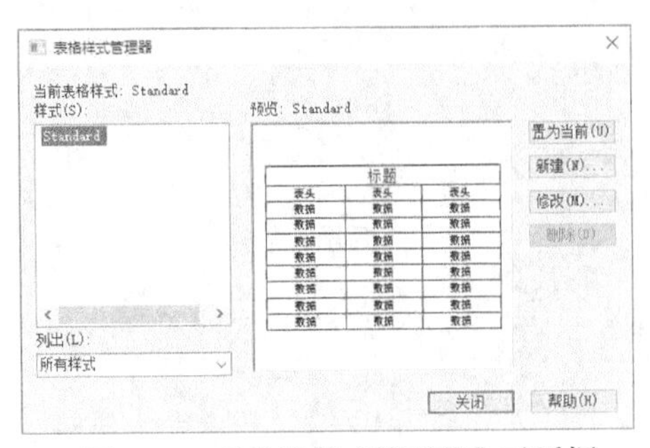

图 7-52 【表格样式管理器】对话框

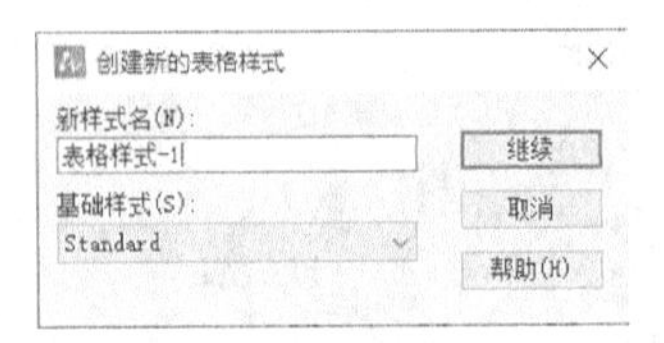

图 7-53 【创建新的表格样式】对话框

4. 单击 继续 按钮，打开【新建表格样式】对话框，如图 7-54 所示。在【单元样式】下拉列表中分别选择【数据】【标题】【表头】选项，同时在【文字】选项卡中指定【文字样式】为【工程文字】，【文字高度】为“3.5”，在【基本】选项卡中指定文字对齐方式为【正中】。

5. 单击 确定 按钮，返回【表格样式管理器】对话框，再单击 置为当前(U) 按钮，使新的表格样式成为当前样式。

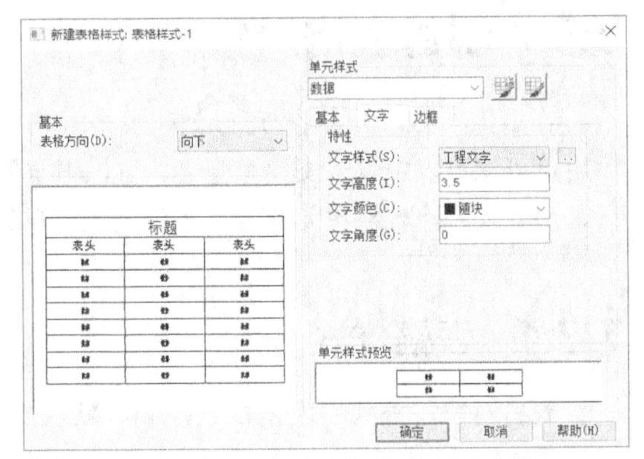

图 7-54 【新建表格样式】对话框

【新建表格样式】对话框中常用选项的功能如下。

(1)【基本】选项卡。

- 【填充颜色】：指定表格单元的背景颜色，默认值为【无】。
- 【对齐】：设置表格单元中文字的对齐方式。
- 【水平】：设置单元文字与左右单元边界之间的距离。
- 【垂直】：设置单元文字与上下单元边界之间的距离。

(2)【文字】选项卡。

- 【文字样式】：选择文字样式。单击 ... 按钮，打开【文字样式管理器】对话框，在该对话框中可创建新的文字样式。
- 【文字高度】：输入文字的高度。
- 【文字角度】：设定文字的倾斜角度。逆时针为正，顺时针为负。

(3)【边框】选项卡。

- 【线宽】：指定表格单元的边界线宽。
- 【颜色】：指定表格单元的边界颜色。
- ⊞按钮：将边界特性设置应用于所有单元。
- ⊡按钮：将边界特性设置应用于单元的外部边界。
- ⊞按钮：将边界特性设置应用于单元的内部边界。

- 、、、按钮：将边界特性设置应用于单元的底、左、上、右边界。
- 按钮：隐藏单元的边界。

（4）【表格方向】下拉列表。

- 【向下】：创建从上向下读取的表对象。标题行和表头行位于表的顶部。
- 【向上】：创建从下向上读取的表对象。标题行和表头行位于表的底部。

7.7.2 创建及修改空白表格

用 TABLE 命令创建空白表格，空白表格的外观由当前表格样式决定。执行该命令后，用户要输入的主要参数有“行数”“列数”“行高”“列宽”等。

命令启动方法

- 菜单命令：【绘图】/【表格】。
- 面板：【常用】选项卡中【注释】面板上的按钮。
- 命令：TABLE。

【练习 7-16】用 TABLE 命令创建图 7-55 所示的空白表格。

1. 创建新文字样式，新样式名称为“工程文字”，与其相连的字体文件是“IC-isocp.shx”和“gbcbig.shx”。

2. 创建新表格样式，样式名称为“表格样式-1”，与其相连的文字样式为“工程文字”，文字高度设定为 3.5。

3. 单击【注释】面板上的按钮，打开【插入表格】对话框，如图 7-56 所示。在该对话框中，用户可通过选择表格样式，并指定表的行数、列数及相关尺寸来创建表格。

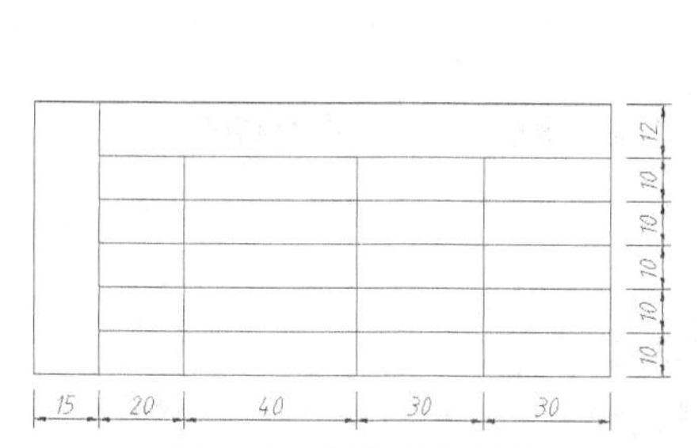

图 7-55 创建空白表格

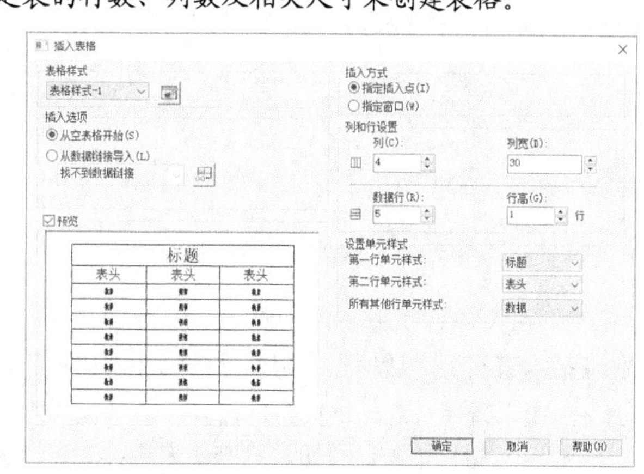

图 7-56 【插入表格】对话框

4. 单击 确定 按钮，指定表格插入点，再关闭多行文字编辑器，创建图 7-57 所示的空白表格。

5. 在表格内按住鼠标左键并拖动，选中第 1 行和第 2 行，弹出【表格】工具栏，单击工具栏中的按钮，删除选中的两行，结果如图 7-58 所示。

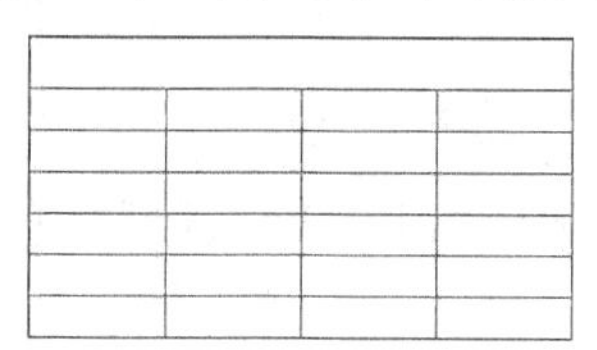
图 7-57 创建空白表格

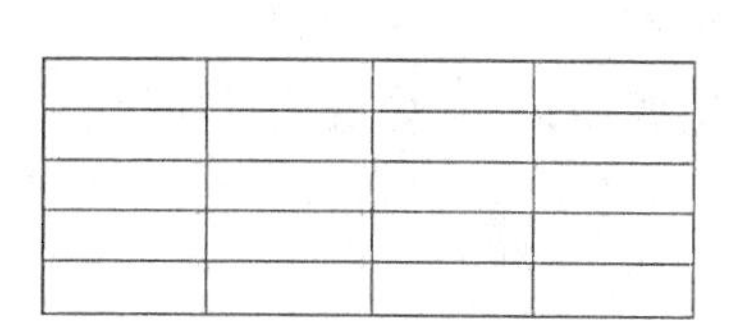
图 7-58 删除第 1 行和第 2 行

6. 选中第1列的任一单元，单击鼠标右键，弹出快捷菜单，选择【列】/【在左侧插入】命令，插入新的一列，结果如图7-59所示。

7. 选中第1行的任一单元，单击鼠标右键，弹出快捷菜单，选择【行】/【在上方插入】命令，插入新的一行，结果如图7-60所示。

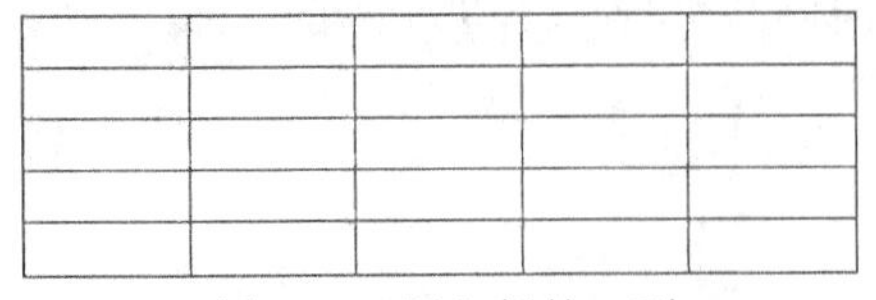
图7-59 插入新的一列

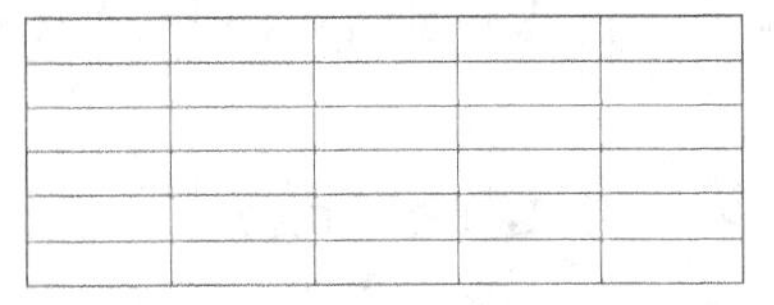
图7-60 插入新的一行

8. 在表格内按住鼠标左键并拖动，选中第1列的所有单元，然后单击鼠标右键，弹出快捷菜单，选择【合并】/【全部】命令，结果如图7-61所示。

9. 在表格内按住鼠标左键并拖动，选中第1行的所有单元，然后单击鼠标右键，弹出快捷菜单，选择【合并】/【全部】命令，结果如图7-62所示。

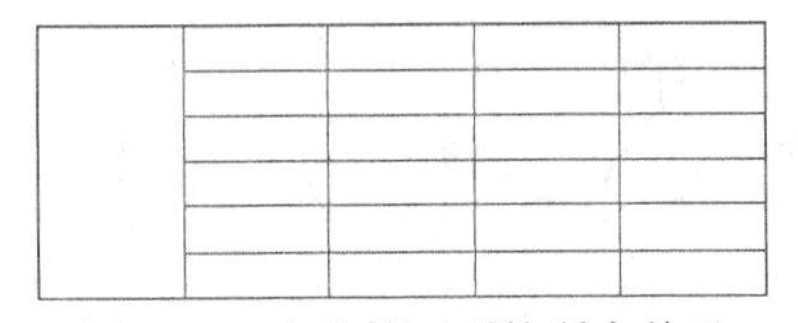
图7-61 合并第1列的所有单元

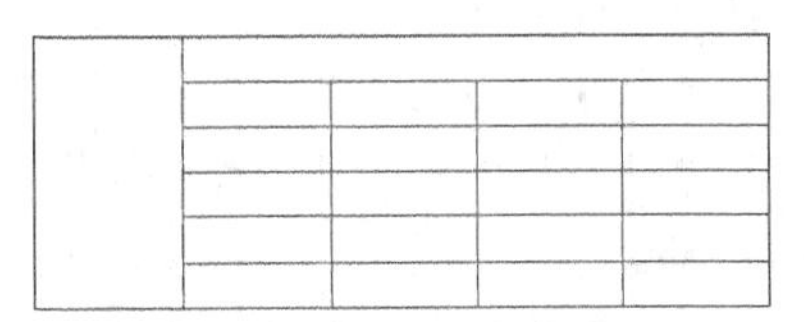
图7-62 合并第1行的所有单元

10. 分别选中单元*A*、*B*，然后利用关键点拉伸方式调整单元的尺寸，结果如图7-63所示。

11. 执行PROPPERTIES命令，打开【特性】选项板，选中单元*C*，在【单元宽度】和【单元高度】文本框中分别输入数值“20”“10”，结果如图7-64所示。

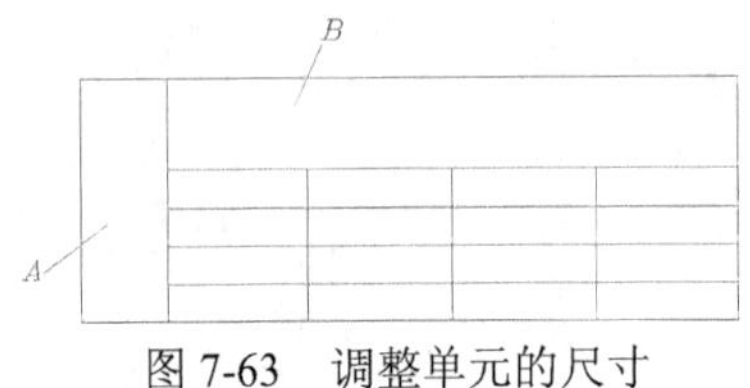

图7-63 调整单元的尺寸

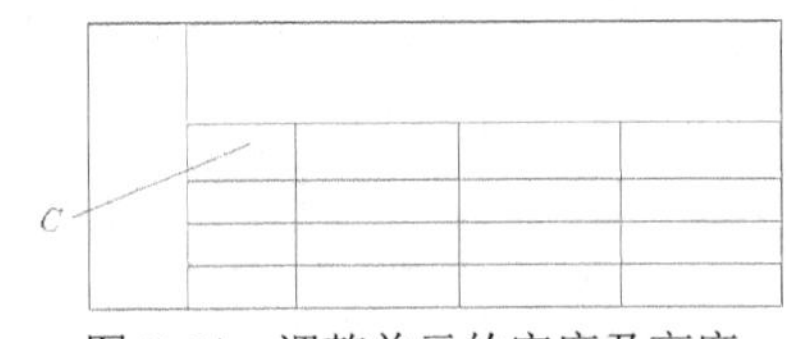

图7-64 调整单元的宽度及高度

12. 用类似的方法修改表格其余单元的尺寸。

【插入表格】对话框中常用选项的功能介绍如下。

- 【表格样式】：指定表格样式，默认样式为“Standard”。
- 按钮：单击此按钮，打开【表格样式管理器】对话框，在该对话框中，用户可以创建新的表格样式或修改现有的表格样式。
- 【指定插入点】：指定表格左上角的位置。
- 【指定窗口】：利用矩形窗口指定表的位置和大小。若事先指定了表的行数、列数，则列宽和行高取决于矩形窗口的大小。
- 【列】：指定表的列数。
- 【列宽】：指定表的列宽。
- 【数据行】：指定数据行的行数。
- 【行高】：指定行的高度。“行高”是系统根据表样式中的文字高度及单元边距确定出来的。

对于已创建的表格，用户可用以下方法修改表格单元的长、宽及表格对象的行数、列数。

（1）选中表格单元，打开【表格】工具栏，如图 7-65 所示，利用此工具栏可插入及删除行、列，合并单元，以及修改文字对齐方式等。

（2）选中一个单元，拖动单元边框的关键点就可以使单元所在的行、列变宽或变窄。

（3）利用 PROPPERTIES 命令修改单元的长、宽等。

图 7-65 【表格】工具栏

用户若想一次性编辑多个单元，则可用以下方法进行选择。

（1）在表格中按住鼠标左键并拖动，出现一个矩形框，与该矩形框相交的单元都被选中。

（2）在单元内单击以选中它，再按住 Shift 键并在另一个单元内单击，则这两个单元及它们之间的所有单元都被选中。

7.7.3 在表格对象中填写文字

在表格单元中可以填写文字或块信息。用 TABLE 命令创建表格后，系统会高亮显示表格的第 1 个单元，同时打开多行文字编辑器，此时用户就可以输入文字了。此外，双击某一单元也能将其激活，从而可在其中输入或修改文字。当要移动到相邻的下一个单元时，就按 Tab 键，或者按箭头键向左、右、上或下移动。

【练习 7-17】 创建及填写标题栏，如图 7-66 所示。

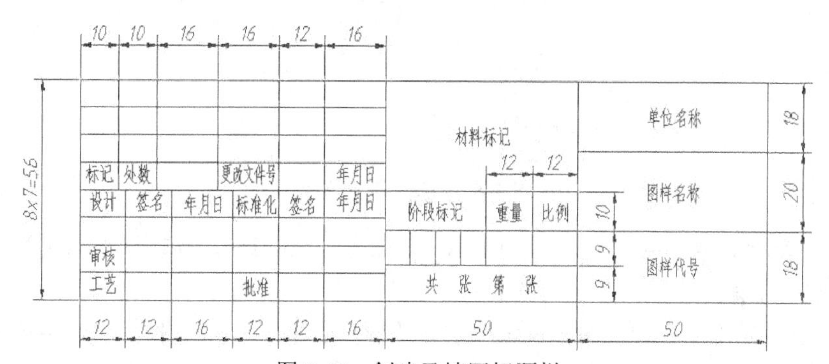

图 7-66 创建及填写标题栏

1. 创建新的表格样式，样式名为“工程表格”。设定表格单元中的文字采用字体“IC-isocp.shx”和“gbcbig.shx”，文字高度为 5，对齐方式为“正中”，文字与单元边框的距离为 0.1。

2. 指定“工程表格”样式为当前样式，用 TABLE 命令创建 4 个表格，如图 7-67 左图所示。用 MOVE 命令将这些表格组合成标题栏，结果如图 7-67 右图所示。

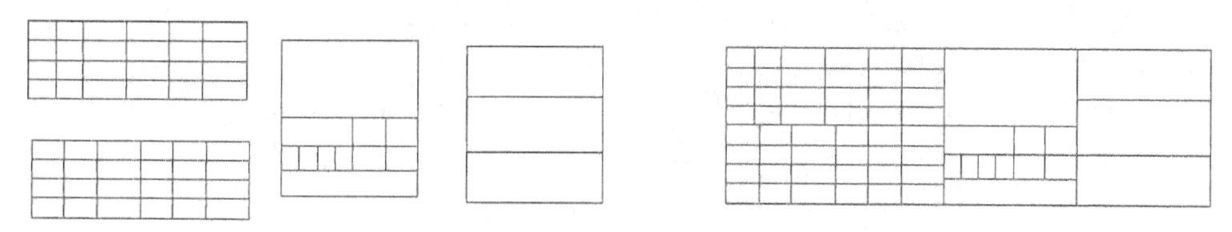

图 7-67 创建 4 个表格并将其组合成标题栏

3. 双击表格的某一单元以激活它，在其中输入文字，按箭头键移动到其他单元，继续填写文字，结果如图 7-68 所示。

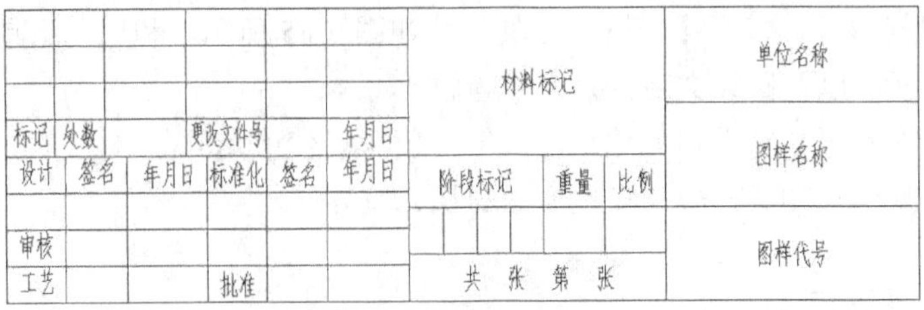

						材料标记			单位名称
标记	处数		更改文件号		年月日				图样名称
设计	签名	年月日	标准化	签名	年月日	阶段标记	重量	比例	
审核									图样代号
工艺			批准			共 张 第 张			

图 7-68 在表格单元中填写文字

要点提示 双击“更改文件号”单元，选中所有文字，然后在【文本格式】工具栏的 0.8000 文本框中输入文字的宽度比例因子“0.8”，这样表格单元就有足够的宽度来容纳文字了。

7.8 习题

1．打开素材文件“dwg\第 7 章\7-18.dwg”，如图 7-69 所示。在图中加入段落文字，文字高度分别为 5 和 3.5，字体分别为“黑体”和“宋体”。

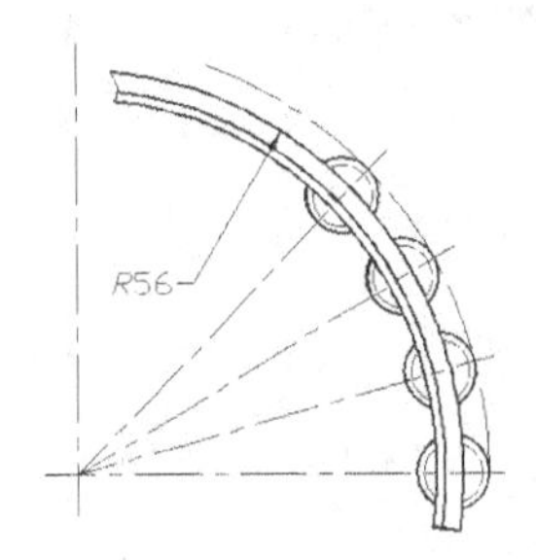

技术要求

1. 本滚轮组是推车机链条在端头的转向设备，适用的轮距为600mm和500mm两种。
2. 考虑到设备在运输中的变形等情况，承梁上的安装孔应由施工现场配作。

图 7-69 添加段落文字

2．打开素材文件“dwg\第 7 章\7-19.dwg”，如图 7-70 所示。在表格中输入单行文字，文字高度为 3.5，字体为“楷体”。

3．用 TABLE 命令创建表格，再修改表格并输入文字，文字高度为 3.5，字体为“仿宋”，结果如图 7-71 所示。

法向模数	Mn	2
齿数	Z	80
径向变位系数	X	0.06
精度等级		8-Dc
公法线长度	F	43.872±0.168

图 7-70 在表格中输入单行文字

30	30	30
金属材料		
工程塑料		
胶合板		
木材		
混凝土		

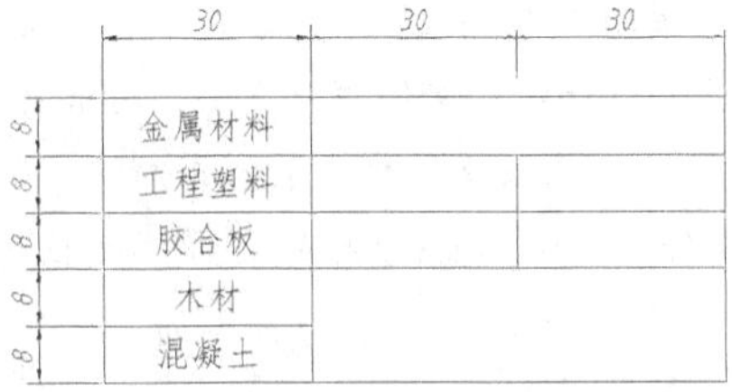

图 7-71 创建表格对象

第 8 章
标注尺寸

主要内容

- 创建标注样式。
- 创建直线、角度、直径及半径尺寸标注等。
- 标注尺寸公差和形位公差。
- 编辑尺寸标注内容和调整尺寸标注位置。

8.1 标注尺寸的方法

中望 CAD 提供的尺寸标注命令很丰富，利用它们可以轻松地创建出各种类型的尺寸。所有尺寸标注与标注样式关联，调整标注样式，就能控制与该样式关联的尺寸标注的外观。下面通过一个实例介绍创建标注样式的方法和中望 CAD 中的尺寸标注命令。

【练习 8-1】打开素材文件“dwg\第 8 章\8-1.dwg”，创建标注样式并标注尺寸，如图 8-1 所示。

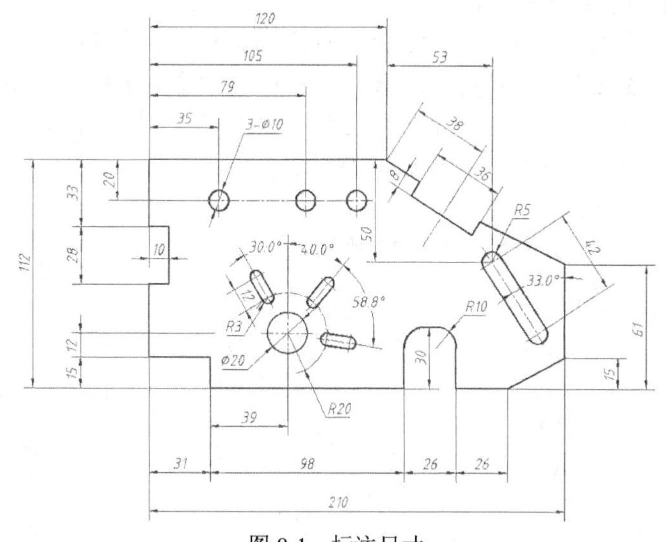

图 8-1 标注尺寸

8.1.1 创建国标规定的标注样式

尺寸标注是一个复合体，它以块的形式存储在图形中（第 9 章将讲解块的概念），其组成部分包括尺寸线、尺寸线两端起止符号（箭头或斜线等）、尺寸界线及标注文字等，这些组成部分的格式都由标注样式来控制。

在标注尺寸前，用户一般都要创建标注样式，否则系统将使用默认样式“ISO-25”来生成尺寸标注。在中望 CAD 中，用户可以定义多种不同的标注样式并为之命名，标注时，只需指定某个样式为当前样式，就能创建相应的标注形式。

一、命令启动方法

- 菜单命令：【格式】/【标注样式】。
- 面板：【注释】选项卡中【标注】面板上的按钮。
- 命令：DIMSTYLE 或简写 D。

二、建立符合国标规定的标注样式

1. 创建新文字样式，样式名为“工程文字”，与该样式相连的字体文件是“IC-isocp.shx”和“gbcbig.shx”。

2. 单击【标注】面板上的按钮，打开【标注样式管理器】对话框，如图 8-2 所示。在该对话框中可以创建新的标注样式或修改样式中的尺寸变量。

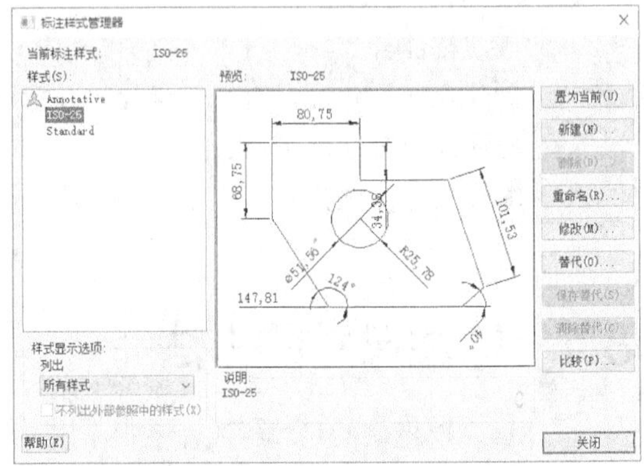

图 8-2 【标注样式管理器】对话框

3. 单击 新建(N)... 按钮，打开【新建标注样式】对话框，如图 8-3 所示。在该对话框的【新样式名】文本框中输入新的样式名称“工程标注”，在【基本样式】下拉列表中指定某个标注样式作为新样式的基础样式，新样式将包含基础样式的所有设置。此外，用户还可在【用于】下拉列表中设定新样式对某一种类型尺寸的特殊控制。【用于】默认为【所有标注】，表示新样式将控制所有类型的尺寸。

4. 单击 继续(C) 按钮，打开【新建标注样式】对话框，如图 8-4 所示。

5. 在【标注线】选项卡的【基线间距】【原点】【尺寸线】文本框中分别输入“7”“0”“2”。

- 【基线间距】：设定平行尺寸线间的距离。例如，当创建基线尺寸标注时，相邻尺寸线间的距离由该选项控制，如图 8-5 所示。

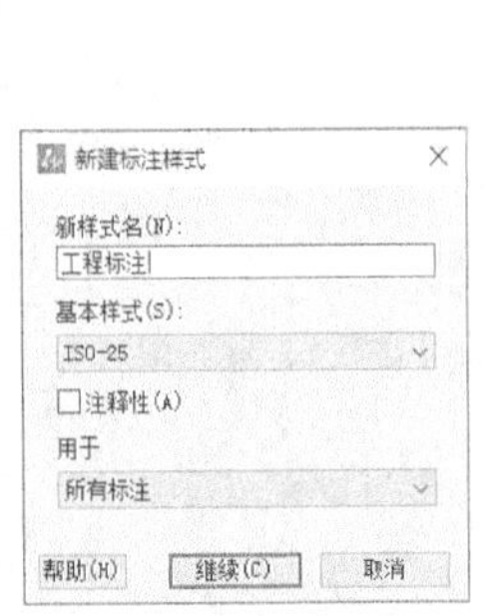

图 8-3 【新建标注样式】对话框（1）

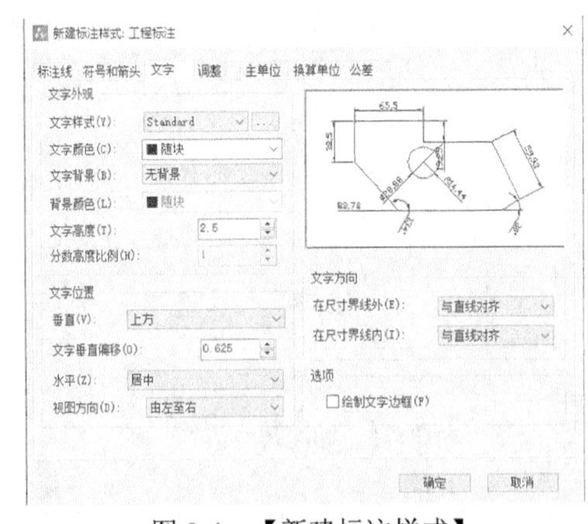

图 8-4 【新建标注样式】对话框（2）

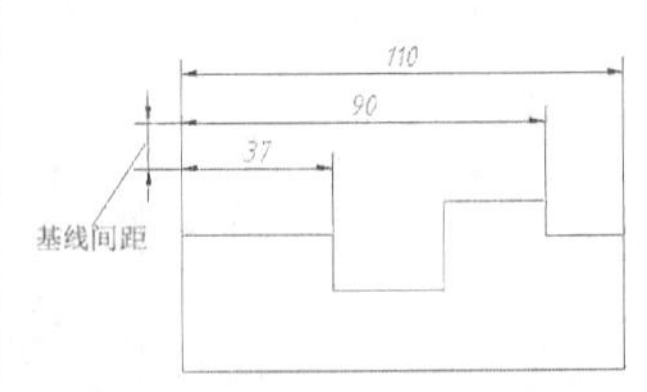

图 8-5 控制尺寸线间的距离

- 【尺寸线】：控制尺寸界线超出尺寸线的长度，如图 8-6 所示。国标中规定，尺寸界线一般超出尺寸线 2mm～3mm。
- 【原点】：控制尺寸界线起点与标注对象端点间的距离，如图 8-7 所示。

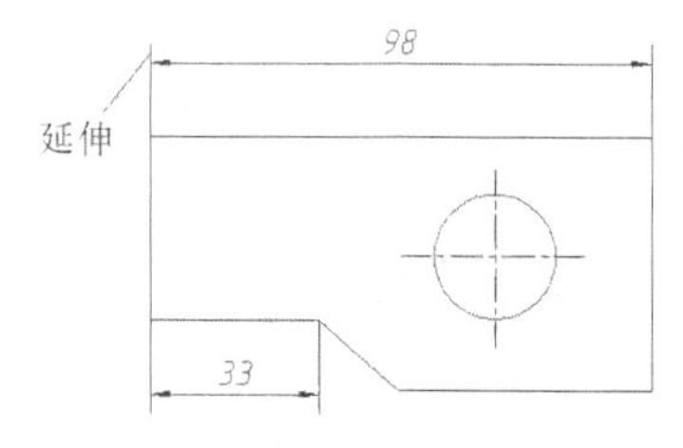

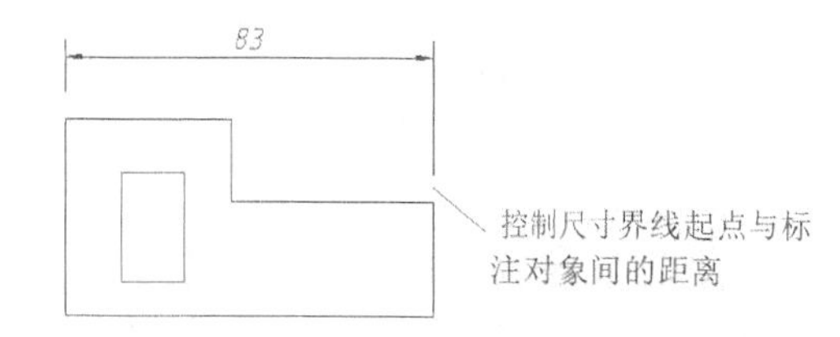

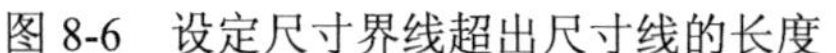

图 8-6 设定尺寸界线超出尺寸线的长度　　图 8-7 控制尺寸界线起点与标注对象间的距离

6. 在【符号和箭头】选项卡的【起始箭头】下拉列表中选择【实心闭合】选项，在【箭头大小】文本框中输入“2”，该值用于设定箭头的长度。

7. 在【文字】选项卡的【文字样式】下拉列表中选择【工程文字】，在【文字高度】【文字垂直偏移】文本框中分别输入“2.5”和“0.8”，在【文字方向】分组框中，在【在尺寸界线外】和【在尺寸界线内】下拉列表中选择【与直线对齐】选项。

- 【文字样式】：设定文字样式或单击其右边的按钮，打开【文字样式管理器】对话框，利用该对话框创建新的文字样式。
- 【文字垂直偏移】：设定标注文字与尺寸线间的距离。
- 【与直线对齐】：使标注文字与尺寸线对齐。若要创建国标标注，则应选择此选项。

8. 在【调整】选项卡的【使用全局比例】文本框中输入“2”，该比例将影响尺寸标注所有组成元素的大小，如标注文字和尺寸箭头等，如图 8-8 所示。当用户欲以 1∶2 的比例将图样打印在标准幅面的图纸上时，为保证尺寸外观合适，应设定标注的全局比例为打印比例的倒数，即 2。

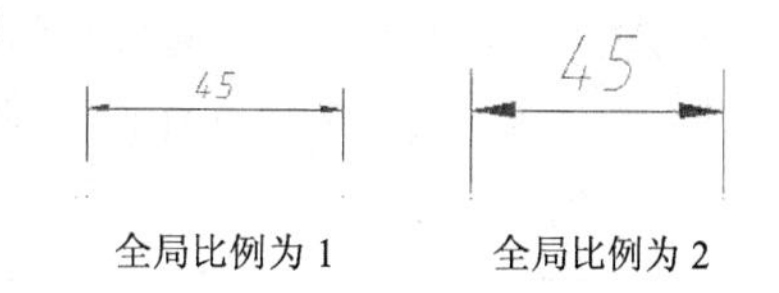

图 8-8 全局比例对尺寸标注的影响

9. 进入【主单位】选项卡，在【线性标注】分组框的【单位格式】【精度】【小数分隔符】下拉列表中分别选择【小数】【0.00】【“.”（句点）】选项，在【角度标注】分组框的【单位格式】【精度】下拉列表中分别选择【十进制度数】【0.0】选项。

10. 单击 确定 按钮，得到一个新的标注样式，再单击 置为当前(U) 按钮，使新样式成为当前样式。

8.1.2 创建长度尺寸标注

一般可使用以下两种方法标注长度尺寸。

- 通过在标注对象上指定尺寸线起始点及终止点来创建尺寸标注。
- 直接选取要标注的对象。

DIMLINEAR 命令可以用于标注水平、竖直及倾斜方向的尺寸。标注时，若要使尺寸线倾斜，则输入“r”，然后输入尺寸线倾角即可。

标注水平、竖直及倾斜方向的尺寸

1. 创建一个名为“尺寸标注”的图层，并使该图层成为当前图层。
2. 打开对象捕捉功能，设置捕捉类型为【端点】【圆心】【交点】。
3. 单击【标注】面板上的 线性 按钮或执行 DIMLINEAR 命令。

```
命令: _dimlinear
指定第一条尺寸界线原点或 <选择对象>:          //捕捉端点 A
指定第二条尺寸界线原点:                        //捕捉端点 B
指定尺寸线位置或[多行文字(M)/文字(T)/角度(A)/水平(H)/垂直(V)/旋转(R)]:
                                               //向左移动十字光标，将尺寸线放置在适当位置，单击
```

```
命令:
_DIMLINEAR                                      //重复命令
指定第一条尺寸界线原点或 <选择对象>:              //按 Enter 键
选取标注对象:                                    //选择线段 C
指定尺寸线位置或[多行文字(M)/文字(T)/角度(A)/水平(H)/垂直(V)/旋转(R)]:
                                                //向上移动十字光标，将尺寸线放置在适当位置，单击
```

继续标注尺寸“210”和“61”，结果如图 8-9 所示。

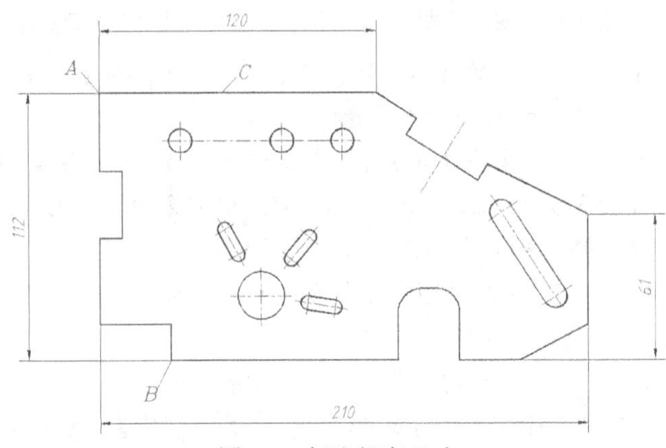

图 8-9 标注长度尺寸

DIMLINEAR 命令的选项介绍如下。

- 多行文字(M)：选择该选项后，将打开多行文字编辑器，用户可利用此编辑器输入新的标注文字。

要点提示 若用户修改了系统自动标注的文字，则会失去尺寸标注的关联性，即尺寸数字不再随标注对象的改变而改变。

- 文字(T)：在命令行上输入新的尺寸文字。
- 角度(A)：设置文字的放置角度。
- 水平(H)/垂直(V)：创建水平或垂直尺寸。用户也可通过移动十字光标来指定创建何种类型的尺寸。若左右移动十字光标，则生成垂直尺寸；若上下移动十字光标，则生成水平尺寸。
- 旋转(R)：使用 DIMLINEAR 命令时，系统会自动将尺寸线调整成水平或竖直方向的，若选择“旋转(R)”选项，可使尺寸线倾斜一定角度，因此可利用该选项标注倾斜的对象，如图 8-10 所示。

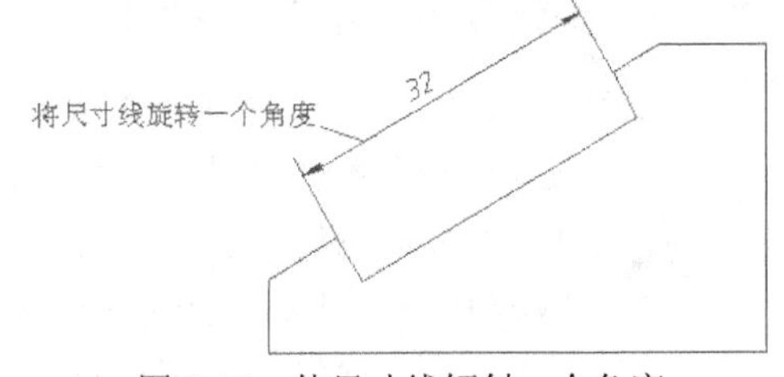

图 8-10 使尺寸线倾斜一个角度

8.1.3 创建对齐尺寸标注

可使用对齐尺寸标注倾斜对象的真实长度，对齐尺寸的尺寸线平行于倾斜的标注对象。如果用户选择两个点来创建对齐尺寸，则尺寸线与两点的连线平行。

1. 单击【标注】面板上的对齐按钮或执行 DIMALIGNED 命令。

```
命令: _dimaligned
指定第一条尺寸界线原点或 <选择对象>:              //捕捉 D 点
```

```
指定第二条尺寸界线原点: per 垂足                                      //捕捉垂足 E
指定尺寸线位置或 [角度(A)/多行文字(M)/文字(T)]:                      //移动十字光标，指定尺寸线的位置
命令:
_DIMALIGNED                                                          //重复命令
指定第一条尺寸界线原点或 <选择对象>:                                 //捕捉 F 点
指定第二条尺寸界线原点:                                              //捕捉 G 点
指定尺寸线位置或 [角度(A)/多行文字(M)/文字(T)]:                      //移动十字光标，指定尺寸线的位置
```

结果如图 8-11 左图所示。

2. 选择尺寸标注“36”或“38”，再选中文字处的关键点，移动十字光标，调整文字及尺寸线的位置，最后标注尺寸“8”，结果如图 8-11 右图所示。

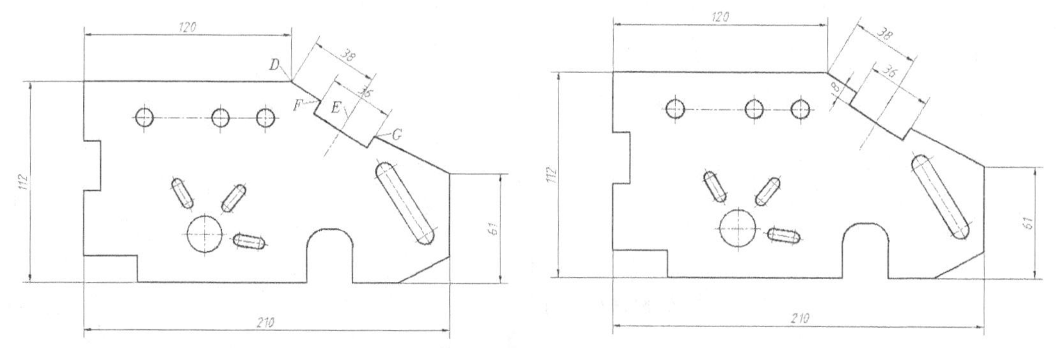

图 8-11 标注对齐尺寸

8.1.4 创建连续和基线尺寸标注

连续尺寸标注是一系列首尾相连的标注，而基线尺寸标注是指所有的尺寸都从同一点开始标注，即共用一条尺寸界线。在创建这两种形式的尺寸标注时，应先建立一个尺寸标注，然后执行标注命令。

1. 利用关键点编辑方式向下调整尺寸标注“210”的尺寸线位置，然后创建连续尺寸标注，如图 8-12 所示。

```
命令: _dimlinear                                        //标注尺寸“31”
指定第一条尺寸界线原点或 <选择对象>:                     //捕捉 H 点
指定第二条尺寸界线原点:                                  //捕捉 I 点
指定尺寸线位置或[多行文字(M)/文字(T)/角度(A)/水平(H)/垂直(V)/旋转(R)]:
                                                        //向下移动十字光标，指定尺寸线的位置
```

单击【标注】面板上的按钮，执行创建连续标注命令。

```
命令: _dimcontinue
指定下一条延伸线的起始位置或 [放弃(U)/选取(S)] <选取>:          //捕捉 J 点
指定下一条延伸线的起始位置或 [放弃(U)/选取(S)] <选取>:          //捕捉 K 点
指定下一条延伸线的起始位置或 [放弃(U)/选取(S)] <选取>:          //捕捉 L 点
指定下一条延伸线的起始位置或 [放弃(U)/选取(S)] <选取>:          //按 Enter 键
```

结果如图 8-12 左图所示。

2. 标注尺寸“15”“33”“28”等，结果如图 8-12 右图所示。

3. 利用关键点编辑方式向上调整尺寸标注“120”的尺寸线位置，然后创建基线尺寸标注，如图 8-13 所示。

```
命令: _dimlinear                                        //标注尺寸“35”
指定第一条尺寸界线原点或 <选择对象>:                     //捕捉 M 点
指定第二条尺寸界线原点:                                  //捕捉 N 点
```

```
指定尺寸线位置或[多行文字(M)/文字(T)/角度(A)/水平(H)/垂直(V)/旋转(R)]:
                                          //向上移动十字光标，指定尺寸线的位置
```

单击【标注】面板上的按钮，执行创建基线标注命令。

```
命令: _dimbaseline
指定下一条延伸线的起始位置或 [放弃(U)/选取(S)] <选取>:          //捕捉 O 点
指定下一条延伸线的起始位置或 [放弃(U)/选取(S)] <选取>:          //捕捉 P 点
指定下一条延伸线的起始位置或 [放弃(U)/选取(S)] <选取>:          //按 Enter 键
```

结果如图 8-13 左图所示。

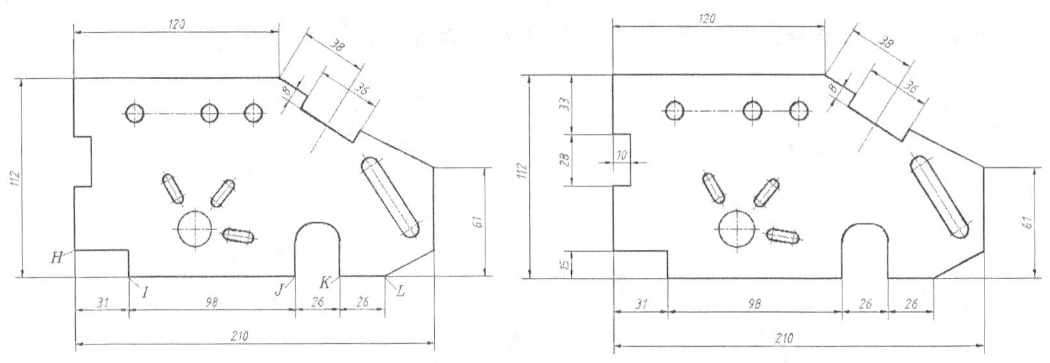

图 8-12 创建连续尺寸标注及调整尺寸线的位置

4. 打开正交模式，用 STRETCH 命令将虚线矩形 *Q* 内的尺寸线向左调整，然后标注尺寸“20”，结果如图 8-13 右图所示。

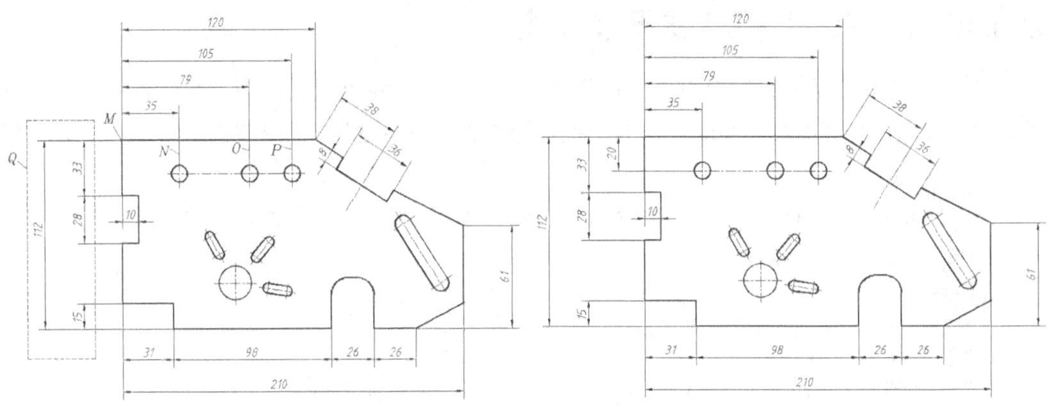

图 8-13 创建基线尺寸标注及调整尺寸线的位置

当用户创建一个尺寸标注后，接着执行基线或连续标注命令，则系统将以该尺寸的第 1 条尺寸界线为基准线生成基线尺寸标注，或者以该尺寸的第 2 条尺寸界线为基准线建立连续尺寸标注。若不想在前一个尺寸标注的基础上生成连续或基线尺寸标注，就按 Enter 键，系统提示“选择连续的标注”或“选择基线的标注”，此时可选择某条尺寸界线作为建立新尺寸的基准线。

8.1.5 创建角度尺寸标注

国标规定角度数字一律水平标注，一般标注在尺寸线的中断处，必要时可标注在尺寸线的上方或外面，也可画引线标注。

为使角度数字的放置形式符合国标，用户可采用当前标注样式的覆盖方式标注角度。

1. 单击【标注】面板上的↘按钮，打开【标注样式管理器】对话框。

2. 单击 替代(O)... 按钮（注意不要单击 修改(M)... 按钮），打开【替代当前标注样式】对话框，进入【文字】选项卡，在【文字方向】分组框中的两个下拉列表中均选择【水平】选项，如图 8-14 所示。

3. 返回绘图窗口，标注角度尺寸，角度数字将水平放置，如图 8-15 所示。

单击【标注】面板上的△按钮，执行标注角度命令。

```
命令: _dimangular
选择直线、圆弧、圆或 <指定顶点>:                              //选择直线 A
选取角度标注的另一条直线:                                     //选择直线 B
指定标注弧线的位置或 [多行文字(M)/文字(T)/角度(A)]:
                                                             //向上移动十字光标，指定尺寸线的位置
命令: _dimcontinue                                           //执行连续标注命令
指定下一条延伸线的起始位置或 [放弃(U)/选取(S)] <选取>:          //捕捉 C 点
指定下一条延伸线的起始位置或 [放弃(U)/选取(S)] <选取>:          //捕捉 D 点
指定下一条延伸线的起始位置或 [放弃(U)/选取(S)] <选取>:          //按 Enter 键
```

结果如图 8-15 所示。

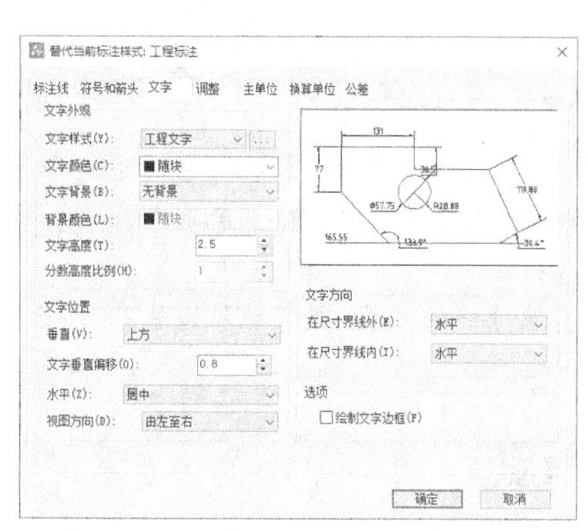

图 8-14 【替代当前标注样式】对话框

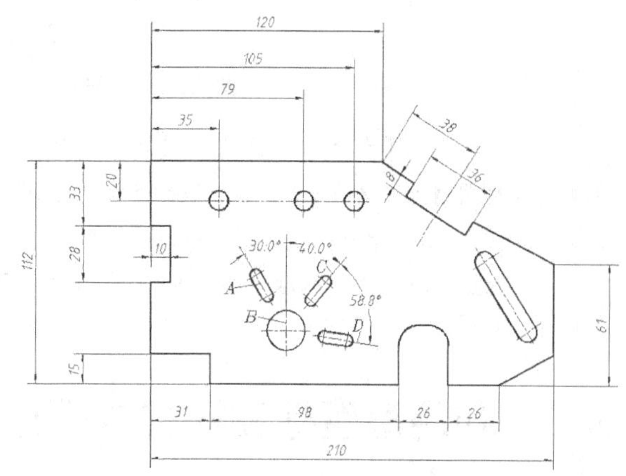

图 8-15 标注角度尺寸

8.1.6 创建直径和半径尺寸标注

在标注直径和半径尺寸时，系统会自动在标注文字前面加入“ϕ”或“R”符号。在实际标注中，直径和半径尺寸的标注形式多种多样，使用当前尺寸样式的覆盖方式进行标注非常方便。

8.1.5 小节已设定了标注样式的覆盖方式，即使尺寸数字水平放置，下面继续标注直径和半径尺寸，这些尺寸的标注文字也将水平放置。

1. 创建直径和半径尺寸标注，如图 8-16 所示。

单击【标注】面板上的⊘按钮，执行标注直径命令。

```
命令: _dimdiameter
选取弧或圆:                                                 //选择圆 D
指定尺寸线位置或 [角度(A)/多行文字(M)/文字(T)]: t            //选择“文字(T)”选项
输入标注文字 <10>: 3-%%C10                                  //输入标注文字
指定尺寸线位置或 [角度(A)/多行文字(M)/文字(T)]:              //移动十字光标，指定标注文字的位置
```

单击【标注】面板上的◯按钮，执行半径标注命令。

```
命令: _dimradius
选择圆弧或圆:                                               //选择圆弧 E
```

指定尺寸线位置或 [多行文字(M)/文字(T)/角度(A)]:

//移动十字光标，指定标注文字的位置

继续标注直径尺寸“ϕ20”和半径尺寸“*R*3”“*R*5”等，结果如图 8-16 所示。

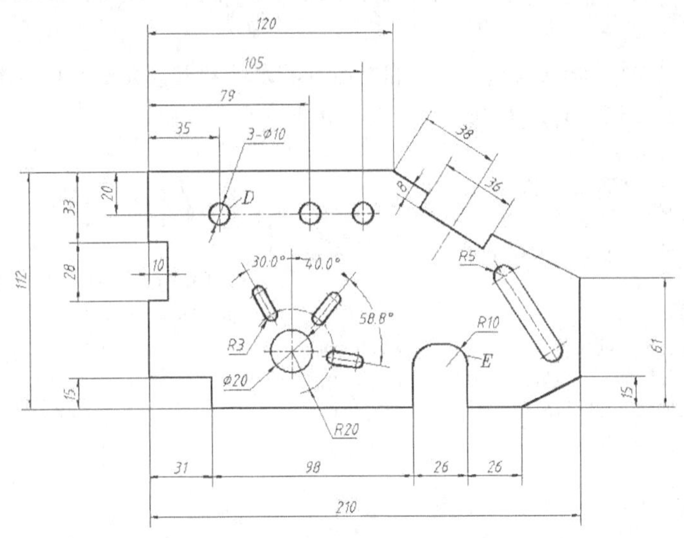

图 8-16 创建直径和半径尺寸标注

2. 取消当前样式的覆盖方式，恢复原来的样式。单击【标注】面板上的↘按钮，打开【标注样式管理器】对话框，在该对话框的【样式】列表框中选择【工程标注】，然后单击 置为当前(U) 按钮，此时系统打开一个提示性对话框，单击 确定 按钮。

3. 标注其余尺寸，然后利用关键点编辑方式调整尺寸线的位置，最终结果如图 8-1 所示。

8.2 利用角度标注样式簇标注角度

前面标注角度时采用了标注样式的覆盖方式，使标注数字水平放置。除采用此种方法之外，用户还可利用角度标注样式簇标注角度。样式簇是已有标注样式（父样式）的子样式，用于控制某种特定类型尺寸的外观。

【练习 8-2】打开素材文件“dwg\第 8 章\8-2.dwg”，利用角度标注样式簇标注角度，如图 8-17 所示。

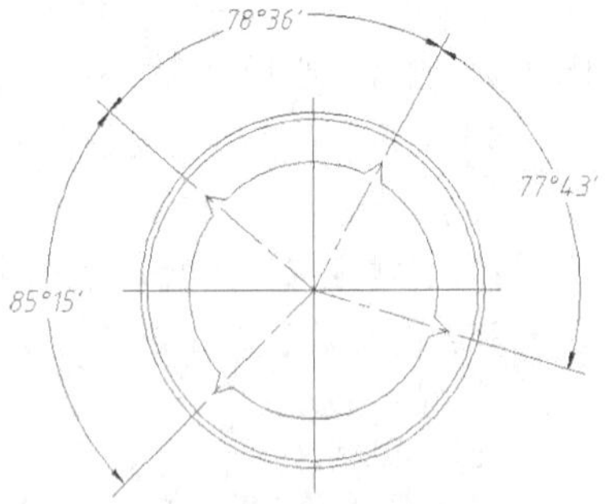

1. 单击【标注】面板上的↘按钮，打开【标注样式管理器】对话框，再单击 新建(N)... 按钮，打开【新建标注样式】对话框，在【用于】下拉列表中选择【角度标注】选项，如图 8-18 所示。

2. 单击 继续(C) 按钮，打开【新建标注样式】对话框，进入【文字】选项卡，在该选项卡的【文字方向】分组框的两个下拉列表中均选择【水平】选项，如图 8-19 所示。

图 8-17 标注角度

3. 选择【主单位】选项卡，在【角度标注】分组框中设置【单位格式】为【度/分/秒】、【精度】为【0d00′】，然后单击 确定 按钮。

4. 返回绘图窗口，单击△按钮，创建角度尺寸标注“85° 15′”，然后单击⊢⊢按钮，创建连续标注，结果如图 8-17 所示。所有这些角度尺寸标注的外观由样式簇控制。

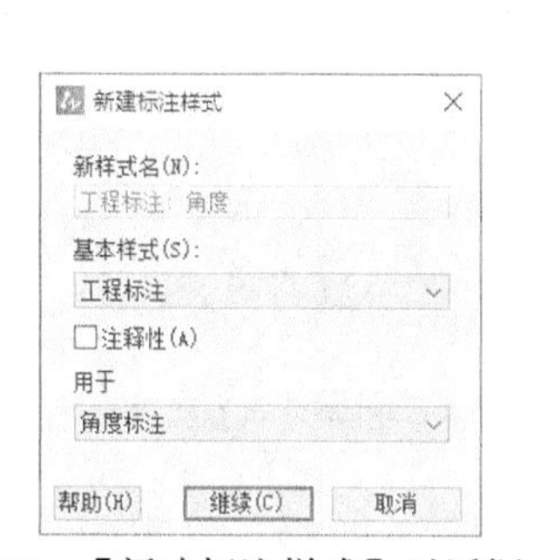

图 8-18 【新建标注样式】对话框（1）

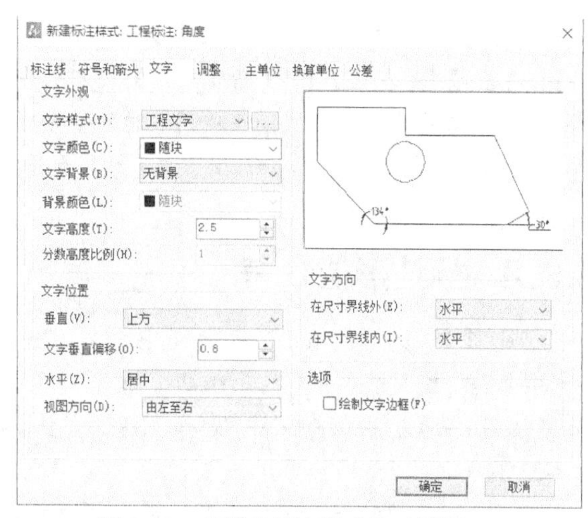

图 8-19 【新建标注样式】对话框（2）

8.3 标注尺寸公差及形位公差

下面介绍标注尺寸公差及形位公差的方法。

8.3.1 标注尺寸公差

标注尺寸公差的方法有以下两种。

（1）利用当前标注样式的覆盖方式标注尺寸公差，公差的上、下偏差值可在【替代当前标注样式】对话框的【公差】选项卡中设置。

（2）标注时，选择“多行文字(M)”选项打开多行文字编辑器，然后采用堆叠文字方式标注公差。

【练习 8-3】打开素材文件“dwg\第 8 章\8-3.dwg”，利用当前标注样式的覆盖方式标注尺寸公差，如图 8-20 所示。

1. 打开【标注样式管理器】对话框，单击 替代(O)... 按钮，打开【替代当前标注样式】对话框，进入【公差】选项卡，打开新的界面，如图 8-21 所示。

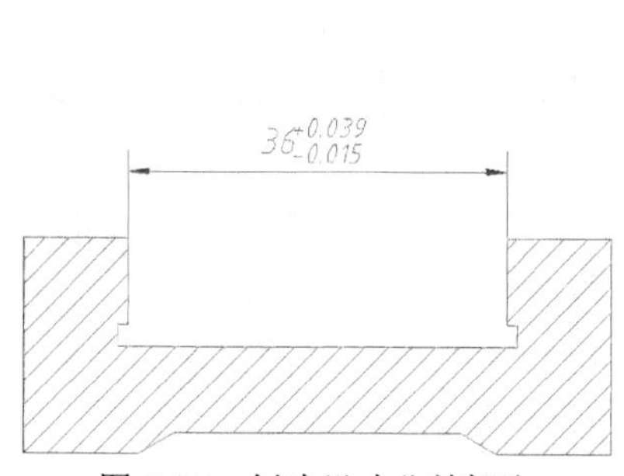

图 8-20 创建尺寸公差标注

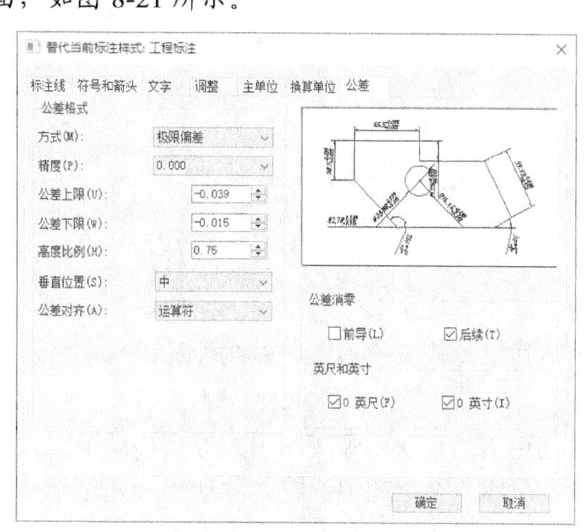

图 8-21 【替代当前标注样式】对话框

2. 在【方式】【精度】【垂直位置】下拉列表中分别选择【极限偏差】【0.000】【中】选项，在【公差上限】【公差下限】【高度比例】文本框中分别输入“0.039”“0.015”“0.75”。生成尺寸标注时，系统将自动在下偏差值的左边添加负号。

3. 返回绘图窗口，标注线性尺寸，结果如图 8-20 所示。

8.3.2 标注形位公差

标注形位公差可使用 TOLERANCE 和 QLEADER 命令，前者只能产生公差框格，后者既能产生公差框格又能产生标注指引线。

【练习 8-4】打开素材文件“dwg\第 8 章\8-4.dwg”，用 QLEADER 命令标注形位公差，如图 8-22 所示。

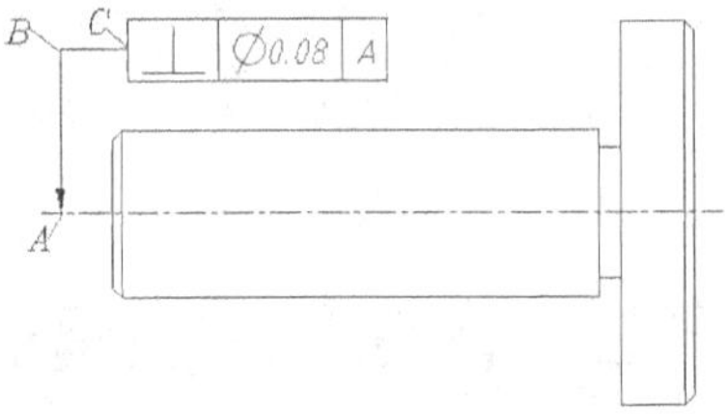

1. 执行 QLEADER 命令，系统提示“指定第一个引线点或[设置(S)]<设置>:”，直接按 Enter 键，打开【引线设置】对话框，在【注释】选项卡中选择【公差】单选项，如图 8-23 所示。

图 8-22 标注形位公差

2. 单击 确定 按钮，系统提示如下。

```
指定第一个引线点或 [设置(S)]<设置>: nea 最近点
                                        //在轴线上捕捉点 A
指定下一点: <正交 开>                     //打开正交模式并在 B 点处单击
指定下一点:                               //在 C 点处单击
```

系统打开【几何公差】对话框，在此对话框中输入公差值，如图 8-24 所示。

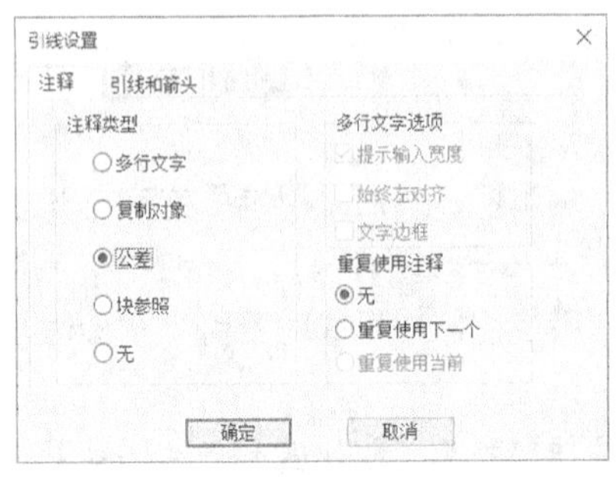

图 8-23 【引线设置】对话框

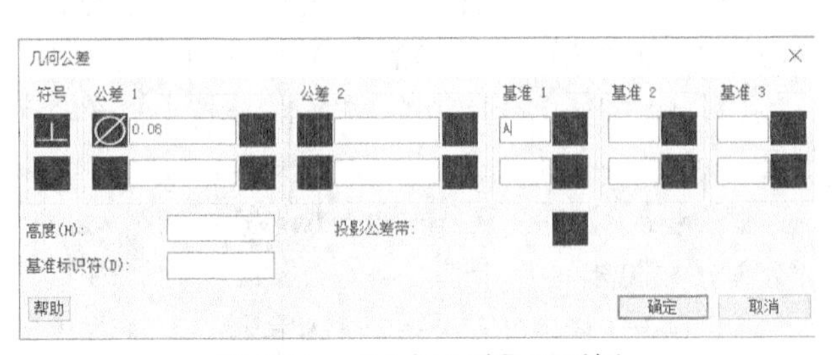

图 8-24 【几何公差】对话框

3. 单击 确定 按钮，结果如图 8-22 所示。

8.4 引线标注

MLEADER 命令用于创建引线标注，引线标注由箭头、引线、基线（引线与标注文字之间的线）、多行文字（或图块）组成，如图 8-25 所示。其中，箭头的形式、引线外观、文字属性及图块形状等由引线样式控制。

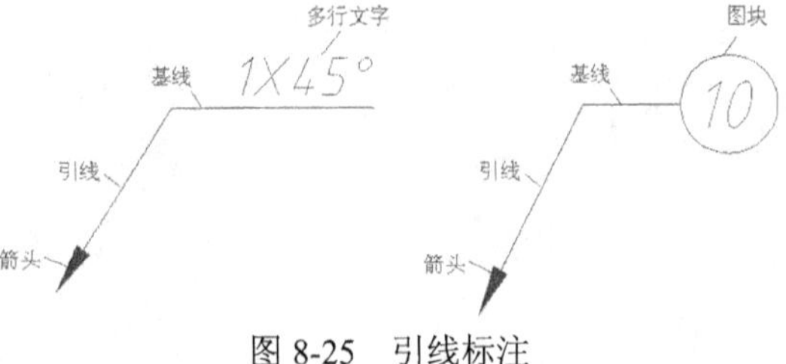

图 8-25 引线标注

选中引线标注对象，利用关键点移动基线，则引线、文字和图块随之移动。若利用关键点移动箭头，则只有引线跟随移动，基线、文字和图块不动。

【练习 8-5】打开素材文件“dwg\第 8 章\8-5.dwg”，用 MLEADER 命令创建引线标注，如图 8-26 所示。

1. 单击【注释】选项卡中【引线】面板上的↘按钮，打开【多重引线样式管理器】对话框，如图 8-27 所示，在该对话框中可新建、修改、重命名或删除引线样式。

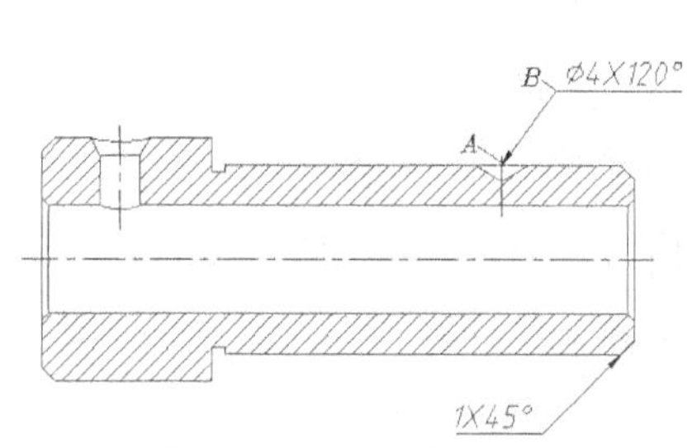

图 8-26 创建引线标注

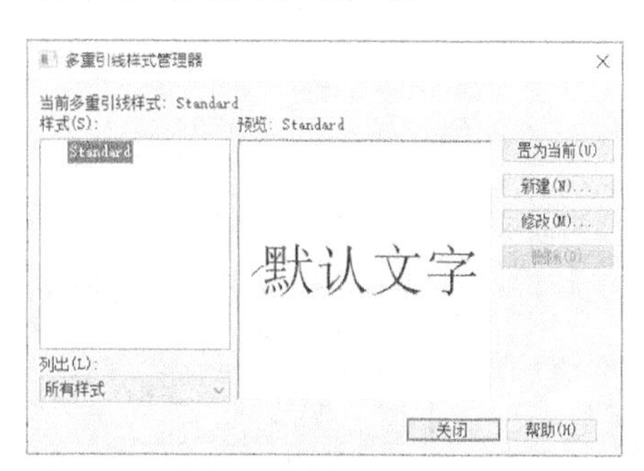

图 8-27 【多重引线样式管理器】对话框

2. 单击 修改(M)... 按钮，打开【修改多重引线样式】对话框，该对话框包含 3 个选项卡，切换选项卡完成以下设置。

图 8-28 【引线格式】选项卡

- 【引线格式】选项卡的设置如图 8-28 所示。
- 【引线结构】选项卡的设置如图 8-29 所示。

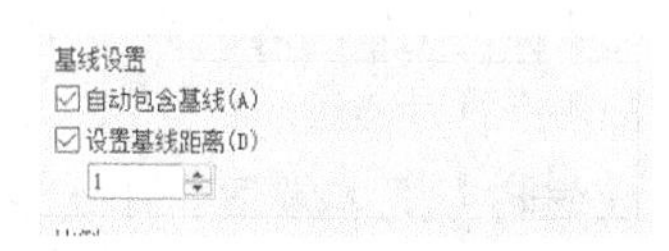

图 8-29 【引线结构】选项卡

基线设置文本框中的数值表示基线的长度。

- 【内容】选项卡的设置如图 8-30 所示。其中，【基线间距】文本框中的数值表示基线与标注文字之间的距离。

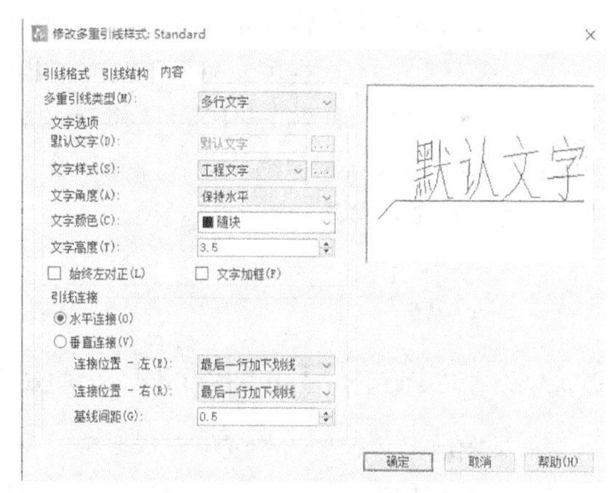

图 8-30 【内容】选项卡

3. 单击【引线】面板上的 多重引线 按钮，执行创建引线标注命令。

命令: _mleader
指定引线箭头的位置或 [内容优先(C)/引线基线优先(L)/选项(O)] <引线箭头优先>:
//指定引线起始点 A
指定引线基线的位置: //指定引线下一个点 B
//打开多行文字编辑器，输入标注文字“φ4×120°”

重复执行 MLEADER 命令，创建另一个引线标注，结果如图 8-26 所示。

要点提示 创建引线标注时，若文本或引线的位置不合适，则可利用关键点编辑方式进行调整。

8.5 编辑尺寸标注

尺寸标注的各个组成部分（如文字的大小、箭头的形式等）都可以通过调整标注样式进行修改，调整标注样式后，所有与此样式关联的尺寸标注都将发生变化。如果仅想改变个别尺寸标注的外观或文本的内容，应该怎么办？本节将通过实例说明编辑个别尺寸标注的一些方法。

【练习 8-6】打开素材文件“dwg\第 8 章\8-6.dwg”，如图 8-31 左图所示。修改尺寸标注文字的内容及调整尺寸标注的位置等，结果如图 8-31 右图所示。

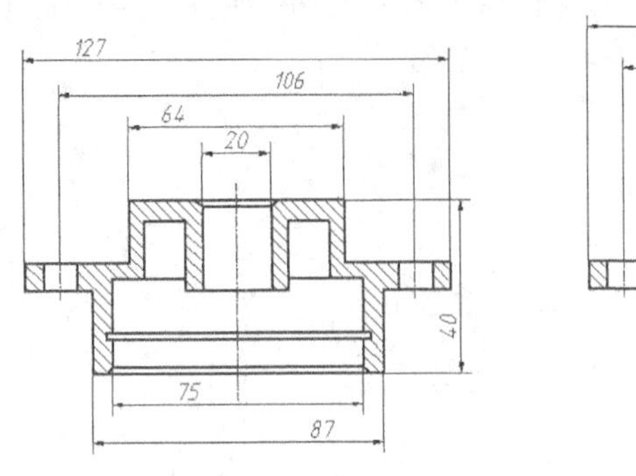

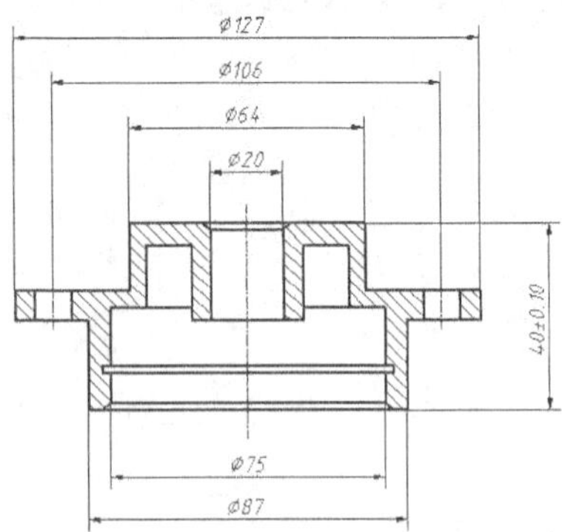

图 8-31 编辑尺寸标注

8.5.1 修改尺寸标注的内容及位置

修改尺寸标注文字内容的最佳方法是使用 DDEDIT 命令，双击文字即可执行该命令，此后可连续地修改想要编辑的尺寸标注。

关键点编辑方式非常适合用于移动尺寸线和标注文字，进入这种编辑模式后，一般利用尺寸线两端或标注文字所在处的关键点来调整尺寸标注位置。

1. 双击尺寸标注“40”，将其修改为“40±0.10”。

2. 选择尺寸标注“40±0.10”，并激活文本所在处的关键点，系统自动进入拉伸编辑模式，向右移动十字光标，调整文本的位置，结果如图 8-32 所示。

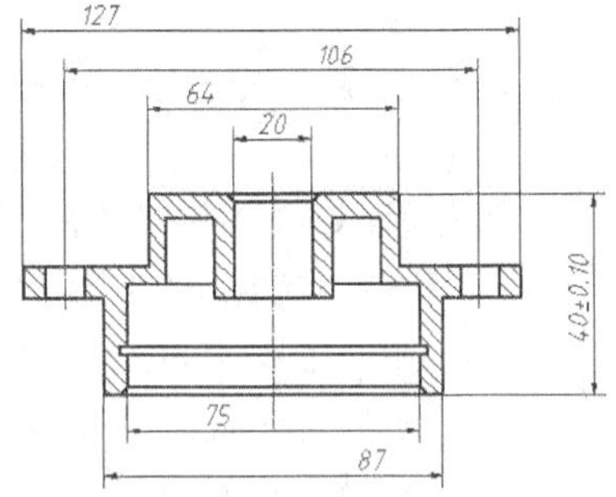

图 8-32 修改尺寸标注内容及位置

8.5.2 改变尺寸标注外观——更新尺寸标注

如果发现尺寸标注的外观不合适，可以使用“更新标注”命令进行修改。过程是：先以当前标注样式的覆盖方式改变标注样式，然后使用“更新标注”命令使要修改的尺寸按新的标注样式进行更新。使用此命令时，用户可以连续地对多个尺寸标注进行更新。

继续前面的练习，在尺寸标注文本左边添加直径代号。

1. 单击【标注】面板上的↘按钮，打开【标注样式管理器】对话框，再单击 替代(O)... 按钮，打开【替代当前标注样式】对话框，进入【主单位】选项卡，在【前缀】文本框中输入直径代号“%%C”。

2. 返回绘图窗口，单击【标注】面板上的按钮，然后选择尺寸标注“127”“106”等，按 Enter 键，结果如图 8-33 所示。

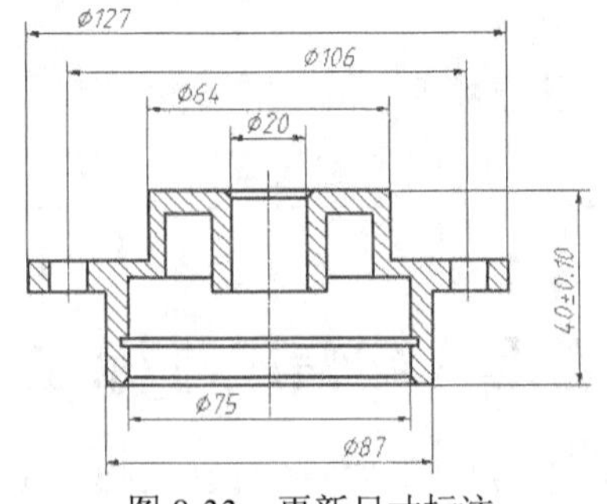

图 8-33 更新尺寸标注

8.5.3 均布及对齐尺寸线

可用 DIMSPACE 命令调整平行尺寸线间的距离，该命令可使平行尺寸线按用户指定的数值等间距分布。单击【注释】选项卡中【标注】面板上的按钮，即可执行 DIMSPACE 命令。

对于连续的线性及角度标注，可使用 DIMSPACE 命令使所有尺寸线对齐，此时设定尺寸线间距为“0”。

继续前面的练习，调整平行尺寸线间的距离。

```
命令: _DIMSPACE                    //执行 DIMSPACE 命令
选择基准标注:                             //选择“φ20”
选择要产生间距的标注:找到 1 个              //选择“φ64”
选择要产生间距的标注:找到 1 个，总计 2 个  //选择“φ106”
选择要产生间距的标注:找到 1 个，总计 3 个  //选择“φ127”
选择要产生间距的标注:                  //按 Enter 键
输入值或 [自动(A)] <自动>: 12 //输入间距值并按 Enter 键
```

结果如图 8-34 所示。

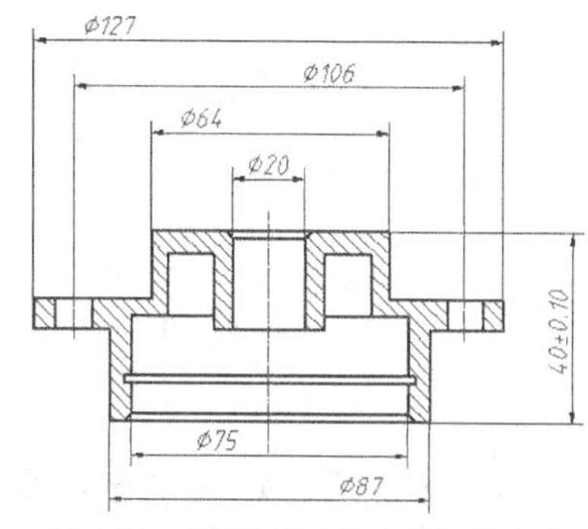

图 8-34　调整平行尺寸线间的距离

8.5.4 编辑尺寸标注属性

使用 PROPERTIES 命令（简写 PR）可以非常方便地编辑尺寸标注属性。用户一次性选取多个尺寸标注后，执行该命令，系统打开【特性】选项板，在此选项板中可修改尺寸标注的文字高度、文字样式及全局比例等属性。

继续前面的练习。用 PROPERTIES 命令将所有尺寸标注文字的高度改为 3.5，然后利用关键点编辑方式调整部分尺寸标注文字的位置，结果如图 8-35 所示。

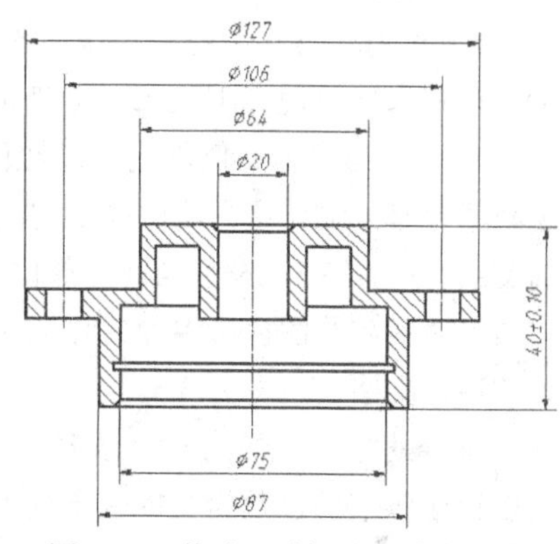

图 8-35　修改尺寸标注文字的高度

8.6 在工程图中标注注释性尺寸

在工程图中创建尺寸标注时，需要注意的一个问题是：尺寸标注文本的高度及箭头大小应如何设置。若设置不当，则打印后，由于打印比例的影响，尺寸标注外观往往不合适。要解决这个问题，可以采用下面的方法。

（1）在标注样式中将尺寸标注的文本高度及箭头大小等设置成与图纸上真实大小一致，再设定标注的全局比例因子为打印比例的倒数。例如，打印比例为 1∶2，标注全局比例因子就为 2。标注时标注外观放大一倍，打印时缩小一半。

（2）另一个方法是创建注释性尺寸标注，此类尺寸标注具有注释比例属性，系统会根据注释比例自动缩放尺寸标注外观，缩放比例因子为注释比例的倒数。因此，若在工程图中标注注释性尺寸，只需设置注释对象当前注释比例等于打印比例，就能保证打印后尺寸标注外观与最初标注样式中设定的一致。

创建注释性尺寸标注的步骤如下。

1. 创建新的标注样式并使其成为当前样式。在【新建标注样式】对话框中勾选【注释性】复选框，设定新样式为注释性样式，如图 8-36 左图所示。也可在【修改标注样式】对话框中修改已有样式为注释性样式，如图 8-36 右图所示。

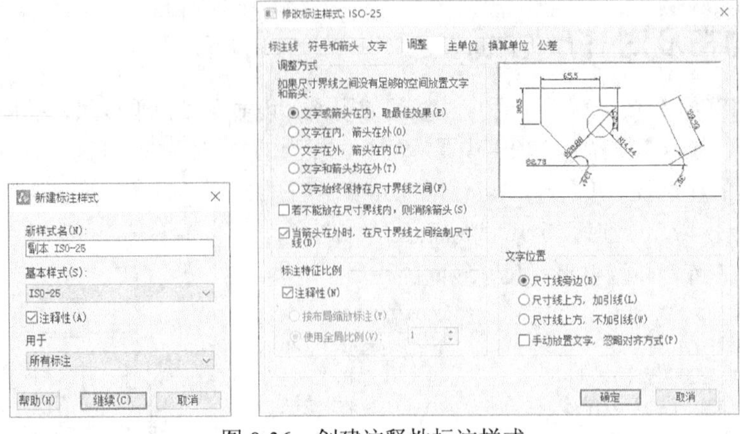

图 8-36 创建注释性标注样式

2. 在注释性标注样式中设定尺寸标注的文本高度、箭头外观大小与图纸上一致。

3. 单击状态栏上的 1:1 ▾按钮，设定当前注释比例等于打印比例。

4. 创建尺寸标注，该尺寸为注释性尺寸，具有注释比例属性，其注释比例为当前设置值。

5. 单击状态栏上的按钮，再改变当前注释比例，系统将自动把新的比例赋予注释性对象，该对象外观的大小随之发生变化。

可以认为注释比例就是打印比例，创建注释性尺寸标注后，系统自动以当前注释比例的倒数缩放其外观，这样就保证了输出图形后，尺寸标注外观等于设定值。例如，设定尺寸标注的文字高度为 3.5，设置当前注释比例为 1∶2，创建尺寸标注后，该尺寸标注的注释比例就为 1∶2，显示在绘图窗口中的尺寸标注外观将放大一倍，文字高度变为 7。 这样当以 1∶2 比例打印后，文字高度变为 3.5。

注释对象可以具有一个或多个注释比例，设定其中之一为当前注释比例，则注释对象外观以该比例值的倒数为缩放因子变大或变小。选择注释对象，单击鼠标右键，选择快捷菜单中的【注释性比例】命令可添加或删除注释比例。单击状态栏上的 1:1 ▾按钮，可指定注释对象的某个比例为当前注释比例。

8.7 上机练习——尺寸标注综合训练

下面是为平面图形、组合体及零件图等图样添加尺寸标注的综合练习题，内容包括选用图幅、标注尺寸、标注尺寸公差和形位公差等。

8.7.1 采用普通尺寸或注释性尺寸标注平面图形

【练习 8-7】打开素材文件“dwg\第 8 章\8-7.dwg”，采用普通尺寸标注该图形，如图 8-37 所示。图幅选用 A4 幅面，绘图比例为 1∶1.5，尺寸标注的文字高度为 2.5，字体为“IC-isocp.shx”。

1. 打开包含标准图框的图形文件“dwg\第 8 章\A4.dwg”，把 A4 图框复制到要标注的图形中，用 SCALE 命令缩放 A4 图框，缩放比例为 1.5。

2. 用 MOVE 命令将图样放入图框内。

3. 创建一个名为“尺寸标注”的图层，并将其设置为当前图层。

4. 创建新文字样式，样式名为“标注文字”，与该样式相连的字体文件是“IC-isocp.shx”和

“gbcbig.shx”。设定文字倾斜角度为 15°。

5. 创建一个标注样式，名称为“国标标注”，对该样式做以下设置。

- 标注文本连接“标注文字”样式，文字高度为“2.5”，精度为“0.0”，小数点格式是“句点”。
- 标注文本与尺寸线之间的距离为“0.8”。
- 箭头大小为“2”。
- 尺寸界线超出尺寸线的长度为“2”。
- 尺寸线起始点与标注对象端点之间的距离为“0”。

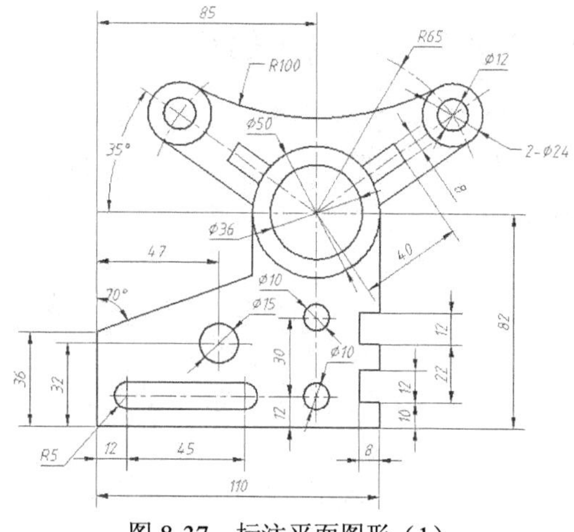

图 8-37 标注平面图形（1）

- 标注基线尺寸时，平行尺寸线之间的距离为“7”。
- 标注的全局比例因子为“1.5”。
- 使“国标标注”样式成为当前样式。

6. 打开对象捕捉功能，设置捕捉类型为【端点】【交点】，标注尺寸，结果如图 8-37 所示。

【练习 8-8】打开素材文件“dwg\第 8 章\8-8.dwg”，采用注释性尺寸标注该图形，结果如图 8-38 所示。图幅选用 A3 幅面，绘图比例为 2∶1，尺寸标注的文字高度为 2.5，字体为“IC-isocp.shx”。

1. 打开包含标准图框的图形文件“dwg\第 8 章\A3.dwg”，把 A3 图框复制到要标注的图形中，用 SCALE 命令缩放 A3 图框，缩放比例为 0.5。

2. 用 MOVE 命令将图样放入图框内。

3. 创建一个名为“尺寸标注”的图层，并将其设置为当前图层。

4. 创建新文字样式，样式名为“标注文字”，与该样式相连的字体文件是“IC-isocp.shx”和“gbcbig.shx”设定文字倾斜角度为 15°。

5. 创建一个注释性标注样式，名称为“国标标注”，对该样式做以下设置。

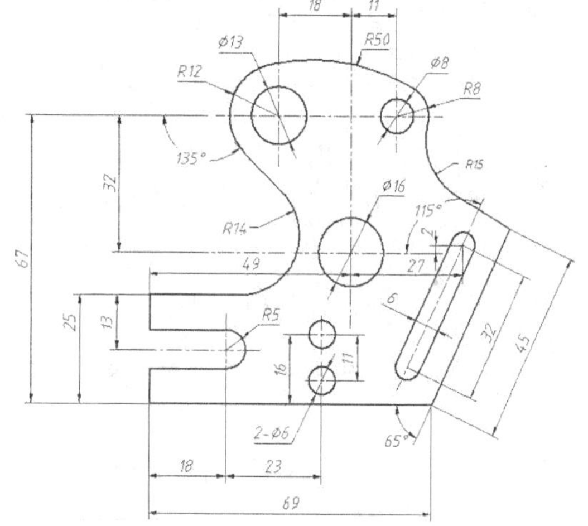

图 8-38 标注平面图形（2）

- 标注文本连接“标注文字”样式，文字高度为“2.5”，精度为“0.0”，小数点格式是“句点”。
- 标注文本与尺寸线之间的距离为“0.8”。
- 箭头大小为“2”。
- 尺寸界线超出尺寸线的长度为“2”。
- 尺寸线起始点与标注对象端点之间的距离为“0”。
- 标注基线尺寸时，平行尺寸线之间的距离为“7”。
- 标注的全局比例因子为“1”。
- 使“国标标注”样式成为当前样式。

6. 单击状态栏上的 1:1 ▼按钮，设置当前注释比例为 2∶1，该比例等于打印比例。

7. 打开对象捕捉功能，设置捕捉类型为【端点】【交点】，标注尺寸，结果如图 8-38 所示。

8.7.2　标注组合体尺寸

【练习 8-9】打开素材文件“dwg\第 8 章\8-9.dwg”，如图 8-39 所示，采用注释性尺寸标注组合体。图幅选用 A3 幅面，绘图比例为 1∶1.5（注释比例），尺寸标注的文字高度为 2.5，字体为“IC-isocp.shx”。

1. 插入 A3 幅面图框，并将图框放大 1.5 倍。利用 MOVE 命令布置好视图。

2. 创建注释性标注样式，并设置当前注释比例为 1∶1.5。

3. 标注圆柱体的定形尺寸，结果如图 8-40 所示。

4. 标注底板的定形尺寸及其上孔的定位尺寸，结果如图 8-41 所示。

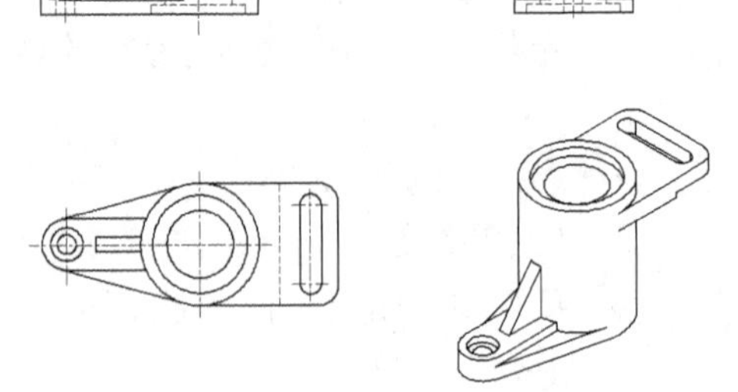

图 8-39　标注组合体尺寸（1）

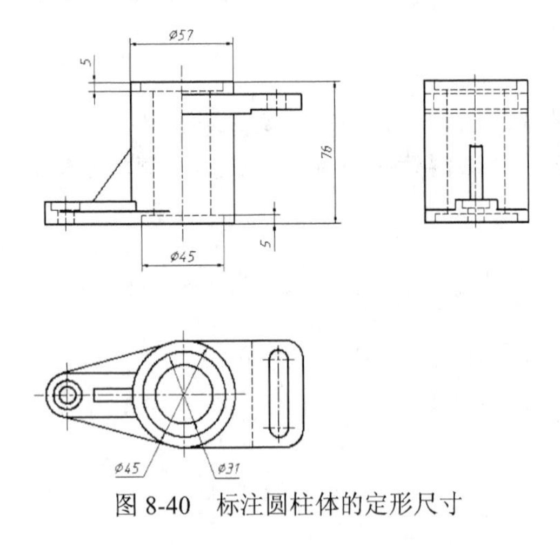

图 8-40　标注圆柱体的定形尺寸

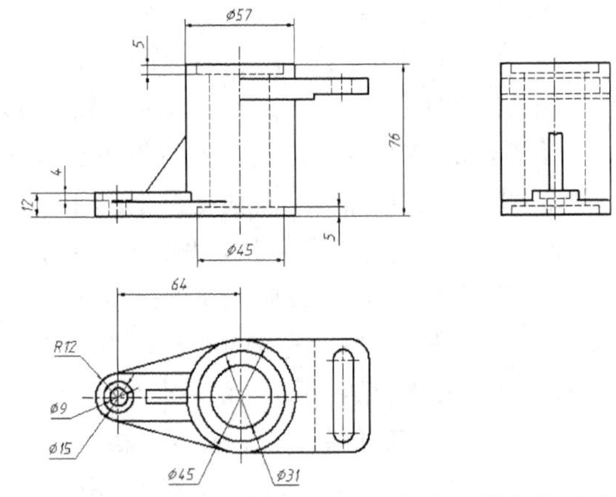

图 8-41　标注底板的定形尺寸及其上孔的定位尺寸

5. 标注三角形肋板及右顶板的定形尺寸及定位尺寸，结果如图 8-42 所示。

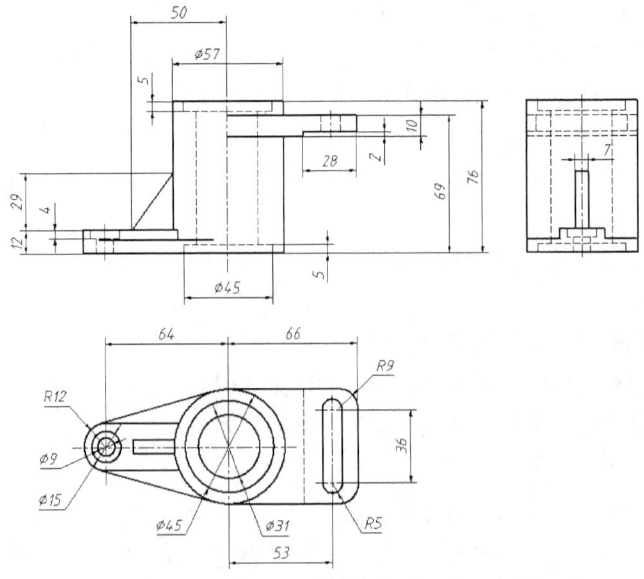

图 8-42　标注肋板及右顶板的定形尺寸及定位尺寸

【练习 8-10】打开素材文件“dwg\第 8 章\8-11.dwg”，如图 8-43 所示，采用注释性尺寸标注组合体。图幅选用 A3 幅面，绘图比例为 1∶1.5（注释比例），尺寸标注的文字高度为 2.5，字体为“IC-isocp.shx”。

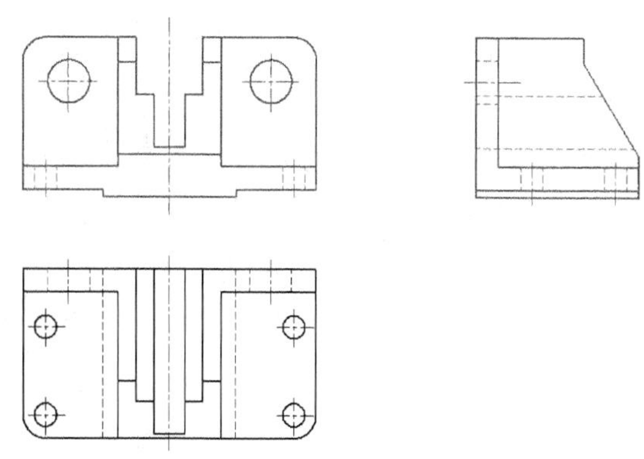

图 8-43　标注组合体尺寸（2）

8.7.3　标注尺寸公差及形位公差

【练习 8-11】打开素材文件“dwg\第 8 章\8-11.dwg”，采用注释性尺寸标注该图形，结果如图 8-44 所示。图幅选用 A4 幅面，绘图比例为 1∶1，尺寸标注的文字高度为 3.5，字体为“IC-isocp.shx”。

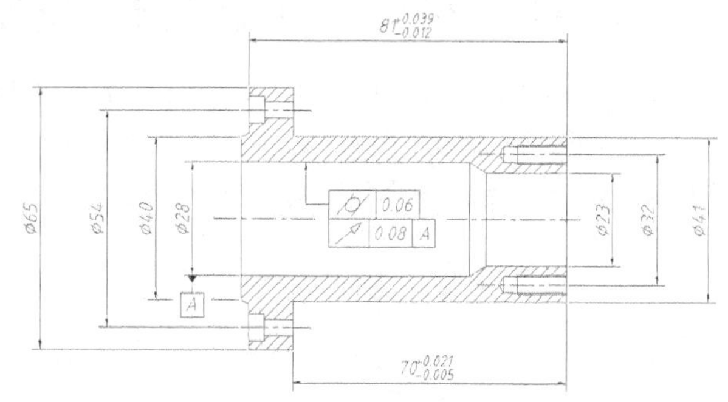

图 8-44　标注尺寸公差及形位公差（1）

1. 插入 A4 幅面图框及创建注释性标注样式，具体过程参见【练习 8-8】。

2. 将标注数值精度设定为“0”，标注尺寸“54”“40”“28”等，并使平行尺寸线均匀分布，结果如图 8-45 左图所示。

3. 利用标注样式的覆盖方式改变标注样式，指定在标注文字左边添加直径代号，然后执行 DIMSTYLE 命令更新尺寸，结果如图 8-45 右图所示。

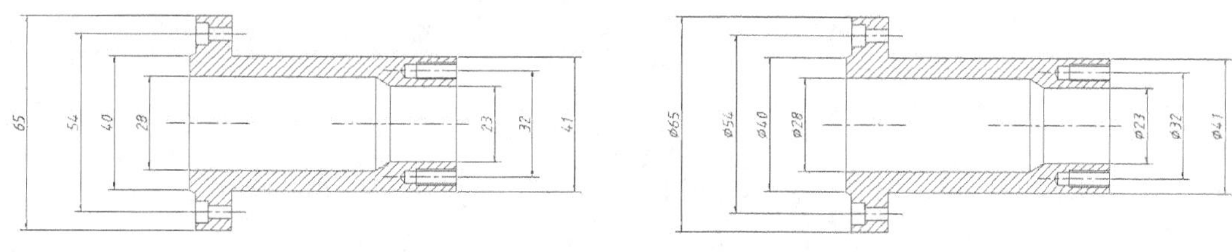

图 8-45　标注尺寸并在标注文字左边添加直径代号

4. 利用标注样式的覆盖方式标注尺寸公差，结果如图 8-44 所示。

5. 用 MOVE 及 ROTATE 命令标注基准代号，再用 QLEADER 命令标注形位公差，结果如图 8-44 所示。

6. 打断尺寸界线。在图 8-44 中，尺寸界线与基准代号相交了，单击【注释】选项卡中【标注】面板上的按钮，执行“标注打断”命令，选择尺寸标注“ϕ40”，则尺寸界线在基准代号处自动断开。

【练习 8-12】打开素材文件“dwg\第 8 章\8-12.dwg”，采用注释性尺寸标注该图形，结果如图 8-46 所示。图幅选用 A4 幅面，绘图比例为 1∶3，尺寸标注的文字高度为 2.5，字体为“IC-isocp.shx”。

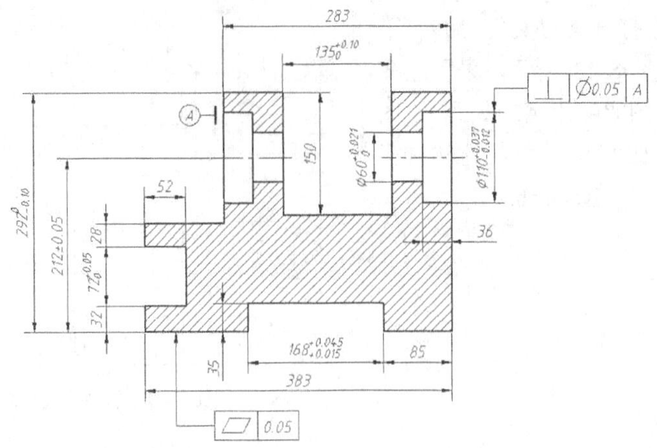

图 8-46 标注尺寸公差及形位公差（2）

8.7.4 插入图框、标注零件尺寸及表面结构代号

【练习 8-13】打开素材文件“dwg\第 8 章\8-13.dwg”，标注传动轴零件图，结果如图 8-47 所示。零件图的图幅选用 A3 幅面，绘图比例为 2∶1，尺寸标注的文字高度为 2.5，字体为“IC-isocp.shx”，标注的全局比例因子为 0.5。

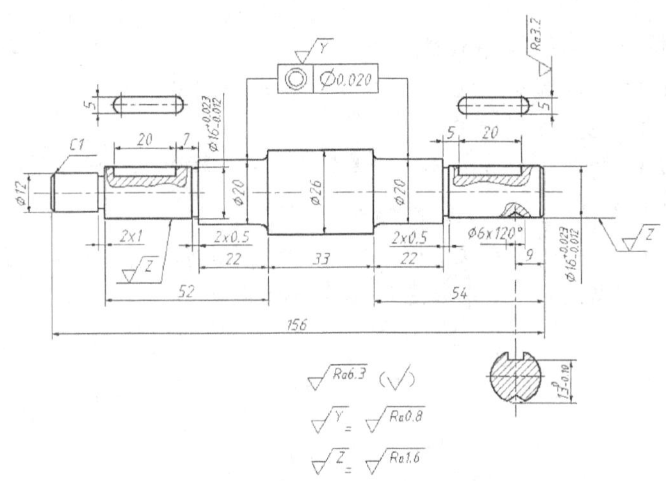

图 8-47 标注传动轴零件图

1. 打开包含标准图框及表面结构代号的图形文件“dwg\第 8 章\A3.dwg”，在绘图窗口中单击鼠标右键，弹出快捷菜单，选择【带基点复制】命令，然后指定 A3 图框的右下角为基点，再选择该图框及表面结构代号。

2. 切换到当前零件图，在绘图窗口中单击鼠标右键，弹出快捷菜单，选择【粘贴】命令，把 A3 图框复制到当前图形中，结果如图 8-48 所示。

3. 用 SCALE 命令把 A3 图框和表面结构代号缩小 50%。

4. 创建新文字样式，样式名为“标注文字”，与该样式相连的字体文件是“IC-isocp.shx”和“gbcbig.shx”。

5. 创建一个标注样式，名称为“国标标注”，对该样式做以下设置。

- 标注文本连接“标注文字”样式，文字高度为“2.5”，精度为“0.0”，小数点格式为“句点”。

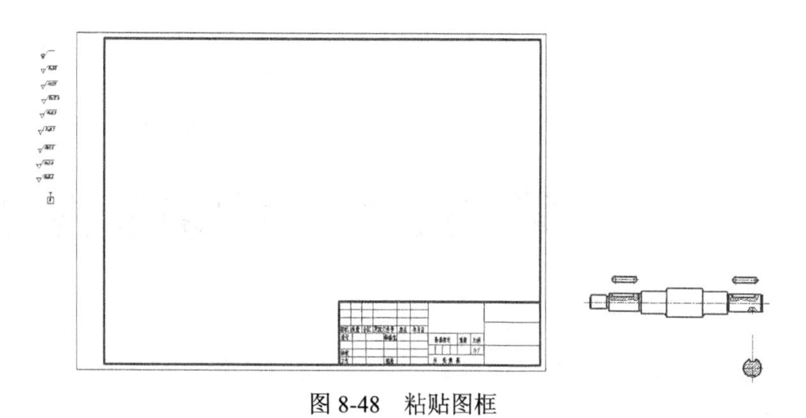

图 8-48 粘贴图框

- 标注文本与尺寸线之间的距离为“0.8”。
- 箭头大小为“2”。
- 尺寸界线超出尺寸线的长度为“2”。
- 尺寸线起始点与标注对象端点之间的距离为“0”。
- 标注基线尺寸时，平行尺寸线之间的距离为“7”。
- 标注的全局比例因子为“0.5”（绘图比例的倒数）。
- 使“国标标注”样式成为当前样式。

6. 用 MOVE 命令将视图放入图框内，创建尺寸标注，再用 COPY、ROTATE 命令标注表面结构代号，结果如图 8-47 所示。

8.8 习题

1. 打开素材文件“dwg\第 8 章\8-14.dwg”，标注该图形，结果如图 8-49 所示。

2. 打开素材文件“dwg\第 8 章\8-15.dwg”，标注法兰盘零件图，结果如图 8-50 所示。零件图的图幅选用 A3 幅面，绘图比例为 1∶1.5，尺寸标注的文字高度为 3.5，字体为“IC-isocp.shx”。

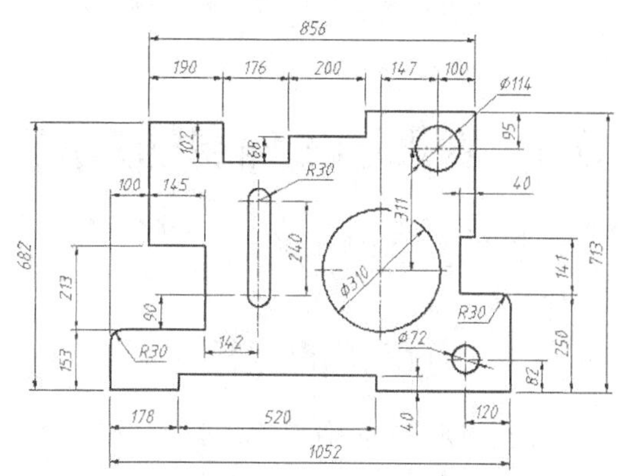

图 8-49 标注平面图形

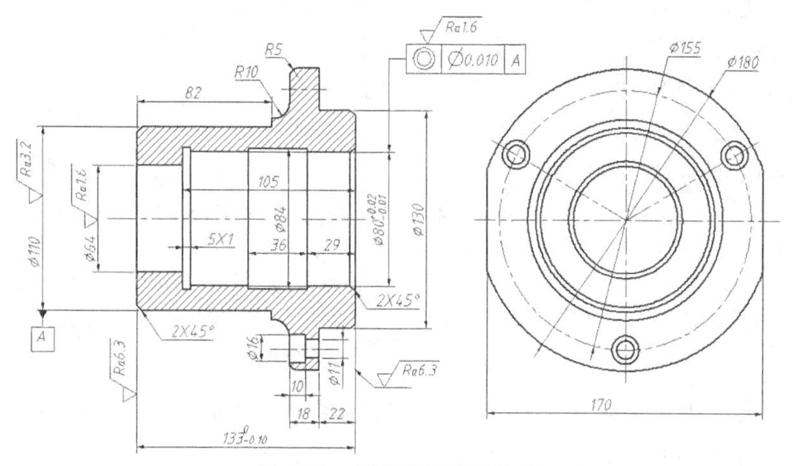

图 8-50 标注法兰盘零件图

第 9 章

查询信息、图块及设计工具

主要内容

- 获取点的坐标。
- 测量距离及连续线长度。
- 计算图形面积及周长。
- 创建及插入图块。
- 在工程图中使用注释性图块。
- 创建、使用及编辑块的属性。
- 使用外部引用。
- 中望 CAD 设计中心的使用方法。
- 使用、修改及创建工具选项板。

9.1 获取图形信息的方法

本节介绍获取图形信息的一些命令。

9.1.1 获取点的坐标

ID 命令用于查询图形对象上某点的绝对坐标，坐标值以“*X*,*Y*,*Z*”形式显示出来。对于二维图形，*Z* 坐标值为 0。

命令启动方法

- 菜单命令：【工具】/【查询】/【点坐标】。
- 面板：【工具】选项卡中【实用工具】面板上的按钮。
- 命令：ID。

【练习 9-1】练习 ID 命令。

打开素材文件“dwg\第 9 章\9-1.dwg”，执行 ID 命令，系统提示如下。

```
命令：'_id
指定一点：cen 于                          //捕捉圆心 A，如图 9-1 所示
X = 1463.7504    Y = 1166.5606    Z = 0.0000
                                          //系统显示圆心的坐标值
```

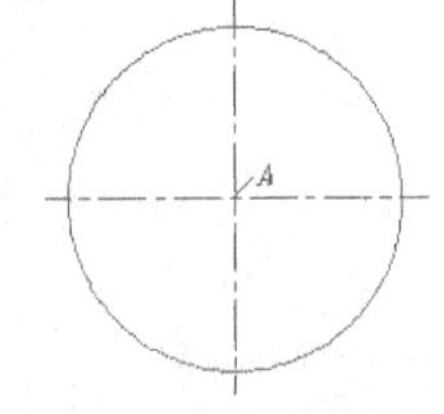

图 9-1　查询点的坐标

要点提示　使用 ID 命令测量的坐标值与当前坐标系的位置有关。如果用户创建新坐标系，则用 ID 命令测量的同一点坐标值也将发生变化。

9.1.2 测量距离及连续线的长度

选择 MEASUREGEOM 命令的"距离(D)"选项可测量两点间的距离，还可计算两点的连线与 *xy* 平面的夹角，以及在 *xy* 平面内的投影与 *x* 轴的夹角，此外，还能测出连续线的长度。

命令启动方法

- 菜单命令：【工具】/【查询】/【距离】。
- 面板：【工具】选项卡中【实用工具】面板上的按钮。
- 命令：MEASUREGEOM 或简写 MEA。

DIST 命令与 MEASUREGEOM 命令的"距离(D)"选项功能相同，单击【实用工具】面板上的按钮即可执行该命令。

【练习 9-2】练习 MEASUREGEOM 命令。

打开素材文件"dwg\第 9 章\9-2.dwg"，执行 MEASUREGEOM 命令，系统提示如下。

```
命令: MEASUREGEOM
输入选项 [距离(D)/半径(R)/角度(A)/面积(AR)/质量特性(M)] <距离>:    //按 Enter 键
指定第一个点:                      //捕捉端点 A，如图 9-2 所示
指定第二个点或 [多个点(M)]:        //捕捉端点 B
距离等于 = 206.9383,  XY 面上角 = 106,  与 XY 面夹角 = 0
X 增量= -57.4979,  Y 增量 = 198.7900,  Z 增量 = 0.0000
输入选项 [距离(D)/半径(R)/角度(A)/面积(AR)/质量特性(M)] <距离>: *取消*
                                   //按 Esc 键退出
```

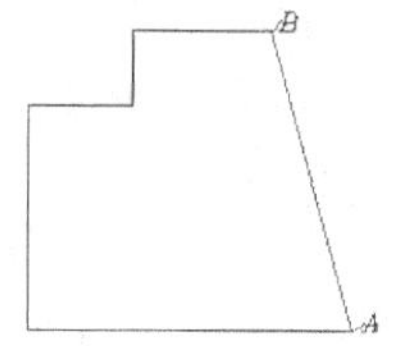

图 9-2 测量距离

MEASUREGEOM 命令显示的测量值的意义如下。

- 距离(D)：两点间的距离。
- XY 面上角：两点的连线在 *xy* 平面上的投影与 *x* 轴间的夹角，如图 9-3 左图所示。
- 与 XY 面夹角：两点的连线与 *xy* 平面间的夹角。
- X 增量：两点的 *x* 坐标差值。
- Y 增量：两点的 *y* 坐标差值。
- Z 增量：两点的 *z* 坐标差值。

要点提示 使用 MEASUREGEOM 命令时，两点的选择顺序不会影响距离值，但会影响该命令的其他测量值。

（1）测量由线段构成的连续线长度。

执行 MEASUREGEOM 命令，选择"多个点(M)"选项，然后指定连续线的端点就能测量出连续线的长度，如图 9-3 中图所示。

（2）测量包含圆弧的连续线长度。

执行 MEASUREGEOM 命令，选择"多个点(M)"/"圆弧(A)"及"直线(L)"选项，就可以测量含圆弧的连续线的长度，如图 9-3 右图所示。

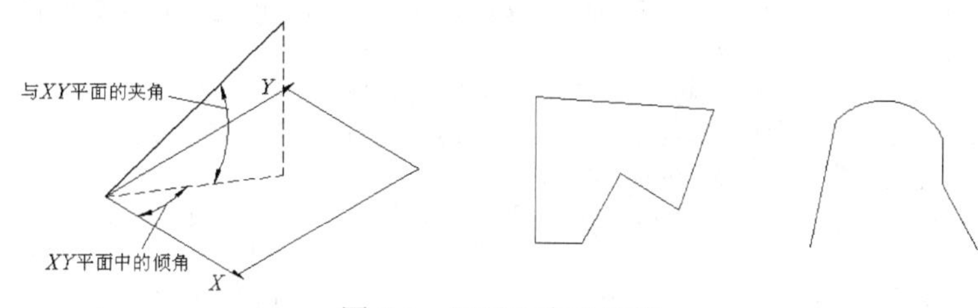

图 9-3 测量距离及长度

9.1.3 测量半径及角度

选择 MEASUREGEOM 命令的“半径(R)”选项可测量圆弧的半径或直径。执行该命令，选择“半径(R)”选项，再选择圆弧或圆，命令提示窗口将显示半径或直径的值。

选择 MEASUREGEOM 命令的“角度(A)”选项可测量角度，包括两条线段的夹角、圆弧的圆心角及 3 点确定的角度等，如图 9-4 所示。测量方法包括：选择圆弧；选择夹角的两条边；先选择夹角的顶点，再选择另外两点。

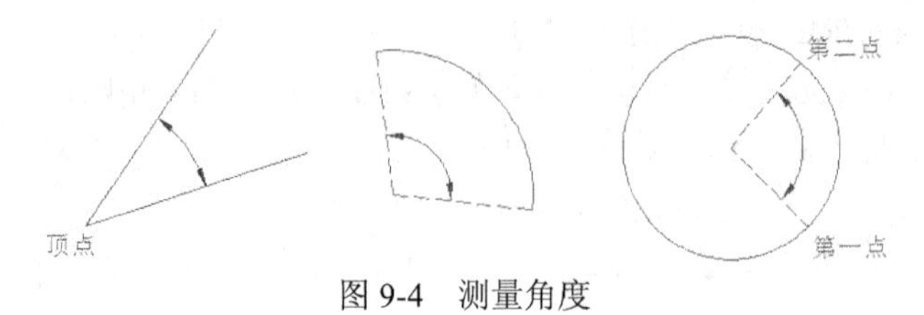

图 9-4 测量角度

9.1.4 计算图形面积及周长

使用 AREA 命令（或选择 MEASUREGEOM 命令的“面积(AR)”选项）可测量图形面积及周长。

一、命令启动方法

- 菜单命令：【工具】/【查询】/【面积】。
- 面板：【工具】选项卡中【实用工具】面板上的按钮。

（1）测量多边形区域的面积及周长。

执行 AREA 命令，然后指定折线的端点就能计算出折线包围区域的面积及周长，如图 9-5 左图所示。若折线不闭合，则系统假定将其闭合进行计算，所得周长是折线闭合后的数值。

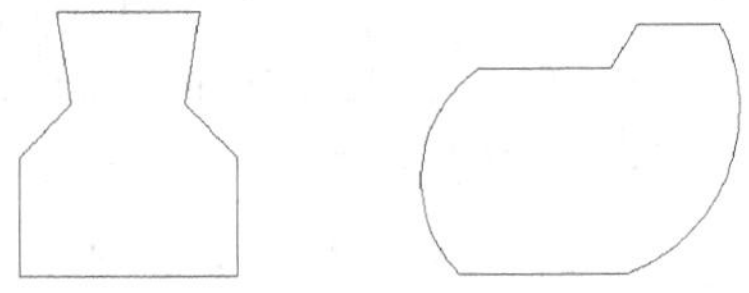

图 9-5 测量图形面积及周长

（2）测量包含圆弧区域的面积及周长。

执行 AREA 命令，选择“圆弧(A)”或“直线(L)”选项，就可以像创建多段线一样“绘制”图形的外轮廓，如图 9-5 右图所示。“绘制”完成，按 Enter 键即可得到该区域的面积及周长。若轮廓不闭合，则系统假定将其闭合进行计算，所得周长是轮廓闭合后的数值。

【练习 9-3】 用 AREA 命令测量图形面积，如图 9-6 所示。

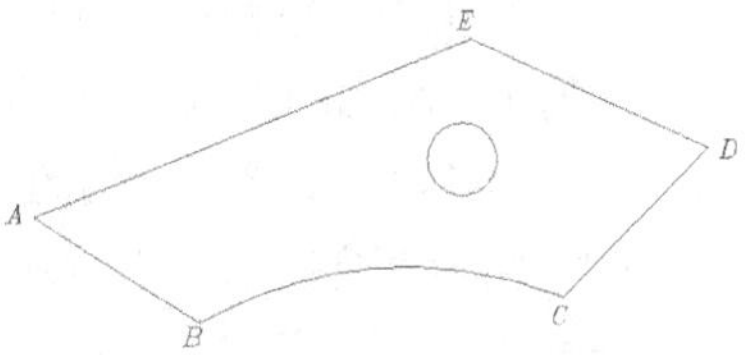

图 9-6 测量图形面积

打开素材文件“dwg\第 9 章\9-3.dwg”，执行 AREA 命令，系统提示如下。

```
指定第一点或 [对象(O)/添加(A)/减去(S)]<对象(O)>: a    //选择“添加(A)”选项
指定第一点或 [对象(O)/减去(S)]:                        //捕捉 A 点
("加"模式) 指定下一个点或 [圆弧(A)/长度(L)/放弃(U)]: //捕捉 B 点
("加"模式) 指定下一个点或 [圆弧(A)/长度(L)/放弃(U)]: a//选择“圆弧(A)” 选项
指定圆弧的端点(按住 Ctrl 键以切换方向)或
 [角度(A)/圆心(CE)/闭合(CL)/方向(D)/直线(L)/半径(R)/第二个点(S)/放弃(U)]:s
                                                       //选择“第二个点(S)”选项
指定圆弧上的第二个点: nea 最近点                        //捕捉圆弧上的一点
```

```
指定圆弧的端点:                                              //捕捉 C 点
指定圆弧的端点(按住 Ctrl 键以切换方向)或
 [角度(A)/圆心(CE)/闭合(CL)/方向(D)/直线(L)/半径(R)/第二个点(S)/放弃(U)]:l
                                                             //选择"直线(L)"选项
("加"模式) 指定下一个点或 [圆弧(A)/长度(L)/放弃(U)/总计(T)] <总计>:
                                                             //捕捉 D 点
("加"模式) 指定下一个点或 [圆弧(A)/长度(L)/放弃(U)/总计(T)] <总计>:
                                                             //捕捉 E 点
("加"模式) 指定下一个点或 [圆弧(A)/长度(L)/放弃(U)/总计(T)] <总计>:
                                                             //按 Enter 键
面积 = 933629.2416, 周长 = 4652.8657
总面积 = 933629.2416
总长度 = 4652.8657
指定第一点或 [对象(O)/减去(S)]: s                             //选择"减去(S)"选项
指定第一点或 [对象(O)/添加(A)]: o                             //选择"对象(O)"选项
选取减去面积的对象:                                           //选择圆
面积 = 36252.3386, 圆周 = 674.9521
总面积 = 897376.9029
总长度 = 3977.9136
选取减去面积的对象:                                           //按 Enter 键结束
```

二、命令选项

（1）对象(O)：测量所选对象的面积，有以下两种情况。

- 选择的对象是圆、椭圆、面域、正多边形及矩形等闭合图形。
- 对于非封闭的多段线及样条曲线，系统将假定有一条线使其闭合，然后计算出闭合区域的面积与周长，而所计算出的周长是多段线或样条曲线的实际长度。

（2）添加(A)：进入“加”模式，可以将新测量的面积加入总面积中。

（3）减去(S)：可把新测量的面积从总面积中减去。

要点提示 用户可以将复杂的图形创建成面域，然后选择“对象(O)”选项测量图形的面积及周长。

9.1.5 列出对象的图形信息

LIST 命令用于获取对象的图形信息，这些信息以列表的形式显示，并且随对象类型的不同而不同，一般包括以下内容。

- 对象类型、图层及颜色等。
- 对象的一些几何特性，如线段的长度、端点坐标、圆心位置、半径、圆的面积及周长等。

命令启动方法

- 菜单命令：【工具】/【查询】/【列表】。
- 面板：【工具】选项卡中【实用工具】面板上的列表按钮。
- 命令：LIST 或简写 LI。

【练习 9-4】练习 LIST 命令。

打开素材文件“dwg\第 9 章\9-4.dwg”，执行 LIST 命令，系统提示如下。

```
命令: _list
列出选取对象:                    //选择圆，如图 9-7 所示
找到 1 个                        //按 Enter 键结束，系统打开文本窗口
```

```
列出选取对象:
------------------------ CIRCLE ---------------------------------
                  句柄:  1E9
              当前空间:  模型空间
                    层:  0
                中间点:  X= 1643.5122  Y= 1348.1237  Z= 0.0000
                  半径:  59.1262
                  圆周:  371.5006
                  面积:  10982.7031
```

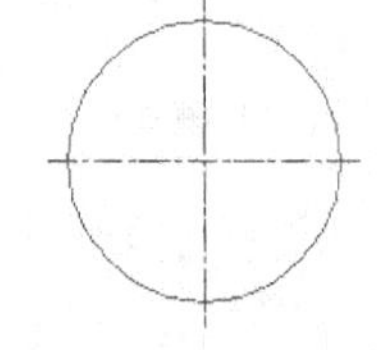

图 9-7 练习 LIST 命令

要点提示 用户可以将复杂的图形创建成面域，然后用 LIST 命令获取图形的面积及周长等信息。

9.1.6 查询图形信息综合练习

【练习 9-5】打开素材文件“dwg\第 9 章\9-5.dwg”，如图 9-8 所示，试获取以下图形信息。

（1）图形外轮廓线的长度。

（2）图形面积。

（3）圆心 *A* 到中心线 *B* 的距离。

（4）中心线 *B* 的倾斜角度。

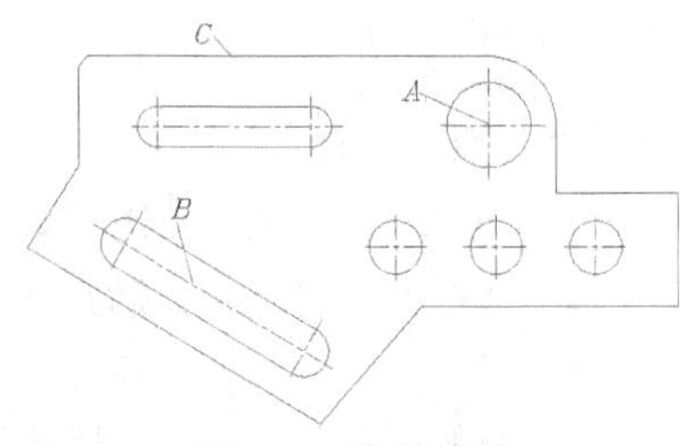

图 9-8 练习图形

1. 用 REGION 命令将图形外轮廓线框 *C*（见图 9-8）创建成面域，然后用 LIST 命令获取此线框的周长，数值为 1766.97。

2. 将线框 *D*、*E* 及 4 个圆创建成面域，用面域 *C*“减去”面域 *D*、*E* 及 4 个圆面域，如图 9-9 所示。

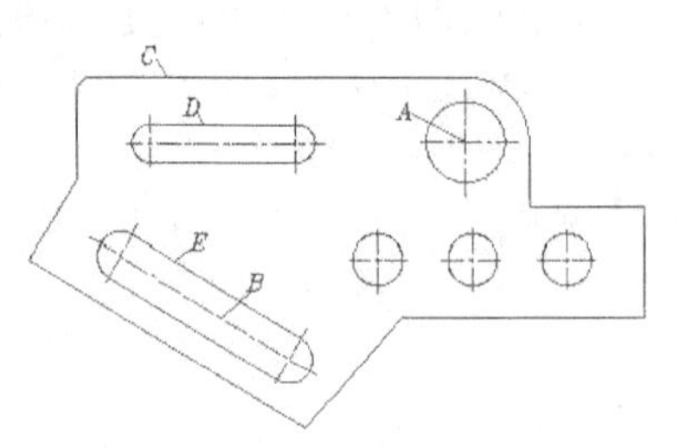

图 9-9 进行差运算

3. 用 LIST 命令获取面域的面积，数值为 117908.46。

4. 用 DIST 命令测量圆心 *A* 到中心线 *B* 的距离，数值为 284.95。

5. 用 LIST 命令获取中心线 *B* 的倾斜角度，数值为 150°。

9.2 图块

工程图中常有大量反复使用的图形对象，如机械图中的螺栓、螺钉和垫圈等，建筑图中的门、窗等。由于这些图形对象的结构、形状相同，只是尺寸有所不同，因此作图时常常将它们创建为图块，以便以后作图时调用，这样做的好处如下。

（1）减少重复性操作并实现“积木式”绘图。

将常用件、标准件定制成标准库，作图时用户只需在某一位置插入已定义的图块，无须反复绘制相同的图形，这样就实现了“积木式”绘图。

（2）节省存储空间。

每当在图形中增加一个图元，系统就必须记录此图元的信息，从而增大了图形所需的存储空间。对于反复使用的图块，系统仅对其信息做一次记录。当用户插入图块时，系统只是对已定义的图块进行引用，这样就可以节省大量的存储空间。

（3）方便编辑。

在中望 CAD 中，图块是被当作单一对象来处理的。常用的编辑命令（如 MOVE、COPY 和 ARRAY 等）都可以用来操作图块，图块还可以嵌套，即在一个图块中包含一些其他的图块。此外，如果对某一图块进行重新定义，则图样中所有引用的该图块都将自动更新。

9.2.1 创建图块

使用 BLOCK 命令可以将图形的一部分或整个图形创建成图块。用户可以给图块命名，并可定义插入基点。

命令启动方法

- 菜单命令：【绘图】/【块】/【创建】。
- 面板：【常用】选项卡中【块】面板上的按钮。
- 命令：BLOCK 或简写 B。

【练习 9-6】创建图块。

1. 打开素材文件“dwg\第 9 章\9-6.dwg”。

2. 单击【块】面板上的按钮，打开【块定义】对话框，在【名称】文本框中输入新建图块的名称“block-1”，如图 9-10 所示。

3. 选择构成块的图形元素。单击按钮，返回绘图窗口，系统提示“选择对象”，选择线框 A，如图 9-11 所示。

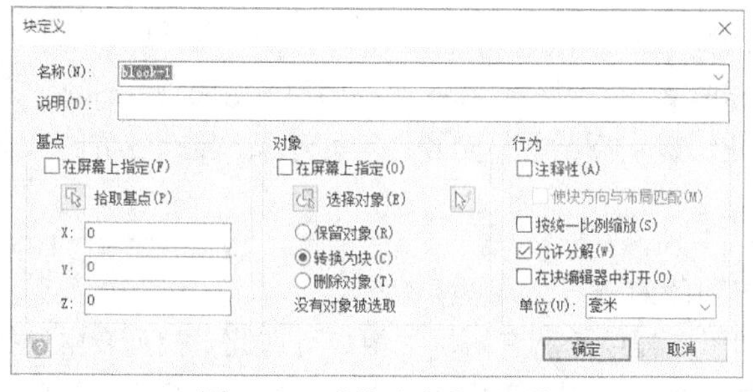

图 9-10 【块定义】对话框

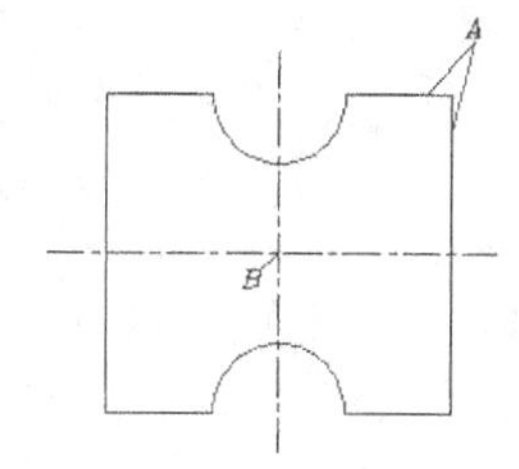

图 9-11 创建图块

4. 指定块的插入基点。单击按钮，返回绘图窗口，系统提示“指定基点”，拾取点 B，如图 9-11 所示。

5. 单击 确定 按钮，即可生成图块。

要点提示 在定制符号块时，一般将块图形画在尺寸为 1×1 的正方形中，这样就便于在插入块时确定图块沿 x、y 方向的缩放比例因子。

【块定义】对话框中常用选项的功能介绍如下。

- 【名称】：设定新建图块的名称，最多可使用 255 个字符。单击右边的按钮，打开下拉列表，该下拉列表中显示了当前图形的所有图块。
- 按钮：单击此按钮，切换到绘图窗口，用户可直接在图形中拾取某点作为块的插入基点。
- 【X】【Y】【Z】：在这 3 个文本框中分别输入插入基点的 x、y、z 坐标值。

- 按钮：单击此按钮，切换到绘图窗口，用户可在绘图区中选择构成图块的图形对象。
- 【保留对象】：选择此单选项，则系统生成图块后，仍保留构成块的源对象。
- 【转换为块】：选择此单选项，则系统生成图块后，构成块的源对象也被转化为块。
- 【删除对象】：选择此单选项，则创建图块后会删除构成块的源对象。
- 【注释性】：勾选此复选框，创建注释性图块。
- 【按统一比例缩放】：勾选此复选框，设定图块沿各坐标轴的缩放比例一致。

9.2.2 插入图块或外部文件

用户可以使用 INSERT 命令在当前图形中插入块或其他图形文件，无论块或被插入的图形多么复杂，系统都将它们看作一个单独的对象。如果用户需编辑其中的单个图形对象，就必须用 EXPLODE 命令分解图块或文件块。

命令启动方法

- 菜单命令：【插入】/【块】。
- 面板：【常用】选项卡中【块】面板上的按钮。
- 命令：INSERT 或简写 I。

执行 INSERT 命令，打开【插入图块】对话框，如图 9-12 所示。在该对话框中，用户可以将图形文件中的图块插入图形中，也可以将另一图形文件插入图形中。

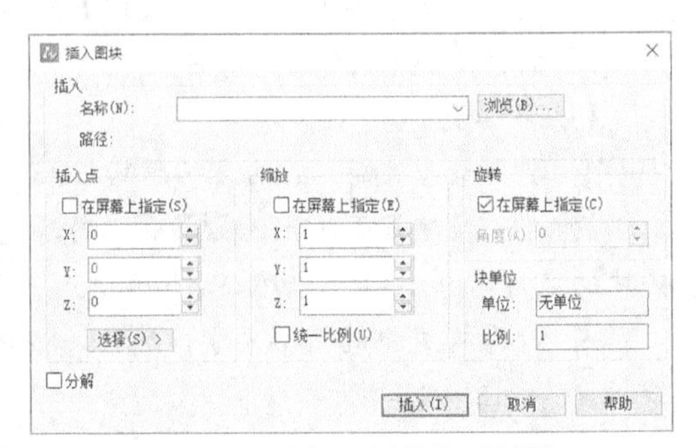

图 9-12 【插入图块】对话框

要点提示 当把一个图形文件插入当前图形中时，被插入图样的图层、线型、图块和文字样式等也将加入当前图形中。如果两者中有重名的同类对象，那么当前图形中的定义优先于被插入的图样。

【插入图块】对话框中常用选项的功能如下。

- 【名称】：此下拉列表中罗列了图样中的所有图块，用户可在此下拉列表中选择要插入的块。如果要将“.dwg”文件插入当前图形中，就单击浏览(B)...按钮，然后选择要插入的文件。
- 【插入点】：确定图块的插入点。可直接在【X】【Y】【Z】文本框中输入插入点的绝对坐标值，或者先勾选【在屏幕上指定】复选框，然后在屏幕上指定插入点。
- 【缩放】：确定块的缩放比例。可直接在【X】【Y】【Z】文本框中输入沿这 3 个方向的缩放比例，也可先勾选【在屏幕上指定】复选框，然后在屏幕上指定缩放比例。

要点提示 用户可以指定 x、y 方向的负比例因子，此时插入的图块将做镜像变换。

- 【统一比例】：勾选此复选框，使块沿 x、y、z 方向的缩放比例都相同。
- 【旋转】：指定插入块时的旋转角度。可在【角度】文本框中直接输入旋转角度值，也可先勾选【在屏幕上指定】复选框，然后在屏幕上指定角度。
- 【分解】：若勾选此复选框，则在插入块的同时将分解块对象。

9.2.3 定义图形文件的插入基点

用户可以在当前文件中以块的形式插入其他图形文件，当插入文件时，默认的插入基点是坐标原点，这可能会给用户后续作图操作带来麻烦。由于当前图形的原点可能在屏幕的任意位置，这样就可能造成在插入图形后图形没有显示在屏幕上，让人误以为没有插入图形。为了便于控制插入的图形文件，使其显示在屏幕的适当位置，用户可以使用 BASE 命令定义图形文件的插入基点，这样就可通过这个基点来确定图形的插入位置。

执行 BASE 命令，系统提示“指定基点”，此时用户可在当前图形中拾取某个点作为图形的插入基点。

9.2.4 在工程图中使用注释性图块

如果在工程图中插入注释性图块，就不必考虑打印比例对图块外观的影响，只要当前注释比例等于打印比例，就能保证打印后图块的外观与设定值一致。

使用注释性图块的操作步骤如下。

1. 按实际尺寸绘制图块图形。

2. 设定当前注释比例为 1∶1，创建注释性图块（在【块定义】对话框中勾选【注释性】复选框），则图块的注释比例为 1∶1。

3. 设置当前注释比例等于打印比例，然后插入图块，图块会自动缩放，缩放比例为当前注释比例的倒数。

9.2.5 创建及使用块的属性

在中望 CAD 中，用户可以创建和使用块属性。属性类似于商品的标签，包含了图块所不能表达的其他各种文字信息，如材料、型号和制造者等，存储在属性中的信息一般称为属性值。当用 BLOCK 命令创建块时，已定义的属性将与图形一起生成块，这样块中就包含属性了。当然，用户也能仅将属性本身创建成块。

属性有助于用户快速创建关于设计项目的信息报表，属性也可作为一些符号块的可变文字对象。其次，属性常用来预定义文本的位置、内容或默认值等。例如，把标题栏中的一些文字定制成属性对象，就能方便地进行填写或修改。

ATTDEF 命令用于定义属性，例如，定义文字高度、关联的文字样式、外观标记、默认值及提示信息等项目。

命令启动方法

- 菜单命令：【绘图】/【块】/【定义属性】。
- 面板：【常用】选项卡中【块】面板上的按钮。
- 命令：ATTDEF 或简写 ATT。

执行 ATTDEF 命令，打开【定义属性】对话框，如图 9-13 所示，用户可在该对话框中创建块属性。

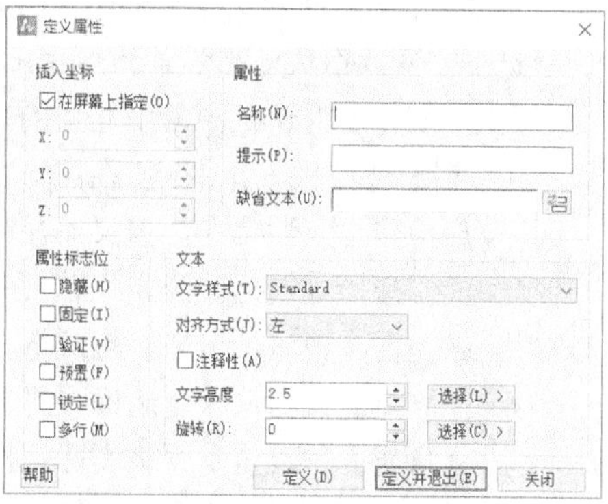

图 9-13 【定义属性】对话框（1）

【练习 9-7】定义属性及使用属性。

1. 打开素材文件“dwg\第 9 章\9-7.dwg”。

2. 执行 ATTDEF 命令，打开【定义属性】对话框，如图 9-14 所示。在【属性】分组框中输入下列内容。

名称： 姓名及号码

提示： 请输入您的姓名及电话号码

缺省文本： 李燕 2660732

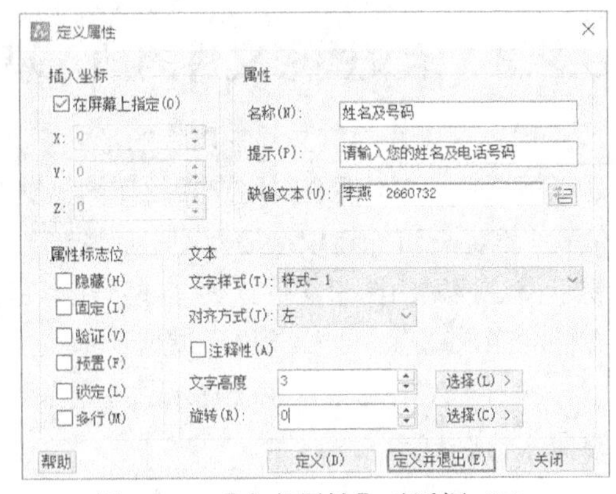

图 9-14 【定义属性】对话框（2）

3. 在【文字样式】下拉列表中选择【样式-1】选项，在【文字高度】文本框中输入数值“3”，单击定义并退出(E)按钮，系统提示“指定起点”，在电话机的下边拾取 A 点，结果如图 9-15 所示。

4. 将属性与图形一起创建成图块。单击【块】面板上的按钮，打开【块定义】对话框，如图 9-16 所示。

5. 在【名称】文本框中输入新建图块的名称“电话机”，在【对象】分组框中选择【保留对象】单选项，如图 9-16 所示。

6. 单击按钮，返回绘图窗口，系统提示“选择对象”，选择电话机及属性，如图 9-15 所示。

7. 指定块的插入基点。单击按钮，返回绘图窗口，系统提示“指定基点”，拾取点 B，如图 9-15 所示。

8. 单击确定按钮，即可生成图块。

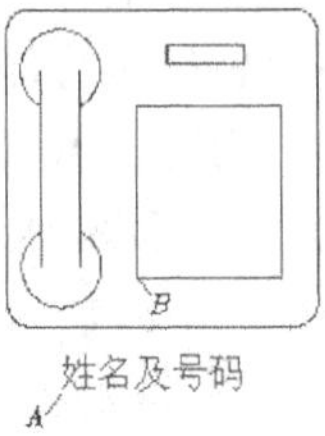

图 9-15 定义属性

9. 插入带属性的块。单击【块】面板上的插入按钮，选择“电话机”图块，指定插入点，系统打开【编辑图块属性】对话框，输入新的属性值，如图 9-17 所示。

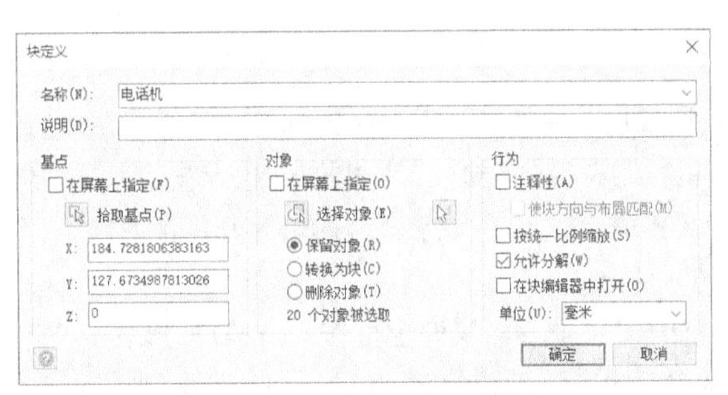

图 9-16 【块定义】对话框

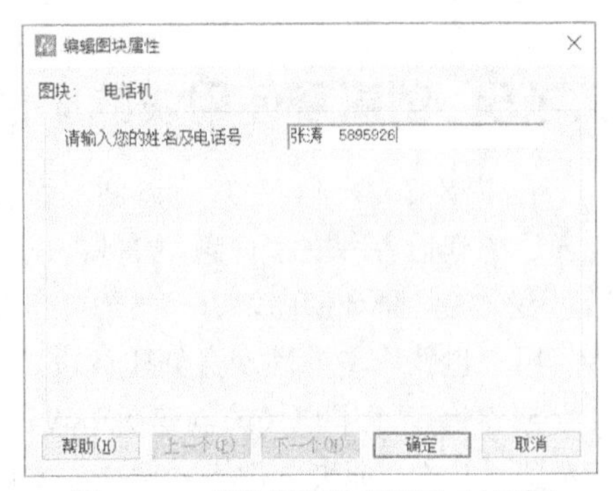

图 9-17 【编辑图块属性】对话框

10. 单击确定按钮，结果如图 9-18 所示。选中图块，单击鼠标右键，选择快捷菜单中的【特性】命令，在打开的【特性】选项板中可修改图块沿坐标轴的缩放比例。

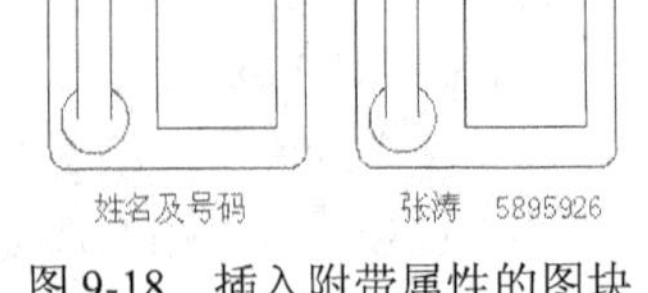

图 9-18 插入附带属性的图块

【定义属性】对话框中常用选项的功能如下。

- 【隐藏】：控制属性值在图形中的可见性。如果想使图形中包含属性信息，但又不想使其在图形中显示出来，就勾选该复选框。例如，有一些文字信息（如零部件的成本、产地和存放仓库等）不必在图样中显示出来，就可将其隐藏。
- 【固定】：勾选该复选框，属性值将为常量。
- 【预置】：设定是否将实际属性值设置成默认值。若勾选了该复选框，则插入块时，系统将不再提示用户输入新属性值，实际属性值等于【属性】分组框中的默认值。

- 【名称】：标识图形中每次出现的属性。使用任何字符组合（空格除外）输入属性标记。小写字母会自动转换为大写字母。
- 【提示】：指定在插入包含该属性定义的块时显示的提示。如果不输入提示，属性标记将被用作提示。如果在【属性标志位】分组框中勾选了【固定】复选框，那么【属性】分组框中的【提示】选项将不可用。
- 【缺省文本】：指定默认的属性值。
- 【对齐方式】：该下拉列表包含 10 多种属性文字的对齐方式，如布满、左和对齐等。这些选项的功能与 TEXT 命令对应的选项的功能相同，参见 7.2.2 小节。
- 【注释性】：创建注释性属性。
- 【文字样式】：设定文字样式。
- 【文字高度】：用户可直接在文本框中输入属性的文字高度，或者单击右侧的 选择(L) > 按钮切换到绘图窗口，在绘图区域中拾取两点以指定文字高度。
- 【旋转】：设定属性文字的旋转角度。

9.2.6 编辑属性定义

创建属性后，用户可对其进行编辑，常用的命令是 DDEDIT 和 PROPERTIES。使用前者可修改属性标记、提示及默认值，使用后者能修改属性定义的更多项目。

一、用 DDEDIT 命令修改属性定义

双击属性定义标记，即可执行 DDEDIT 命令，打开【编辑属性定义】对话框，如图 9-19 所示。在该对话框中，用户可修改属性定义的标记、提示及默认值。

二、用 PROPERTIES 命令修改属性定义

选择属性定义，然后单击鼠标右键，在弹出的快捷菜单中选择【特性】命令，表示执行 PROPERTIES 命令，打开【特性】选项板，如图 9-20 所示。该对话框的【文字】区域列出了属性定义的标记、提示、默认值、文字高度及旋转角度等，用户可在该对话框中对其进行修改。

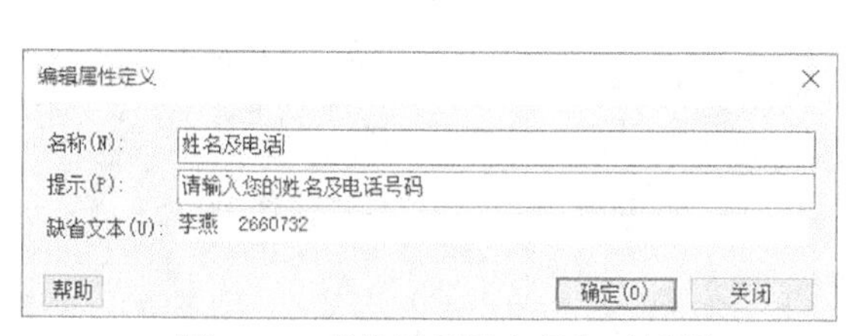

图 9-19 【编辑属性定义】对话框

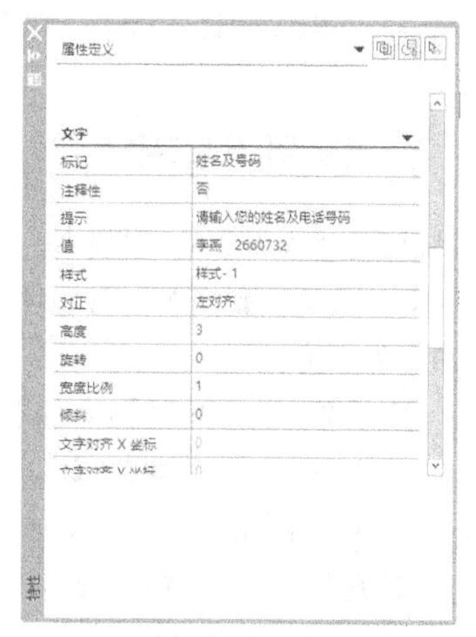

图 9-20 【特性】选项板

9.2.7 编辑块的属性

若属性已被创建为块，则用户可用 EATTEDIT（或 DDEDIT）命令编辑属性值及属性的其他特性。双击带属性的块，即可执行该命令。

命令启动方法

- 菜单命令：【修改】/【对象】/【属性】/【单个】。
- 面板：【插入】选项卡中【属性】面板上的按钮。
- 命令：EATTEDIT。

【练习 9-8】练习 EATTEDIT 命令。

双击带属性的块，执行 EATTEDIT 命令，打开【增强属性编辑器】对话框，如图 9-21 所示。在该对话框中，用户可对块属性进行编辑。

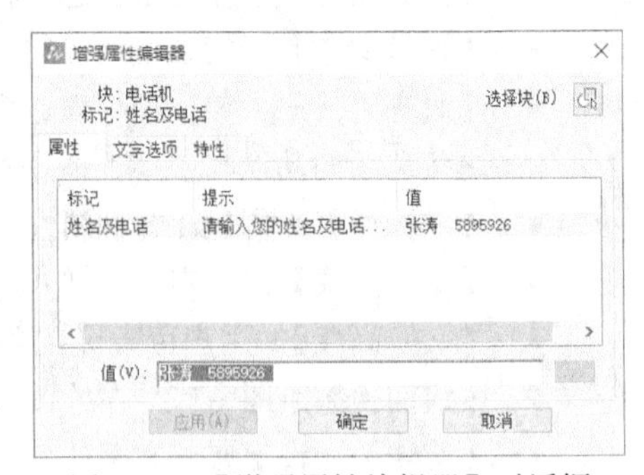

图 9-21 【增强属性编辑器】对话框

【增强属性编辑器】对话框中有【属性】【文字选项】【特性】3 个选项卡，它们的功能如下。

- 【属性】：该选项卡中列出了当前块对象中各个属性的标记、提示及值。选中某一属性，用户就可以在【值】文本框中修改该属性的值。
- 【文字选项】：该选项卡用于修改属性文字的一些特性，如文字样式、文字高度等，如图 9-22 所示。该选项卡中各选项的含义与【文字样式】对话框中同名选项的含义相同。
- 【特性】：在该选项卡中，用户可以修改属性文字的图层、线型、颜色等，如图 9-23 所示。

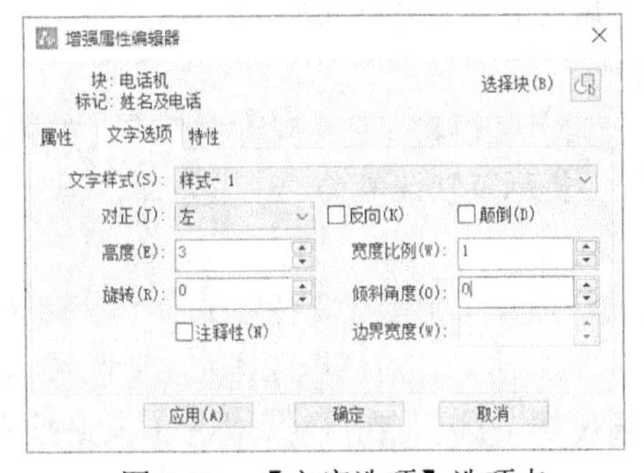

图 9-22 【文字选项】选项卡

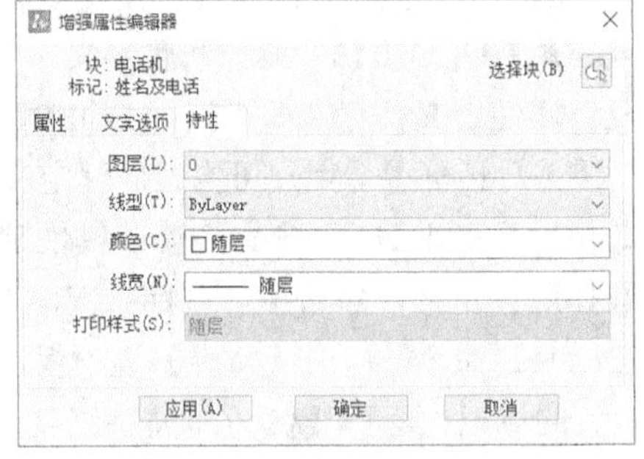

图 9-23 【特性】选项卡

9.2.8 块属性管理器

【块属性管理器】对话框用于管理当前图形中所有块的属性定义，在该对话框中能够修改属性定义，以及改变插入块时系统提示用户输入属性值的顺序。

命令启动方法

- 菜单命令：【修改】/【对象】/【属性】/【块属性管理器】。
- 面板：【插入】选项卡中【属性】面板上的按钮。
- 命令：BATTMAN。

执行 BATTMAN 命令，打开【块属性管理器】对话框，如图 9-24 所示。

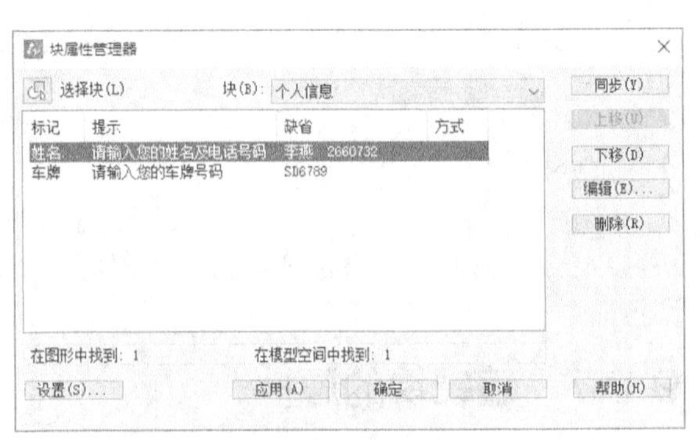

图 9-24 【块属性管理器】对话框

【块属性管理器】对话框中常用选项的功能如下。

- 【块】：用户可在此下拉列表中选择要操作的块，此下拉列表显示了当前图形中所有具有属性的图块名称。
- 同步(Y) 按钮：用户修改某一属性定义后，单击此按钮，将更新所有块对象中的属性定义。
- 上移(U) 按钮：在属性列表中选中一属性行，单击此按钮，该属性行将向上移动一行。
- 下移(D) 按钮：在属性列表中选中一属性行，单击此按钮，该属性行将向下移动一行。
- 编辑(E)... 按钮：单击此按钮，打开【编辑属性】对话框，此对话框中有【属性】【文字选项】【特性】3 个选项卡，这些选项卡的功能与【增强属性管理器】对话框中同名选项卡的功能类似，这里不再介绍。
- 设置(S)... 按钮：单击此按钮，打开【设置】对话框，如图 9-25 所示，在此对话框中，用户可以设置在【块属性管理器】对话框的属性列表中显示哪些内容。

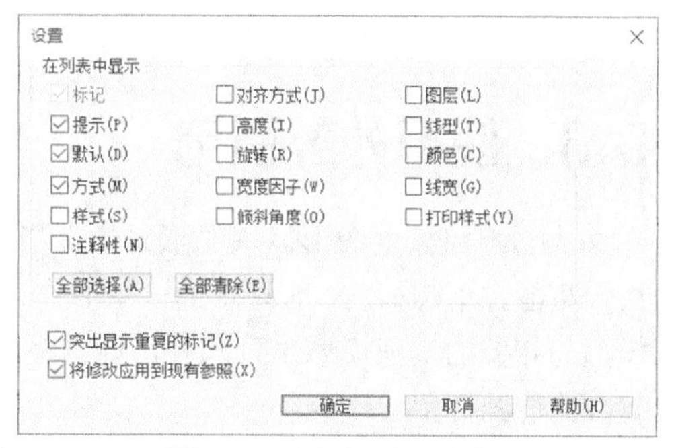

图 9-25 【设置】对话框

9.2.9 块及属性综合练习——创建明细表块

【练习 9-9】设计明细表。此练习的内容包括创建块和属性，以及插入带属性的图块。

1. 绘制图 9-26 所示的表格。

2. 创建属性 *A*、*B*、*C*、*D*、*E*，各属性的文字高度为 3.5，如图 9-27 所示，包含的内容如表 9-1 所示。

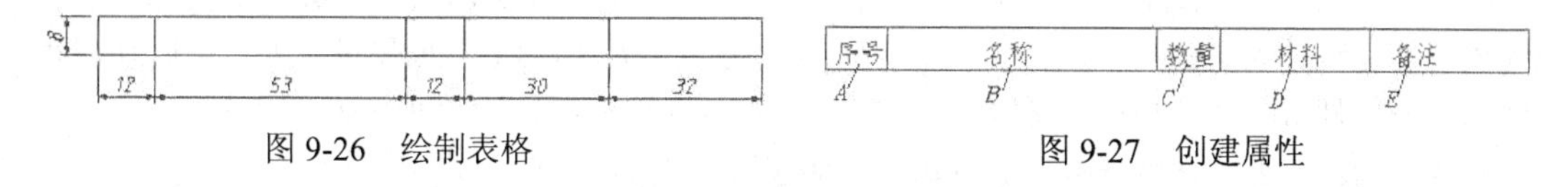

图 9-26 绘制表格　　图 9-27 创建属性

表 9-1 各属性包含的内容

项目	名称	提示	缺省值
属性 *A*	序号	请输入序号	1
属性 *B*	名称	请输入名称	
属性 *C*	数量	请输入数量	1
属性 *D*	材料	请输入材料	
属性 *E*	备注	请输入备注	

3. 用 BLOCK 命令将属性与图形一起创建成图块，块名为“明细表”，插入点设定在表格的左下角点。

4. 单击【插入】选项卡中【属性】面板上的 块属性管理器 按钮，打开【块属性管理器】对话框，单击 上移(U) 或 下移(D) 按钮，调整各属性的排列顺序，如图 9-28 所示。

5. 用 INSERT 命令插入“明细表”图块，并输入属性值，结果如图 9-29 所示。

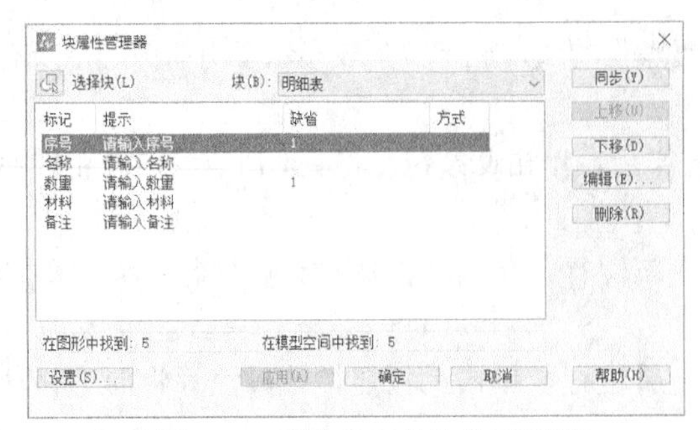

图 9-28 调整各属性的排列顺序

5	垫圈12	12		GB97-86
4	螺栓M10x50	12		GB5786-89
3	皮带轮	2	HT200	
2	蜗杆	1	45	
1	套筒	1	Q235-A	
序号	名称	数量	材料	备注

图 9-29 插入图块

9.3 使用外部引用

当用户将其他图形以块的形式插入当前图样中时，该图形就成为当前图样的一部分，但用户可能并不想如此，而只想把该图形作为当前图样的一个样例，或者想观察一下正在设计的模型与相关的其他模型是否匹配，此时就可通过外部引用（也称为 Xref）将其他图形文件放置到当前图样中。

Xref 使用户能方便地在自己的图形中以引用的方式查看其他图样，被引用的图并不会变成当前图样的一部分，当前图样中仅记录了从外部引用的文件的位置和名称。虽然如此，但用户仍然可以控制被引用图形层的可见性，并能进行对象捕捉。

利用 Xref 获得其他图形文件比插入文件块有更多的优点。

（1）由于外部引用的图形并不是当前图样的一部分，因此利用 Xref 组合的图样比通过文件块构成的图样要小。

（2）每当系统装载图样时，都将加载最新版本的 Xref，若外部图形文件有所改动，则引用的图形也将跟随着变动。

（3）利用外部引用有利于多人共同完成一个设计项目，因为 Xref 使设计人员可以很方便地查看其他设计人员的设计图样，从而协调设计内容。另外，Xref 也使设计人员同时使用相同的图形文件进行分工设计。例如，一个建筑设计小组的所有成员通过外部引用就能同时参照建筑物的结构平面图，然后分别开展电路、管道等方面的设计工作。

9.3.1 引用外部图形

XATTACH 命令用于引用外部图形，可设定引用图形沿坐标轴的缩放比例及引用的方式。

命令启动方法

- 菜单命令：【插入】/【DWG 参照】。
- 面板：【插入】选项卡中【参照】面板上的按钮。
- 命令：XATTACH 或简写 XA。

【练习 9-10】练习 XATTACH 命令。

1. 创建一个新的图形文件。

2. 单击【插入】选项卡中【参照】面板上的按钮，即可执行 XATTACH 命令，打开【选取附加文件】对话框，在此对话框中选择文件“dwg\第 9 章\9-10-A.dwg”，再单击打开(O)按钮，弹出【附着外部参照】对话框，如图 9-30 所示。

3. 单击 确定 按钮，按照系统提示指定文件的插入点，移动及缩放视图，结果如图 9-31 所示。

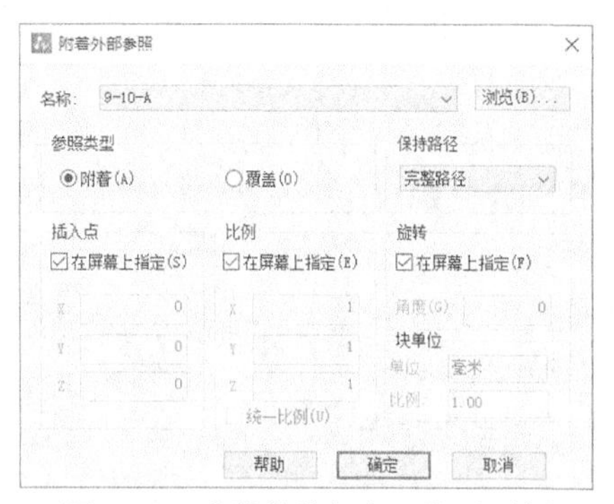

图 9-30 【附着外部参照】对话框

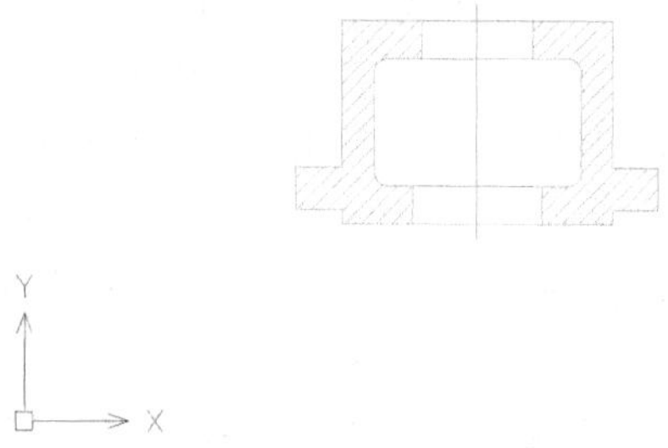

图 9-31 插入图形

4. 用相同的方法引用图形文件“dwg\第 9 章\9-10-B.dwg”，再用 MOVE 命令把两个图形组合在一起，结果如图 9-32 所示。

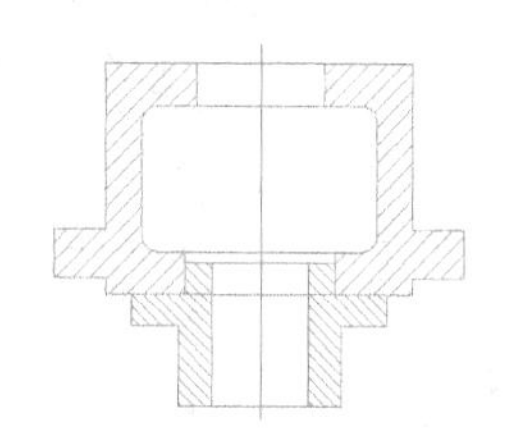
图 9-32 插入并组合图形

【附着外部参照】对话框中常用选项的功能如下。

- 【名称】：该下拉列表显示了当前图形中包含的外部参照文件的名称。用户可在该下拉列表中直接选择文件，或者单击右侧的 浏览(B)... 按钮，查找其他的参照文件。
- 【附着】：如果图形 *A* 嵌套了其他的 Xref，而这些文件是以附着方式被引用的，则当新文件引用图形 *A* 时，用户不仅可以查看图形 *A* 本身，还能查看图形 *A* 中嵌套的 Xref。使用附着方式的 Xref 不能循环嵌套，即如果图形 *A* 引用了图形 *B*，而图形 *B* 又引用了图形 *C*，则图形 *C* 不能再引用图形 *A*。
- 【覆盖】：如果图形 *A* 中有多层嵌套的 Xref，但它们均以覆盖方式被引用，则当其他图形引用图形 *A* 时，就只能看到图形 *A* 本身，而图形 *A* 包含的任何 Xref 都不会显示出来。使用覆盖方式的 Xref 可以循环引用，这使设计人员可以灵活地查看其他任何图形文件，而无须考虑图形之间的嵌套关系。
- 【插入点】：在该分组框中指定外部参照文件的插入基点，可直接在【X】【Y】【Z】文本框中输入插入点的坐标，或者勾选【在屏幕上指定】复选框，然后在屏幕上指定插入点。
- 【比例】：在该分组框中指定外部参照文件的缩放比例，可直接在【X】【Y】【Z】文本框中输入沿这 3 个方向的缩放比例，或者勾选【在屏幕上指定】复选框，然后在屏幕上指定缩放比例。
- 【旋转】：确定外部参照文件的旋转角度，可直接在【角度】文本框中输入旋转角度，或者勾选【在屏幕上指定】复选框，然后在屏幕上指定旋转角度。

9.3.2 管理及更新外部引用文件

当对被引用的图形做了修改后，系统不会自动更新当前图样中的 Xref 图形，用户必须重新加载才能更新它。执行 XREF 命令，打开【外部参照】对话框，该对话框显示了当前图样包含的所有外部引用文件，选择一个或同时选择多个文件，然后单击鼠标右键，在弹出的快捷菜单中选择【重载】命令，加载外部图形，如图 9-33 所示。由于可以随时进行更新，因此用户在设计过程中能及时获得最新的 Xref 文件。

命令启动方法

- 菜单命令：【插入】/【外部参照】。
- 面板：【插入】选项卡中【参照】面板右下角的按钮。
- 命令：XREF 或简写 XR。

继续前面的练习，下面修改引用图形，然后在当前图形文件中更新它。

1. 打开素材文件“dwg\第 9 章\9-10-A.dwg”，用 STRETCH 命令将零件下部配合孔的直径尺寸增加 4，保存图形。

2. 切换到新图形文件。单击【参照】面板右下角的按钮，打开【外部参照】选项板，如图 9-33 所示。在该选项板的文件列表框中选中“9-10-A.dwg”文件，单击鼠标右键，弹出快捷菜单，选择【重载】命令以加载外部图形。

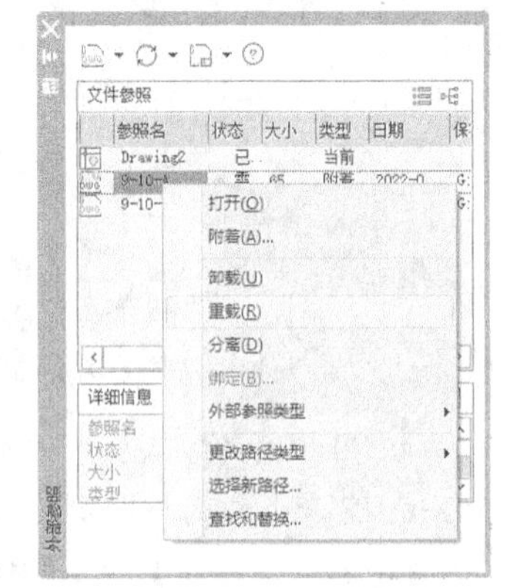

图 9-33 【外部参照】选项板

3. 重新加载外部图形后，结果如图 9-34 左图所示。

4. 在新图形文件中直接编辑外部参照文件。单击【参照】面板上的按钮，对图形文件“9-10-B.dwg”进行编辑（也可双击图形进行编辑），调整与“9-10-A.dwg”文件配合的圆柱体尺寸，将其直径增加 4。单击【插入】选项卡中【编辑参照】面板上的按钮，结果如图 9-34 右图所示。

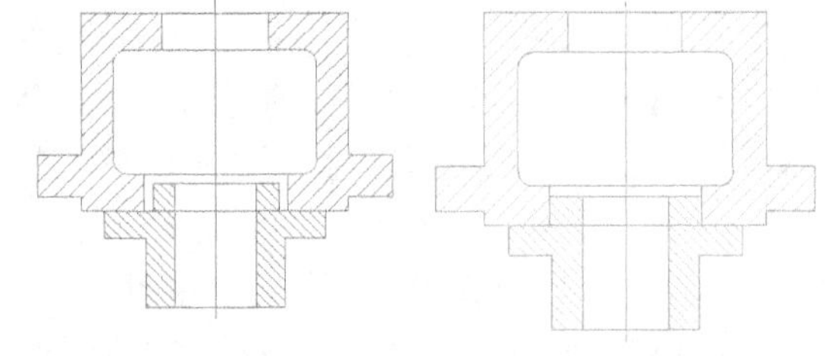

图 9-34 重新加载图形

【外部参照】选项板中常用选项的功能如下。

- ：单击此按钮，打开【选取附加文件】对话框，用户可在该对话框中选择要插入的图形文件。
- 【附着】（快捷菜单中的命令，以下都是）：选择此命令，打开【附着外部参照】对话框，用户可在该对话框中选择要插入的图形文件。
- 【卸载】：暂时移走当前图形文件中的某个外部参照文件，但在列表框中仍保留该文件的路径。
- 【重载】：在不退出当前图形文件的情况下更新外部引用文件。
- 【分离】：将某个外部参照文件去除。
- 【绑定】：将外部参照文件永久地插入当前图形文件中，使之成为当前图形文件的一部分，详细内容见 9.3.3 小节。

9.3.3 转换外部引用文件的内容为当前图样的一部分

由于被引用的图形本身并不是当前图样的内容，因此引用图形的命名项目（如图层、文字样式、标注样式等）都以特有的格式表示。Xref 的命名项目的表示形式为“Xref 名称|命名项目”，系统通过这种方式将引用文件的命名项目与当前图样的命名项目区分开。

用户可以把外部引用文件转化为当前图样的内容，转化后 Xref 就变为图样中的一个图块，另外也能把引用图形的命名项目（如图层、文字样式等）转化为当前图样的一部分。通过这种方法，用户可以轻易地使所有图形的图层、文字样式等命名项目保持一致。

在【外部参照】选项板中，选择要转化的图形文件，然后单击鼠标右键，弹出快捷菜单，选择【绑定】命令，打开【绑定】对话框，如图 9-35 所示。

【绑定】对话框中有两个单选项，它们的功能如下。

- 【绑定】：选择该单选项时，引用图形的所有命名项目的名称由“Xref 名称|命名项目”变为“Xref 名称N命名项目”。其中，字母“N”是可自动增加的整数，以避免与当前图样中的项目名称重复。
- 【插入】：选择该单选项类似于先分离引用文件，然后再以块的形式插入外部图形。合并外部图形后，命名项目的名称不加任何前缀。例如，外部引用文件中有图层 WALL，当选择【插入】单选项转化外部图形时，若当前图样中无 WALL 图层，那么系统就创建 WALL 图层，否则继续使用原来的 WALL 图层。

执行 XBIND 命令，打开【外部参照绑定】对话框，如图 9-36 所示。在该对话框左边的【外部参照】列表框中选择要添加到当前图样中的项目，然后单击 添加(A) -> 按钮，把命名项目加入【绑定定义】列表框中，再单击 确定 按钮。

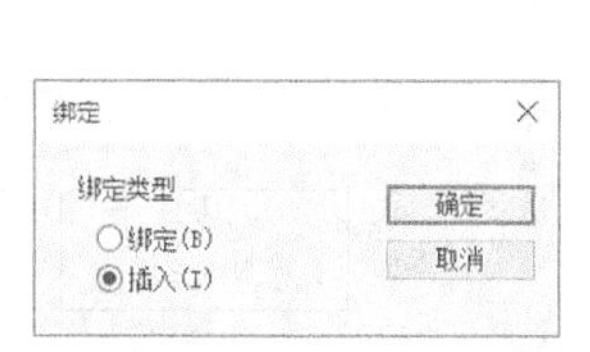

图 9-35 【绑定】对话框

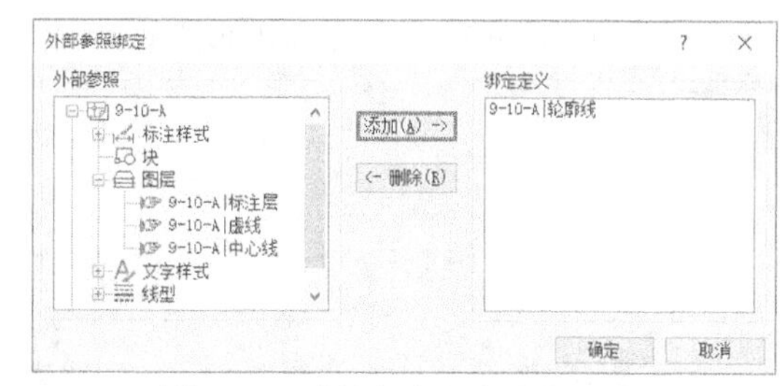

图 9-36 【外部参照绑定】对话框

要点提示 用户可以通过 Xref 连接一系列库文件，如果想要使用库文件中的内容，就用 XBIND 命令将库文件中的有关项目（如标注样式、图块等）转化成当前图样的一部分。

9.4 中望 CAD 设计中心

设计中心为用户提供了一种直观、高效且与 Windows 资源管理器相似的操作界面，通过它用户可以很容易地查找和组织本地局域网络或 Internet 上存储的图形文件，同时还能方便地利用其他图形资源及图形文件中的块、文字样式和标注样式等内容。此外，用户还能通过设计中心对打开的多个文件进行有效的管理。

中望 CAD 设计中心的主要功能可以概括成以下几点。

（1）从本地磁盘、本地局域网或 Internet 上浏览图形文件内容，并可通过设计中心打开文件。

（2）设计中心可以将某一图形文件包含的块、图层、文字样式和标注样式等信息展示出来，并提供预览的功能。

（3）利用拖放操作可以将一个图形文件或块、图层和文字样式等插入另一图形中使用。

（4）可以快速查找存储在其他位置的图样、图块、文字样式、标注样式及图层等信息。搜索完成后，可将结果加载到设计中心或直接拖入当前图样中使用。

下面通过几个练习介绍设计中心的使用方法。

9.4.1 浏览及打开图形

【练习 9-11】利用设计中心浏览及打开图形。

1. 单击【工具】选项卡中【选项板】面板上的 设计中心 按钮，打开【设计中心】选项板，如图 9-37 所示。该设计中心中包含以下 3 个选项卡。

- 【文件夹】：显示本地计算机及网上邻居的信息资源，与 Windows 资源管理器类似。
- 【打开的图形】：显示当前系统中所有打开的图形文件。单击文件名左边的 “⊞” 图标，设计中心即列出该图形包含的命名项目，如图层、文字样式和图块等。
- 【历史记录】：显示最近访问过的图形文件，包括文件的完整路径。

2. 查找 “ZWCAD 2022” 子目录，选中子目录中的 “Sample/zh-CN” 文件夹并将其展开，再选中 “dwg” 文件夹，【设计中心】选项板在右边的列表中显示文件夹中图形文件的小型图片，如图 9-37 所示。用鼠标右键单击右边窗口的空白处，选择快捷菜单中的【视图】命令，可设定文件显示的方式，如大图标、小图标及列表等。

3. 选中 “Conference Table.dwg” 图形文件对应的小型图标，【设计中心】选项板下方会显示相应的预览图片及文件路径。单击鼠标右键，弹出快捷菜单，如图 9-38 所示，选择【在应用程序窗口中打开】命令，即可打开此文件。

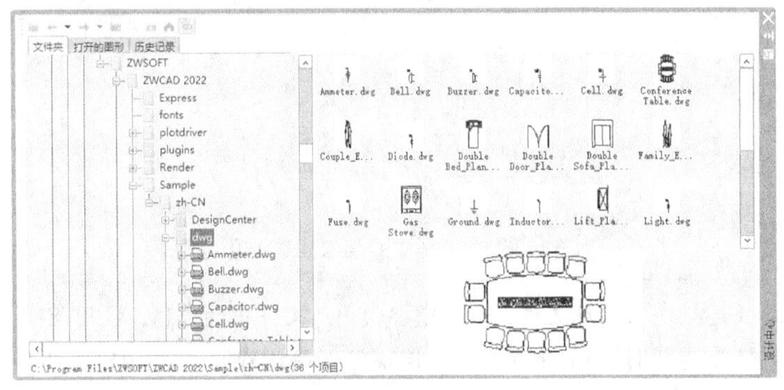

图 9-37 【设计中心】选项板

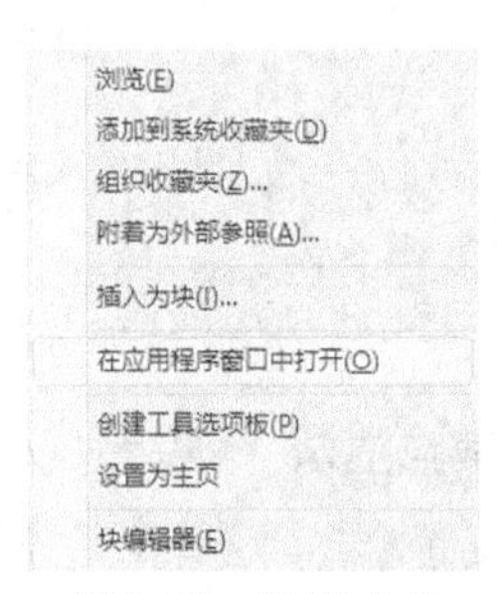

图 9-38 快捷菜单

快捷菜单中其他常用命令的功能如下。

- 【浏览】：列出文件中的块、图层和文字样式等命名项目。
- 【添加到系统收藏夹】：在收藏夹中创建图形文件的快捷方式，当用户单击【设计中心】选项板中的按钮时，就能快速找到这个文件的快捷图标。
- 【附着为外部参照】：以附着或覆盖方式引用外部图形。
- 【插入为块】：将图形文件以块的形式插入当前图样中。
- 【创建工具选项板】：创建以文件名命名的工具选项板，该选项板包含图形文件中的所有图块。

9.4.2 将图形文件中的块、图层等对象插入当前图形中

【练习 9-12】 利用【设计中心】选项板插入图块、图层等对象。

1. 打开【设计中心】选项板，查找 “ZWCAD 2022” 子目录，选中 “Sample/zh-CN” 文件夹并将其展开，再选中 “Dynamic Blocks” 文件夹并展开它。

2. 选中 “Mechanical.dwg” 文件，则【设计中心】选项板右边的列表框中将显示图层、图块和文字样式等项目，如图 9-39 所示。

3. 若要显示图形中块的详细信息，就选中【块】项目，然后单击鼠标右键，在弹出的快捷菜单中选择【浏览】命令，则【设计中心】选项板将显示图形中的所有图块，如图 9-40 所示。

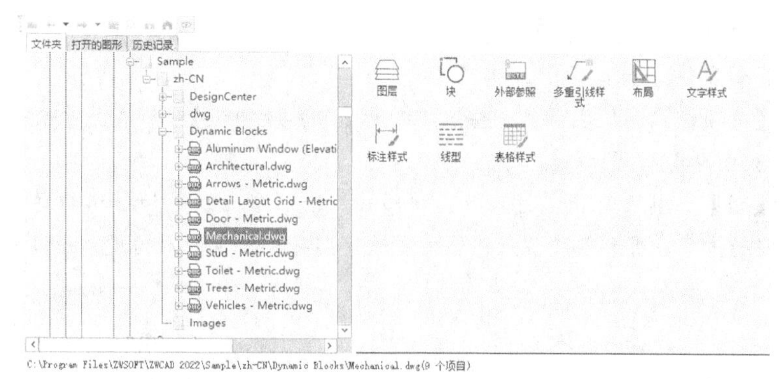

图 9-39　显示图层、图块等项目

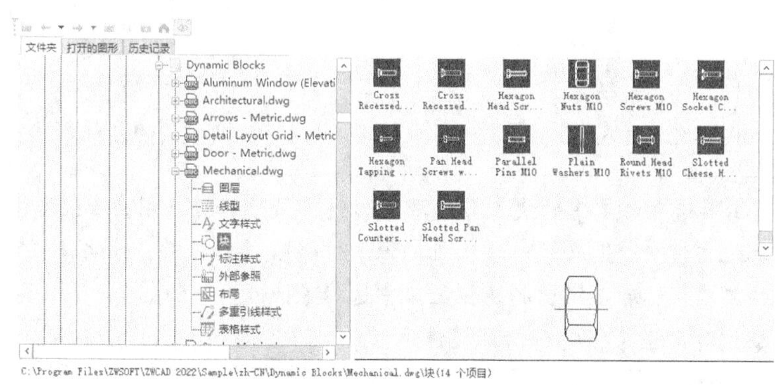

图 9-40　列出图块信息

4. 选中某一图块，单击鼠标右键，弹出快捷菜单，选择【插入为块】命令，就可将此图块插入当前图形中。

5. 用类似的方法可将图层、标注样式和文字样式等项目插入当前图形中。

9.5　工具选项板

【工具选项板】包含一系列工具选项板，这些选项板以选项卡的形式显示，如图 9-41 所示。各选项板中包含图块、填充图案等对象，这些对象常被称为工具。用户可以从选项板中直接将某个工具拖入当前图形中（或单击工具以启动它），也可以将新建图块、填充图案等放入【工具选项板】中，还能输出整个工具选项板，或者创建新的工具选项板。总之，【工具选项板】提供了组织图块、共享图块及填充图案的有效方法。

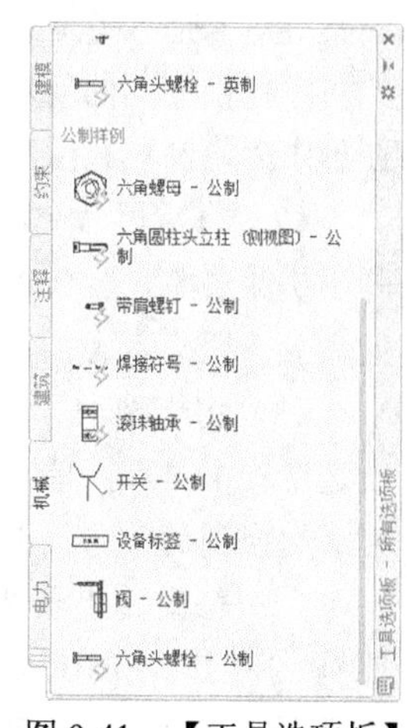

图 9-41　【工具选项板】

9.5.1　利用工具选项板插入图块及图案

命令启动方法

- 菜单命令：【工具】/【选项板】/【工具选项板】。
- 面板：【工具】选项卡中【选项板】面板上的 工具选项板 按钮。
- 命令：TOOLPALETTES 或简写 TP。

执行 TOOLPALETTES 命令，打开【工具选项板】。当需要向图形中添加图块或填充图案时，可直接单击工具启动它或将其从【工具选项板】中拖入当前图形中。

【练习 9-13】利用工具选项板中插入块。

1. 打开素材文件 “dwg\第 9 章\9-13.dwg”。

2. 单击【选项板】面板上的 工具选项板 按钮，打开【工具选项板】，再单击【建筑】选项卡，显示建筑工具，如图 9-42 右图所示。

3. 单击【门】工具，再指定插入点，将门插入图形中，结果如图 9-42 左图所示。

4. 旋转门的方向，再利用关键点编辑方式改变门的大小及开启角度，结果如图 9-43 所示。

图 9-42 插入门

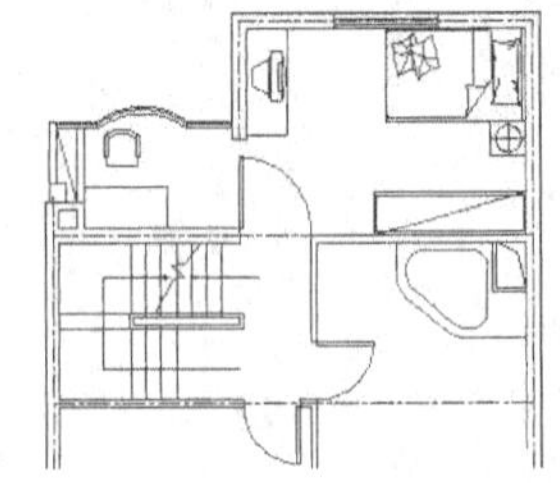

图 9-43 调整门的方向、大小和开启角度

要点提示 【工具选项板】中的块工具的源图形文件必须始终可用。如果源图形文件被移至其他文件夹，则必须对块工具的源文件特性进行修改。方法是：用鼠标右键单击块工具，然后在弹出的快捷菜单中选择【特性】命令，打开【工具特性】对话框，在该对话框中指定新的源文件位置。

9.5.2 修改及创建工具选项板

修改工具选项板一般包含以下几方面的内容。

（1）向【工具选项板】中添加新工具。从绘图窗口将直线、圆、尺寸标注、文字及填充图案等对象拖入【工具选项板】中，即可创建相应的新工具。用户可使用该工具快速生成与原始对象特性相同的新对象。生成新工具的另一种方法是，先利用【设计中心】选项板显示某一图形中的块及填充图案，然后将其拖入【工具选项板】中。

（2）将常用命令添加到【工具选项板】中。在【工具选项板】的空白处单击鼠标右键，弹出快捷菜单，选择【自定义命令】命令，打开【自定义用户界面】对话框，此时将对话框中的命令按钮拖入【工具选项板】中，【工具选项板】中就创建了相应的命令工具。

（3）将一选项卡中的工具移动或复制到另一选项卡中。在【工具选项板】中的某一选项卡选中一个工具，单击鼠标右键，弹出快捷菜单，利用【复制】或【剪切】命令复制该工具，然后切换到另一选项卡，单击鼠标右键，弹出快捷菜单，选择【粘贴】命令，即可添加该工具。

（4）修改【工具选项板】中某一工具的插入特性。例如，可以事先设定块插入时的缩放比例。在要修改的工具上单击鼠标右键，弹出快捷菜单，选择【特性】命令，打开【工具特性】对话框。该对话框列出了工具的插入特性及基本特性，用户可选择某一特性进行修改。

（5）从【工具选项板】中删除工具。用鼠标右键单击【工具选项板】中的一个工具，弹出快捷菜单，选择【删除】命令，即可删除此工具。

创建新工具选项板的方法如下。

（1）在【工具选项板】中单击鼠标右键，弹出快捷菜单，选择【新建选项板】命令。

（2）从绘图窗口将直线、圆、尺寸标注、文字和填充图案等对象拖入【工具选项板】中，以创建新工具。

（3）在【工具选项板】的空白处单击鼠标右键，弹出快捷菜单，选择【自定义命令】命令，打开【自定义用户界面】对话框，此时将对话框中的命令按钮拖入【工具选项板】中，在【工具选项板】中就创建了相应的命令工具。

（4）单击【工具】选项卡中【选项板】面板上的设计中心按钮，打开【设计中心】选项板，找到所需的图块，将其拖入新工具选项板中。

【练习 9-14】创建工具选项板。

1. 打开素材文件“dwg\第 9 章\9-14.dwg”。

2. 单击【选项板】面板上的工具选项板按钮，打开【工具选项板】。在该窗口的空白区域单击鼠标右键，选择快捷菜单中的【新建选项板】命令，然后在高亮显示的文本框中输入新工具选项板的名称“新工具”。

3. 在绘图窗口中选中填充图案，按住鼠标左键，把该图案拖入【新工具】选项板中。用同样的方法将绘图窗口中的圆也拖入【新工具】选项板中。此时，【新工具】选项板上出现了两个新工具，其中的【圆】工具是一个嵌套的工具集，如图 9-44 所示。

4. 在【新工具】选项板的【ANSI31】工具上单击鼠标右键，然后在快捷菜单中选择【特性】命令，打开【工具特性】对话框，在该对话框的【图层】下拉列表中选择【剖面层】选项，如图 9-45 所示。今后，当使用【ANSI31】工具创建填充图案时，图案将位于剖面层。

5. 在【新工具】选项板的空白区域单击鼠标右键，弹出快捷菜单，选择【自定义命令】命令，打开【自定义用户界面】对话框，在对话框中选择【矩形阵列】命令，按住鼠标左键将其拖入【新工具】选项板中，则【工具选项板】中就出现了【矩形阵列】工具，如图 9-46 所示。

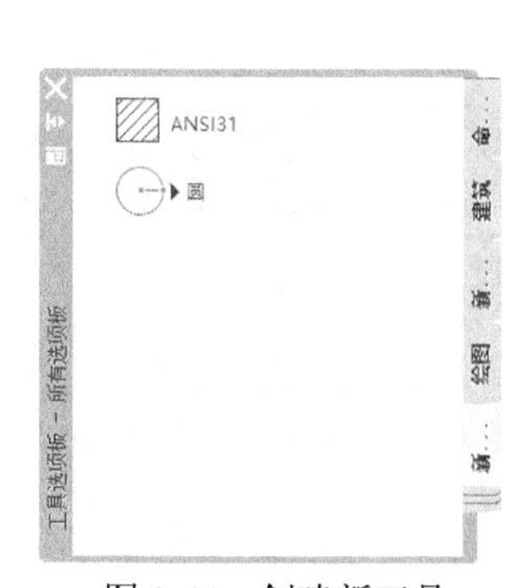

图 9-44 创建新工具

图 9-45 【工具特性】对话框

图 9-46 创建【阵列】工具

9.6 习题

1. 打开素材文件“dwg\第 9 章\9-15.dwg”，如图 9-47 所示，测量该图形的面积及周长。

2. 打开素材文件“dwg\第 9 章\9-16.dwg”，如图 9-48 所示，试获取以下信息。

（1）图形外轮廓线的长度。

（2）线框 A 的周长及围成的面积。

（3）3 个圆弧槽的总面积。

（4）去除圆弧槽及内部异形孔后的图形总面积。

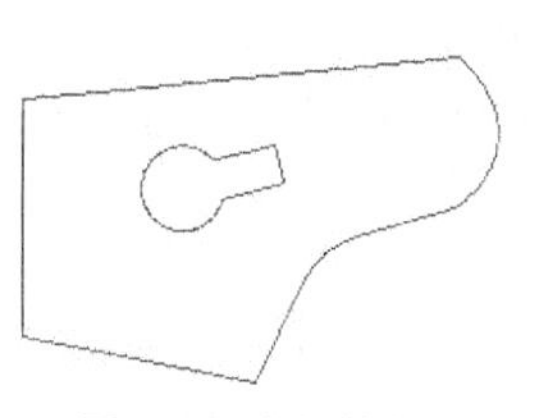
图 9-47 测量图形面积及周长

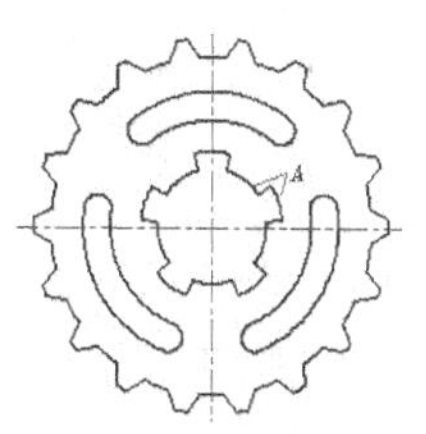

图 9-48 获取面积、周长等信息

3．创建及插入图块。

（1）打开素材文件“dwg\第 9 章\9-17.dwg”。

（2）将图中的沙发创建成图块，设定 *A* 点为插入点，如图 9-49 所示。

（3）在图中插入“沙发”图块，结果如图 9-50 所示。

（4）将图中的转椅创建成图块，设定中点 *B* 为插入点，如图 9-51 所示。

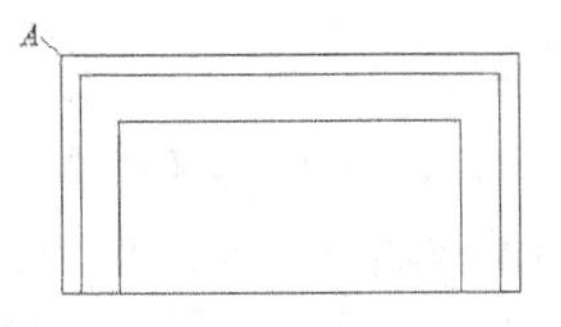

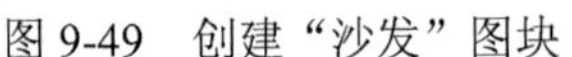

图 9-49　创建“沙发”图块

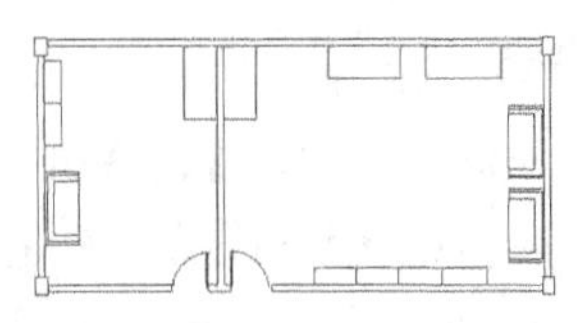

图 9-50　插入“沙发”图块

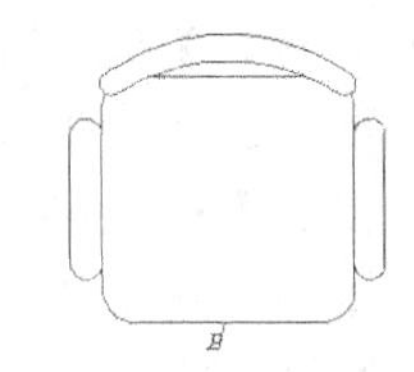

图 9-51　创建“转椅”图块

（5）在图中插入“转椅”图块，结果如图 9-52 所示。

（6）将图中的计算机创建成图块，设定 *C* 点为插入点，如图 9-53 所示。

（7）在图中插入“计算机”图块，结果如图 9-54 所示。

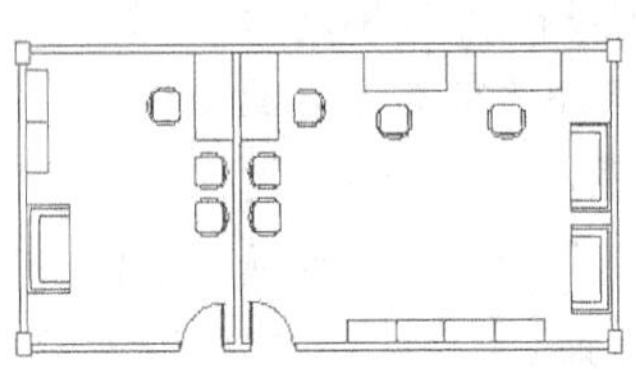

图 9-52　插入“转椅”图块

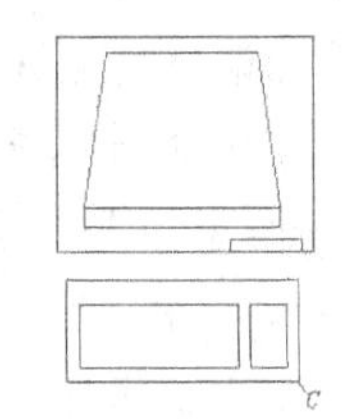

图 9-53　创建“计算机”图块

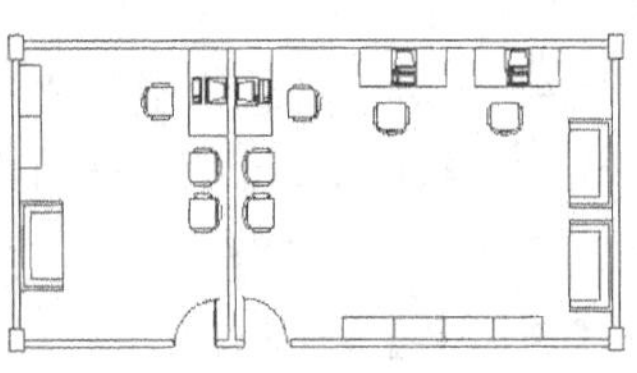

图 9-54　插入“计算机”图块

4．创建图块、插入图块和外部引用。

（1）打开素材文件“dwg 图\第 9 章\9-18.dwg”，如图 9-55 所示，将图形定义为图块，块名为“Block”，设定 *A* 点为插入点。

（2）引用素材文件“dwg\第 9 章\9-19.dwg”，然后插入图块，结果如图 9-56 所示。

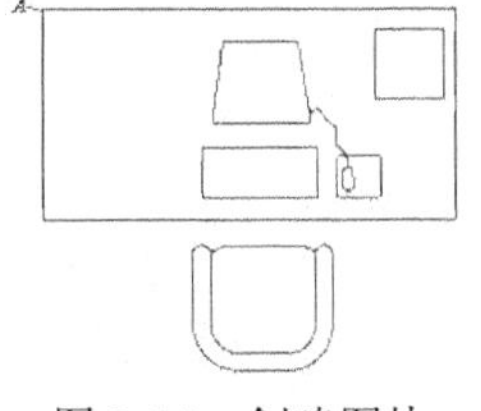

图 9-55　创建图块

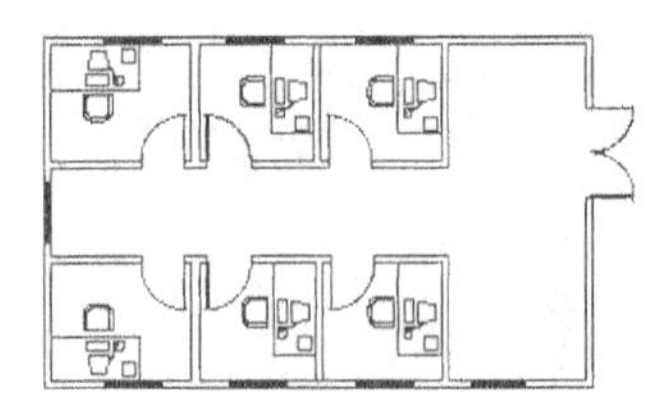

图 9-56　插入图块

5．引用外部图形、修改及保存外部图形、重新加载外部图形。

（1）打开素材文件“dwg\第 9 章\9-20-1.dwg”“dwg\第 9 章\9-20-2.dwg”。

（2）激活文件“9-20-1.dwg”，用 XATTACH 命令插入文件“9-20-2.dwg”，再用 MOVE 命令移动图形，使两个图形“装配”在一起，结果如图 9-57 所示。

（3）激活文件“9-20-2.dwg”，如图 9-58 左图所示。用 STRETCH 命令调整上、下两孔的位置，使两孔间的距离增加 40，结果如图 9-58 右图所示。

（4）保存文件“9-20-2.dwg”。

（5）激活文件“9-20-1.dwg”，用 XREF 命令重新加载文件“9-20-2.dwg”，结果如图 9-59 所示。

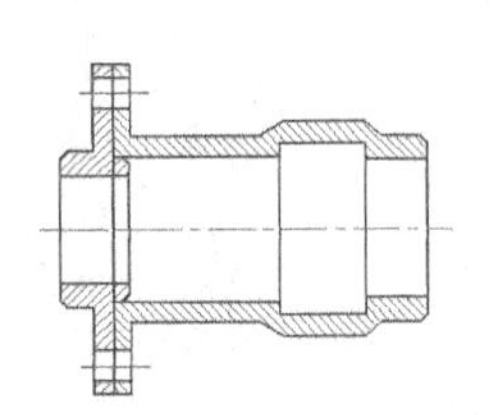

图 9-57　引用外部图形

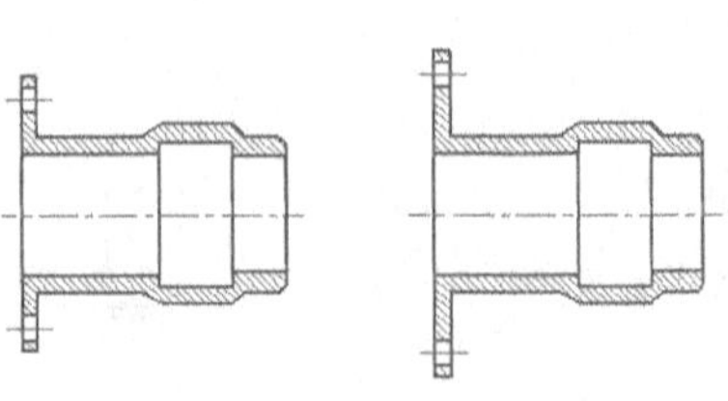

图 9-58　调整孔的位置

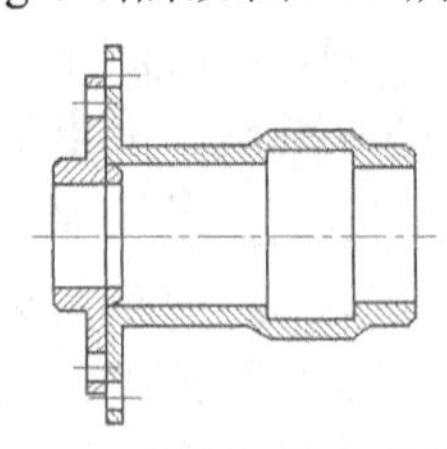

图 9-59　重新加载外部图形

第 10 章 工程图范例

主要内容

- 绘制典型零件图的一般步骤。
- 在零件图中插入图框及布图的方法。
- 标注零件图尺寸及表面结构符号。
- 根据装配图拆画零件图及根据零件图组合装配图的方法。
- 编写零件序号及填写明细表。
- 绘制建筑平面图的方法和技巧。

10.1 典型零件图

下面将介绍典型零件图的绘制方法及技巧。

10.1.1 传动轴

齿轮减速器的传动轴零件图如图 10-1 所示，图例的相关说明如下。

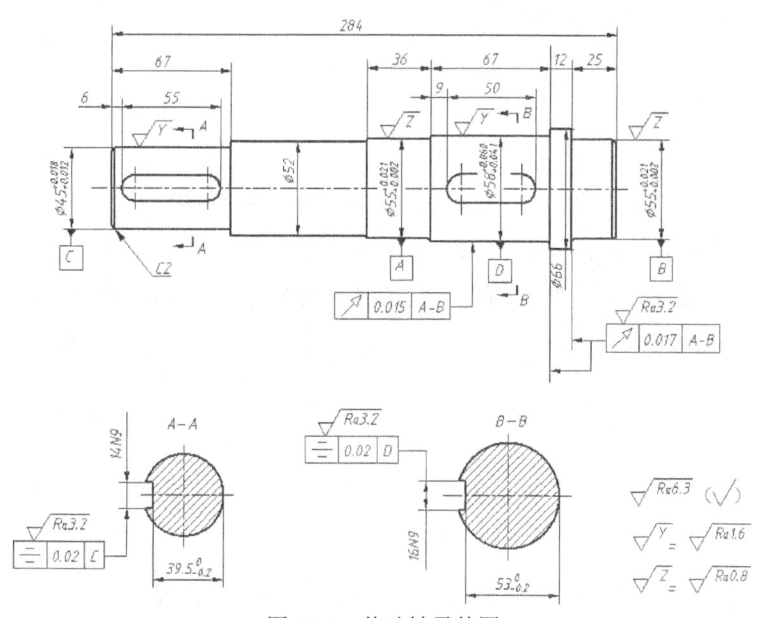

图 10-1　传动轴零件图

一、材料

45 号钢。

二、技术要求

（1）调质处理 190～230HB。

（2）未注圆角半径 *R*1.5。

（3）未注倒角 2×45°。

（4）线性尺寸未注公差按 GB1804-m。

【练习 10-1】绘制传动轴零件图。图幅选用 A3 幅面，绘图比例为 1∶1.5，尺寸标注的文字高度为 3.5，技术要求中的文字高度分别为 5 和 3.5。中文字体采用“gbcbig.shx”，西文字体采用“IC-isocp.shx”。

1. 创建以下图层。

名称	颜色	线型	线宽
轮廓线层	白色	Continuous	0.50
中心线层	红色	Center	默认
剖面线层	绿色	Continuous	默认
文字层	绿色	Continuous	默认
尺寸标注层	绿色	Continuous	默认

2. 设定绘图区域大小为 200 × 200（也可绘制一条长度为 200 的竖直线段）。双击鼠标滚轮，使绘图区域充满整个绘图窗口。

3. 通过【线型控制】下拉列表打开【线型管理器】对话框，在此对话框中设定线型的【全局比例因子】为“0.3”。

4. 打开极轴追踪、对象捕捉及对象捕捉追踪功能。设置极轴追踪的【增量角度】为【90】，设置对象捕捉方式为【端点】【圆心】【交点】。

5. 切换到轮廓线层。绘制零件的轴线 *A* 及左端面线 *B*，结果如图 10-2 左图所示。线段 *A* 的长度约为 350，线段 *B* 的长度约为 100。

6. 以线段 *A*、*B* 为作图基准线，使用 OFFSET 和 TRIM 命令绘制传动轴的第 1 段、第 2 段和第 3 段，结果如图 10-2 右图所示。

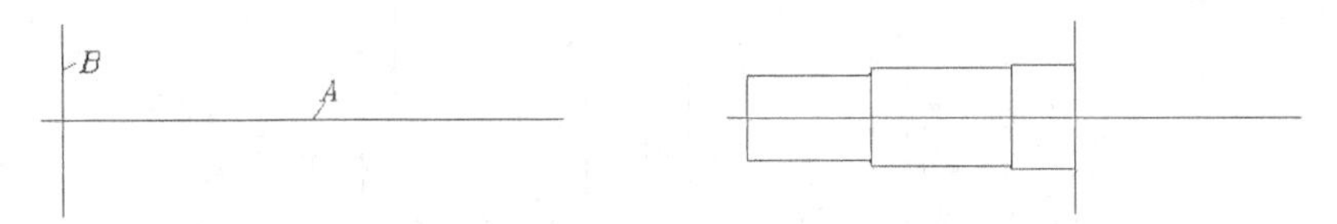

图 10-2　绘制传动轴的第 1 段、第 2 段等

7. 用同样的方法绘制传动轴的其余 3 段，结果如图 10-3 左图所示。

8. 用 CIRCLE、LINE、TRIM 等命令绘制键槽及剖面图，结果如图 10-3 右图所示。

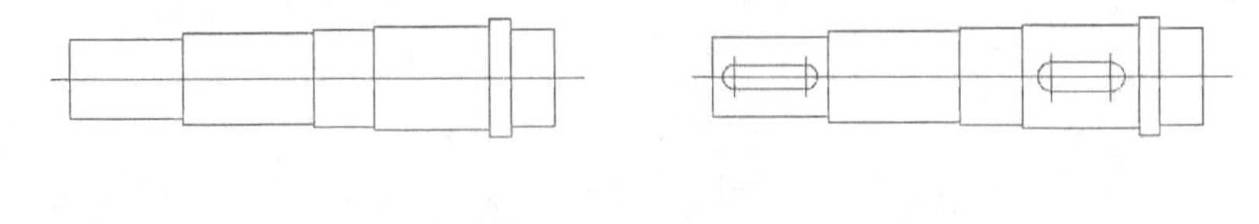

图 10-3　绘制传动轴的其余各段、键槽及剖面图

9. 倒角，然后填充剖面图案，结果如图 10-4 所示。

10. 将轴线、定位线等放置到中心线层上，将剖面图案放置到剖面线层上。

11. 打开素材文件“dwg\第 10 章\10-A3.dwg”，该文件包含 A3 幅面的图框、表面结构符号及基准代号。将图框及标注符号复制到零件图中，用 SCALE 命令缩放它们，缩放比例为 1.5，然后把零件图移动到图框中的合适位置，结果如图 10-5 所示。

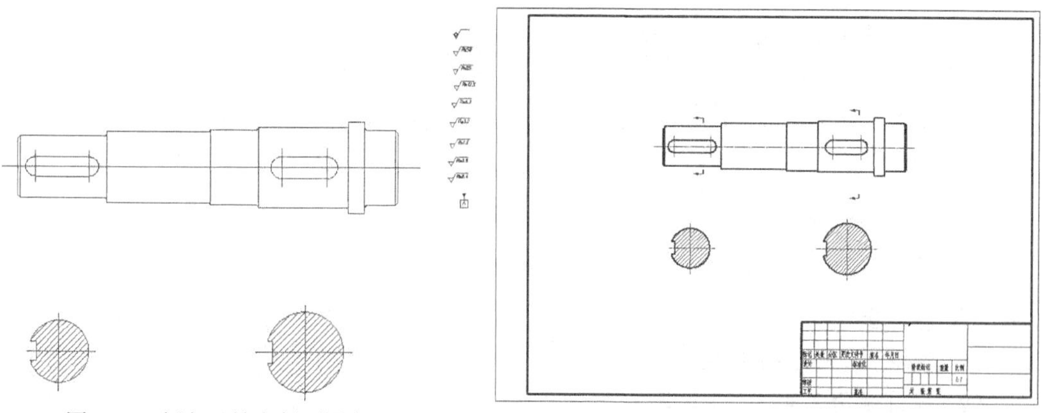

图 10-4 倒角及填充剖面图案　　　　图 10-5 插入图框

12. 切换到尺寸标注层，标注尺寸及表面结构符号，结果如图 10-6 所示（本图仅为了示意工程图标注后的真实结果）。尺寸标注的文字高度为 3.5，标注的全局比例因子为 1.5。

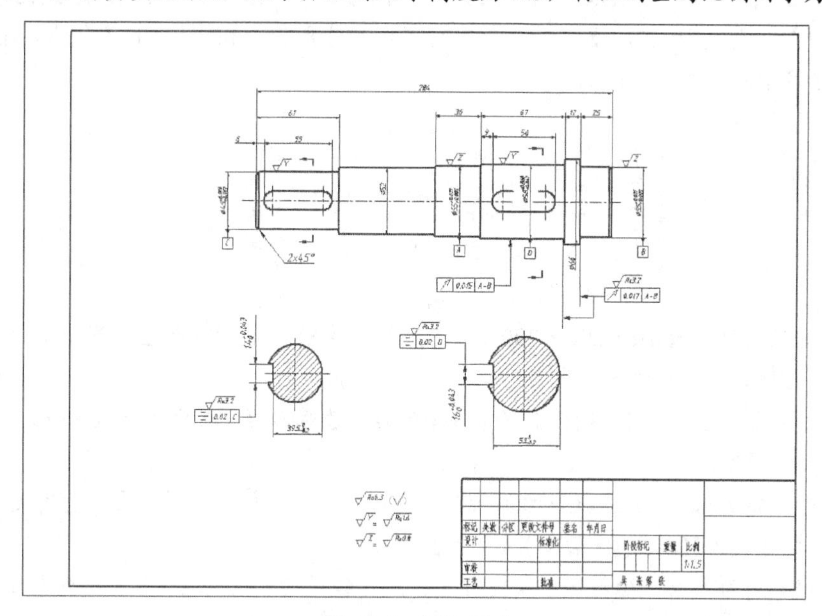

图 10-6 标注尺寸

13. 切换到文字层，输入技术要求。“技术要求”文字的高度为 5 × 1.5=7.5，其余文字高度为 3.5 × 1.5=5.25。中文字体采用“gbcbig.shx”，西文字体采用“IC-isocp.shx”。

10.1.2 连接盘

连接盘零件图如图 10-7 所示，图例的相关说明如下。

一、材料

T10。

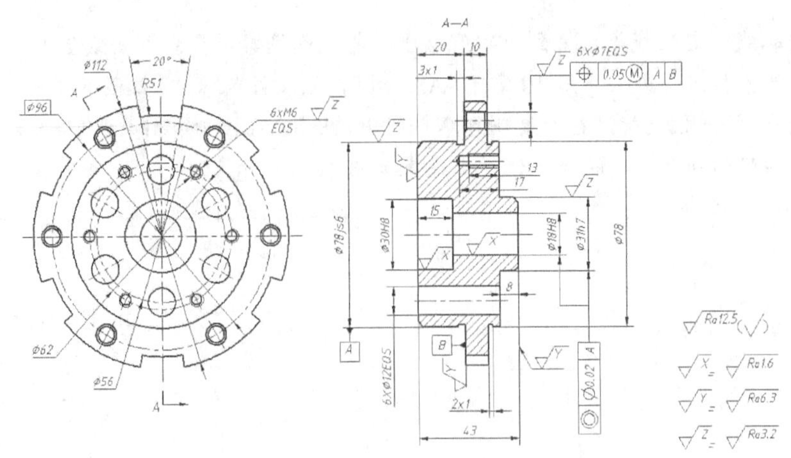

图 10-7 连接盘零件图

二、技术要求

（1）高频淬火 59～64HRC。

（2）未注倒角 2×45°。

（3）线性尺寸未注公差按 GB1804-f。

（4）未注形位公差按 GB1184-80，查表按 *B* 级。

【练习 10-2】绘制连接盘零件图，如图 10-7 所示。图幅选用 A3 幅面，绘图比例为 1∶1，尺寸标注的文字高度为 3.5，技术要求中的文字高度分别为 5 和 3.5。中文字体采用“gbcbig.shx”，西文字体采用“IC-isocp.shx”。

1. 创建以下图层。

名称	颜色	线型	线宽
轮廓线层	白色	Continuous	0.50
中心线层	红色	Center	默认
剖面线层	绿色	Continuous	默认
文字层	绿色	Continuous	默认
尺寸标注层	绿色	Continuous	默认

2. 设定绘图区域大小为 200×200（也可绘制一条长度为 200 的竖直线段）。双击鼠标滚轮，使绘图区域充满整个绘图窗口。

3. 通过【线型控制】下拉列表打开【线型管理器】对话框，在此对话框中设定线型的【全局比例因子】为“0.3”。

4. 打开极轴追踪、对象捕捉及对象捕捉追踪功能。设置极轴追踪的【增量角度】为【90】，设置对象捕捉方式为【端点】【圆心】【交点】。

5. 切换到轮廓线层。绘制水平及竖直定位线，线段的长度约为 150，结果如图 10-8 左图所示。用 CIRCLE、ROTATE、ARRAY 等命令绘制主视图细节，结果如图 10-8 右图所示。

6. 用 XLINE 命令绘制水平投影线，再用 LINE 命令绘制左视图的作图基准线，结果如图 10-9 所示。

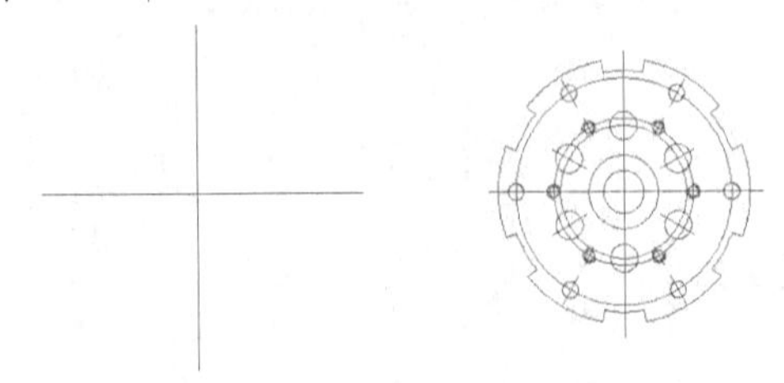

图 10-8 绘制定位线及主视图细节

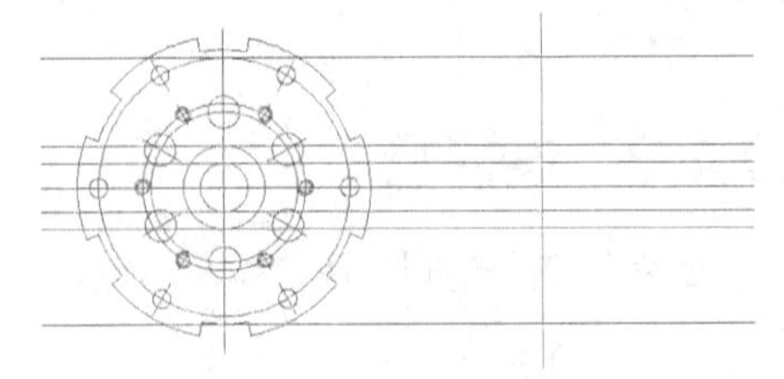

图 10-9 绘制水平投影线及左视图的作图基准线

7. 用 OFFSET、TRIM 等命令绘制左视图细节，结果如图 10-10 所示。

8. 倒角及填充剖面图案，然后将定位线及剖面线分别修改到中心线层及剖面线层上，结果如图 10-11 所示。

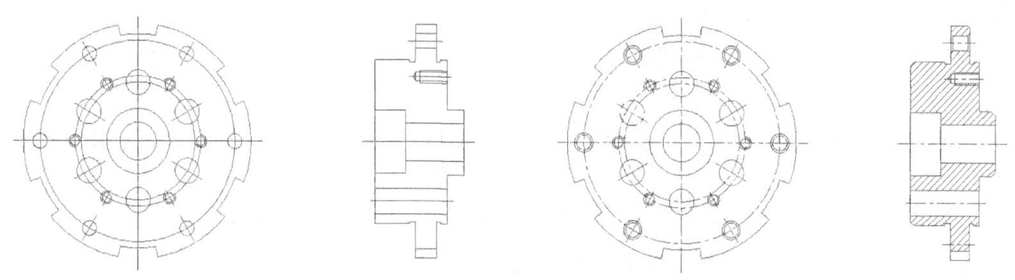

图 10-10 绘制左视图细节　　图 10-11 倒角及填充剖面图案等

9. 打开素材文件"dwg\第 10 章\10-A3.dwg"，该文件包含 A3 幅面的图框、表面结构符号及基准代号。将图框及标注符号复制到零件图中，然后把零件图移动到图框中的合适位置，结果如图 10-12 所示。

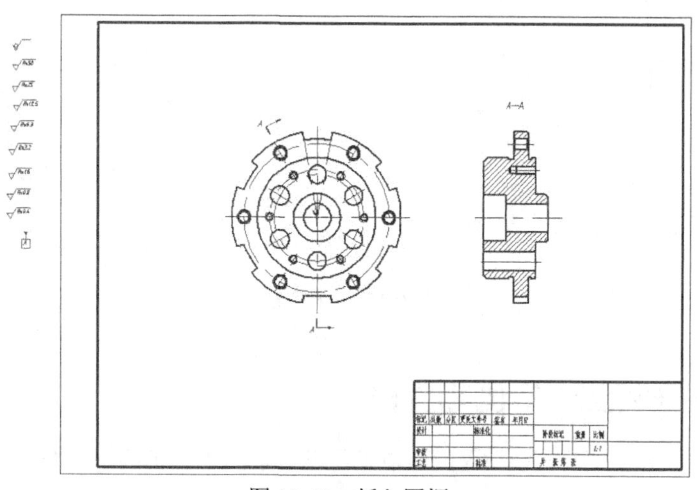

图 10-12 插入图框

10. 切换到尺寸标注层，标注尺寸及表面结构符号。尺寸标注的文字高度为 3.5，标注的全局比例因子为 1。

11. 切换到文字层，输入技术要求。"技术要求"文字的高度为 5，其余文字高度为 3.5。中文字体采用"gbcbig.shx"，西文字体采用"IC-isocp.shx"。

10.2 装配图

在中望 CAD 中直接绘制装配图的步骤与绘制零件图的步骤类似。绘制装配图的主要步骤如下。

（1）绘制主要定位线及作图基准线。

（2）绘制主要零件的外轮廓。

（3）绘制主要的装配干线。先绘制出该装配干线上的一个重要零件，再以该零件为基准件依次绘制其他零件。要求零件的结构尺寸精确，为以后拆画零件图做好准备。

（4）绘制次要的装配干线。

为便于根据装配图拆画零件图及确定重要的尺寸参数，绘制装配图时还要注意以下问题。

（1）确定各零件的主要形状及尺寸，尺寸要精确。对于关键结构及有装配关系的地方，更应精确地绘制。这一点与手动设计不同。

（2）按正确尺寸绘制轴承、螺栓、挡圈、联轴器及电机等的外形图，特别是安装尺寸要正确。

（3）利用 MOVE、COPY、ROTATE 等命令模拟运动部件的工作位置，以确定关键尺寸及重要参数。

（4）利用 MOVE、COPY 等命令调整链轮和带轮的位置，以获得最佳的传动布置方案。对于带长及链长，可利用创建面域并查询周长的方法获得。

图 10-13 所示为已完成主要结构设计的绕簧支架，该图是一张细致的产品装配图，各部分尺寸都是精确无误的，可依据此图拆画零件图。

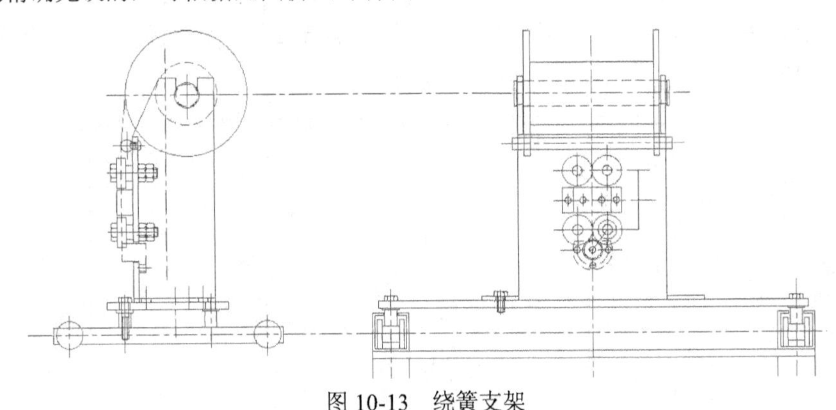

图 10-13 绕簧支架

10.2.1 根据装配图拆画零件图

绘制了精确的装配图后，就可利用复制及粘贴功能从该图拆画零件图，具体过程如下。

（1）将装配图中某个零件的主要轮廓复制到剪贴板上。

（2）通过样板文件创建一个新文件，然后将剪贴板上的零件图粘贴到当前文件中。

（3）在已有零件图的基础上进行详细的结构设计，要精确地进行绘制，以便以后利用零件图检验装配尺寸的正确性，详见 10.2.2 小节。

【练习 10-3】打开素材文件“dwg\第 10 章\10-3.dwg”，如图 10-14 所示，根据部件装配图拆画零件图。

1. 创建新图形文件，文件名为“筒体.dwg”。

2. 切换到文件“10-3.dwg”，在绘图窗口中单击鼠标右键，弹出快捷菜单，选择【带基点复制】命令，然后指定复制的基点为 *A* 点并选择筒体零件，如图 10-15 所示。

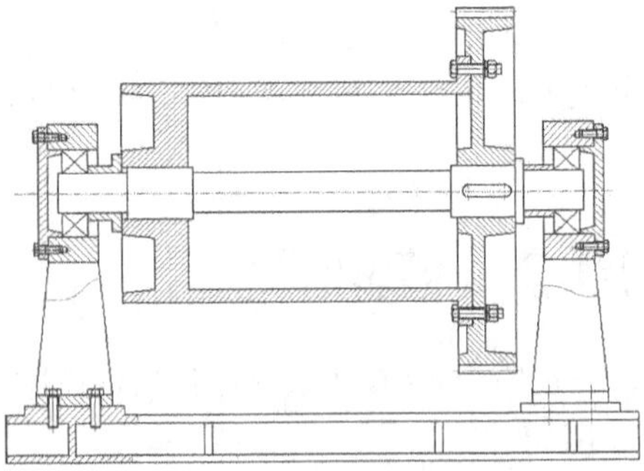

图 10-14 根据装配图拆画零件图

3. 切换到文件“筒体.dwg”，在绘图窗口中单击鼠标右键，弹出快捷菜单，选择【粘贴】命令，结果如图 10-16 所示。

4. 对筒体零件进行必要的编辑，结果如图 10-17 所示。

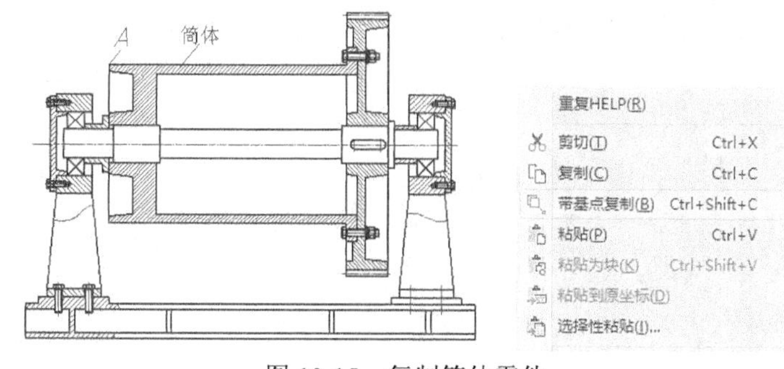

图 10-15 复制筒体零件

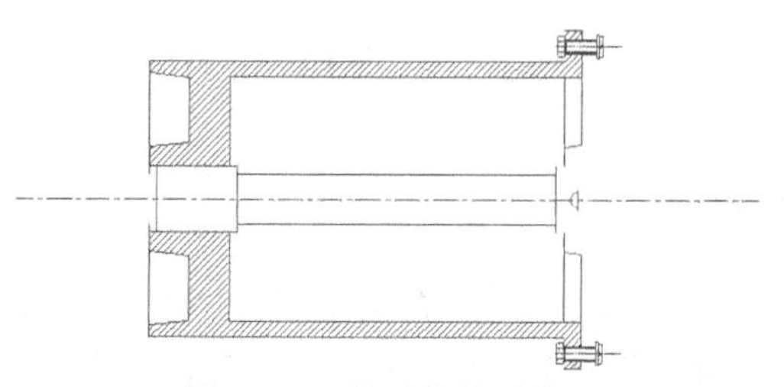

图 10-16 粘贴筒体零件

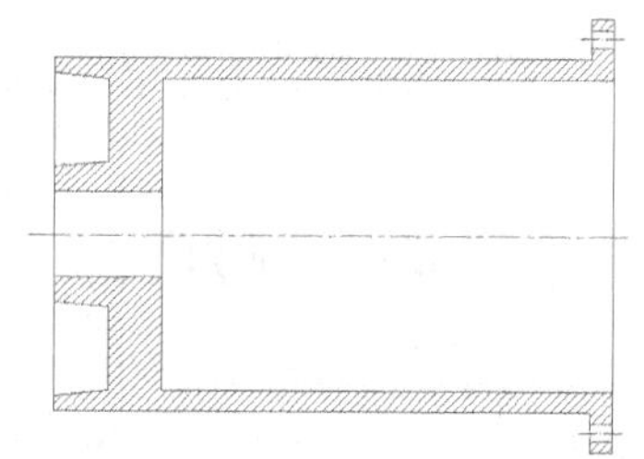

图 10-17 编辑筒体零件

10.2.2 装配零件图以检验配合尺寸的正确性

复杂的机器设备常常包含成百上千个零件，要将这些零件正确地装配在一起，就必须保证所有零件配合尺寸的正确性，否则就会产生干涉。若技术人员按图纸一一去核对零件的配合尺寸，工作量就会非常大，而且容易出错。怎样才能有效地检查零件配合尺寸的正确性呢？可先利用复制及粘贴功能将零件图装配在一起，然后通过查看装配后的图样就能迅速判定配合尺寸是否正确。

【练习 10-4】 打开素材文件“dwg\第 10 章\10-4-A.dwg”“10-4-B.dwg”“10-4-C.dwg”，将它们装配在一起，以检验零件配合尺寸的正确性。

1. 创建新图形文件，文件名为“装配检验.dwg”。

2. 切换到文件“10-4-A.dwg”，关闭标注层，如图 10-18 所示。在绘图窗口中单击鼠标右键，弹出快捷菜单，选择【带基点复制】命令，复制零件主视图。

3. 切换到文件“装配检验.dwg”，在绘图窗口中单击鼠标右键，弹出快捷菜单，选择【粘贴】命令，结果如图 10-19 所示。

4. 切换到文件“10-4-B.dwg”，关闭标注层。在绘图窗口中单击鼠标右键，弹出快捷菜单，选择【带基点复制】命令，复制零件主视图。

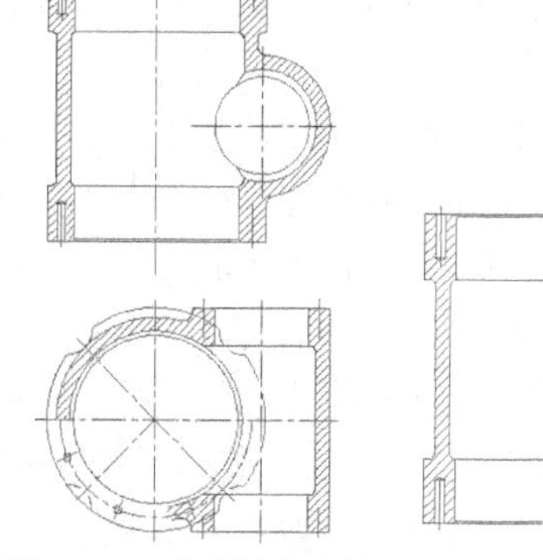

图 10-18 复制主视图　　图 10-19 粘贴主视图

5. 切换到文件“装配检验.dwg”，在绘图窗口中单击鼠标右键，弹出快捷菜单，选择【粘贴】命令，结果如图 10-20 左图所示。

6. 用 MOVE 命令将两个零件装配在一起，结果如图 10-20 右图所示。从该图可以看出，两个零件正确地配合在一起了，说明它们的装配尺寸是正确的。

7. 用同样的方法将零件"10-4-C.dwg"与"10-4-A.dwg"装配在一起，结果如图 10-21 所示。

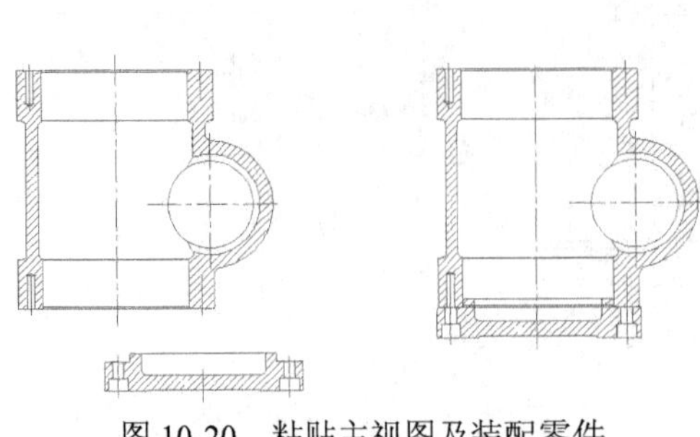

图 10-20 粘贴主视图及装配零件

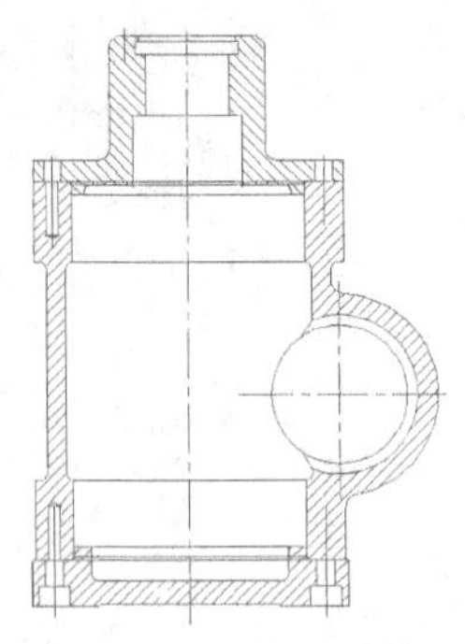

图 10-21 装配零件

10.2.3 根据零件图组合装配图

若已绘制了机器或部件的所有零件图，则当需要一张完整的装配图时，就可考虑利用零件图来组合装配图，这样能避免重复操作，提高工作效率。组合装配图的方法如下。

（1）创建一个新文件。

（2）打开所需的零件图，关闭尺寸所在的图层，利用复制及粘贴功能将零件图复制到新文件中。

（3）利用 MOVE 命令将零件图组合在一起，再进行必要的编辑，形成装配图。

【练习 10-5】打开素材文件"dwg\第 10 章\10-5-A.dwg""10-5-B.dwg""10-5-C.dwg""10-5-D.dwg""10-5-E.dwg"，将 5 张零件图组合在一起，形成装配图。

1. 创建新图形文件，文件名为"球阀装配图.dwg"。

2. 切换到文件"10-5-A.dwg"，在绘图窗口中单击鼠标右键，弹出快捷菜单，选择【带基点复制】命令，复制零件。

3. 切换到文件"球阀装配图.dwg"，在绘图窗口中单击鼠标右键，弹出快捷菜单，选择【粘贴】命令，结果如图 10-22 所示。

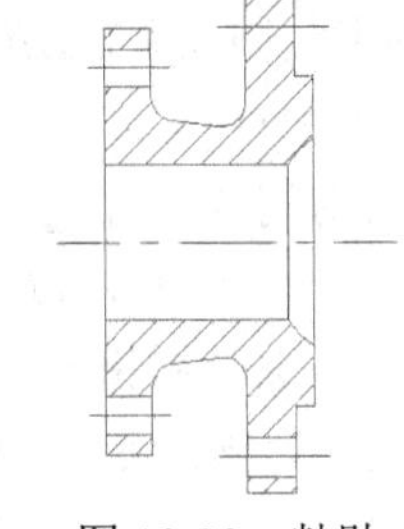

图 10-22 粘贴"10-5-A.dwg"零件

4. 切换到文件"10-5-B.dwg"，在绘图窗口中单击鼠标右键，弹出快捷菜单，选择【带基点复制】命令，以主视图左上角点为基点复制零件。

5. 切换到文件"球阀装配图.dwg"，在绘图窗口中单击鼠标右键，弹出快捷菜单，选择【粘贴】命令，指定 *A* 点为插入点，删除多余线条，结果如图 10-23 所示。

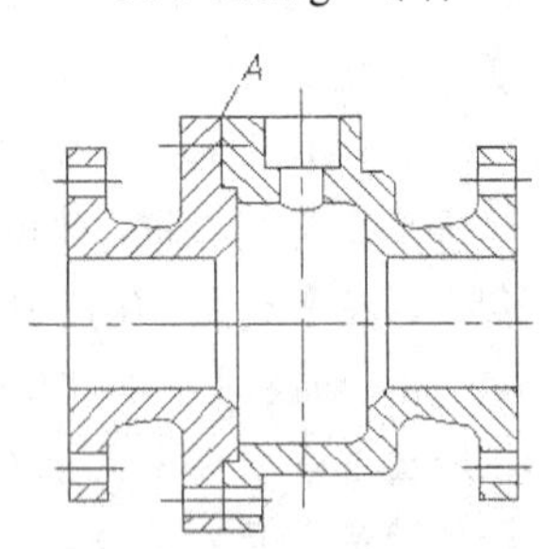

图 10-23 装配"10-5-B.dwg"零件

6. 用相同的方法将零件图"10-5-C.dwg""10-5-D.dwg""10-5-E.dwg"插入装配图中，每插入一个零件后都要做适当的编辑，结果如图 10-24 所示。不要在把所有的零件都插入后再进行修改，否则会导致图线太多，修改起来很困难。

7. 打开素材文件"dwg\第 10 章\标准件.dwg"，将该文件中的 M12 螺栓、螺母、垫圈等标准件复制到文件"球阀装配图.dwg"中，如图 10-25 左图所示。用 STRETCH 命令将螺栓拉长，然后用 ROTATE 和 MOVE 命令将这些标准件装配到正确的位置，结果如图 10-25 右图所示。

8. 保存文件，后续练习中将使用该文件。

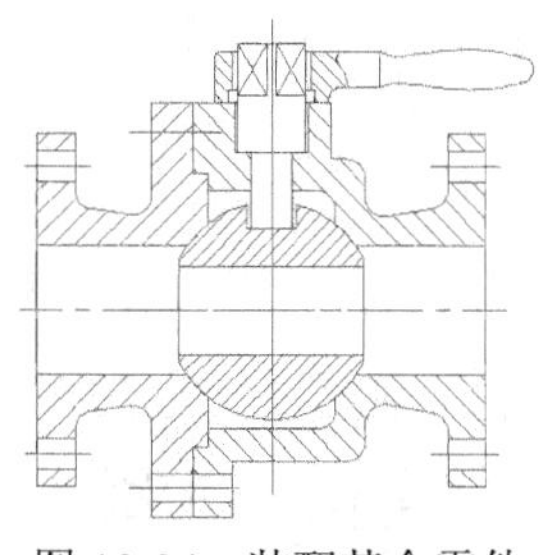

图 10-24 装配其余零件

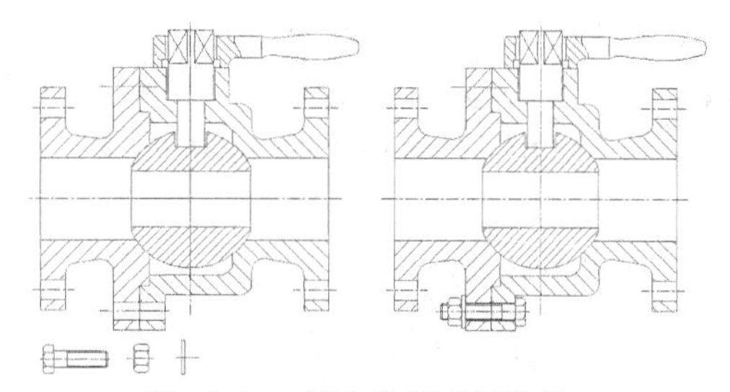

图 10-25 插入并装配标准件

10.2.4 标注零件序号

使用 MLEADER 命令可以很方便地创建带下划线或带圆圈的零件序号标注，如图 10-26 所示。生成序号后，用户可通过关键点编辑方式调整引线或数字的位置。

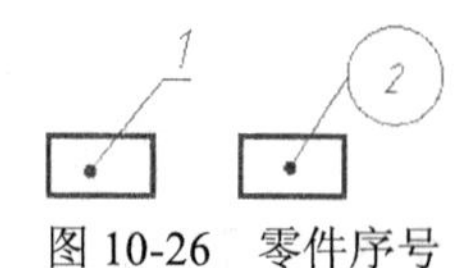

图 10-26 零件序号

【练习 10-6】标注零件序号。

1. 打开 10.2.3 小节创建的“球阀装配图.dwg”文件。

2. 创建新文字样式，并使其成为当前样式。新样式名称为“工程文字”，与其相连的字体文件是“IC-isocp.shx”和“gbcbig.shx”。

3. 单击【注释】选项卡中【引线】面板上的↘按钮，打开【多重引线样式管理器】对话框，再单击 修改(M)... 按钮，打开【修改多重引线样式】对话框，如图 10-27 所示。在该对话框中完成以下设置。

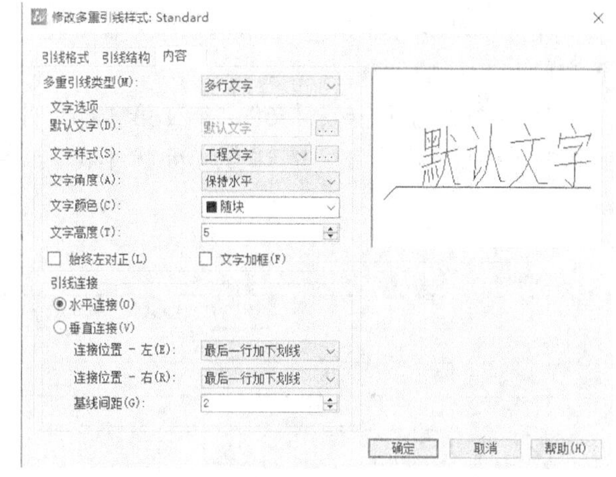

图 10-27 【修改多重引线样式】对话框

- 【引线格式】选项卡的设置如图 10-28 所示。
- 【引线结构】选项卡的设置如图 10-29 所示。

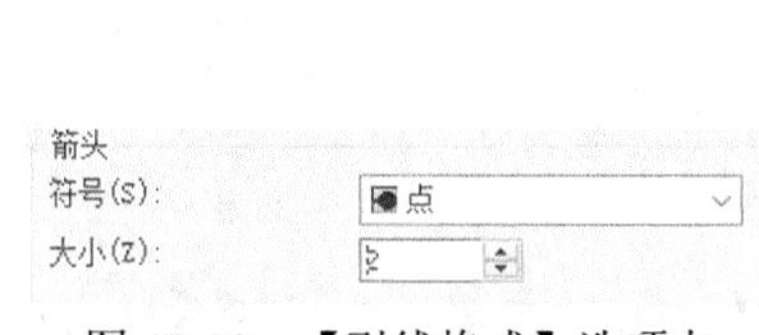

图 10-28 【引线格式】选项卡

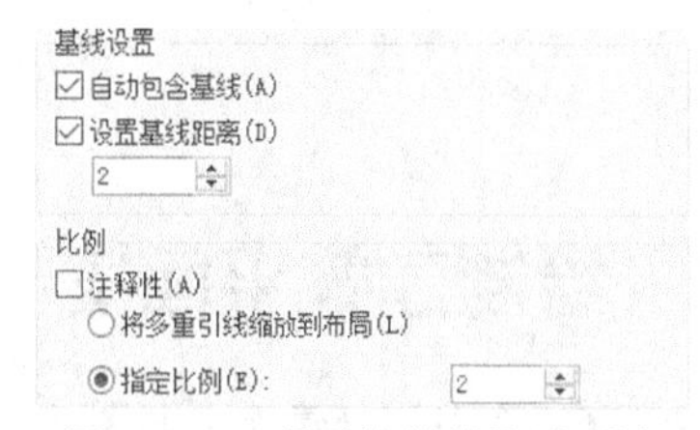

图 10-29 【引线结构】选项卡

【设置基线距离】下方的数值“2”表示下划线与引线之间的距离，【指定比例】右边的数值等于绘图比例的倒数。

- 【内容】选项卡的设置如图 10-27 所示。其中，【基线间距】中的数值表示下划线的长度。

4. 单击【注释】选项卡中【引线】面板上的 多重引线 按钮，执行创建引线标注命令，标注零件序号，结果如图 10-30 所示。

5. 单击【引线】面板上的按钮，选择零件序号 1、2、4、5，按 Enter 键，然后选择要对齐的零件序号 3 并指定水平方向为对齐方向。用相同的方法将零件序号 6、7、8 与零件序号 5 在竖直方向上对齐，结果如图 10-31 所示。

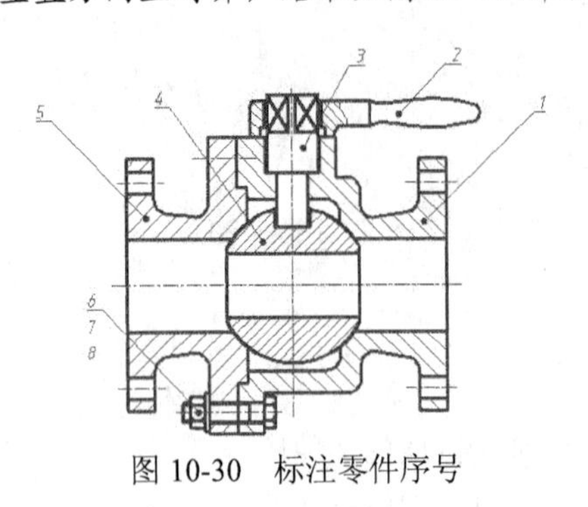

图 10-30 标注零件序号

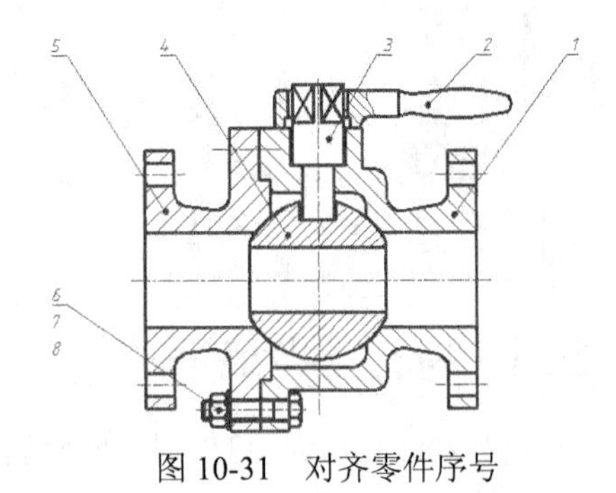

图 10-31 对齐零件序号

10.2.5 编写明细表

用户可以事先创建好空白表格对象并保存在一个文件中，当要编写零件明细表时，打开该文件，然后填写表格对象。

【练习 10-7】打开素材文件“dwg\第 10 章\明细表.dwg”，该文件包含一个零件明细表，此表是表格对象，用户双击其中的单元就可填写文字，填写结果如图 10-32 所示。

	5	右阀体	1	青铜		
旧底图总号	4	手柄	1	HT150		
	3	球形阀瓣	1	黄铜		
	2	阀杆	1	35		
底图总号	1	左阀体	1	青铜		

						制订				标记	
						编写					共 页 第 页
签名	日期					校对			明细表		
						标准化检查					
		标记	更改内容或依据	更改人	日期	审核					

图 10-32 填写零件明细表

10.3 绘制建筑平面图

在中望 CAD 中绘制建筑平面图的总体思路是“先整体、后局部”，主要绘制过程如下。

（1）创建图层，如墙体层、轴线层、柱网层等。

（2）绘制一个表示绘图区域的矩形，双击鼠标滚轮，将该矩形全部显示在绘图窗口中，再用 EXPLODE 命令分解矩形，形成作图基准线。此外，也可利用 LIMITS 命令设定绘图区域的大小，然后用 LINE 命令绘制水平及竖直作图基准线。

（3）用 OFFSET 和 TRIM 命令绘制水平及竖直定位轴线。

（4）用 MLINE 命令绘制外墙体，形成建筑平面图的大致形状。

（5）绘制内墙体。

（6）用 OFFSET 和 TRIM 命令在墙体上绘制门窗洞口。

（7）绘制门窗、楼梯及其他局部细节。

（8）插入标准图框，并以绘图比例的倒数缩放图框。

（9）标注尺寸，尺寸标注全局比例为绘图比例的倒数。

（10）输入文字，文字高度为图纸上的实际文字高度与绘图比例倒数的乘积。

【练习 10-8】绘制建筑平面图，如图 10-33 所示。绘图比例为 1:100，采用 A2 幅面图框。为使图形简洁，图中仅标注了总体尺寸、轴线间距尺寸及部分细节尺寸。

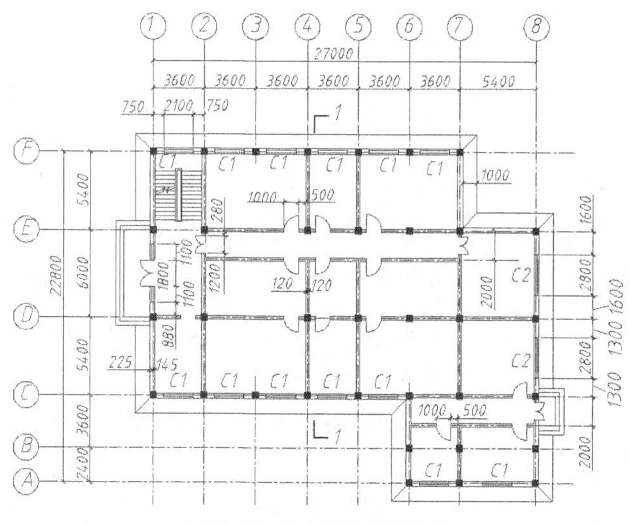

图 10-33 绘制建筑平面图

1. 创建以下图层。

名称	颜色	线型	线宽
建筑-轴线	蓝色	Center	默认
建筑-柱网	白色	Continuous	默认
建筑-墙体	白色	Continuous	0.7
建筑-门窗	红色	Continuous	默认
建筑-台阶及散水	红色	Continuous	默认
建筑-楼梯	红色	Continuous	默认
建筑-标注	白色	Continuous	默认

当创建不同种类的对象时，应切换到相应图层。

2. 设定绘图区域大小为 40000 × 40000，设置线型的【全局比例因子】为 100（绘图比例的倒数）。

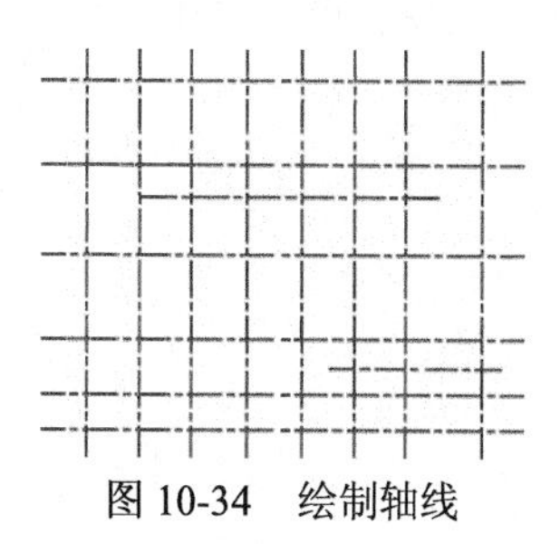

图 10-34 绘制轴线

3. 打开极轴追踪、对象捕捉及对象捕捉追踪功能。设置极轴追踪的【增量角度】为【90】，设定对象捕捉方式为【端点】【交点】，选择【仅正交追踪】单选项。

4. 用 LINE 命令绘制水平及竖直作图基准线，然后利用 OFFSET、BREAK、TRIM 等命令绘制轴线，结果如图 10-34 所示。

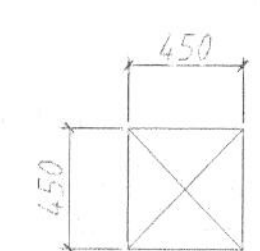

图 10-35 绘制柱的横截面

5. 在屏幕的适当位置绘制柱的横截面，尺寸如图 10-35 左图所示。先绘制一个正方形，再连接两条对角线，然后用【SOLID】图案填充图形，结果如图 10-35 右图所示。正方形两条对角线的交点可作为横截面的定位基准点。

6. 用 COPY 命令绘制柱网，结果如图 10-36 所示。

7. 创建以下两个多线样式。

样式名	元素	偏移量
墙体-370	两条直线	145、-225
墙体-240	两条直线	120、-120

8. 关闭“建筑-柱网”图层，设定“墙体-370”为当前样式，用 MLINE 命令绘制建筑物外墙体；再设定“墙体-240”为当前样式，绘制建筑物内墙体，结果如图 10-37 所示。

9. 用 MLEDIT 命令编辑多线相交的形式，再分解多线，修剪多余线条。

10. 用 OFFSET、TRIM、COPY 命令绘制所有门窗洞口，结果如图 10-38 所示。

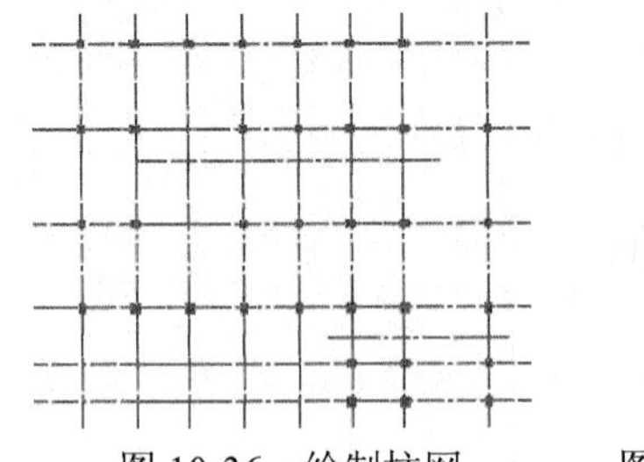

图 10-36 绘制柱网

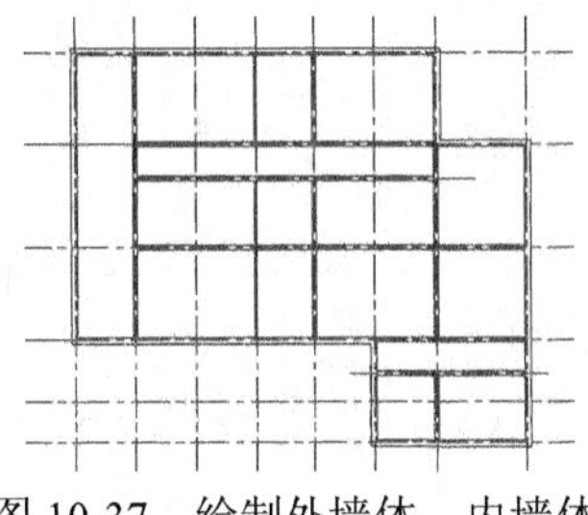

图 10-37 绘制外墙体、内墙体

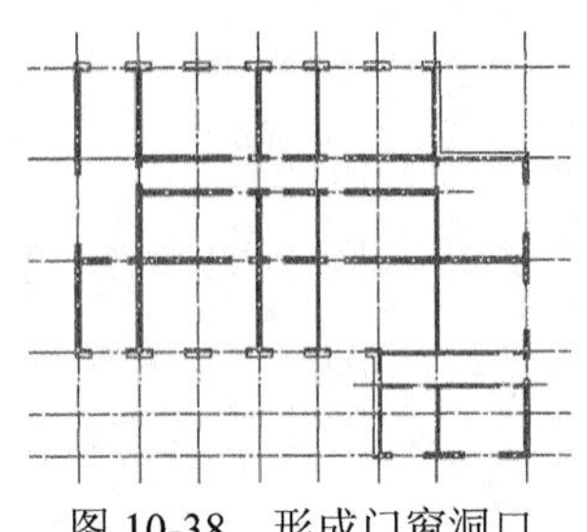

图 10-38 形成门窗洞口

11. 利用设计中心插入文件“图例.dwg”中的门窗图块，它们分别是 M1000、M1200、M1800 及 C370 × 100，再复制这些图块，结果如图 10-39 所示。

12. 绘制室外台阶及散水，细节尺寸及结果如图 10-40 所示。

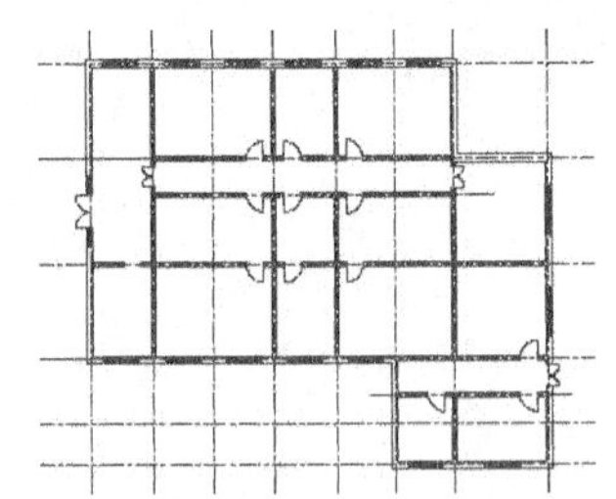

图 10-39 插入并复制门窗图块

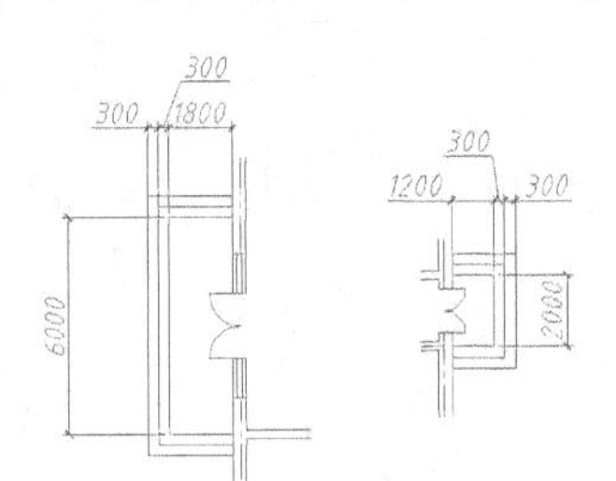

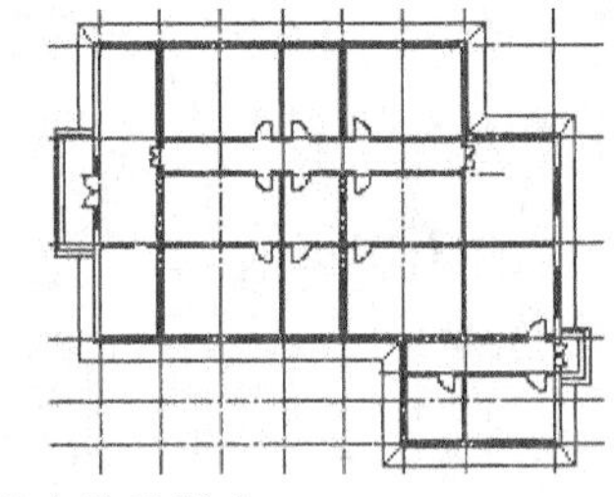

图 10-40 绘制室外台阶及散水

13. 绘制楼梯，楼梯尺寸如图 10-41 所示。

14. 打开素材文件“dwg\第 10 章\10-A2.dwg”，该文件包含一个 A2 幅面的图框。将 A2 幅面图框复制到平面图中，用 SCALE 命令缩放图框，缩放比例为 100，然后把建筑平面图移动到图框中的合适位置，结果如图 10-42 所示。

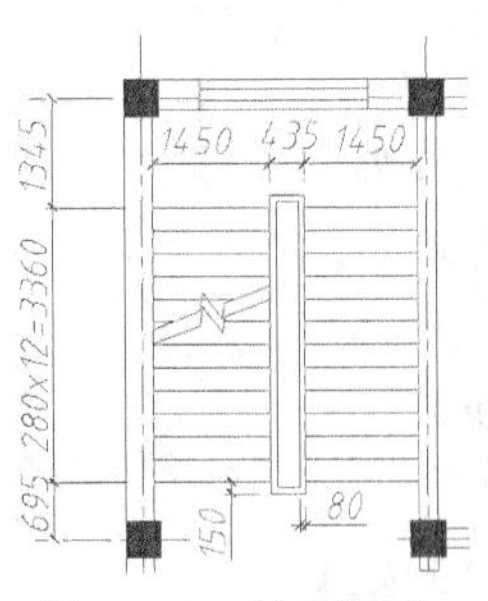

图 10-41 绘制楼梯

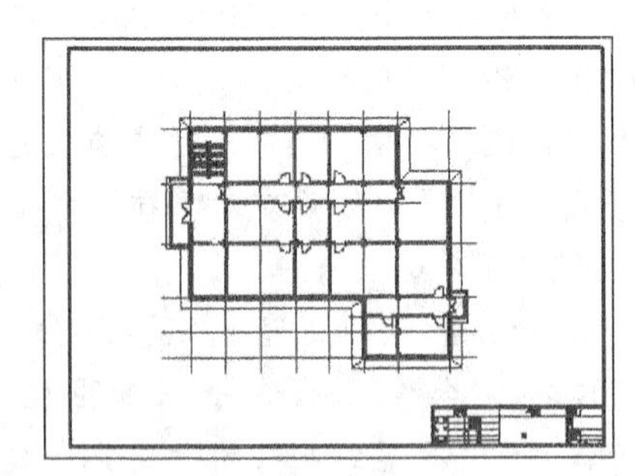

图 10-42 插入图框

15. 标注尺寸，尺寸标注的文字高度为 2.5，标注的全局比例因子为 100。

16. 单击【工具】选项卡中【选项板】面板上的 按钮，打开【设计中心】选项板，查找并选中素材文件“图例.dwg”，在右边的列表框中列出图层、图块和文字样式等项目。选中

【块】项目，单击鼠标右键，在弹出的快捷菜单中选择【浏览】命令，则【设计中心】选项板中将列出图形中的所有图块。

17. 用鼠标右键单击【标高】及【轴线编号】图块，利用【插入块】命令在当前图形中插入块，并填写属性文字，块的缩放比例因子为 100。

18. 将文件以“平面图.dwg”为名保存。

10.4 习题

1．绘制法兰盘零件图，如图 10-43 所示。

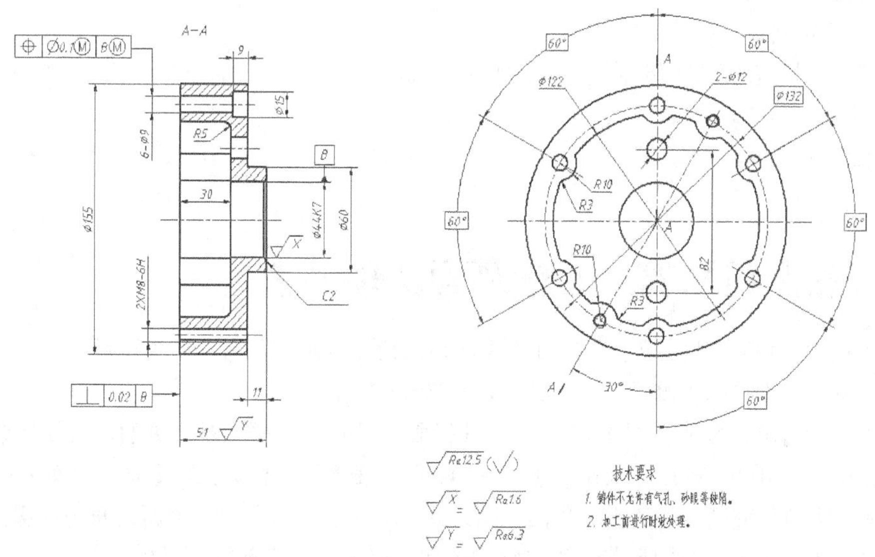

图 10-43 法兰盘零件图

2．打开素材文件“dwg\第 10 章\10-9.dwg”，如图 10-44 所示，根据此装配图拆画零件图。

3．绘制图 10-45 所示的单层厂房平面图（一些细节尺寸自定）。

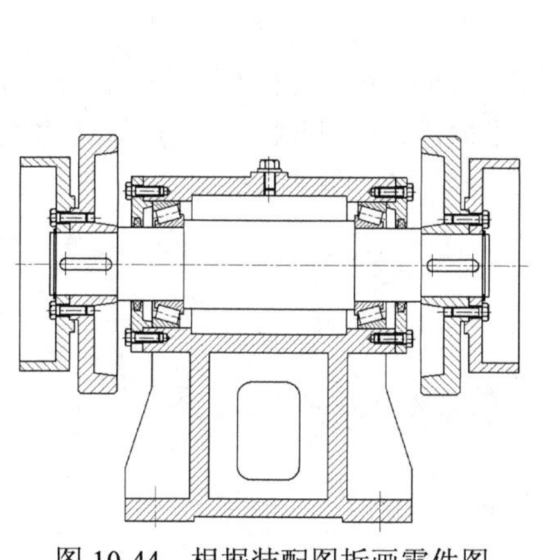

图 10-44 根据装配图拆画零件图

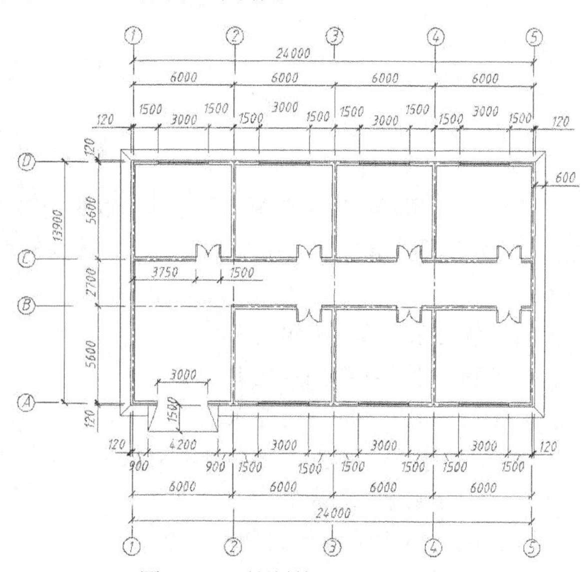

图 10-45 绘制单层厂房平面图

第 11 章 轴测图

主要内容

- 激活轴测投影模式的方法。
- 在轴测投影模式下绘制线段、圆及平行线。
- 在轴测图中添加文字的方法。
- 给轴测图标注尺寸。

11.1 轴测投影模式、轴测面及轴测轴

在中望 CAD 中，用户可以利用轴测投影模式绘制轴测图，激活此模式后，十字光标会自动调整到与当前指定的轴测面一致的位置，如图 11-1 所示。

长方体的等轴测投影如图 11-1 所示，其投影中只有 3 个平面是可见的。为便于绘图，将这 3 个面作为绘制线、找点等操作的基准平面，称为轴测面，根据其位置的不同分别是左轴测面、右轴测面和顶轴测面。激活轴测投影模式后，用户就可以在这 3 个面之间进行切换，同时系统会自动改变十字光标的形状，以使它们看起来好像处于当前轴测面内。

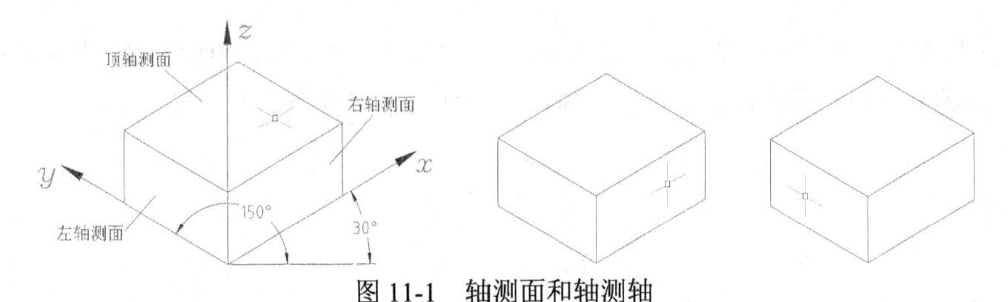

图 11-1　轴测面和轴测轴

在图 11-1 所示的轴测图中，长方体的可见边与水平线间的夹角分别是 30°、90°、150°。现在，在轴测图中建立一个假想的坐标系，该坐标系的坐标轴称为轴测轴，它们所处的位置如下。

- x 轴与水平线的夹角是 30°。
- y 轴与水平线的夹角是 150°。
- z 轴与水平线的夹角是 90°。

进入轴测投影模式后，十字光标将始终与当前轴测面的轴测轴方向一致。用户可以使用以下方法激活轴测投影模式。

【练习 11-1】激活轴测投影模式。

1. 打开素材文件“dwg\第 11 章\11-1.dwg”。

2. 用鼠标右键单击状态栏上的▦按钮，在弹出的快捷菜单中选择【设置】命令，打开【草图设置】对话框，在【捕捉和栅格】选项卡的【捕捉类型】分组框中选择【等轴测捕捉】单选项，激活轴测投影模式，十字光标将处于左轴测面，如图 11-2 左图所示。

3. 按F5键可将十字光标切换至顶轴测面，如图 11-2 中图所示。

4. 再按F5键可将十字光标切换至右轴测面，如图 11-2 右图所示。

图 11-2 切换不同的轴测面

11.2 在轴测投影模式下作图

进入轴测投影模式后，用户仍可利用基本的二维绘图命令来创建直线、椭圆等图形对象，但要注意这些图形对象轴测投影的特点，如水平直线的轴测投影将变为斜线，而圆的轴测投影将变为椭圆。

11.2.1 在轴测投影模式下绘制线段

在轴测投影模式下绘制线段常采用以下 3 种方法。

（1）通过输入点的极坐标来绘制线段。当所绘线段与不同的轴测轴平行时，输入的极坐标角度将不同，有以下几种情况。

- 绘制与 x 轴平行的线段时，极坐标角度应输入 30° 或−150°。
- 绘制与 y 轴平行的线段时，极坐标角度应输入 150° 或−30°。
- 绘制与 z 轴平行的线段时，极坐标角度应输入 90° 或−90°。
- 如果所绘线段与任何轴测轴都不平行，则必须先找出线段的两个端点，然后连线。

（2）打开正交模式辅助绘制线段，此时所绘线段将自动与当前轴测面内的某一轴测轴方向一致。例如，若处于右轴测面且打开了正交模式，那么所绘线段的角度为 30° 或 90°。

（3）利用极轴追踪、对象捕捉追踪功能绘制线段。打开极轴追踪、对象捕捉和对象捕捉追踪功能，并设定极轴追踪的【增量角度】为【30】，这样就能很方便地绘制出沿 30°、90° 或 150° 方向的线段。

【练习 11-2】在轴测投影模式下绘制线段。

1. 激活轴测投影模式。

2. 输入点的极坐标绘制线段。

```
命令： <等轴测平面：右视>                        //按两次F5键切换到右轴测面
命令： _line 指定第一个点：                      //单击 A 点
指定下一点或 [放弃(U)]： @100<30                 //输入 B 点的相对坐标
指定下一点或 [放弃(U)]： @150<90                 //输入 C 点的相对坐标
指定下一点或 [闭合(C)/放弃(U)]： @40<-150        //输入 D 点的相对坐标
指定下一点或 [闭合(C)/放弃(U)]： @95<-90         //输入 E 点的相对坐标
指定下一点或 [闭合(C)/放弃(U)]： @60<-150        //输入 F 点的相对坐标
```

```
指定下一点或 [闭合(C)/放弃(U)]: c                    //使线框闭合
```

结果如图 11-3 所示。

3. 打开正交模式绘制线段。

```
命令:  <等轴测平面: 左视>                            //按F5键切换到左轴测面
命令:  <正交 开>                                     //打开正交模式
命令: _line
指定第一个点: int 交点                               //捕捉 A 点
指定下一点或 [放弃(U)]: 100                          //输入线段 AG 的长度
指定下一点或 [放弃(U)]: 150                          //输入线段 GH 的长度
指定下一点或 [闭合(C)/放弃(U)]: 40                   //输入线段 HI 的长度
指定下一点或 [闭合(C)/放弃(U)]: 95                   //输入线段 IJ 的长度
指定下一点或 [闭合(C)/放弃(U)]: end 端点             //捕捉 F 点
指定下一点或 [闭合(C)/放弃(U)]:                      //按Enter键结束命令
```

结果如图 11-4 所示。

4. 打开极轴追踪、对象捕捉及对象捕捉追踪功能。设置极轴追踪的【增量角度】为【30】，设定对象捕捉方式为【端点】【交点】，选择【用所有极轴角设置追踪】单选项。

```
命令:  <等轴测平面: 俯视>                            //按F5键切换到顶轴测面
命令:  <等轴测平面: 右视>                            //按F5键切换到右轴测面
命令: _line
指定第一个点: 20                                     //从 A 点沿 30° 方向追踪并输入追踪距离
指定下一点或 [放弃(U)]: 30                           //从 K 点沿 90° 方向追踪并输入追踪距离
指定下一点或 [放弃(U)]: 50                           //从 L 点沿 30° 方向追踪并输入追踪距离
指定下一点或 [闭合(C)/放弃(U)]:                      //从 M 点沿-90° 方向追踪并捕捉交点 N
指定下一点或 [闭合(C)/放弃(U)]:                      //按Enter键结束命令
```

结果如图 11-5 所示。

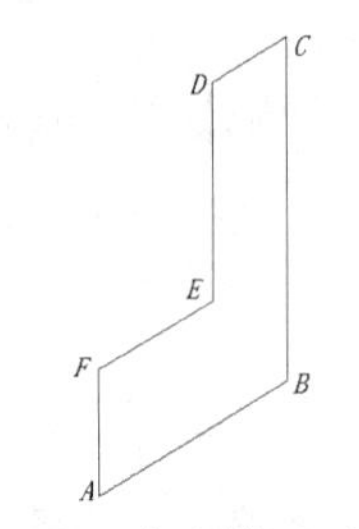

图 11-3 在右轴测面内绘制线段（1）

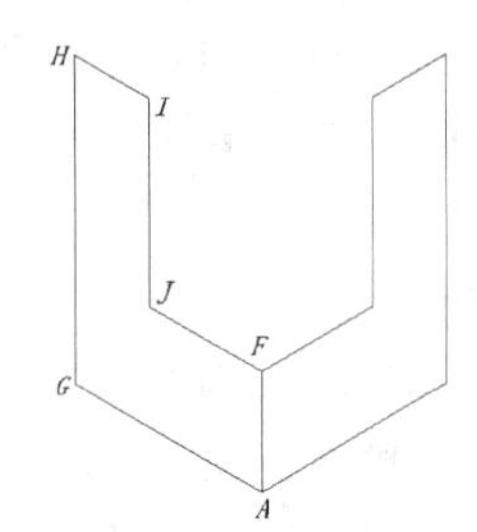

图 11-4 在左轴测面内绘制线段

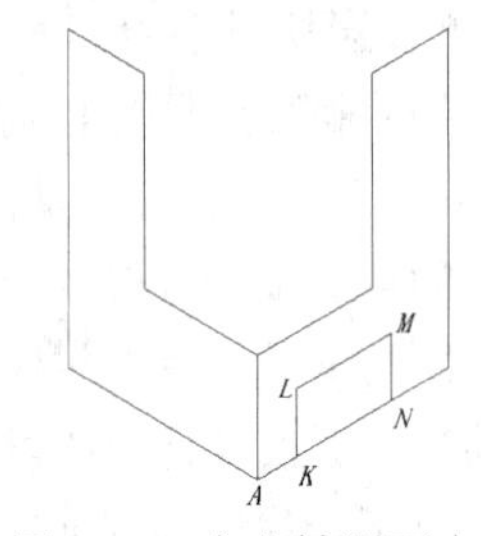

图 11-5 在右轴测面内绘制线段（2）

11.2.2 在轴测面内移动及复制对象

沿轴测轴移动及复制对象时，图形元素移动的方向平行于 30°、90°或 150°方向线，因此设定极轴追踪的增量角度为 30°，并设置沿所有极轴角对象捕捉追踪，就能很方便地沿轴测轴进行移动和复制对象的操作。

【练习 11-3】打开素材文件“dwg\第 11 章\11-3.dwg”，如图 11-6 左图所示，用 COPY、MOVE、TRIM 命令将图 11-6 中的左图修改为右图。

1. 激活轴测投影模式，打开极轴追踪、对象捕捉及对象捕捉追踪功能。指定极轴追踪的【增量角度】为【30】，设定对象捕捉方式为【端点】【交点】，选择【用所有极轴角设置追踪】单选项。

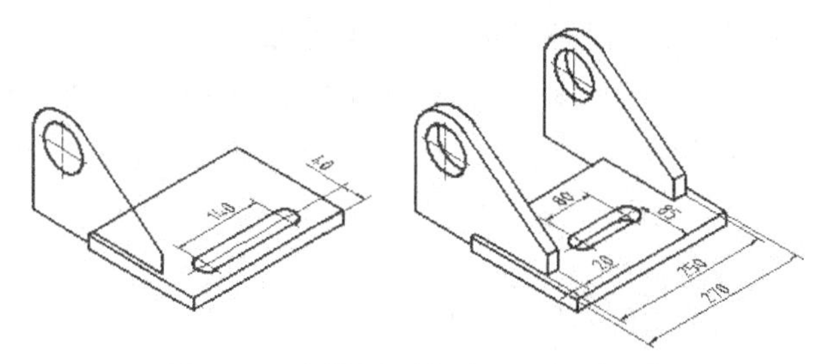

图 11-6 在轴测面内移动及复制对象

2. 沿 30° 方向复制线框 *A*、*B*。

```
命令: _copy
选择对象: 找到 10 个                    //选择线框 A、B
选择对象:                               //按 Enter 键
指定基点或[位移(D)/模式(O)] <位移>:     //单击
指定第二点的位移或者 [阵列(A)] <使用第一点当做位移>: 20
                                        //沿 30° 方向追踪并输入追踪距离
指定第二个点或 [阵列(A)/退出(E)/放弃(U)] <退出>: 250
                                        //沿 30° 方向追踪并输入追踪距离
指定第二个点或 [阵列(A)/退出(E)/放弃(U)] <退出>: 230
                                        //沿 30° 方向追踪并输入追踪距离
指定第二个点或 [阵列(A)/退出(E)/放弃(U)] <退出>:     //按 Enter 键结束
```

再绘制线段 *C*、*D*、*E*、*F* 等，结果如图 11-7 左图所示。修剪及删除多余线条，结果如图 11-7 右图所示。

3. 沿 30° 方向移动椭圆弧 *G* 及线段 *H*，沿−30° 方向移动椭圆弧 *J* 及线段 *K*，然后修剪多余线条，结果如图 11-8 所示。

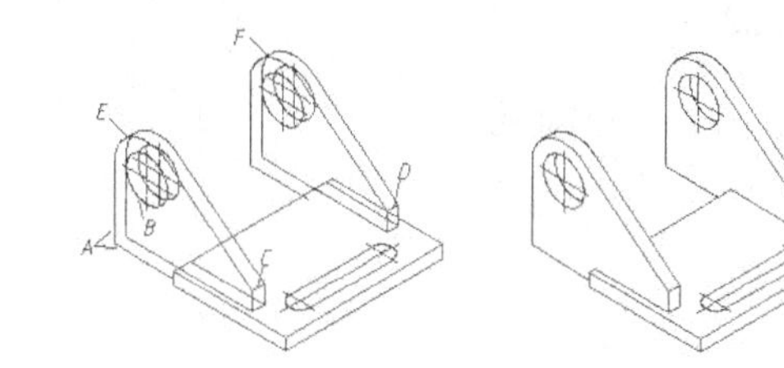

图 11-7 复制对象及绘制线段

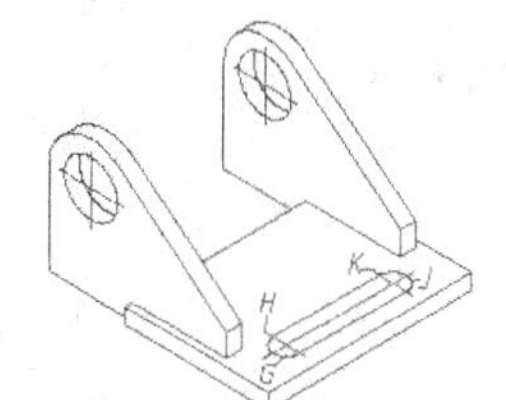

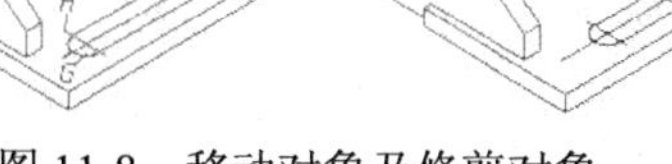

图 11-8 移动对象及修剪对象

4. 将线框 *L* 沿−90° 方向复制，结果如图 11-9 左图所示。修剪及删除多余线条，结果如图 11-9 右图所示。

5. 将图形 *M*（见图 11-9 右图）沿 150° 方向移动，再调整中心线的长度，结果如图 11-10 所示。

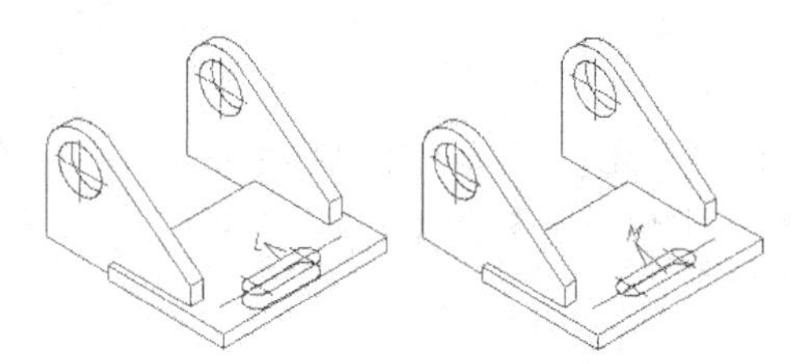

图 11-9 复制对象及修剪对象

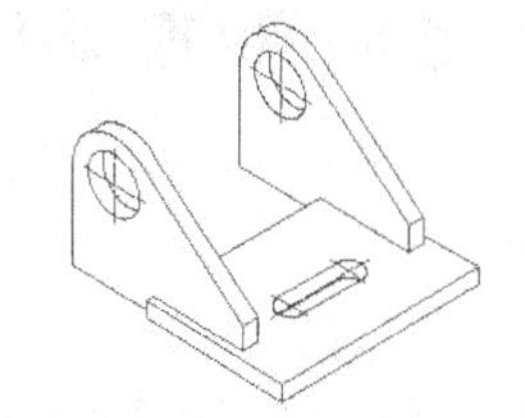

图 11-10 移动对象及调整中心线长度

11.2.3 在轴测面内绘制平行线

通常情况下用 OFFSET 命令绘制平行线，但在轴测面内绘制平行线与在标准模式下绘制平行线的方法有所不同。例如，在顶轴测面内绘制线段 *A* 的平行线 *B*，要求它们之间沿 30°方向的间距是 30，如果使用 OFFSET 命令，并直接输入偏移距离 30，则偏移后两线间的垂直距离等于 30，而沿 30°方向的间距并不是 30，如图 11-11 所示。为避免上述情况，常使用 COPY 命令或 OFFSET 命令的“通过(T)”选项来绘制平行线。

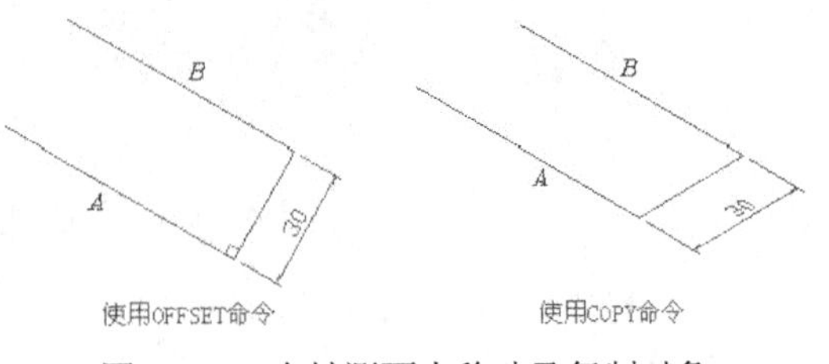

图 11-11 在轴测面内移动及复制对象

使用 COPY 命令可以在二维和三维空间中对对象进行复制。使用此命令时，系统提示输入两个点或一个位移值。如果指定两个点，则从第一点到第二点间的距离和方向就表示新对象相对于源对象的位移。如果在“指定基点”的提示下直接输入一个坐标值（直角坐标或极坐标），然后在第 2 个“指定第二个点”的提示下按 Enter 键，那么输入的值就会被认为是新对象相对于源对象的移动值。

【练习 11-4】在轴测面内绘制平行线。

1. 打开素材文件“dwg\第 11 章\11-4.dwg”。

2. 打开极轴追踪、对象捕捉及对象捕捉追踪功能。设置极轴追踪的【增量角度】为【30】，设定对象捕捉方式为【端点】【交点】，选择【用所有极轴角设置追踪】单选项。

3. 用 COPY 命令绘制平行线。

```
命令: _copy
选择对象: 找到 1 个                          //选择线段 A
选择对象:                                    //按 Enter 键
指定基点或[位移(D)/模式(O)] <位移>:          //单击
指定第二点的位移或者 [阵列(A)] <使用第一点当做位移>: 26
                                    //沿-150°方向追踪并输入追踪距离
指定第二个点或[阵列(A)/退出(E)/放弃(U)]  <退出>:52
                                    //沿-150°方向追踪并输入追踪距离
指定第二个点或[阵列(A)/退出(E)/放弃(U)]  <退出>: //按 Enter 键
命令:
_COPY                               //重复命令
选择对象: 找到 1 个                  //选择线段 B
选择对象:                            //按 Enter 键
指定基点或 [位移(D)/模式(O)] <位移>:    15<90//输入复制的距离和方向
指定第二个点或[阵列(A)] <使用第一个点作为位移>://按 Enter 键结束命令
```

结果如图 11-12 所示。

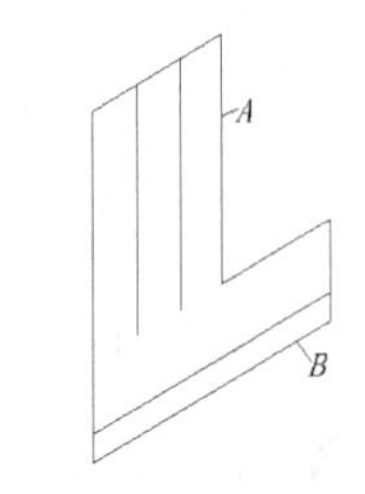

图 11-12 绘制平行线

11.2.4 绘制角的轴测投影

在轴测面内绘制角时，不能按角度的实际值进行绘制，因为在轴测投影图中，投影角度值与实际角度值是不一致的。在这种情况下，应先确定角边上点的轴测投影，再将点连接成线，以获得实际的角轴测投影。

【练习 11-5】绘制角的轴测投影。

1. 打开素材文件“dwg\第 11 章\11-5.dwg”。

2. 打开极轴追踪、对象捕捉及对象捕捉追踪功能。设置极轴追踪的【增量角度】为【30】，设定对象捕捉方式为【端点】【交点】，选择【用所有极轴角设置追踪】单选项。

3. 绘制线段 *B*、*C*、*D* 等，如图 11-13 左图所示。

```
命令: _line
指定第一个点: 50    //从A点沿30° 方向追踪并输入追踪距离
指定下一点或 [放弃(U)]: 80    //从A点沿-90° 方向追踪并输入追踪距离
指定下一点或 [放弃(U)]:       //按Enter键结束命令
```

复制线段 *B*，再绘制连线 *C*、*D*，然后修剪多余的线条，结果如图 11-13 右图所示。

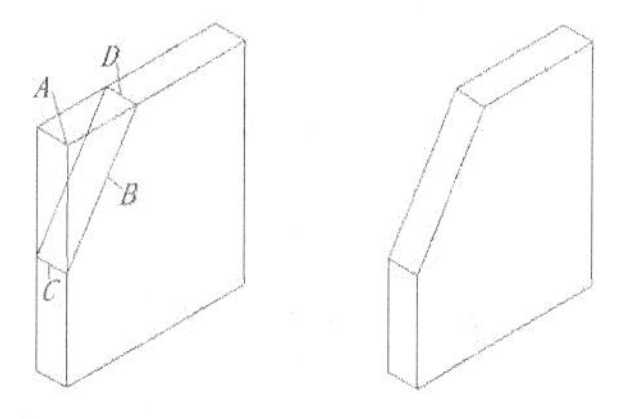

图 11-13 绘制角的轴测投影

11.2.5 绘制圆的轴测投影

圆的轴测投影是椭圆，当圆位于不同轴测面内时，椭圆的长轴、短轴位置也将不同。手动绘制圆的轴测投影比较麻烦，在中望 CAD 中可直接使用 ELLIPSE 命令的“等轴测圆(I)”选项进行绘制，该选项仅在轴测投影模式被激活的情况下才会出现。

执行 ELLIPSE 命令，系统提示如下。

```
命令: ELLIPSE
指定椭圆的第一个端点或 [弧(A)/中心(C)/等轴测圆(I)]:i
                                //选择“等轴测圆(I)”选项
指定圆的中心:                     //指定椭圆中心
指定圆半径或 [直径(D)]:            //输入圆的半径
```

选择“等轴测圆(I)”选项，再根据提示指定椭圆中心并输入圆的半径，则系统会自动在当前轴测面中绘制出相应圆的轴测投影。

绘制圆的轴测投影时，先利用F5键切换到合适的轴测面，使之与圆所在的平面对应，这样才能使椭圆看起来是在轴测面内，如图 11-14 左图所示，否则所绘椭圆的形状是不正确的。图 11-14 右图所示的圆的实际位置在正方体顶面，而所绘轴测投影却位于右轴测面内，结果轴测圆与正方体的投影就显得不匹配了。

绘制轴测图时经常要绘制线与线间的圆弧连接，此时圆弧连接变为椭圆弧。绘制这个椭圆弧的方法是在相应的位置绘制一个完整的椭圆，然后使用 TRIM 命令修剪多余的线条，如图 11-15 所示。

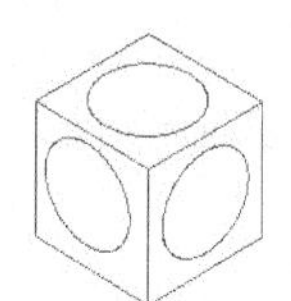
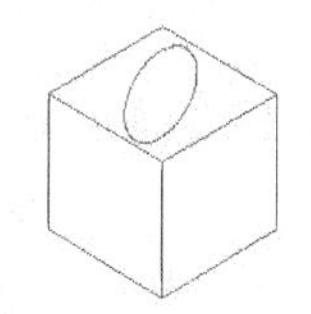
图 11-14 绘制轴测圆

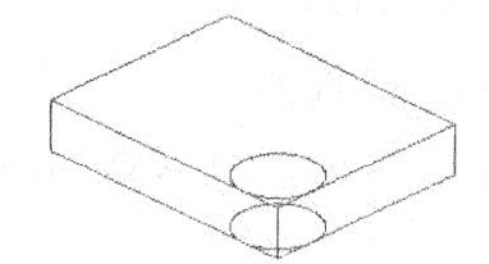
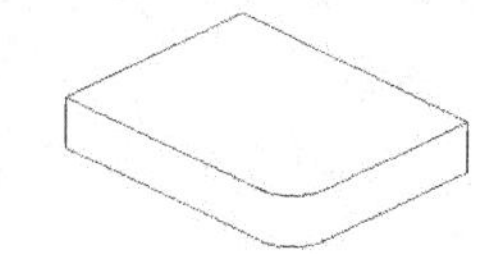
图 11-15 绘制过渡的椭圆弧

【练习 11-6】在轴测面中绘制圆及圆弧连接。

1. 打开素材文件“dwg\第 11 章\11-6.dwg”。

2. 打开极轴追踪、对象捕捉及对象捕捉追踪功能。设置极轴追踪的【增量角度】为【30】，设定对象捕捉方式为【端点】【交点】，选择【用所有极轴角设置追踪】单选项。

3. 激活轴测投影模式，切换到顶轴测面，执行 ELLIPSE 命令，系统提示如下。

```
命令: _ellipse
指定椭圆的第一个端点或 [弧(A)/中心(C)/等轴测圆(I)]:i
                                //选择“等轴测圆(I)”选项
指定圆的中心: tt                  //输入“tt”建立临时参考点
指定临时追踪点:20
                                //从A点沿30° 方向追踪并输入B点到A点的距离
```

```
指定圆的中心：20                          //从 B 点沿 150° 方向追踪并输入追踪距离
指定圆半径或 [直径(D)]: 20               //输入圆的半径
命令：
_ELLIPSE                                  //重复命令
指定椭圆的第一个端点或 [弧(A)/中心(C)/等轴测圆(I)]:i     //选择“等轴测圆(I)”选项
指定圆的中心：tt                          //建立临时参考点
指定临时追踪点:50                         //从 A 点沿 30° 方向追踪并输入 C 点到 A 点的距离
指定圆的中心：60                          //从 C 点沿 150° 方向追踪并输入追踪距离
指定圆半径或 [直径(D)]: 15               //输入圆的半径
```

结果如图 11-16 左图所示。修剪多余线条，结果如图 11-16 右图所示。

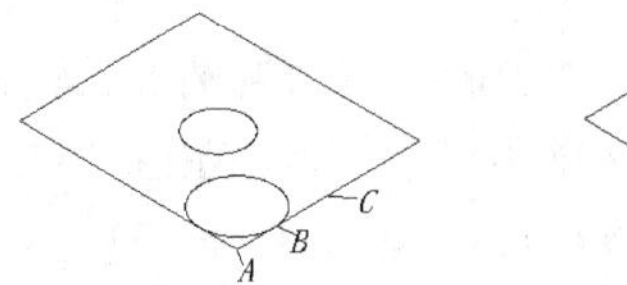

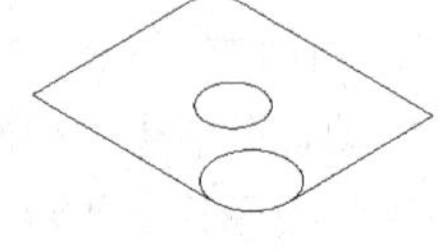

图 11-16 在轴测面中绘制圆及圆弧连接

11.2.6 绘制圆柱体及球体的轴测投影

掌握圆的轴测投影的绘制方法后，绘制圆柱体及球体的轴测投影就很容易了。

【练习 11-7】绘制圆柱体的轴测投影。

作图时分别绘制出圆柱体顶面和底面的轴测投影，再绘制这两个椭圆的公切线就可以了。

```
命令：_line
指定第一个点:qua 于            //捕捉椭圆 A 的象限点，如图 11-17 左图所示
指定下一点：qua 于             //捕捉椭圆 B 的象限点
指定下一点：                   //按 Enter 键结束
命令：LINE                     //绘制另一条公切线
指定第一个点：qua 于           //捕捉椭圆 A 的象限点
指定下一点： qua 于            //捕捉椭圆 B 的象限点
指定下一点：                   //按 Enter 键结束
```

修剪多余的线条，结果如图 11-17 右图所示。

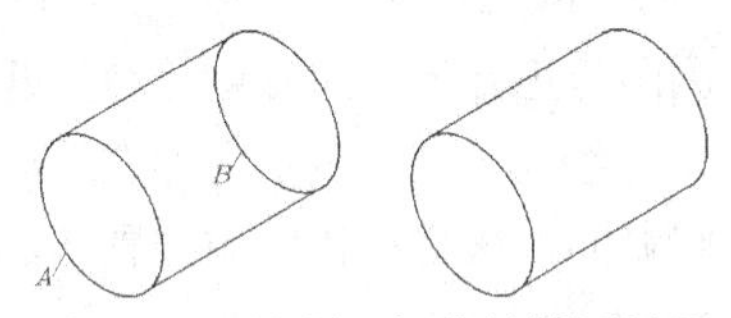

图 11-17 绘制圆柱体的轴测投影

【练习 11-8】绘制球体的轴测投影。

球体的轴测投影是一个圆，此圆的直径是球体直径的 1.22 倍。为增强投影的立体感，应绘制出轴测轴及 3 个轴测面上的椭圆（以双点划线表示）。

```
命令：_circle
指定圆的圆心或 [三点(3P)/两点(2P)/切点、切点、半径(T)]:     //单击
指定圆的半径或 [直径(D)]:d                    //指定输入直径
指定圆的直径：12.2                            //输入直径（所绘制球体的直径为 10）
命令： <等轴测平面：右视>                     //激活轴测投影模式，按 F5 键切换至右轴测面
命令：_ellipse                                //绘制椭圆 A
指定椭圆的第一个端点或 [弧(A)/中心(C)/等轴测圆(I)]: i     //选择“等轴测圆(I)”选项
指定圆的中心：                                //捕捉圆心
指定圆半径或 [直径(D)]: 5                    //输入圆的半径
命令： <等轴测平面：左视>                     //按 F5 键切换至左轴测面
命令：_ellipse                                //绘制椭圆 B
指定椭圆的第一个端点或 [弧(A)/中心(C)/等轴测圆(I)]: i     //选择“等轴测圆(I)”选项
指定圆的中心：                                //捕捉圆心
指定圆半径或 [直径(D)]: 5                    //输入圆的半径
命令： <等轴测平面：俯视>                     //按 F5 键切换至顶轴测面
```

```
命令: _ellipse                              //绘制椭圆 C
指定椭圆的第一个端点或 [弧(A)/中心(C)/等轴测圆(I)]: i
                                            //选择"等轴测圆(I)"选项
指定圆的中心:                               //捕捉圆心
指定圆半径或 [直径(D)]: 5                   //输入圆的半径
```

修改线型，结果如图 11-18 所示。

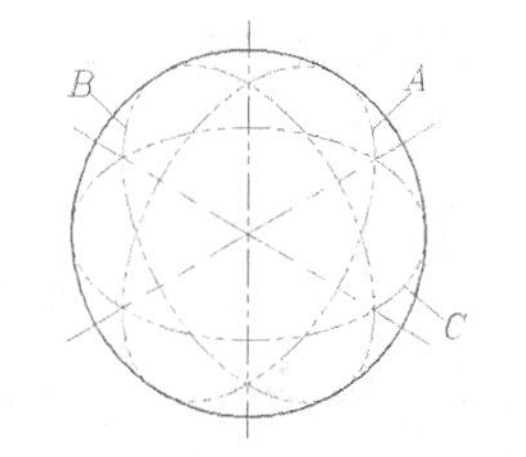

图 11-18 绘制球体的轴测投影

11.2.7 绘制任意回转体的轴测投影

对于任意回转体，可先将轴线分为若干段，然后以各分点为球心绘制一系列的内切球，再绘制这些内切球的轴测投影，并绘制投影的包络线。

下面通过例子说明作图方法。

1. 使用 DDPTYPE 命令设定点的样式，然后用 DIVIDE 命令将回转体轴线按适当的数目进行等分，如图 11-19 左图所示。
2. 在各等分点处绘制内切球的轴测投影。
3. 用 SPLINE 命令和对象捕捉 "TAN" 绘制内切球轴测投影的包络线，再删去多余线条，结果如图 11-19 右图所示。

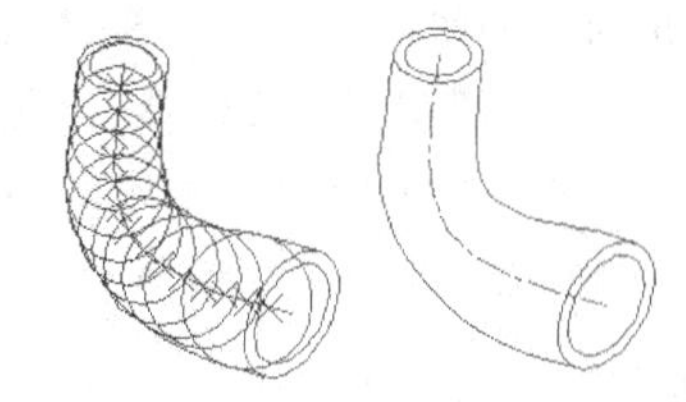
图 11-19 绘制任意回转体的轴测投影

11.2.8 绘制正六棱柱的轴测投影

轴测图中一般不必绘制出表示隐藏对象的虚线，因此绘制正六棱柱的轴测投影时，为了减少不必要的作图线，可先从顶面开始作图。

【练习 11-9】 绘制正六棱柱的左视图和俯视图，尺寸自定，如图 11-20 左图所示。根据左视图和俯视图绘制其轴测投影，如图 11-20 右图所示。

1. 绘制顶面的定位线。
2. 用 COPY 命令复制定位线，然后连线，形成顶面正六边形的轴测投影。
3. 将顶面向下复制，连接对应顶点，修剪多余线条。

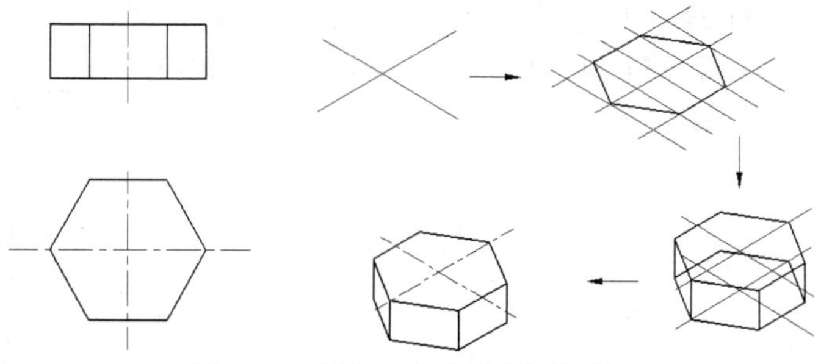
图 11-20 绘制正六棱柱的轴测投影

11.2.9 在轴测面内阵列对象

在轴测面内矩形阵列对象实际上是沿 30° 或 150° 方向阵列对象，可以使用复制命令或沿路径阵列命令进行操作。若创建环形阵列，则应先绘制正投影下的环形阵列，然后根据此阵列的相应尺寸绘制轴测投影。

【练习 11-10】绘制图 11-21 所示的轴测图，此图包含了对象矩形阵列和环形阵列的轴测投影。下面演示一下在轴测投影模式下创建矩形阵列和环形阵列的方法。

1. 激活轴测投影模式，再打开极轴追踪、对象捕捉及对象捕捉追踪功能。指定极轴追踪的【增量角度】为【30】，设定对象捕捉方式为【端点】【圆心】【交点】，选择【用所有极轴角设置追踪】单选项。

2. 切换到左轴测面，绘制轴测投影 A，结果如图 11-22 所示。

3. 将图形 A 沿 30° 方向复制，再绘制连线 B、C 等。删除多余线条，结果如图 11-23 所示。

4. 绘制矩形孔的轴测投影，结果如图 11-24 所示。

5. 使用 COPY 命令沿 30° 方向创建矩形孔 D 的矩形阵列，结果如图 11-25 所示。

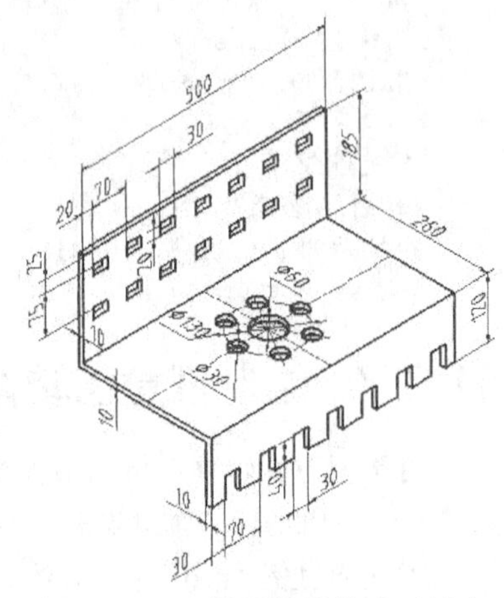

图 11-21 在轴测投影模式下创建矩形阵列和环形阵列

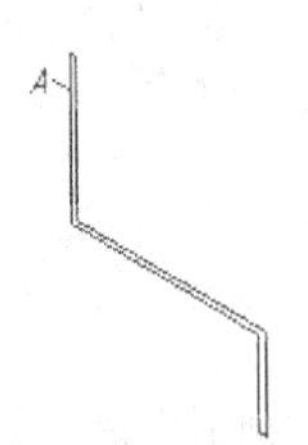

图 11-22 绘制轴测投影 A

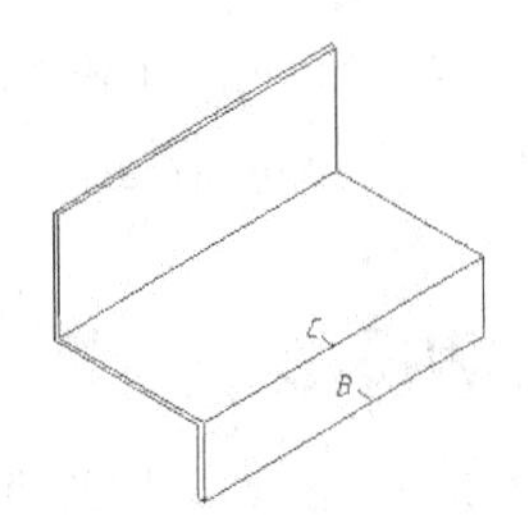

图 11-23 复制图形 A 及连线

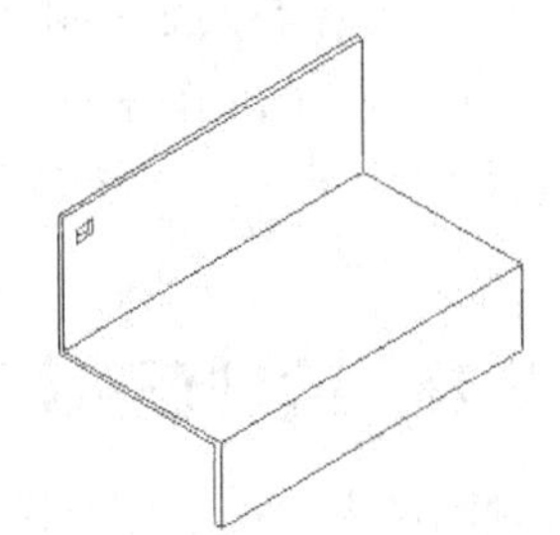
图 11-24 绘制矩形孔的轴测投影

6. 将 7 个矩形孔沿−90° 方向复制，结果如图 11-26 所示。

7. 绘制环形阵列的定位线，结果如图 11-27 所示。这些定位线可根据正投影中环形阵列的定位线来确定。

8. 绘制椭圆并修剪多余线条，结果如图 11-28 所示。

9. 绘制矩形槽 E，再沿 30° 方向创建矩形槽的矩形阵列。修剪多余线条，结果如图 11-29 所示。

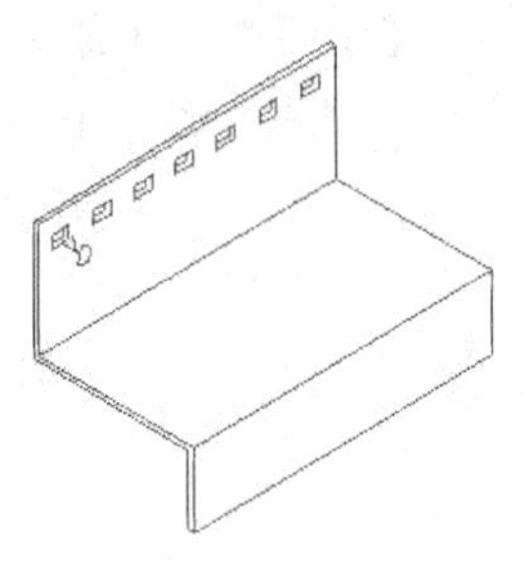

图 11-25 创建矩形阵列

【练习 11-11】绘制图 11-30 所示的轴测图，此图包含了对象矩形阵列和环形阵列的轴测投影。

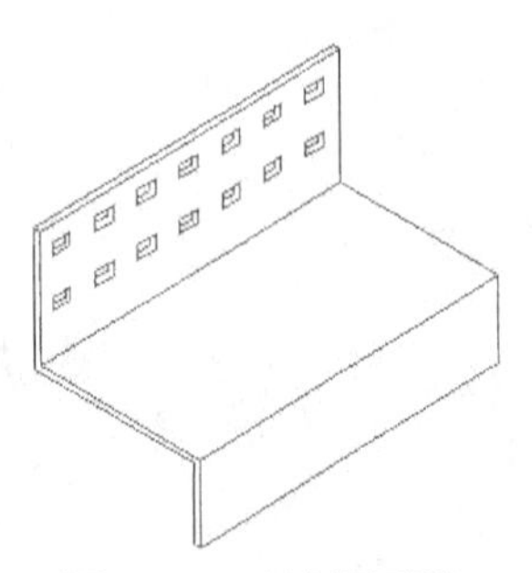
图 11-26 复制矩形孔

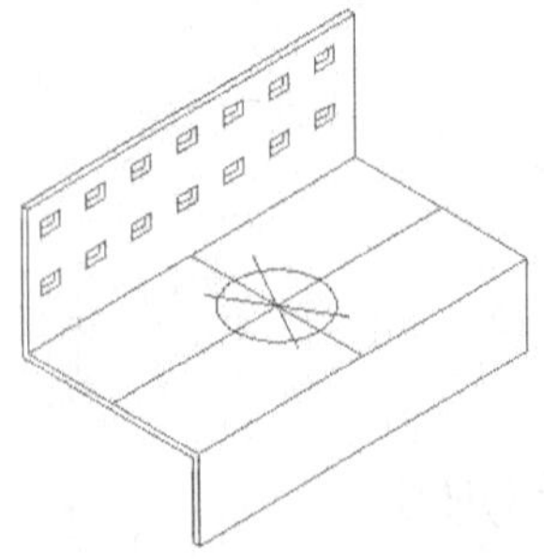
图 11-27 绘制定位线

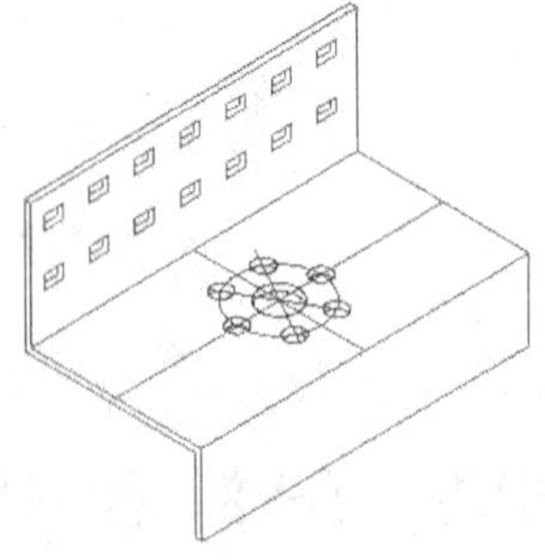
图 11-28 绘制椭圆并修剪线条

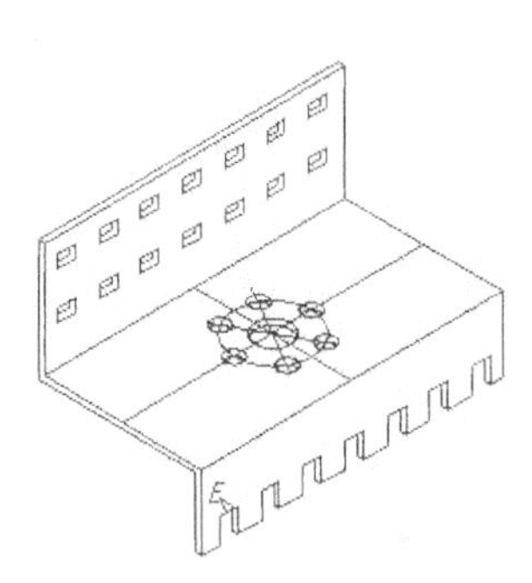

图 11-29 绘制矩形槽 *E* 并创建其矩形阵列

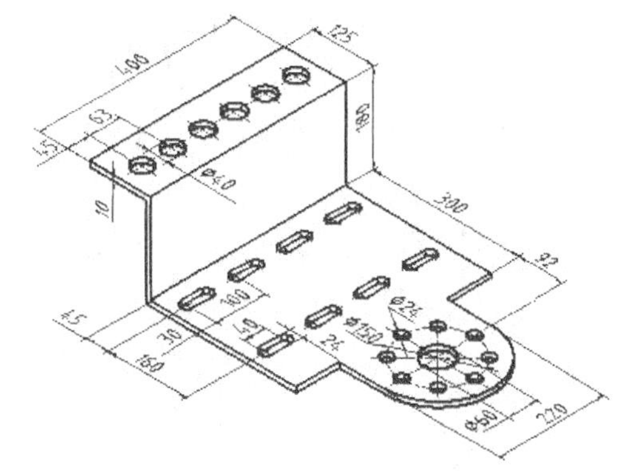

图 11-30 在轴测投影模式下创建矩形阵列和环形阵列

11.3 在轴测图中输入文字

为了使某个轴测面中的文本看起来像在该轴测面内，就必须根据各轴测面的位置特点将文字倾斜一定的角度，以使它们的外观与轴测图协调。图 11-31 所示是在轴测图的 3 个轴测面上采用适当倾斜角输入文字后的结果。

各轴测面上文本的倾斜规律如下。

- 在左轴测面上，文本需采用−30° 的倾斜角。
- 在右轴测面上，文本需采用 30° 的倾斜角。
- 在顶轴测面上，当文本平行于 *x* 轴时，采用−30° 的倾斜角。
- 在顶轴测面上，当文本平行于 *y* 轴时，需采用 30° 的倾斜角。

图 11-31 轴测面上的文本

由以上规律可以看出，各轴测面内的文本或倾斜 30°，或倾斜−30°，因此在轴测图中输入文字之前，应先建立倾斜角分别为 30° 和−30° 的两种文字样式，只要利用合适的文字样式控制文本的倾斜角，就能够保证文字外观看起来与轴测图是协调的。

【练习 11-12】创建倾斜角分别为 30° 和−30° 的两种文字样式，然后在各轴测面内输入文字。

1. 打开素材文件“dwg\第 11 章\11-12.dwg”。
2. 单击【注释】选项卡中【文字】面板上的按钮，打开【文字样式管理器】对话框。
3. 单击 新建(N) 按钮，创建名为“样式-1”的文字样式。在【名称】下拉列表中将文字样式所连接的字体设定为【仿宋】，在【倾斜角】文本框中输入数值“30”，如图 11-32 所示。
4. 用同样的方法创建倾斜角为−30° 的文字样式“样式-2”。
5. 激活轴测投影模式，并切换至右轴测面。

```
命令: dt                                        //利用 TEXT 命令输入单行文本
TEXT
指定文字的起点或 [对正(J)/样式(S)]: s           //选择“样式(S)”选项
输入文字样式或 [?] <样式-2>: 样式-1              //选择文字样式“样式-1”
指定文字的起点或 [对正(J)/样式(S)]:              //选取适当的起始点 A
指定文字高度 <22.6472>: 16                      //输入文字高度
指定文字的旋转角度 <0>: 30                      //指定单行文本的旋转角度
输入文字: 使用 STYLE1                           //输入单行文字
输入文字:                                       //按 Enter 键结束命令
```

6. 按 F5 键切换至左轴测面，采用文字样式“样式-2”输入文字。文字起始点为 *B* 点，文字高度为 16，旋转角度为−30°。
7. 按 F5 键切换至顶轴测面，采用文字样式“样式-1”输入文字。文字起始点为 *C* 点，文字高度为 16，旋转角度为−30°。

8. 在顶轴测面内采用文字样式“样式-2”输入文字。文字起始点为 *D* 点，文字高度为 16，旋转角度为 30°，结果如图 11-33 所示。

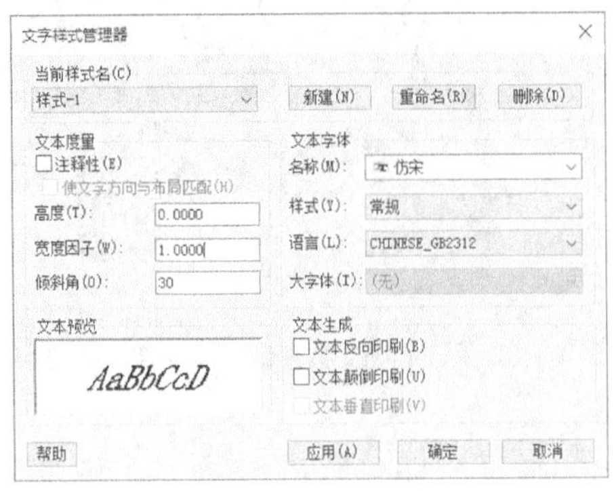

图 11-32 【文字样式管理器】对话框

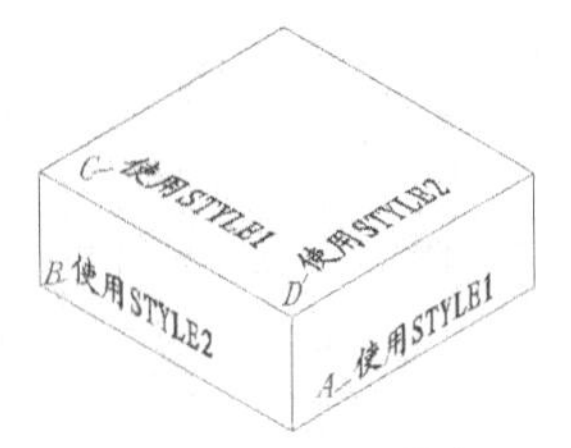

图 11-33 输入文本

11.4 标注尺寸

当用标注命令在轴测图中创建尺寸后，其外观看起来与轴测图本身不协调。为了让某个轴测面内的尺寸标注看起来就像在这个轴测面内，就需要将尺寸线、尺寸界线倾斜一定角度，以使它们与相应的轴测轴平行。此外，标注文本也必须设置成倾斜一定角度的形式，才能使文本的外观也具有立体感。图 11-34 所示是标注的初始状态与调整外观后的结果。

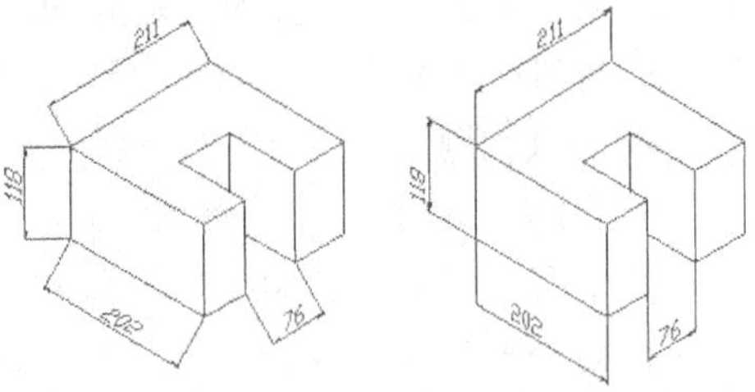

图 11-34 标注的外观

在轴测图中标注尺寸时，一般采取以下步骤。

（1）创建两种标注样式，这两种样式所控制的标注文本的倾斜角分别是 30°和−30°。

（2）由于在等轴测图中只有沿与轴测轴平行的方向进行测量才能得到真实的距离值，因此创建轴测图的尺寸标注时应使用 DIMALIGNED（对齐尺寸）命令。

（3）标注完成后，利用 DIMEDIT 命令的“倾斜(O)”选项修改尺寸界线的倾斜角，使尺寸界线的方向与轴测轴的方向一致，这样才能使标注的外观具有立体感。

【练习 11-13】在轴测图中标注尺寸。

1. 打开素材文件“dwg\第 11 章\11-13.dwg”。

2. 创建倾斜角分别是 30°和−30°的两种文字样式，样式名分别是“样式-1”和“样式-2”，这两个样式连接的字体文件是“IC-isocp.shx”。

3. 创建两种标注样式，样式名分别是“DIM-1”和“DIM-2”，其中“DIM-1”连接文字样式“样式-1”，“DIM-2”连接文字样式“样式-2”。

4. 打开极轴追踪、对象捕捉及对象捕捉追踪功能。指定极轴追踪的【增量角度】为【30】，设定对象捕捉方式为【端点】【交点】，选择【用所有极轴角设置追踪】单选项。

5. 指定标注样式“DIM-1”为当前样式，然后使用 DIMALIGNED 命令标注尺寸“22”“30”“56”等，结果如图 11-35 所示。

6. 单击【注释】选项卡中【标注】面板上的 按钮，即执行 DIMEDIT 命令，选择“倾斜(O)”选项，将尺寸界线倾斜到竖直的位置、30° 或−30° 的位置，结果如图 11-36 所示。

7. 指定标注样式“DIM-2”为当前样式，单击【注释】选项卡中【标注】面板上的 按钮，选择尺寸标注“56”“34”“15”进行更新，结果如图 11-37 所示。

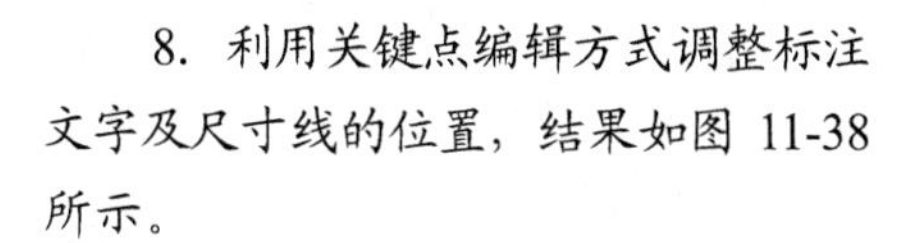

8. 利用关键点编辑方式调整标注文字及尺寸线的位置，结果如图 11-38 所示。

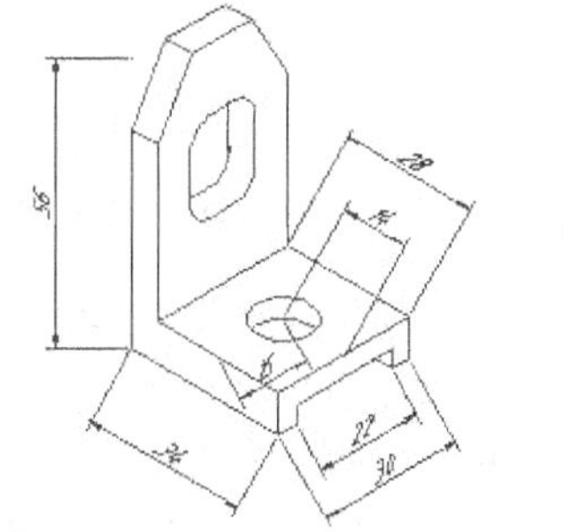

图 11-35 标注对齐尺寸

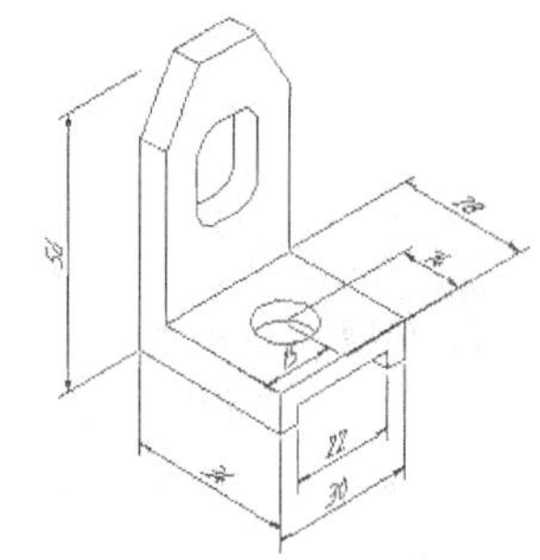

图 11-36 修改尺寸界线的倾斜角

9. 用类似的方法标注其余尺寸，结果如图 11-39 所示。

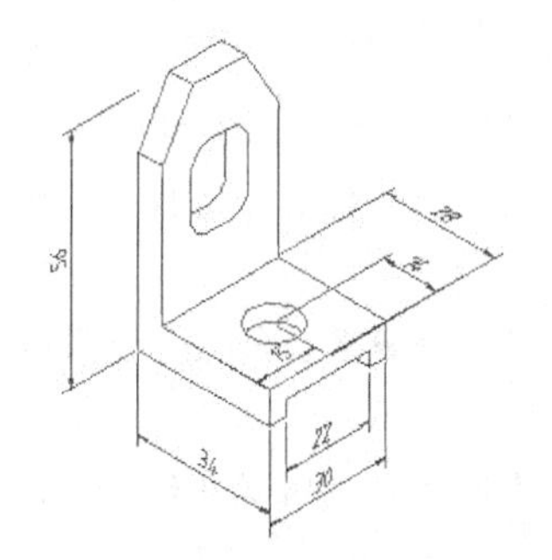

图 11-37 更新尺寸标注

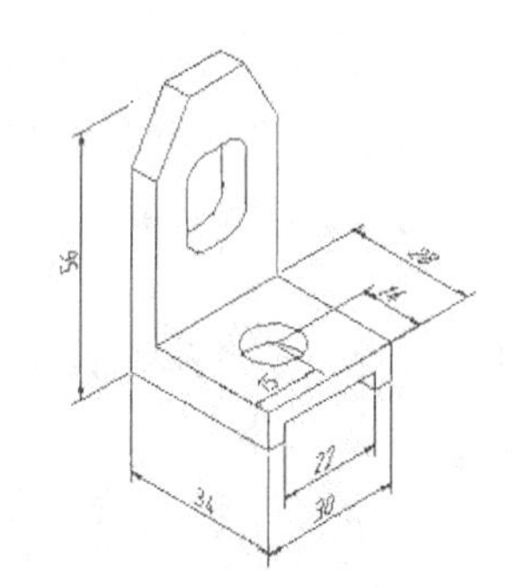

图 11-38 调整标注文字及尺寸线的位置

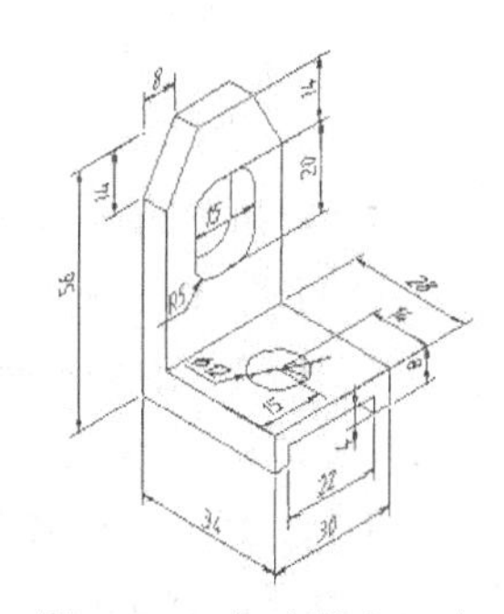

图 11-39 标注其余尺寸

要点提示 有时也使用引线在轴测图中进行尺寸标注，但外观一般无法满足要求，此时可用 EXPLODE 命令将标注分解，然后分别调整引线和标注文本的位置。

11.5 综合练习——绘制轴测图

【练习 11-14】绘制图 11-40 所示的轴测图。

1. 创建新图形文件。

2. 激活轴测投影模式，再打开极轴追踪、对象捕捉及对象捕捉追踪功能。设置极轴追踪的【增量角度】为【30】，设定对象捕捉方式为【端点】【交点】，选择【用所有极轴角设置追踪】单选项。

3. 切换到右轴测面，使用 LINE 命令绘制线框 *A*，结果如图 11-41 所示。

4. 沿 150° 方向复制线框 *A*，复制距离为 34，再使用 LINE 命令绘制连线 *B*、*C* 等，结果如图 11-42 左图所示。修剪及删除多余线条，结果如图 11-42 右图所示。

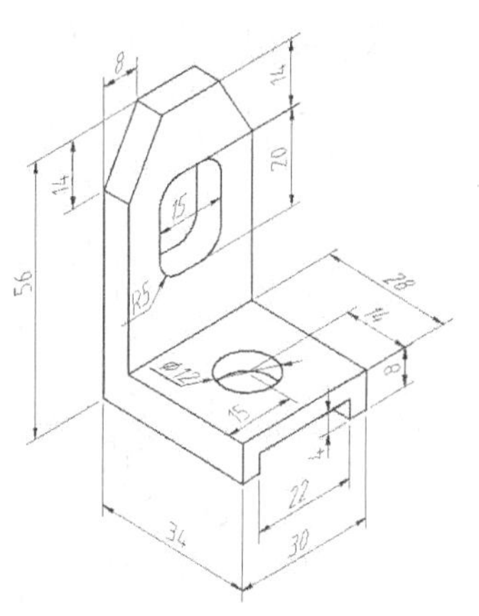

图 11-40 绘制轴测图（1）

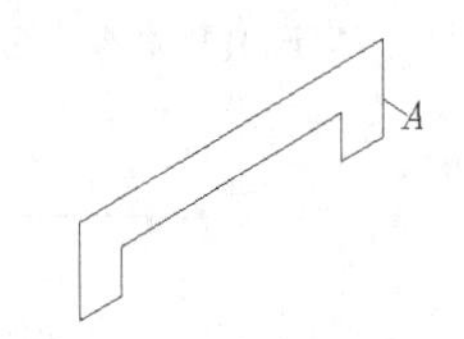

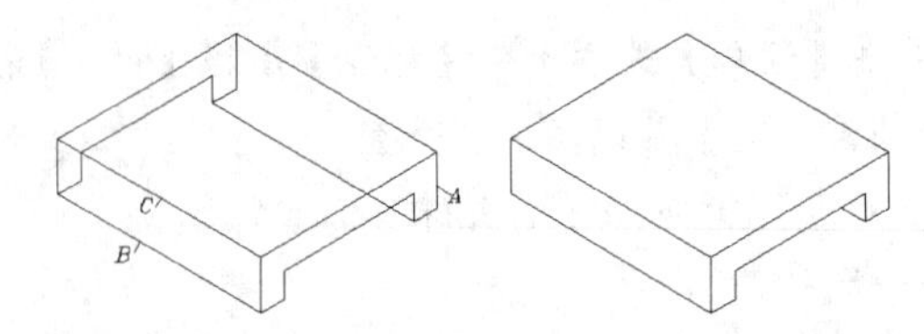

图 11-41 绘制线框 *A* 图 11-42 复制对象、绘制连线及修剪多余线条（1）

5. 切换到顶轴测面，绘制椭圆 *D*，并将其沿−90° 方向复制，复制距离为 4，结果如图 11-43 左图所示。修剪多余线条，结果如图 11-43 右图所示。

6. 绘制图形 *E*，结果如图 11-44 左图所示。沿−30° 方向复制图形 *E*，复制距离为 6，再使用 LINE 命令绘制连线 *F*、*G* 等。修剪及删除多余线条，结果如图 11-44 右图所示。

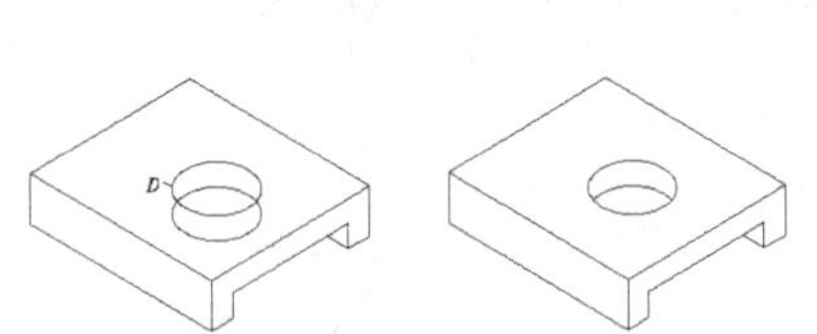

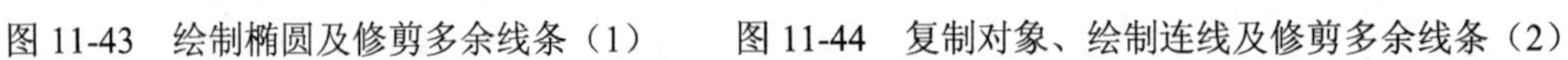

图 11-43 绘制椭圆及修剪多余线条（1） 图 11-44 复制对象、绘制连线及修剪多余线条（2）

7. 使用 COPY 命令绘制平行线 *J*、*K* 等，结果如图 11-45 左图所示。修剪多余线条，结果如图 11-45 右图所示。

8. 切换到右轴测面，绘制 4 个椭圆，结果如图 11-46 左图所示。修剪多余线条，结果如图 11-46 右图所示。

9. 沿 150° 方向复制线框 *L*，复制距离为 6，结果如图 11-47 左图所示。修剪及删除多余线条，结果如图 11-47 右图所示。

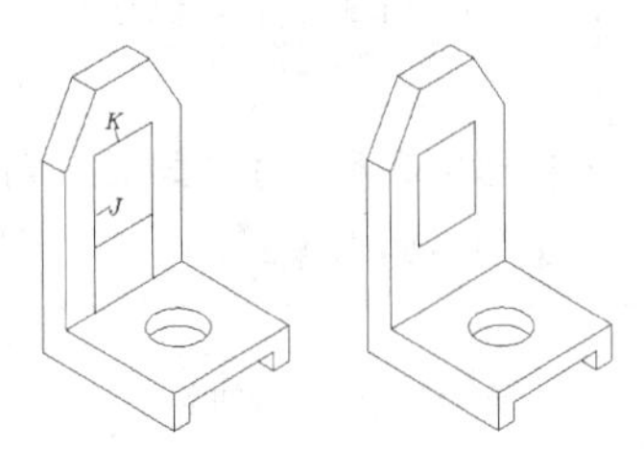

图 11-45 绘制平行线及修剪线条

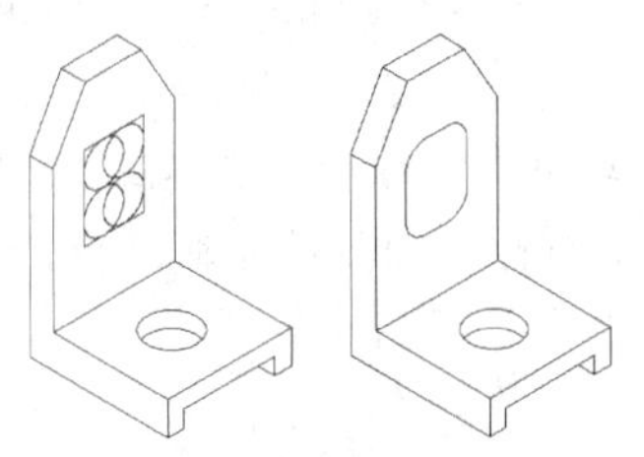

图 11-46 绘制椭圆及修剪多余线条（2）

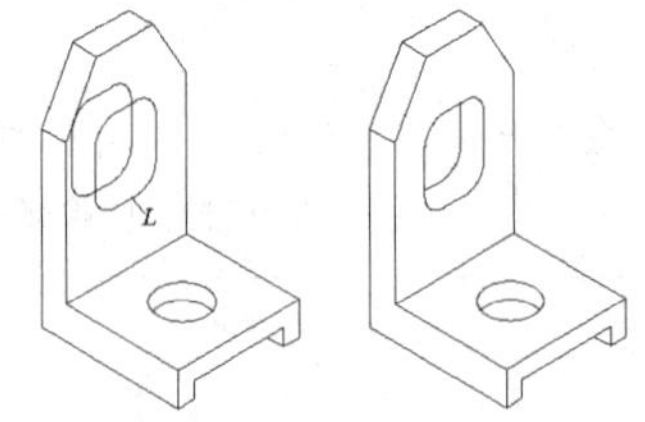

图 11-47 复制对象及修剪线条

【练习 11-15】绘制图 11-48 所示的轴测图。

【练习 11-16】绘制图 11-49 所示的轴测图。

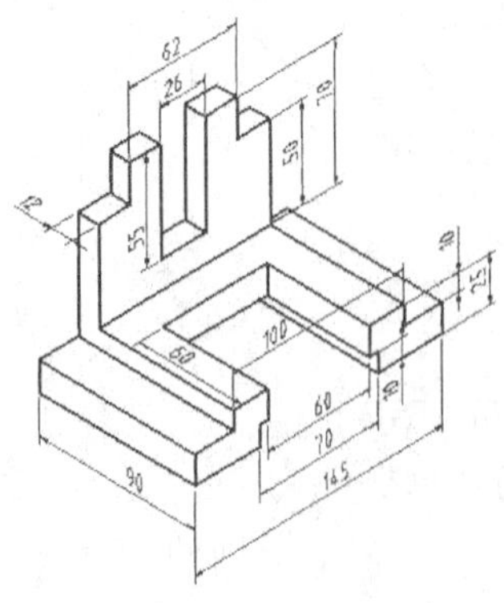

图 11-48 绘制轴测图（2）

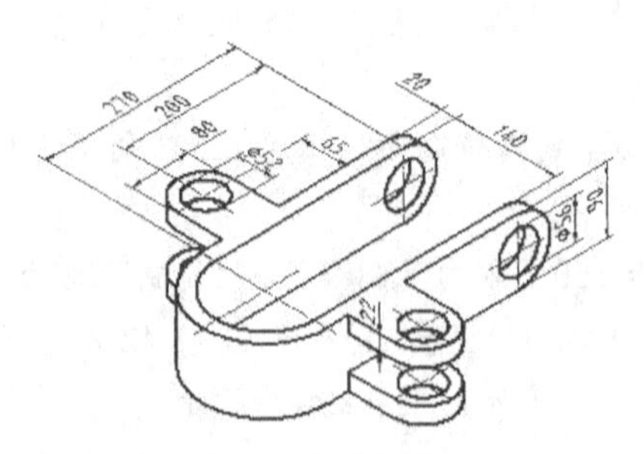

图 11-49 绘制轴测图（3）

11.6 综合练习二——绘制轴测剖视图

【练习 11-17】绘制图 11-50 所示的轴测剖视图。

1. 创建新图形文件。
2. 激活轴测投影模式，再打开极轴追踪、对象捕捉及对象捕捉追踪功能。指定极轴追踪的【增量角度】为【30】，设定对象捕捉方式为【端点】【圆心】【交点】，选择【用所有极轴角设置追踪】单选项。
3. 切换到右轴测面，绘制定位线及半椭圆 *A*、*B*，结果如图 11-51 所示。

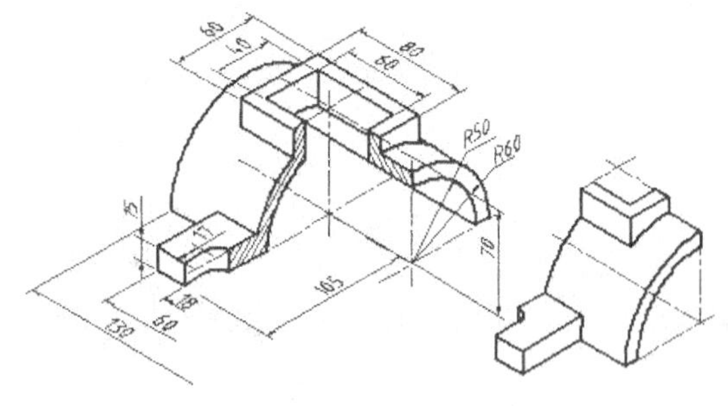

图 11-50 绘制轴测剖视图（1）

4. 沿 150° 方向复制半椭圆 *A*、*B*，再绘制线段 *C*、*D* 等，结果如图 11-52 左图所示。修剪及删除多余线条，结果如图 11-52 右图所示。
5. 绘制定位线及线框 *E*、*F*，结果如图 11-53 所示。

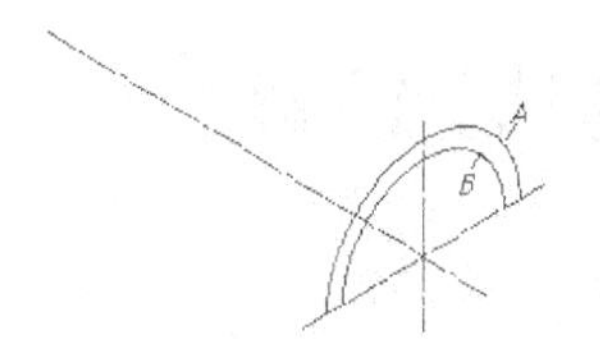

图 11-51 绘制定位线及半椭圆

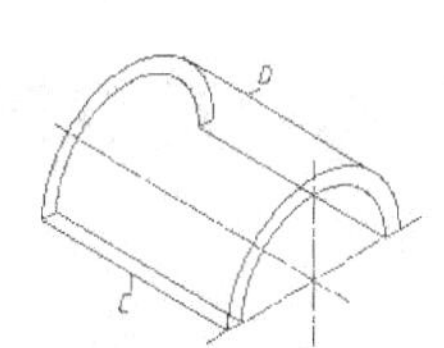

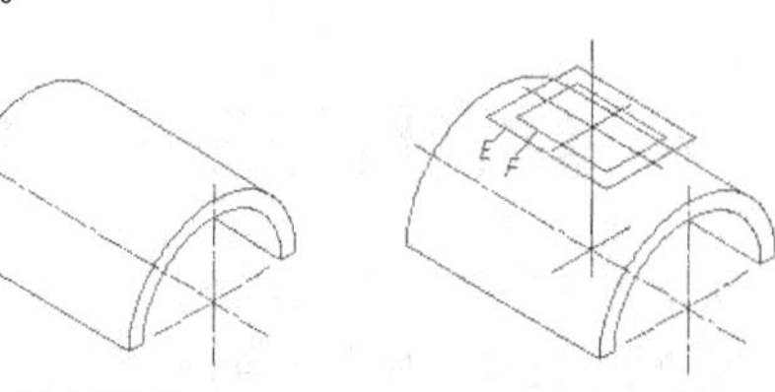

图 11-52 复制对象、绘制线段及修剪线条（1）

图 11-53 绘制定位线及线框

6. 复制半椭圆 *G*、*H*，再绘制线段 *J*、*K* 等，结果如图 11-54 左图所示。修剪及删除多余线条，结果如图 11-54 右图所示。
7. 绘制线框 *L*，结果如图 11-55 所示。

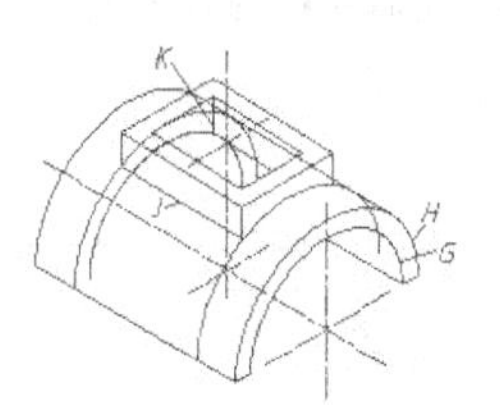

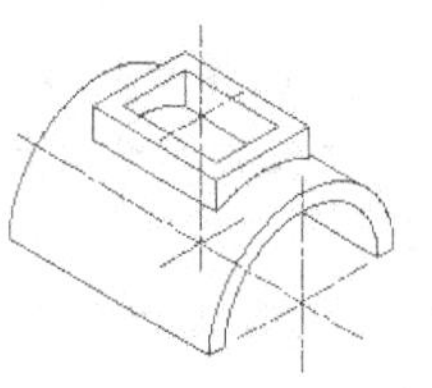

图 11-54 复制对象、绘制线段及修剪线条（2）

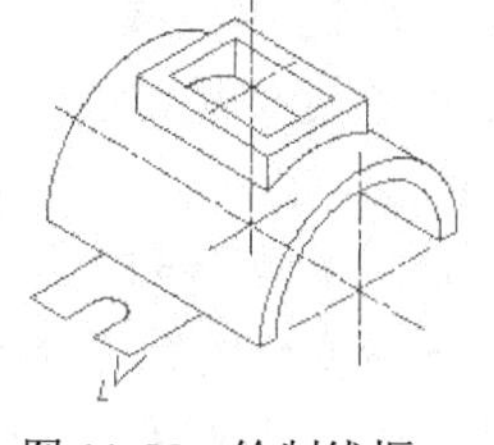

图 11-55 绘制线框 *L*

8. 复制线框 *L* 及半椭圆，然后绘制线段 *M*、*N* 等，结果如图 11-56 左图所示。修剪及删除多余线条，结果如图 11-56 右图所示。
9. 绘制椭圆弧 *O*、*P* 及线段 *Q*、*R* 等，结果如图 11-57 所示。
10. 复制全部轴测图形，然后修剪多余线条并填充剖面图案，结果如图 11-58 所示。

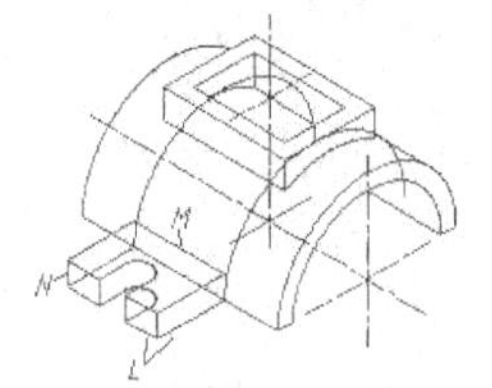

图 11-56 复制对象、绘制线段及修剪线条（3）

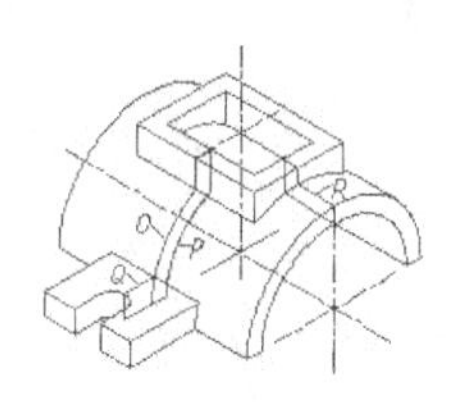

图 11-57 绘制椭圆弧及线段

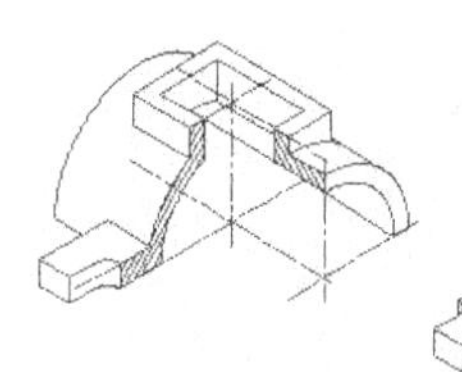

图 11-58 修剪多余线条及填充剖面图案

要点提示 在左轴测面内，剖面图案的倾斜角度（与水平方向夹角）为 120°；在右轴测面内，剖面图案的倾斜角度为 60°。

【练习 11-18】绘制图 11-59 所示的轴测剖视图。

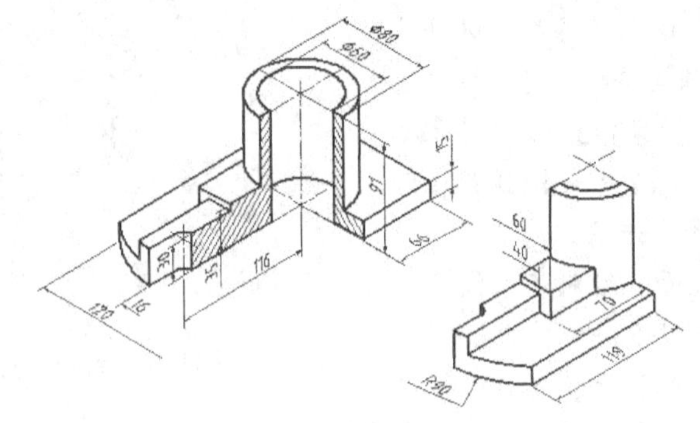

图 11-59 绘制轴测剖视图（2）

11.7 综合练习三——绘制螺栓及弹簧的轴测投影

【练习 11-19】根据螺栓的平面视图绘制出它的轴测投影，如图 11-60 所示。

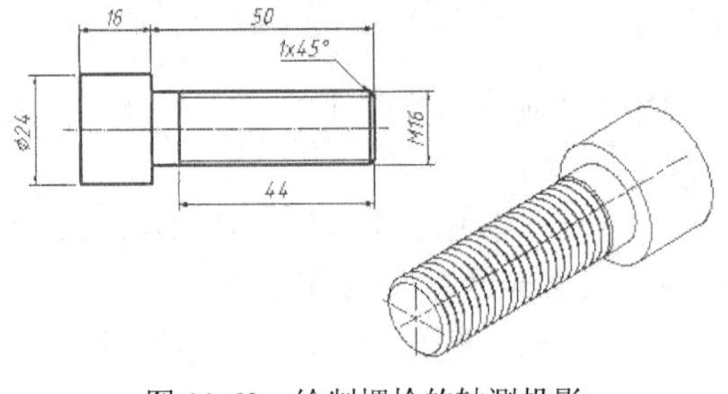

图 11-60 绘制螺栓的轴测投影

1. 创建新图形文件。

2. 激活轴测投影模式，再打开极轴追踪、对象捕捉及对象捕捉追踪功能。指定极轴追踪的【增量角度】为【30】，设定对象捕捉方式为【端点】【圆心】【交点】，选择【用所有极轴角设置追踪】单选项。

3. 绘制定位线及螺纹牙顶圆 A 和牙底圆 B 的轴测投影，结果如图 11-61 所示。牙顶圆的直径为 16，牙底圆的直径近似等于 14，两椭圆沿 30° 方向上的距离等于 1。

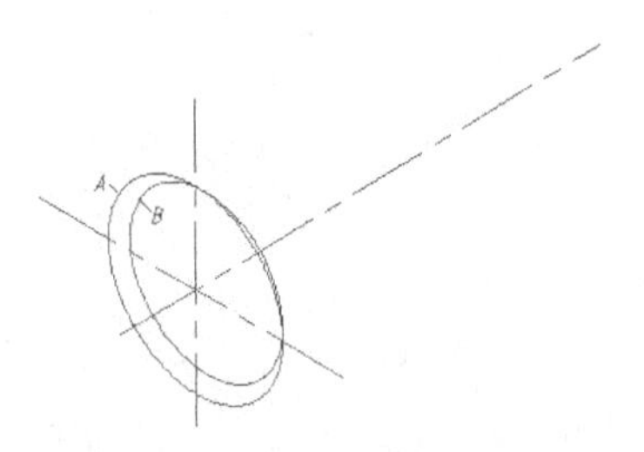

图 11-61 绘制螺纹牙顶圆和牙底圆的轴测投影

4. 删除多余线条，然后沿 30° 方向复制牙顶圆及牙底圆，复制距离为 2（螺距等于 2），结果如图 11-62 所示。

5. 沿 30° 方向阵列牙顶圆及牙底圆，结果如图 11-63 所示。

6. 绘制倒角及螺栓头部的轴测投影，结果如图 11-64 所示。

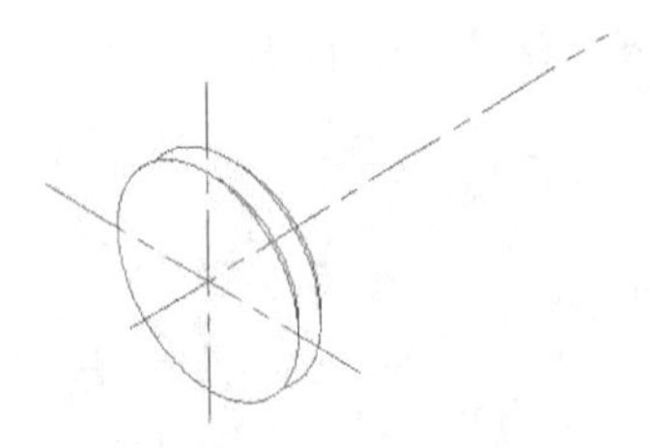

图 11-62 复制对象

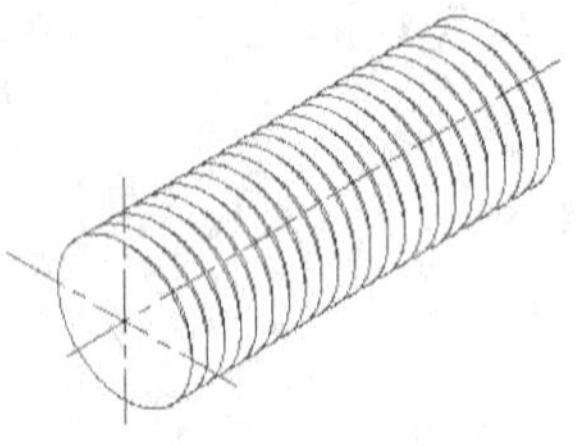

图 11-63 沿 30° 方向创建阵列（1）

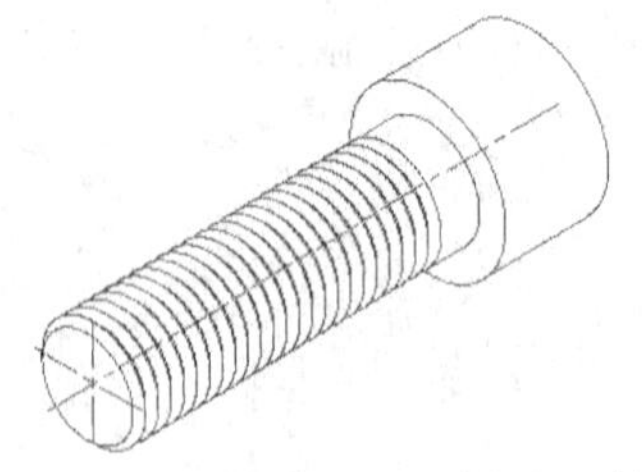

图 11-64 绘制倒角及螺栓头部的轴测投影

【练习 11-20】根据弹簧的平面视图绘制出它的轴测投影，如图 11-65 所示。

1. 创建新图形文件。

2. 激活轴测投影模式，再打开极轴追踪、对象捕捉及对象捕捉追踪功能。指定极轴追踪的【增量角度】为【30】，设定对象捕捉方式为【端点】【圆心】【交点】，选择【用所有极轴角设置追踪】单选项。

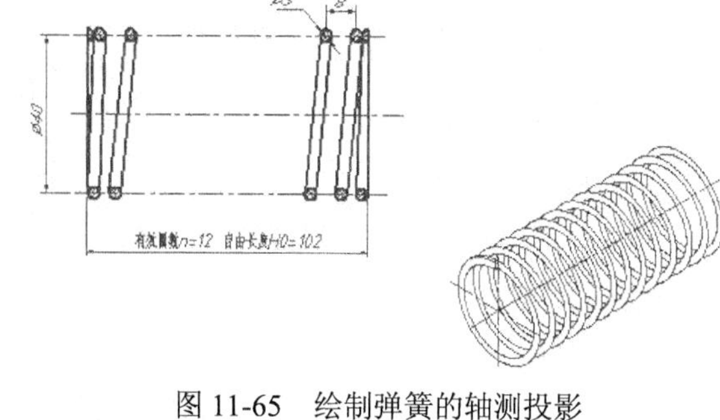

图 11-65 绘制弹簧的轴测投影

3. 绘制定位线及弹簧外径圆和内径圆的轴测投影，结果如图 11-66 所示。两圆半径分别为 21.5 和 18.5。

4. 将椭圆沿 30° 方向阵列，然后修剪多余线条，结果如图 11-67 所示。

5. 绘制弹簧端部细节，结果如图 11-68 所示。

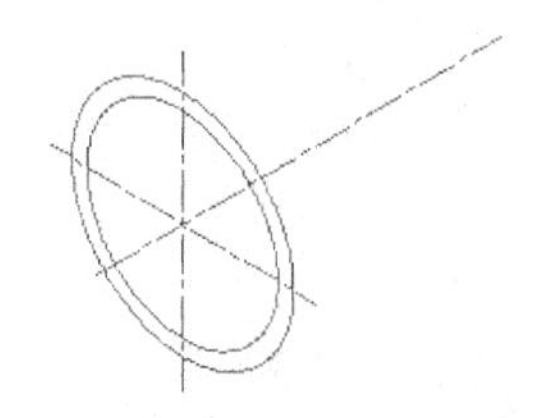

图 11-66 绘制弹簧外径圆和内径圆的轴测投影

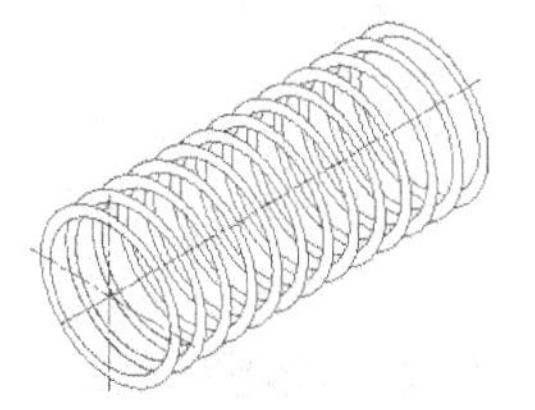

图 11-67 沿 30°方向创建阵列（2）

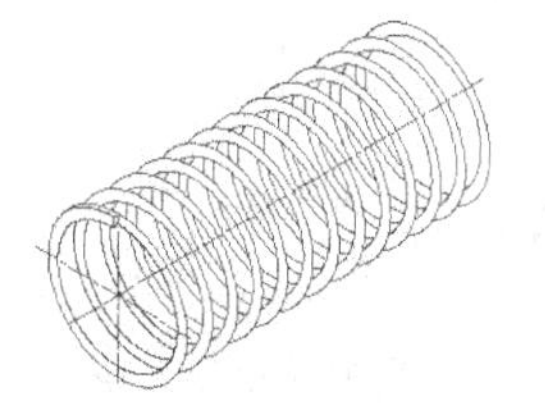

图 11-68 绘制弹簧端部细节

11.8 综合练习四——标注轴测图

【练习 11-21】打开素材文件“dwg\第 11 章\11-21.dwg”，标注该轴测图，结果如图 11-69 所示。

1. 创建倾斜角分别是 30° 和−30° 的两种文字样式，样式名分别是“样式 1”和“样式 2”。

2. 创建两种标注样式，样式名分别是“DIM-1”和“DIM-2”，其中“DIM-1”连接文字样式“样式 1”，“DIM-2”连接文字样式“样式 2”。

3. 指定标注样式“DIM-1”为当前样式。

4. 激活轴测投影模式，再打开极轴追踪、对象捕捉及对象捕捉追踪功能。指定极轴追踪的【增量角度】为【30】，设定对象捕捉方式为【端点】【交点】选择【用所有极轴角追踪】单选项。

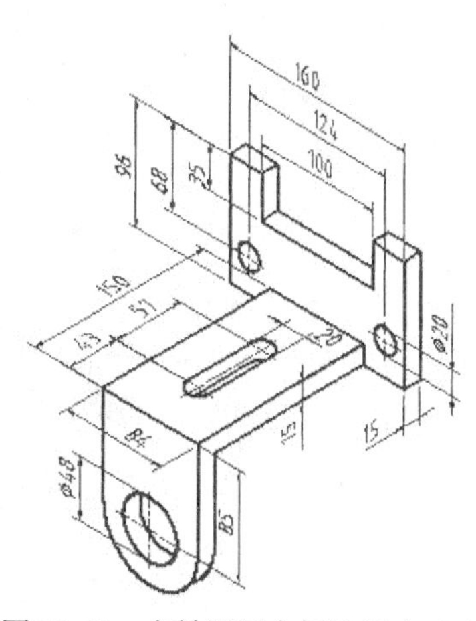

图 11-69 在轴测图中标注尺寸（1）

5. 用 DIM 命令标注尺寸，结果如图 11-70 所示。

6. 利用 DIMEDIT 命令将右轴测面内的尺寸界线分别倾斜到 90° 和 150° 的位置，结果如图 11-71 所示。

7. 使标注样式“DIM-2”成为当前样式，然后单击【注释】选项卡中【标注】面板上的按钮，执行标注更新命令，选择尺寸标注“160”“100”，结果如图 11-72 所示。

8. 用相同的方法标注其余尺寸，结果如图 11-69 所示。

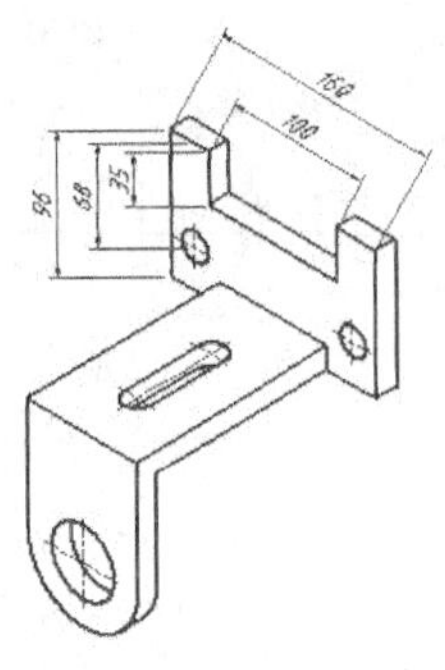

图 11-70 标注尺寸

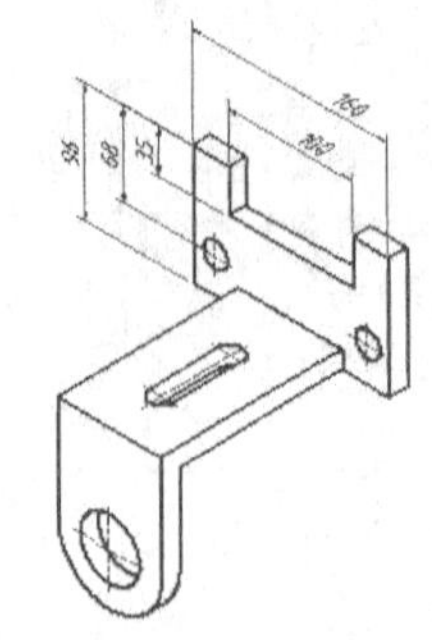

图 11-71 在右轴测面内修改尺寸界线的倾斜角

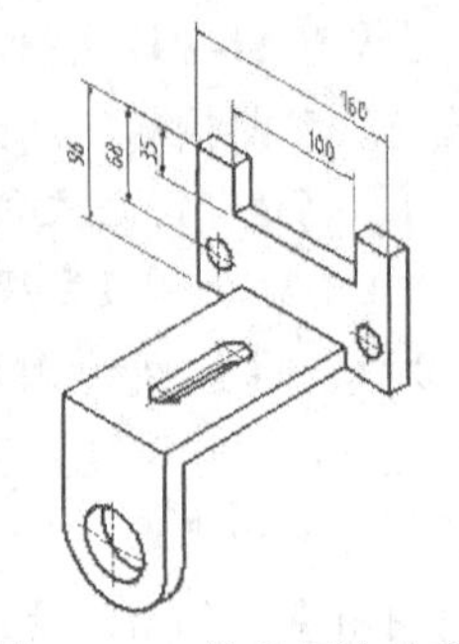

图 11-72 修改标注外观

【练习 11-22】打开素材文件“dwg\第 11 章\11-22.dwg”，标注该轴测图，结果如图 11-73 所示。图中半径标注形式是利用一些编辑命令形成的。

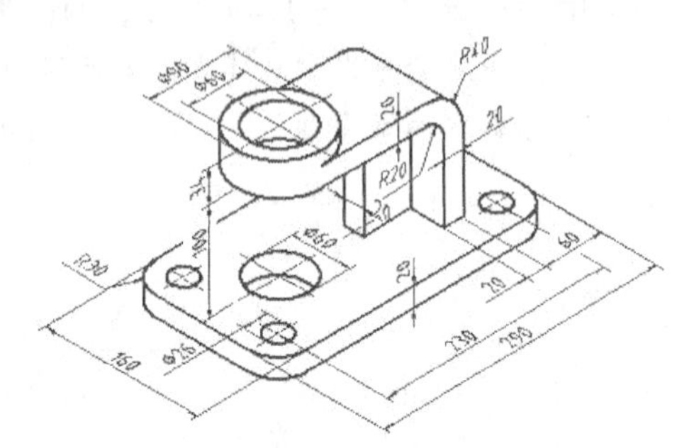

图 11-73 在轴测图中标注尺寸（2）

11.9 习题

1．使用 LINE、COPY、TRIM 等命令绘制图 11-74 所示的轴测图。

2．使用 LINE、COPY、TRIM 等命令绘制图 11-75 所示的轴测图。

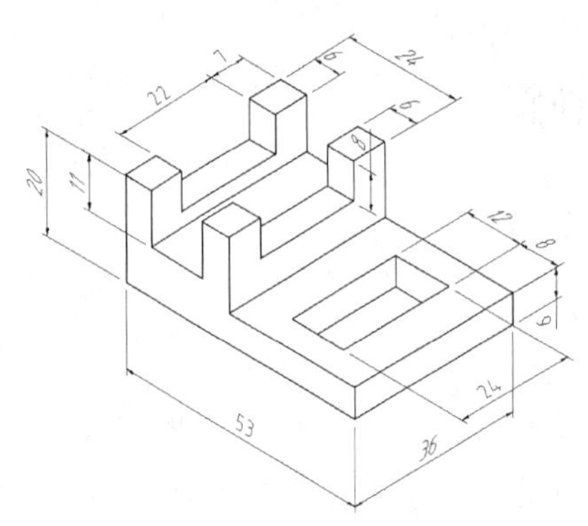

图 11-74 使用 LINE、COPY 等命令绘制轴测图（1）

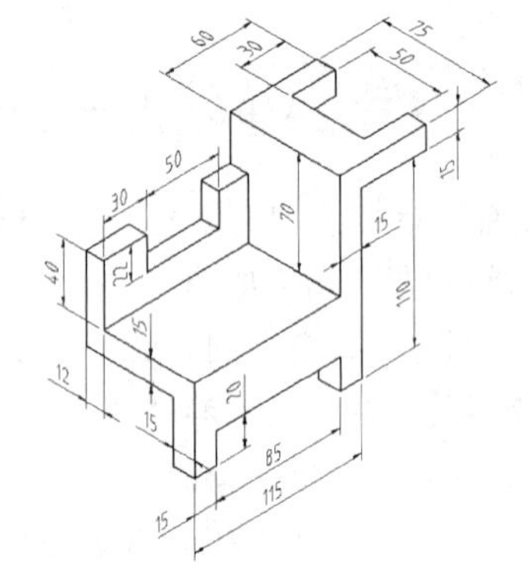

图 11-75 使用 LINE、COPY 等命令绘制轴测图（2）

3．使用 LINE、COPY、TRIM 等命令绘制图 11-76 所示的轴测图。

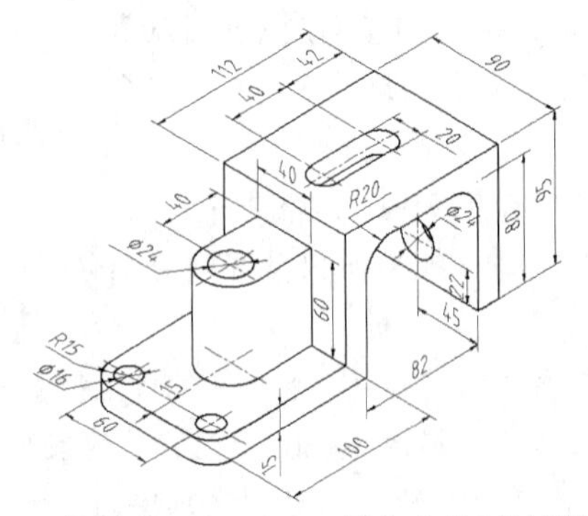

图 11-76 使用 LINE、COPY 等命令绘制轴测图（3）

第 12 章

打印图形

主要内容

- 从模型空间打印图形的完整过程。
- 选择打印设备及对当前打印设备的设置进行简单修改。
- 选择图纸幅面和设定打印区域。
- 调整图形打印方向和位置，设定打印比例。
- 将多个图样组合在一起打印。
- 从图纸空间打印图形的过程。
- 将图形集发布为 DWF、DWFx 或 PDF 格式文件。

12.1 打印图形的过程

在模型空间中将工程图样布置在标准幅面的图框内，在标注尺寸及输入文字后，就可以打印图形了。打印图形的主要过程如下。

（1）指定打印设备，打印设备可以是 Windows 系统打印机或在中望 CAD 中安装的打印机。

（2）选择图纸幅面及打印份数。

（3）设定要打印的内容。例如，可指定打印某一矩形区域的内容，或者打印包围所有图形的最大矩形区域的内容。

（4）调整图形在图纸上的位置及方向。

（5）选择打印样式，详见 12.2.2 小节。若不指定打印样式，则按图形的原有属性进行打印。

（6）设定打印比例。

（7）预览打印效果。

【练习 12-1】从模型空间打印图形。

1. 打开素材文件“dwg\第 12 章\12-1.dwg”。

2. 单击【输出】选项卡中【打印】面板上的绘图仪管理器按钮，打开【Plotters】窗口，利用该窗口的【添加绘图仪向导】配置一台绘图仪【DesignJet 450C C4716A】。

3. 单击快速访问工具栏上的按钮，打开【打印】对话框，如图 12-1 所示，在该对话框中完成以下设置。

- 在【打印机/绘图仪】分组框的【名称】下拉列表中选择打印设备【DesignJet 450C C4716A.pc5】。
- 在【纸张】下拉列表中选择 A2 幅面图纸。
- 在【打印份数】文本框中输入打印份数。

- 在【打印范围】下拉列表中选择【范围】选项。
- 在【打印比例】分组框中设定打印比例为【布满图纸】。
- 在【打印偏移】分组框中勾选【居中打印】复选框。
- 在【图形方向】分组框中设定图形打印方向为【横向】。
- 在【打印样式表】分组框的下拉列表中选择打印样式【Monochrome.ctb】（将所有颜色打印为黑色）。

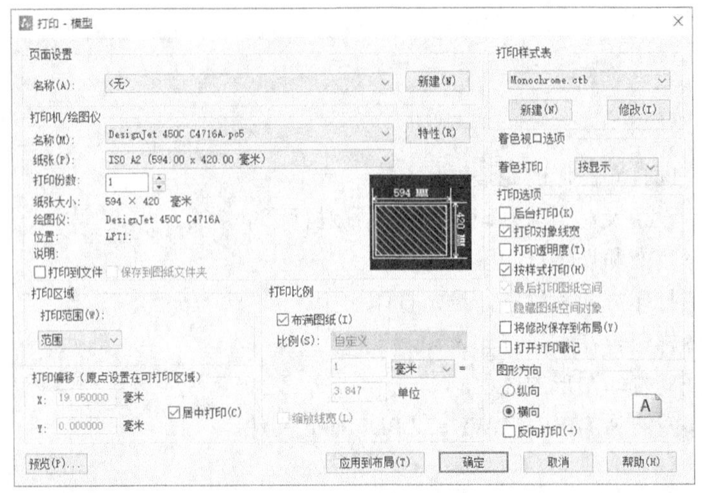

图 12-1 【打印】对话框

4. 单击 预览(P)... 按钮，预览打印效果，如图 12-2 所示。若满意，则单击按钮开始打印，否则按 Esc 键返回【打印】对话框，重新设定打印参数。

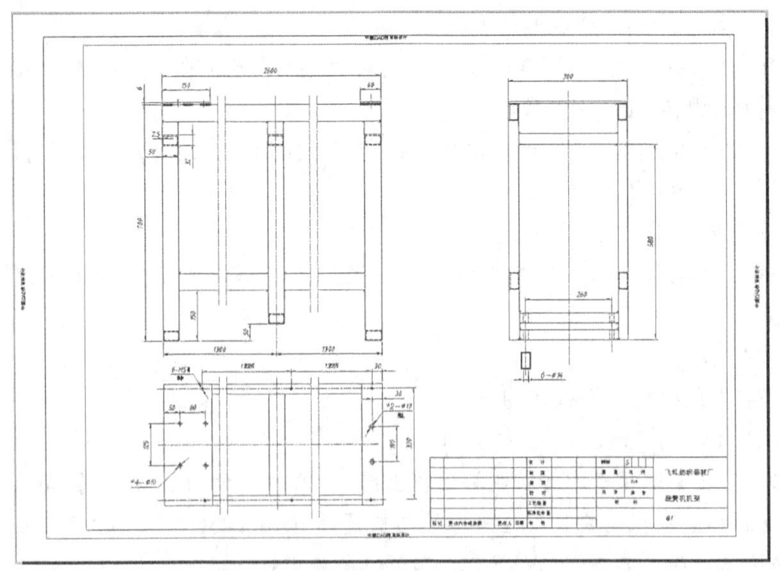

图 12-2 打印预览

12.2 设置打印参数

在中望 CAD 中，用户可使用内部打印机或 Windows 系统打印机打印图形，并能方便地修改打印机设置及其他打印参数。单击快速访问工具栏上的按钮，打开【打印】对话框，如图 12-3 所示。在该对话框中，用户可配置打印设备及选择打印样式，还能设定图纸幅面、打印比例及打印区域等参数。下面介绍该对话框的主要功能。

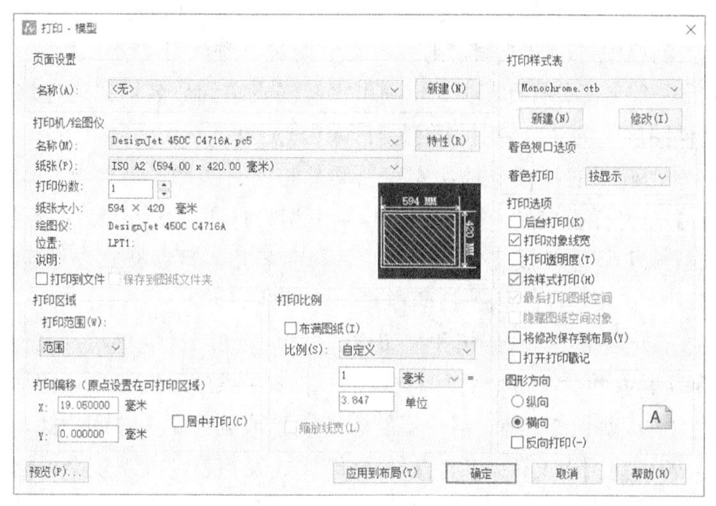

图 12-3 【打印】对话框

12.2.1 选择打印设备

在【打印机/绘图仪】分组框的【名称】下拉列表中，用户可选择 Windows 系统打印机或中望 CAD 内部打印机（“.pc5”文件）作为输出设备。当用户选定某种打印机后，【名称】下拉列表下面将显示被选中设备的名称、连接端口及其他与打印机相关的注释信息。

如果用户想修改当前打印机设置，可单击 特性(R) 按钮，打开【绘图仪配置编辑器】对话框，如图 12-4 所示，在该对话框中可以重新设定打印机端口及其他输出设置，如打印介质、颜色深度、分辨率及自定义图纸尺寸等。

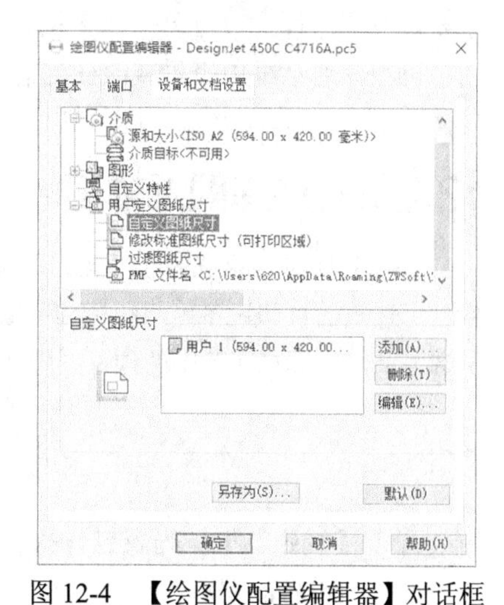

图 12-4 【绘图仪配置编辑器】对话框

【绘图仪配置编辑器】对话框包含【基本】【端口】【设备和文档设置】3 个选项卡，各选项卡的功能如下。

- 【基本】：此选项卡中包含了打印机配置文件（“.pc5”文件）的基本信息，如配置文件名称、驱动程序信息、打印机端口等。用户可在此选项卡的【说明】文本框中输入其他注释信息。
- 【端口】：用户可在此选项卡中修改打印机与计算机的连接设置，如选定打印端口、指定打印到文件、后台打印等。
- 【设备和文档设置】：在此选项卡中，用户可以指定图纸来源、尺寸和类型，并能修改颜色深度、打印分辨率等。

12.2.2 选择打印样式

在【打印样式表】分组框的【打印样式】下拉列表中选择打印样式，如图 12-5 所示。

打印样式是对象的一种特性，与颜色和线型一样，都用于设定打印图形的外观。若为某个对象选择了一种打印样式，则打印图形时，对象的外观由该打印样式决定。系统提供了颜色相关打印样式表和命名相关打印样式表两种类型的打印样式表。打印样式表中包含很多打印样式，若采用颜色相关打印样式表，则系统会根据对象颜色自动分配打印样式；若采用命名相关打印样式表，则可将样式表中的命名样式通过【图层特性管理器】指定给图层，这样图层上的对象就具有相关打印样式属性。

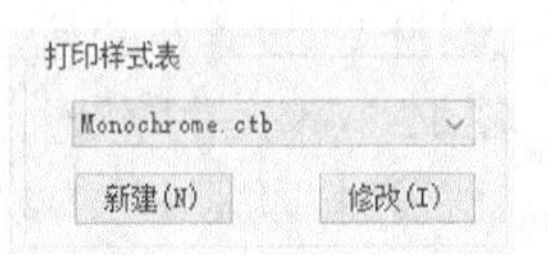

图 12-5 选择打印样式

创建新文件时，选择的样板文件决定了新文件与何种类型的打印样式表关联。例如，若将【zwcadiso.dwt】作为样板文件，则新文件与颜色相关打印样式表相连；若将【ZWCADISO-Named Plot Styles.dwt】作为样板文件，则新文件与命名相关打印样式表相连。

颜色相关打印样式表及命名相关打印样式表的特性如下。

- 颜色相关打印样式表：颜色相关打印样式表以“.ctb”为文件扩展名保存。该表以对象颜色为基础，共包含 255 种打印样式，每种 ACI 颜色对应一个打印样式，样式名分别为“颜色 1”“颜色 2”等。用户不能添加或删除颜色相关打印样式，也不能改变它们的名称。若当前图形文件与颜色相关打印样式表相连，则系统会根据对象的颜色自动分配打印样式。用户不能选择其他打印样式，但可以对已分配的样式进行修改。
- 命名相关打印样式表：命名相关打印样式表以“.stb”为文件扩展名保存。该表包括一系列已命名的打印样式，用户可修改打印样式的设置及其名称，还可添加新的样式。若当前图形文件与命名相关打印样式表相连，则用户可以不考虑对象的颜色，直接给对象指定样式表中的任意一种打印样式。

【打印样式】下拉列表包含了当前图形中的所有打印样式表，用户可选择其中之一。用户若要修改打印样式，可单击此下拉列表下面的 修改(I) 按钮，打开【打印样式编辑器】对话框，用户可在该对话框中查看或改变当前打印样式表中的参数。

12.2.3 选择图纸幅面

在【打印】对话框的【纸张】下拉列表中选择图纸大小，如图 12-6 所示。【纸张】下拉列表包含了选定的打印设备可用的标准图纸尺寸。当选择某种幅面图纸时，该下拉列表右下角会显示所选图纸及实际打印范围的预览图像（打印范围用阴影表示，可在【打印区域】分组框中设定）。

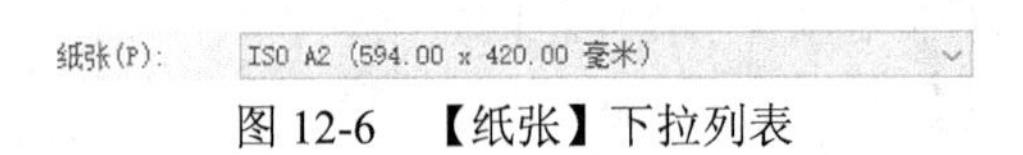

图 12-6 【纸张】下拉列表

除了【纸张】下拉列表包含的标准图纸外，用户也可以创建自定义图纸，此时用户需修改所选打印设备的配置。

【练习 12-2】创建自定义图纸。

1. 在【打印】对话框的【打印机/绘图仪】分组框中单击 特性(R) 按钮，打开【绘图仪配置编辑器】对话框，在【设备和文档设置】选项卡中选择【自定义图纸尺寸】选项，如图 12-7 所示。
2. 单击 添加(A)... 按钮，打开【自定义图纸尺寸】对话框，如图 12-8 所示。
3. 不断单击 下一步(N) > 按钮，并根据系统提示设置图纸参数，最后单击 完成 按钮结束设置。
4. 返回【打印】对话框，系统将在【纸张】下拉列表中显示用户自定义的图纸。

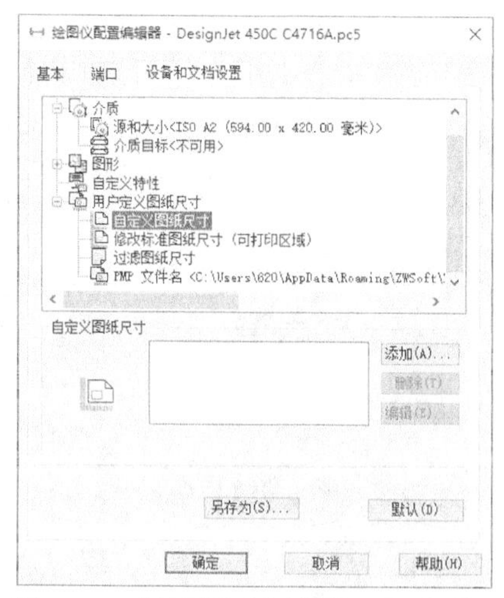

图 12-7 【绘图仪配置编辑器】对话框

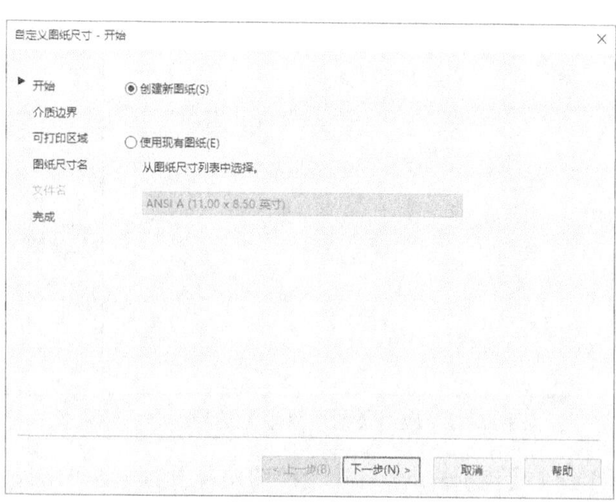

图 12-8 【自定义图纸尺寸】对话框

12.2.4 设定打印区域

在【打印】对话框的【打印区域】分组框中设置要输出的图形范围，如图 12-9 所示。

该分组框的【打印范围】下拉列表包含 4 个选项，下面利用图 12-10 所示的图样讲解它们的功能。

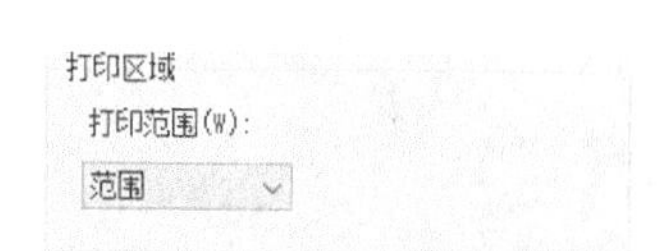

图 12-9 【打印区域】分组框

要点提示 在【草图设置】对话框中取消勾选【显示超出界限的栅格】复选框，才会出现图 12-10 所示的栅格。

- 【图形界限】：从模型空间打印时，【打印范围】下拉列表中将出现【图形界限】选项，选择该选项，系统将把设定的图形界限范围（用 LIMITS 命令设置图形界限）中的内容打印在图纸上，结果如图 12-11 所示。

从图纸空间打印时，【打印范围】下拉列表中将出现【布局】选项，选择该选项，系统将打印虚拟图纸可打印区域内的所有内容。

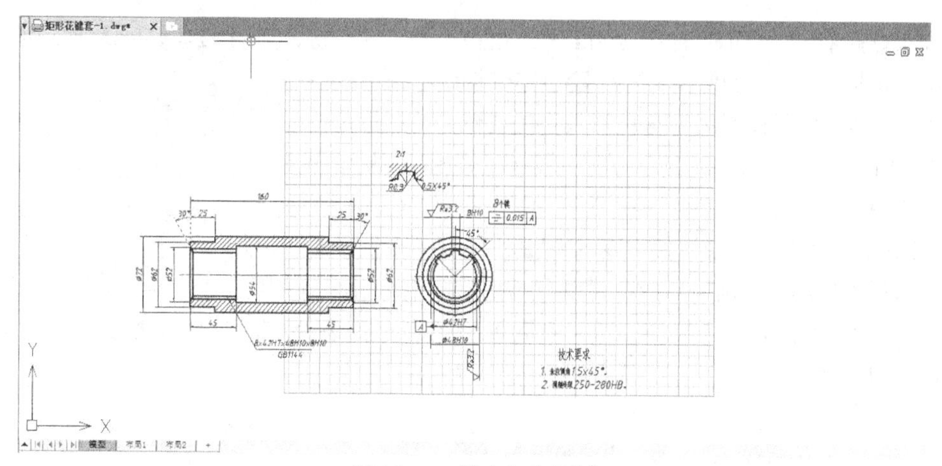

图 12-10 设定打印区域

- 【范围】：打印图样中的所有图形对象，结果如图 12-12 所示。

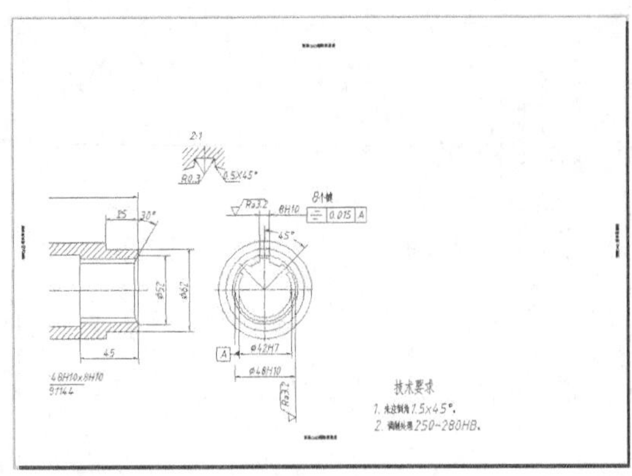

图 12-11 应用【图形界限】选项

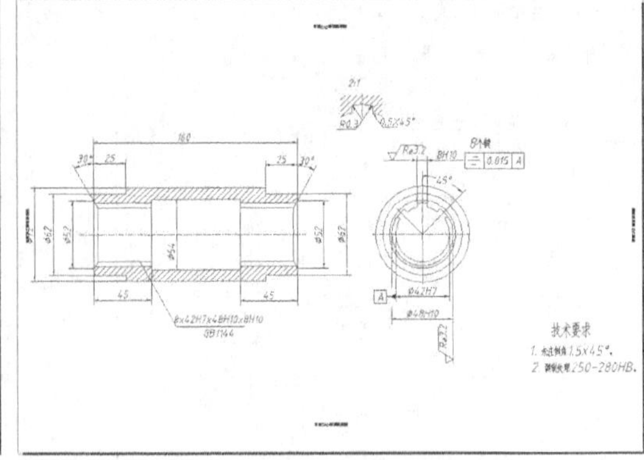

图 12-12 应用【范围】选项

- 【显示】：打印整个绘图窗口中的内容，结果如图 12-13 所示。

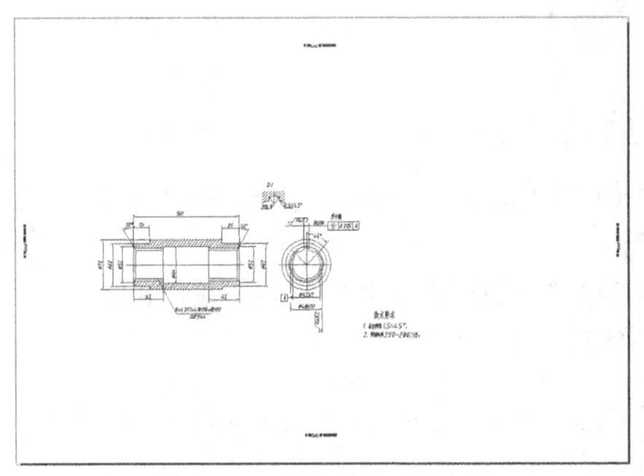

图 12-13 应用【显示】选项

- 【窗口】：打印用户设定的区域。选择此选项后，系统提示指定打印区域的两个角点，同时在【打印】对话框中显示 选择打印区域(O)< 按钮，单击此按钮，可重新设定打印区域。

12.2.5 设定打印比例

在【打印】对话框的【打印比例】分组框中设置打印比例，如图 12-14 所示。绘图阶段用户根据实物按 1∶1 比例绘图，打印阶段需依据图纸尺寸确定打印比例，该比例是图纸大小与图形大小的比值。当测量单位是毫米（mm），打印比例设定为 1∶2 时，表示图纸上的 1mm 代表两个图形单位。

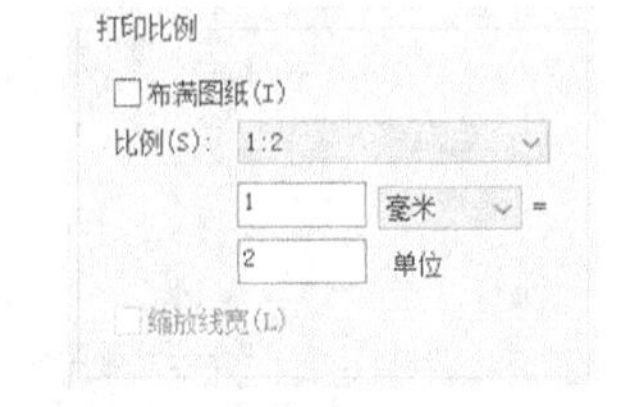

图 12-14 【打印比例】分组框

【比例】下拉列表包含一系列标准缩放比例和【自定义】选项。选择【自定义】选项，用户可以自己指定打印比例。

从模型空间打印时，【打印比例】的默认设置是【布满图纸】，此时系统将缩放图形以充满所选定的图纸。

12.2.6 设定着色打印

着色打印用于指定着色图及渲染图的打印方式，可在【着色视口选项】分组框的【着色打印】下拉列表中进行设定，如图 12-15 所示。

【着色打印】下拉列表包含以下 4 个选项。

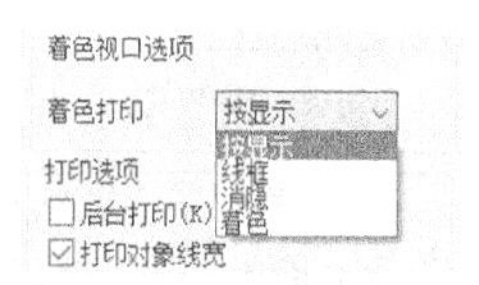

图 12-15 设定着色打印

- 【按显示】：按对象在屏幕上的显示情况进行打印。
- 【线框】：按线框方式打印对象，不考虑其在屏幕上的显示情况。
- 【消隐】：打印对象时消除隐藏线，不考虑其在屏幕上的显示情况。
- 【着色】：按“着色”视觉样式打印对象，不考虑其在屏幕上的显示方式。

12.2.7 调整图形打印方向和位置

图形在图纸上的打印方向通过【图形方向】分组框中的选项来调整，如图 12-16 所示。该分组框中有一个图标，此图标表明图纸的放置方向，图标中的字母代表图形在图纸上的打印方向。

【图形方向】分组框包含以下 3 个选项。

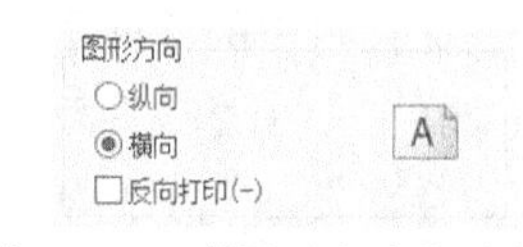

图 12-16 【图形方向】分组框

- 【纵向】：图形在图纸上的放置方向是竖直的。
- 【横向】：图形在图纸上的放置方向是水平的。
- 【反向打印】：使图形颠倒打印，可与【纵向】或【横向】单选项结合使用。

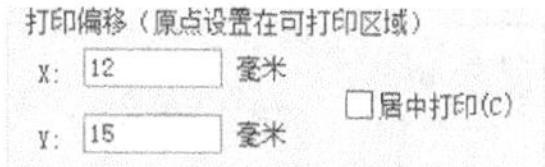

图 12-17 【打印偏移】分组框

图形在图纸上的打印位置由【打印偏移】分组框中的选项确定，如图 12-17 所示。默认情况下，系统从图纸左下角开始打印图形。打印原点处在图纸左下角的位置，坐标为（0,0），用户可在【打印偏移】分组框中设定新的打印原点，这样可得到图形在图纸上沿 x 轴和 y 轴移动后的效果。

【打印偏移】分组框中包含以下 3 个选项。

- 【居中打印】：在图纸正中间打印图形（自动计算 x 和 y 的偏移值）。
- 【X】：指定打印原点在 x 轴方向的偏移值。
- 【Y】：指定打印原点在 y 轴方向的偏移值。

要点提示 如果用户不能确定打印机如何确定打印原点，可试着改变一下打印原点的位置并预览打印效果，然后根据图形的移动距离推测打印原点的位置。

12.2.8 预览打印效果

打印参数设置完成后，用户可通过打印预览观察图形的打印效果，如果对效果不满意，可重新调整，以免浪费图纸。

单击【打印】对话框左下角的 预览(P)... 按钮，系统将显示实际的打印效果。由于系统要重新生成图形，因此预览复杂图形需耗费较多的时间。

预览打印效果时，十字光标将变成放大镜形状，利用它可以进行实时缩放操作。查看完毕后，按 Esc 键或 Enter 键，返回【打印】对话框。

12.2.9 页面设置——保存打印设置

用户选择打印设备并设置打印参数（图纸幅面、打印比例和打印方向等）后，可以保存这些页面设置，以便以后使用。

【页面设置】分组框的【名称】下拉列表中显示了所有已命名的页面设置，若要保存当前页面设置，就单击右边的 新建(N) 按钮，打开【添加打印设置】对话框，如图 12-18 所示，在该对话框的【新页面设置名】文本框中输入页面设置的名称，然后单击 确定 按钮即可。

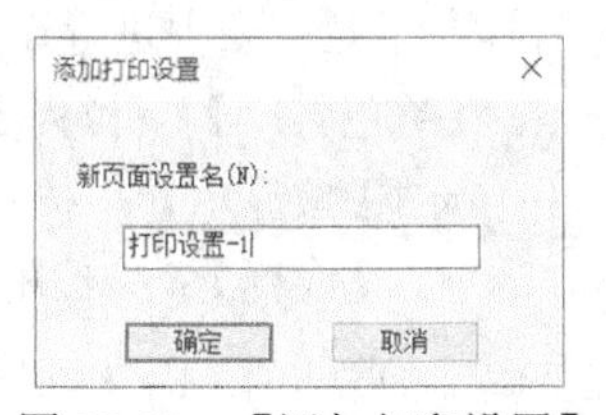

图 12-18 【添加打印设置】对话框

用户也可以从其他图形中输入已定义的页面设置。在【页面设置】分组框的【名称】下拉列表中选择【输入】选项，打开【从文件选择页面设置】对话框，选择并打开所需的图形文件后，打开【输入页面设置】对话框，如图 12-19 所示。该对话框显示了所选图形文件中包含的页面设置，选择其中之一，单击 确定 按钮完成输入。

用户可以利用【页面设置管理器】对话框很方便地新建、修改及重新命名页面设置，还能输入其他图样的页面设置。用鼠标右键单击绘图窗口左下角的【模型】或【图纸】选项卡，选择快捷菜单中的【页面设置】命令，打开【页面设置管理器】对话框，如图 12-20 所示。通过该对话框使模型或图纸空间与某一页面设置关联，图中显示模型空间与“打印设置-1”关联。这样在打印模型空间图样时，用户无须输入各类打印参数，因为“打印设置-1”已经决定了最后的打印效果。

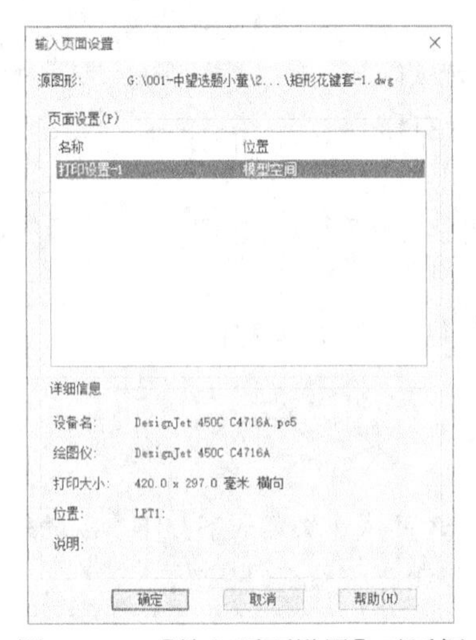

图 12-19 【输入页面设置】对话框

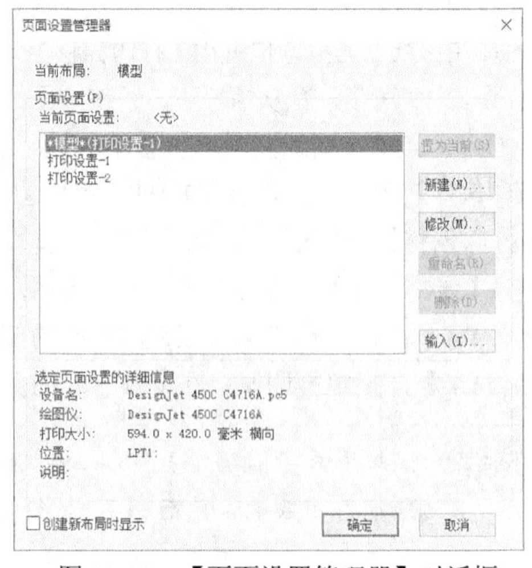

图 12-20 【页面设置管理器】对话框

12.3 打印图形实例

前面两节介绍了打印图形的相关知识，下面通过一个实例演示打印图形的全过程。

【练习 12-3】打印图形。

1. 打开素材文件“dwg\第 12 章\12-3.dwg”。

2. 单击【输出】选项卡中【打印】面板上的 打印 按钮，打开【打印】对话框，如图 12-21 所示。

3. 如果想使用以前创建的页面设置，就在【页面设置】分组框的【名称】下拉列表中选择该页面设置，或者从其他文件中输入页面设置并应用。

4. 在【打印机/绘图仪】分组框的【名称】下拉列表中选择打印设备。若要修改打印机特性，可单击下拉列表右边的 特性(R) 按钮，打开【绘图仪配置编辑器】对话框，在该对话框中修改打印机端口和介质类型，还可自定义图纸大小。

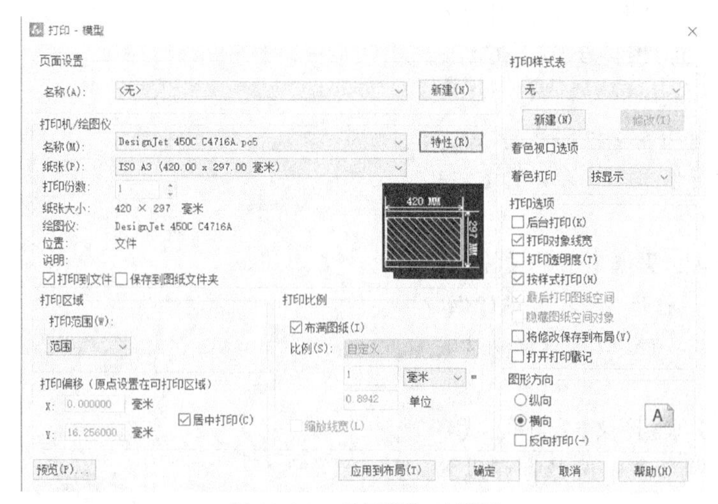

图 12-21 【打印】对话框

5. 在【打印份数】文本框中输入打印份数。

6. 如果要将图形输出到文件，则应在【打印机/绘图仪】分组框中勾选【打印到文件】复选框，此后当用户单击【打印】对话框的 确定 按钮时，系统将打开【浏览打印文件】对话框，用户可在该对话框中指定输出文件的名称及位置。

7. 在【打印】对话框中做以下设置。

- 在【纸张】下拉列表中选择 A3 图纸。
- 在【打印范围】下拉列表中选择【范围】选项，并勾选【居中打印】复选框。
- 设定打印比例为【布满图纸】。
- 设定图形打印方向为【横向】。
- 在【打印样式表】分组框的下拉列表中选择打印样式【Monochrome.ctb】。

8. 单击 预览(P)... 按钮，预览打印效果，如图 12-22 所示。若满意，则按 Esc 键返回【打印】对话框，再单击 确定 按钮开始打印。

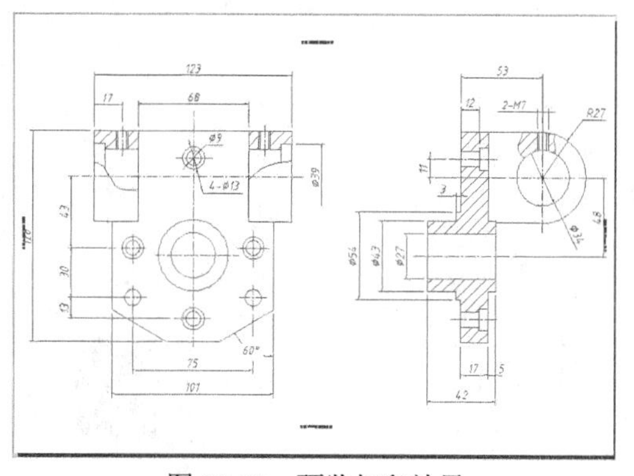

图 12-22 预览打印效果

12.4 将多个图样布置在一起打印

为了节省图纸，用户常需要将几个图样布置在一起打印，示例如下。

【练习 12-4】 素材文件“dwg\第 12 章\12-4-A.dwg”和“12-4-B.dwg”都采用 A2 幅面图纸，绘图比例分别为（1∶3）、（1∶4），现将它们布置在一起打印在 A1 幅面的图纸上。

1. 创建一个新文件。

2. 单击【插入】选项卡中【参照】面板上的 DWG 按钮，打开【选取附加文件】对话框，找到图形文件“12-4-A.dwg”，单击 打开(O) 按钮，打开【附着外部参照】对话框，利用该对话框插入图形文件，插入时的缩放比例为 1∶1。

3. 用 SCALE 命令缩放图形，缩放比例为 1∶3（图样的绘图比例）。

4. 用与步骤 2、步骤 3 相同的方法插入图形文件“12-4-B.dwg”，插入时的缩放比例为 1∶1。插入图样后，用 SCALE 命令缩放图形，缩放比例为 1∶4。

5. 用 MOVE 命令调整图样的位置，让其组成 A1 幅面图纸，结果如图 12-23 所示。

6. 单击【输出】选项卡中【打印】面板上的打印按钮，打开【打印】对话框，如图 12-24 所示，在该对话框中做以下设置。

- 在【打印机/绘图仪】分组框的【名称】下拉列表中选择打印设备【DesignJet 450C C4716A.pc5】。

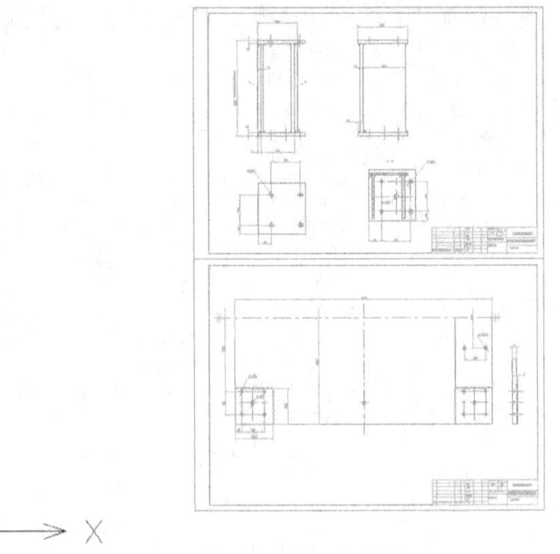

图 12-23　组成 A1 幅面图纸

- 在【纸张】下拉列表中选择 A1 幅面图纸。
- 在【打印样式表】分组框的下拉列表中选择打印样式【Monochrome.ctb】。
- 在【打印范围】下拉列表中选择【范围】选项，并勾选【居中打印】复选框。
- 在【打印比例】分组框中勾选【布满图纸】复选框。
- 在【图形方向】分组框中选择【纵向】单选项。

7. 单击预览(P)...按钮，预览打印效果，如图 12-25 所示。若满意，则单击打印按钮开始打印。

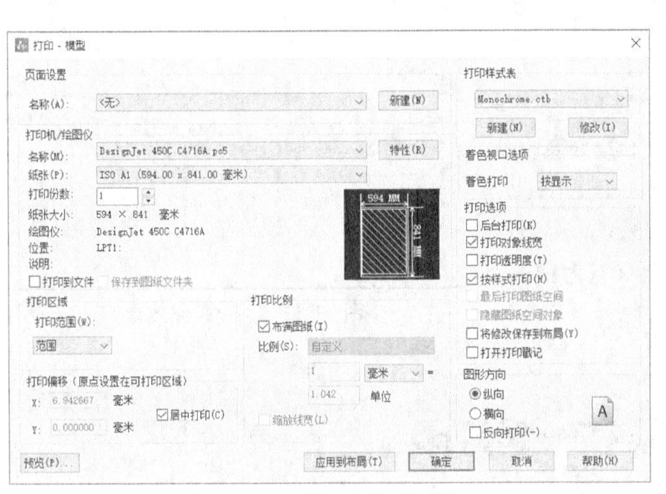

图 12-24　【打印】对话框

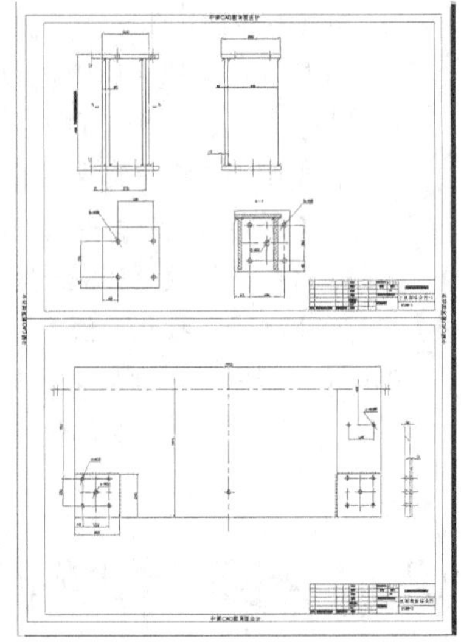

图 12-25　预览打印效果

12.5　自动拼图打印

12.4 节介绍了手动拼图打印的过程，本节讲解自动拼图打印的过程。自动拼图时，用户可以一次性选择多个图形文件，也可选择一个文件夹，系统将所选文件按每个图样的打印比例进行缩放，然后布置在指定的图纸上，这张新的拼图将在当前文件中显示出来，接下来按一般打印图形的过程打印新拼图即可。这里所指图样的打印比例为每个图样当前标注样式全局比例的倒数，关于该比例的设置详见 8.1.1 小节。

【练习 12-5】 将素材文件“dwg\第 12 章\12-5-A.dwg”“12-5-B.dwg”“12-5-C.dwg”“12-5-D.dwg”拼在一起打印，打印图纸为 A0 幅面卷筒纸（宽度为 880）。各图的绘图比例分别为（1∶2）、（1∶1.5）、（1∶2）及（1∶1）。

1. 创建一个新文件。

2. 单击【输出】选项卡中【打印】面板上的 自动排板打印 按钮，打开【自动排图】对话框，如图 12-26 所示。单击 添加文件 按钮，指定添加文件方式为【单个或多个 DWG 文件】，然后选择要拼接的 4 个图形文件。单击 文件属性 按钮，打开【图纸的相关属性】对话框，在该对话框中可以查看所选图形文件的绘图比例及图纸幅面。

3. 在【绘图图纸设置】分组框中输入纸张的宽度，再设定图样拼接后图样间的间隙大小。

4. 单击 排图 按钮，系统按指定的图纸宽度及拼接间隙生成新的拼接图样，结果如图 12-27 所示。

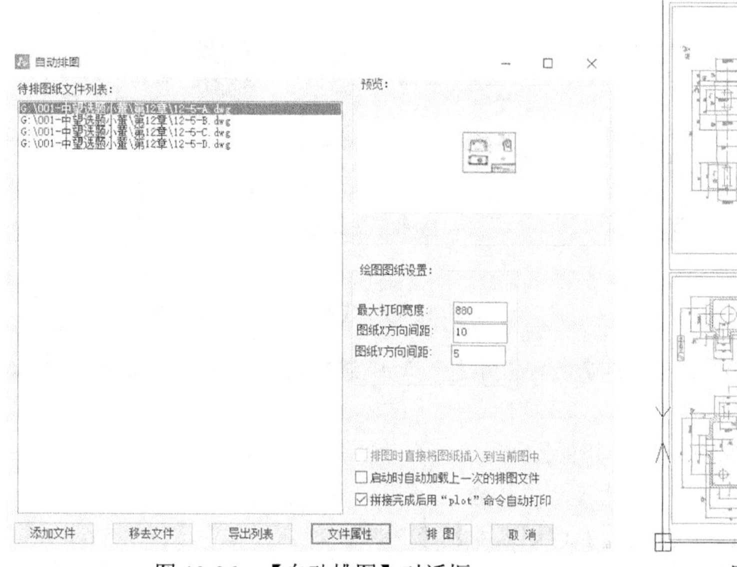

图 12-26 【自动排图】对话框

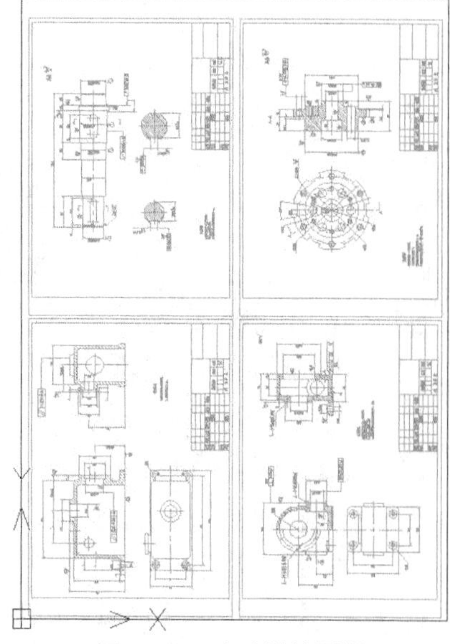

图 12-27 自动拼接图样

5. 执行打印命令，按 1∶1 比例打印拼接图样。若采用卷筒纸打印，则可自定义纸张大小。

12.6 从图纸空间打印——创建及打印虚拟图纸

中望 CAD 提供了模型空间和图纸空间两种图形环境。模型空间用于绘制图形；图纸空间用于布置图形，形成虚拟图纸。

从图纸空间打印图形的具体过程如下。

（1）在模型空间按 1∶1 的比例绘图。

（2）进入图纸空间，插入所需图框，修改页面设置，指定图幅及打印机。

（3）在虚拟图纸上创建视口，通过视口显示并布置视图。此外，也可直接利用 MVIEW 命令生成多个新视图。

（4）设置并锁定各视口的缩放比例。

（5）直接在虚拟图纸上标注尺寸及输入文字，标注的全局比例因子为 1，文字高度等于打印在图纸上的实际高度。

（6）从图纸空间按 1∶1 的比例打印虚拟图纸。

【练习 12-6】在图纸空间布置及打印图形。

1. 打开素材文件“dwg\第 12 章\12-A3.dwg”“12-6.dwg”。

2. 单击布局1按钮切换至图纸空间，系统显示一张虚拟图纸，将文件“12-A3.dwg”中的 A3 幅面图框复制到虚拟图纸上，再调整其位置，结果如图 12-28 所示。

3. 将十字光标放在布局1按钮上，单击鼠标右键，弹出快捷菜单，选择【页面设置】命令，打开【页面设置管理器】对话框，单击修改(M)...按钮，打开【打印设置】对话框，如图 12-29 所示。在该对话框中完成以下设置。

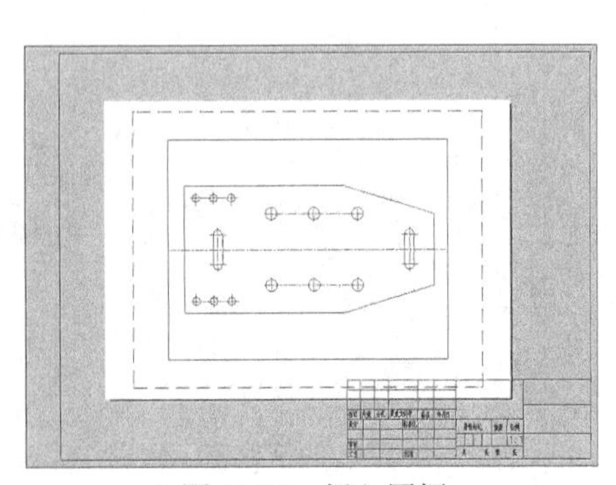

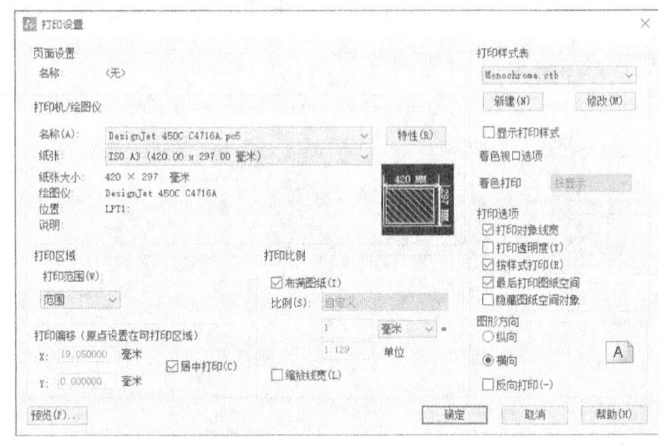

图 12-28　插入图框　　　　图 12-29　【打印设置】对话框

- 在【打印机/绘图仪】分组框的【名称】下拉列表中选择打印设备【DesignJet 450C C4716A.pc5】。
- 在【纸张】下拉列表中选择 A3 幅面图纸。
- 在【打印范围】下拉列表中选择【范围】选项。
- 在【打印比例】分组框中勾选【布满图纸】复选框。
- 在【打印偏移】分组框中指定打印原点为（0,0），也可勾选【居中打印】复选框。
- 在【图形方向】分组框中设定图形打印方向为【横向】。
- 在【打印样式表】分组框的下拉列表中选择打印样式【Monochrome.ctb】。

4. 单击确定按钮，再关闭【页面设置管理器】对话框，屏幕上出现一张 A3 幅面的图纸，图纸上的虚线代表可打印区域，A3 图框被布置在此区域中，如图 12-30 所示。图框内部的小矩形是系统自动创建的浮动视口，通过这个视口显示模型空间中的图形。用户可复制或移动视口，还可利用编辑命令调整其大小。

5. 创建视口层，将矩形视口修改到该层上，然后利用关键点编辑方式调整视口大小。选中视口，单击状态栏上的1:1.5▾按钮，利用弹出菜单中的【自定义】选项设定视口缩放比例为“1∶1.5”，结果如图 12-31 所示。视口缩放比例就是图形在图纸中的缩放比例，即绘图比例。

6. 单击状态栏上的按钮，锁定视口缩放比例。也可单击鼠标右键，选择快捷菜单中的【显示锁定】命令进行设置。

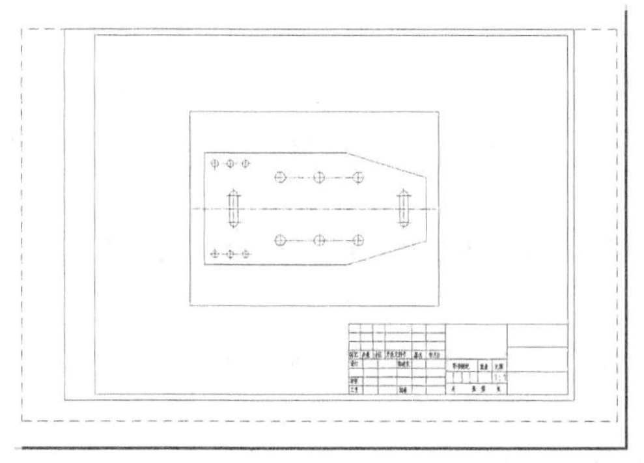

图 12-30 指定 A3 幅面图纸

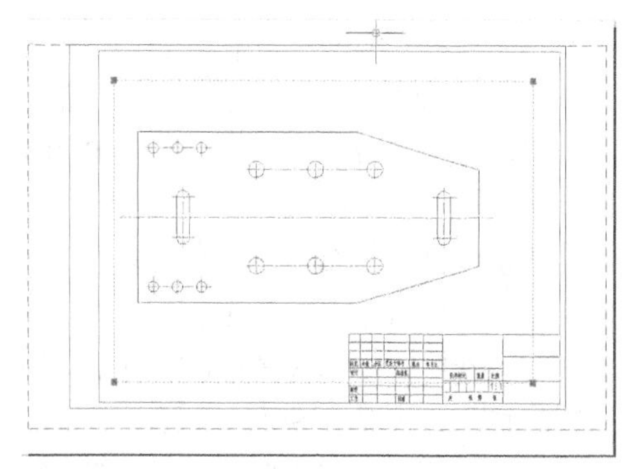

图 12-31 调整视口大小及设定视口缩放比例

7. 双击视口内部，激活它，用 MOVE 命令调整图形的位置。双击视口外部，返回图纸空间，冻结视口层，结果如图 12-32 所示。

8. 使“国标标注”成为当前样式，再设定标注的全局比例因子为 1，然后标注尺寸，结果如图 12-33 所示。

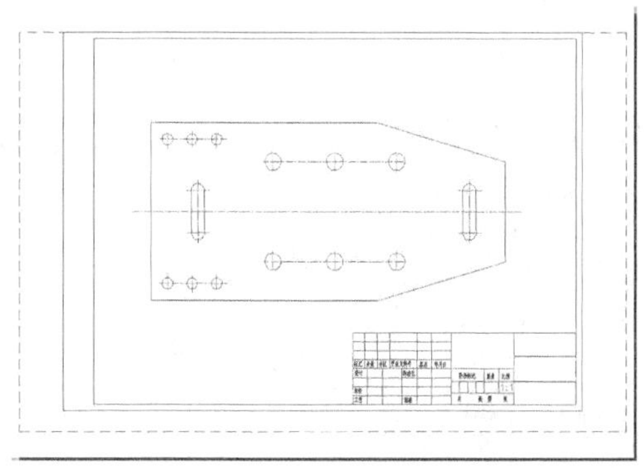

图 12-32 调整图形的位置

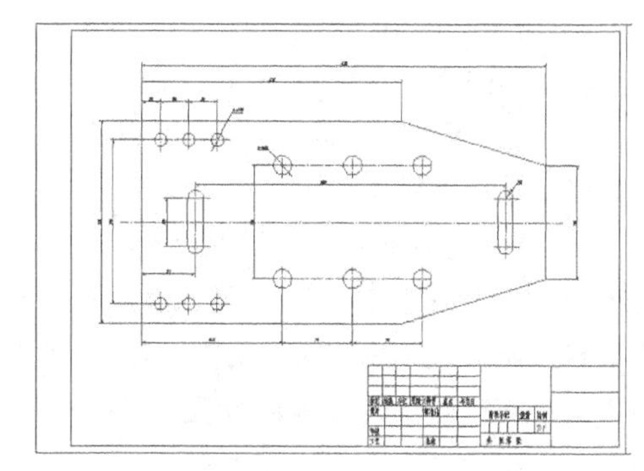

图 12-33 在图纸上标注尺寸

9. 至此，用户已经创建了一张完整的虚拟图纸，接下来就可以从图纸空间打印图形了，打印的效果与虚拟图纸显示的效果是一样的。单击【输出】选项卡中【打印】面板上的 自动排版打印 按钮，打开【打印】对话框，该对话框列出了新建图纸“布局 1”已设定的打印参数，单击 确定 按钮开始打印。

12.7 发布图形集

使用中望 CAD 提供的图形发布功能，用户可以一次性将多个图形文件创建成 DWF、DWFx 或 PDF 格式的文件，或者将所有图形通过打印机输出。下面详细介绍中望 CAD 中的图形发布功能。

12.7.1 将图形集发布为 DWF、DWFx 或 PDF 格式的文件

用户利用发布功能可以把选定的多个图形文件创建成 DWF、DWFx 或 PDF 格式的文件，该文件可以是以下形式。

- 单个或多个 DWF 或 DWFx 文件，包含二维和三维内容。

- 单个或多个 PDF 文件，包含二维内容。

DWF 及 DWFx 格式的文件高度压缩，可方便地以电子邮件方式在 Internet 上传输，接收方无须安装中望 CAD 或了解中望 CAD 就可使用相关的免费查看器查看图形或高质量地打印图形。

用户可以把要发布的图形及关联的页面设置保存为“.dsd”文件，以便以后调用，还可根据需要向其添加图形或从中删除图形。

工程设计中，技术人员可以为特定的用户创建一个 DWF 或 DWFx 文件，并可视工程进展情况随时改变文件中图纸的数量。

一般情况下，发布图形时使用系统内部“DWF6 Eplot”打印机配置文件（在页面设置中指定），生成 DWF 格式文件。用户可修改此打印机配置文件，例如，改变颜色深度、显示分辨率、文件压缩率等，使 DWF 文件更符合自己的要求。

命令启动方法

- 菜单命令：【文件】/【发布】。
- 面板：【输出】选项卡中【打印】面板上的发布按钮。
- 命令：PUBLISH。

【练习 12-7】练习 PUBLISH 命令。

1. 单击【打印】面板上的发布按钮，打开【发布】对话框，如图 12-34 所示。单击按钮，指定创建图形集所需的文件。

2. 在【发布到】下拉列表中选择【DWF】选项，单击发布选项(O)...按钮，打开【发布选项】对话框，设定发布文件类型为【多页文件】，再指定 DWF 文件的名称和位置，单击确定按钮。

3. 单击发布(P)按钮生成 DWF 文件集。

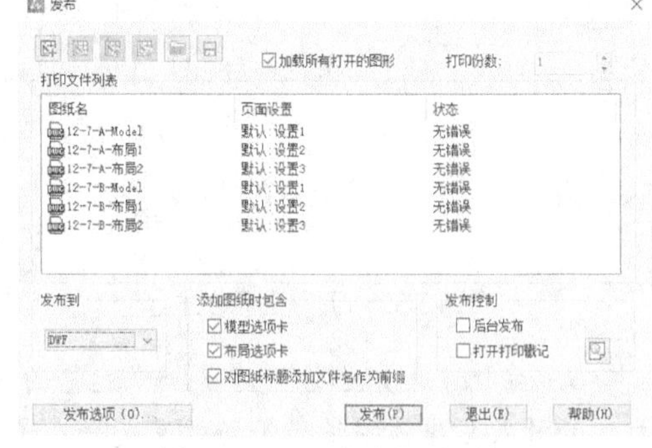

图 12-34　【发布】对话框

【发布】对话框中主要选项的功能如下。

（1）按钮：单击此按钮，选择要发布的图形文件。

（2）按钮：单击此按钮，加载已创建的图纸列表文件（“.dsd”文件）。如果【发布】对话框中列有图纸，将显示提示信息对话框，用户可以用新图纸替换现有图纸，也可以将新图纸附加到当前列表中。

（3）按钮：单击此按钮，将当前图纸列表保存为“.dsd”文件，该文件用于记录图形文件列表及选定的页面设置。

（4）【发布到】：设定发布图纸的方式，包括发布到页面设置中指定的打印机、多页 DWF、DWFx 或 PDF 文件。

（5）发布选项(O)...按钮：单击此按钮，打开【发布选项】对话框，在该对话框中设定发布图形的一些选项，例如保存位置、单页或多页形式文件、文件名及图层信息等。

（6）【打印文件列表】。

- 【图纸名】：由图形名称、短划线及布局名组成，此名称是 DWF、DWFx 或 PDF 格式图形集中各图形的名称，可通过连续两次单击来更改它。
- 【页面设置】：显示图纸的命名页面设置，单击页面设置名称，可选择其他页面设置或从其他图形中输入页面设置。

12.7.2 批处理打印

使用发布功能可以将多个图形文件合并为一个自定义的图形集，然后将图形集发布到每个图形指定的打印机。这些打印机的参数是在模型或布局的页面设置中设定的。

【练习 12-8】使用 PUBLISH 命令一次性打印多个图形文件。

1. 单击【打印】面板上的发布按钮，打开【发布】对话框，如图 12-35 所示。在【发布到】下拉列表中选择【打印机】选项。

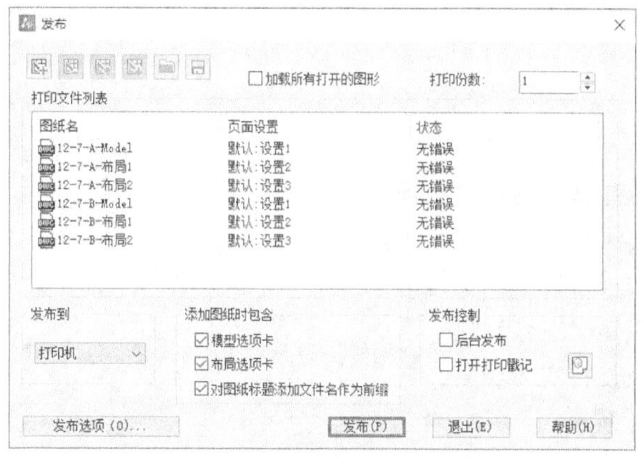

图 12-35 【发布】对话框

2. 单击按钮，打开【选择文件】对话框，选择要打印的图形文件。选定的图形文件将显示在【打印文件列表】分组框中，该分组框的【页面设置】列中列出了图形文件所包含的命名页面设置。单击它，可选择或从另一文件中输入其他页面设置。

3. 单击 发布(P) 按钮，即可在图形文件页面设置中指定的打印机中打印图形。

12.8 习题

1. 打印图形时，一般应设置哪些打印参数？如何设置？
2. 打印图形的主要过程是什么？
3. 设置完打印参数后，应如何保存页面设置，以便再次使用？
4. 从模型空间打印图形时，怎样将绘图比例不同的图形放在一起打印？
5. 有哪两种类型的打印样式？它们的作用分别是什么？
6. 从图纸空间打印图形的过程是怎样的？

第 13 章 三维建模

主要内容

- 观察三维模型。
- 创建长方体、球体及圆柱体等基本实体。
- 拉伸或旋转二维对象形成三维实体。
- 通过扫掠及放样形成三维实体。
- 阵列、旋转及镜像三维对象。
- 拉伸、移动及旋转实体表面。
- 使用用户坐标系。
- 利用布尔运算构建复杂模型。

13.1 观察三维模型

绘制三维模型的过程中，常需要从不同方向观察模型。当用户设定某个查看方向后，系统就会显示对应的 3D 视图，具有立体感的 3D 视图有助于用户正确理解模型的空间结构。系统的默认视图是 *xy* 平面视图，这时视点位于 *z* 轴，观察方向与 *z* 轴重合，因此用户看不见模型的高度，看见的是模型在 *xy* 平面内的视图。

下面介绍观察模型的方法。

13.1.1 用标准视点观察模型

任何三维模型都可以从任意一个方向观察，【视图】选项卡中【视图】面板上的【视图控制】下拉列表提供了 10 种标准视点，如图 13-1 所示。通过这些标准视点就能获得三维模型的 10 种视图，如前视图、后视图、左视图及东南轴测图等。

插入 视图 工具
俯视
仰视
左视
右视
前视
后视
西南等轴测
东南等轴测
东北等轴测
西北等轴测

图 13-1 标准视点

【练习 13-1】利用标准视点观察图 13-2 所示的三维模型。

1. 打开素材文件“dwg\第 13 章\13-1.dwg”，执行消隐命令 HIDE，结果如图 13-2 所示。

2. 选择【视图控制】下拉列表中的【前视】选项，然后执行消隐命令 HIDE，结果如图 13-3 所示，此图是三维模型的前视图。

3. 选择【视图控制】下拉列表中的【左视】选项，然后执行消隐命令 HIDE，结果如图 13-4 所示，此图是三维模型的左视图。

4. 选择【视图控制】下拉列表中的【东南等轴测】选项，然后执行消隐命令 HIDE，结果如图 13-5 所示，此图是三维模型的东南等轴测视图。

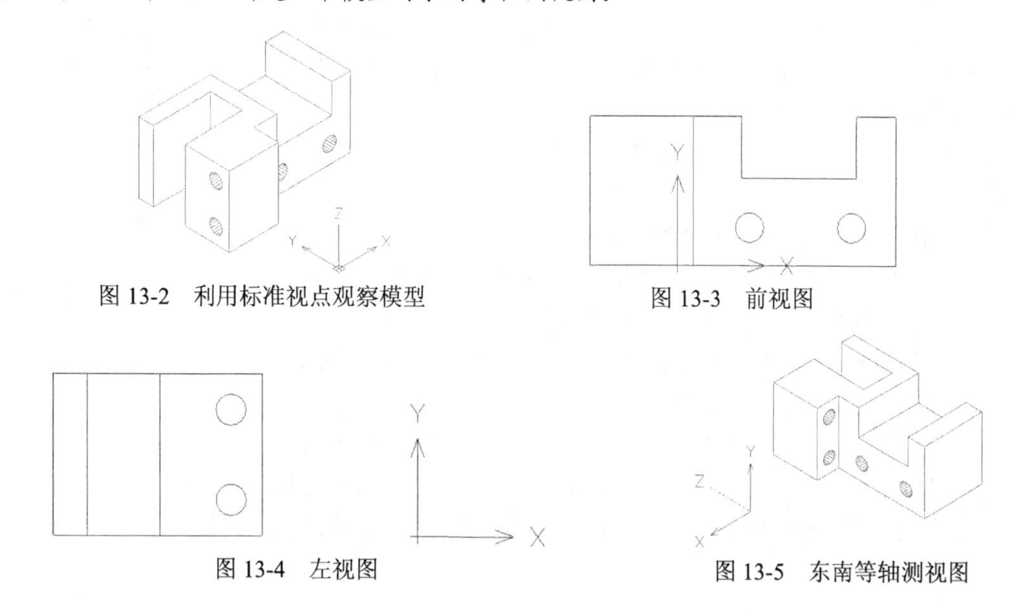

图 13-2 利用标准视点观察模型

图 13-3 前视图

图 13-4 左视图

图 13-5 东南等轴测视图

13.1.2 三维动态旋转

单击【实体】选项卡中【观察】面板上的动态观察按钮，即可执行三维动态旋转（3DORBIT）命令，此时用户可通过按住鼠标左键并拖动的方法来改变观察方向，从而能够非常方便地获得不同方向的 3D 视图。使用此命令时，可以选择观察全部对象还是模型中的一部分对象，系统围绕待观察的对象形成一个辅助圆，该圆被 4 个小圆分成 4 等份，如图 13-6 所示。辅助圆的圆心是观察目标点，当用户按住鼠标左键并拖动时，待观察对象的观察目标点静止不动，而视点绕着 3D 对象旋转，可以看到视图在不断地转动。

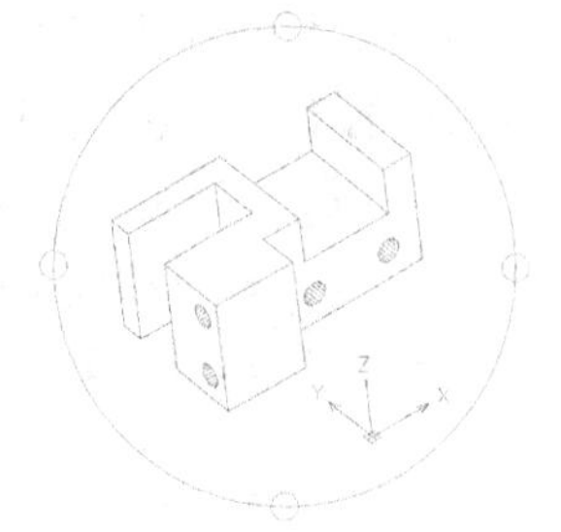

图 13-6 三维动态旋转

当用户想观察整个模型的部分对象时，应先选择这些对象，然后执行 3DORBIT 命令，此时仅所选对象显示在绘图窗口中。若其没有处在动态观察器的大圆内，就单击鼠标右键，在弹出的快捷菜单中选择【范围缩放】命令，或者按住鼠标滚轮将对象拖入观察器的大圆中 。

执行 3DORBIT 命令后，绘图窗口中出现 1 个大圆和 4 个均布的小圆，如图 13-6 所示。将鼠标指针移至圆的不同位置时，其形状将发生变化，不同形状的鼠标指针表明了当前视图的旋转方向。

一、球形鼠标指针

鼠标指针位于辅助圆内时，其形状就变为球形，此时可假想一个球体将目标对象包裹起来。按住鼠标左键并拖动，可使球体沿鼠标指针移动的方向旋转，从而模型视图也旋转起来。

二、圆形鼠标指针

移动鼠标指针到辅助圆外，其形状就变为圆形，按住鼠标左键并沿辅助圆拖动，可使 3D 视图旋转，旋转轴垂直于屏幕并通过辅助圆的圆心。

三、水平椭圆形鼠标指针

将鼠标指针移动到左、右小圆的位置时，其形状就变为水平椭圆。按住鼠标左键并拖动，可使视图绕着一个铅垂轴线转动，此旋转轴线经过辅助圆的圆心。

四、竖直椭圆形鼠标指针

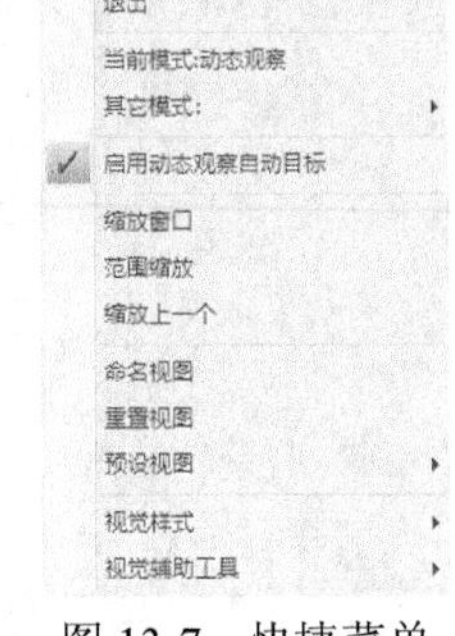

图 13-7 快捷菜单

将鼠标指针移动到上、下两个小圆的位置时，其形状就变为竖直椭圆。按住鼠标左键并拖动，可使视图绕着一个水平轴线转动，此旋转轴线经过辅助圆的圆心。

执行 3DORBIT 命令后，在绘图窗口中单击鼠标右键，弹出快捷菜单，如图 13-7 所示。

此快捷菜单中常用命令的功能如下。

- 【其它模式】：对三维视图执行平移和缩放等操作。
- 【缩放窗口】：用矩形窗口选择要缩放的区域。
- 【范围缩放】：将所有 3D 对象构成的视图缩放到绘图窗口的大小。
- 【缩放上一个】：动态旋转模型后再回到旋转前的状态。
- 【重置视图】：将当前的视图恢复到执行 3DORBIT 命令时的视图。
- 【预设视图】：提供了常用的标准视图，如【前视图】【左视图】等。
- 【视觉样式】：提供了【线框】【隐藏】【体着色】等模型显示方式。

13.1.3 视觉样式

视觉样式用于改变模型在视口中的显示外观，它是一组控制模型显示方式的设置，这些设置包括面设置、环境设置及边设置等。面设置控制视口中面的外观，环境设置控制阴影和背景，边设置控制如何显示边。选择其中一种视觉样式，即可在视口中按样式规定的形式显示模型。

中望 CAD 提供了以下 7 种视觉样式，用户可在【视图】面板中的【视觉样式】下拉列表中进行选择，如图 13-8 所示。

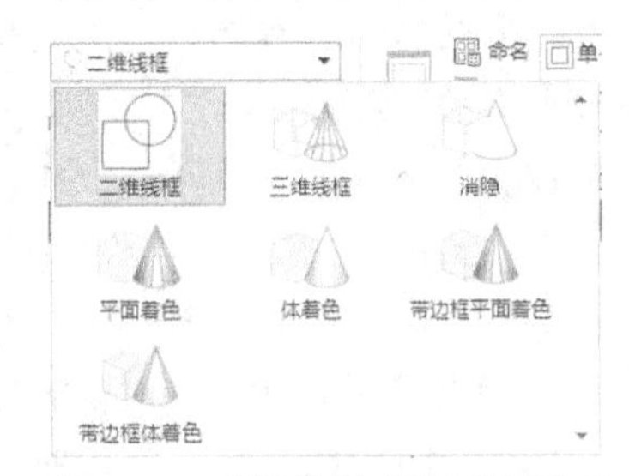

图 13-8 【视觉样式】下拉列表

- 【二维线框】：以线框形式显示对象，光栅图像、线型及线宽均可见，如图 13-9 左图所示。
- 【三维线框】：以线框形式显示对象，同时显示着色的 UCS 图标，光栅图像、线型及线宽均可见，如图 13-9 中图所示。
- 【消隐】：以线框形式显示对象并隐藏不可见线条，光栅图像及线宽可见，线型不可见，如图 13-9 右图所示。
- 【平面着色】：用许多着色的小平面来显示对象，着色的对象表面不是很光滑，如图 13-10 左图所示。
- 【体着色】：与平面着色相比，体着色会在着色的小平面间形成光滑的过渡边界，因而着色后的对象表面很光滑，如图 13-10 右图所示。
- 【带边框平面着色】：显示平面着色效果的同时还显示对象的线框。
- 【带边框体着色】：显示体着色效果的同时还显示对象的线框。

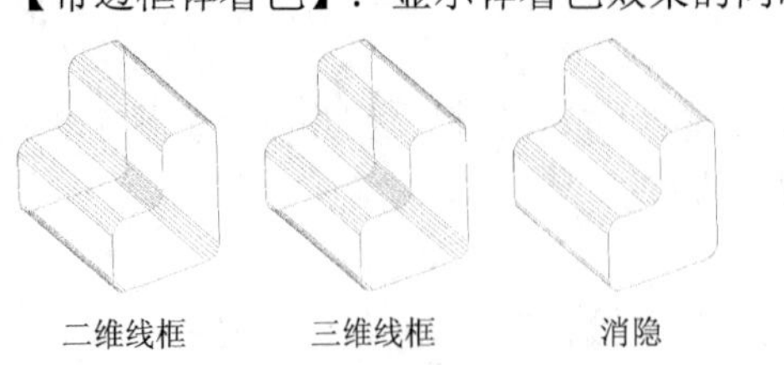

图 13-9 线框及消隐

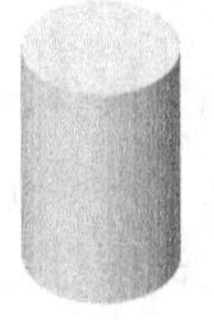

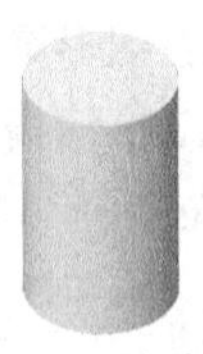

图 13-10 着色

13.2 创建三维基本实体

在中望 CAD 中可以创建长方体、球体、圆柱体、圆锥体、楔体及圆环体等基本实体。【实体】选项卡中的【图元】面板提供了创建这些实体的按钮，表 13-1 列出了这些按钮的功能及操作时要输入的主要参数。

表 13-1 创建基本实体的按钮

按钮	功能	输入参数
	创建长方体	指定底面一个角点，再输入另一角点的相对坐标及长方体高度
	创建球体	指定球心，输入球半径
	创建圆柱体	指定圆柱体底面的圆心，输入圆柱体半径及高度
	创建圆锥体及圆锥台	指定圆锥体底面的圆心，输入圆锥体底面半径及圆锥体高度；指定圆锥台底面的圆心，输入圆锥台底面半径、顶面半径及圆锥台高度
	创建楔体	指定底面一个角点，再输入另一角点的相对坐标及楔体高度
	创建圆环体	指定圆环中心点，输入圆环体半径及圆管半径

【练习 13-2】创建长方体及圆柱体。

1. 创建新文件，改变观察方向。在【视图】面板上的【视图控制】下拉列表中选择【东南等轴测】选项，切换到东南等轴测视图。再在【视觉样式】面板上的【视觉样式】下拉列表中设定当前模型显示方式为【二维线框】。

2. 单击【图元】面板上的按钮，系统提示如下。

```
命令: _box
指定长方体的第一个角点或 [中心(C)]:                      //指定长方体角点 A
指定另一个角点或 [立方体(C)/长度(L)]: @100,200,300        //输入另一角点 B 的相对坐标
```

3. 单击【图元】面板上的按钮，系统提示如下。

```
命令: _cylinder
指定底面的中心点或 [三点(3P)/两点(2P)/切点、切点、半径(T)/椭圆(E)]:
                                                          //指定圆柱体底面圆心
指定圆的半径或 [直径(D)] <201.6216>:80                    //输入圆柱体半径
指定高度或 [两点(2P)/中心轴(A)] <407.5291>:300            //输入圆柱体高度
```

4. 改变实体表面网格线的密度。

```
命令: ISOLINES
输入 ISOLINES 的新值 <4>: 40                              //设置实体表面网格线的数量
```

选择菜单命令【视图】/【重生成】，重新生成模型，实体表面网格线变得更加密集。

5. 控制实体消隐后表面网格线的密度。

```
命令: FACETRES
输入 FACETRES 的新值 <0.5000>: 5                          //设置实体消隐后的网格线密度
```

执行 HIDE 命令，结果如图 13-11 所示。

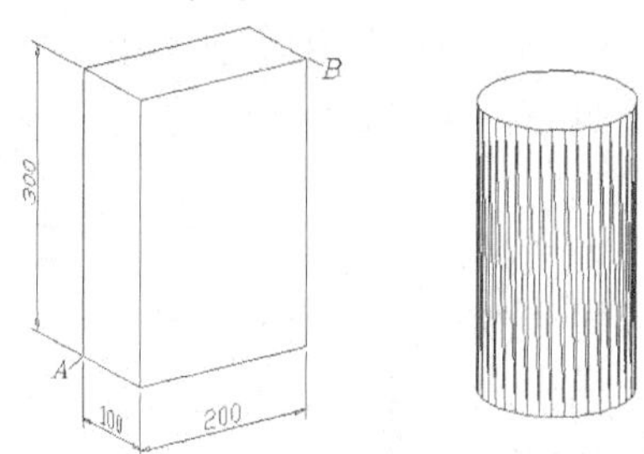

图 13-11 创建长方体及圆柱体

13.3 将二维对象拉伸成实体

使用 EXTRUDE 命令可以拉伸二维对象生成三维实体或曲面，若拉伸闭合对象，则生成实体，否则生成曲面。操作时，可指定拉伸高度及拉伸对象的倾斜角，还可沿某一直线或曲线拉伸对象。

【练习 13-3】练习 EXTRUDE 命令。

1. 打开素材文件“dwg\第 13 章\13-3.dwg”。

2. 将图形 *A* 创建成面域，再用 JOIN 命令将连续线 *B* 编辑成一条多段线，如图 13-12（a）、图 13-12（b）所示。

3. 用 EXTRUDE 命令拉伸面域及多段线，形成实体和曲面。

单击【实体】面板上的 按钮，执行拉伸命令。

```
命令： _extrude
选择对象或 [模式(MO)]: 找到 1 个                          //选择面域
选择对象或 [模式(MO)]:                                    //按 Enter 键
指定拉伸高度或 [方向(D)/路径(P)/倾斜角(T)]:260             //输入拉伸高度
命令:
_EXTRUDE                                                  //重复命令
选择对象或 [模式(MO)]: 找到 1 个                          //选择多段线
选择对象或 [模式(MO)]:                                    //按 Enter 键
指定拉伸高度或 [方向(D)/路径(P)/倾斜角(T)] <260.0000>:p
                                                          //选择“路径(P)”选项
选择拉伸路径或 [倾斜角(T)]:                               //选择样条曲线 C
```

结果如图 13-12（c）、图 13-12（d）所示。

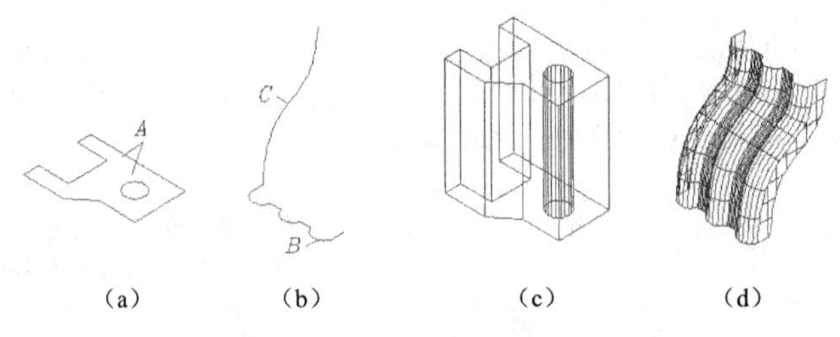

图 13-12 拉伸面域及多段线

EXTRUDE 命令中各选项的功能如下。

- 模式(MO)：对于闭合轮廓，指定生成实体或曲面。
- 指定拉伸高度：如果输入正值，则使对象沿 *z* 轴正向拉伸；如果输入负值，则沿 *z* 轴负向拉伸对象。当对象不在 *xy* 平面内时，将沿该对象所在平面的法线方向拉伸对象。
- 方向(D)：指定两点，两点的连线表明了拉伸的方向和距离。
- 路径(P)：沿指定路径拉伸对象形成实体或曲面。拉伸时，路径被移动到轮廓的形心位置。路径不能与拉伸对象在同一个平面内，也不能具有较大曲率的区域，否则有可能在拉伸过程中发生自相交的情况。
- 倾斜角(T)：当系统提示“指定拉伸的倾斜角度<0>:”时，输入正的拉伸倾斜角，表示从基准对象逐渐变细地拉伸对象，而输入负的拉伸倾斜角，则表示从基准对象逐渐变粗地拉伸对象，如图 13-13 所示。

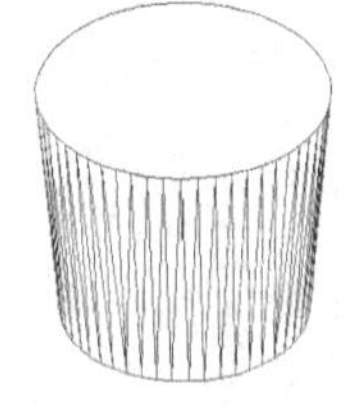

图 13-13 指定拉伸倾斜角

用户要注意拉伸倾斜角不能太大，若拉伸实体截面在到达拉伸高度前已经变成一个点，那么系统将提示不能进行拉伸。

13.4 旋转二维对象以形成实体

使用 REVOLVE 命令可以旋转二维对象生成三维实体或曲面，若二维对象是闭合的，则生成实体，否则生成曲面。用户通过选择直线、指定两点或指定 x 轴（或 y 轴、z 轴）来确定旋转轴。

使用 REVOLVE 命令可以旋转以下二维对象。

- 直线、圆弧和椭圆弧。
- 面域、二维多段线和二维样条曲线。

【练习 13-4】 练习 REVOLVE 命令。

打开素材文件“dwg\第 13 章\13-4.dwg”。

单击【实体】面板上的按钮，执行旋转命令。

```
命令: _revolve
选择对象或 [模式(MO)]: 找到 1 个
                                          //选择要旋转的对象，该对象是面域，如图 13-14 左图所示
选择对象或 [模式(MO)]:                    //按 Enter 键
指定旋转轴的起始点或通过选项定义轴 [对象(O)/X 轴(X)/Y 轴(Y)/Z 轴(Z)] <对象>:
                                                      //捕捉端点 A
指定轴的端点:                                         //捕捉端点 B
指定旋转角度或 [起始角度(ST)] <360.0000>:st           //选择“起始角度(ST)”选项
指定起始角度 <0.0000>:-30                             //输入旋转起始角度
指定旋转角度或 [起始角度(ST)] <360.0000>:210          //输入旋转角度
```

执行 HIDE 命令，结果如图 13-14 右图所示。

要点提示 若通过拾取两点来指定旋转轴，则轴的正向是从第一点指向第二点，旋转角度的正方向通过右手螺旋法则来确定。

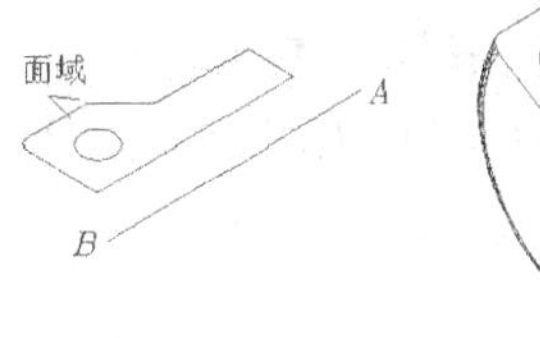

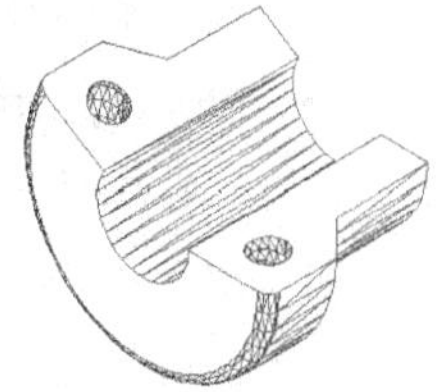

图 13-14 旋转面域形成实体

REVOLVE 命令中各选项的功能如下。

- 模式(MO)：对于闭合轮廓，指定生成实体或曲面。
- 对象(O)：选择直线或实体的线性边作为旋转轴，轴的正方向是从拾取点指向最远端点。
- X 轴(X)、Y 轴(Y)、Z 轴(Z)：使用当前坐标系的 x 轴、y 轴或 z 轴作为旋转轴。
- 起始角度(ST)：指定旋转起始位置与旋转对象所在平面的夹角，角度的正方向通过右手螺旋法则来确定。

13.5 通过扫掠创建实体

使用 SWEEP 命令可以将平面轮廓沿二维或三维路径进行扫掠形成实体或曲面，若二维轮廓是闭合的，则生成实体，否则生成曲面。扫掠时，轮廓一般会被移动并被调整到与路径垂直的方向。默认情况下，轮廓形心将与路径起始点对齐，但也可指定轮廓的其他点作为扫掠对齐点。

【练习 13-5】 练习 SWEEP 命令。

1. 打开素材文件“dwg\第 13 章\13-5.dwg”。
2. 利用 JOIN 命令将路径 *A* 编辑成一条多段线。
3. 用 SWEEP 命令将面域沿路径扫掠。

单击【实体】面板上的按钮，执行扫掠命令。

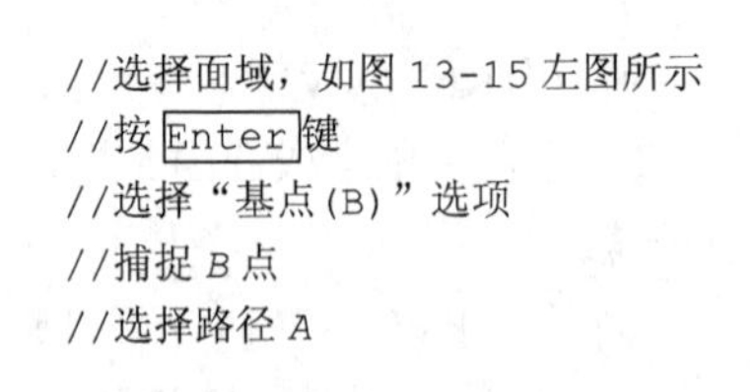

```
命令： _sweep
选择要扫掠的对象或 [模式(MO)]: 找到 1 个                      //选择面域，如图 13-15 左图所示
选择要扫掠的对象或 [模式(MO)]:                                //按 Enter 键
选择扫掠路径或 [对齐(A)/基点(B)/比例(S)/扭曲(T)]: b          //选择“基点(B)”选项
指定基点： end 于                                             //捕捉 B 点
选择扫掠路径或 [对齐(A)/基点(B)/比例(S)/扭曲(T)]:            //选择路径 A
```

执行 HIDE 命令，结果如图 13-15 右图所示。

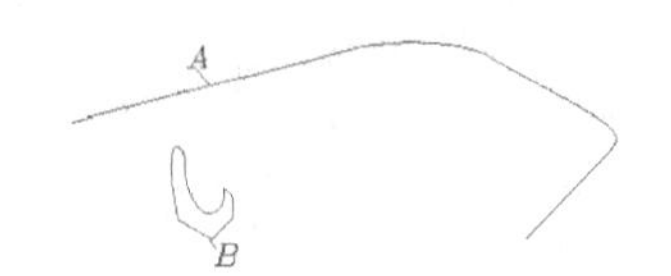

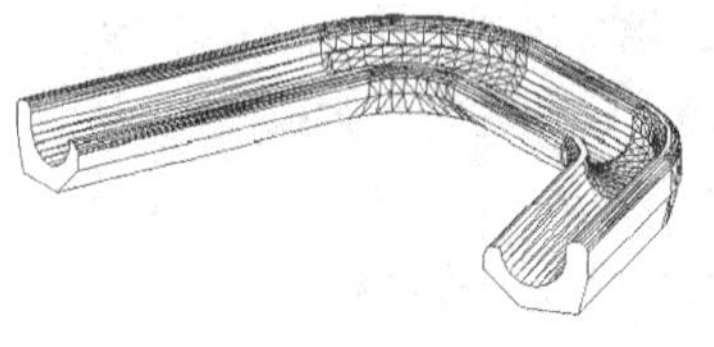

图 13-15　将面域沿路径扫掠

SWEEP 命令中各选项的功能如下。

- 模式(MO)：对于闭合轮廓，指定生成实体或曲面。
- 对齐(A)：指定将轮廓调整到与路径垂直的方向或保持原有方向。默认情况下，系统将使轮廓与路径垂直。
- 基点(B)：指定扫掠时的基点，该点将与路径起始点对齐。
- 比例(S)：路径起始点处的轮廓缩放比例为 1，路径结束处的缩放比例为输入值，中间轮廓沿路径连续变化。靠近选择点的路径端点是路径的起始点。
- 扭曲(T)：设定轮廓沿路径扫掠时的扭曲角度，扭曲角度应小于 360°。指定扭曲角度后若选择“倾斜(B)”选项，可使轮廓沿三维路径自然倾斜。

13.6　通过放样创建实体

使用 LOFT 命令可对一组平面轮廓进行放样形成实体或曲面，若所有轮廓是闭合的，则生成实体，否则生成曲面，如图 13-16 所示。注意，放样时，轮廓线或是全部闭合，或是全部开放，不能使用既包含开放轮廓又包含闭合轮廓的选择集。

放样时，实体或曲面中间轮廓的形状可利用放样路径控制，如图 13-16 左图所示。放样路径始于第 1 个轮廓所在的平面，终于最后一个轮廓所在的平面。使用导向曲线也可以控制放样形状，将轮廓上对应的点通过导向曲线连接起来，使轮廓按预定方式进行变化，如图 13-16 右图所示。轮廓的导向曲线可以有多条，每条导向曲线必须与各轮廓相交，并且始于第 1 个轮廓，终于最后一个轮廓。

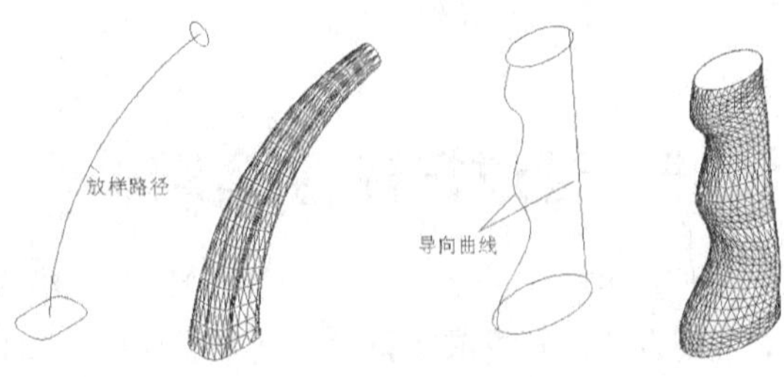

图 13-16　通过放样创建实体或曲面

【练习 13-6】练习 LOFT 命令。

1. 打开素材文件“dwg\第 13 章\13-6.dwg”。
2. 利用 JOIN 命令将线条 *D*、*E* 编辑成多段线，如图 13-17（a）、图 13-17（b）所示。
3. 用 LOFT 命令在轮廓 *B*、*C* 间放样，路径曲线是 *A*。

单击【实体】面板上的按钮，执行放样命令。

```
命令: _loft
按放样次序选择横截面或 [模式(MO)]:总计 2 个          //选择轮廓 B、C
按放样次序选择横截面或 [模式(MO)]:                    //按 Enter 键
输入选项 [导向(G)/路径(P)/仅横截面(C)/设置(S)] <仅横截面>:p
                                                      //选择“路径(P)”选项
选择路径曲线:                                         //选择路径曲线 A
```

结果如图 13-17（c）所示。

4. 用 LOFT 命令在轮廓 *F*、*G*、*H*、*I*、*J* 间放样，导向曲线是 *D*、*E*。

```
命令: _loft
按放样次序选择横截面或 [模式(MO)]:总计 5 个          //选择轮廓 F、G、H、I、J
按放样次序选择横截面或 [模式(MO)]:                    //按 Enter 键
输入选项 [导向(G)/路径(P)/仅横截面(C)/设置(S)] <仅横截面>:g
                                                      //选择“导向(G)”选项
选择导向曲线:    总计 2 个                            //选择导向曲线 D、E
```

结果如图 13-17（d）所示。

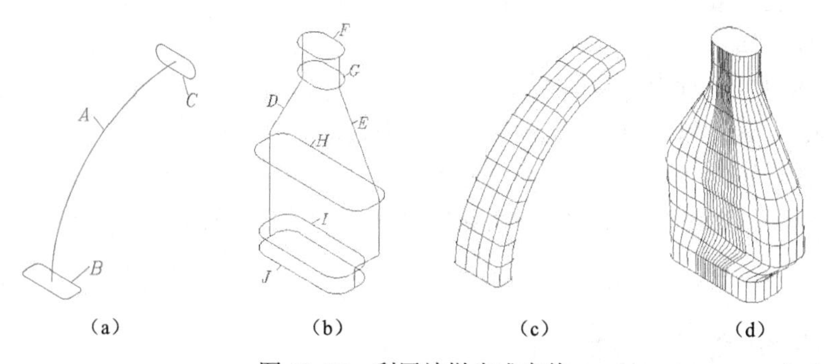

图 13-17 利用放样生成实体

LOFT 命令常用选项的功能如下。

- 导向(G)：利用连接各个轮廓的导向曲线控制放样实体或曲面的截面形状。
- 路径(P)：指定放样实体或曲面的路径，该路径要与各个轮廓截面相交。

13.7 利用平面或曲面剖切实体

使用 SLICE 命令可以根据平面或曲面切开实体模型，被剖切的实体可保留一半或两半都保留。保留部分将保持原实体的图层和颜色特性。剖切方法是先定义剖切平面，然后选定需要保留的部分。用户可通过 3 点来定义剖切平面，也可指定当前坐标系的 *xy* 平面、*yz* 平面或 *zx* 平面作为剖切平面。

【练习 13-7】练习 SLICE 命令。

1. 打开素材文件“dwg\第 13 章\13-7.dwg”。
2. 单击【实体编辑】面板上的 剖切按钮，执行剖切命令。

```
命令: _slice
选择要剖切的对象: 找到 1 个                          //选择实体，如图 13-18 左图所示
选择要剖切的对象:                                   //按 Enter 键
指定剖切平面起点或 [平面对象(O)/曲面(S)/Z 轴(Z)/视图(V)/XY(XY)/YZ(YZ)/ZX(ZX)/三点
(3)] <三点>://按 Enter 键，利用 3 点定义剖切平面
在平面上指定第一点: end 端点                         //捕捉端点 A
指定平面上的第二个点: mid 中点                       //捕捉中点 B
指定平面上的第三个点: mid 中点                       //捕捉中点 C
在需求平面的一侧拾取一点或 [保留两侧(B)] <两侧>:       //在要保留的那边单击
命令:
_SLICE                                              //重复命令
选择要剖切的对象: 找到 1 个                          //选择实体
选择要剖切的对象:                                   //按 Enter 键
指定剖切平面起点或 [平面对象(O)/曲面(S)/Z 轴(Z)/视图(V)/XY(XY)/YZ(YZ)/ZX(ZX)/三点
(3)] <三点>: s                                      //选择"曲面(S)"选项
选择曲面: 找到 1 个                                 //选择曲面
选择曲面:                                           //按 Enter 键
选择要保留的剖切对象或[保留两侧(B)] <两侧>:          //在要保留的那边单击
```

删除剖切曲面，结果如图 13-18 右图所示。

SLICE 命令常用选项的功能如下。

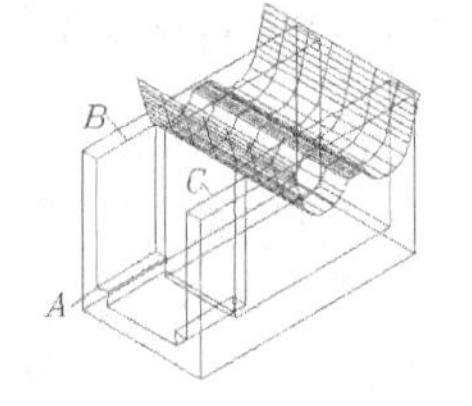

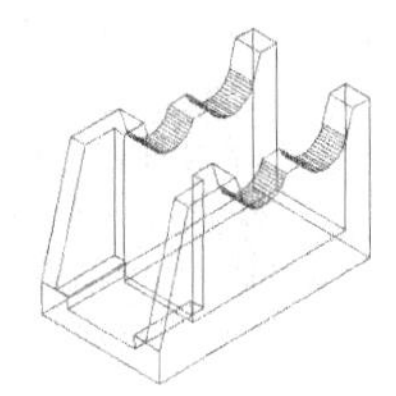

图 13-18 剖切实体

- 平面对象(O)：将圆、椭圆、圆弧或椭圆弧、二维样条曲线或二维多段线等对象所在的平面作为剖切平面。
- 曲面(S)：指定曲面作为剖切面。
- Z 轴(Z)：通过指定剖切平面的法线方向来确定剖切平面。
- 视图(V)：剖切平面与当前视图平面平行。
- XY(XY)、YZ(YZ)、ZX(ZX)：用坐标系的 *xy*、*yz* 或 *zx* 平面剖切实体。

13.8 三维移动及复制

用户可以使用 MOVE 及 COPY 命令在三维空间中移动及复制对象，操作方式与在二维空间中一样，只不过当通过输入距离来移动对象时，必须输入沿 *x* 轴、*y* 轴、*z* 轴 3 个方向的距离值。

在三维空间中移动或复制对象时，若打开正交模式或极轴追踪功能，就可以很方便地沿坐标轴方向移动或复制对象，此时只需输入移动或复制的距离就能完成操作。

13.9 三维旋转

使用 ROTATE 命令仅能在 *xy* 平面内旋转对象，即旋转轴只能是 *z* 轴。而 ROTATE3D 命令是 ROTATE 命令的 3D 版本，使用该命令能绕着三维空间中的任意轴旋转对象。

【练习 13-8】 练习 ROTATE3D 命令。

1. 打开素材文件 "dwg\第 13 章\13-8.dwg"
2. 单击【三维操作】面板上的 三维旋转 按钮，执行三维旋转命令。

```
命令: _rotate3d
选择对象: 找到 1 个                       //选择要旋转的对象
```

```
选择对象:                                //按 Enter 键
指定旋转轴的起始点或通过选项定义轴 [对象(O)/上一次(L)/视图(V)/X 轴(X)/Y 轴(Y)/Z 轴(Z)/两点(2)]:
                                         //指定旋转轴上的第一点 A，如图 13-19 左图所示
指定轴的终止点:                          //指定旋转轴上的第二点 B
指定旋转角度或参考角度(R): -90            //输入旋转角度
```

结果如图 13-19 右图所示。

ROTATE3D 命令常用选项的功能如下。

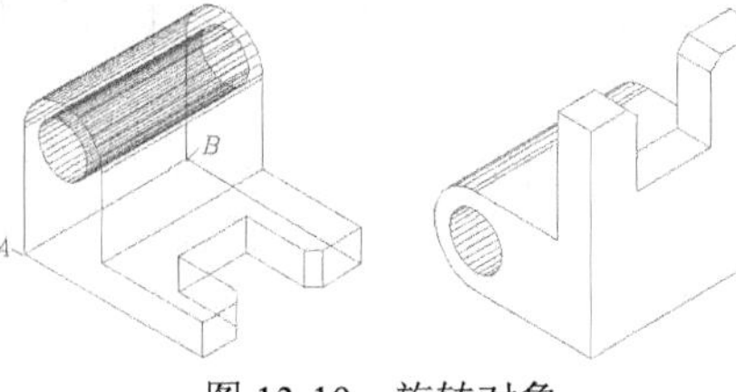

图 13-19 旋转对象

- 对象(O)：根据选择的对象来设置旋转轴。如果用户选择直线，则该直线就是旋转轴，而且旋转轴的正方向是从选择点指向远离选择点的那一端。若选择了圆或圆弧，则旋转轴通过圆心并与圆或圆弧所在的平面垂直。
- 上一次(L)：将上一次使用 ROTATE3D 命令时定义的轴作为当前旋转轴。
- 视图(V)：旋转轴垂直于当前视图，并通过用户选取的点。
- X 轴(X)、Y 轴(Y)、Z 轴(Z)：旋转轴平行于坐标轴，并通过用户选取的点。
- 两点（2）：通过指定两点来设置旋转轴。
- 指定旋转角度：输入正的或负的旋转角，角度正方向通过右手螺旋法则来确定。
- 参考角度(R)：选择该选项，系统提示“指定参考角度”，输入参考角度或拾取两点指定参考角度，当系统继续提示“输入新的角度”时，再输入新的角度或拾取另外两点指定新参考角度，新参考角度减去初始参考角度就是实际旋转角度。常用该选项将 3D 对象从最初位置旋转到与某一方向对齐的另一位置。

使用 ROTATE3D 命令时，用户应注意确定旋转轴的正方向。当旋转轴平行于某一坐标轴时，该坐标轴的方向就是旋转轴的正方向；若用户通过两点来指定旋转轴，则旋转轴的正方向是从第 1 个选取点指向第 2 个选取点。

13.10 三维阵列

3DARRAY 命令是二维 ARRAY 命令的 3D 版本。用户可以使用该命令在三维空间中创建对象的矩形阵列或环形阵列。

【练习 13-9】练习 3DARRAY 命令。

打开素材文件“dwg\第 13 章\13-9.dwg”。

单击【三维操作】面板上的三维阵列按钮，执行三维阵列命令。

```
命令: _3darray
选择对象: 找到 1 个                      //选择要阵列的对象
选择对象:                                //按 Enter 键
输入阵列类型 [矩形(R)/环形(P)] <矩形>:   //指定矩形阵列
输入行数 (---) <1>: 2                    //输入行数，行的方向平行于 x 轴
输入列数 (|||) <1>: 3                    //输入列数，列的方向平行于 y 轴
输入层数 (...) <1>: 3                    //输入层数，层数表示对象沿 z 轴方向的分布数目
指定行间距 (---): 50                     //输入行间距，如果输入负值，阵列方向为沿 x 轴反方向
指定列间距 (|||): 80                     //输入列间距，如果输入负值，阵列方向为沿 y 轴反方向
指定层间距 (...): 120                    //输入层间距，如果输入负值，阵列方向为沿 z 轴反方向
```

执行 HIDE 命令，结果如图 13-20 所示。

如果选择“环形(P)”选项，就能创建环形阵列，系统提示如下。

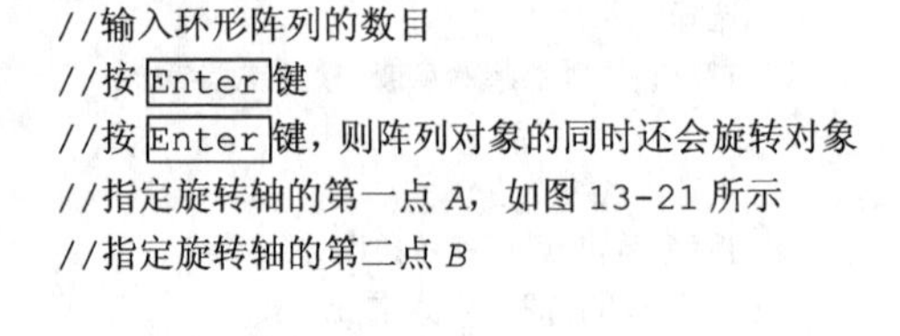

```
输入阵列中的项目数目：6                                   //输入环形阵列的数目
指定要填充的角度 (+=逆时针，-=顺时针) <360>：             //按 Enter 键
是否旋转阵列中的对象？[是(Y)/否(N)] <是>：                //按 Enter 键，则阵列对象的同时还会旋转对象
指定阵列的圆心：                                          //指定旋转轴的第一点 A，如图 13-21 所示
指定旋转轴上的第二点：                                    //指定旋转轴的第二点 B
```

执行 HIDE 命令，结果如图 13-21 所示。

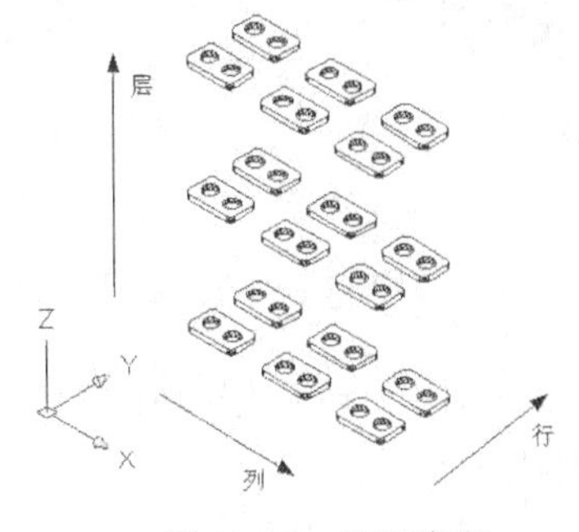

图 13-20　矩形阵列

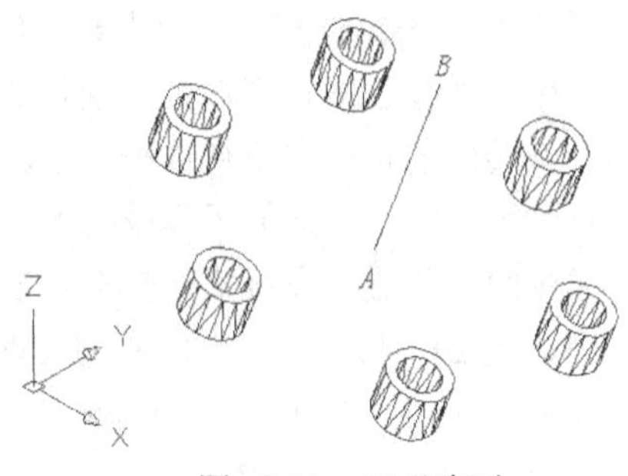

图 13-21　环形阵列

环形阵列时，旋转轴的正方向是从第 1 个指定点指向第 2 个指定点，沿该方向伸出大拇指再握拳，则其他 4 根手指的弯曲方向就是旋转轴的正方向。

13.11　三维镜像

如果镜像线是当前坐标系 *xy* 平面内的直线，则使用常见的 MIRROR 命令就可对 3D 对象进行镜像复制。但若想以某个平面作为镜像平面来进行 3D 对象的镜像复制，就必须使用 MIRROR3D 命令。例如，把由 *A*、*B*、*C* 3 点定义的平面作为镜像平面，如图 13-22 左图所示，对实体进行镜像，结果如图 13-22 右图所示。

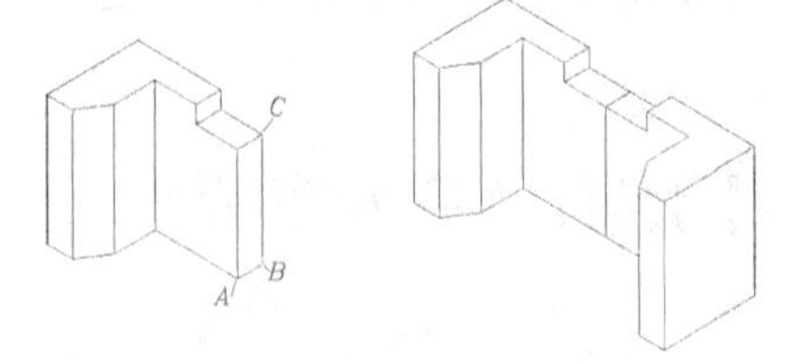

图 13-22　三维镜像

【练习 13-10】练习 MIRROR3D 命令。

1. 打开素材文件"dwg\第 13 章\13-10.dwg"。

2. 单击【三维操作】面板上的三维镜像按钮，执行三维镜像命令。

```
命令：_mirror3d
选择对象：找到 1 个                      //选择要镜像的对象
选择对象：                               //按 Enter 键
指定镜像平面上的第一个点(三点)或[对象(O)/上一次(L)/Z 轴(Z)/视图(V)/XY 平面(XY)/YZ 平面
(YZ)/ZX 平面(ZX)/三点(3)] <三点>：
指定平面上的第一个点：                   //利用 3 点指定镜像平面，捕捉第一点 A，如图 13-22 左图所示
指定平面上的第二个点：                   //捕捉第二点 B
指定平面上的第三个点：                   //捕捉第三点 C
删除源实体[是(Y)/否(N)] <否>：           //按 Enter 键，不删除源对象
```

结果如图 13-22 右图所示。

MIRROR3D 命令有以下选项，利用这些选项就可以在三维空间中定义镜像平面。

- 对象(O)：将圆、圆弧、椭圆及二维多段线等二维对象所在的平面作为镜像平面。
- 上一次(L)：指定上一次执行 MIRROR3D 命令时使用的镜像平面作为当前镜像平面。
- Z 轴(Z)：用户在三维空间中指定两个点，镜像平面将垂直于这两点的连线，并通过第

1 个选取点。

- 视图(V)：镜像平面平行于当前视图，并通过用户拾取的点。
- XY 平面(XY)、YZ 平面(YZ)、ZX 平面(ZX)：镜像平面平行于 *xy* 平面、*yz* 平面或 *zx* 平面，并通过用户拾取的点。

13.12 三维对齐

ALIGN 命令在三维建模中非常有用，用户可以使用该命令指定源对象与目标对象的对齐点，从而使源对象的位置与目标对象的位置对齐。例如，用户利用 ALIGN 命令让对象 *M*（源对象）的某一平面上的 3 点与对象 *N*（目标对象）的某一平面上的 3 点对齐，操作完成后，*M*、*N* 两对象将组合在一起，如图 13-23 所示。

【练习 13-11】练习 ALIGN 命令。

1. 打开素材文件“dwg\第 13 章\13-11.dwg”。
2. 单击【修改】面板上的按钮，执行对齐命令。

```
命令: _align
选择对象: 找到 1 个                //选择要对齐的对象
选择对象:                          //按 Enter 键
指定第一个源点:                    //捕捉源对象上的第一点 A，如图 13-23 左图所示
指定第一个目标点:                  //捕捉目标对象上的第一点 D
指定第二个源点:                    //捕捉源对象上的第二点 B
指定第二个目标点:                  //捕捉目标对象上的第二点 E
指定第三个源点或 <继续>:           //捕捉源对象上的第三点 C
指定第三个目标点:                  //捕捉目标对象上的第三点 F
```

结果如图 13-23 右图所示。

使用 ALIGN 命令时，用户不必指定 3 对对齐点。下面说明指定不同数量的对齐点时，系统如何移动源对象。

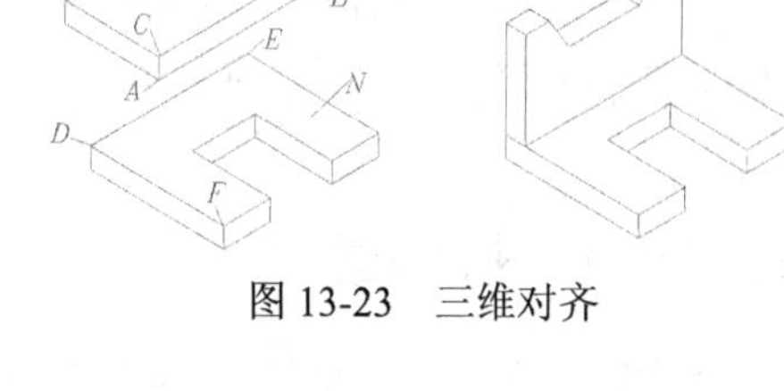

图 13-23 三维对齐

- 如果仅指定一对对齐点，系统就把源对象由第 1 个源点移动到第 1 个目标点处。
- 如果指定两对对齐点，则系统移动源对象后，将使两个源点的连线与两个目标点的连线重合，并让第 1 个源点与第 1 个目标点也重合。
- 如果指定 3 对对齐点，则命令结束后，3 个源点定义的平面将与 3 个目标点定义的平面重合在一起。选择的第 1 个源点要移动到第 1 个目标点的位置，前两个源点的连线与前两个目标点的连线重合。第 3 个目标点的选取顺序若与第 3 个源点的选取顺序一致，则两个对象平行对齐，否则相对对齐。

13.13 三维倒圆角及倒角

使用 FILLET 和 CHAMFER 命令可以对二维对象进行倒圆角及倒角操作，它们的用法已在第 3 章中介绍过。对于三维实体，同样可用这两个命令创建圆角和倒角，其操作方式与二维对象略有不同。

【练习 13-12】在三维空间中使用 FILLET、CHAMFER 命令。

打开素材文件“dwg\第 13 章\13-12.dwg”，用 FILLET、CHAMFER 命令给 3D 对象倒圆角及倒角。

```
命令: _fillet
选取第一个对象或 [多段线(P)/半径(R)/修剪(T)/多个(M)/放弃(U)]:
                                    //选择棱边 A，如图 13-24 左图所示
圆角半径<25.0000>: 15               //输入圆角半径
选择边或 [链(C)/半径(R)]:            //选择棱边 B
选择边或 [链(C)/半径(R)]:            //选择棱边 C
选择边或 [链(C)/半径(R)]:            //按 Enter 键结束
命令: _chamfer
选择第一条直线或 [多段线(P)/距离(D)/角度(A)/方式(E)/修剪(T)/多个(M)/放弃(U)]:
                                    //选择棱边 E，如图 13-24 左图所示
                                    //平面 D 以虚线形式显示，表明该面是倒角基面
输入曲面选择选项 [下一个(N)/当前(OK)] <当前(OK)>:
                                    //按 Enter 键
指定基准对象的倒角距离 <5.0000>: 10   //输入基面内的倒角距离
指定另一个对象的倒角距离 <10.0000>: 30 //输入另一平面内的倒角距离
选择边或[环(L)]:                     //选择棱边 E
选择边或[环(L)]:                     //选择棱边 F
选择边或[环(L)]:                     //选择棱边 G
选择边或[环(L)]:                     //选择棱边 H
选择边或[环(L)]:                     //按 Enter 键结束
```

结果如图 13-24 右图所示。

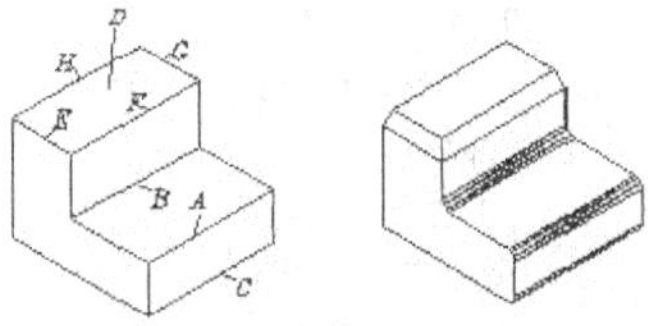

图 13-24 三维倒圆角及倒角

13.14 编辑实体的表面

用户除了可对实体进行倒角、阵列、镜像及旋转等操作外，还能编辑实体的表面。常用的表面编辑功能主要包括拉伸面、旋转面和压印对象等。

13.14.1 拉伸面

中望 CAD 可以根据用户指定的距离拉伸面或将面沿某条路径进行拉伸。拉伸时，如果输入了拉伸距离和倾斜角，那么将使拉伸面形成的实体锥化。图 13-25 所示是将实体表面按指定的距离和倾斜角，以及沿路径进行拉伸的示例。

【练习 13-13】拉伸面。

1. 打开素材文件“dwg\第 13 章\13-13.dwg”。
2. 单击【实体编辑】面板上的按钮，系统主要提示如下。

```
命令: _solidedit
选择面或 [放弃(U)/删除(R)]: 找到一个面。      //选择实体表面 A，如图 13-25 左上图所示
选择面或 [放弃(U)/删除(R)/全部(ALL)]:         //按 Enter 键
指定拉伸高度或 [路径(P)]: 50                  //输入拉伸的距离
指定拉伸的倾斜角度 <0>: 5                     //指定拉伸的倾斜角度
```

结果如图 13-25 右上图所示。

“拉伸面”常用选项的功能如下。

- 指定拉伸高度：输入拉伸距离及倾斜角来拉伸面。对于每个面，规定其外法线方向是

正方向，当输入的拉伸距离是正值时，面将沿其外法线方向拉伸，否则将沿相反方向拉伸。在指定拉伸距离后，系统会提示输入倾斜角，若输入正倾斜角，则将使面向实体内部锥化，否则将使面向实体外部锥化，如图 13-26 所示。

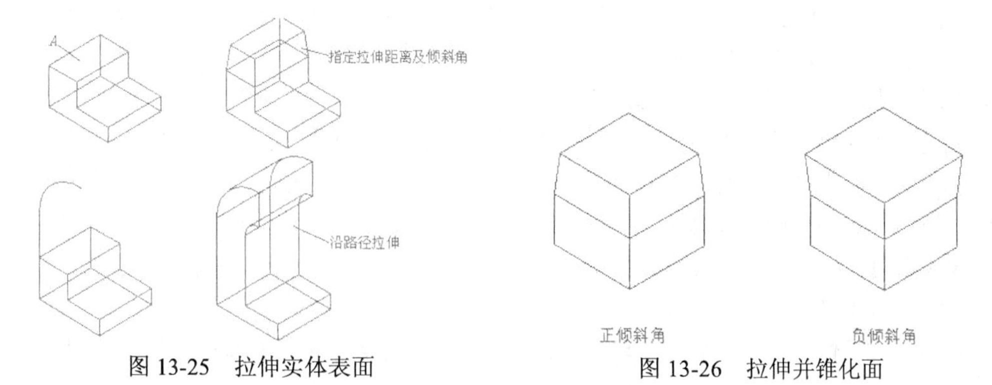

图 13-25 拉伸实体表面　　　　图 13-26 拉伸并锥化面

- 路径(P)：沿着一条指定的路径拉伸实体表面，拉伸路径可以是直线、圆弧、多段线及 2D 样条曲线等。拉伸路径不能与要拉伸的表面共面，也应避免路径曲线的某些局部区域有较高的曲率，否则可能使新形成的实体在路径曲率较高处出现自相交的情况，导致拉伸失败。

要点提示 可用 JOIN 命令将连续几段线条连接成多段线，这样就可以将其定义为拉伸路径了。

13.14.2 旋转面

旋转实体的表面就可改变面的倾斜角，或者将一些结构特征（如孔、槽等）旋转到新的方位。例如，将 *A* 面的倾斜角修改为 120°，并把槽旋转 90°，如图 13-27 所示。

在旋转面时，用户可通过拾取两点、选择某条直线或设定旋转轴平行于某一坐标轴等方法来指定旋转轴，另外应注意确定旋转轴的正方向。

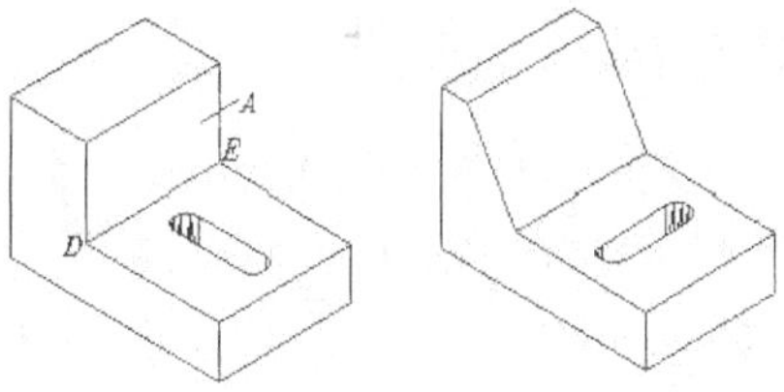

图 13-27 旋转面

【练习 13-14】 旋转面。

1. 打开素材文件“dwg\第 13 章\13-14.dwg”。
2. 单击【实体编辑】面板上的按钮，系统主要提示如下。

```
命令: _solidedit
选择面或 [放弃(U)/删除(R)]: 找到一个面。        //选择表面 A，如图 13-27 左图所示
选择面或 [放弃(U)/删除(R)/全部(ALL)]:          //按 Enter 键
指定轴点或 [经过对象的轴(A)/视图(V)/X 轴(X)/Y 轴(Y)/Z 轴(Z)] <两点>:
                                              //捕捉旋转轴上的第一点 D，如图 13-27 左图所示
在旋转轴上指定第二个点:                        //捕捉旋转轴上的第二点 E
指定旋转角度或 [参照(R)]: -30                  //输入旋转角度
```

结果如图 13-27 右图所示。

“旋转面”常用选项的功能如下。

- 两点：指定两点来确定旋转轴，轴的正方向是从第 1 个选择点指向第 2 个选择点。
- X 轴(X)、Y 轴(Y)、Z 轴(Z)：指定旋转轴平行于 *x* 轴、*y* 轴或 *z* 轴，并通过拾取点。旋转轴的正方向与坐标轴的正方向一致。

13.14.3 压印

使用压印功能可以把圆、直线、多段线、样条曲线、面域及实心体等对象压印到三维实体上，使其成为实体的一部分。用户必须使被压印的几何对象在实体表面内或与实体表面相交，这样压印操作才能成功。压印时，系统将创建新的表面，该表面将被压印的几何图形及实体的棱边作为边界，用户可以对生成的新的表面进行拉伸和旋转等操作。例如，将圆压印在实体上，并将新生成的面向上拉伸，如图 13-28 所示。

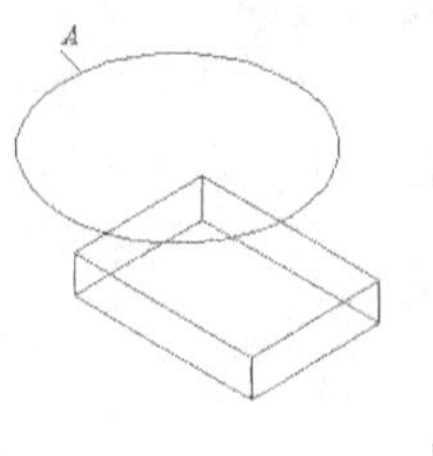

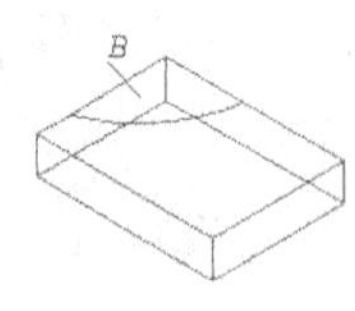

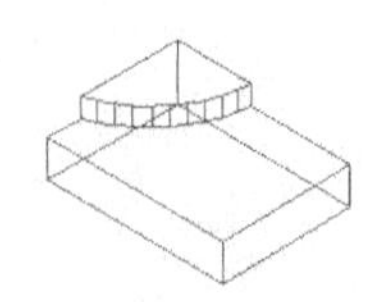

图 13-28 压印

【练习 13-15】压印。

1. 打开素材文件“dwg\第 13 章\13-15.dwg”，单击【实体编辑】面板上的 压印按钮，系统主要提示如下。

```
命令: _Solidedit
选择三维实体:                                   //选择实体模型
选择要压印的对象:                               //选择圆 A，如图 13-28 左图所示
是否删除源对象 [是(Y)/否(N)] <否>: y             //删除圆 A
选择要压印的对象:                               //按 Enter 键
```

2. 单击 按钮，系统主要提示如下。

```
命令: _Solidedit
选择面或 [放弃(U)/删除(R)]: 找到一个面。         //选择表面 B，如图 13-28 中图所示
选择面或 [放弃(U)/删除(R)/全部(ALL)]:           //按 Enter 键
指定拉伸高度或 [路径(P)]: 10                     //输入拉伸高度
指定拉伸的倾斜角度 <0>:                          //按 Enter 键
```

结果如图 13-28 右图所示。

13.14.4 抽壳

用户可以利用抽壳功能将一个实体模型创建成一个空心的薄壳体。在使用抽壳功能时，用户要先指定壳体的厚度，然后系统把现有的实体表面偏移指定的厚度以形成新的表面，这样原来的实体就变为一个薄壳体。如果指定正的厚度值，系统就在实体内部创建新的表面，否则在实体外部创建新的表面。另外，在抽壳操作过程中还能将实体的某些面去除，以形成开口的薄壳体。图 13-29 右图所示是对实体进行抽壳操作并去除其顶面的结果。

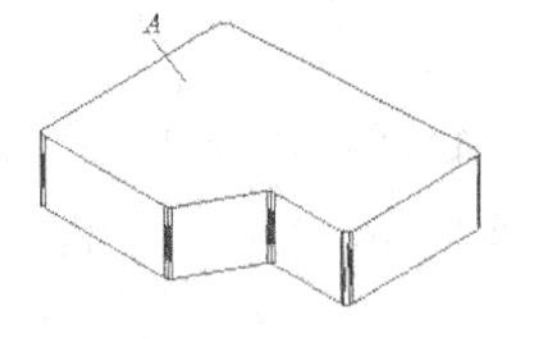

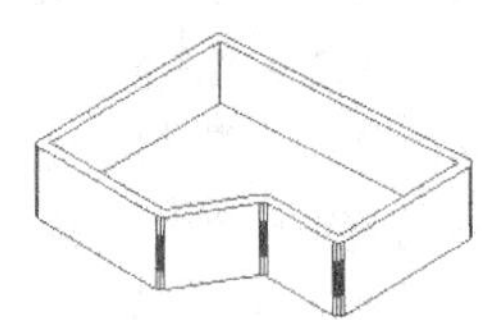

图 13-29 抽壳

【练习 13-16】抽壳。

1. 打开素材文件“dwg\第 13 章\13-16.dwg”。
2. 单击【实体编辑】面板上的 抽壳按钮，系统主要提示如下。

```
命令: _Solidedit
选择三维实体:                                       //选择要抽壳的对象
删除面或 [放弃(U)/添加(A)/全部(ALL)]: 找到一个面，已删除 1 个
                                                    //选择要删除的表面 A，如图 13-29 左图所示
删除面或 [放弃(U)/添加(A)/全部(ALL)]:               //按 Enter 键
输入外偏移距离: 10                                  //输入壳体厚度
```

结果如图 13-29 右图所示。

13.15 与实体显示有关的系统变量

与实体显示有关的系统变量有 ISOLINES、FACETRES 及 DISPSILH，分别介绍如下。

- ISOLINES：用于设定实体表面网格线的数量，如图 13-30 所示。
- FACETRES：用于设置实体消隐或渲染后的表面网格线密度。此变量值的范围为 0.01～10.0，值越大表明网格越密，消隐或渲染后的表面越光滑，如图 13-31 所示。
- DISPSILH：用于控制消隐时是否显示实体表面网格线。若此变量值为 0，则显示实体表面网格线；若为 1，则不显示实体表面网格线，如图 13-32 所示。

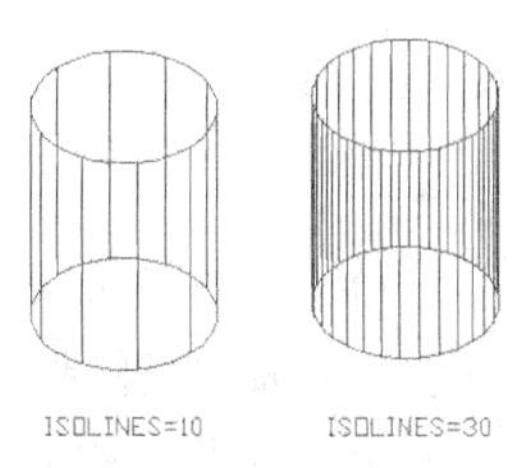

图 13-30 ISOLINES 变量

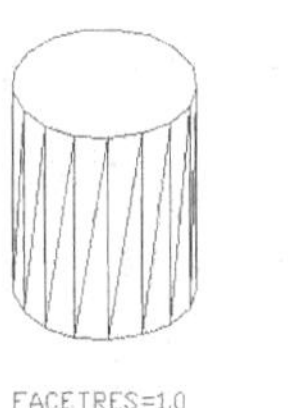

图 13-31 FACETRES 变量

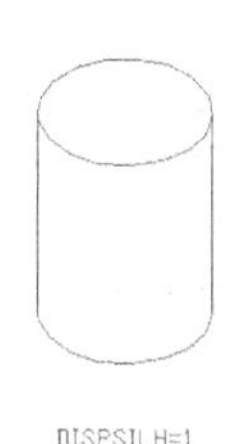

图 13-32 DISPSILH 变量

13.16 用户坐标系

默认情况下，中望 CAD 使用的是世界坐标系，该坐标系是一个固定坐标系。用户也可在三维空间中创建自己的坐标系（User Coordinate System, UCS），该坐标系是一个可变动的坐标系，坐标轴的正方向通过右手螺旋法则来确定。三维绘图时，UCS 特别有用，用户可以在任意位置、沿任意方向创建 UCS，从而使得三维绘图变得更加容易。

在中望 CAD 中，多数 2D 命令只能在当前坐标系的 *xy* 平面或与 *xy* 平面平行的平面内执行。若用户想在三维空间的某一平面内使用 2D 命令，则应在此平面位置创建新的 UCS。

【练习 13-17】在三维空间中创建坐标系。

1. 打开素材文件"dwg\第 13 章\13-17.dwg"。
2. 改变坐标原点。输入 UCS 命令，系统提示如下。

```
命令: UCS
指定 UCS 的原点或 [?/面(F)/3 点(3)/删除(D)/对象(OB)/原点(O)/上一个(P)/还原(R)/保存(S)/
视图(V)/X/Y/Z/Z 轴(ZA)/世界(W)] <世界>:
                                                  //捕捉 A 点
指定 X 轴上的点或 <接受>:                           //按 Enter 键
```

结果如图 13-33 所示。

3. 将 UCS 绕 *x* 轴旋转 90°。

```
命令: UCS
指定 UCS 的原点或 [?/面(F)/3 点(3)/删除(D)/对象(OB)/原点(O)/上一个(P)/还原(R)/保存(S)/
视图(V)/X/Y/Z/Z 轴(ZA)/世界(W)] <世界>: x           //选择"X"选项
输入绕 X 轴的旋转角度 <90>: 90                       //输入旋转角度
```

结果如图 13-34 所示。

4. 利用 3 点定义新坐标系。

```
命令: UCS
指定 UCS 的原点或 [?/面(F)/3 点(3)/删除(D)/对象(OB)/原点(O)/上一个(P)/还原(R)/保存(S)/
视图(V)/X/Y/Z/Z 轴(ZA)/世界(W)] <世界>:
```

```
                                        //捕捉 B 点
指定 X 轴上的点或 <接受>:                //捕捉 C 点
指定 XY 平面上的点或 <接受>:             //捕捉 D 点
```

结果如图 13-35 所示。

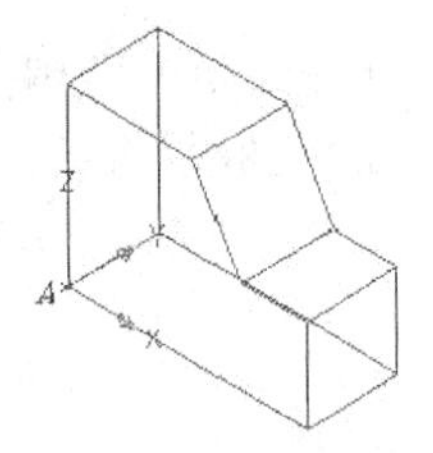

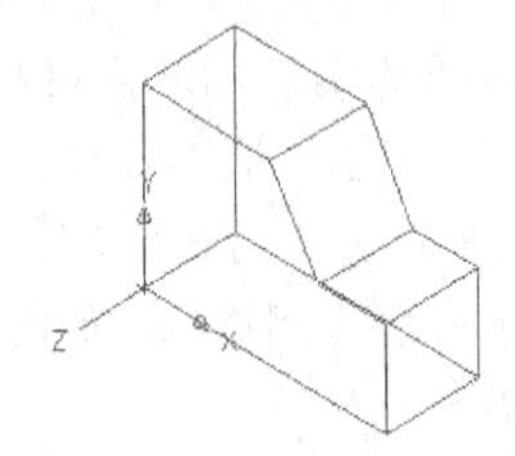

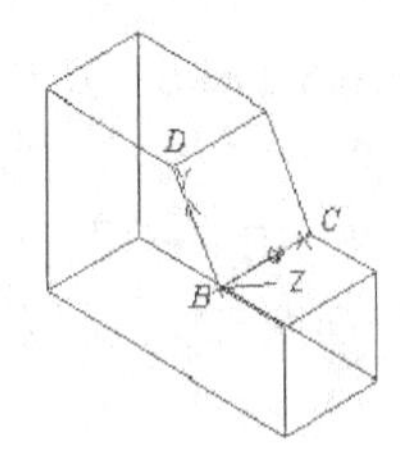

图 13-33 改变坐标原点　　图 13-34 将坐标系绕 *x* 轴旋转 90°　　图 13-35 利用 3 点定义新坐标系

除了用 UCS 命令改变坐标系外，也可打开动态 UCS 功能，使 UCS 的 *xy* 平面在绘图过程中自动与某一平面对齐。单击状态栏上的按钮，就能打开动态 UCS 功能。执行二维或三维绘图命令，将十字光标移动到要绘图的实体面，该实体面以虚线形式显示，表明坐标系的 *xy* 平面临时与实体面对齐，绘制的对象将处于此面内。绘图完成后，UCS 会恢复为原来状态。

13.17 利用布尔运算构建复杂的实体模型

前面已经介绍了创建基本三维实体及将二维对象转换成三维实体的方法。将这些简单实体放在一起，然后进行布尔运算就能构建复杂的实体模型。

布尔运算包括并运算、差运算和交运算。

（1）并运算：UNION 命令用于将两个或多个实体合并在一起形成新的单一实体。操作对象既可以是相交的，也可是分离的。

【练习 13-18】并运算。

1. 打开素材文件“dwg\第 13 章\13-18.dwg”。
2. 单击【布尔运算】面板上的按钮，或输入 UNION 命令并按 Enter 键，系统提示如下。

```
命令: _union
选择对象求和: 找到 2 个          //选择圆柱体及长方体，如图 13-36 左图所示
选择对象求和:                    //按 Enter 键
```

结果如图 13-36 右图所示。

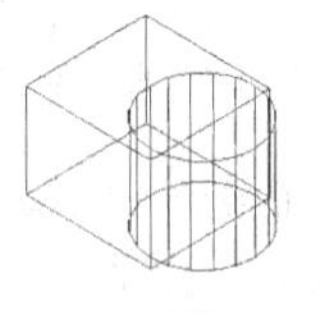

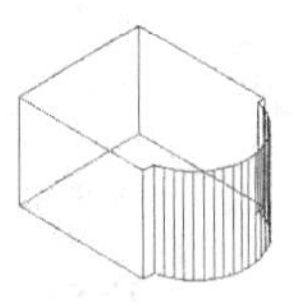

图 13-36 并运算

（2）差运算：SUBTRACT 命令用于将实体构成的一个选择集从另一个选择集中减去。操作时，用户先选择被减对象，构成第一选择集，然后选择要减去的对象，构成第二选择集，操作结果是第一选择集减去第二选择集后形成的新对象。

【练习 13-19】差运算。

1. 打开素材文件“dwg\第 13 章\13-19.dwg”。
2. 单击【布尔运算】面板上的按钮，或输入 SUBTRACT 命令并按 Enter 键，系统提示如下。

```
命令: _subtract
选择要从中减去的实体,曲面和面域: 找到 1 个        //选择长方体，如图 13-37 左图所示
选择要从中减去的实体,曲面和面域:                  //按 Enter 键
选择要减去的实体,曲面和面域: 找到 1 个            //选择圆柱体
```

```
选择要减去的实体，曲面和面域：                //按Enter键
```

结果如图 13-37 右图所示。

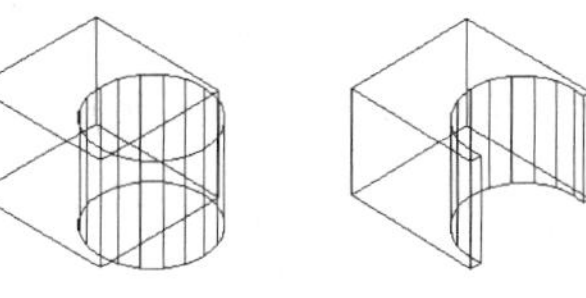

图 13-37 差运算

（3）交运算：INTERSECT 命令用于创建由两个或多个实体重叠部分构成的新实体。

【练习 13-20】交运算。

1. 打开素材文件“dwg\第 13 章\13-20.dwg”。

2. 单击【布尔运算】面板上的按钮，或输入 INTERSECT 命令并按 Enter 键，系统提示如下。

```
命令：_intersect
选取要相交的对象：                  //选择圆柱体和长方体，如
                                      图 13-38 左图所示
选取要相交的对象：                  //按Enter键
```

结果如图 13-38 右图所示。

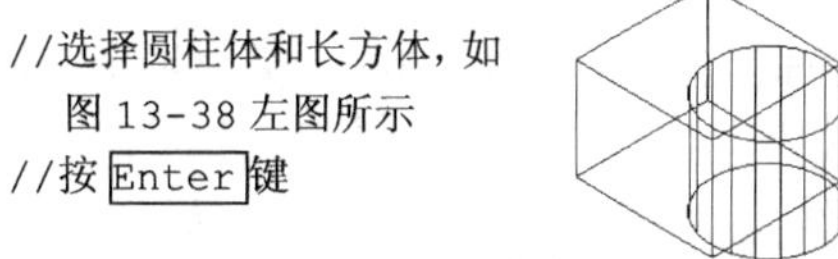

图 13-38 交运算

【练习 13-21】绘制图 13-39 所示支撑架的实体模型，演示三维建模的过程。

1. 创建一个新图形。

2. 在【视图】面板上的【视图控制】下拉列表中选择【东南等轴测】选项，切换到东南等轴测视图。在 *xy* 平面上绘制底板的轮廓，并将其创建成面域，结果如图 13-40 所示。

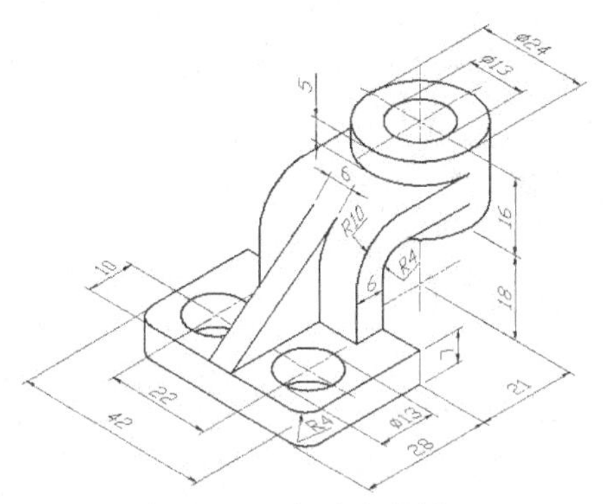

图 13-39 创建实体模型

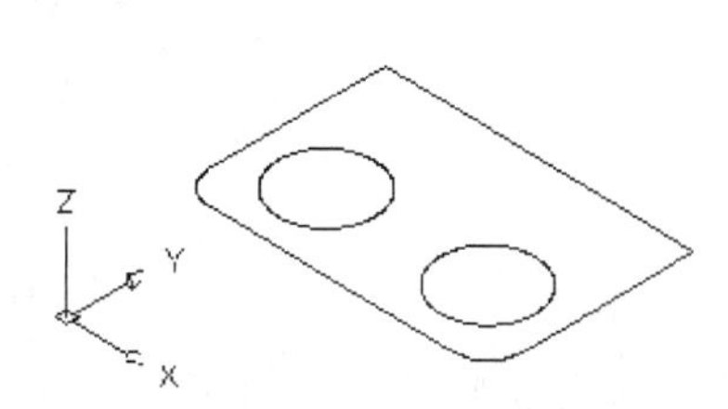

图 13-40 创建面域

3. 拉伸面域形成底板的实体模型，结果如图 13-41 所示。

4. 创建新的 UCS，在 *xy* 平面上绘制弯板及三角形筋板的二维轮廓，并将其创建成面域，结果如图 13-42 所示。

5. 拉伸面域 *A*、*B*，形成弯板及筋板的实体模型，结果如图 13-43 所示。

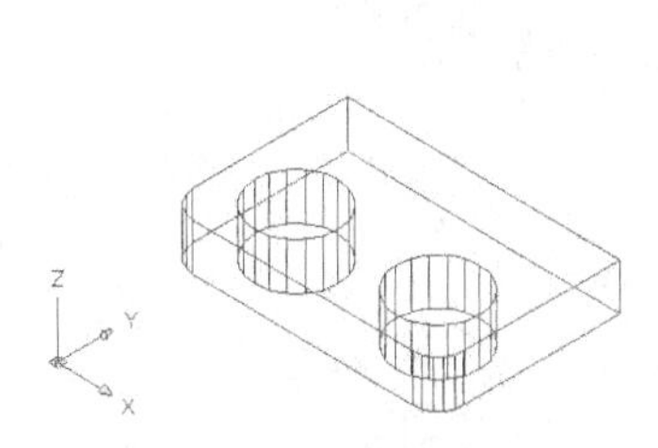

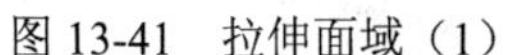

图 13-41 拉伸面域（1）

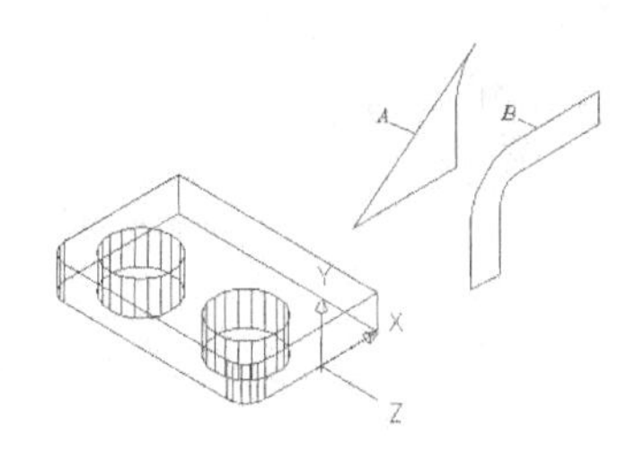

图 13-42 新建坐标系及创建面域

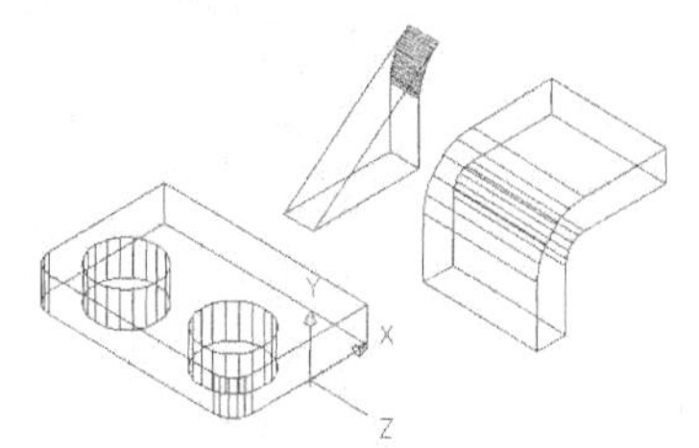

图 13-43 拉伸面域（2）

6. 用 MOVE 命令将弯板及筋板移动到正确的位置，结果如图 13-44 所示。

7. 创建新的 UCS，如图 13-45 左图所示；绘制圆柱体，结果如图 13-45 右图所示。

8. 合并底板、弯板、筋板及大圆柱体，使其成为单一实体，然后从该实体中去除小圆柱体，结果如图 13-46 所示。

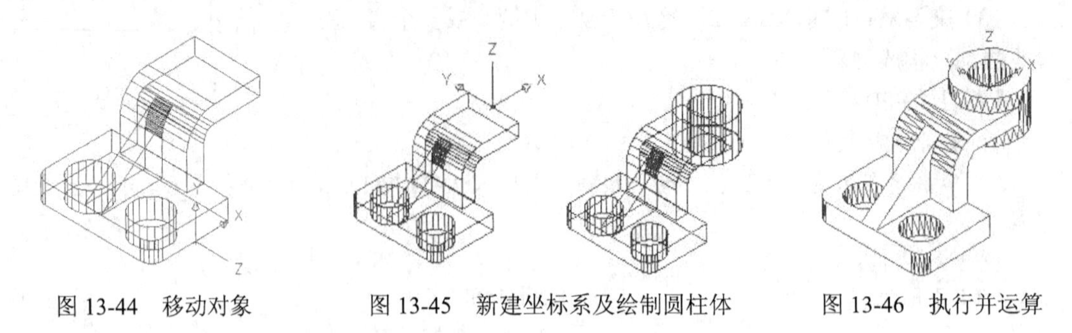

图 13-44 移动对象　　图 13-45 新建坐标系及绘制圆柱体　　图 13-46 执行并运算

13.18 实体建模综合练习

【练习 13-22】绘制图 13-47 所示的实体模型。

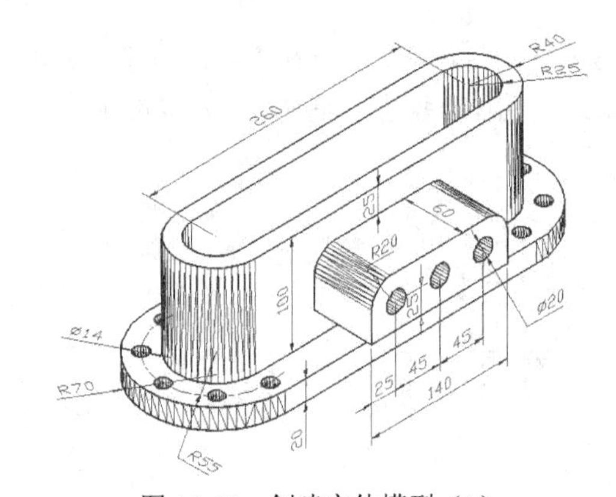

图 13-47 创建实体模型（1）

主要作图步骤如图 13-48 所示。

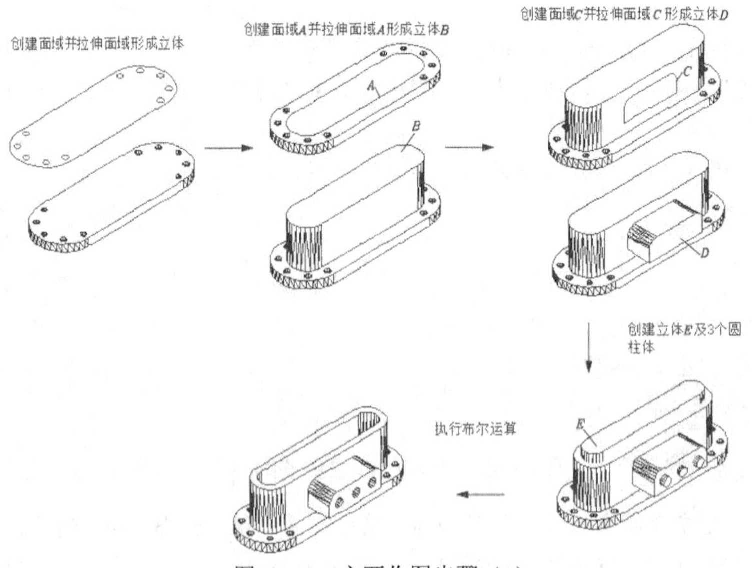

图 13-48 主要作图步骤（1）

【练习 13-23】绘制图 13-49 所示的实体模型。

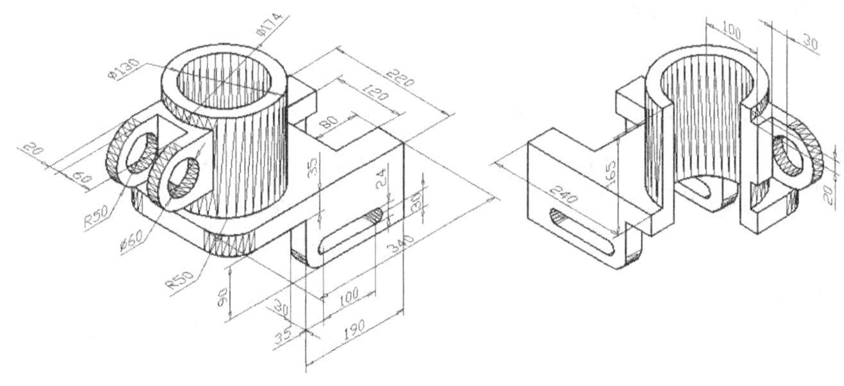

图 13-49 创建实体模型（2）

主要作图步骤如图 13-50 所示。

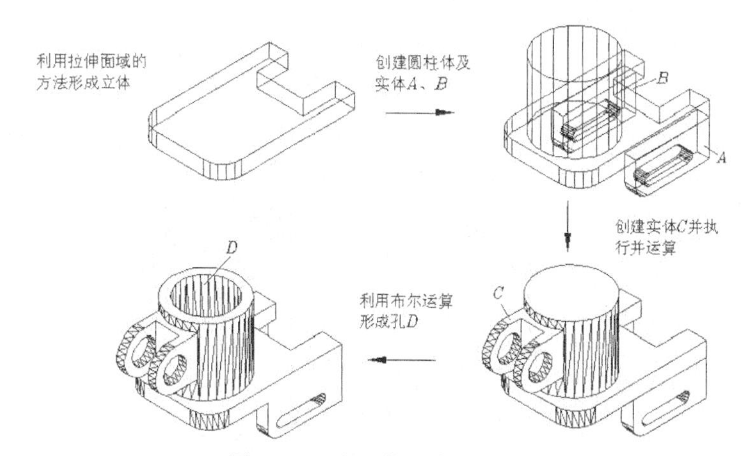

图 13-50 主要作图步骤（2）

13.19 习题

1．绘制图 13-51 所示的实体模型。

2．绘制图 13-52 所示的实体模型。

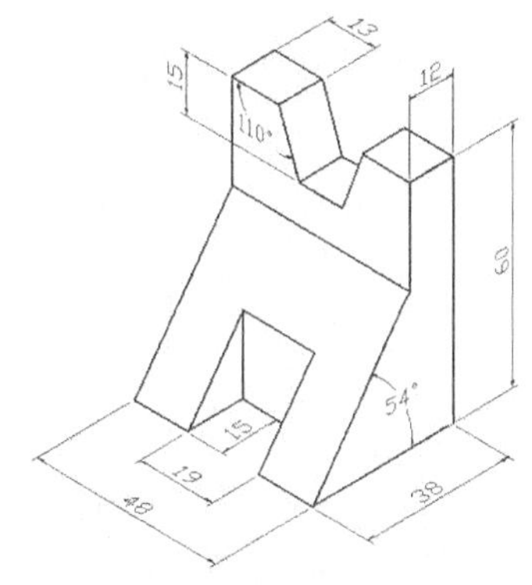

图 13-51 创建实体模型（1）

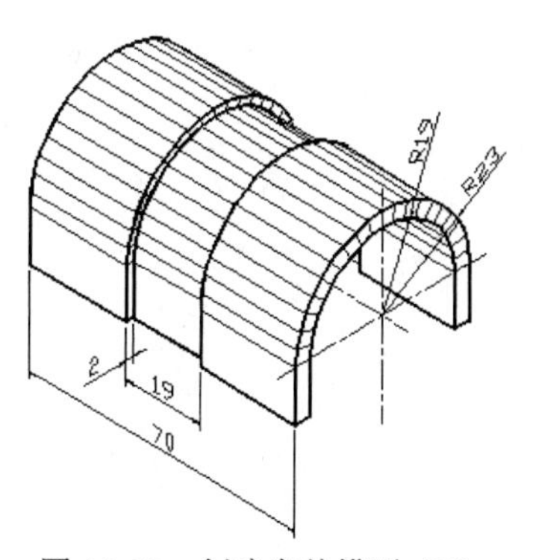

图 13-52 创建实体模型（2）

3．绘制图 13-53 所示的实体模型。

4．绘制图 13-54 所示的实体模型。

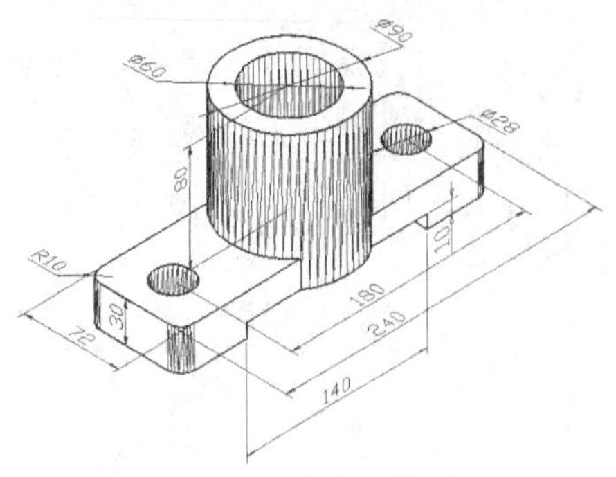

图 13-53　创建实体模型（3）

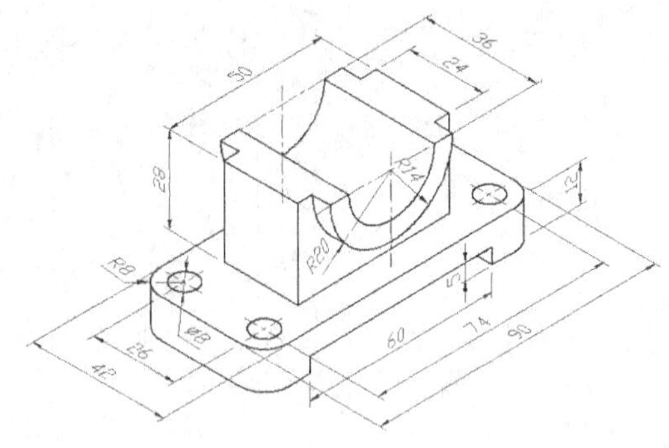

图 13-54　创建实体模型（4）

5．绘制图 13-55 所示的实体模型。

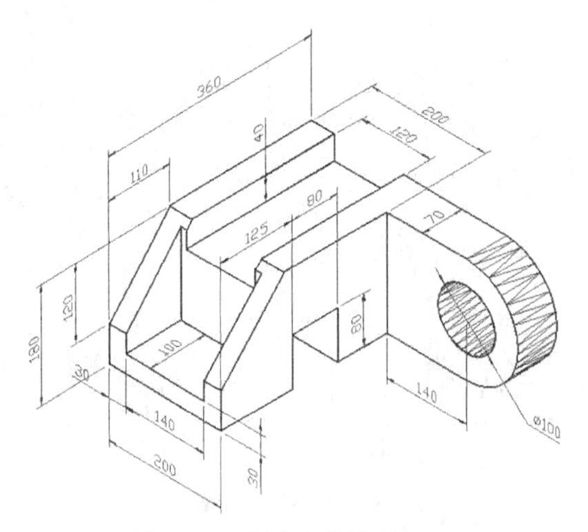

图 13-55　创建实体模型（5）